Paris Monographs in American Archaeology 6

Series Editor: Eric Taladoire

Les salines préhispaniques du bassin de Sayula (Occident du Mexique)

Milieu et techniques

Catherine Liot

BAR International Series 849
2000

Published in 2016 by
BAR Publishing, Oxford

BAR International Series 849

Paris Monographs in American Archaeology 6
Les salines préhispaniques du bassin de Sayula (Occident du Mexique)

ISBN 978 1 84171 055 6

BAR Publishing is the trading name of British Archaeological Reports (Oxford) Ltd. British Archaeological Reports was first incorporated in 1974 to publish the BAR Series, International and British. In 1992 Hadrian Books Ltd became part of the BAR group. This volume was originally published by Archaeopress in conjunction with British Archaeological Reports (Oxford) Ltd / Hadrian Books Ltd, the Series principal publisher, in 2000. This present volume is published by BAR Publishing, 2016.

Printed in England

BAR
PUBLISHING

BAR titles are available from:

BAR Publishing
122 Banbury Rd, Oxford, OX2 7BP, UK
EMAIL info@barpublishing.com
PHONE +44 (0)1865 310431
FAX +44 (0)1865 316916
www.barpublishing.com

Calaveras y sal

La producción de sal
a la calaca intrigó
y como quiso saber
a Catherine le preguntó.

De aniones y cationes
la bella le informó
como no entendía nada
a ultratumba la llevó.

En la casa de la parca
tanta sal de plano harta
pues la salmuera olvidó
y en sal Catherine la volvió.

Quitarse lo salado
ahora quiere la flaca,
pues por culpa de la güera
ningún galán le ha quedado.

Luis, Guadalajara, 1995.

Una guerita francesa que
llegó a Guadalajara
a buscar ollas y sal
que en Sayula encontrará.

Una noche, el diablo con ella dió
y de las patas se la llevó
no le valieron sus ruegos
ni todo lo que lloro.

Contratando a la huesuda
del aberno el mejor abogado
logró esa noche escapar
alejando a Satanas
que pronto terminaria su doctorado.

Pero no olvides tu promesa
que aunque hoy estes en Paris
con mi guadaña, iré por ti alguna mañana
y ni ruegos ni llantos quiero escuchar
si por otro año más no te llegarás a titular.

Victor, Elias y Luis, Durango, 1997.

SOMMAIRE

REMERCIEMENTS

Cette quête du sel n'aurait pu s'accomplir sans l'aide précieuse de plusieurs personnes rencontrées au cours de quatre années de recherches. Je voudrais les nommer ici et leur exprimer toute ma reconnaissance pour m'avoir accordé un peu de temps et de soutien et m'avoir permis de réaliser ce travail dans les meilleures conditions.

Ce projet n'aurait pu être mené à terme sans l'aide financière du Ministère de l'Education Supérieure et de la Recherche et de l'ORSTOM. Parmi les responsables de cette institution, je souhaiterais particulièrement remercier :

J. BONNEMAISON († 1997), directeur du département SUD, pour sa confiance et son intérêt à l'initiative de mon projet de recherche ;

J. CHARMES, successeur à la direction du département SUD ; pour son appui financier ;

M. RIEU, directeur du département Eaux Continentales, pour son appui financier ;

J. F. TURENNE, directeur du Centre Ile de France ; pour son accueil à Bondy ;

L. PERROIS, responsable du LATAH (Laboratoire d'Archéologie Tropicale et d'Anthropologie Historique), pour son accueil et la mise à disposition de tous les moyens nécessaires à la rédaction de cette thèse.

C. DEJOUX, représentant de l'ORSTOM au Mexique, pour son intérêt à l'égard de nos recherches dans le bassin de Sayula ;

H. POUPON, représentant de l'ORSTOM au Mexique depuis 1995, pour son appui financier et le suivi régulier de mes recherches.

Ce travail est également le fruit d'un apprentissage de la recherche qui n'aurait pu se concrétiser sans les conseils scientifiques de plusieurs personnes ; certaines d'entre elles me font l'honneur de participer au jury de cette thèse.

Je remercie tout particulièrement C. BAUDEZ qui a bien voulu diriger ce travail et partager l'enthousiasme de la découverte des vestiges salés du bassin de Sayula.

Je remercie également E. TALADOIRE, qui m'a accordé sa confiance dès les prémisses de ce travail et a suivi l'évolution de mes recherches jusqu'au terme de la rédaction.

Je suis très reconnaissante à P. GOULETQUER d'avoir accepté de lire ce texte et de faire partie du jury. Ses connaissances sur l'archéologie et l'ethnologie du sel seront très appréciables pour la critique de cette thèse.

Responsable du programme "Archéologie du bassin de Sayula", J. P. EMPHOUX m'a confié la présente étude, je le remercie très sincèrement pour sa confiance, ses conseils et son appui financier.

O. GRUNBERGER est à l'initiative de ce projet. Pédologue et géochimiste, spécialiste des milieux salés, il m'a fait bénéficié de ses connaissances et guidé dans l'étude de la playa du bassin de Sayula. Ses qualités de pédagogue alliées à une grande disponibilité et une remarquable capacité d'écoute en ont fait un conseiller scientifique précieux depuis les observations et analyses de terrain jusqu'à la rédaction de ce texte. Je tiens à le remercier très sincèrement pour son soutien tant sur le plan scientifique que sur le plan humain.

L'essentiel de ce projet a été mené au sein d'une équipe de recherche franco-méxicaine basée à Guadalajara au Mexique. Je voudrais nommer ici les personnes qui ont participé à ce programme et les remercier pour leur accueil et leur appui tant sur le plan scientifique que sur le plan humain :

R. AVILA, directeur du Laboratoire d'Anthropologie de l'Université de Guadalajara et co-responsable du programme "Archéologie du bassin de Sayula", m'a accordé sa confiance et son appui administratif et scientifique ;

O. SCHONDUBE, archéologue de l'INAH (*Instituto Nacional de Antropología e Historia*) et co-responsable du programme "Archéologie du bassin de Sayula", m'a fait bénéficié de sa grande expérience de recherche dans l'Occident du Mexique ;

F. VALDEZ, chargé de recherche à l'ORSTOM, a été un conseiller scientifique remarquable, sa grande connaissance des sites associée à un souci constant de valorisation et de confrontation de nos recherches à l'échelle de l'Occident du Mexique m'ont permis d'intégrer la synthèse de cette étude dans une problématique régionale ;

J. GUFFROY, chargé de recherche à l'ORSTOM, m'a régulièrement conseillé depuis le terrain, lors de la fouille de la Zone Extérieure 1 du site de Cerritos Colorados, en passant par l'analyse des vestiges céramique jusqu'à la rédaction de ce texte ;

S. RAMIREZ, archéologue de l'Université de Guadalajara, m'a fait bénéficié de ses connaissances sur la chronologie céramique du bassin, ses conseils m'ont été très utiles pour l'étude des vestiges céramique de production de sel tant sur le plan méthodologique que sur le plan analytique ;

R. ACOSTA, archéologue de l'Université de Guadalajara, m'a fait bénéficié de son expérience de recherche dans le bassin de Sayula et m'a donné des conseils utiles pour l'élaboration des cartes ;

L. GOMEZ, archéologue de l'Université de Guadalajara, m'a apporté son aide et ses conseils lors de la fouille des sites de La Motita et Cerritos Colorados

Cette liste ne saurait être exhaustive si elle n'était complétée par une mention spéciale à toutes les personnes qui ont apporté leur petit et précieux grain de sel à l'édification de cette thèse :

Sur le terrain,

Gustavo GAMEZ, archéologue de l'Université Autonome de Guadalajara, a collaboré à la fouille des sites de La Motita et Cerritos Colorados ; Gwendoline OLVERA et Rosa DE LA TORRE, étudiantes en Licence d'Histoire de l'Université de Guadalajara, ont participé à la fouille du site de La Motita. L'ensemble des fouilles et des mesures de terrain s'est réalisé grâce à l'aide des habitants des villages de Usmajac, Cofradía, Techaluta, El Zapote, Poncitlan et Atoyac.

Au laboratoire,

Gabriela CURIEL et Maria del Refugio NUÑO m'ont apporté une aide indispensable pour le nettoyage et le marquage des tessons. José Guadalupe OLIVAS et Sergio HERRERA ont participé efficacement aux analyses des prélèvements de sols et d'eaux à l'Institut d'Ecologie de Durango. Alain PLENNECASSAGNE, chimiste de l'ORSTOM, m'a conseillé pour l'analyse des teneurs en cations dans le laboratoire du Cenid-Raspa à Gomez Palacio. Carmen GUTIERREZ a suivi la fabrication de lames minces au Colegio de Postgraduados à Texcoco. Isabelle GIFFARD m'a assisté pour des analyses de prélèvements d'eaux au Laboratoire de Géochimie de l'Orstom à Bondy.

Lors de la rédaction,

Françoise LEUILLER, du LATAH, a réalisé les planches photographiques ; ses conseils informatiques et ses attentions quotidiennes m'ont apporté un soutien précieux tout au long de la rédaction ;

Eric OPIGEZ, du Laboratoire de Cartographie de l'ORSTOM - Bondy, m'a aidé pour la réalisation des figures 61, 67 et 68.

Je tiens également à remercier les personnes qui ont contribué à ce travail en m'instruisant de leurs expériences salées au gré d'échanges de documents et de discussions passionnantes : Haydée QUIROZ (anthropologue de l'Université Ibéroaméricaine de Mexico), Juan Carlos REYES (historien de l'Université de Colima), Olivier WELLER (archéologue de l'Université de Paris I), Jeffrey PARSONS (archéologue de l'Université de Michigan), Lorena GAMEZ (archéologue de l'INAH).

Finalement, cette thèse est l'accomplissement d'une expérience humaine exceptionnelle à laquelle je souhaite associer :

mes amis : Victor et Lucy, Gema et Marco, Christian, Jean Louis, Luc et Angélique, Jean, Carmen, Henri, Eva, Carme, Séverine, Aldo, Lionel, Garance, Christine, Jean Marc, Karine, Xavier, Valérie, Carl, Anne, Anthony... et tous ceux que j'oublie mais qui savent je l'espère à quel point leur amitié m'est chère.

ma famille, et plus particulièrement mes parents et mes frères, qui m'ont toujours accordé confiance et soutien sans lesquels ce travail n'aurait probablement jamais abouti ; je leur dédie cette thèse.

LISTE DES FIGURES

LISTE DES TABLEAUX

LISTE DES PHOTOGRAPHIES

Introduction.

Cette étude s'inscrit dans le cadre du *Projet Archéologique Cuenca de Sayula* [1], qui suit deux axes de recherche principaux : la détermination des processus majeurs de peuplement de cette région, et l'identification des relations entre l'homme et le milieu, notamment par la détermination des stratégies d'exploitation des ressources naturelles.

L'environnement naturel du bassin présente un écosystème très varié, dans un espace bien délimité, ce qui en fait une zone particulièrement favorable pour l'installation des groupes humains. En cela, elle se distingue peu d'autres régions de l'Occident du Mexique, qui offrent généralement un panorama naturel similaire, notamment par la présence de nombreux bassins lacustres. La particularité du bassin de Sayula repose sur son caractère endoréïque. En effet, sa partie basse - ou playa [2] - comporte une vaste zone de terres salées, encore exploitées pour la production de sels il y a environ quarante ans.

Par une étude régionale, le Projet Cuenca de Sayula a pour objectif général de combler un manque de connaissances sur le peuplement préhispanique du bassin, cette zone étant perçue comme une des entités participant à l'histoire culturelle de l'Occident du Mexique. Situé dans un couloir naturel reliant les hautes terres à la côte Pacifique, le bassin a probablement pris part à l'édification de courants d'échanges entre des zones clés dans l'histoire de l'Occident du Mexique : la vallée de Atemajac au nord, les hautes terres du Colima au sud et le Michoacan à l'est et au sud-est. En effet, l'Occident du Mexique se définit au cours de son histoire par la mise en place d'ensembles culturels plus ou moins délimités géographiquement, parfois reliés par ce que certains auteurs appellent des "sphères d'interaction", déterminées notamment par l'accès à un éventail de ressources le plus large possible (Jimenez, 1989, 1993 ; Weigand, 1993a, 1993b ; Beekman, 1996 etc...). Dans cette perspective, les richesses naturelles en sels du bassin de Sayula ont pu créer un pôle d'attraction particulier caractérisé, soit par le développement local de sociétés complexes visant à l'établissement de relations d'échanges avec les régions voisines, soit par une situation de conflits, voire d'invasions d'autres groupes pour le contrôle de ce produit convoité.

Bien que les textes ethnohistoriques (Ciudad Real, 1993 : 151 ; Acuña, 1987, 1988) et les études archéologiques (Kelly, 1941-1944 ; Sleight, 1967 ; Neal and Weigand, 1990) témoignent de l'importance du sel dans le bassin de Sayula, en tant que ressource naturelle majeure, il n'a jamais été réalisé d'étude spécifique sur les processus de production et leurs implications socio-économiques durant les périodes préhispaniques. D'une manière générale, les travaux réalisés sur le sel en Mésoamérique se sont plutôt centrés sur les échanges et les routes de commercialisation. Pourtant, "bien que le sel soit à l'origine un don de la nature, les hommes ont souvent du faire preuve d'ingéniosité pour l'obtenir" (Daire, 1994 : 3). En effet, l'inventaire des techniques de fabrication de sels utilisées dans le monde révèle une grande diversité de combinaisons technologiques à partir de deux procédés élémentaires (l'évaporation naturelle et la cuisson d'une saumure). Cette grande variété technologique est déterminée par la diversité des ressources exploitées. L'ensemble des chaînes opératoires qui, à partir des ressources, aboutissent à la production de sel cristallisé, est commandé par des facteurs naturels chimiques, physiques ou géographiques (Hocquet, 1985 : 20). Ces phénomènes souvent très localisés, imposent des réponses techniques spécifiques.

Par ailleurs, comme le soulignent certains auteurs, l'analyse des techniques constitue une étape essentielle pour l'étude du contexte social d'un groupe humain : la technique est "un champ de médiation entre des possibilités ou des impossibilités matérielles et certaines manifestations des organisations sociales" (Lemonnier, 1980 : 1). "A travers l'étude des techniques, ce sont le travail des artisans, leur faculté d'adaptation au milieu, la vie quotidienne et les relations entre groupes humains qui transparaissent" (Daire, 1994 : 3). L'étude technologique se justifie d'autant plus que l'étude se réalise sur des sites archéologiques, où les restes matériels constituent les témoins privilégiés qui permettent d'inférer sur la dynamique socioculturel des groupes humains du passé.

L'objectif général de ce travail repose donc sur l'élaboration d'un "corpus de faits techniques", constituant une base pour une interprétation en termes de contrôle social des opérations (Lemonnier, 1983 : 17). Dans cette perspective il s'agit d'identifier les "opérations stratégiques" - définies comme les opérations indispensables à la réalisation du produit (Lemonnier, 1983 : 17) - déterminées dans le cas de la fabrication du sel par les nécessités physico-chimiques de la ressource exploitée et les conditions climatiques. Les variantes observées peuvent alors être caractérisées en termes socio-économiques et culturels. Il faut souligner que la présente étude se réalisant à l'échelle du bassin, d'éventuelles variations naturelles locales peuvent être mises en évidence, et se refléter dans des différences technologiques.

Comme nous l'avons déjà mentionné, peu d'études systématiques sur les techniques de production de sels ont été réalisées en contexte archéologique. L'étude la plus complète est celle des briquetages de l'Age du Fer de l'Ouest de la France, sur lesquels, après une trentaine d'années de recherches régionales, un ouvrage synthétique a été récemment publié (Daire, 1994). Si l'on excepte l'ouvrage de Andrews (1983) sur la production de sel dans la zone Maya, il n'existe pas d'équivalents en Mésoamérique. Les quelques écrits technologiques sont le fruit de découvertes archéologiques fortuites, ou encore de souci

[1] Ce projet est réalisé par des chercheurs de l'Unité de Recherche 51 (Patrimoines, Cultures, Environnement) du Département SUD (Société Urbanisation Développement) de l'ORSTOM, en coopération avec le Laboratoire d'Anthropologie de l'Université de Guadalajara, et le Centre Régional Jalisco de l'INAH (*Instituto Nacional de Antropologia e Historia*).

[2] Le terme playa, est ici utilisé dans son sens géomorphologique qui désigne la zone basse d'un bassin versant désertique (cf chap. 1.3.1.).

d'enregistrements ethnographiques de techniques traditionnelles en voie de disparition. Pourtant la compréhension des techniques anciennes de production de sel passe par ce qui constitue une véritable "archéologie du sel" avec ses problématiques et ses méthodes spécifiques. En effet, les vestiges archéologiques de production de sel présentent une information complexe constituée par un matériel très dispersé, souvent très fragmenté, et rarement diagnostique (du fait notamment du peu d'études réalisées dans ce domaine). Comme le souligne Parsons (1993 : 277) :

> *"It is widely known, of course that archaeological materials often get mixed and recombined and redeposited, in virtually all kinds of sites. However, the potential for such archaeological mischief seems unusually great in saltmaking sites. Such sites are potential archaeological nightmares, and their potential complexity should be recognized and appreciated when any serious effort is made to interpret their content".*

Bien souvent l'identification d'un site archéologique de production de sels se fait par la simple non reconnaissance d'artefacts diagnostiques d'autres activités. Pourtant, comme pour toute autre activité, il peut exister des sites exclusifs de production de sels, mais aussi des aires fonctionnelles délimitées à l'intérieur de sites d'habitat, ou encore des sites où le matériel résultant de l'activité salinière se trouve totalement ou en partie mélangé avec le reste des artefacts.

L'étude de ces sites est d'autant plus délicate qu'elle implique des processus techniques et physico-chimiques bien souvent "insoupçonnables". L'image récurrente que nous avons des techniques de production de sel est celle des marais salants, distribués actuellement sur les franges littorales à travers le monde et qui utilisent l'action combinée de différents paramètres climatiques pour extraire du chlorure de sodium de l'eau de mer. Pourtant, le terme sel ne se réfère pas essentiellement au chlorure de sodium mais à une large gamme de minéraux aux propriétés et usages multiples. Ces sels sont et ont été traditionnellement extraits à partir de différents types de ressources (eau de mer, sources salées, plantes ou terres) dans des contextes écologiques très variés. A ce sujet, comme le soulignent fort justement Gouletquer et al (1994 : 131) dans un chapitre de l'ouvrage sur les briquetages armoricains concernant l'éventail des techniques employées pour produire le sel dans différents secteurs :

> *"Depuis le début du siècle, toutes les comparaisons ethnographiques qui ont été proposées pour tenter d'expliquer les briquetages ont pris comme référence le sel marin. Certains auteurs n'ont pas hésité à parler de productions qui seraient des "ersatz" ou des "succédanés" du sel marin. Comme si ce dernier était un modèle à atteindre par des populations qui en auraient été privées après l'avoir connu. En fait, si nous oublions un instant le sel idéal tel qu'il siège sur les tables de nos restaurants, la multitude des produits obtenus par les techniques assimilables aux briquetages permet de mettre l'accent sur un problème bien plus important... ce que nous soupçonnons derrière les briquetages, c'est l'idée que des matériaux bruts, terres, sables, plantes, eau de mer et eaux de source contiennent des composantes possédant des propriétés différentes de la matière première qui les contient. C'est là le concept même de chimie et si, comme cela semble se confirmer, cet artisanat du sel a pris naissance un peu partout en Europe dès le Néolithique, il faut bien admettre que cette révolution mentale précède celle qu'implique la métallurgie du bronze, mais qu'elle est, sur le plan conceptuel, de même nature"*

Outre la complexité induite par un large éventail de ressources et de techniques utilisées pour "fabriquer" des sels, la reconstitution des techniques à partir des vestiges archéologiques est d'autant plus ardue que nous n'avons pas accès au produit fini. Contrairement à la plupart des études technologiques, nous ne sommes pas en mesure d'évaluer d'éventuels stigmates sur l'objet fabriqué qui seraient le reflet de techniques de fabrication ou de son utilisation. Etant données ces contraintes, l'étude des techniques anciennes de production de sel passent par plusieurs étapes :

- d'une part la reconnaissance du milieu exploité et de ses limites physico-chimiques, c'est à dire l'évaluation du potentiel salin en termes qualitatif et quantitatif ;

- d'autre part, l'identification des vestiges archéologiques à la fois matériels et sédimentaires qui constituent les témoins des moyens utilisés pour extraire les sels de la ressource ;

- finalement la caractérisation de signatures géochimiques dans les sédiments de rejet et les vestiges matériel, considérées comme les témoins des différents processus physico-chimiques de production et permettant de préciser la fonction de ces différents types d'artefacts dans la chaîne opératoire.

A l'origine de cette étude, nous pensions concentrer nos efforts sur cette troisième phase de l'étude, par la mise en oeuvre de méthodes d'analyses spécifiques permettant d'identifier d'éventuelles signatures géochimiques. Toutefois, étant donné l'ampleur des deux premières étapes du travail nécessairement préalables, nous n'avons pas été en mesure d'approfondir cette troisième phase de l'étude dans cette thèse.

Le plan de cette thèse se divise donc en quatre parties :

- Dans un premier temps, nous présentons le cadre de l'étude et les méthodes utilisées pour sa mise en oeuvre. A l'intérieur de cette partie, nous distinguons les contextes naturel et culturel, en mettant l'accent pour ce dernier sur la place du bassin de Sayula dans l'Occident du Mexique. Ensuite nous réalisons une synthèse sur les technologies de production de sels connues en Mésoamérique à partir des études ethnologiques, ethnohistoriques et archéologiques. Enfin nous présentons les méthodes utilisées pour l'élaboration du corpus de faits techniques, ainsi que l'approche analytique.

- Dans un second temps, nous abordons l'analyse du milieu playa, perçu comme le lieu où se trouve la ressource ou matière première qui sera transformée, en analysant les composantes physico-chimiques et climatiques spécifiques à différentes zones de la playa. Cette phase de l'étude se base essentiellement sur des observations sur le milieu actuel. Etant donné l'âge relativement récent des sites (entre 500 et 2000 ans), nous postulons que les composantes naturelles de la ressource ont été peu transformées durant cette période. Toutefois, nous complétons l'étude du milieu actuel par une approche paléoclimatique, déterminée à partir d'une synthèse bibliographique de plusieurs études réalisées dans des régions voisines et l'analyse de sondages stratigraphiques réalisés dans différents secteurs du bassin. Cette approche permet de mettre en évidence d'éventuelles variations mineures ayant pu avoir un impact sur l'exploitation des sels. Ces observations propres au milieu, sont complétées d'une part par une approche ethnographique permettant d'établir une base de références des réponses techniques spécifiques à un contexte naturel donné ; d'autre part par des reconstitutions expérimentales permettant d'identifier les processus physico-chimiques caractérisant chaque étape de la chaîne opératoire.

- Dans un troisième temps, nous présentons l'analyse des vestiges archéologiques, depuis la prospection des sites de playa, en passant par la fouille de différentes aires d'activité représentatives de la variabilité des sites, jusqu'à l'analyse typologique, dans une perspective à la fois chronologique et spatiale, des différents types d'artefacts : sédiments de rejet, structures et récipients céramique. La classification de ces vestiges permet de diagnostiquer leur mise en place et leur utilisation dans les différentes étapes de la chaîne opératoire de production de sel.

- Finalement, nous dégageons la synthèse de cette étude en mettant l'accent sur la reconstitution de faits techniques et de leurs interactions avec le milieu exploité et la dynamique socio-économique du peuplement au cours du temps. Parallèlement à ce bilan permettant de mettre en évidence une évolution des échelles de production, nous proposons un récapitulatif des synchronismes et corrélations céramique reliant les vestiges du bassin de Sayula aux autres secteurs de l'Occident du Mexique. L'ensemble de ces données nous permet de proposer un schéma de distribution du sel de Sayula et l'intégration du bassin dans un système d'échanges plus vaste.

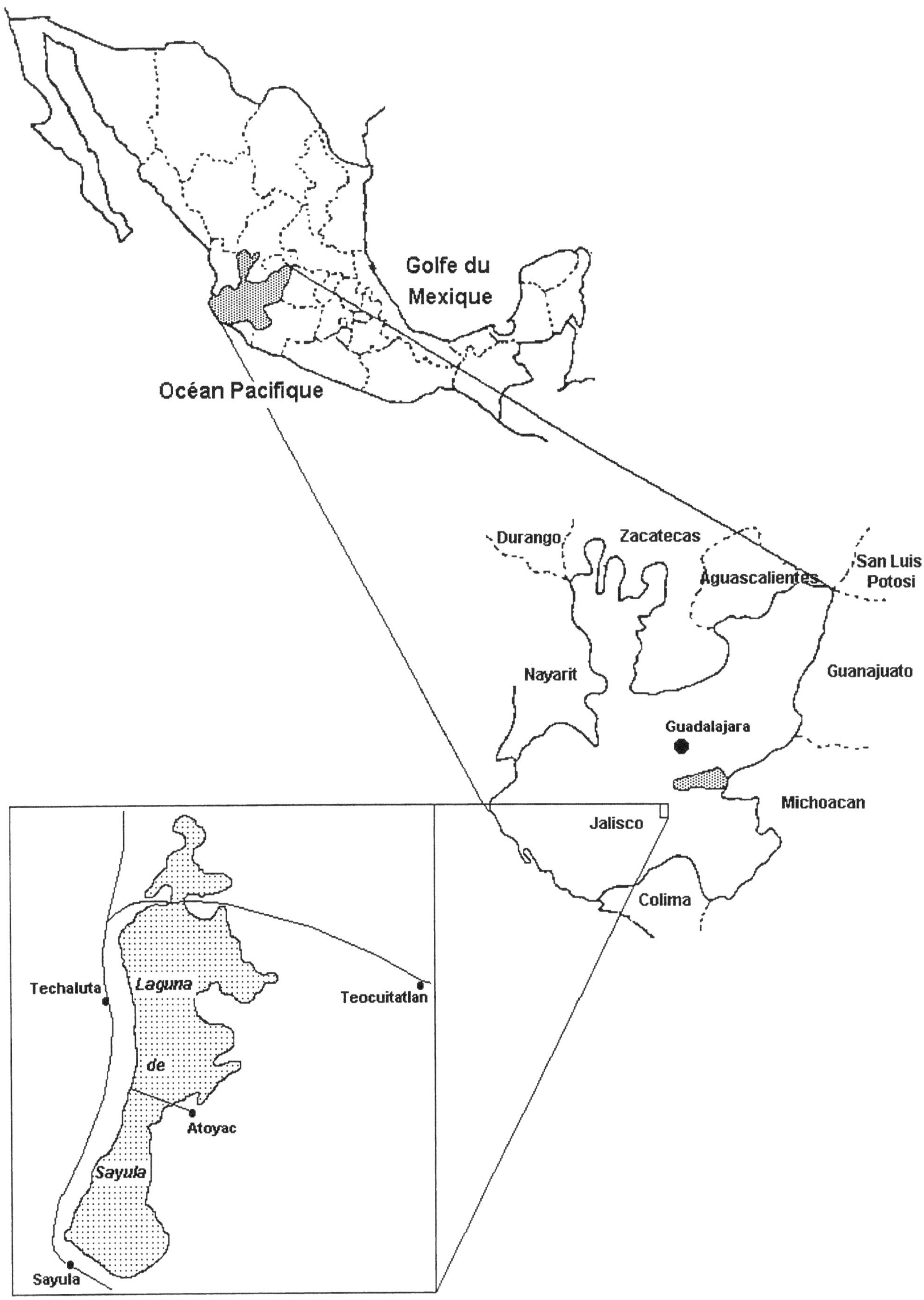

Figure 1 : Localisation de la zone d'étude

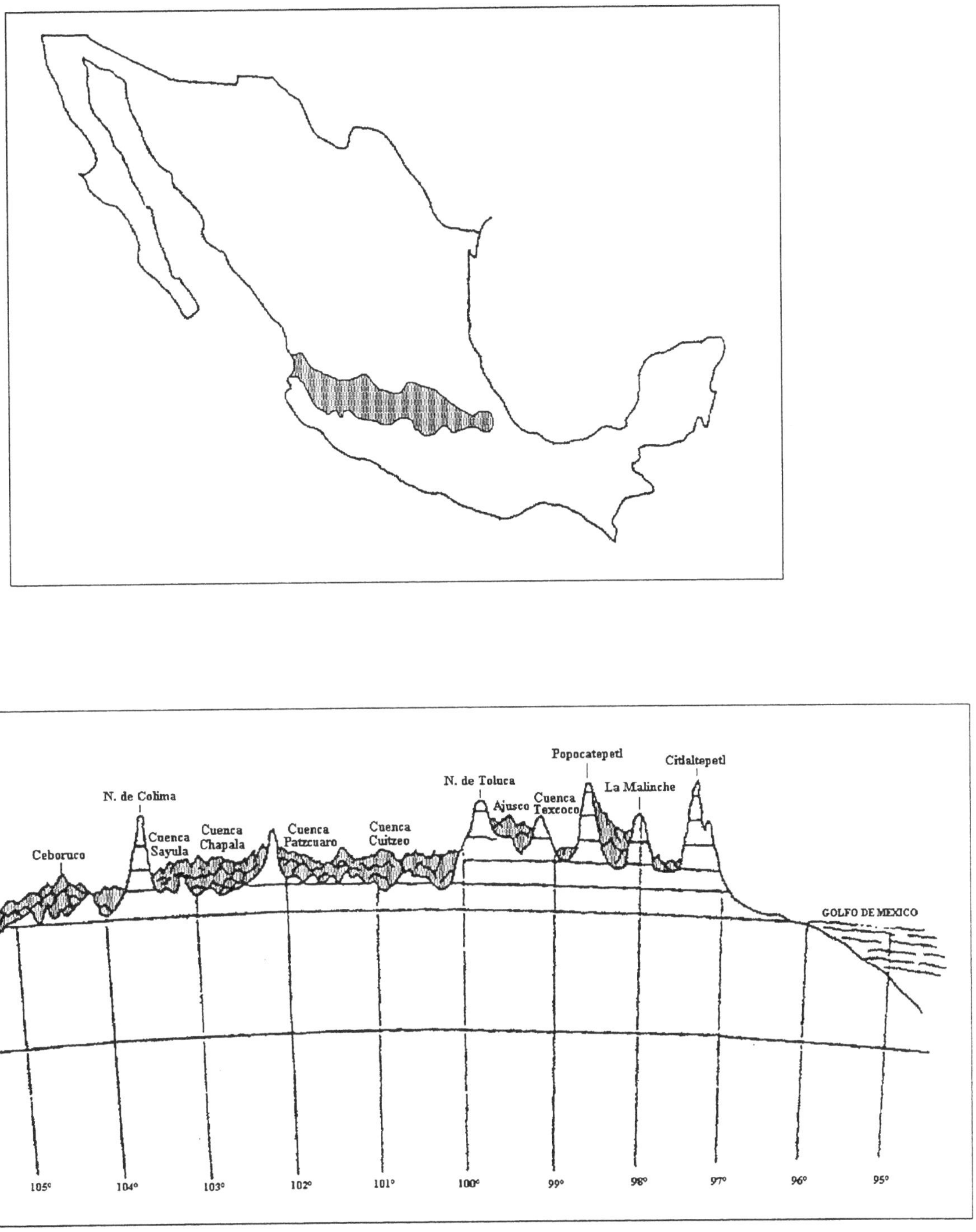

Figure 2 : L'Axe Néovolcanique Transmexicain (Florez Diaz, 1984)

Première partie : Cadre et méthodes d'études.

1. Le contexte naturel

Avec une longueur de 35 km et une largeur de 20 km, le bassin de Sayula présente une superficie d'environ 700 km², dont 260 km² de playa. De par son origine géologique, et son caractère endoréique, il constitue un complexe géomorphologique bien délimité (fig 1).

1.1. Géologie

1.1.1. Genèse

La zone d'étude se situe dans la province physiographique de l'Axe Néovolcanique Transmexicain (fig. 2). Cet axe est limité par les parallèles 19° et 20° de latitude nord, traversant le Mexique d'ouest (Volcan de Ceboruco, Nayarit) en est (Volcan de Citlaltepetl) avec une largeur qui varie entre 50 et 150 km. Il est limité au nord par le Plateau Central, à l'ouest il rencontre la Sierra Madre Occidentale, à l'est il croise la Sierra Madre Orientale jusqu'à la plaine côtière du Golfe du Mexique.

L'axe néovolcanique s'établit durant l'Oligocène, tandis que des phénomènes de rupture s'intensifient au niveau du contact entre la plaque de Cocos et la croûte continentale américaine (Demant, 1981). Au milieu du Miocène, cette grosse séquence volcanique se plisse légèrement en formant l'anticlinal de Chapala, orienté sud-ouest/nord-est (Diaz, 1977). Durant le Pliocène, cet anticlinal développe des failles en escaliers avec un effondrement central à l'origine du graben de Chapala. Des phénomènes similaires se succèdent à la même période, donnant naissance aux bassins de Atotonilco, Cuidad Guzman et Sayula. Au fur et à mesure que les failles s'accentuent, un volcanisme peu intensif se développe, produisant quelques cônes stratigraphiques basalto-andésitiques prononcés, superposés aux blocs tectoniques à proximité des failles (Florez Diaz, 1984 : 73).

Selon Demant et al (1976), l'orientation est-ouest qui apparaît à grande échelle le long de l'axe néovolcanique, constitue un groupe de cinq foyers principaux d'activité.
- le graben Tepic-Chapala
- Le graben de Colima
- le volcanisme de l'Etat du Michoacan
- les vallées de México, Toluca et Puebla
- l'extrême est

Dans leur extrémité ouest, les structures du graben de Chapala ont souffert une brusque interruption par l'effondrement du bassin de Sayula (Florez Diaz, 1984 : 51). Des études réalisées par la CFE [1] dans le bassin de San Marcos, indiquent que le fossé présente un effondrement d'environ 1500 m.

Durant le Pleistocène, comme conséquence des glaciations - qui dans ces latitudes se traduisirent par des périodes pluviales - ces dépressions tectoniques se remplirent et constituèrent un seul et immense lac, drainé postérieurement par le Rio Santiago. La dépression Zacoalco-Sayula, de par son caractère endoréïque, ne fut pas drainée et les eaux s'évaporèrent progressivement. Ces phénomènes se développèrent durant le Quaternaire, et ils furent associés à une nouvelle activité volcanique, essentiellement basaltique.

Les montagnes de San Marcos et La Difunta séparent le bassin de Chapala du bassin de Zacoalco-Sayula. Ce dernier est composé de trois secteurs formant un "Y". Le bassin contient quatre lacs peu profonds, du nord au sud : Atotonilco, Zacoalco, San Marcos - ces deux derniers séparés par une colline dénommée Cerro del Tecolote - et Sayula. Seuls les lacs de Atotonilco et la partie sud-est de Sayula conservent un niveau stable d'eau toute l'année. Les limites sud de ce grand bassin sont formées par la Sierra del Tigre - le Cerro de La Peña (2410 m) est l'un des pics les plus élevés -. Les limites à l'ouest sont définies par la Sierra de Tapalpa avec une altitude maximale de 2800 m. Cette montagne participe à la formation de l'escarpement occidental du Plateau Central, qui se prolonge jusqu'à la côte Pacifique (Aliphat, 1988 : 148). Les bassins de Zacoalco-Sayula sont actuellement séparés par une série de collines formées par des remplissages sédimentaires de transport de matériaux des montagnes environnantes (Florez Diaz, 1984 : 40).

1.1.2. Formations (fig. 3)

- Lithologie

En partant des roches les plus anciennes jusqu'aux plus récentes, nous sommes en présence de cinq unités lithographiques (Rivial, 1993 : 78-80) :

* *Crétacé inférieur*

Il s'agit d'une séquence d'arénites et de lutites de la formation de San Lucas, qui affleurent à 7 km au nord-ouest de Sayula, à l'ouest du rancho Ojo de Agua, ainsi que dans la Sierra de Tapalpa-Chiquilistlan.

* *Crétacé supérieur*

Dans cette formation, se détachent particulièrement les calcaires macrofossilifères de la formation Morelos, lesquels affleurent 6 km à l'est et au nord-ouest de Usmajac et 4 km à l'est de San Andres Ixtlan où ils sont exploités pour la fabrication de chaux.

* *Tertiaire inférieur*

Remontant dans la stratigraphie, apparaît en discordance un ensemble de roches volcaniques andésitiques de la formation de San Francisco, constituée d'andésites, de tufs andésitiques et de conglomérats volcaniques. Celles-ci affleurent à l'ouest de la Sierra de Tapalpa.

* *Oligocène-Miocène*

Cette unité est composée d'un ensemble de roches volcaniques acides, constituée d'écoulements, de tufs et pyroclastiques de composition ryolithique. Ces roches affleurent dans la Sierra del Tigre, à l'est de San Andres Ixtlan, ainsi qu'au sud-est de la Sierra de Tapalpa et dans les collines situées au sud de Sayula et à l'ouest de Ciudad Guzman.

[1] *Comisión Federal de Electricidad*

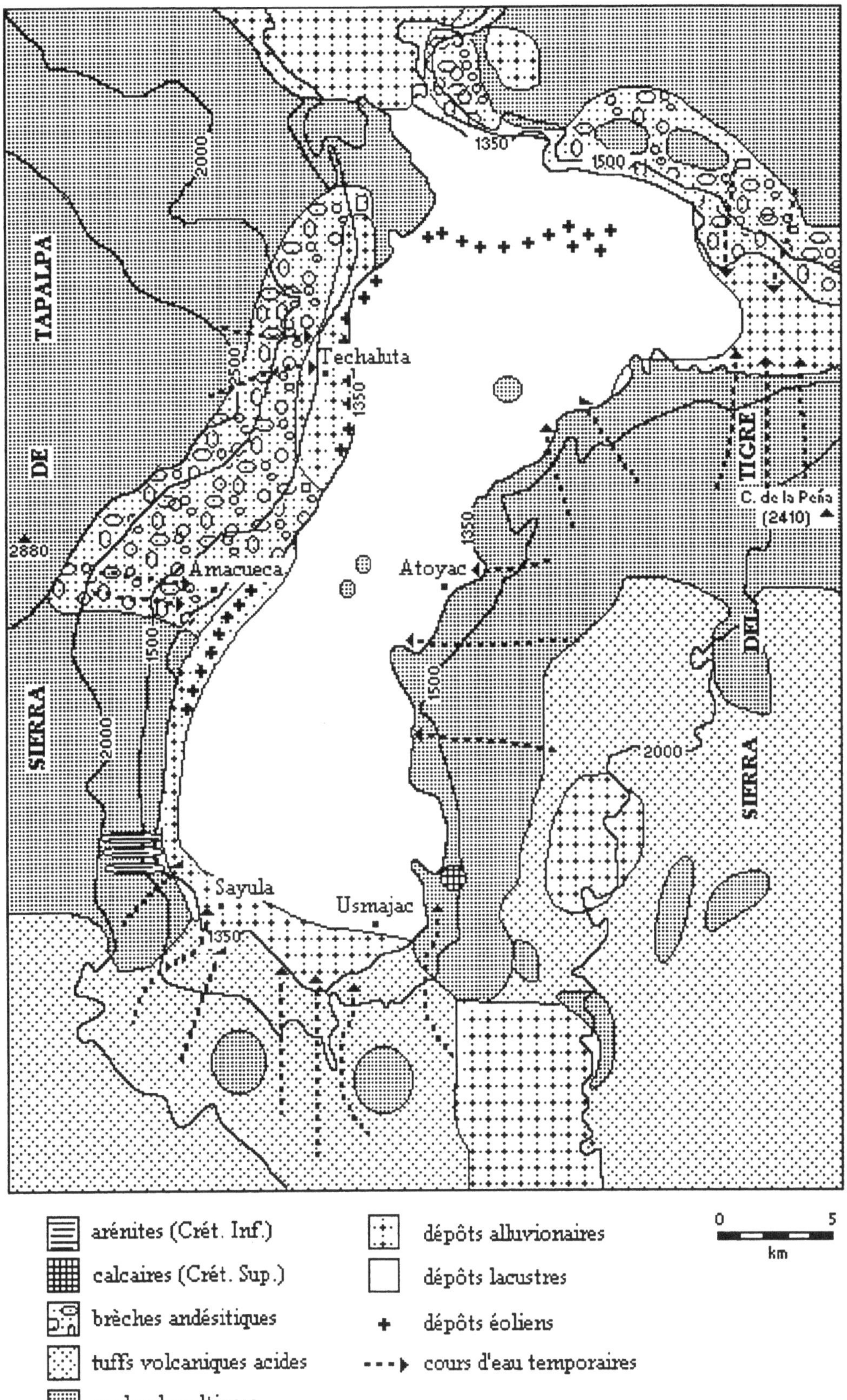

<u>Figure 3</u> : Données géologiques du bassin de Sayula (carte CETENAL)

** Pliocène*
Sans doute la plus importante, après les sédiments de playa; il s'agit de la vaste zone qui occupe dans les montagnes le grand ensemble de roches volcaniques basiques, composées principalement d'écoulements, de brèches et scories basaltiques. Elles affleurent dans la Sierra de Tapalpa, sur le flanc ouest de la Sierra del Tigre . Cette unité est importante puisqu'elle est associée à la formation des grabens dans la zone. Tous les appareils volcaniques observables actuellement (cratères ou cônes volcaniques) appartiennent à ce groupe.

- Sédimentologie

Les bassins sont généralement caractérisés par un complexe de faciès de dépôts qui résultent principalement des caractéristiques de flux d'entrée au lac.
** Les dépôts alluvionnaires*
Ils sont intégrés par des gravats subarrondis de taille moyenne à fine, de composition basaltique essentiellement. Le sédiment est peu compact. La matrice est formée principalement par des sables grossiers à fins avec des faibles contenus d'argile. Ils se distribuent principalement aux pieds de la Sierra de Tapalpa, et dans certaines zones de la Sierra del Tigre, où ils reposent de manière discordante sur le substrat argileux.
** Les dépôts éoliens*
Ils sont constitués de sables peu consolidés de taille moyenne à fine, modérément triés, déposés en petites couches ou en lentilles intercalées dans des dépôts de limons et argiles. Par ailleurs, en saison sèche, les sédiments pulvérulents (limons et argiles) de surface de playa sont transportés par déflation, ce qui contribue à la formation de dunes face aux vents dominants, dans les secteurs nord et ouest des bords de playa.
** Plaines d'argile salines*
La surface de ce faciès est formée par une couche d'argile et de limons de couleur beige, présentant une épaisseur d'environ 1 m. Il se caractérise par la présence de polygones de dessiccation et des efflorescence de minéraux salés. En profondeur il s'agit de sédiments argilo-sableux et de diatomées, qui se sont accumulés depuis le Pliocène dans les parties basses des fosses tectoniques, atteignant une épaisseur moyenne de 900m. A l'intérieur de cette unité, se détachent les épaisses couches de saumure. Une campagne de prospection géophysique dans les sédiments de playa a montré que la saumure peut atteindre selon les endroits de 5 à 15 m de profondeur sous la superficie actuelle (Florez Diaz, 1984 : 121).

1.1.3. Pôles géochimiques

En considérant la susceptibilité à l'altération chimique des roches par un contact avec les eaux de pluie acides, nous pouvons réaliser un bref inventaire des l'origine des ions les plus communément rencontrés dans les dépôts salins de playa.

- L'ion calcium

Il peut provenir de l'hydrolyse de silicates, tels que les plagioclases et pyroxènes calciques(Eugster et al, 1978:243).

- L'ion magnésium

Sa principale source est constituée par les dolomites et silicates de magnésium, rencontrés dans des roches ignées et métamorphiques telles que l'olivine, la biotite et les amphiboles (Eugster et al, 1978 : 243).

- L'ion sodium

L'ion sodium trouve principalement son origine dans l'hydrolyse de plagioclases sodiques, et en moindre quantité celle de feldspathoïdes, tels que la néphéline et la sodalite et d'une pyroxine, la jadéite (Eugster et al, 1978 : 243).

Selon Eugster (1980), de manière générale, la libération de l'ion sodium obéit à la réaction suivante:

$$Na\ Al\ Si_3O_8 + CO_{2(g)} + 11/2H_20 \rightarrow$$
albite (feldspath sodique)
$$1/2Al_2Si_2O\ (OH_4) + Na^+ + HCO_3^- + 2H_4SiO_2$$
montmorillonite

- L'ion potassium

Il provient de l'altération de felspaths potassiques et des micas (Eugster et al, 1978 : 243)

- Les ions carbonates et bicarbonates

La présence de ces ions est due essentiellement au dioxyde de carbone du sol dérivé de l'activité volcanique, de la respiration d'organismes vivants et de la minéralisation de la matière organique. Il peuvent aussi être issus de la dissolution de roches carbonatées. Dans la réaction d'hydrolyse précédemment décrite pour l'ion sodium, on note que des ions bicarbonates sont libérés. Les émanations volcaniques constituent un apport important de ces ions.

- Les ions chlorures

Ils peuvent prendre leur origine dans la dissolution de minéraux salins tels que la halite, la sylvite, ainsi que de l'eau de pluie. Les émanations volcaniques qui accompagnent la formation de roches volcaniques, contiennent d'importantes quantités de HCl sous forme gazeuse souvent associés à H_2S et CO_2.

- Les ions sulfates

Ils proviennent de l'oxydation d'émanations volcaniques gazeuses (H_2S), ainsi que de la décomposition de matière organique.

1.2. Climat

Le climat de la région résulte de l'interaction entre sa position continentale, l'effet des barrières orographiques importantes qui l'entourent, et la circulation générale sous la dominance de hautes pressions subtropicales. Il est défini comme semi-aride, à hivers frais et étés chauds, à pluies estivales, présentant sept mois de saison sèche (novembre à mai). Deux principaux régimes climatiques alternent au cours de l'année et sont perturbés de manière irrégulière par des phénomènes atmosphériques secondaires :

- d'octobre à mai, un flux zonal de vent d'ouest lié aux hautes pressions subtropicales peut être perturbé par la formation de zones de basses pressions dans le Pacifique qui, en se déplaçant à l'intérieur du continent, produisent des pluies importantes.

- de juin à septembre, un flux d'air tropical nord-est/sud-ouest, lié aux alizés mais atténué par les reliefs, peut-être perturbé par les dépressions cycloniques tropicales du Golfe du Mexique ou du Pacifique produisant les événements pluvieux les plus importants.

Les principaux paramètres sont donnés par des mesures provenant de quatre stations climatiques situées à Techaluta, Amacueca, Usmajac et Atoyac (fig 4 et 5). Ces stations sont gérées par la SARH[2] et la CONAGUA[3]. Une restructuration politique de ces organismes a été réalisée au début des années 80, nous n'avons donc pas pu récupérer de données antérieures à cette époque - à l'exception de la station de Atoyac, pour laquelle, nous avons pu obtenir des données de 1944 à 1963 dans un rapport de la SARH-. Par ailleurs, depuis quelques années, les stations ont été progressivement abandonnées et le matériel de mesure s'est détérioré. Pour les données de 1994 et 1995 - que nous exposerons en détail dans la seconde partie de cette thèse - nous avons réaménagé les stations de Techaluta et Usmajac, et installé des appareils de mesures à Poncitlan et à Carmelita.

Tableau 1: Données climatiques principales des quatre stations du bassin de Sayula

	Températures annuelles moy (°C)			Précipitations annuelles moy (mm)
	moy	**max**	**min**	
Techaluta	15,3	33,7	9,5	592
Amacueca	17,5	36,6	9	596
Usmajac	16,4	33,5	7,6	647
Atoyac	13,7	35	7,4	680

	Evaporation annuelle moy (mm)	Variations interannuelles (mm)	
		min	**max**
Techaluta	1863		
Amacueca	2165	200 (1989)	870 (1992)
Usmajac	1812	450 (1987)	850 (1992)
Atoyac	1920	285 (1989)	1000 (1992)

-Techaluta

Pour cette station, seules quatre années de mesures ont été enregistrées (1980, 1981, 1983 et 1984). La température annuelle moyenne est de 15,3°C, avec un maximum de 33,7°C au mois de mai, et un minimum de 9,5°C au mois de janvier.

La précipitation annuelle moyenne est de 592 mm (la faible quantité de données ne permet pas d'enregistrer de variations interannuelles notoires). 80% des pluies tombent entre les mois de juin et octobre. L'évaporation annuelle mesurée dans un Bac international A est de 1863 mm, avec des maxima de 240 mm par mois, correspondant aux mois d'avril et mai. L'évaporation mensuelle moyenne est toujours supérieure à la précipitation mensuelle moyenne, ce qui explique le caractère aride du climat.

- Amacueca

Dix années de mesures ont été enregistrées pour cette station. La température annuelle moyenne est de 17,5 °C, avec un maximum de 36,6°C en mai, et un minimum de 9°C en janvier. Les précipitations annuelles moyennes sont de 596 mm, avec des variations interannuelles très importantes. Durant la période décrite, on note un total de 200 mm pour 1989, et 870 mm pour 1992. 80 % des pluies tombent entre juin et septembre, sur un total moyen de 50 jours et une précipitation journalière moyenne de 8,5 mm, avec un maximum de 62 mm par jour et un minimum de 0,5 mm (65% se situent entre 1 mm et 8,5 mm, et 30% entre 8,5 mm et 25 mm). Les pluies de janvier sont généralement de fortes pluies (moyenne 30 mm) étalées sur deux ou trois jours. Les pluies des autres mois sont réduites et se distribuent sur plusieurs jours. En ce qui concerne les années les plus sèches, décrites ici par l'exemple de l'année 1989, il a plu seulement en juin et juillet, pendant 22 jours, une moyenne journalière de 10 mm, avec un minimum de 1,5 et un maximum de 20 mm. Quant aux années les plus humides, avec l'exemple de 1992 : il a plu en janvier un total de 342,5 mm pendant 21 jours, ce qui fait une moyenne journalière de 16 mm, avec un minimum de 2 mm et un maximum de 42 mm. Entre juin et septembre, il a plu pendant 51 jours, une moyenne de 14 mm par jour.
L'évaporation annuelle est de 2165 mm, avec des maxima de 200 et 225 mm correspondant aux mois de mars à mai. Comme dans le cas de Techaluta, l'évaporation mensuelle moyenne dépasse largement la précipitation mensuelle moyenne.

- Usmajac

Huit années de mesures ont été enregistrées pour cette station. La température annuelle moyenne est de 16,4°C, avec un maximum en avril de 33,5°C et un minimum en janvier de 7,6°C. La précipitation annuelle moyenne est de 647 mm, avec des variations interannuelles moins importantes que celles enregistrées à Amacueca. Durant la période décrite on observe une précipitation de 450 mm pour l'année 1987, et de 850 mm pour l'année 1992. 80% des pluies tombent entre juin et septembre, sur un total moyen de 52 jours et une précipitation journalière moyenne de 8 mm, avec un maximum de 53 mm et un minimum de 1 mm (65% se situent entre 1 et 8,5 mm, 33% entre 8 et 25 mm).

[2] *Secretaria de Agricultura y Recursos Hidraulicos*
[3] *Comisión Nacional del Agua*

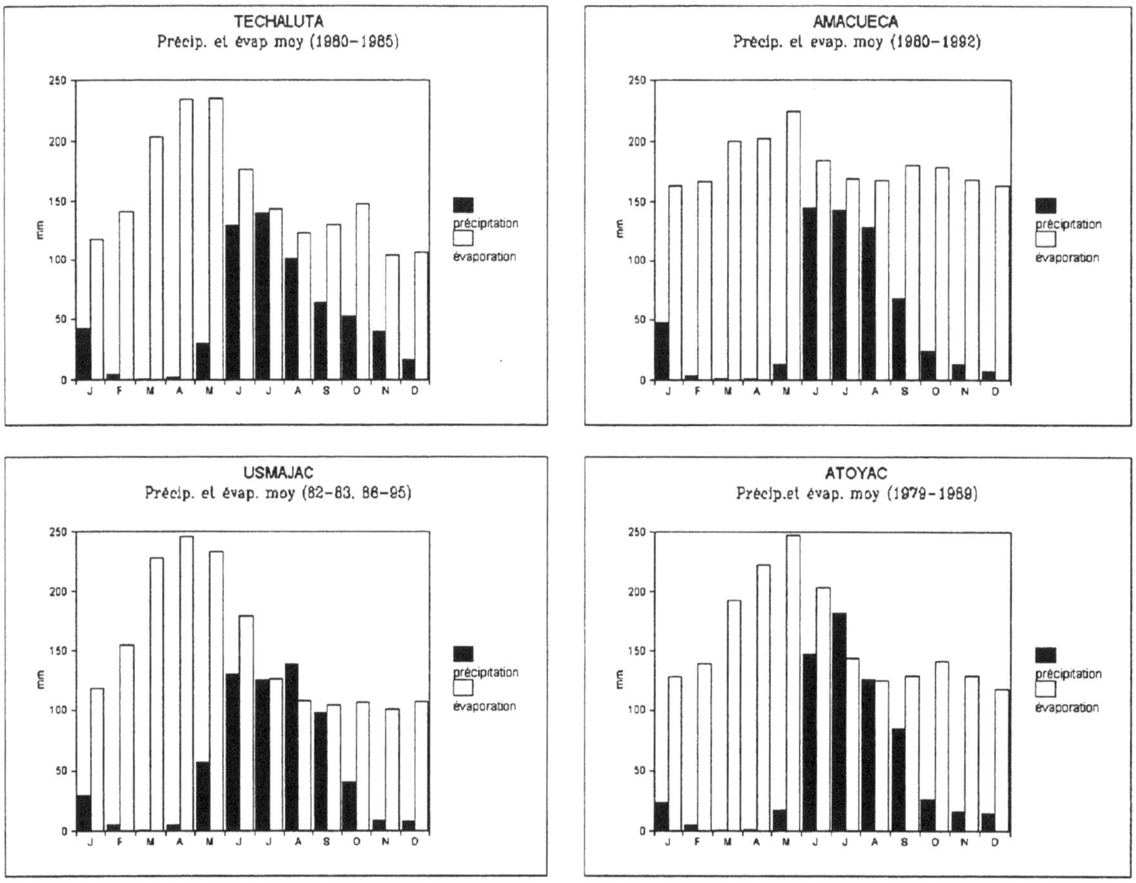

Figure 4 : Diagrammes des moyennes mensuelles de précipitation et évaporation dans les quatre stations du bassin de Sayula.

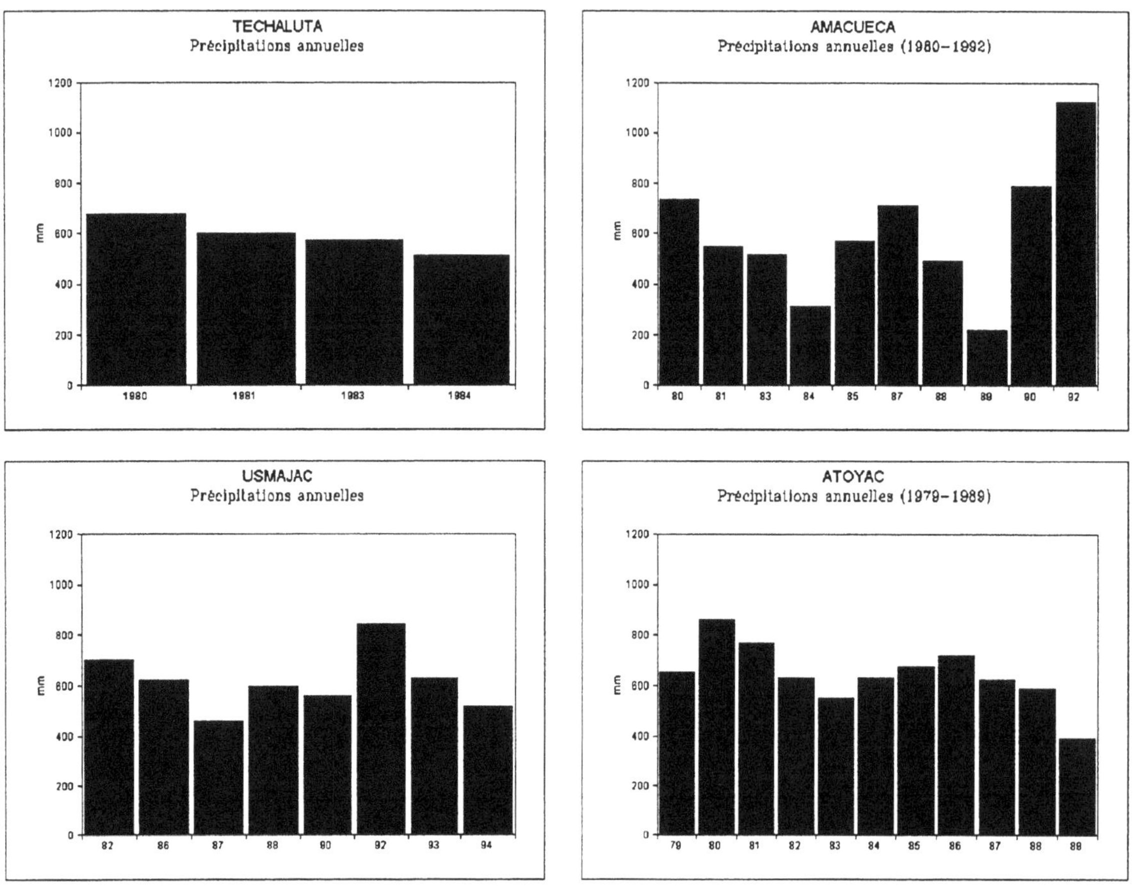

Figure 5 : Diagrammes des précipitations annuelles dans les quatre stations climatiques du bassin de Sayula.

L'évaporation annuelle moyenne est de 1812 mm, avec des maxima de 230 et 245 mm pour les mois de mars à mai.. Durant le mois d'août, la précipitation moyenne est supérieure à l'évaporation moyenne, tandis que pour les mois de juillet et septembre les deux moyennes sont quasiment égales, ce qui signifie, que dans cette partie du bassin, les apports d'eau directs suffisent à remplir la partie basse et à former un lac temporaire qui conservera une faible tranche d'eau au moins pendant deux mois.

- Atoyac

Un total de 31 années de mesures a été récupéré pour cette station. La température annuelle moyenne est de 13,7°C, avec un maximum de 35°C en mai, et un minimum de 7,4°C en janvier. La précipitation annuelle moyenne est de 680 mm. Durant les deux périodes décrites, on observe des précipitations interannuelles d'amplitude moyenne, présentant deux pics marqués en 1989, avec une précipitation annuelle de 285 mm et en 1992, une mesure de 1000 mm. 80% des pluies tombent entre juin et octobre, sur un total moyen de 56 jours et une précipitation journalière moyenne de 10,5 mm, avec un maximum de 54 mm et un minimum de 1 mm (66% entre 1 et 10,5 mm, et 25% entre 10,5 mm et 25 mm).

L'évaporation annuelle moyenne est de 1920 mm, avec des pics de 250 à 300 mm en avril et mai. Durant le mois de juillet, les précipitations sont supérieures à l'évaporation, tandis que pour les mois d'août et septembre les chiffres s'égalisent. Ces observations rejoignent celles de Usmajac, indiquant que durant la saison des pluies, les apports d'eau directs suffisent à former un lac temporaire.

Ces données préliminaires montrent qu'il existe une nette distinction entre d'une part l'ouest et le nord-ouest du bassin (stations de Amacueca et Techaluta) et l'est et le sud-est d'autre part (Atoyac et Usmajac). Les précipitations moyennes sont plus élevées dans la partie est et sud-est. En plus de ces variations spatiales, on peut noter des variations interannuelles d'amplitude moyenne, marquées par des pics d'années très humides, et des creux correspondant à des années très sèches. Nous verrons dans la seconde partie, que ces variations spatiales et temporelles influent directement sur la dynamique saline, et donc sur l'exploitation potentielle des terres salées.

D'une manière générale, le climat est caractérisé par deux saisons contrastées.

- La saison sèche qui s'étale en moyenne de novembre à mai, correspond à la dessiccation de la playa, et à la formation d'efflorescences salines. Elle est caractérisée par un régime des vents très importants composé de deux traits principaux : les vents dominants de direction sud/sud-est et les tourbillons. Ces vents contribuent à l'érosion en masse des sédiments pulvérulents de playa par déflation.
- La saison des pluies (entre juin et octobre) correspond à une augmentation des apports d'eau à la playa; il peut se former, selon les endroits, un lac temporaire. Du fait de la saisonnalité des précipitations, il n'existe pas dans le bassin de cours d'eaux permanents, mais des ruisseaux ou torrents qui s'écoulent vers la partie basse (fig 3).

1.3. Unités géomorphologiques et paysages.

En prenant en compte les paramètres de végétation et de sols, qui varient selon le gradient altitudinal, le bassin peut se diviser en quatre grandes unités géomorphologiques (fig 6), qui correspondent à des activités distinctes.

1.3.1. La playa

Cette unité constitue une zone plane, située au fond du bassin, à une altitude qui varie entre 1335 et 1350 m. Au delà de distinctions issues d'approches différentes du milieu, le terme géomorphologique de playa signifie : "une plaine de niveau de base d'un bassin versant désertique" (Cooke et al, 1993 : 202) (Grunberger, 1996 : 3).

Il faut préciser que ce terme est employé ici comme la partie basse d'un bassin endoréïque, sous climat semi-aride. Les playas constituent le réceptacle des sédiments et de l'eau, et leur nature est largement déterminée par leur propriétés sédimentologiques et hydrologiques. En tant que système érosion-dépôts, leur caractère dépend de plusieurs variables reliées entre elles. Les plus importantes sont : le fonctionnement de la nappe, le ruissellement, l'eau de surface, l'eau intersticielle (du sol), les sédiments, les sels, les processus éoliens et les réactions chimiques et biologiques (Cooke et al, 1993 : 205).

Les sols de playa se caractérisent par les paramètres généraux suivants (Grunberger, 1996 : 8) :

- milieux désertiques ou semi-arides ;
- formés sur des matériaux alluvionnaires fins (limons et argiles), ce qui explique qu'ils présentent parfois des tendances vertiques ;
- peu évolués en raison du contexte climatique, et du fait d'apports récents imposés par leur position relative dans le bassin versant hydrologique.

Ces sols sont à l'occasion soumis à l'influence des processus suivants (Grunberger, 1996 : 8) :

- action du vent : érosion et ou accumulation éolienne. La texture fine qui caractérise généralement les sédiments de playa les rend particulièrement susceptibles à la déflation (Cooke et al, 1993 : 211).
- action de l'eau : dépôts, érosion en nappe, ou parfois en front ;
- proximité d'une nappe phréatique : hydromorphie, salinisation, sodification, encroûtements (calcaire, sels solubles). Les phénomènes d'hydromorphisme peuvent engendrer la formation de traits pédogénétiques caractéristiques, tels que la formation de nodule de goethite (Cooke et al, 1993 : 65) ;
- inondation temporaire : fortes variations d'humidité, dissolutions, alcalinisation.

Du fait de leur situation, ces sols contiennent des proportions en sels généralement élevées ce qui permet de les classer dans la catégorie des sols alcalins des "salt affected soils" décrits par Szabolcs (1989), et plus particulièrement dans la catégorie de solontchaks décrits par Cooke et al (1993 : 64).

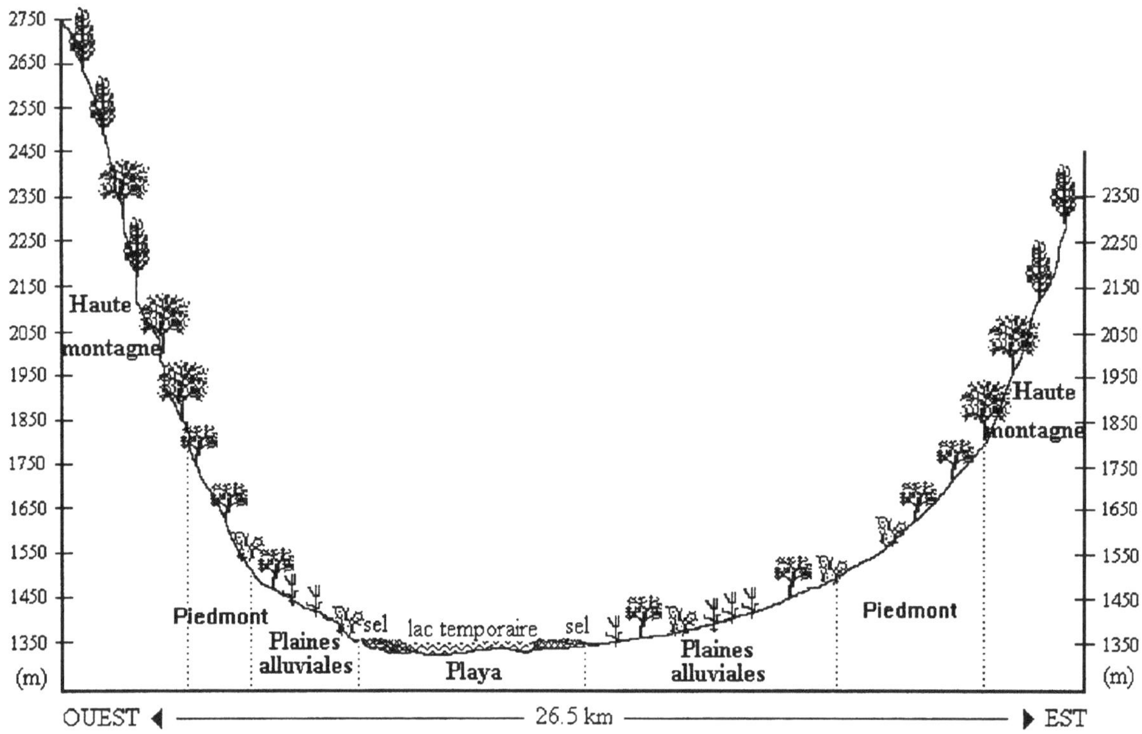

Figure 6 : Coupe schématique du bassin de Sayula montrant la distribution des quatres unités géomorphologiques.

En raison du contexte climatique, les sédiments de playa sont soumis à des rythmes saisonniers :

- En saison des pluies, l'approvisionnement en eau augmente, le niveau de l'aquifère s'élève, le sol est saturé en eau, il peut se former un lac temporaire [4]. Durant cette période, il se développe une activité de pêche dans des filets à mailles fines, de larves de crustacés et de petits poissons. Le fruit de cette activité, est ensuite mis à sécher sur des grandes étendues de playa, notamment aux abords du site de Carmelita. Bien que cette occupation soit très sporadique de nos jours, il semble qu'elle ait eu une certaine importance par le passé. Au XVIème siècle, Paso et Troncoso (1902 : 56) fait référence à Sayula et à la grande quantité de poissons que l'on trouve dans le lac du même nom :

> *"Tiene una laguna de que hazer sal en cantidad, y ay mucho pescado en tiempo de aguas"* (cf annexe 3 : (1))

- En saison sèche, l'évaporation est forte, il se produit des remontées capillaires de l'aquifère vers la surface. L'importance de ces remontées dépend de l'indice d'évaporation et de la pression capillaire du sol, elle-même fonction de la texture et de la structure du sol (Cooke et al, 1993 : 209). Pour que ces remontées aient lieu, l'aquifère doit se situer à une faible profondeur (environ 1 m). Ces phénomènes entraînent une accumulation des sels en surface et la précipitation d'évaporites sous formes de croûtes salines. Cette saison correspond donc à la période de collecte du *tequesquite* ou *salitre*[5] à la surface du sol de playa enrichie en sels, qui est utilisé aujourd'hui encore comme complément d'alimentation pour le bétail.

Comme nous l'avons vu dans le chapitre 1.2., la saison sèche correspond aussi à un régime de vents important ; les sédiments de playa sont donc repris par déflation sous forme de pseudosables et se déposent préférentiellement aux abords de la playa, formant ainsi des cordons dunaires face aux vents dominants.

Les niveaux de playa, sont quasiment dépourvus de végétation, de par les fortes concentrations salines qui la caractérisent une partie de l'année. Toutefois en saison des pluies, quelques plantes halophytes s'y développent, et plus particulièrement le *romerito* (*Suaeda torreyana*) de la famille des Chenopodiacées, très apprécié pour sa saveur et utilisé dans l'assaisonnement de nombreux plats. Dans la

[4] Il faut préciser que le terme *laguna* est utilisé au Mexique pour caractériser la partie inondable d'un bassin, il correspond au terme de sebkra (*sensus stricto*) qui désigne la partie submergée épisodiquement, et non pas au terme français de lagune (Grunberger, 1996 : 9). Le terme lagune désigne une étendue d'eau séparée de la mer par un cordon littoral (Foucault et Raoult, 1992 : 179)

[5] Termes locaux pour désigner les croûtes salines de surface. L'origine de ces termes est expliquée dans le chapitre 3.3.4.

partie sud de la playa, se développe une communauté de graminées halophytes, utilisées comme pâturages pour les troupeaux de vaches et de chevaux : le *Distichlis spicata* et le *Sporobolus pyramidatus* (Estrada Faudon, 1993 : 64). Par ailleurs, sur les cordons dunaires des bords de lagunes, se développe une végétation d'épineux et de cactées, principalement le *mezquite* (*Prosopis laevigata*) et le *nopal* (*Opuntia sp.*).

Une source du XIXème siècle (Anonyme, 1878 : 172) souligne l'absence de végétation au niveau de la playa, à exception du *romerito*, précédemment mentionné :

> *"El pantano carece de todo arbol, plantas, yerbas, y pasto y solo en el verano produce a trechos alguna yerbita pequeña llamada romerillo que sazonada en la cocina es gustosa"*(cf annexe 3 :(2)).

1.3.2. Les plaines alluviales

Il s'agit de la zone de bas de pente des montagnes, qui s'étend entre 1350 et 1500 m d'altitude. De par la morphologie du bassin, les plaines alluviales présentent une extension beaucoup plus importante dans la partie est du bassin, où la Sierra del Tigre s'élève de manière moins abrupte que la Sierra de Tapalpa. Elles constituent le secteur le plus fertile du bassin, avec des sols de type chernozem et phaeozem, terres noires très organiques qui peuvent atteindre jusqu'à 1 m de profondeur. De par la géologie, la géomorphologie, l'hydrologie (présence de nombreux cours d'eaux et de sources dans la partie est) et les variations climatiques, les sols du secteur est sont plus argileux et plus riches que les sols du secteur ouest. Dans le secteur est, les plaines alluviales sont caractérisées dans de nombreux endroits par des vertisols. Les sols du secteur ouest sont à tendance plus sableuse, et moins profonds, on y rencontre des zones résiduelles de cambisol. D'une manière générale, les plaines alluviales constituent une zone favorable à la mise en cultures. A l'extrême sud-est, des collines d'origine volcanique présente un sol très induré appelé *tepetate*, riche en minéraux échangeables, mais difficile à mettre en cultures de par ses caractéristiques physiques.

On peut supposer que cette zone a été largement modifiée depuis les périodes préhispaniques, avec l'intensification des activités agricoles (constructions de canaux, et de retenues d'eaux pour l'irrigation) et l'aménagement de voies de communications (routes, voies de chemin de fers). Les cultures qui s'y développent sont principalement : le maïs, la canne à sucre, le sésame, le pois, le sorgho et des cultures maraîchères. De plus une utilisation intensive de ces terrains se développe pour l'élevage bovin et équin, en association avec des cultures de luzerne et de plantes fourragères.

La végétation naturelle de cette zone est caractérisée par un maquis subtropical. Celui-ci présente dans ce secteur une apparence ouverte, avec une altitude moyenne des arbustes de 3 m. Les arbustes épineux dominent : *Bursera sp.*, le *huizache* (*Acacia sp.*), le *mezquite* (*Prosopis sp.*), *Ipomoea sp.*, ainsi que différentes espèces de cactées telles que le nopal *Opuntia sp.* ou la *pitaya* (*Stenecereus queretaroensis*) (Aliphat, 1988 : 159).

Dans certaines zones proches des bords du lac, où se maintient un niveau constant d'humidité (sud-est), on rencontre des communautés de plantes aquatiques composées de joncs (*Typha sp. et Seirpus sp.*) et de graminées. Dans ces secteurs, viennent se réfugier quelques variétés de gibiers d'eaux du type Rallidae (poules d'eaux), ainsi que des oiseaux migrateurs à certaines époques de l'année : des pélicans (Pelecanidae), des cygnes, des oies et des canards (de la famille des Anatidae), des hérons (famille des Ardeidae), des ibis (famille des Threskiornithidae), des cigognes (famille des Ciconidae) etc... (Delgadillo Vazquez, 1993 : 73-74). La périphérie sud du village de Atoyac, est signalée dans les sources historiques comme une zone marécageuse, difficile d'accès, et où était pratiquée une activité de chasse et de pêche (Anonyme, 1880).

1.3.3. Le piedmont

Ce secteur correspond aux flancs de montagnes de moyenne altitude (1500-1800 m). Il est caractérisé par des sols de type phaeozem, constituant des terres fertiles propices à la mise en cultures, de par leur richesse minérale, et la présence de nombreux cours d'eaux saisonniers et de sources (notamment sur le versant est). Cependant ces sols sont susceptibles à l'érosion, du fait de l'importance des pentes et de leur faible épaisseur par endroit. De nos jours, ce secteur est encore utilisé épisodiquement pour la mise en cultures, mais en respectant des techniques anti-érosives (installation de terrasses, et labours peu profonds). Par ailleurs, le substrat basaltique, qui affleure en de nombreux endroits, empêche toute mise en cultures.

La végétation est caractérisée par un maquis de composition très variée, similaire à celle décrite pour la zone de plaines alluviales. Elle se compose de diverses espèces d'arbres et d'arbustes, d'une hauteur moyenne de 3 à 5 m. La végétation arborée se compose entre autres d'arbres fruitiers tels le *guamuchil* (*Phitecebollium dulce*), le *guayabo* (*Psidium guajaba*), des pruniers (*Spondias et Prunus sp.*), d'arbustes épineux tels que le *mezquite* (*Prosopis glandulosa*), le *huizache* (*Acacia albicans*), le *tepehuaje* (*Acacia acapulcansis*), de cactées donnant des fruits tels que le *nopal* (*Opuntia sp.*) ou la *pitaya* (*Stenecereus queretaroensis*).

La faune rencontrée dans cette zone est également très diversifiée : tatous, blaireaux, opossums, lapins, lièvres, cailles, chachalacas (sorte de poules sauvages), dindes etc... Cette grande variété écologique rend ce secteur très favorable aux activités de chasse et de cueillette, aujourd'hui très sporadiques, mais probablement beaucoup plus développées par le passé. A ce propos Schöndübe (1983) souligne que, les recherches sur la Mésoamérique mentionnent essentiellement la triade d'aliments : maïs, haricots et courge, omettant généralement les nombreuses autres espèces végétales qui composaient les éléments de subsistance des populations du Mexique ancien. Il faut ajouter que la collecte des produits sylvestres n'était pas uniquement réalisée à des fins alimentaires, mais aussi pour la fabrication de décoctions aux vertus curatives, de teintures, d'ornements. Le bois était utilisé pour la fabrication d'éléments de construction et comme combustible

(Valdez et al, 1996). A propos d' utilisations spécifiques, nous pouvons signaler l'existence d'un arbre, le fromager (*Ceiba pentandra*), dont les boutons sont composés d'une espèce de coton rustique qui, mélangé au coton, pouvait être utilisé dans la fabrication de textiles (Morales, 1978 : 65).

En ce qui concerne les ressources minérales, cette zone présente des affleurements d'argile de type granitique utilisés dans la fabrication de poterie. Des gisements de cuivre et d'étain ont été également détectés. Les sources ethnohistoriques mentionnent l'existence de mines de cuivre et d'argent aux alentours de Amacueca (Paso y Troncoso, 1902 : 18):

> *"...a una legua del pueblo, ay disposicion de aver metales de plata y cobre porque lo an ya descubierto" (cf. annexe 3 : (3)).*

ainsi que dans les montagnes avoisinant le village de Sayula (Paso y Troncoso, 1902 : 56) :

> *"...ay minas de cobre y parece averlas tambien de plata" (cf annexe 3 : (4)).*

1.3.4. La montagne

Elle se situe dans un secteur altitudinal entre 1800 et 2350 m pour la Sierra del Tigre et 2800 m pour la Sierra de Tapalpa.

Dans ce secteur, les sols sont très peu développés, et le substrat basaltique affleure. Les minéraux et roches présents constituent des gisements pour la fabrication d'outils, l'utilisation comme matériaux de construction et éventuellement la sculpture. Cette zone correspond à une forêt où prédomine le pin (*P. oocarpa, P. pseudostrobus, P. michoacana, P. montezumae* etc...) et le chêne (*Quercus candicanis*). La faune est constituée de grands gibiers tels le cerf et le sanglier, ainsi que les petits mammifères décrits précedemment pour la zone de piedmont.

2. Le contexte culturel

2.1. L'Occident du Mexique

Une partie de la présente étude s'intéresse à l'identification de faits techniques étroitement liés à un contexte naturel, donc partiellement extra-culturels. En revanche un autre aspect de l'étude repose sur le rôle du sel dans la dynamique socioculturelle du bassin de Sayula et ses relations avec les régions voisines. Cette approche passe par l'identification de liens culturels entre différentes régions ayant pris part à l'histoire de l'Occident du Mexique.

Ce chapitre repose sur la présentation d'un état des lieux de faits archéologiques et d'hypothèses de regroupements régionales permettant d'ébaucher une reconstitution de la trajectoire culturelle de l'Occident du Mexique. Il ne constitue pas un bilan réel de cet aire culturelle, pour laquelle il subsiste de nombreuses inconnues.

2.1.1. Définition géographique et culturelle

"Dès les années 1940, et lors des premières tentatives de définition des aires culturelles de l'Amérique moyenne, le Mexique occidental a été assimilé à une région marginale. Litvak (1975 : 172) souligne en effet que l'Occident mexicain est exclu de l'aire de "haute intensité culturelle" proposée en 1939 par Kröeber - aire qui préfigure la Mésoamérique telle qu'elle sera ultérieurement définie par Kirchhoff en 1943. Lors de la table ronde consacrée à une première synthèse des connaissances sur la zone, Kirchhoff (1948 : 134) mentionne quant à lui, à propos de l'intégration de l'Occident à la sphère culturelle mésoaméricaine, la possibilité d'une mésoaméricanisation progressive de la région occidentale. Cependant, au moins pendant la majeure partie de sa trajectoire préhispanique, l'entité occidentale aurait été caractérisée par une série de traits négatifs, parmi lesquels figurent l'absence d'architecture monumentale ou d'urbanisme, l'absence de sculpture (à l'exception de pétroglyphes), l'absence d'écriture, de calendrier et de panthéon - tous trais culturels diagnostiques de la Mésoamérique" (Servain, 1993 : 35).

D'un point de vue géographique, "conçue dans le contexte des connaissances limitées d'une époque (S.M.A., 1948 ; Lister, 1955), l'entité occidentale englobait initialement tous les Etats du nord-ouest de la Mésoamérique, réunis dans leur excentricité culturelle et géographique" (Servain, 1993 : 8). Depuis, l'avancée des recherches dans les différentes régions de l'Occident a permis d'affiner le schéma géographique dans une perspective chronologique. En effet, au cours du temps, l'Occident du Mexique s'est articulé autour d'un noyau central - limité par les Etats de Sinaloa, Nayarit, Jalisco, Colima et Michoacan - avec lequel interagissent différentes sphères culturelles. Tout d'abord, le Guerrero a été définitivement écarté de l'aire occidentale, car il "témoigne en effet d'affinités marquées avec le plateau central, qui le situent désormais dans la mouvance de l'aire nucléaire mésoaméricaine" (Servain, 1993 : 8). Par ailleurs, le Zacatecas et le Durango définissent ce que certains auteurs appellent des sphères d'interaction (Jimenez, 1993, 1996) de la frontière nord-ouest de la Mésoamérique. Enfin, "le Guanajuato se situe à la confluence de divers courants culturels, il est considéré comme une région de transition, attestant de liens évidents avec les cultures de l'ouest" (Servain, 1993 : 8 ; Sanchez et al, 1990 : 267), notamment avec les populations prétarasques du bassin de Zacapu dans le Michoacan (Carot, 1990;Arnault et al, 1993).
La multiplication des projets régionaux, associée à un élargissement des champs de recherche a considérablement enrichi la connaissance de l'Occident du Mexique. "L'apport de données nouvelles a en effet permis de préciser la trajectoire culturelle de la zone et la nature de ses relations avec les sphères culturelles voisines et, en conséquence, de réviser les termes de son évolution" (Servain, 1993 : 36).

2.1.2. Les subdivisions régionales (fig 7)

Différentes régions, caractérisées par des marqueurs culturels propres, ont participé à l'histoire de l'Occident du Mexique. Outre de nombreuses études régionales, plusieurs auteurs se sont penchés sur l'identification de traits permettant de mettre en évidence une certaine unité culturelle. Schondube (1987 : 407) définit l'Occident du Mexique comme une mosaïque de faits culturels pour lesquels il est difficile de dégager un dénominateur commun. Il souligne que cette variabilité s'enregistre dans les différents matériels archéologiques, ainsi que dans le vaste panorama linguistique observé à l'époque du contact espagnol.

Dans les années 40, à l'issue de sa vaste expérience de terrain, Kelly (1948) définit quatorze provinces archéologiques caractérisées par leur matériel céramique. Ces provinces ont le mérite d'avoir constitué la base géographique pour les études régionales réalisées dans l'Occident. Cependant, elles présentent le défaut de relever de modèles descriptifs, plus qu'analytiques (Litvak, 1975 : 172), par ailleurs, elles mettent l'accent sur des fragmentations régionales parfois arbitraires, en associant des styles céramiques à des cultures (Weigand, 1992 : 18-19, 1993) ce qui présente l'inconvénient de masquer l'unité culturelle de certains ensembles régionaux (Hers, 1989 : 40). La compilation de l'information obtenue sur la base des travaux réalisés depuis une vingtaine d'années a permis d'élaborer un schéma de subdivisions régionales plus fidèle à une perspective dynamique et diachronique.

Les séquences sont finalement regroupées sur le modèle des subdivisions proposées par Servain (1993 : 26). Nous procédons à des réajustements en fonction de notre problématique et de données récentes :
- d'une part les hautes terres septentrionales sont reclassées dans le secteur nord-ouest ;
- d'autre part, le littoral Pacifique est divisé en deux grandes zones : les plaines côtières septentrionales et méridionales ;
- enfin, une subdivision régionale est consacrée au Michoacan.

Le tableau 2 propose une synthèse des données chronologiques obtenues dans chaque zone, sur la base du tableau de Taylor (1974) corrigé par Servain (1993).

	Secteur nord-ouest						Plaines côtières septentrionales					Plaines côtières mériodionales					Hautes terres de l'ouest					Hautes terres méridionales				Hautes terres du Michoacan			
[illegible]	Durango	Zacatecas	Jalisco				Sinaloa			Nayarit		Nayarit	Jalisco		Colima		Jalisco					Jalisco			Colima	Michoacan			
Sites ou régions	Guadiana	Suchil	Huistle	Bolaños	Totoate	Los Altos	Guasave	Culiacan	Chametla	Peñitas	Amapa	San Blas	Tomatlan	Barra de Navidad	Morett	Playa del Tesoro	Magdalena Etzatlan	Vallée de Atemajac	Chapala rive nord	Chapala rive sud	Sayula	Autlan	Tuxca cuesco	Tamazula Tuxpan Zapotlán	Armeria	Urichú Patzcuaro	Zacapu	Apatzin-gan	Périodification de la Mésoamérique
1500								La Quinta			Santiago											Autlan			Periquillo	Taricuari			
1400								Yerbalito						Navidad			Etzatlan				Amacueca	------	Toliman	Terla	----		Milpillas	Chila	récent
1300			Calera										II- Nahuapa						Santa Cruz			Milpa			Chanal				Post-
1200								La Divisa	El Taste	Mitlan	Ixcuintla									Tizapan						récent			
1100			Tunal				Guasave										Huistla							Laurel		Urichu ---			Classique
1000								Acaponeta	Acaponeta		Cerritos	Santa Cruz					/			Cojumatlan					Armeria	ancien	Palacio		ancien
900					Totoate récent														Puerta Nueva		Sayula	Cofradia	Coralillo		----			Tepetate	
800			Las Joyas	II					Lolandis		Tuxpan		I- Aztatlan	Barra			II-	El Grillo Ixtepete						Nogales		La Joya	La Joya		
700	III	Vesuvio								- ? -						Tesoro			Pitallo	Chapala						Lupe	Lupe		récent
600			Ayala						Baluarte		Amapa	Los cocos					Teuchitlan								Colima				
500										Chala					Morett récent		I-	Tabachines								Jaracuaro	Jaracuaro	Apatzin gan	Classique
400	II								Tierra del Padre		Gavilan		Guayacan														3		ancien
300		Canutillo		I						- ? -							Ahualulco	| ?			Verdia		Tuxca-cuesco		Comala		Loma 2 Alta		
200	I					(Teocal tiche)				Tamarindo		Ixtlán ancien																Delicias	terminal
100					Totoate ancien																								
AD 0 BC													La Pintada				El Arenal										1		Proto-Classique
100															Morett ancien										Ortices			Chumbi cuaro	
200																													récent
300																													
400																													Formatif
500																													
600												San Blas					San Felipe												
700																	? | ?												
1000																													moyen
1500																				El opeño (1500 BC)					Capacha (1450 BC)				
2000												Matanchen																	ancien
Réf. biblio	Hers (1989)			Cabrero (1989)	Kelley (1971)	Bell (1974)	Grosscup (1964)	Kelley et Winters (1960)		Bordaz (1964)	Grosscup (1964)	Mountjoy (1972)	Mountjoy (1982)	Long et Wire (1967)	Meighan (1972)	Crabtree Fitzwater (1963)	Weigand (1985)	Schondube et Galvan (1978)	Bond (1971)	Lister (1949) Meighan et Foote (1968)	Kelly (nd)	Kelly (1949)		Schondube (1994b)	Kelly (1980)	Pollard (1996)	Arnauld et al (1993)	Kelly (1947)	

Tableau 2 : Tableau chronologique des différentes aires culturelles de l'Occident du Mexique (d'après Servain, 1993 : fig.3)

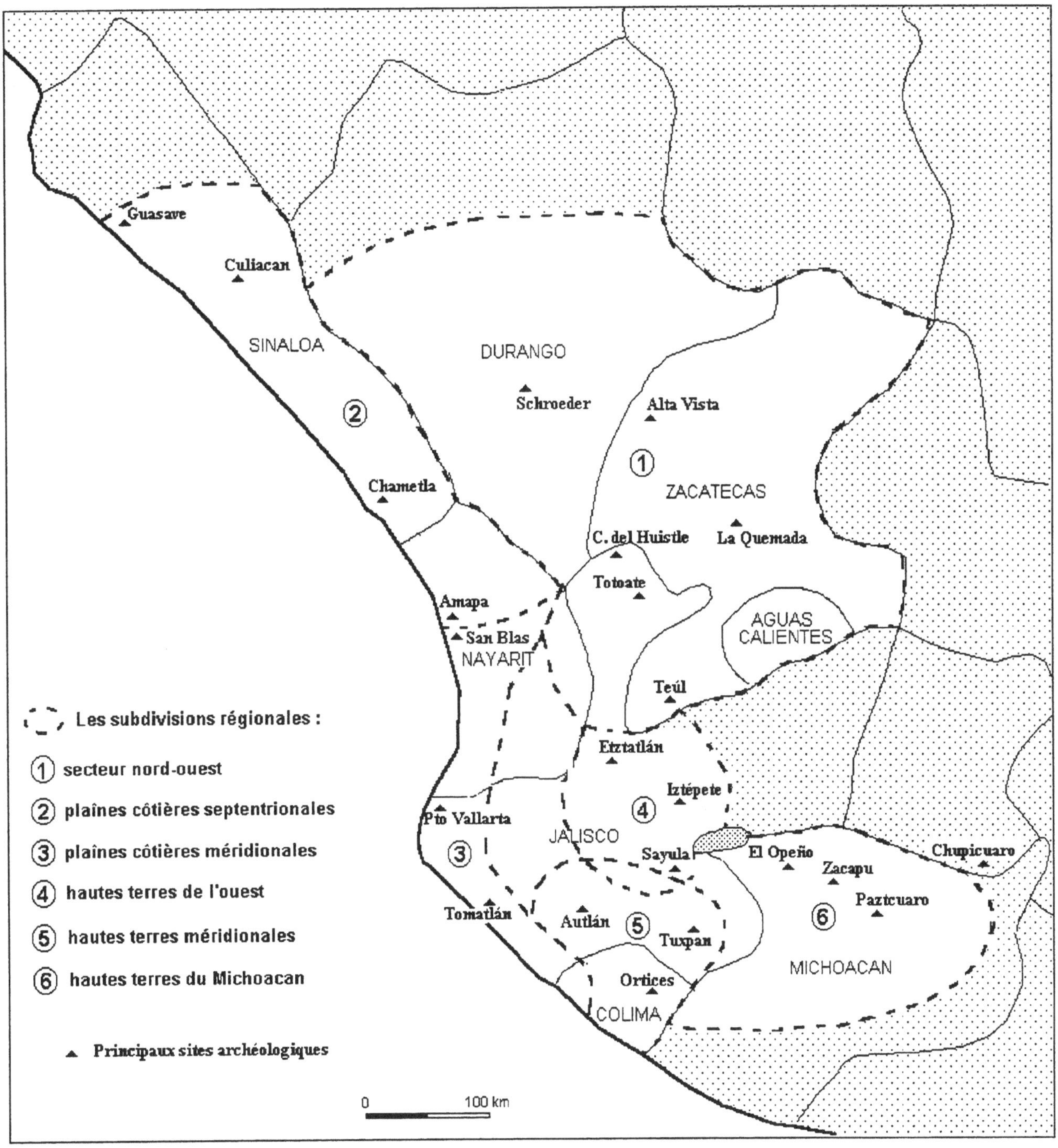

Figure 7 : Carte des aires culturelles et des principaux sites de l'Occident du Mexique.

2.1.2.1 Le secteur nord-ouest

Cette zone correspond aux Etats modernes de Durango et Zacatecas, et à l'extrême nord du Jalisco. Comme le soulignent Jimenez et García-Uranga (1996), le secteur nord-ouest présente deux "casquettes", d'une part une situation de frontière nord de la Mésoamérique, d'autre part des synchronismes et des corrélations céramiques clairs avec le noyau central de l'Occident du Mexique.
L'occupation du secteur nord-ouest a longtemps été considérée comme principalement du Postclassique, résultant de migrations Toltèques vers le nord. Nelson (1992) procède à un examen critique des connaissances et souligne que les données obtenues durant la dernière décennie ont permis de resituer les périodes d'occupation de cette zone vers des périodes plus anciennes, plaçant son apogée entre 500 et 850 ap JC. Au delà des considérations purement chronologiques, plusieurs hypothèses ont été développées dans le but d'expliquer la trajectoire culturelle de ce secteur.

- *L'hypothèse de Kelley (1971, 1990)*
Considéré comme l'un des précurseurs du développement des recherches archéologiques dans le secteur nord-ouest, Kelley (1971 : 769) propose une subdivision de celui-ci en trois grandes aires culturelles : Chalchihuites, Malpaso et Juchipila-Bolaños. L'auteur (1990) pense que ces trois zones sont issues du métissage entre les populations du nord et des peuples originaires du noyau central de la Mésoamérique.

- *Le concept de culture Chalchihuites (lato sensu)* (Hers, 1989, 1993)
Sur la base des travaux réalisés sur le site El Huistle, et sur l'observation de traits communs aux cultures Chalchihuites (branches Guadiana de Durango et Suchil de Zacatecas), Malpaso (La Quemada), Loma San Gabriel et Juchipila Bolaños, Hers (1989) propose de revenir au concept global de culture Chalchihuites. Cet auteur pense qu'une telle homogénéité culturelle ne peut-être que le fruit de migrations de peuples sédentaires (venus du Plateau Central ?) durant la phase Canutillo, au IV ème siècle de notre ère. Par ailleurs, elle observe un abandon vers le IX ème siècle, pour lequel elle suggère un retour vers le Plateau Central pour fonder Tula (Hers, 1989, 1993).

- *La culture Juchipila-Bolaños* (Cabrero, 1989)
"L'existence d'une entité Juchipila-Bolaños tend à être controversée. L'essentiel des données disponibles concerne l'axe Bolaños mais il n'existe que très peu de jalons tant sur l'axe Juchipila que sur la zone intermédiaire de El Teúl" (Servain, 1993 : 30). A la suite de fouilles réalisées sur l'axe Bolaños, Cabrero (1989) interprète cette région comme une zone de frontière culturelle entre la tradition Teuchitlan de la région des lacs situés à l'ouest de Guadalajara, et la culture Chalchihuites (*stricto sensu*). Cet auteur considère l'axe Bolaños comme une zone privilégiée pour établir des liens entre les mines de Chalchihuites et la zone de Teuchitlán.

- *Le concept de sphère d'intéraction septentrionale* (Jimenez, 1989 ; Jimenez et Darling, 1993). Ces auteurs font référence aux notions de système mondial proposé par Wallerstein (1974) et de "peer polity" de Renfrew (1986), afin d'expliquer les échanges culturels observés dans la périphérie nord-ouest de la Mésoamérique, par des interactions mutuelles entre des entités politiques d'échelles similaires. Jimenez et Darling (1993) définissent la région septentrionale comme une série de groupes sociopolitiques locaux et autonomes, entre lesquels il existe de fortes interactions, qui prédominent par rapport aux relations avec des régions externes. Les auteurs ébauchent un schéma de découpes régionales de ce qu'ils nomment la "sphère d'interaction septentrionale" en fonction notamment des ressources de chaque écosystème. Jimenez (1989) et Jimenez et Darling (1993) comparent les données stylistiques de El Bajío, Los Altos de Jalisco, la vallée de Atemajac, Juchipila-Bolaños, Malpaso et Chalchihuites, et concluent que ces différentes régions semblent être liées culturellement durant la période Classique. Ils interprètent ce lien comme une évidence de systèmes d'échange contrôlés par un pouvoir central (Plateau Central) vers la périphérie, et pensent que la base de ces échanges pourrait se situer à El Ixtepete (vallée de Atemajac). Par ailleurs, les auteurs suggèrent que l'origine des sites de la Quemada et Alta Vista (Zacatecas) se trouve dans le développement de sociétés provenant de El Bajío et Durango (Jimenez, 1989 ; Jimenez et Darling, 1993).

2.1.2.2. Les plaînes côtières

Ce secteur est divisé en deux sous-ensembles, séparés par le Río Santiago - qui sépare l'Etat de Nayarit en deux - :
* au nord, les fleuves Chametla, Acaponeta, et Santiago, comprenant trois divisions socio-politiques, respectivement du nord au sud : Chametla, Aztatlan, et Centispac (Scott, 1985)
* au sud, depuis le fleuve Santiago (complexe San Blas), jusqu'aux vallées de Banderas, Tomatlan (Jalisco) et Colima (Mountjoy, 1993).

Cependant, comme le soulignent Servain (1993 : 29) et Mountjoy (1990, 1993), ces deux ensembles ne constituent pas des secteurs fermés, au moins pendant une partie de leur trajectoire culturelle, puisqu'une partie de la plaine côtière méridionale (jusque la vallée de Tomatlán) témoigne d'affinités marquées avec la partie septentrionale pendant la tradition Aztatlan du Postclassique.

- *Plaines côtières septentrionales*
Cette zone correspond au territoire d'origine de la culture Aztatlán, décrite initialement par Sauer et Brand (1932) sur la base de collections de surface du Sinaloa et du Nayarit côtiers. Le complexe Aztatlán défini par ces deux auteurs correspond à un type céramique qui apparaît intrusif et se distribue le long des côtes du Nayarit et du Sinaloa.

"La première tentative de synthèse portant sur la chronologie des sites du Sinaloa est due à Kelly (1945) qui, à l'occasion de la publication de la séquence de Culiacan, établit une série de synchronismes fondés sur des corrélations céramiques, avec les séquences précédemment ébauchées pour les sites de Chametla (Kelly, 1938) et de

Guasave (Ekholm, 1942). Les travaux ultérieurs de l'U.C.L.A dans le Nayarit aboutissent à la formulation de deux nouvelles séquences - dont le matériel présente des analogies avec les sites voisins du Sinaloa - : celles de Peñitas (Bordaz, 1964) et d'Amapa (Grosscup, 1964)" (Servain, 1993 : 8).

- Plaines côtières méridionales

La côte du Jalisco et du Colima présente durant les périodes anciennes des affiliations avec les hautes terres du Colima, notamment durant la phase Tuxcacuesco (Tradition des Tombes à Puits). La présence de styles céramiques affiliées à la tradition Tuxcacuesco a en effet été observée sur les sites de Morett au nord du Colima (Meighan, 1972), dans la vallée de Tomatlan (Mountjoy, 1989), et sur le site de Ixtapa dans la vallée de Banderas (Mountjoy, 1992, 1996). Par ailleurs, des corrélations stylistiques entre les complexes Morett et Tuxcacuesco ont été observées sur le site de El Colomo dans la zone de El Grullo (Jalisco) (Benz et Laitner de Benz, 1996). Sur la base d'observations réalisées sur le site de Ixtapa, Mountjoy propose la vallée de Banderas comme une zone frontière entre la tradition céramique des Tombes à puits (observée notamment au nord de la vallée, sur la côte du Nayarit) et la tradition Tuxcacuesco (observée au sud de cette vallée,le long de la côte du Jalisco et du Colima).

Pour des périodes plus récentes (qui s'étendent entre 200 et 600 ap JC), Mountjoy établit des corrélations depuis le nord du Nayarit, avec la phase Amapa du site éponyme, en passant par San Blas avec le complexe Los Cocos, la vallée de Banderas, la vallée de Tomatlan durant la phase Guayacan, les dernières périodes de Morett, Playa del Tesoro durant la phase Tesoro, et enfin les phases anciennes de la vallée d'Armeria, en définissant ce qu'il nomme "the red on buff tradition" (Mountjoy, 1993).

Finalement, Mountjoy (1990, 1993) étudie l'influence de la tradition Aztatlán depuis le Río Santiago (Nayarit) jusqu'à la vallée de Tomatlán, avec les sites principaux de Chacalilla (au nord de San Blas), Ixtapa (Vallée de Banderas), Nahuapa (vallée de Tomatlán). A partir de l'analyse des différentes dates ^{14}C obtenues, cet auteur situe ce moment autour de 600/800 ap J.C. Par ailleurs, il observe une rupture, caractérisée par le développement de sociétés locales à partir de la tradition Aztatlán, en déterminant une période très générale aux alentours du XIIème siècle de notre ère (Mountjoy, 1990, 1993).

2.1.2.3. Les hautes terres de l'Ouest

- Le bassin de Magdalena-Etzatlán

Les premiers jalons chronologiques de cette zone ont été posés par Gifford (1950) avec la séquence d'Ixtlán, ultérieurement affinée par Grosscup (1964, 1976). Les recherches menées ultérieurement par Weigand dans la région de Tala-Etzatlán ont permis d'enrichir considérablement les connaissances. Weigand (1989, 1990, 1993a, 1993b)) définit la tradition Teuchitlan, dont l'originalité repose sur l'existence de complexes cérémoniels monumentaux (les *guachimontones*), caractérisés par une architecture circulaire et une organisation concentrique avoisinnant des terrains de jeux de balles, et des plateformes rectangulaires.Leur association au culte funéraire est attestée par la présence de tombes à puits creusées sous les plates-formes circulaires. L'apogée de ces sites se situe durant la phase El Arenal (300 av JC à 100/200 ap JC). Les phases Ahualulco et Teuchitlán I qui lui succèdent, témoignent d'une continuité culturelle, et d'une évolution vers un degré croissant de complexité et de monumentalité de l'architecture. Durant la phase Teuchitlán II (700-900 ap JC), la densité d'occupation décroît brutalement, de nouvelles constructions apparaissent sur un modèle mésoaméricain, avec des constructions rectangulaires, et l'apparition de nouveaux styles céramiques (Weigand, 1993).

Weigand (1993a, 1993b) pense que le développement de la tradition Teuchitlán est basé sur l'exploitation de ressources "rares", telles que l'obsidienne (cette région présente en effet de nombreux gisements), et sur l'existence de richesses naturelles (terres fertiles) permettant l'occupation par de grandes densités de population. Dans ce modèle l'auteur considère le bassin de Sayula comme le gisement en sels de la région, et il suppose qu'il a été exploité de manière intensive, notamment à partir de la phase Teuchitlán I (400-700 ap JC) et probablement avant (Weigand, 1993a, 1993b).

- La vallée de Atemajac

Cette zone comprend trois sites principaux : le site monumental de El Ixtepete, la nécropole de El Grillo (Castro Leal et Ochoa, 1975 ; Galvan, 1975), ainsi que le cimetière de tombes à puits de Tabachines (Galvan, 1975, Schondube et Galvan, 1978).

La phase El Grillo (située aux alentours de 600 ap JC), représente une période de transition pour le Centre du Jalisco. La tradition des Tombes à puits et de la céramique finement décorée (observée dans le cimetière de Tabachines) est remplacée par des tombes en fosses rectangulaires, accompagnées par un complexe céramique distinct (Beekman, 1996). De plus, de nouvelles formes architecturales apparaissent et se distinguent des anciens cercles ou *guachimontones* de la phase antérieure.

- Les bassins de Sayula-Zacoalco, et Chapala

La partie sud-est du bassin du lac de Chapala a été caractérisée par les travaux de Lister (1949) sur le site de Cojumatlan dans le Michoacan et ceux de Meighan et Foote (1968) à Tizapan el Alto dans le Jalisco. Ces recherches se rejoignent pour définir une occupation tardive de cette zone. A la suite de nombreuses prospections et sondages, Bond (1971) définit la séquence d'occupation de la rive nord du lac.

Le bassin de Sayula sera traité en détails dans les chapitres suivant (2.2 et 2.3) concernant l'historique des recherches et les travaux du projet Orstom - Université de Guadalajara - INAH réalisés depuis 1990.

2.1.2.4. Les hautes terres méridionales

- La région d'Autlan-Tuxcacuesco
Les séquences d'Autlan et de Tuxcacuesco ont été établies par Kelly (1945) à la fin des années 40, à la suite de prospection et sondages réalisés dans cette région. C'est sur la base des travaux réalisés dans cette zone, à partir de corrélations stylistiques, que Kelly définit la séquence céramique de Sayula.

Nous ne reviendrons pas sur les corrélations céramiques et les synchronismes observés entre les complexes céramique Tuxcacuesco, Morett, et Tradition des Tombes à puits, qui relient les hautes terres au littoral Pacifique sud pendant les périodes anciennes.

- La région de Tamazula-Tuxpan-Zapotlán
La séquence d'occupation de la région de Tamazula-Tuxpán-Zapotlán a été étudiée par Schondübe (1994) dans les années 70. Elle se divise en trois phases : Rosales (600-900 ap. JC), Laurel (900-1200 ap JC) et Terla (1200-1500 ap JC). Les phases anciennes présentant des corrélations avec les phases Cofradía et Coralillo des régions de Autlán et Tuxcacuesco, tandis que la phase Terla s'apparente aux phases récentes.

- L'axe Armería
Le nom de cette région est donnée par le fleuve qui partage l'Etat de Colima en son centre selon un axe nord-sud. Au terme de nombreuses campagnes de fouilles, Kelly (1980) propose une séquence d'occupation de la zone. Des corrélations peuvent être établies entre les phases Ortices du Colima, les phases Colima et Armería (contemporaines) et les phases Coralillo et Cofradía de la région d'Autlan-Tuxcacuesco. La phase Comala, de la région de Ortices semble s'intercaler dans le hiatus temporel observé dans la région de Tuxcacuesco entre les phases Tuxcacuesco et Coralillo. Kelly (1948 : 66-67) suggère une connexion chronologico-culturelle entre les peuples des hautes terres du Nayarit et du Jalisco et ceux de l'"horizon Ortices" du Colima. Cependant l'auteur note que pour ces régions, il n'existe que des données d'ordre funéraire.

Cette zone offre une occupation très ancienne, la phase Capacha, identifiée par Kelly (1974), qui se situe entre 1200 et 800 av JC. La publication de Kelly (1980) procède à un bilan des informations relatives au complexe Capacha. Celui-ci a été défini à partir d'un matériel d'origine funéraire. On ne dispose d'aucune information sur l'habitat associé. "Les principaux cimetières Capacha sont localisés dans le Colima (La Capacha, la Cañada et La Parranda A près de Comala, Quintero à proximité d'Ixtlahuacan) et dans la zone adjacente du Jalisco (Apulco). Quelques vestiges d'affiliation Capacha ont été par ailleurs identifiés dans le Jalisco, à proximité d'Autlán et de Tala-Etzatlán et dans le Sinaloa central (San Lorenzo). Selon Kelly (1980) - à qui il revient d'avoir défini le complexe - la distribution exclut les zones côtières" (Servain, 1993 : 37). Cependant Mountjoy souligne la présence de matériel céramique d'affiliation Capacha sur la côte du Jalisco, dans les vallées de Tomatlán et Banderas (sur le site de Ixtapa) (Mountjoy, 1993). De plus, d'abondants restes de ce qui apparaît être une expansion tardive de la tradition Capacha ont été trouvés à San Blas où les datations ^{14}C s'étalent entre 890 et 335 av JC (Mountjoy, 1993).

2.1.2.5. Les hautes terres du Michoacan

Pendant longtemps, les études réalisées dans le Michoacan se sont intéressées essentiellement à deux périodes distinctes de sa trajectoire culturelle:
* d'une part les périodes anciennes, du Préclassique, par le développement respectif des traditions Chupicuaro - dans le Guanajuato mais situé tout près de la frontière du Michoacan - et de El Opeño - au nord-ouest de l'Etat - ;
* d'autre part les périodes récentes, correspondant à la "tardive et fulgurante, bien qu'interrompue, apogée des tarasques protohistoriques" durant le Postclassique (Michelet, 1990 : 279).

- Le complexe El Opeño
Il a été défini à partir d'un matériel d'origine funéraire, daté à 1270 +/- 80 av JC (Tolstoy, 1978 : 272). "Le matériel découvert à El Opeño se rattacherait à un complexe plus vaste, présent semble-t-il dans la région de Tala-Etzatlán" (Servain, 1993 : 37). "Les tombes à escalier découvertes dans le cimetière de El Opeño - qui constituent un type homogène, distinct des formes ultérieures par le mode d'accès et l'aménagement interne de la chambre sépulcrale - apparaissent comme les manifestations les plus anciennes de tombes à puits" (Servain, 1993 : 37).

- Le complexe Chupicuaro
Le complexe Chupicuaro a été défini à partir de fouilles réalisées aux confins du río Lerma - frontière entre le Michoacan et le Guanajuato - dans les années 40-50 par Estrada Balmori (1945, 1949) et Porter (1956). Dans une monographie dédiée à ce complexe, Porter le divise en deux phases inférieure et supérieure qu'elle situe entre 500 et 100 av JC (Porter, 1956). Dans les années 60, après avoir réalisé des prospections dans le Guanajuato et le San Luis Potosi, Braniff (1974) identifie Chupicuaro comme la manifestation des premiers villages dans cette zone. Elle interprète ces sites comme l'avant-garde d'une "poussée mésoaméricaine" vers le nord.

- La période Classique
Michelet (1990, : 279-280) propose un bref inventaire des études réalisées dans le Michoacan concernant le Classique :
* Les travaux de Caso (1930) aux alentours du bassin de Zacapu, sur le site Potrero de la Isla, où apparaît un matériel céramique et funéraire qui se distingue du Tarasque, et un matériel finement élaboré qui s'apparente au Tarasque, pour lequel Michelet suggère une origine plus ancienne (4 premiers siècles de notre ère), sur la base des découvertes réalisées par le Projet Michoacan dans le bassin de Zacapu dans les années 80.
* Les travaux de Noguera, dans les années 40, aux alentours de Jiquilpan, sur le site de El Otero, où apparaissent des restes architecturaux élaborés, accompagnés d'un matériel céramique différent. L'auteur conclut que "la culture représentée à Jiquilpan eut un développement indépendant

et peut être plus ancien que la Tarasque classique" (Noguera, 1944 : 47).
* La publication de Moedano (1946) issue des recherches réalisées sur le site de La Bartolilla, près de Zinapecuaro, révèle l'existence d'une évolution céramique entièrement antérieure à l'époque Tarasque.
* Enfin, les études de Kelly (1947) dans la vallée d'Apatzingán, montrent l'existence d'au moins cinq phases céramiques qui se seraient succédées dans le temps. La séquence culturelle établie par Kelly dans ce secteur reste incomplète. Cependant, elle révèle l'existence d'une culture antérieure à la période Tarasque.
Les différents travaux soulignent d'une manière générale l'importance d'une occupation pré-tarasque dans le Michoacan, dès les périodes Classiques et parfois même dès le Préclassique. Les recherches réalisés par le CEMCA[1] dans le bassin de Zacapu, dans le cadre du Projet Michoacan, viennent confirmer et affiner la trajectoire culturelle de cette zone. Les basses terres du bassin de Zacapu, où se trouvent les "lomas", furent densément occupées durant les huit premiers siècles de notre ère. Ensuite, durant la phase Palacios (850-1200 ap JC), elles furent quasiment abandonnées, au profit de l'occupation des zones de montagne, notamment dans le Malpaís (Michelet et al, 1989). Ces changements dans le schéma d'occupation de la zone peuvent être dus à des transformations soit du milieu (fluctuations des rives de l'ancien lac ?), soit du contexte social (réorganisation générale de l'occupation, avec une concentration progressive de la population dans le Malpaís ?) (Arnauld et al, 1993 : 207). Les trois phases d'occupation identifiées dans la zone des "lomas", sont Loma Alta (de 100 av JC à 550 ap JC), Jaracuaro (500-600 ap JC) qui constitue une phase de transition et Lupe (600 à 850 ap JC). Carot (1990 : 300) souligne l'existence de quelques traits communs entre les styles céramique des traditions Loma Alta et Chupicuaro. Un aspect intéressant de cette séquence - qui permet de reconsidérer les hypothèses jusqu'alors émises sur la céramique de certains sites - est la mise en évidence de grandes ressemblances entre la céramique du Préclassique de la phase Loma Alta ancienne (100 av JC - 100 ap JC) et celle du Postclassique (Carot, 1990 : 302). Ce fait traduit une réapparition tardive de style ancien, plus qu'une continuité ou une persistance, puisque un nouveau style apparaît pendant la phase intermédiaire Lupe du Classique (Arnauld et al, 1993 : 14). Les travaux réalisés dans le bassin de Zacapu indiquent clairement l'existence d'une occupation ancienne de la zone, ayant probablement participé à l'édification tardive de l'empire Tarasque, comme le suggère Michelet (1990 : 288) : "Il a souvent été dit qu'avant l'Horizon Tarasque, le Michoacan se caractérisait par une forte fragmentation géoculturelle... Bien qu'il n'existe apparemment pas de force centripète potentielle avant la naissance de l'Empire Tarasque, certaines tendances unificatrices se manifestent au cours du premier millénaire de notre ère".

- *Le bassin de Patzcuaro : l'empire Tarasque*
Les travaux de Pollard aux abords du lac de Patzcuaro se sont intéressés à l'origine et aux processus de formation de l'empire Tarasque. Durant la période Postclassique, d'importantes transformations ont lieu parmi les populations des hautes terres du Michoacan central. Pour la première fois, des communautés préalablement indépendantes s'unifient politiquement et le bassin de Patzcuaro devient le coeur géographique d'un empire expansionniste (Pollard, 1992, 1996). Afin d'expliquer ces transformations, cet auteur propose un modèle basé sur les fluctuations du niveau du lac de Patzcuaro (Pollard, 1982a, 1982b). Durant les périodes Epiclassique et Postclassique ancien (750-1000) il existe des évidences de grandes sécheresses (O'Hara et al, 1993), ce qui aurait pu engendrer une baisse considérable du lac, et selon Pollard une augmentation des étendues fertiles et irrigables destinées à la mise en culture (Pollard, 1995 : 38). Pendant la période 1000-1200 ap JC, il existait 10 communautés autour du lac de Patzcuaro, le niveau du lac étant le même qu'actuellement (Gorenstein et Pollard, 1983). Le modèle propose que durant cette période des changements climatiques mineurs auraient entraîné la montée du niveau du lac, ce qui aurait favorisé un accroissement de la pression démographique sur les ressources (surtout en ce qui concerne l'accès aux terres fertiles). Durant la période suivante (1250-1350), la concurrence pour l'accès aux ressources commencée dés le Postclassique ancien, aurait entraîné des changements culturels rapides (Pollard, 1982a, 1982b, 1995). Les fouilles réalisées à Urichu, sur la rive ouest du lac, ont mis en évidence une continuité culturelle à partir de 850-900 ap JC jusqu'à la conquête (Pollard, 1995). Pollard (1995 : 44-45) met en relation les observations faites à Urichu avec les évidences obtenues dans le bassin de Zacapu, ainsi que dans les zones précédemment citées par Michelet, et souligne l'importance de l'occupation pré-Tarasque à travers les hautes terres du Michoacan.

2.1.3. Aperçu de la séquence culturelle

L'existence de petites communautés côtières, au mode de subsistance fondé sur l'exploitation des ressources marines, est attestée dès l'époque précéramique par les vestiges découverts dans les amas coquilliers de Puerto Marquez (Guerrero) (Brush, 1965) et Matanchen (Nayarit) (Mountjoy et al, 1972), respectivement datés de 3000 et 2000 av JC. "Les jalons disponibles demeurent encore insuffisants pour caractériser les débuts de la céramique dans la région : près d'un millénaire sépare la "Pox pottery" apparue dès 2 440 av JC à Puerto Marquez et les manifestations plus élaborées des complexes Capacha et Opeño" (Servain, 1993 : 36).

"Situés chronologiquement vers le milieu du second millénaire av JC, les complexes Capacha et Opeño ont été définis d'après un matériel d'origine funéraire. On ne dispose à l'heure actuelle d'aucune information sur l'habitat associé" (Servain, 1993 : 36). Mountjoy (1993) suggère que les modes de vie d'horticulteurs observés sur la côte du Jalisco pour les périodes anciennes (premier millénaire av JC) appartiennent à ce qui pourrait être appelée une "tradition Capacha". Selon lui, ce terme incorpore les traits de trois développements culturels distincts - Capacha dans le Colima, El Opeño dans le Michoacan et San Blas dans le Nayarit -, partageant la même origine et représentant

[1] Centre d'Etudes Mexicaines et CentreAméricaines.

différents aspects de l'expansion initiale de groupes d'horticulteurs dans l'Occident du Mexique. L'auteur précise qu'étant donné l'absence de restes domestiques sur les sites Capacha dans les hautes terres du Colima, il est difficile de déterminer le mode de subsistance de ces populations. Toutefois il souligne l'existence de la poterie dont une grande partie semble imiter la forme de courges, de plus il note la présence de petits mortiers utilisés pour piler et broyer des plantes ou des graines, ainsi que des pierres pour piler des noix (Mountjoy, 1993). Sur la base de ces observations, l'auteur suggère l'existence d'une horticulture de petite échelle dans le contexte d'un système qui était probablement dépendant de la chasse et la cueillette. Cependant, Servain (1993 : 36) souligne que l'on ne dispose d'aucune information funéraire concernant le complexe San Blas identifié par Mountjoy. D'autre part, Baus de Czitrom (1989) évoque l'incertitude quant à l'extension réelle de cette adaptation ancienne d'horticulteurs sur la côte du Nayarit.

"La filiation entre les tombes d'El Opeño et les tombes à puits, diagnostiques de la culture du même nom, demeure hypothétique : le laps de temps qui les sépare - plus d'un millénaire - coïncide avec un hiatus de nos connaissances... A l'heure actuelle, le seul jalon intermédiaire de référence est constitué par la phase San Felipe, illustrant le développement culturel de la région des lacs du Jalisco aux alentours de 600 av JC, à laquelle Weigand (1985) attribue des monticules funéraires de plan ovale ou circulaire. Ceux-ci semblent préfigurer l'association tombes à puits/architecture circulaire, apparemment caractéristique de la région, et dont le degré d'élaboration atteindra son apogée lors de la culture des tombes à puits". (Servain, 1993 : 36).

"La culture des tombes à puits se développe au coeur du Mexique occidental, principalement dans les hautes terres du Nayarit, du Jalisco et du Colima. Elle se situe chronologiquement entre 300/200 av JC et 500/600 ap JC : les principales phases de référence étant Ixtlán ancien (Nayarit), El Arenal et Ahualulco (région de Magdalena-Etzatlán, Jalisco), Tuxcacuesco (sud du Jalisco), Ortices et Comala (Colima)" (Servain, 1993 : 37). La connaissance que nous avons de cette culture repose essentiellement sur le contexte funéraire et l'architecture circulaire de type rituel décrite par Weigand (1985, 1990, 1993a, 1993b). Il existe peu de données concernant les contextes d'habitat associés au complexe funéraire (Oliveros, 1992 : 42-43 ; Valdez, 1994b : 109).

Nous avons déjà mentionné les corrélations et synchronismes établis par certain auteurs entre les complexes Morett du littoral du Colima, Tuxcacuesco des hautes terres du Jalisco - affilié au complexe Ortices des hautes terres du Colima - et Tombes à puits des hautes terres du Nayarit (cf chapitre précédent, paragraphe concernant les plaines côtières méridionales). D'après Mountjoy (1993), le mode de subsistance observé sur le littoral du Jalisco et du Nayarit à ces époques peut se généraliser à l'ensemble du territoire couvert par l'Arc des Tombes à puits. A cette époque, le littoral se caractérise par le développement de sociétés d'horticulteurs maîtrisant les techniques agricoles et effectuant certaines activités spécialisées - l'auteur note notamment la présence d'ateliers de taille de coquillages pour la fabrication d'ornements sur le site de la Pintada (vallée de Tomatlan) -, par ailleurs il souligne l'existence de chiens domestiques. D'une manière générale, les interprétations se rejoignent pour associer la culture des tombes à puits au développement de sociétés ayant atteint un certain degré de complexité et de spécialisation.

Le déclin des tombes à puits coïncide avec une évolution de la tradition occidentale. A ce propos, Servain (1993 : 38-39) fait la synthèse suivante : "selon les conclusions de Weigand à propos de la tradition Teuchitlán, l'évolution vers un degré croissant de complexité et de monumentalité de l'architecture s'accompagne d'une simplification parallèle de la structure des tombes qui traduit peut être l'importance décroissante du culte funéraire - notamment en phase Teuchitlán II - au profit d'un culte public. Il semble qu'un phénomène analogue puisse être constaté dans le bassin d'Armería (Colima) en phase Colima, à propos de laquelle Kelly (1980) mentionne l'apparition de places et souligne l'existence d'une version simplifiée de tombes à puits". Dans les zones côtières, Mountjoy (1993) souligne l'apparition d'une architecture monumentale caractérisée par des ensembles de places et de plates-formes regroupés sur les piémonts. Parallèlement, cet auteur mentionne la présence de nouveaux artefacts tels que les *molcajetes*, les *comales* et les *malacates*, qui suggèrent le développement et l'installation de sociétés agricoles. De plus, cette période - que l'auteur situe entre 300 et 700 ap JC - est marquée par l'augmentation d'activités spécialisées telle que l'exploitation du sel et la taille de coquillages.

A partir de 600 ap JC de profonds changements s'opèrent dans la trajectoire culturelle de l'Occident. Ces transformations, interprétées en termes de mésoaméricanisation, se manifestent par l'apparition de nouvelles formes architecturales et pratiques funéraires. On assiste en effet à un essor de l'architecture monumentale et des inhumations en fosse. Par ailleurs, dans certaines zones, apparaissent des indices clairs de relations avec la culture Mixteca-Puebla ; c'est le cas notamment du Colima durant la phase Chanal ; ainsi que des sites des plaines côtières septentrionales lors du développement de la culture Aztatlán.

A partir du XIIème siècle environ, les similitudes observées à l'échelle de l'Occident semblent s'estomper, tandis que chaque région suit son propre développement. Sur les plaines côtières méridionales, à propos de l'influence de la tradition Aztatlán, Mountjoy (1993) observe une individualisation progressive dans les styles à partir du XIIème siècle, accompagnée d'une fragmentation et d'une dispersion de l'occupation vers des zones marginales. Au cours du Postclassique final, l'apogée de l'empire Tarasque dans les hautes terres du Michoacan entraîne une expansion de sociétés qui, jusqu'alors avaient suivi un développement local. Basé sur un pouvoir administratif et militaire d'élites, l'empire Tarasque étend son territoire jusqu'aux confins du Río Balsas vers le sud-ouest, sur les bords du Río Lerma au nord, et jusqu'aux hautes terres du Jalisco et au littoral du Colima au nord-ouest.

2.2. Sources ethnohistoriques et antécédents archéologiques du bassin de Sayula

Ce chapitre a pour but de dresser un bilan des connaissances relatives au bassin de Sayula, tant du point de vue des sources historiques que des travaux archéologiques antérieurs au projet "Arqueología de la Cuenca de Sayula" mené depuis 1991 (chap 2.3.). Un chapitre spécial est dédié à l'état des connaissances spécifiques à la production de sel (chap. 3.8.). Par ailleurs, le chapitre 1.3. consacré au contexte naturel fait référence aux paléopaysages décrits par les sources ethnohistoriques. Les paragraphes qui suivent sont donc plus spécialement consacrés à la description économique du bassin de Sayula au cours de son histoire.

2.2.1. Les sources historiques et récits de voyageurs

Un certain nombre d'auteurs se sont intéressés à la période historique de cette région, parmi lesquels on peut citer notamment les travaux de José Maria Muria (1976, 1980), Federico Munguia (1976, 1996), et Rodolfo Fernandez (1994, 1996).

Les Relations Géographiques des principaux villages du bassin de Sayula ont été malheureusement perdues (Brand, 1966 : 637). Les Relations Géographiques des régions voisines - rives nord du lac de Chapala, hautes terres du Michoacan, sud du Jalisco - nous renseignent indirectement sur l'importance du bassin de Sayula en tant que fournisseur en sel [1]. Une source d'information importante pour le début de la période coloniale est la *Suma de Visitas de Pueblos* effectuée en 1548 et éditée en 1902 par Francisco del Paso y Troncoso. Par ailleurs, l'oeuvre de Tello (1891) constitue une source d'information intéressante, notamment en ce qui concerne les dates et lieux de création d'églises.

D'après Fernandez (1994 : 9), la période historique correspondant à une relative autonomie du bassin de Sayula - considéré comme un "socio-écosystème" indépendant - peut être divisée en trois grandes étapes :

- <u>Période des *conquistadores*</u> 1526-1575
Cette période s'étale entre la conquête de la région en 1524 et la disparition des derniers *conquistadores*, contrôlant le terroir sous forme d'*encomiendas* (Fernandez, 1994 : 9).

Une fois dominée la capitale Aztèque, Hernán Cortés décida de la déclarer chef lieu de la Nouvelle Espagne naissante. De là commencèrent à venir des armées pour continuer la conquête du pays, réalisant l'assujettissement du Michoacan, du Colima et des provinces qui intègrent actuellement le sud du Jalisco (Tello, 1891 : 54-56).

La province de Avalos prend son origine durant les premières années de la conquête espagnole, quand deux cousins de Hernan Cortés, qui étaient membres de son groupe d'intérêt et frères, coïncidèrent sur son territoire. Hernando de Saavedra était *encomendero* et avait été commissionné par Cortés pour administrer les mines de Tamazula, et ses alentours. Son frère aîné, Alonso de Avalos le vieux, arriva comme membre de l'expédition de Francisco de Cortes de San Buenaventura (Muria, 1980 : 271). Apparemment, en 1524, Hernando de Saavedra fut appelé par Hernán Cortés pour l'accompagner à Las Hibueras, pendant que Alonso le vieux fut chargé de rester sur place. L'année suivante, le premier fut nommé responsable des charges de Cortes au Honduras, tandis que le second restait en charge des territoires du Jalisco de manière définitive. Ainsi le territoire qui comportait Sayula comme chef lieu principal commença à s'appeler province de Avalos (Fernandez, 1994 : 37) (Munguia, 1996 : 227).

D'après la *Suma de Visitas* (Paso y Troncoso, 1902), la Province de Avalos comprenait 11 chefs lieux : Sayula, Tepec, Amacueca, Atoyac, Techaluta, Zacoalco, Teocuitatlan, Cocula, Jocotepec, Ajijic et Chapala. Ces chefs lieux étaient entourés de villages de moindre importance, au total 21. D'une manière générale, nous ne mentionnerons en détails que les villages du bassin de Sayula. Parmi les chefs lieux situés dans celui-ci, Amacueca possédait quatre cantons : Atemajac, Jalpa, Tapalpa et Jonacatlan ; Atoyac en possédait deux : Cuyapan - apparemment l'actuel Cuyacapan - et Cuautla qui n'a pas été identifié ; enfin Sayula en possédait trois : Attaco, Usmajac et Chiquilixtlan. Pour Tepec, aucun sujet n'est mentionné.

A partir des données de population de la *Suma de Visitas*, Gerhard (1972 : 241) calcule que la Province de Avalos compte à cette époque (1548) 10 920 tributaires. Ce nombre traduit en nombres d'habitants selon les calculs de Cook et Borah (1977) donne 44 967 habitants. Pour donner une idée de sa densité relative, il faut souligner que ces auteurs estiment qu'à l'époque Colima - avec le double de territoire - possédait seulement 18 000 habitants, et que l'ensemble de la *Nueva Galicia* en présentait 170 000 (Fernandez, 1994 : 24).
La *Suma de Visitas* donne les descriptions suivantes pour les chefs lieux situés dans le bassin de Sayula :

Amacueca (Paso y Troncoso, 1902 : 18) :

> *"Tiene estos pueblos buenos montes de pinos y robles a una legua del pueblo, ay disposicion de aver metales de plata y cobre porque lo an ya descubierto... Tiene tierra de mucho riego para hazer y sembrar cualquier cosa... Es tierra mas caliente que fria y muy sana. Tiene una laguna do se haze alguna sal"* (cf annexe 3 : (5)).

Atoyac (Paso y Troncoso, 1902 : 19) :

> *"Tienen estos naturales gran trato de sal que hazen y muy buena ; dase algodon y trigo y todas las demas semillas, ay muchos generos de frutas de la tierra, de Castilla... beben de pozos ; es pueblo muy fertil : no ay tierras para ganados. Tienen buenos montes ; ay cantidad de mercarderes que tratan con sal ; no tiene manera de aver minas"* (cf annexe 3 : (6)).

---

[1] cf chap 3.8 dans le quel nous mentionnons le récit de Ponce (Cuidad Real, 1993 : 151) qui réalise un bref séjour dans le bassin de Sayula en 1587, donnant le détail de la production et du commerce du sel dans le village de Atoyac.

Sayula (Paso y Troncoso, 1902 : 56) :

"Este pueblo es seco, no tiene regadio, beben de pozos, tiene buenas vegas, dan trigo. Tiene una laguna de que hazer sal en cantidad, y ay mucho pescado en tiempo de aguas ; no tienen tierras para ganado. Son los demas tratantes porque es gente rica ; no es tierra de minas : es tierra fria, esta asentado en llano. Tiene buenos montes aunque a siete leguas en la estancia de Xiquilistla los ay buenos de pinos y robles : ay minas de cobre y parece averlas tambien de plata" (cf annexe 3 : (7)).

Taxeluta (Techaluta) (Paso y Troncoso, 1902) :

"Tiene tierra de riego ; dase algodon. Tiene dos leguas de monte, laguna... con cantidad de sal... muchas granjerias de tunas... es tierra buena para el cultivo de trigo...no es tierra para ganado" (cf annexe 3 : (8)).

Tepec (Paso y Troncoso, 1902) :

"posee buenos montes para madera...buena tierra de riego...dase algodon y frutas de Castilla, semillas y muchas tunas...tiene aparejo de minas de plata y plomo... las partes corresponde a las orillas de la laguna dan alguna sal" (cf annexe 3 : (9)).

Ce texte fait systématiquement référence à la production de sel, avec un marché basé sur la distribution de ce produit à Atoyac. Par ailleurs, deux chefs lieux principaux se détachent, Sayula d'une part, où semble se concentrer la population riche, de par le commerce de divers produits, et Atoyac d'autre part où est distribué le sel.

- Période des grands propriétaires 1575-1680

Les descendants des *conquistadores*, du fait de leur position dominante, devinrent propriétaires de grands *latifundios*, se situant ainsi dans une position avantageuse par rapport aux *encomenderos*. En 1680, après avoir atteint son apogée, le grand *latifundio* des descendants de Alonso de Avalos commence à se démembrer. Cette période correspond notamment à une importante baisse de la population. Cook et Borah (1977 : 300) calculent une population d'environ 45 000 habitants pour 1548; pour 1560, ils n'en décomptent plus que 21000; en 1580, 12 800 et une extrême vers 1620 avec seulement 7100 individus. Il semble que la récupération eut lieu à partir de 1650, mais les niveaux de 1548 ne furent atteints de nouveau que vers 1780 (Fernandez, 1994 : 33).

- Période des Intrus 1680-1786

Cette période commence avec la perte progressive des grands *latifundios* de l'ancien groupe dominant et l'accès à de nouveaux membres provenant de Guadalajara (fonctionnaires et commerçants). La conséquence ultime de cette transformation est l'absorption de la province de Avalos par l'Intendance de Guadalajara en 1786. A partir de ce moment, le processus régional *Sayulteco* perd sa qualité d'entité politique semi-autonome pour se convertir en un processus régional centralisé sur Guadalajara (Fernandez, 1994 : 9).

Villaseñor et Sanchez (1748) donnent une description des villages de la province de Avalos pour le milieu du XVIIIème siècle. Fernandez (1994 : 28-33) compare ces descriptions à celles de la *Suma de Visitas* de 1548, pour évaluer les transformations subies en terme d'organisation spatiale et socio-économique par la province de Avalos. Tout d'abord, le texte de Villaseñor et Sanchez, ne fait pas référence à la production de sel pour d'anciens centres de production et de distribution tels que Atoyac et Amacueca. Ensuite, on peut observer une importante chute de population dans la plupart des villages mentionnés (pour exemple, selon la *Suma de Visitas*, Atoyac était composé d'environ 1 500 familles dont une majorité d'indigènes ; en 1748 on ne dénombre que 270 familles, dont un quart d'espagnols et de mulâtres ; par ailleurs Fernandez (1994 : 33) note que la population de Techaluta de 1748 correspond à 7.5 % de celle de 1548). Par contre, au XVIIIème siècle, le village de Sayula se détache comme étant le centre régional, puisque l'on n'observe pas de baisse notable de la population. Le texte fait référence au commerce de semences et à la récolte de piments, ainsi qu'à la fabrication de sacs en fibres pour charger le sel dont le commerce est contrôlé par les espagnols (Fernandez, 1994 : 31).

2.2.2. Les travaux archéologiques

L'essentiel de l'information qui concerne le bassin de Sayula, provient de travaux de prospection et de collecte de superficie; le plus notable et systématique est celui de Kelly (1941-1944) lors de son passage dans le bassin en 1940. D'autres travaux plus ponctuels ont été réalisés respectivement par Sleight (1965) et Neal et Weigand (1990).

Les travaux archéologiques de Isabel Kelly (1941-1944) dans les bassins de Zacoalco-Sayula sont basés sur la reconnaissance de matériaux de surface, afin d'établir une séquence culturelle pour la région. Ses travaux ont été décrits dans un manuscrit non publié conservé au Musée Régional de Guadalajara. Ses observations couplées à une grande connaissance de la région constituent une information considérable. Sur la base de ses travaux réalisés dans les régions de Tuxcacuesco et Autlan, l'auteur effectue des comparaisons stylistiques qui lui permettent d'ébaucher une séquence chronologique céramique. Cette chronologie, bien que relative (ne bénéficiant pas de datations absolues, inexistantes à l'époque), constitue une solide base de travail. Elle est divisée en trois phases :

- Verdía (0-600 AD)
- Sayula (600-1100 AD)
- Amacueca (1100-1500 AD).

Kelly présente le complexe Sayula comme une des 12 provinces céramiques de l'Occident du Mexique (Kelly 1948 : 63-64). Elle observe qu'il existe peu de ressemblances entre le matériel Verdía et le matériel Tuxcacuesco de la région éponyme, ce qui suppose que le matériel Tuxcacuesco correspond à une période plus ancienne que Verdía. D'autre part, elle observe des parallèles entre la phase Coralillo (période intermédiaire de la région de Tuxcacuesco) et le matériel de la phase Sayula du bassin de Sayula d'une part, et la phase Toliman - elle même très proche d'un point de vue stylistique au matériel Mylpa-Autlan de la région d'Autlan - et le matériel de la phase Amacueca d'autre part.

Dans les années 60, Frederick Sleight, un archéologue du Florida Museum, a réalisé une série de sondages dans différents sites de l'extrême nord du bassin de Sayula. Son article expose des évidences de production de sel ancienne (cf. chap. 2.4.) ainsi que des restes de villages associés à des évidences d'activité domestique, notamment dans la partie nord du bassin, sur le site de Cerritos Colorados (Sleight 1965 : 157-160). Depuis cette époque, un intérêt plus spécial a été apporté à cette région par Otto Schondübe, du Musée Régional de Guadalajara. Durant les vingt dernières années, il a réalisé de nombreuses prospections sur les sites décrits par Kelly et a enregistré de nombreux nouveaux sites. Plus récemment, Phil Weigand a de nouveau souligné l'importance du bassin, en tant que fournisseur de ressources rares telles le sel et le cuivre (Neal and Weigand, 1990 ; Weigand, 1990, 1993).

Finalement nous pouvons mentionner les travaux de Lorenzo (1964), Solorzano (1975), Forbis et Aliphat (1982), et Aliphat (1988) sur la recherche d'associations entre les restes de faune Pleistocène et le matériel archéologique ancien (pointes de projectile type "Lerma" et "acanalada") dans le bassin Zacoalco-Sayula. Ces ossements présentent une fréquente relation spatiale avec des artefacts archéologiques, mais il n'a pas encore été localisé de gisement préhistorique qui montre une association claire en contextes primaires (Pastrana, 1989 : 195).

Comme nous l'avons vu dans le chapitre 2.1., le bassin de Sayula se trouve au coeur de l'Occident du Mexique, entouré par des "provinces" qui font l'objet d'études régionales. Ces différents travaux constituent un corpus permettant des comparaisons stylistiques et l'établissement de synchronisme avec les vestiges du bassin de Sayula.

2.3. Approche archéologique récente : le projet "Cuenca de Sayula"

2.3.1. La définition du projet

Comme nous l'avons mentionné dans l'introduction de cette étude, le projet archéologique "Cuenca de Sayula" présente deux objectifs principaux (Emphoux et al, 1994) :
- la détermination des processus majeurs de dynamique socioculturelle de cette région : l'histoire culturelle ;
- l'identification des relations homme/milieu, notamment par la mise en évidence de stratégies d'exploitation des ressources naturelles : l'écologie culturelle du bassin.

Sur la base de ces objectifs, différents thèmes de recherche ont été mis en oeuvre (Emphoux et al, 1994) :
- Elaboration de la séquence d'occupation du sol : distribution spatiale et succession temporelle
- Analyse des corrélations avec les zones voisines (lac Chapala, Tamazula-Tuxpan-Zapotlan, Autlan-Tuxcacuesco, Magdalena-Eztatlán, empire Tarasque etc...)
- Etude de l'organisation des établissements préhispaniques, structure de l'habitat, ensembles funéraires etc...
- Modes d'adaptation au milieu lacustre et modes d'exploitation des ressources naturelles.

La stratégie de recherche employée repose sur l'identification d'activités humaines du passé en association avec les traits majeurs de l'environnement naturel. La technique de base utilisée pour collecter toutes les données pertinentes a été la prospection systématique de la région afin de localiser et classer les évidences matérielles rencontrées. Parallèlement deux fouilles de sauvetage (San Juan de Atoyac et Caseta) et deux fouilles programmées (Cerritos Colorados et Cerro del Agua Escondida) ont été réalisées sur trois sites du bassin, correspondant aux trois phases d'occupation identifiées par Kelly.

Le projet est codirigé par J. P. Emphoux (chercheur Orstom), O. Schöndube (archéologue de l'INAH) et R. Avila (responsable du Département d'Etudes de l'Homme de l'Université de Guadalajara (UdG). Les différentes campagnes de prospection ont été réalisées par F. Valdez (chercheur Orstom), J. P. Emphoux, O. Schöndube, A. Noyola (archéologue de l'UdG, de 1991 à 1993), R. Acosta (archéologue de l'UdG), S. Ramirez (archéologue de l'UdG depuis 1994), J. Reveles (étudiant en License d'archéologie, associé au projet depuis 1996) et moi même.

La fouille de San Juan de Atoyac a été réalisée durant les six premiers mois de 1991, sous la direction de J. P. Emphoux, O. Schöndube, R. Acosta et A. Noyola (Schöndube et al, 1992 ; Valdez, 1994a). R. Acosta et G. Uruñuela ont étudié les restes osseux (Acosta, 1994 ; Uruñuela et Acosta, 1994 ; Acosta et Uruñuela, 1995). Le matériel céramique a été étudié par A. Noyola (1994) et repris par S. Ramirez (1996).

La fouille du site de La Caseta a été réalisée au cours de deux campagnes. La première, durant le premier semestre 1993, sous la direction de J.P Emphoux, F. Valdez, O. Schöndube et R. Acosta. La seconde, entre les mois d'avril et juin 1994, avec la participation des trois personnes citées précedemment, auxquelles se sont associées S. Ramirez et moi même. Les résultats ont été décrits par Schöndube et al (1994) et Acosta et al (1996a). Le contexte funéraire a été étudié par Acosta et Uruñuela (1995) et le matériel céramique par Ramirez (1996).

La fouille du site de Cerritos Colorados a été réalisée sous la direction de J. Guffroy (chercheur Orstom) et L. Gomez (archéologue de l'UdG depuis 1994) et ma participation, au cours de deux campagnes : printemps 1994 et 1995. Les résultats ont été décrits par Guffroy (1996a et 1996b) et Guffroy et Gomez (1996).

La fouille du site de Cerro del Agua Escondida a été réalisée entre les mois de novembre 1996 et avril 1997, sous la direction de F. Valdez, O. Schöndube et S. Ramirez, avec la participation de J. Reveles. Les résultats préliminaires ont été décrits par Schöndube et al (1998) et Valdez (1998).

2.3.2. Aperçu de la séquence culturelle

Au total 171 sites ont été identifiés dans l'ensemble du bassin. Dans de nombreux cas, ces sites présentent du matériel diagnostique de plusieurs phases d'occupation. La figure 8 montre la distribution des sites en fonction de la phase d'occupation dominante. Dans un premier temps, la chronologie a été établie en fonction de la séquence céramique proposée par Kelly. L'information obtenue sur les quatre sites fouillés, a permis d'affiner cette chronologie, par l'appui de contextes stratigraphiques et de datations absolues.

L'étude du paysage et les restes matériels observés tout au long de la prospection suggèrent que le bassin de Sayula pourrait avoir fonctionné comme un "socio-ecosystème" régional, ayant évolué tout au long de l'époque préhispanique. Les dynamiques internes ont du favoriser différentes formes d'interactions socioculturelles basées sur des traits écologiques et saisonniers proches de l'actuel. Le développement, les changements et l'importance des différents paramètres peuvent expliquer les variations spatio-temporelles observées dans l'enregistrement archéologique du bassin (Valdez et al, 1996).

2.3.2.1. Occupation ancienne : phases Usmajac (300 av JC - 300 ap JC) et Verdía (300 - 550 ap JC)

Les phases d'occupation Verdía et de la période des Tombes à Puits furent initialement interprétées à tort comme participant à la même période de temps. Les fouilles réalisées sur les sites de Caseta et Cerro del Agua Escondida ont clarifié les différences, et ont permis de diviser l'occupation ancienne en deux phases distinctes : la phase Usmajac, contemporaine à la tradition des tombes à puits et la phase Verdía, qui semble correspondre à une période de transition, annonçant la phase Sayula. Cependant les distinctions entre les deux phases ne sont pas encore bien définies. En effet, si les deux phases présentent des modèles d'installation distincts, par contre certains types céramique présentent des formes et des décorations analogues.

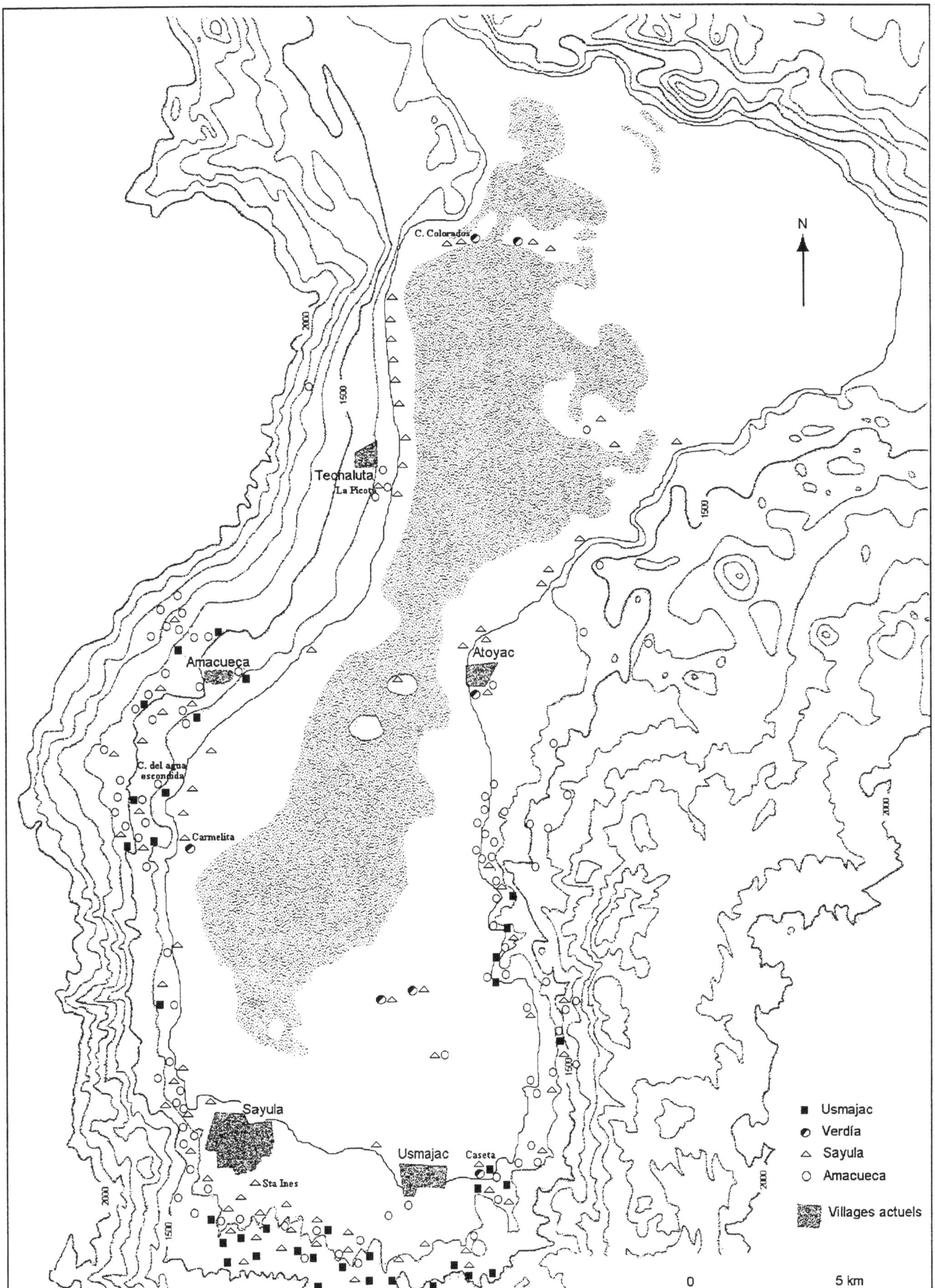

Figure 8 : Carte des sites archéologiques du bassin de Sayula (d'après Valdez, 1996)

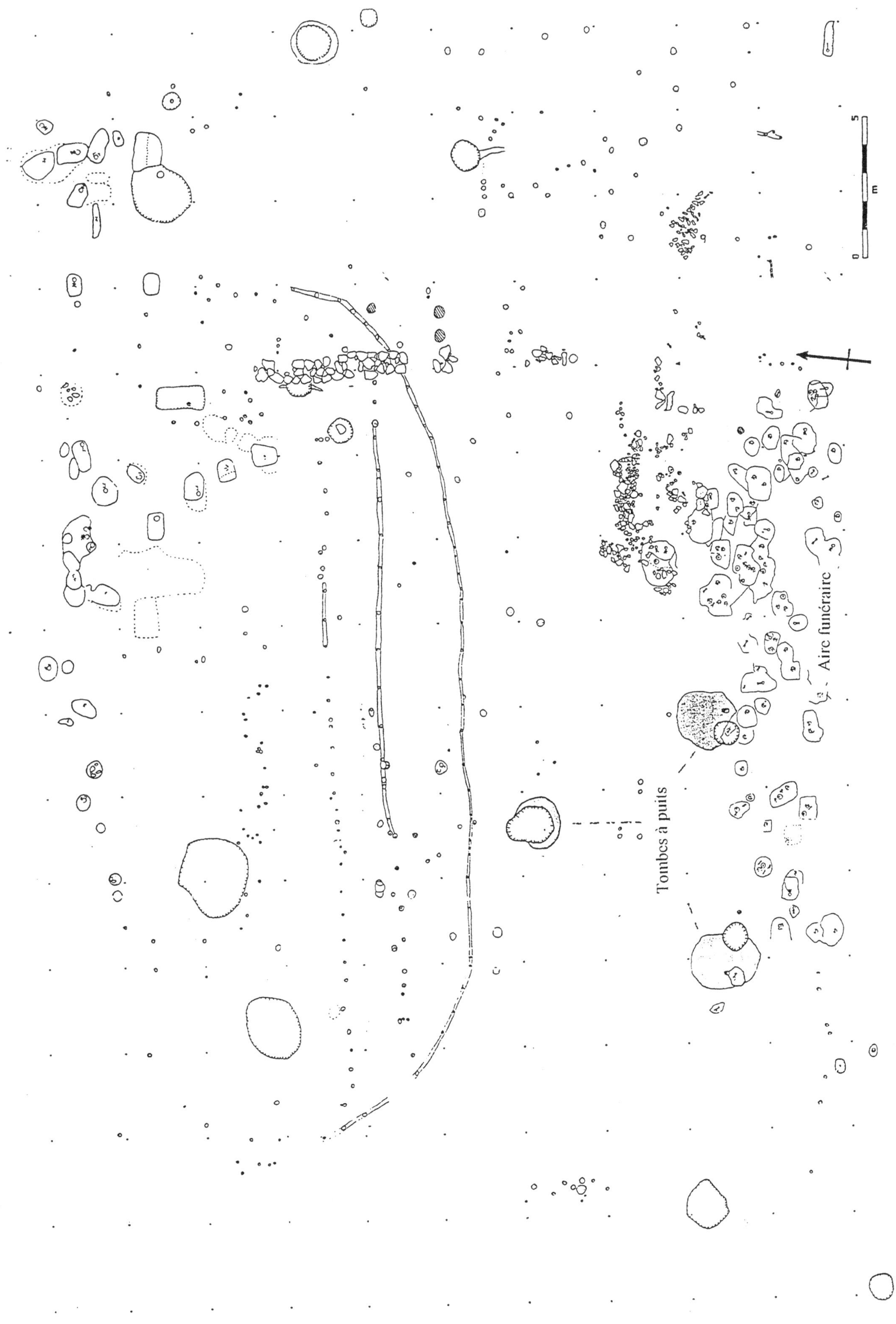

Figure 9 : Plan de fouille du site de la Caseta (extrait de Schondübe et al, 1994)

Tableau 3 : Chronologie du bassin de Sayula (d'après Schondube et al, 1996 : tableau 1, p 5)

Dates	Périodes Mésoaméricaines	Périodes proposées par Schondube (1980)	Phases céramiques identifiées par Kelly (1941-1944)	Phases céramiques
1532	Période coloniale	Province de Avalos	Non identifiée	Non identifiée
1500				
1400				
1300				Final
1200	Postclassique	IIb	Amacueca	Amacueca
1100				Ancien
1000		Etape II		Final
900			Sayula	
800				Sayula
700		IIa		
600	Classique			
400				Ancien
			Verdía	Final
				Verdía
200/300		Etape I		Ancien
0				Usmajac (Tombes à puits)
	Préclassique			
300/200		Ib	Non identifiée	
500				Non identifié

Phase Usmajac (300 av JC - 300 ap JC): Tradition des tombes à puits

Durant la phase Usmajac, de la période des Tombes à puits, une grande quantité d'unités résidentielles a été identifiée dans les terres fertiles du sud et de l'ouest du bassin. La faible quantité de matériel diagnostique récupéré lors de la prospection souligne un style plus ou moins homogène où prédomine la tradition Ortices-Tuxcacuesco. Les quelques informations obtenues sur du matériel de type figurine creuse, issu de pillages des tombes à puits, suggère la présence du style Ameca qui est commun à l'ensemble du centre du Jalisco. D'importantes tombes de cette période ont été rapportées pour les zones de Techaluta-Anoca (Ramirez Flores, 1935), Teocuitatlán et au voisinage de Usmajac, sur le site de Caseta (Valdez, 1994b) (fig. 9), ainsi que très récemment sur le site de Cerro del Agua Escondida à l'ouest du bassin (fig. 10) (Schondube et al, 1998 ;Valdez, 1998). Les traits partagés par ces différentes structures ne sont pas clairement définis, ils se composent d'une architecture funéraire et de pratiques d'inhumations similaires, des offrandes céramique, artefacts d'obsidienne et ornements en coquillage.

Les fouilles réalisées sur le site de Caseta (fig. 9) ont permis de préciser les traditions funéraires de cette période d'occupation. Ainsi, à l'intérieur du périmètre sondé, trois structures funéraires entrant dans la catégorie des tombes à puits ont été détectées. Elles sont creusées dans la matrice du *tepetate*, avec l'ouverture partiellement recouverte par des vestiges de l'occupation finale précédemment décrits. La première découverte (tombe A) fut celle qui avait été pillée il y a plusieurs années, et que les paysans avaient recouverte pour éviter la gène dans les travaux agricoles. A 7 m à l'est de cette première tombe, fut située la seconde (tombe B); elle apparut scellée par une inhumation de la phase Amacueca.. La troisième (tombe C) fut découverte à environ 15 m au nord-est des deux premières. En dépit de la relative pauvreté de leur contenu, les trois structures peuvent être associées à un ensemble de matériel céramique trouvé mélangé dans les couches supérieures du remplissage de la troisième structure et qui est corrélé aux phases Tuxcacuesco-Ortices du sud du Jalisco.

Sur le site de Caseta, la phase Usmajac se caractérise essentiellement par la présence de trois tombes à puits, et d'un matériel céramique non funéraire, découvert dans le remplissage d'une des tombes, qui suggère l'établissement de structures d'habitat dès cette période. Les vestiges du contexte d'habitat localisés sur le site semblent cependant associés à la phase Amacueca, du fait de la grande quantité de matériel diagnostique de celle-ci, récupérée dans cette zone.

Les fouilles réalisées sur le site de Cerro del Agua Escondida (fig. 10) ont permis de décrire en partie les modes d'habitat et les activités domestiques associées de cette période. Ainsi, sur ce site, le contexte domestique est composé d'un ensemble de structures (fours, petites places, murs de contention...) regroupées dans des petits espaces et apparemment associés à une ou plusieurs tombes à puits (Schondube et al, 1998).

Les caractéristiques décrites pour la phase Usmajac participent à la tradition des Tombes à Puits et sont généralement communes au Centre et au Sud du Jalisco. Sur la base d'attributs aussi largement distribués, il semble impossible d'identifier le bassin de Sayula comme une région "autonome" durant cette période (Valdez et al, 1996).

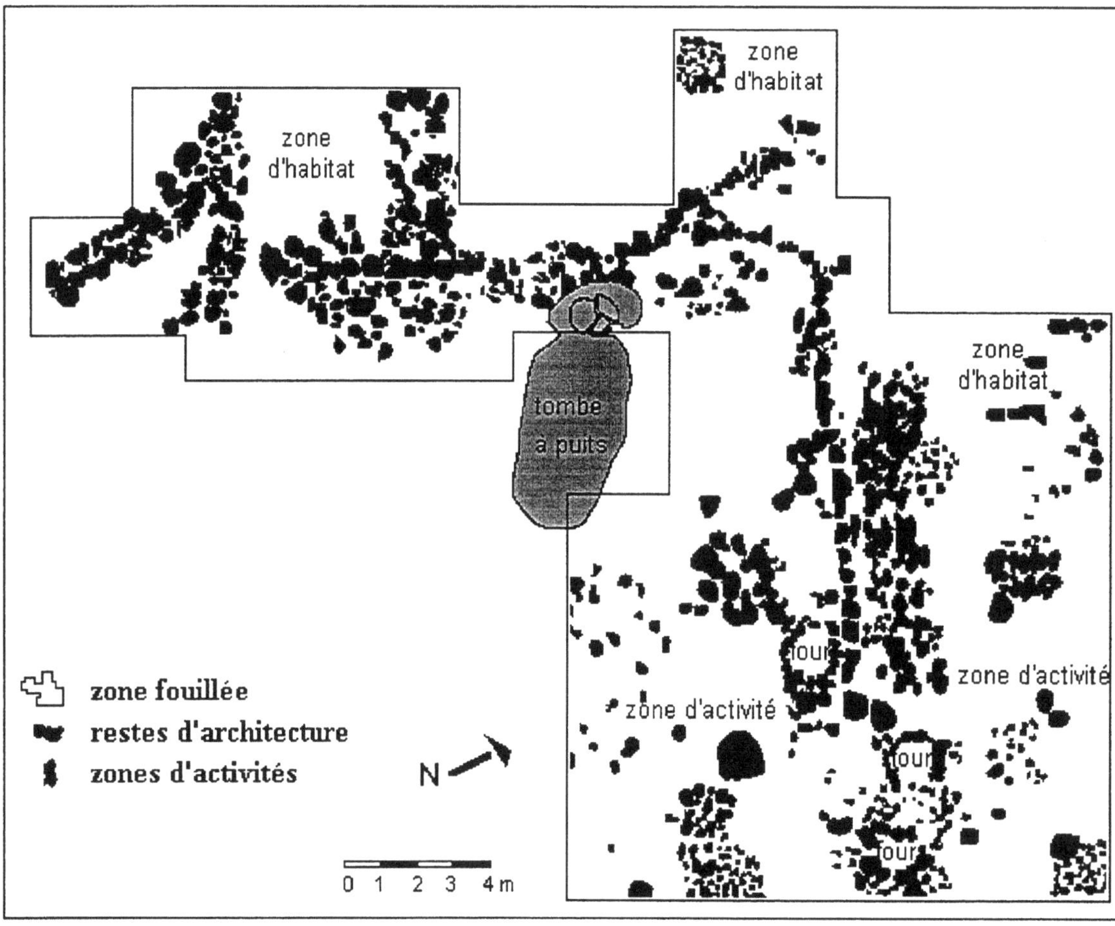

Figure 10 : Plan du secteur 3 du site de Cerro del Agua Escondida (d'après Schondübe et al, 1998:fig. 5;Valdez, 1998:fig. 13)

Phase Verdía (300 - 550 ap JC)

La distribution régionale du matériel Verdía est plus restreinte que celui de la phases précédente. Kelly (1941-1944) n'identifie en surface qu'un seul site correspondant à la phase Verdía, situé aux abords du village éponyme. Les études récentes réalisées sur le site de Cerritos Colorados et aux alentours, montrent qu'il existe sans doute plusieurs sites dispersés sur les bords nord de la lagune. La grande quantité de vestiges de la phase Sayula, particulièrement abondant dans le secteur nord du bassin, rend difficile l'étude de l'occupation correspondant aux périodes anciennes.

Il faut noter que Kelly associait initialement cette phase à celle de Tuxcacuesco - contemporaine de la tradition des tombes à puits - bien qu'elle ait noté des différences entre les deux. De fait, bien que l'on observe des différences de traits echnologiques et morphologiques entre les deux complexes, les deux phases (Usmajac et Verdía) partagent certains traits décoratifs du type de ceux peints en bandes, zigzag, motifs de treillis, ce qui suggère une certaine continuité culturelle entre les deux phases (Acosta et al, 1996a).

Guffroy (1996) propose une subdivision de la phase Verdía en plusieurs étapes, sur la base de l'analyse du matériel céramique découvert dans les niveaux profonds de deux sondages sur le site de Cerritos Colorados :

* *Verdía 2a* : matériel apparu dans les niveaux inférieurs des puits de sondage 1 et 3. Il est constitué de fines écuelles bien polies, décorées avec des lignes de peinture rouge à l'intérieur et à l'extérieur; de pots de pâte grossière et fine,

ainsi que des plats grossiers d'environ 20 cm de diamètre. Divers fragments de pots et jattes peints ont été récupérés, ils présentent une combinaison caractéristique de rouge sur crème (Guffroy, 1996a : 41).
* *Verdía 2b* : dans des niveaux supérieurs, sont apparus des nouveaux types tels que des petits pots au col petit et droit, ainsi que des plats fins bien polis qui semblent constituer une évolution des plats grossiers présents dans les niveaux inférieurs. La décoration à base de lignes de peinture rouge constitue toujours le trait dominant. Cependant il se détache un groupe de fragments de pots d'aspect marbré, avec des motifs en brun sombre sur fond crème (Guffroy, 1996a : 41).

La fin de la phase Verdía, marquée par une transition avec l'introduction de traits caractéristiques de la phase Sayula, a été récemment datée au VIème siècle de notre ère (Valdez et al, 1996 ; Guffroy, 1996a).

2.3.2.2. Phase Sayula (600 - 1100 ap JC)

La phase Sayula correspond à une période d'expansion démographique et au développement d'une identité régionale. Des nouvelles formes et styles céramique apparaissent, et s'étendent rapidement aux trois secteurs altitudinaux du bassin. La taille des sites suggère le passage à de véritables villages, en contraste avec les petites unités résidentielles qui caractérisaient les phases précédentes. Des aires d'activité ou ateliers spécialisés apparaissent sur les bords de playa (principalement sur les marges nord et ouest). L'utilisation complémentaire de différentes ressources (roches, minéraux, pigments, bois, aliments etc...) favorise les interactions entre les différentes zones altitudinales. La présence de matières premières allochtones, tels que les différents types d'obsidienne et coquillages marins, souligne l'intégration à un réseau plus large de contacts extra-régionaux.

L'organisation interne de groupes de pouvoir s'ébauche avec l'apparition des premiers centres civico-cérémoniels (voir Cerritos Colorados, La Picota, Carmelita, Sta Inés sur la fig. 8). Des constructions en monticules, plates-formes et places attestent d'une organisation collective du travail qui souligne l'existence d'une importante population participant à des traditions communes. Les principaux sites sont construits à proximité des zones d'activités liées à la production de sels, et sont liés par des voies de passage qui traversent la playa, voire la lagune dans certaines zones où les chemins sont surélevés. De plus petits sites sont distribués sur les premières terrasses lacustres et sur les bas de versant. Ces sites présentent du matériel céramique fin et ordinaire et des évidences d'activités domestiques. Il semble qu'à cette époque, le bassin présente un arrangement hiérarchique de sites basé sur l'organisation de la production de sel. Cette activité a pu être à l'origine de la fondation d'un pouvoir politique à l'intérieur du bassin.

La phase Sayula sur le site de San Juan de Atoyac

L'essentiel du matériel de la phase Sayula (fig. 11), découvert sur le site de San Juan, provient de la zone funéraire n°2 (fig. 16). Treize récipients déposés comme offrandes, ont été fouillés dans cette zone, parmi lesquels 7 coupes (jattes avec des parois divergentes et une base piédestal). Six de ces coupes présentent une décoration orange sur beige, et dans un cas rouge et orange sur blanc. L'intérieur des récipients est peint en orange, et certains présentent un fond de *molcajete* formant des losanges avec des lignes incisées croisées (Noyola, 1994 : 61). Ces coupes appartiennent aux types *Atoyac Policromo* et *Atoyac Rojo sobre Bayo* identifiés par Kelly (1941-1944 : 39-42), comme diagnostiques de la phase Sayula. Ce type de récipients abonde dans tout le bassin sur les sites de cette phase (Noyola, 1994 : 62).

Par ailleurs, nous pouvons mentionner la présence d'une tête anthropomorphe provenant d'un récipient effigie, qui présente une grande ressemblance avec ceux rencontrés dans la vallée de Atemajac durant la phase Ixtepete-El Grillo (600-900 ap JC) (Schondübe, 1983b : 59, 61, 63). Il faut noter aussi la présence de décoration négative, sur un fragment de jatte avec base anulaire et parois incurvées divergentes, décoré avec des bandes et des volutes rouges sur café. Ce fragment est très ressemblant en forme et décoration aux matériels provenant de Juchipila et Teocaltiche de la région de Los Altos de Jalisco, ce qui suggère une importation depuis cette zone (Noyola, 1994 : 63).

Un autre type de récipients, qui se trouve également en abondance sur l'ensemble des sites Sayula du bassin, est la jatte subhémisphérique monochrome de couleur café, présentant des bandes de motifs incisés à l'extérieur. Les motifs sont géométriques, et présentent quelquefois, à l'intérieur des incisions, des restes de pigment rouge apparemment post-cuisson. Ce type de décoration apparaît dans la région d'Autlan, sur des récipients de base à piedestal du type *Cofradía Inciso* de la phase Cofradía (Kelly, 1949 : 50-52), et sur des récipients de la vallée de Atemajac durant la phase Iztepete-El Grillo.

La phase Sayula sur le site de Cerritos Colorados

Le site de Cerritos Colorados représente l'un des sites les plus importants de cette phase et mérite pour cela que l'on s'arrête un peu plus en détails sur son occupation [1]. Il s'étend le long de la rive nord du bassin de Sayula. Il est composé de plusieurs ensembles de restes archéologiques qui occupent dans leur totalité une superficie d'environ 100ha. Le site semble être composé de trois grands ensembles (Guffroy et Gomez, 1996):
- un ensemble monumental avec une possible fonction publique, qui intègre des monticules, des places et différents édifices dans la partie centrale du site
- un groupe de structures avec une possible occupation résidentielle, situées au nord-ouest du site
- à l'est, le long des anciens bords de playa, une série de monticules qui ont pu être liés à la production de sel.

[1] Nous reprenons dans les paragraphes qui suivent, les observations et analyses réalisées par J. Guffroy et L. Gomez, au cours des différentes campagnes de prospection et de fouilles du site.

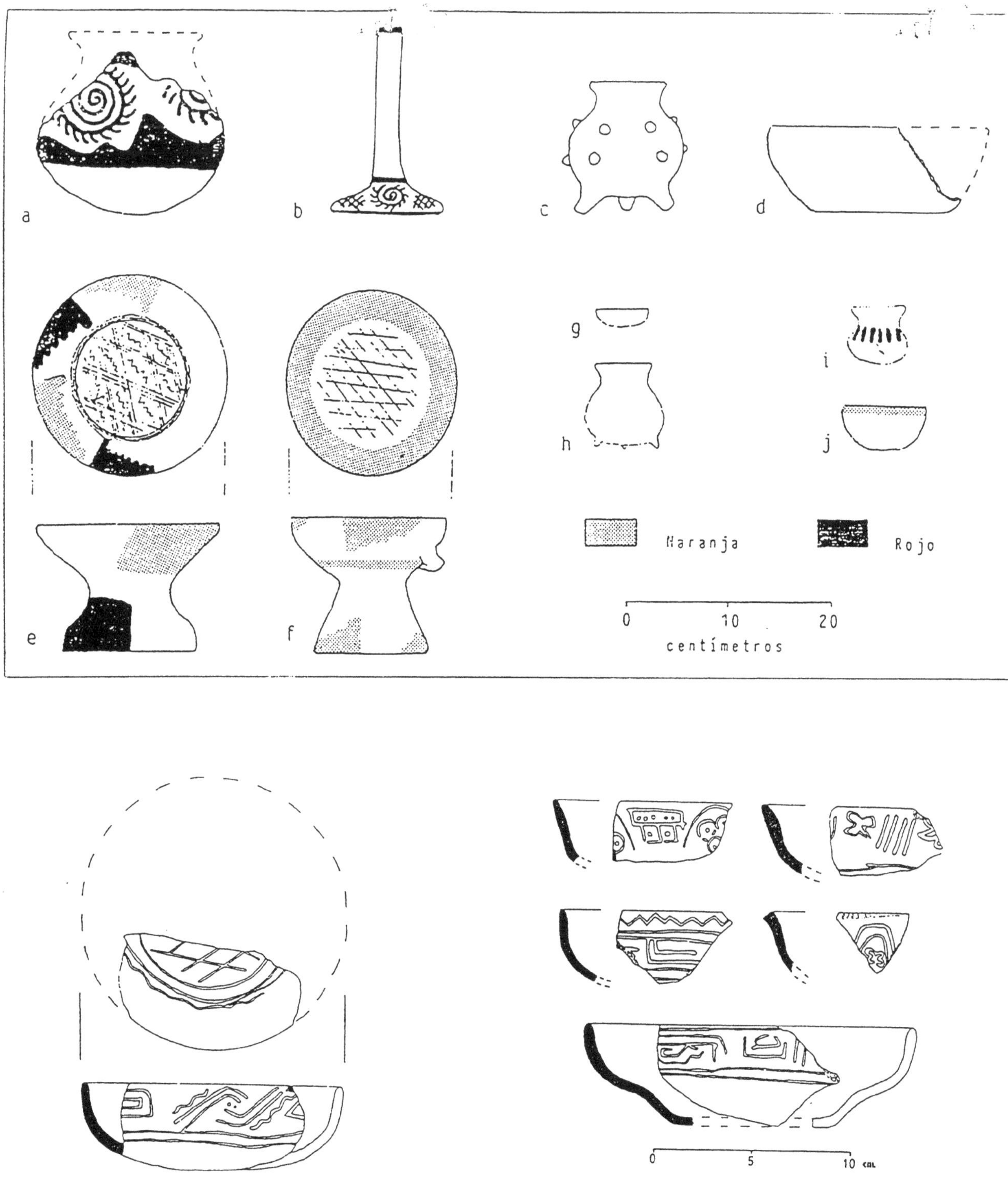

Figure 11 : Matériel céramique du site de San Juan de Atoyac : phases Verdía (a-d) et Sayula (e-j)
Ecuelles monochromes, extérieur avec des incisions remplies de pigment rouge (phase Sayula)
(extrait de Noyola, 1994).

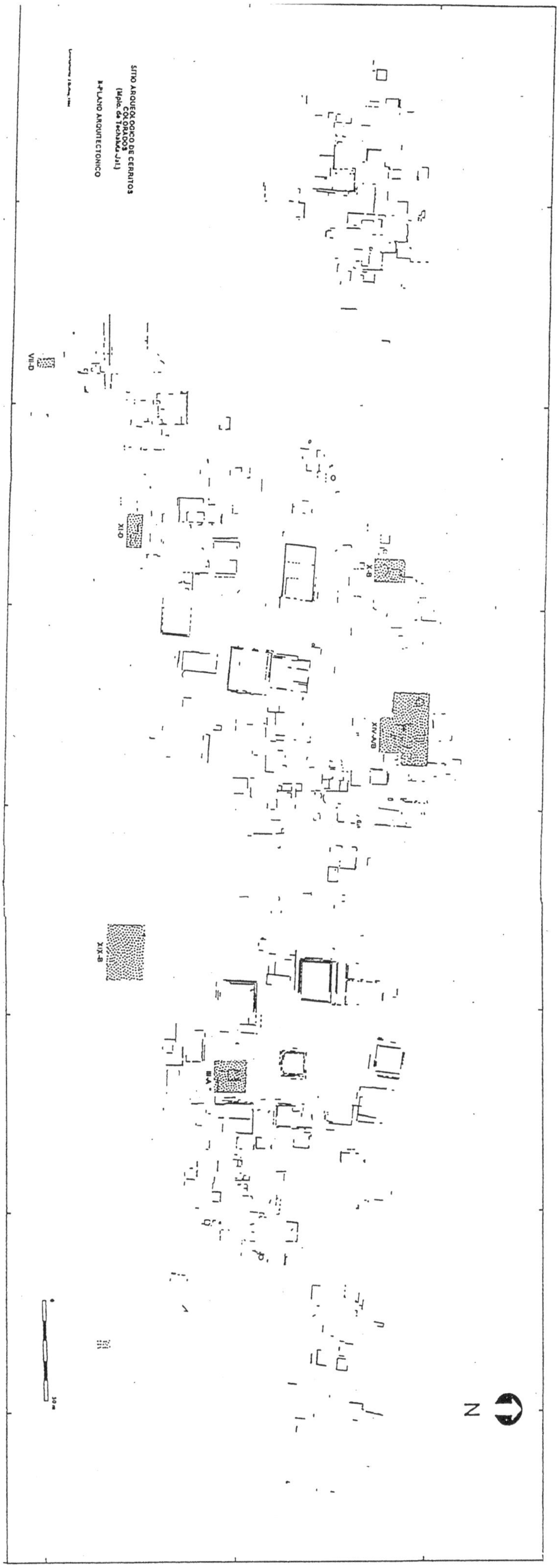

Figure 12 : Plan des arrangements architecturaux de surface du site de Cerritos Colorados (extrait de Guffroy, 1996).

La zone centrale du site occupe une superficie d'environ 20 ha et se présente comme un ensemble de terrasses et de monticules qui s'élèvent entre 1,5 et 4,5 mètres de hauteur, recouvert par une grande quantité de matériel céramique et de pierres (fig. 12). Elle est limitée au sud par la playa, à l'ouest par une zone plane qui devient marécageuse en saison des pluies, et au nord-ouest par la lagune de Verdía. A l'intérieur de cette zone se dégagent divers secteurs (Guffroy et Gomez, 1996 ; Guffroy, 1996a : 45, 1996b).

Le secteur nord-ouest

Il se compose d'une série de monticules qui atteignent en moyenne 2 mètres de hauteur. En superficie, diverses structures de pierre se distinguent, de forme carrée et rectangulaire, qui semblent être des restes d'édifices relativement important en taille. Ces monticules sont recouverts de tessons, parmi lesquels se détache particulièrement une grande quantité de jattes incisées de bonne manufacture, écuelles que l'on ne retrouve pas en telle quantité dans d'autres parties du site. Ce secteur a subi récemment de nombreux pillages qui ont laissé apparaître en surface des restes d'inhumations, ainsi que de grands fragments d'objets céramiques (probables offrandes) parmi lesquels se détachent à nouveau les récipients préalablement mentionnés. Ces pillages s'observent de manière constante, surtout dans les portions sud et nord-est du site.

Environ 200 m à l'ouest de la zone mentionnée, on peut apercevoir des restes d'une ancienne chaussée qui partait vers le nord, apparemment destinée à traverser la lagune de Verdia en période d'étiage. La partie conservée présente une longueur d'environ 150 m.

Le secteur ouest

La portion ouest du site peut se diviser en trois grands secteurs, composés de systèmes architecturaux particuliers.

- Dans la partie sud et ouest du site, apparaît une série de monticules, relativement élevés, entre 3m50 et 4m de hauteur, dont la particularité repose sur une couverture de milliers de tessons, parmi lesquels prédominent une forme particulière de récipient, dénommés "cuencos salineros" par Kelly (1941-1944). Cette zone couvre une superficie approximative d'1,5 ha. Elle présente un système d'accès, matérialisé par les restes d'une sorte de chaussée, délimitée par des pierres cimentées par de la boue, présentant une direction ouest-est. Dans la partie sud, on peut apprécier les vestiges d'une sorte de "perron" (marches qui font saillie sur le monticule), qui pourraient être un autre type d'accès au site. De plus en superficie se distinguent de nombreux alignements de pierres, constituant des murs isolés ou des structures carrées ou rectangulaires. Des coupes réalisées dans deux monticules par les machines ayant servi à la construction de la route, ont mis au jour des restes de construction en torchis.

- A l'est du secteur antérieur, et clairement distinct de celui-ci, commence ce qui pourrait s'appeler le "secteur des édifices". Il se caractérise par la présence de nombreux monticules peu élevés, dont l'essentiel du matériel de superficie est constitué de grosses pierres et de pierres plates de basalte. On peut observer de nombreux alignements de pierres, formant des structures carrées et rectangulaires de grande taille. L'arrangement principal montre que les structures se situent autour d'espaces libres constitués par des places. La place A, ou occidentale, se trouve limitée par quatre édifices et un monticule qui ne présente quasiment pas de pierres. Entre ces différentes structures on peut apprécier clairement l'existence de couloirs de circulation. L'esplanade mesure environ 75 m de long et 30 m de large, et se trouve ouverte dans sa partie nord. Dans sa partie centrale, elle présente une petite structure de pierres très détériorée, et deux accès, l'un par le côté ouest et l'autre par le sud-est.

- Au nord et à l'est de la place A, apparait une grande quantité de structures de petite taille, qui appartiennent probablement à diverses étapes de construction, qui seront décrites plus loin puisqu'il s'agit de zones qui ont été fouillées (zone X-B et XIV-A/B). La majeure partie de ces structures semble appartenir à un système de plates-formes qui traversent le site dans sa partie centrale du sud au nord. Ces structures peuvent être considérées comme des bases de construction ayant probablement porté des petits édifices dans leur partie supérieure. On peut aussi distinguer les vestiges de plusieurs structures circulaires en pierre, ainsi que la présence d'inhumations qui, du fait de leur faible profondeur, sont probablement issues des dernières étapes d'occupation. La place et le système de plates-formes occupent une superficie d'environ 2 ha. Au nord et au sud, se détachent deux grands monticules de plusieurs mètres de hauteur, recouverts de tessons, ne présentant pas de structures en superficie. A l'est, s'étend une zone ne présentant pas de vestiges archéologiques en superficie, de 25 m de large environ. Cette surface plane coupe l'ensemble du site du nord au sud.

Le secteur est

A l'est du hiatus précédemment mentionné, se dégage une autre place clairement identifiable, la place B. Cette seconde place présente un arrangement architectural différent de la précédente. Elle se trouve fermée aux quatre côtés, par cinq édifices et un monticule couvert de tessons céramique, avec des accès clairs dans les angles sud-ouest et nord-ouest. Au sud de l'esplanade, se trouve adossé une petite structure de type autel.

A l'est de cette place apparaît à nouveau en superficie une grande quantité de fondations en pierres, de plus petites tailles, ainsi que des restes de grandes structures en torchis. Dans la partie sud - aux abords de la playa - on peut apprécier des petites structures circulaires, reposant sur une petite aire plane recouverte de petits tessons, probablement utilisées pour les processus d'extraction des sels du *salitre* - zone XIX-B (cf chap 2.1. de la troisième partie) -.

Les zones périphériques

A partir de la partie sud-est du centre du site et en continuant vers l'est sur une ligne suivant les bords de la playa, s'étend ce que l'on pourrait appeler le "secteur de production". Il s'agit d'une part de structures dessinées en superficie de la playa - d'une morphologie similaire à celles mentionnées dans le paragraphe précédent - délimitées par des tessons ; d'autre part de petits monticules pouvant atteindre environ 2,5 m de hauteur, séparés entre eux d'une distance d'environ 20 à 30 m. Ces monticules se trouvent recouverts de tessons, parmi lesquels des jattes de parois droites et base plane. Une fouille a été réalisée dans un de ces monticules - Zone Extérieure 1 - , les résultats sont détaillés dans le chapitre 2.2. de la troisième partie. Au nord-est du site - à l'est de la lagune de Verdía - on observe une vaste zone constituée de petits monticules qui ont souffert de nombreux pillages, et des petites zones très érodées. Le matériel que l'on observe en superficie est attribuable dans sa grande majorité à la phase Verdía. Ces vestiges paraissent donc correspondre aux premières étapes d'occupation de la zone. De par l'état actuel des connaissances, il semble difficile de documenter avec plus de précision la nature de cette occupation.

Des fouilles de petite amplitude ont été réalisées dans les secteurs nord et nord-ouest du site. Ces fouilles avaient pour but de tester la profondeur et la complexité des vestiges aperçus en surface, dans une zone où leur densité ne semblait pas attester d'une grande occupation (zone XIV - A/B et zone XB, zone XXII-A (autel) sur la fig. 12). Différentes formes de construction sont apparues, pour lesquelles l'arrangement stratigraphique n'est pas toujours clair, mais qui présentent des différences d'organisation spatiale marquées, ainsi que différents matériels associés.

Ces fouilles ont révélé la présence d'au moins quatre "étapes" caractérisées par des formes de construction différentes (appelées A, B C, et D), correspondant apparemment à un gradient chronologique décroissant (Guffroy, 1996a) :

- Etape A : structures élaborées avec une seule rangée de pierres non travaillées, et cimentées avec de la boue. Les constructions présentent des formes carrées, rectangulaires et circulaires. Elles affleurent sur la superficie actuelle et sont facile à distinguer.
- Etape B : elle présente les mêmes caractéristiques que la précédente, mais n'est pas visible en superficie
- Etape C : la caractéristique prédominante de cette étape est l'utilisation de pierres plates de basalte (basalte laminaire) cimentées avec de la boue. Ces pierres ne sont pas travaillées, mais on observe une sélection systématique de la face de la pierre la plus linéaire vers l'extérieur des édifices.
- Etape D : elle présente les mêmes caractéristiques que l'étape antérieure, mais se trouve à une plus grande profondeur, et souvent ensevelie par celle-ci.

Par ailleurs trois sondages réalisés dans différents secteurs du site ont permis de mettre en évidence la profondeur de la stratigraphie et de préciser la chronologie céramique et absolue de l'occupation (zone VII-D et zone XIV-A et B)

Malgré une certaine hétérogénéité de la séquence, les sondages réalisés ont permis de mettre en évidence une longue série d'occupation s'étalant sur environ 700 ans (de 400 à 1100 ap JC). Bien que l'extension des fouilles soit insuffisante pour pouvoir présenter un schéma général et définitif, l'identification de diverses formes de construction rencontrées à des profondeurs stratigraphiques différentes permet d'affiner un premier corpus d'hypothèses.

- La seconde époque d'occupation, associée à la phase céramique Sayula pourrait commencer par une étape pré-constructive - au moins dans les zones périphériques - représentée par l'étape D. Cependant l'existence d'un moment de construction antérieur au D dans d'autres parties du site, ne peut être écartée - apparition d'étapes E et F dans le sondage n°3.
- L'étape C parait correspondre à une période de planification plus ample du site. C'est à ce moment qu'apparaissent les systèmes de places et plates-formes observés dans les portions nord et centrale du site.
- Les vestiges correspondant aux étapes A et B ne semblent pas appartenir à un système planifié comme l'antérieur. Il apparaît évident que pendant l'étape A, de nombreuses structures en vigueur pendant l'étape C, étaient déjà couvertes. En l'état actuel des connaissances, il est difficile de proposer des interprétations à l'existence des petites structures circulaires et carrées, construites à côté ou sur les arrangements précédemment mentionnés (terrasses et plates-formes). Pendant les fouilles, les parois latérales ne sont pas apparues, ce qui tendrait à faire penser qu'il s'agit de simples délimitations, sans élévation. On peut observer en superficie plusieurs dizaines de ces structures, se concentrant principalement dans la partie centrale et au nord du site.

<u>Description du matériel culturel du site de Cerritos Colorados</u>

Sans aucun doute le type céramique dominant de la phase Sayula, dans la majeure partie des secteurs et niveaux du site, correspond aux écuelles ordinaires à fond profond et concave dénommés "Cuencos salineros" (*Sayula salt pans*) par Kelly. Ceux-ci, comme leur nom l'indique, ont été traditionnellement associés à la production de sel. Cependant, sans entrer plus avant dans la discussion, il semble que cette interprétation soit à revoir. Trois arguments dans ce sens peuvent être énoncés : d'une part, l'existence de variations importantes de taille et de forme à l'intérieur de cet ensemble, d'autre part, la présence de ces récipients dans des zones de très probable fonction publique ou cérémonielle, et enfin leur quasi absence dans des secteurs où l'on a pu observer des évidences claires d'une fabrication de sel (aires d'activités) (Guffroy, 1996a : 41-42).

Si la présence de ces récipients caractérise la phase Sayula, il est cependant possible de reconnaître une évolution notable dans les formes et la décoration du matériel associé, qui permet de proposer une subdivision de cette phase en différentes sous-phases: Sayula 1a, 1b, 2a et 2b.

* *Sayula 1a* : Le matériel se caractérise par la présence, au côté des premières formes de *cuencos salineros*, d'écuelles avec des lèvres crénelées, ainsi que des écuelles avec une décoration incisée, souvent remplie de pigment rouge. En ce qui concerne les pâtes, on observe une filiation technologique claire avec la phase Verdía 2b. Les pots simples de pâtes lissées sont présents, tandis que les pots et les écuelles peintes de fines bandes rouges dans le style Verdía disparaissent. Cette sous phase bien isolée stratigraphiquement dans les couches du sondage n°3, correspond apparemment à une phase de transition dans laquelle le matériel décoré est généralement rare (Guffroy, 1996a : 42).

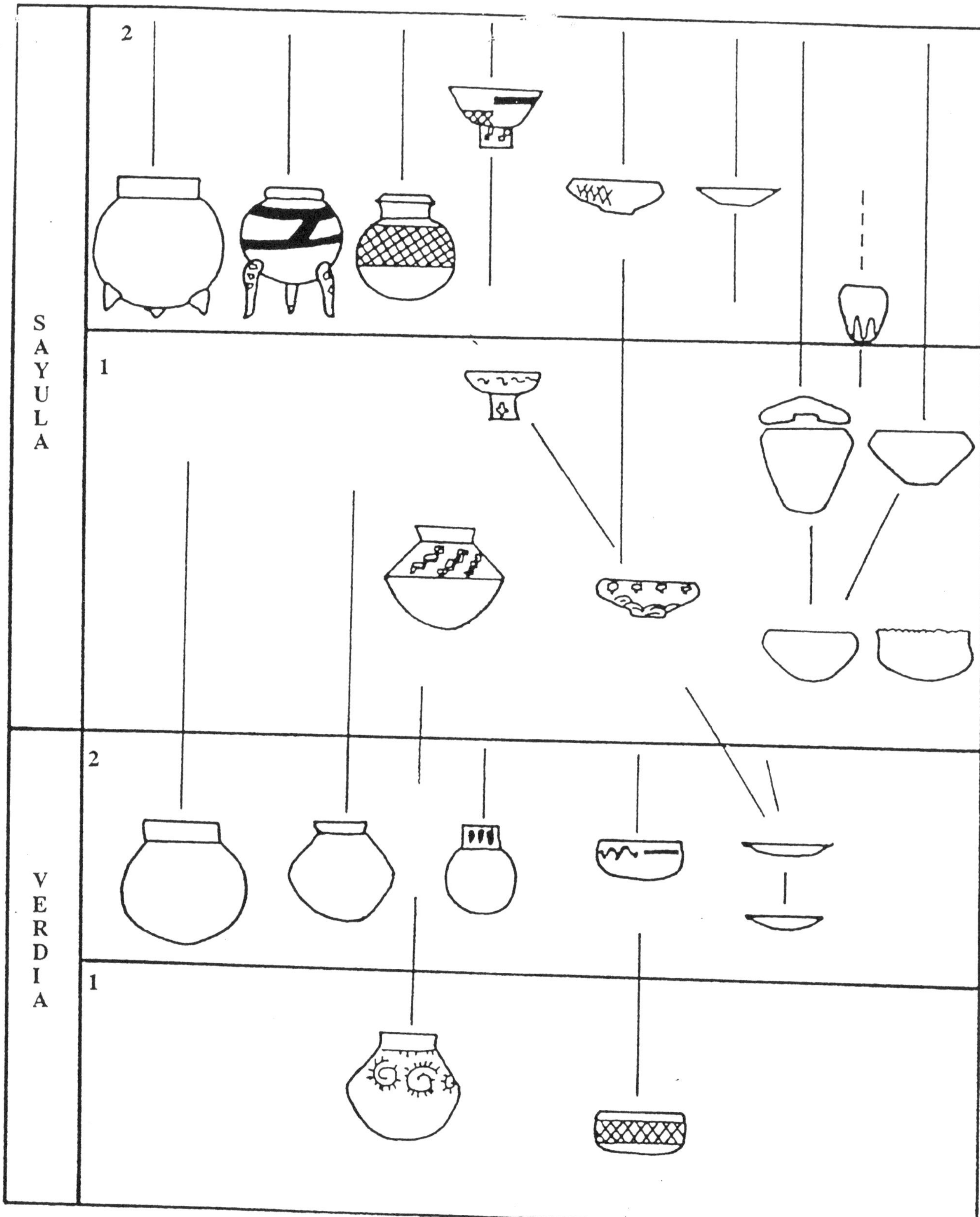

Figure 13 : Schéma synthétique de l'évolution du matériel céramique sur le site de Cerritos Colorados (extrait de Guffroy, 1996).

* *Sayula 1b* : cette phase se caractérise par la présence d'un grand nombre d'écuelles incisées, présentant des grandes variations de forme, et un développement notable de l'iconographie associée. Dans le matériel ordinaire, les pots lissés continuent à être dominants, mais des fragments de pots fins, polis, recouverts d'un engobe rouge, apparaissent. L'étape finale de cette sous-phase est bien représentée à la base de la coupe réalisée dans la paroi d'un des monticules (zone VII-D). Dans ces niveaux, situés environ entre 200 et 300 cm du sommet du monticule, les premiers exemples de récipients avec des supports solides et des bases annulaires apparaissent. Ces nouvelles formes se produisent dans un type de pâte non utilisé jusqu'alors, qui deviendra très populaire dans la phase Sayula 2 (la pâte de couleur crème, constituée par des cinérites altérées) (Guffroy, 1996a : 42).

* *Sayula 2a* : Le début de la phase 2 est clairement marquée par l'apparition de nouvelles formes de récipients, avec une pâte singulière, de couleur crème, contenant un grand nombre de particules volcaniques, qui semblent provenir de cinérites altérées. Les formes associées qui prédominent sont des pots à col composé et bord en escalier, écuelles et mortiers avec une base piedestal, tous décorés avec des bandes et des motifs peints de couleur rouge et orange sur un fond crème. Les pots lissés et les jattes incisées, caractéristiques des phases antérieures, disparaissent. Sur l'intérieur de certaines écuelles on observe une décoration brunie linéaire ou géométrique. L'iconographie complexe observée dans les phases précédentes disparaît elle aussi (Guffroy, 1996a : 43).

* *Sayula 2b* : le matériel caractérisant cette sous phase est présent dans les niveaux supérieurs de la zone XIV-A/B, et du profil réalisé dans la zone VII-D, ainsi qu'en superficie d'autres zones. Elle semble correspondre à la dernière étape d'occupation du site. Elle se distingue par une certaine évolution des motifs décoratifs peints, plus simples. La décoration semble s'orienter vers des motifs d'inspiration zoomorphe et anthropomorphe réalisés selon la technique de l'appliqué. De nouveaux types de supports apparaissent. Certaines de ces caractéristiques semblent annoncer la phase Amacueca, non identifiée sur le site (Guffroy, 1996a : 43).

Les figurines anthropomorphes solides se présentent en grand nombre, tant en superficie que dans les niveaux correspondant à la phase Sayula. Elles appartiennent pour la majorité - environ 95% des cas - à un même type dénommé "Cerro de García". La plupart d'entre elles sont des représentations féminines. Elles sont modelées et présentent quelques éléments appliqués, comme les seins et les yeux, parfois elles présentent des coiffes, des colliers, boucles d'oreilles, et ornements de nez - ensembles ou séparément -. Elles varient beaucoup en taille (entre 5 et 30 cm), ce qui - combiné aux traits précédemment décrits - fait qu'il n'en existe pas deux exemplaires identiques (Guffroy et Gomez, 1996).

En dépit de l'important pillage subi par le site et ses environs depuis longtemps, il est possible d'observer en surface du site un grand nombre de déchets de taille et ustensiles complets ou fragmentés, d'obsidienne de diverses couleurs (depuis le noir jusqu'au rouge, en passant par le gris). Parmi les ustensiles, prédominent les éclats aux bords retouchés, les racloirs, et les pointes de flèche avec pédoncule, parmi lesquelles il est possible de reconnaître quatre types de forme et taille diverses, sûrement utilisés pour la chasse d'animaux différents (grands gibiers tels que le cerf, gibiers d'eaux et probablement poissons). Il existe aussi divers outils, ainsi que des couteaux de grandes tailles.

Bien que plusieurs analyses, et fouilles complémentaires doivent encore être réalisées afin d'obtenir un schéma d'organisation plus détaillé du site, il est possible d'émettre actuellement quelques hypothèses. Les premiers résultats obtenus soutiennent l'hypothèse du caractère multifonctionnel du site, puisque la coexistence de secteurs publics, cérémoniels et dédiés à la production, semble se confirmer pendant la phase Sayula 2. D'une part, on observe une planification caractérisée par la présence de groupes de plates-formes rectangulaires selon des schémas bien définis. D'autre part, l'existence de zones résidentielles situées à la périphérie du site semble confirmée (Guffroy, 1996a : 41). Cerritos Colorados se situe dans une zone stratégique, à l'entrée nord du bassin de Sayula, et permet un accès facile vers les régions du nord (Laguna de San Marcos) comme vers celles de l'ouest (Lago de Chapala). Il est probable que cet emplacement ait joué un rôle important dans les relations que le bassin a pu développer avec les régions voisines. Pour les étapes récentes de l'occupation, les données sont encore trop lacunaires pour inférer une quelconque interprétation. Quant aux périodes d'apogée du site, durant la phase Sayula, il est probable que Cerritos Colorados ait joué un rôle important dans la dynamique interne du bassin. Cependant il reste à clarifier tant sa complexité sociale interne, comme les relations de collaboration, domination ou concurrence qu'il a pu entretenir avec des sites d'une envergure similaire, comme Carmelita par exemple, situé à environ 20 km au sud, sur la frange ouest de la lagune (Guffroy, 1996a : 62).

Finalement, il est possible de proposer une ébauche de séquence d'occupation du site, à l'aide des données récoltées lors des premières campagnes de fouilles : Verdía 2 :300-600 ap JC, Sayula 1: 600-800 ap JC, Sayula 2 : 800 - 1200 ap JC. Si une occupation plus récente ne peut être rejetée, par contre l'abandon du site durant le XII siècle parait être prouvé par l'absence totale de matériel associé à la phase Amacueca (Guffroy, 1996a : 41).

2.3.2.3. Phase Amacueca (1100 - 1520 ap JC)

Vers le début du XII ème siècle, un changement majeur apparaît dans les styles céramiques. La phase Amacueca participe aux tendances communes observées dans les régions voisines de Autlán et Cojumatlán. Les formes et les décorations se standardisent et leur distribution couvre tous les secteurs du bassin. Il est difficile de déterminer l'origine de ces traits communs, il est probable que plusieurs influences proviennent de différentes parties du Jalisco. Cette période correspond à un nombre important de sites dispersés sur les flancs de montagne, l'occupation des bords de playa et des bas de pente semble s'atténuer (Valdez et al, 1996).

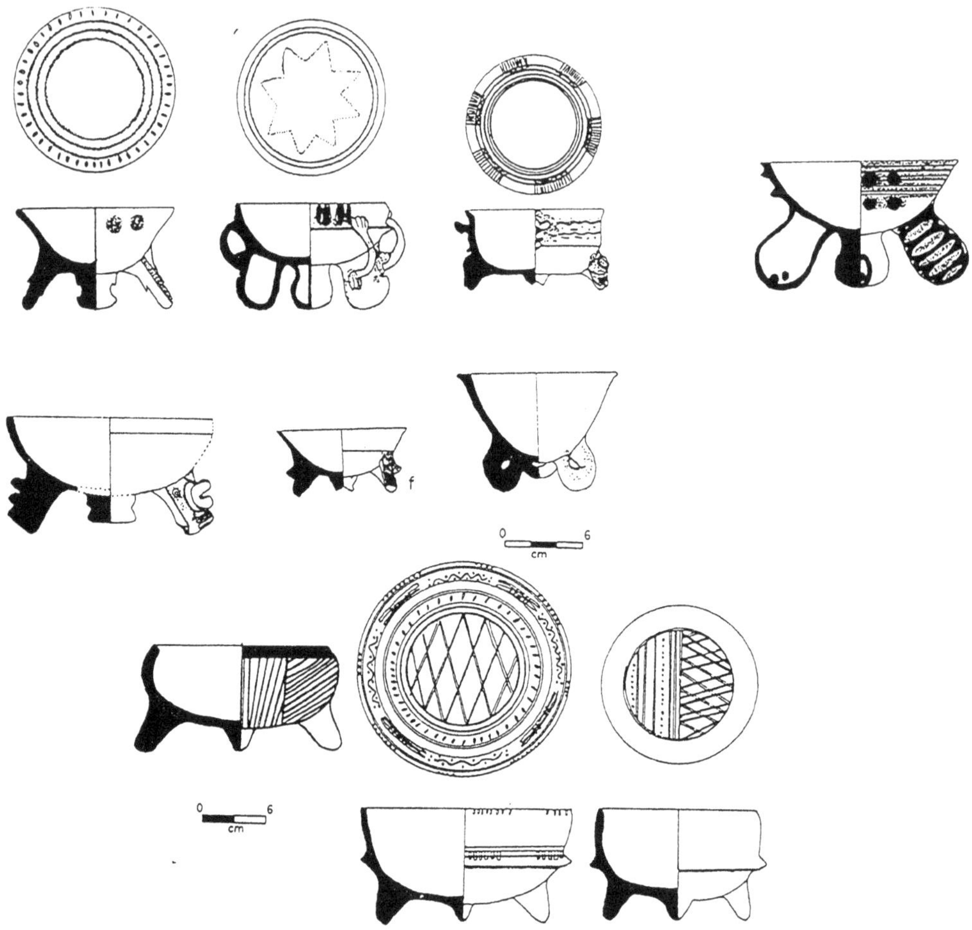

Figure 14 : Matériel céramique du site de La Caseta: phase Amacueca, différents types de jattes tripodes et jattes à fond incisé (extrait de Ramirez, 1996)

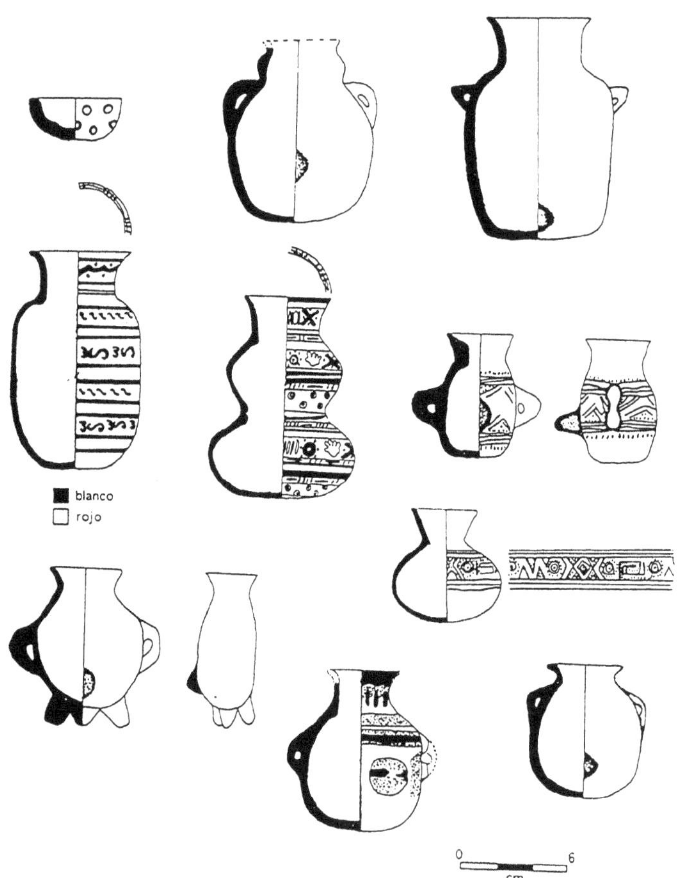

Figure 15 : Matériel céramique du site de La Caseta: phase Amacueca différents types de récipients miniatures, offrandes funéraires (extrait de Ramirez, 1996)

Des détails concernant l'habitat, les traditions funéraires et les styles céramiques correspondant à cette phase, ont été apportés par la fouille des sites de Caseta et San Juan de Atoyac. Ces deux sites semblent avoir été occupés pendant deux périodes distinctes de la phase Amacueca : La Caseta au début de celle-ci et San Juan pendant la période finale de l'occupation préhispanique du bassin.

La phase Amacueca sur le site de Caseta

Le site de Caseta se situe sur les flancs d'une colline qui s'élève à une hauteur de 40 m environ au dessus de la playa (fig. 8). Cette colline fait partie du piémont, formant les contreforts de la Sierra del Tigre, et ferme le bassin au sud-est. Sur le flanc est de cette colline - désormais traversée par l'autoroute qui relie Guadalajara à Colima - circulait autrefois un chemin qui reliait le bassin à Zapotlán el Grande (aujourd'hui Ciudad Guzman). Des datations ^{14}C effectuées sur des échantillons prélevés dans la zone funéraire, et dans la structure localisée au sommet de la colline, situent l'occupation du site entre le XI et le XIII ème siècles (Acosta et al, 1995).
Figure 14 : Matériel céramique du site de La Caseta : offrandes funéraires

L'occupation Amacueca de ce site est principalement composé de vestiges distribués dans deux espaces funéraires (fig. 9) (Acosta et Uruñuela, 1995 ; Acosta et al, 1995):
-La zone nord représente une superficie de 21 m², elle se situe dans la partie basse de la colline et comprend 26 sépultures. Elle est constituée uniquement d'inhumations individuelles, présentant une position dominante de corps allongés sur le dos avec les jambes fléchies. Seuls 6 individus présentaient des offrandes associées, constituées d'un seul récipient par individu (soit une miniature, soit une jatte tripode). Par ailleurs, seuls trois individus présentaient des ornements composés de fusaïoles.
- La zone sud s'étend sur une superficie d'environ 36 m² et se localise dans la partie médiane de la colline, avec un total de 67 enterrements, dont 23 multiples. Les individus de cette zone présentent une position dominante fléchie. Dans cette zone, 33 enterrements ont été découverts accompagnés d'une ou de plusieurs offrandes céramiques.

Parmi les offrandes funéraires, se distinguent 9 mortiers tripodes avec ou sans décoration monochrome (*Amacueca Rojo*) et polychrome, similaires au matériel *Autlán Policromo* documenté par Kelly (1945) (fig 14). Les supports sont coniques, et dans quelques cas cylindriques (Ramirez, 1996).

Par ailleurs, 30 jattes tripodes ont été récupérés, de forme semi-hémisphériques et concaves. Ces récipients présentent des supports de formes variées : crénelés, coniques, angulaires, hémisphériques solides ou de type grelot, anthropomorphe (atlante). Ils peuvent parfois présenter une décoration plastique à l'extérieur, de type impression de spatule, impression de caña, ou boutons appliqués (fig 14) (Ramirez, 1996).

Un autre type d'offrandes communes est constitué par les petits pots et les miniatures de forme composée globulaire de type gourde et bouteille (fig 15). Vingt deux pots de ce type ont été enregistrés, parmi lesquelles 14 étaient des miniatures. Seuls 4 de ces pots présentaient une décoration peinte : trois du type *Amacueca Policromo* et un présentant des dessins de peinture blanche sur du rouge, similaire à celles de *Tuxpan Blanco Sobre Rojo* documentées dans le Sud du Jalisco (Schondube, 1994 : 403) (Ramirez, 1996).

Finalement, il faut noter la présence de 17 fusaïoles, dont 16 associés à des individus féminins. Ces objets présentent des décorations et formes variées, similaires à celles documentées pour le sud du Jalisco (Ramirez, 1996 : 116).

La phase Amacueca sur le site de San Juan de Atoyac

Le site de San Juan, situé sur les marges est de la lagune au sein du village de Atoyac (fig. 8), constitue probablement le meilleur exemple de la vie des communautés villageoises durant les périodes finales de l'occupation préhispanique du bassin (Valdez et al, 1996). La fouille d'une superficie d'environ 1500 m² a révélé la disposition supérieure du village (Schondube et al, 1992). Les vestiges fouillés sont divisés en quatre secteurs : trois funéraires et un quatrième représentant une fraction significative de la zone d'habitat (fig 16).

La majeure partie de la céramique de ce complexe (fig 17) est polie et recouverte d'un engobe qui peut présenter différentes tonalités de rouge, bordeaux et café, jusqu'à noir du fait de la cuisson. Les formes prédominantes sont décrites de la manière suivante (Noyola, 1994 : 67-68):
* Jattes hémisphériques tripodes avec engobe rouge, support cylindrique, le bord externe est décoré avec une frange d'incisions parallèles. Des fragments de ces écuelles sont très abondants dans le bassin, sur les sites de la phase Amacueca
* Jattes coniques et hémisphériques tripodes de couleur café et noir. Leur superficie est polie, le bord est renversé et les supports angulaires;
* Jattes hémisphériques et subhémisphériques polies, de couleur café ou noir, pouvant être tripodes. Ils présentent une décoration de "grains de café" ou boutons appliqués dans la partie externe sous le bord. Ils peuvent présenter des supports cylindriques et globulaires avec des boutons appliqués.
* Mortiers tripodes hémisphériques avec un engobe rouge à l'extérieur. L'intérieur montre des incisions profondes parallèles divisées en quatre carrés; ces incisions atteignent quasiment le bord, qui est délimité par une ligne d'engobe rouge. Ces récipients présentent une grande similitude avec ceux du type *Chapala Rojo Pulido* illustrés par Bond (1971 : fig 6) sur la rive nord de la lagune de Chapala, et du type *Cojumatlan Rojizo* avec bord rouge de Cojumatlan, dans le Michoacan (Lister, 1949 : 37-38).
* Grandes jattes asymétriques aux parois convergentes, comportant de grosses anses horizontales appliquées sous le bord, et décorées avec des boutons appliqués. Ces récipients présentent parfois une bande rouge le long du bord et apparaissent en grande quantité dans la région de Tuxcacuesco durant la phase Tolimán (Kelly, 1949 : 55).

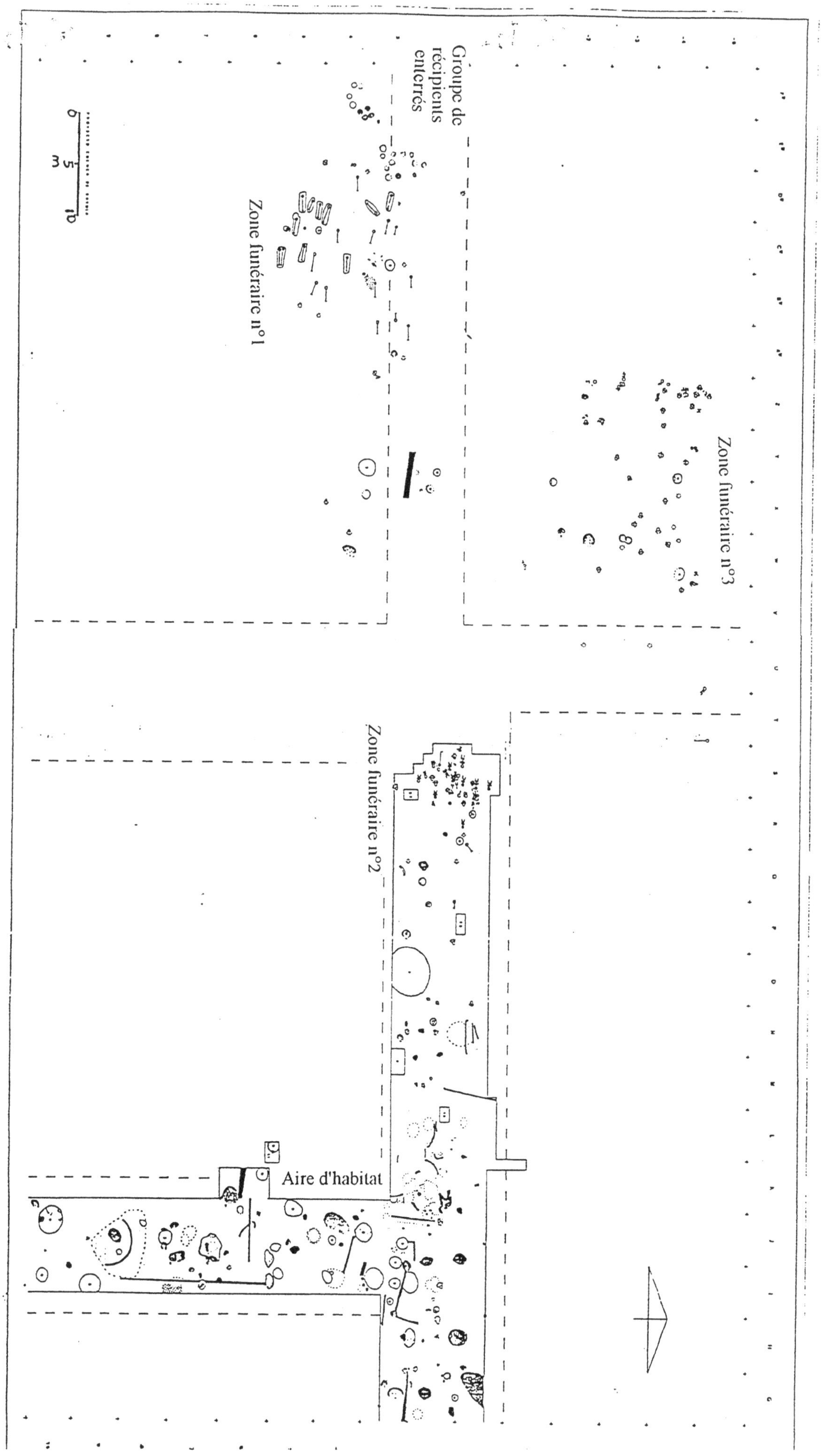

Figure 16 : Plan de fouille du site du Fraccionamiento San Juan de Atoyac (extrait de de Schondübe et al, 1992).

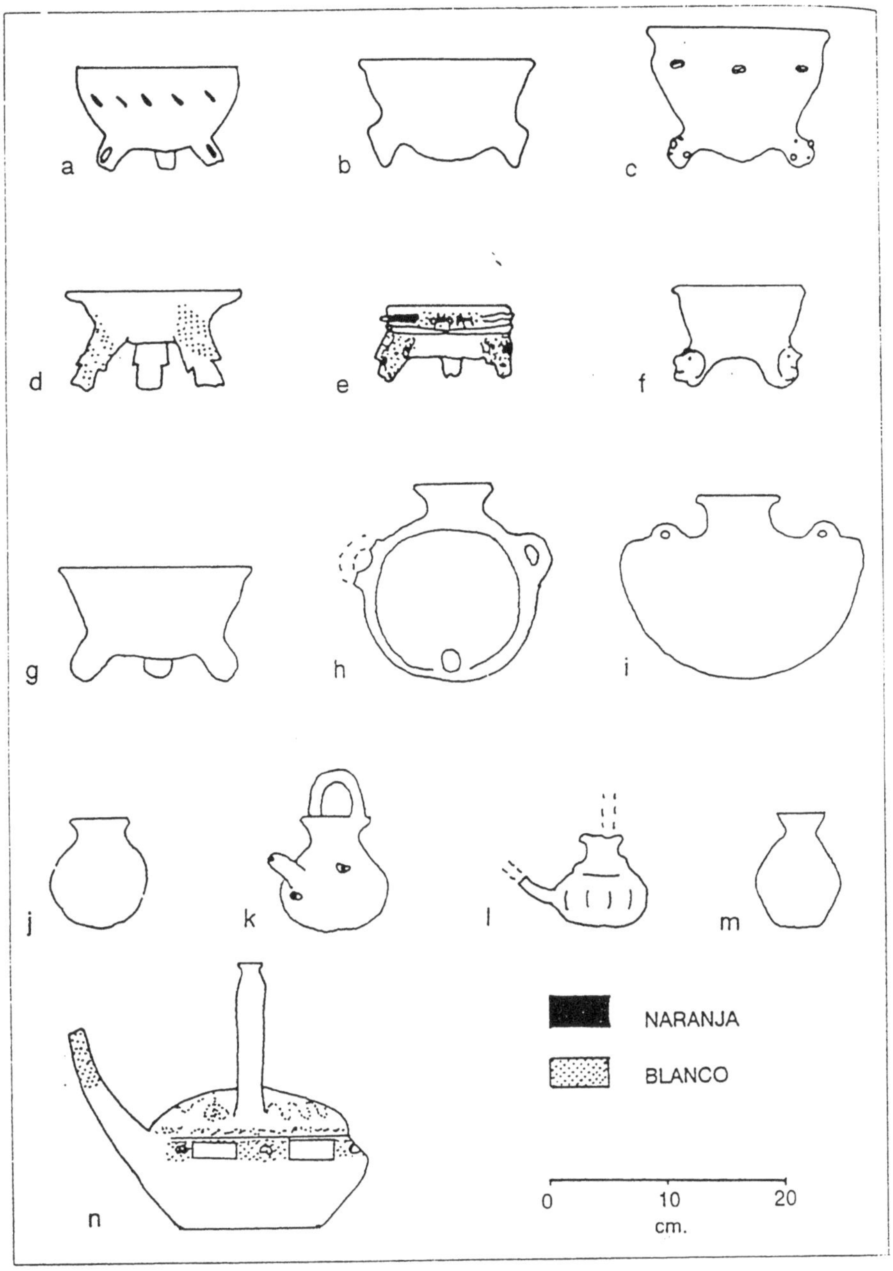

Figure 17 : Matériel céramique du site de San Juan de Atoyac : offrandes funéraires de la phase Amacueca, (n) récipient d'affiliation tarasque (extrait de Noyola, 1994).

* Couvercles de forme convexe avec le bord refermé, une anse en forme d'étoile et des supports triangulaires plats et allongés. L'intérieur est souvent brûlé ou noirci, ce qui suggère une utilisation pour couvrir des encensoirs ou des "braseros".
* Pots de forme simple, recouvert d'un engobe dont les tonalités peuvent varier. Ils présentent une forme générale globulaire, avec le col incurvé ou droit divergent et le bord renversé.
* Petits pots miniatures présentant un engobe poli.
* Figurines anthropomorphes planes de corps rectangulaires avec une tête carrée. Ces figurines rappellent les figurines tardives du type "L" rapportées par Grosscup (1961 : 394) pour Amapa et celles de Eztatlán (Glassow, 1967: 6).
* Parmi les offrandes associées aux inhumations, un type de récipient se distingue : trois exemplaires de jattes tripodes, aux bords divergents et supports en forme de "atlante", décorés de blanc et orange sur rouge, tant à l'intérieur qu'à l'extérieur, ainsi que sur les supports. Ce type de récipient est commun au sud du Jalisco, durant le Postclassique, Meighan et Foote (1968 : 158) le mentionnent comme un type de céramique correspondant à un horizon stylistique du Postclassique. Il correspond plus précisément au *Cojumatlán Policromo* de la région de Chapala (Lister, 1949 ; Meighan et Foote, 1968), et à l'*Autlan Policromo* des régions de Autlán-Tuxcacuesco (Kelly, 1945, 1949).

Les périodes finales de l'occupation préhispanique sont caractérisées par l'intrusion de matériel tarasque dans la zone à partir du XIVème siècle. Une grande partie de ces vestiges a été localisée dans un contexte funéraire (zone d'habitat, et zone 3), mais aussi dans le contenu de trois dépotoirs de la zone d'habitat du site de San Juan de Atoyac. Le matériel Tarasque correspond pour l'essentiel à (Noyola, 1994 : 69) :
* des récipients avec "bec verseur", pouvant présenter une anse en étrier ou anse "canasta" du type *Rojo Pulido* (fig 17) (Castro Leal, 1986 : 87-96), ainsi que polychromes (décorées en blanc et orange sur rouge).
* des jattes tripodes miniatures, présentant des supports solides ou creux.
* des fragments de pipes, à tubes longs, avec un récipient cylindrique ou conique, un bord renversé et des supports coniques. Elles sont généralement bien polies, et présentent une décoration simple de lignes droites ou en spirales incisées; dans quelques cas ces lignes sont recouvertes d'une peinture blanche.

Quatre datations ^{14}C ont été réalisées sur le site de San Juan (Valdez, 1996 : 25, 26, 27). L'échantillon PCS-1-91 provient d'un foyer situé dans l'aire d'habitat, il a été daté à 595 +/- 60 BP. L'échantillon PCS-2-91 a été prélevé dans un dépotoir qui contenait entre autres du matériel d'affiliation tarasque, la date obtenue est de 495 +/- 60 BP. Le troisième échantillon (PCS-3-91) provient d'une sépulture de la zone 1, présentant des offrandes de la phase Amacueca ; la date obtenue est de 645 +/- 110 BP. La quatrième datation (PCS-4-91) a été réalisée à partir d'un échantillon prélevée dans une offrande localisée dans l'aire d'habitat. Le contexte de ce dernier est pauvre en matériel culturel, car il s'agissait essentiellement de squelettes de divers animaux (sangliers, cerfs et oiseaux), mais dans le remplissage quelques tessons de la phase Amacueca ont pu être identifiés. La date est de 325 +/- 95 BP.

Bien que l'empire Tarasque se soit formé sur des bases existant depuis le Postclassique ancien, l'apogée de celui-ci et son expansion correspondent à une période tardive de l'occupation préhispanique (à partir de 1300 ap JC). L'intrusion de ce matériel dans la séquence d'occupation locale, suggère l'existence d'une sous-phase à l'intérieur du complexe Amacueca située entre le XIX et le XVI ème siècle (Noyola, 1994 : 74).

Le schéma d'occupation du Postclassique se retrouve à la fin du XVIème siècle, au début de la période coloniale : à cette époque, on observe un grand nombre de hameaux, ne présentant pas de stratification particulière, parmi lesquels se détachent les cinq villages principaux (Atoyac, Sayula, Amacueca, Tepec et Techaluta) ; de ce fait la province représente durant cette période une entité politique avec différentes capitales, chacune correspondant à un centre économique distinct, en fonction d'une large gamme d'activités de production - Atoyac : sel et produits agricoles ; Sayula : pêche et canne à sucre ; Tepec et Amacueca : bois ; Techaluta : bois et sel - (Fernandez, 1996 : 166).

2.3.3. Distribution spatiale des sites

Quelle que soit la période d'occupation, la distribution spatiale des sites est particulièrement marquée par les variations altidunales, qui déterminent différents secteurs écologiques du bassin (cf division du bassin en quatre grandes unités géomorphologiques, dans le chap. 1.3). La proximité d'eau douce, les voies de communication et les ressources (animale, végétale et minière) ont une influence directe sur la fonction de chaque site (Valdez et al, 1996).

Comme nous l'avons vu dans le chapitre 1 de cette première partie, les secteurs altitudinaux sont également marqués par des variations spatiales. Ainsi, le versant ouest du bassin, qui correspond à la Sierra de Tapalpa, présente des flancs très différents du versant est. A l'ouest, les flancs sont très inclinés et les parties de playa arrivent par endroit pratiquement au pied des montagnes. Le secteur sud-est présente une vaste zone plane relativement humide de par la présence de nombreuses sources, transition entre la playa et les flancs de montagne, où très peu de sites ont été observés.

Les différents sites peuvent être classés en trois grands groupes, selon leur fonction supposée à partir de l'analyse du matériel récolté en surface ou dans des sondages stratigraphiques :

- Sites domestiques ou sites d'habitat simple : rencontrés essentiellement dans le secteur de piedmont, avec quelques évidences de regroupements sur les premières terrasses lacustres.

- Aires d'activité, proches ou non des ressources majeures. Il s'agit essentiellement des sites d'extraction de sels, situés sur les bords de playa, mais aussi des aires de taille de matériaux lithiques ou de coquillages, des mines d'extraction de minéraux (le cuivre notamment), et de possibles zones de cultures irriguées.

- Centres civiques ou cérémoniels caractérisés par la présence de traits architecturaux de type monumental et une planification de l'espace. Des monticules, plates-formes, places (ou esplanades) ont seulement été identifiés dans 8 sites, principalement sur les premières terrasses lacustres et dans le piedmont. Ces ensembles suggèrent l'existence d'une organisation sociale et politique de type "*cacicazgos*", capable de contrôler la main d'oeuvre nécessaire à l'édification de ce type d'architecture (Valdez et al, 1996 ; Acosta et al, 1996). Le site le plus important est Cerritos Colorados à l'extrême nord du bassin.

Durant la phase Usmajac, on observe une importante occupation du secteur central du bassin. Les sites se situent préférentiellement sur les plaines alluviales à une altitude moyenne de 1500 m. Les évidences de superficie montrent un ensemble de petits sites dispersés sur un large secteur. La densité et la concentration du matériel sur chaque site reflètent la présence de petits groupes humains (Schondube et al, 1997).

Les sites de la phase Verdía sont les moins fréquents, ils sont considérés comme des complexes résidentiels composés de moins de cinq familles. Cependant, la description de surface des sites de cette période, est considérablement entravée par le fait qu'une bonne partie des restes se trouvent enfouis sous plusieurs dizaines de centimètres de sédiments des occupations postérieures (Valdez et al, 1996).

La phase Sayula se caractérise par le grand nombre de *tepalcateras* ainsi que par l'apogée des trois sites principaux du bassin (Cerritos Colorados, Carmelita, et Santa Ines). Les sites d'habitat de cette époque se trouvent concentrés notamment dans la partie sud-est sur les premiers contreforts de la Sierra del Tigre, et dispersés au niveau des bas de pente.

Le nombre le plus important de sites correspond à la phase Amacueca, ces sites se rencontrent à tous les niveaux altitudinaux, mais principalement sur le piedmont, ce qui reflète probablement une population variée et importante. Les sites sont plus grands et peuvent représenter des villages regroupant 30 à 50 familles. Un certain nombre d'entre eux correspond aux périphéries des localités modernes de Atoyac, Cuyacapan, Usmajac, Sayula, Amacueca et Techaluta. Il est possible que ces agglomérations soient le fruit de la conquête espagnole. A des fins administratives, les autorités espagnoles rassemblèrent les populations indigènes dispersées pour former des villages, appelés "pueblos de indios", au voisinage des grands villages préhispaniques (Valdez et al, 1996).

Le schéma d'occupation régional n'est pas aléatoire, la distribution des différents sites semble liée à la disponibilité en terres cultivables, d'une part et à la production et au contrôle des ressources échangeables (principalement le sel). D'une part, la partie nord du bassin, où les niveaux de playa forment l'essentiel du secteur, n'est pas riche en sites d'habitat. Par contre ces derniers abondent dans la partie sud-est du secteur, au niveau des premiers flancs de montagne, zone favorable au développement d'une agriculture intensive, de par la richesse de ces terres et la présence de nombreux points d'eaux (Valdez et al, 1996). Par ailleurs, c'est dans la partie nord et ouest, que sont regroupées la plupart des *tepalcateras*. C'est aussi dans le nord que se trouve le site le plus important du bassin, contrôlant un des accès principaux et probablement ayant joué un rôle important dans le contrôle de la production et de la distribution du sel à certaines périodes.

3. Les technologies de production de sel en Mésoamérique

"Depuis le Néolithique en Europe, l'homme s'est ingénié à inventer des procédés qui lui permettent d'extraire les sels de leurs supports naturels, eaux, terres salées et plantes. Aujourd'hui encore largement utilisées un peu partout dans le monde, les différentes techniques illustrent toute la nécessité de réduire la durée de cristallisation par une concentration préalable des saumures. Inspirées de recettes domestiques d'utilisation des corps salés, ces inventions permettent de répondre à des demandes autres que la simple appétence ou le besoin physiologique : elle sont complémentaires d'autres techniques (conservation des aliments, intérêt pour le bétail, rôle symbolique, valeur monétaire, produits alimentaires etc...). C'est parce qu'ils entrent dans des systèmes techniques complexes que les sels sont et ont été de puissants enjeux économiques" (Gouletquer, 1988).

La grande diversité de techniques employées constitue le reflet d'une grande variabilité des ressources exploitées, dans divers contextes socio-économiques. Les références utilisées pour élaborer ce chapitre concernent - dans la mesure du possible - le territoire de la Mésoamérique. Comme le souligne Ewald (1985 : 33), probablement peu de pays dans le monde ont utilisé des techniques aussi variées que celles connues au Mexique pour extraire les sels. Tandis que les dernières paléotechniques, subsistent dans certaines régions, les immenses bassins d'évaporation solaire de Guerrero Negro (en Basse Californie) sont le fer de lance de la technologie internationale moderne. Cette grande variété nous permet d'avoir accès à un corpus de données relativement complet, reflet des diverses techniques utilisées dans le monde. Dans certains cas toutefois, nous ferons référence à des exemples issues d'Amérique du Sud ou d'autres continents, où des descriptions détaillées permettent de compléter l'information.

3.1. Définition du terme "sel"

Ce terme est communément utilisé pour désigner le chlorure de sodium (NaCl) ou sel alimentaire. Pour le géochimiste, le terme "sel" se réfère à une grande famille de corps solubles, se trouvant fréquemment dans une grande variété de milieux.

Les sels sont des corps de structure ionique, produit de la neutralisation d'un acide par une base ou de l'action d'un acide sur un métal (Solis Correa, 1994 : 102). Par exemple dans la réaction de neutralisation de l'acide chlorhydrique par la soude, il se produit du chlorure de sodium:

Acide chlorydrique	+	soude	→	sel	+	eau
HCl	+	NaOH	→	NaCl	+	H_2O

Par conséquent, les sels sont issus de combinaisons de corps avec des radicaux acides ou basiques et les réactions de formation sont généralement associées à la molécule d'eau. Etant des produits de réactions aqueuses, ils sont abondants dans le matériel sédimentaire et sont généralement solubles dans l'eau (Grunberger, 1995 : 252).

Les sels sont déterminés par l'anion qui donne l'acide. Dans la nature les principaux sels sont : les chlorures, carbonates, sulfates, phosphates, nitrates, fluorures et iodures. La classification distingue (Grunberger, 1995 : 252) :

- les sels binaires, qui sont composés de deux éléments - situés dans les deux colonnes extrêmes de la classification périodique des éléments -, ce sont les sels halogènes : NaCl, KCl, NaF ;
- les sels doubles qui contiennent deux types de cations
- les sels multiples qui contiennent plusieurs types de cations
- les sels acides et basiques
- les sels hydratés qui contiennent une ou plusieurs molécules d'eau, tel que le gypse

$CaSO_4$ +	H_2O	→	$CaSO_4{,}2H_2O$
anhydrite+	eau	→	gypse

Ainsi, les sels forment une très grande famille, mais si nous nous limitons aux éléments dissouts les plus fréquents dans les eaux naturelles, nous pouvons donner un bref inventaire des principaux sels (Grunberger, 1995 : 265) (tableau 4).

Tableau 4: Sels non composés des anions et cations les plus fréquents dans les eaux naturels (en gras, les sels les plus communément rencontrés)

	Sodium (Na)	Potassium (K)	Calcium (Ca)	Magnésium (Mg)
Chlorures (Cl)	**halite** ("sel")	sylvite	arcanite	Chloro-magnésite Bischophyte
Sulfates (SO_4)	thenardite mirabilite	arcanite	**gypse anhydrite**	Kisserite Hexahydrite Epsomite
Carbonates (CO_3) Bicarbonates (HCO_3)	**natron thermonatrite trona nahcolite**	K_2CO_3	**calcite aragonite**	Magnésite Nesquehonit e

3.2. Rôles et utilisations des sels

La plupart du temps ce n'est pas un sel qui est produit, mais les différents sels, présentés dans le chapitre précédent, qui se trouvent en proportions variées selon le type de ressources exploitées. La qualité chimique du sel va souvent déterminer son utilisation.

D'une manière générale, le sel joue un rôle essentiel dans l'organisme humain en maintenant l'équilibre hydrominéral (à l'équilibre, le sérum sanguin contient 8 g/l de sel). Il intervient dans la régulation de la pression et du volume sanguins. Le chlorure de sodium absorbé par l'organisme, puis dissout, est dissocié en ses deux ions consécutifs. L'ion chlore contribue à la digestion en maintenant le niveau d'acidité de l'estomac à un pH voisin de 1,4. L'ion sodium, principal facteur physiologique du sel permet la transmission de l'influx nerveux. De ce fait, le sel joue un rôle capital à la fois au niveau du cerveau (transmission des ordres et réception des informations au travers des neurones), et au niveau du coeur, dans la mesure où l'activité musculaire est stimulée, elle aussi par l'influx nerveux (Colas, 1993 : 24).

Le capital salin constitue donc un élément essentiel de l'équilibre physiologique de l'organisme humain. Toute carence est nuisible à la santé. Pour éviter la carence, les individus soumis à des efforts intensifs, entraînant ainsi une élimination importante par sudation, doivent reconstituer rapidement le capital salin de leur organisme et consommer à cet effet du sel. La consommation journalière varie habituellement entre 0,5 g et 10 g selon les climats et les civilisations (Colas, 1993 : 23).

Comme le mentionne Colas, c'est le sodium qui constitue le principal facteur physiologique du sel, il peut donc être substituer par d'autres sels de sodium (comme les différents carbonates ou sulfates). Par ailleurs, les autres sels minéraux (principalement potassium, calcium et magnésium) jouent un rôle non négligeable dans le fonctionnement de l'organisme humain. La nécessité de consommer différents sels de manière directe, dépend du régime alimentaire, de l'activité, et du climat.

Nous divisons ce chapitre en deux parties correspondant à la période préhispanique d'une part, et la période coloniale d'autre part, en considérant que l'arrivée des espagnols sur le nouveau continent, a engendré d'importantes transformations à la fois technologiques et économiques, notamment en raison de l'utilisation du sel dans la métallurgie de l'argent [1]. Par ailleurs, certaines utilisations attestées durant les époques coloniales et modernes (telles celle du carbonate de sodium comme dégraissant (fabrication de savons)) ont pu exister durant les périodes préhispaniques.

3.2.1. Période préhispanique

- Alimentation

Les coutumes alimentaires des chasseurs-cueilleurs ne nécessitaent pas d'apports supplémentaires en sels, puisque la viande de gibiers sauvages en contient suffisamment. Par contre à partir du moment où l'homme s'est sédentarisé et a modifié ses habitudes alimentaires en les basant essentiellement sur des apports végétaux, le besoin en sel est devenu croissant (en parallèle avec d'autres utilisations tels que la conservation des aliments). Le régime alimentaire des populations mésoaméricaines est généralement défini par la domestication de trois espèces végétales principales : le maïs, le haricot et la courge, auxquelles se sont associées d'autres espèces (telles que piment et tomate), des produits de cueillette très divers et de la chasse ponctuelle de gibiers divers. Cette base essentiellement végétale, pouvait éventuellement assurer l'apport de minéraux tels que le potassium et le magnésium (contenus dans les plantes), par contre elle engendrait de fortes carences en sodium et chlorures.

Les sels pouvaient être consommés directement, mais étaient sans doute généralement utilisés comme condiments dans la préparation des plats. Le sel et le piment - de par leurs propriétés physico-chimiques - étaient utilisés pour faciliter la digestion des haricots et des différentes formes de préparation du maïs (Othon de Mendizabal, 1928 : 326). Aujourd'hui encore, la soude ou le *tequesquite* pur (cf définition chap 3.3.) sont utilisés dans la préparation de la *masa* de maïs et la cuisson des haricots. Parlant des alentours du lac de Texcoco, Orozco y Berra (1880 : 303) mentionne l'utilisation du *tequesquite* pur dans l'assaisonnement des plats:

> *"Empleaban tambien para sazonar sus condimentos de tequixquitl, carbonato de soda."* (cf annexe 3 : (19)).

- Conservation

** Conservation des peaux brutes*

Bien que cette activité ait été probablement réduite, ou du moins très variable selon les peuples (du fait notamment de l'utilisation très ancienne du coton et de la fibre de maguey pour la fabrication de textiles), on peut considérer qu'elle était connue des populations préhispaniques.

Avant d'être tannées, les peaux dépouillées provenant de l'abattage subissent préalablement une conservation plus ou moins longue dans du sel. Le salage consiste à empiler les peaux, chair contre poil, en recouvrant le côté chair d'une couche de sel. La déshydratation par osmose a pour effet de ramener l'humidité de la peau à une valeur de 35 %, qui évite la prolifération de bactéries et la putréfaction (Colas, 1993 : 35).

** Salaison des viandes et des poissons*

Dès la mort de l'animal, la matière protéique tend à se décomposer sous l'action protéolytique de diastases microbiennes. Pour y remédier on sale le poisson ou la viande et l'action déshydratante du sel est alors primordiale. Par osmose l'eau des tissus est extraite pour équilibrer les concentrations entre le milieu extérieur et le matière protéique intérieure (tissus des poissons ou des muscles constitutifs de la viande) (Colas, 1993 : 41). Le salage des poissons est une technique bien connue des milieux côtiers, elle a été observée notamment sur la côte nord du Yucatan, et sur la côte Pacifique du Guatemala (Andrews, 1983 : 10). Cette technique permet la préservation et le commerce sur de plus ou moins longues distances des produits ainsi conservés. Beltran (1994 : 61) suggère que le poisson - amplement pêché dans le lac de Patzcuaro- était distribué en échange de sel qui permettait de le conserver.

[1] A ce sujet, il faut préciser que les transformations de la période coloniale ne sont intervenues que très progressivement selon les zones. Ainsi, dans le bassin de Sayula, il semble que les changements n'aient commencé à apparaitre qu'une trentaine d'années après la conquête de la région (cf chap 3.8.2). Le découpage en deux périodes distinctes correspond donc à une séparation schématique, ne prenant pas en compte la persistance de traditions préhispaniques durant le début de la période coloniale.

- Fixation des teintures sur les textiles

De nombreuses descriptions ethnographiques et ethnohistoriques font référence à l'utilisation du bicarbonate de sodium en tant que mordant dans la fixation des teintures sur le textile (Ewald, 1985 : 13 ; Gibson, 1964 : 339 ; Johnson, 1989). Parsons (1994 : 282) suggère que, bien qu'il semble que de faibles quantités de carbonate de sodium soient nécessaires dans les bains de teinture, l'accroissement de l'utilisation du textile dans la fabrication des vêtements au Postclassique - caractérisée archéologiquement par la présence de nombreuses fusaïoles - pourrait expliquer en partie l'existence systématique d'ateliers de production de sel sur les bords du lac de Texcoco.

- Médecine

Comme le souligne Andrews (1983 : 11), les utilisations des sels en tant que produit pour soigner différentes maladies sont tellement diverses qu'il faudrait y consacrer une étude en soi. Nous ne donnerons ici que quelques exemples. Par ailleurs, les propriétés curatives imputées aux sels sont sans doute à mettre en relation avec son rôle symbolique (Andrews, 1983 :12). Fray Bernardino de Sahagun (1992 : 585-589) dans sa description sur les coutumes aztèques, fait référence à l'utilisation du sel pour soigner des maladies et cicatriser les plaies. Pour la zone Maya, Andrews (1983 : 12-13) mentionne plusieurs exemples, tel que celui du village de Dzitas dans le nord du Yucatan où, notamment le sel et l'huile sont prescrits contre l'épilepsie, le sel et les feuilles du Xul - un arbre de l'espèce des *Lonchorcarpus* - sont utilisés comme contraceptif, le miel et le sel sont utilisés pour apaiser les douleurs de l'accouchement. Un type de sel fabriqué à Zacapulas dans le Guatemala est réputé pour soigner le glaucome (Reina et Monaghan, 1981 : 29).

- Symbolique

De nombreuses sources ethnohistoriques et ethnographiques font référence au sel dans la symbolique des peuples de Mésoamérique. Sahagun (1992 : 119) mentionne l'existence d'une fête du calendrier Aztèque attribué à la déesse du sel *Uixtocihuatl* :

> *"Al septimo mes llamaban tecuilhuitontli. En este mes hacían fiesta y sacrificios a la diosa de la sal que llamaban Uixtocihuatl era la diosa de los que hacen sal; decían que era hermana de los dioses de la pluvia y, por cierta desgracia que hubo entre ellos y ella, la persiguieron y desterraron a las aguas saladas, y alli inventó la sal, de la manera que ahora se hace, con tinajas y con amontonar la tierra salada, y por esta invención la honraban y adoraban los que trataban en sal"*(cf annexe 3:(20)).

Sahagun (1992 : 120-121) donne une longue description sur le rituel qui durait dix jours, composés de chants de danse et de sacrifices humains.

Pour la zone Maya, Andrews (1983 : 11) mentionne l'existence de sources salines considérés comme lieux sacrés, c'est le cas de San Mateo Ixtatan et Zacapulas au Guatemala, Salinas Atzam au Chiapas et Xtampu dans le Yucatan, où des restes de temples préhispaniques, lieux de pèlerinage coloniaux ou modernes attestent de leur caractère sacré. Certains anciens rituels associés au sel survivent encore dans certains de ces endroits. Bien que fortement imprégnés d'éléments catholiques, ces rituels conservent des traces de pratiques religieuses préhispaniques. Ainsi à San Mateo Ixtatan, des groupes de femmes brûlent de l'encens devant les croix catholiques tout en entonnant des chants qui incorporent des prières catholiques et maya. Le but de ce culte est d'invoquer diverses divinités pour préserver les sources salées de la dessiccation.

Mendizabal (1928 : 325) fait référence aux croyances des peuples indigènes du Nayarit (Coras et Huicholes) à l'égard d'une déesse appelée *Narama* :

> *"Narama que quiere desir Salitroso... a los quales puso (La Divinidad creadora) en un lugar de muchos fructos, i minerales, i que luego los echó de allí, i empessó el Narama a sudar el qual sudor se convirtió en sal, dandole el patrocinio de criar la sal, meschal (mezcal, cogollo del maguey que sirve para la fabricación de bebidas alcoholicas fermentadas y destiladas) y chile"*(cf annexe 3(21)).

Au début du XX ème siècle, Cox Stevenson (1904 : 354-361) décrit une cérémonie complexe qui met en jeu les peuples Zuñi du Nouveau Mexique, concernant l'approvisionnement en sels. Le gisement de sels est situé dans un lac de cratère volcanique à environ 60 km du village. Un certains nombres d'élus du village (uniquement des hommes), représentant les dieux de la pluie, font régulièrement un pèlerinage vers ce lac. Ils apportent des offrandes (plumes et objets précieux) et en échange ramassent les efflorescences salées pour les ramener à dos d'hommes ou de mules au village.

Tout comme ce qui concerne les vertus thérapeutiques du sels, de nombreux exemples similaires pourraient être ajouter à cette liste succinte permettant d'illustrer le rôle symbolique du sel chez les peuples d'Amérique.

- Monnaie d'échange

Bien que le sel n'ait probablement pas constitué la monnaie principale dans les échanges; dans l'introduction du Codice Mendocino (1925 : 47), Paso y Troncoso fait référence à l'utilisation du sel comme signe représentatif de la valeur des choses chez les Aztèques :

> *"... es recordar que el comercio era un ramo importante de la vida de los antiguos mexicanos, estando el gran centro de el, por lo que a Tenochtitlan se relacionaba, en Tlatelolco ; pero no circulaban monedas propiamente dicho... mas bien signos representativos de los valores de las cosas... La sal tambien se empleó para las transacciones. Vendían por cuenta y medida más que por peso..."* (cf annexe 3 : (22)).

3.2.2. Période coloniale

- Utilisation dans la métallurgie de l'argent

L'utilisation du sel dans la métallurgie de l'argent a considérablement accru la demande en sels à partir de la seconde moitié du XVI ème siècle jusqu'à la fin du XIX ème siècle (Ewald, 1985 : 12), générant ainsi la création des grandes salines continentales du Zacatecas et du San Luis Potosi, ainsi que l'augmentation de la production dans d'anciennes salines.

En 1557, Bartolomé Medina, invente le procédé de *patio* pour l'extraction de l'argent de minerai brut (Eissler, 1901 : 20). Ce procédé utilisait l'interaction chimique entre le sodium et le mercure sur le minerai d'argent. Il fut abandonné au début du XX ème siècle, au profit de l'utilisation de l'arsenic, ce qui engendra une nouvelle transformation du marché du sel mexicain. Pour évaluer l'importance de cette découverte sur l'économie du sel, Reyes (1992 : 23) calcule que pour obtenir une once d'argent (28,7 g), 1 k 950 g de sel était nécessaire.

- Fabrication de savon

Le *tequesquite* était utilisé, dès le début de la période coloniale dans la fabrication de savon dans la vallée de México (Ewald, 1983 : 13 ; Gibson, 1964 : 339). Bien qu'il n'existe aucune évidence de l'existence de telles manufactures durant les périodes préhispaniques, Parsons (1993 : 282) suggère que l'existence de grands centres urbains au Postclassique final aurait pu favoriser le développement de mesures d'hygiène similaires.

Munguía (1996 : 238) fait référence à l'importance de cette industrie pour le bassin de Sayula au XVIII ème siècle :

> *"Otra industria proliferante entre españoles y criollos fue la fabricación de jabón, aprovechando los desperdicios de la matanza de cerdos y el tequezquite de la playa, que llegó a tener gran importancia y valor, acarreandose en fuertes cantidades para las calderas de Sayula, Zapotlan, Cocula, Atoyac, Zacoalco, Tapalpa y Atemajac"* (cf annexe 3 : (23)).

- Alimentation du bétail

Le sel est nécessaire à l'alimentation des animaux pour remplacer le chlorure de sodium éliminé par la sueur et les excréments, et transmis dans le lait (1 litre de lait de vache contient 2,5 g de chlorure de sodium) (Colas, 1993 : 38). Il facilite également la croissance et la productivité du bétail herbivore qui ne trouve que très peu de sel dans son alimentation naturelle. On compte aujourd'hui en moyenne les apports journaliers suivants, par tête de bétail : Races bovines (40 à 50 g), ovines et caprines (5 à 10 g), chevalines (40 à 60 g) (Colas, 1993 : 39). Ces apports sont effectués au moyen d'aliments composés ou par la mise à disposition de blocs de sel que l'animal lèche en libre service selon ses besoins réels. Le bétail autolimite naturellement sa consommation de sel à ses besoins (Colas, 1993 : 39).

Enfin le sel n'est pas seulement un aliment, mais aussi un agent de conservation dont le pouvoir déshydratant est mis à profit dans le salage des fourrages : il évite une fermentation-putréfaction du foin et lui conserve à la fois ses qualités nutritives, en particulier celles des parties les plus énergétiques des graminées (les feuilles) et des légumineuses (les folioles) et ses qualités organoleptiques de couleur, texture et saveur (Colas, 1993 : 39).

- Fabrication de produits laitiers

Le sel est un antimicrobien sélectif ou un agent bactériostatique. Ce rôle à la fois d'inhibiteur et de régulateur-orientateur sur le développement et la prolifération des micro-organismes (champignons inférieurs comme les levures ou les moisissures et les bactéries), est mis à profit dans les processus de fabrication, puis d'affinage des fromages. Le triple rôle du sel - auxiliaire de fabrication, agent à action organoleptique, agent de conservation - confère au salage une importance fondamentale dans cette industrie. Il existe pour chaque type de fromage à produire une ou plusieurs qualités de sels spécifiquement adaptées à cet usage (Colas, 1993 : 42).

3.3. Acquisition de la matière première

Outre la cristallisation naturelle, le processus d'obtention du sel se ramène toujours au traitement d'un liquide ou d'un corps salé existant déjà dans la nature (Weller, 1993 : 13).

Dans la nature, le sel se présente sous différentes formes,
- la seule forme pour laquelle il peut être considéré comme un composé quasi pur de chlorure de sodium est à l'état brut, cristallisé naturellement sous forme de couche géologique (sel gemme) où il constitue le résidu de précipitation d'anciennes mers.
- sous forme d'ions dissouts dans des solutions aqueuses (eau de mer, sources salines, lacs salés, eaux de ruissellement ayant dissout des couches salées)
- comme un composé de corps naturels (terres, tourbes, sables) ou vivants (plantes halophytes, liquides physiologiques des êtres vivants)

Chaque source de sel exige une technologie d'extraction particulière. La technique peut aller du simple ramassage à des procédés beaucoup plus complexes qui passent par trois étapes essentielles : la décantation, l'évaporation et la concentration jusqu'à l'obtention du sel cristallisé.

3.3.1. Les gisements de sel gemme

On ne retrouve pas dans les textes de traces d'exploitation délibérée de gisements de sels gemme par les peuples d'Amérique. Le cas des galeries d'origine préhispanique qui perforent le Cerro de la sal au Pérou constitue une exception (Mendizabal, 1928 : 193). De fait, la plupart du temps, ces gisements se trouvent à de grandes profondeurs - enfouis sous plusieurs centaines de sédiments plus récents - ce qui nécessite l'utilisation d'outils plus ou moins sophistiqués pour extraire les morceaux de roche.Toutefois, dans certains cas les gisements sont d'accès relativement aisés, c'est le cas de la célèbre mine de Hallstatt en Autriche, ce qui a permis son exploitation depuis des périodes très anciennes (environ premier millénaire avant notre ère).

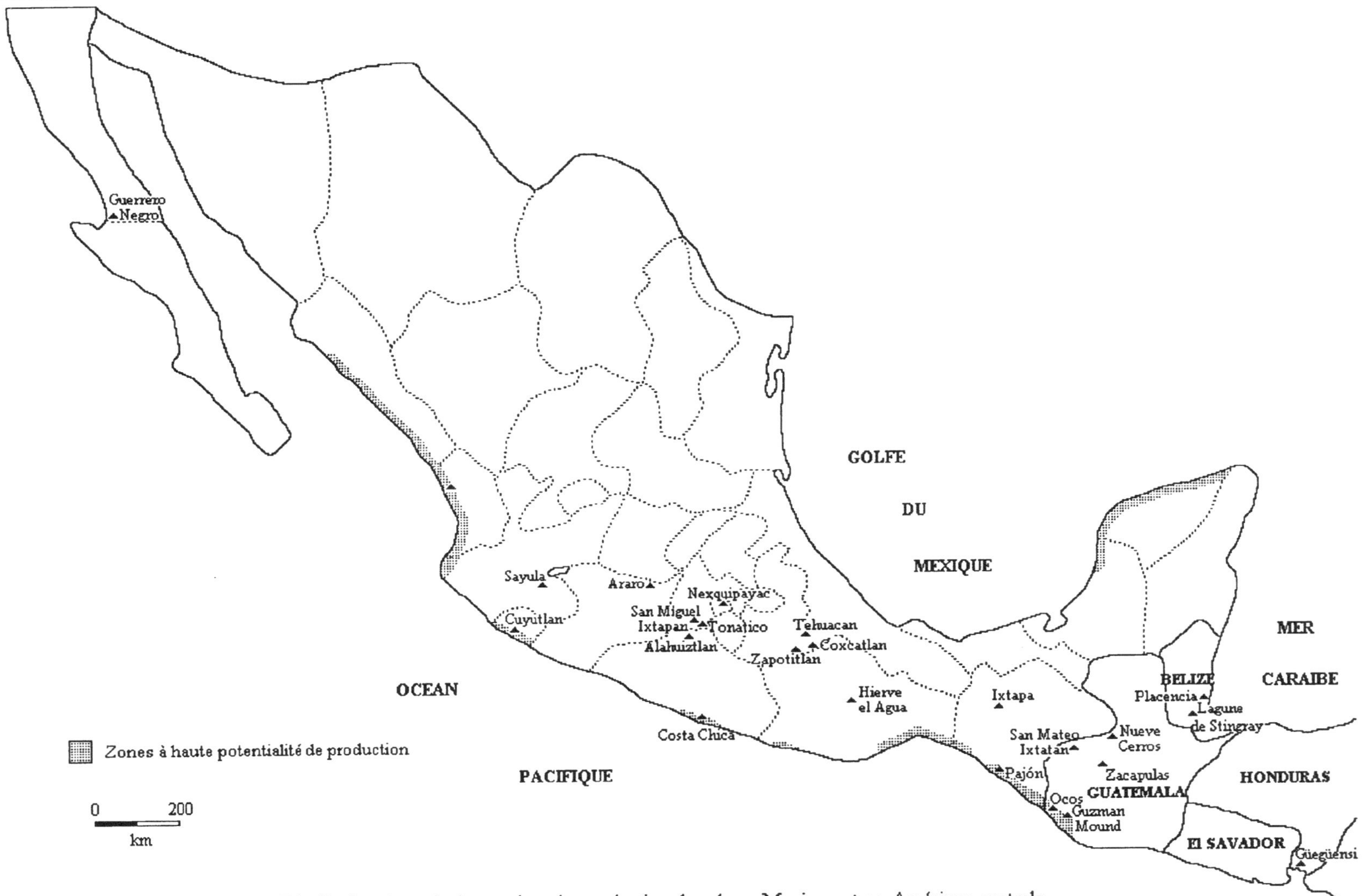

Figure 18 : Distribution des principaux sites de production de sels au Mexique et en Amérique centrale

Plus de cinquante galeries ont été creusées, auxquelles conduisaient des pentes garnies de rondins. Des affaissements s'y sont produits et l'un d'entre eux a tué des mineurs, dont le sel a conservé les corps, les vêtements et les outils. On a appris ainsi qu'éclairés par des torches, ils abattaient le minerai et brisaient les blocs avec des pics à manche de bois et des haches en bronze, et portaient les morceaux de sel hors de la mine dans des hottes et des sacs en cuir brut (Colas, 1993 : 15).[2]

3.3.2. Les eaux salées

L'exploitation de l'eau de mer sur le littoral apparaît le moyen le plus simple pour se procurer du sel : après le retrait des eaux, l'eau de mer se trouve confinée dans des dépressions naturelles de taille variable (lagune, petites baies ou creux des rochers), où elle s'évapore grâce à l'action combinée du vent et du soleil. Andrews (1983 : 109) suggère que durant les périodes anciennes (début du Formatif) les côtes du Golfe du Mexique, et l'extrême nord de la péninsule du Yucatan furent ainsi exploitées (le littoral de cette zone présente en effet une morphologie adaptée à ce genre de phénomènes).

Les eaux saumâtres continentales peuvent être des eaux ayant dissous des couches contenant du sel gemme ou des eaux thermales. Les eaux thermales remontent, par effet de chaleur, depuis des couches profondes. Elles présentent généralement de fortes teneurs en sels minéraux. L'origine de ces fortes teneurs est due à l'importante pression de CO_2 et aux hautes températures qui favorisent l'hydrolyse des roches (Grunberger, 1995 : 260). Les eaux thermales constituent une source importante de sels dans les hautes terres du Mexique (dans les Etats de México, Puebla, Guanajuato, Michoacan, Guerrero et Oaxaca) et du Guatemala, en relation avec les formations volcaniques qui caractérisent ces régions.

Ces eaux sont récupérées en utilisant diverses techniques :
* Collecte à l'aide de récipients. C'est le cas notamment à San Mateo Ixtatán, dans les hautes terres du Guatemala, où la saumure est transportée par les femmes, dans des récipients céramique, depuis les sources salées - qui se trouvent en contrebas du village - jusqu'à leurs maisons où elles la cuisent (Andrews, 1983 : 82). A Alahuiztlan, dans l'Etat de Guerrero, la collecte d'eau dans le puits se réalise à l'aide de *tecomates,* récipients formés par l'écorce d'une calebasse (*Crescentia cujete*) dans laquelle une ouverture est effectuée dans la partie supérieure (Besso Oberto, 1980: 35).
* Construction de canaux pour amener l'eau directement à des bassins où elle est évaporée au soleil. C'est le cas des salines de Tlapilco dans la vallée de Tehuacan (Sisson, 1973), ou de celles de Silacayoapan dans le Oaxaca (Viramontes, 1993, 1995). Généralement un bassin de stockage est construit à côté de la source salée, afin d'assurer un niveau constant d'eau et faciliter le transfert vers les bassins d'évaporation. Ce système de canaux est généralement construit sur des terrains dont la pente permet le transport de l'eau par gravité.
* Construction d'un puits pour récupérer une eau souterraine. C'est le cas des salines de Zapotitlan, dans l'Etat de Puebla (Martinez et Roman, 1995), de San Miguel Ixtapan, au sud-ouest de l'Etat de México (García Payon, 1933 ; Hernandez Rivero, 1995), et de Alahuiztlan dans l'Etat de Guerrero (Besso Oberto, 1980). Des grands puits circulaires sont construits, présentant des parois de pierre, ou de torchis, et quelquefois un escalier en colimaçon permettant de descendre jusqu'au niveau de l'eau (cf. annexe 1E). La saumure est transvasée du puits aux bassins d'évaporation dans des récipients de céramique. Il faut préciser qu'il peut exister une relation très étroite entre les eaux salées et les végétaux ou terres ; ces deux dernières composantes jouent souvent un rôle de capteur des sels contenus dans l'eau (cf chap 3.3.3. et 3.3.4.)

3.3.3. Les végétaux salés

Certaines plantes ont la capacité d'absorber dans leurs tissus de grandes quantités de sels. Ces sels sont parfois récupérés dans les cendres des plantes brûlées. Les seules références qui concernent ces pratiques correspondent au sud-ouest des Etats Unis. En Californie, Heizer (1957 : 104) mentionne l'utilisation d'algues marines pour la récupération de sels : une algue rouge (*Porphyra perforata*) était collectée, et tassée pour former un pain qui était ensuite séché au soleil. Ce pain était mangé, les indiens le considéraient à la fois comme une source d'aliments et de sels. Ces algues étaient échangées dans des réseaux de commerce avec les populations de l'intérieur des terres. Heizer (1957: 104) fait référence à l'utilisation d'une graminée hallophyte (*Distichlis spicata*). Cette plante était brûlée dans un four, et les cendres permettaient la fabrication d'un pain. Une autre description est donnée par Gayton (1948 : 222), concernant la tribu des Mono, dans la vallée de Eshom (Californie) :

> "*To obtain salt a pit was dug about 2 feet long, 1 foot wide, an 1 foot deep. In this a fire was built and let burn down to coals. A grating was made by laying hardwood sticks across the earth's surface and on this the plants were laids. The material then oozed out of the plants and dropped on the coals forming large lumps. Then the whole thing was covered with earth and left over night. In the morning the pit was opened and the salt, which was now a hard large mass, was cleaned of dirt. These lumps were trimmed and sold. This salt was eaten in tiny, bits with meat ; it was never put directly on food or cooked with it. It was sometimes boiled and the liquid drunk to cure nausea*"

[2] Toutefois, dans certains cas les gisements sont d'accès relativement aisés, c'est le cas de la célèbre mine de Hallstatt en Autriche, ce qui a permis son exploitation depuis des périodes très anciennes (environ premier millénaire avant notre ère). Plus de cinquante galeries ont été creusées, auxquelles conduisaient des pentes garnies de rondins. Des affaissements s'y sont produits et l'un d'entre eux a tué des mineurs, dont le sel a conservé les corps, les vêtements et les outils. On a appris ainsi qu'éclairés par des torches, ils abattaient le minerai et brisaient les blocs avec des pics à manche de bois et des haches en bronze, et portaient les morceaux de sel hors de la mine dans des hottes et des sacs en cuir brut (Colas, 1993 : 15).

Dans d'autres cas, c'est la capacité d'absorption (due à une structure particulièrement poreuse) qui est exploitée. Les végétaux sont plongés dans une saumure (source salée ou eau de mer), brûlés, puis les cendres salées sont récupérées. En Californie, le long de la rivière Stanislaus, les indiens Miwok plongeaient des morceaux de bois pourris dans des sources d'eaux salées. Quand ils était bien gorgés d'eau, le bois était récupéré, séché et brûlé afin de fabriquer des pains de sels avec les cendres (Heizer, 1957 : 103). Un autre exemple est cité par ce même auteur, à proximité de la baie d'Humboldt, la tribu des Wiyot plongeait des planches de bois dans des petits bassins construits dans des marécages d'eaux salés. Une fois l'eau évaporée, il restait une fine couche de sel sur la surface de la planche, qui était ensuite grattée (Heizer, 1957 : 103).

3.3.4. Les terres salées

Les terres salées sont le résultat de concentration en sels par la remontée capillaire et l'évaporation d'eaux d'aquifère plus ou moins concentrées. Dans ce cas, la nature opère un phénomène de concentration naturelle des sels en surface des sols. Il s'agit généralement de sols situés dans des points bas du paysage (playa d'un bassin endoreïque, ou bandes côtières) où l'aquifère est peu profond. Il en résulte que ces zones sont temporairement submergées d'eau en saison des pluies, ce qui induit la saisonnalité des phénomènes de salinisation.

Le processus de ramassage des terres salées peut se généraliser à toute la bande côtière Pacifique, depuis le Nayarit jusqu'au littoral du Chiapas, et du Guatemala (Reyes, 1992, 1995 ; Quiroz Malka, 1995 ; Estrada y Niebla, 1955 ; Andrews, 1983 : 63). Par ailleurs on le retrouve dans des bassins continentaux des hautes terres, notamment à Sayula (Ciudad Real, 1993 : 151), à Acambaro, aux bords du lac de Cuitzeo dans le Michoacan, ou encore aux bords du lac de Texcoco dans la vallée de México (Orozco y Berra, 1880 ; Apenes, 1944 ; Parsons, 1989a, 1989b, 1993), ainsi que dans les hautes terres du Guatemala à Zacapulas (Reina and Monaghan, 1981). La croûte de surface du sol, enrichie en sels, localement appelée *salitre*, *tequesquite*, *saltierra* ou encore *polvillo*, est ramassée et déposée en petits tas. Dans certains endroits (notamment à Cuyutlan, sur la côte du Colima), la croûte est préalablement cassée à l'aide d'un outil qui s'apparente à une herse, ce qui favorise l'évaporation et l'accroissement de la concentration en sels. Les sédiments salés sont ensuite lessivés pour obtenir une saumure (cf chap 3.4.1.).

Bien qu'apparemment relativement simple, la collecte du *salitre* requiert une organisation sophistiquée du travail. En effet, au contraire d'une source salée, dont les réserves s'accumulent au fil des ans, le *salitre* est une ressource renouvelable qui se reforme régulièrement selon des processus physico-chimiques plus ou moins complexes et relativement lents [3]. Les étendues de terres salées sont donc généralement divisées en parcelles exploitées de manière successive, un certain temps est laissé à chaque parcelle pour assurer la formation de la croûte saline. Dans certains endroits, où le procédé est plus élaboré, la playa est préalablement préparée par l'exploitant. C'est le cas de Acambaro, dans le Michoacan, et de Zacapulas, dans les hautes terres du Guatemala (Reina et Monaghan, 1981). Une fine couche de terre limoneuse (issue de déchets de terres anciennement lixiviées) est étendue ; ensuite cette terre est arrosée avec de l'eau provenant d'une source salée, cette opération est répétée sur trois jours, à l'issue desquels se forme la couche de *salitre*. Les quantités de terre et d'eau sont soigneusement dosées, pour éviter une infiltration et une perte en sels (Reina et Monaghan, 1981 : 20). Les termes utilisés à Zacapulas pour décrire ces opération sont très significatifs : le procédé qui consiste à répandre la terre et l'eau est appelé "*sembrar la sal*" (semer le sel), le sel en formation est mentionné comme "*brotando*" (en germination) (Reina et Monaghan, 1981 : 21). En parallèle avec cette véritable gestion agricole de la ressource en terres salées, il faut préciser que dans certains endroits, il existe différents types de terres, qui sont utilisées pour fabriquer différents types de sels. Ainsi, à Nexquipayac, dans le bassin de Texcoco, trois types de terres sont exploitées. Elles se situent aux abords du lac, et sont reconnues par les exploitants sur des critères de couleur, texture et goût (Parsons, 1989b : 59). Ces terres sont ensuite mélangées en quantités différentes - en suivant des recettes qui incluent également certaines quantités de terres lixiviées et de cendres - pour former trois types de sédiments qui seront postérieurement lessivés, et dont la saumure sera cuite pour former trois types de sels (le sel blanc pour la consommation humaine, le sel jaune pour les animaux, et le sel noir pour la salaison des viandes) (Parsons, 1989b : 62-63)[4]. Les différentes terres salées sont dénommées respectivement : *tierra picante* (littéralement terre piquante, ce qui peut signifier une terre très chargée en sels), *tierra dulce* ("terre douce", qui correspond probablement à une terre contenant des teneurs en sels moindres que la précédente), et *tequesquite*. Ce dernier terme est formé de deux racines nahuatl : *tell* qui signifie pierre et *quixquitl* qui signifie efflorescence (Parsons, 1989b : 61). Il s'agit d'une terre essentiellement composée de carbonates et chlorures de sodium, dont la texture et la composition chimique peuvent varier. On distingue ainsi la *espumilla*, le *confitillo*, la *cascarilla* et le *polvillo* (Lozano, 1946) (tableau 5).

Tableau 5 : Qualité chimique des différents *tequesquite* du bassin de Texcoco (extrait de Grunberger, 1995 : 267 ; modifié de Lozano, 1946 : 64).

	Insolubles	Na	K	SO4	Cl	TAC
Espumilla	4,4 %	55,2 %	0,2 %	0,6 %	10,6 %	29,1 %
Cascarilla	22,4 %	27 %	3,1 %	3,1 %	33,3 %	11,1 %
Confitillo	43,8 %	31,7 %	0,2 %	0,5 %	8,2 %	15,6 %
Polvillo	72,1 %	14,4 %	0,5 %	5,9 %	3,1 %	2,9 %

[3] Cf chapitres 1 et 2 de la deuxième partie.

[4] Voire la description détaillée du processus technique dans le chapitre 3.1.4.1. de la deuxieme partie.

Les différents types de *tequesquite* sont également classés selon le lieu et la période de collecte des terres. Ainsi la *espumilla* se collecte préférentiellement dans le secteur nord-ouest du lac, durant le mois de mai. Le *confitillo* se recueille généralement dans la portion sud-est du lac, entre décembre et février, en creusant des sillons que l'on arrose d'eau ; ce type de terres se forme généralement dans des terrains sableux (Lozano, 1946 : 64). La *cascarilla* se recueille après les premières pluies de mars, sur les lieux où a été collecté le *confitillo*, les eaux dissolvent les sels qui se sont formés après le premier temps d'évaporation, et il s'opère un second temps d'évaporation qui permet la formation d'une nouvelle croûte saline (Lozano, 1946 : 65). Enfin le *polvillo* s'obtient dans des zones très diverses.
Ces différentes références montrent que les terres salées sont exploitées à la fois dans le temps (saisonnalité) et dans l'espace (différents lieux et différentes couches de sels dans un même lieu). Dans certains endroits, - notamment dans la lagune de Totolcingo dans l'Etat de Puebla, et à Tonatico, dans l'Etat de Mexico - la collecte de ces différents *tequesquite* se réalise à l'intérieur de véritables "jardins" de terres salées, imbriqués dans des réseaux de canaux où est amenée une eau salée, qui sert à arroser les terres (cf. annexe 1B). Les canaux sont aussi utilisés pour délimiter les parcelles (Seele, 1994 ; Ewald et Vasquez, 1987). A Tonatico, les différentes parcelles ou *ixtamiles*, constituées d'une couche de sables qui reposent sur le *tepetate* (sol volcanique induré), sont préparées par sarclage à l'aide d'une houe, avant d'être arrosées. L'arrosage se réalise à l'aide d'une *jicara* (sorte de calebasse), l'eau est collectée dans les *cajetes* (petits bassins de stockage situés à l'extrémité des canaux) (Ewald et Vasquez, 1987 : 8).

Finalement, pour revenir sur la notion de saisonnalité des phénomènes de salinisation des terres, celle-ci n'implique pas nécessairement une saisonnalité de l'activité de fabrication du sel. En effet, à Nexquipayac, les terres sont collectées pendant la saison sèche en quantité suffisante pour être stockées dans un lieu sec, et les processus de lixiviation et de cuisson de la saumure résultante peuvent se réaliser tout au long de l'année (Parsons, 1989b, 1994).

3.4. Préparation et concentration de la saumure

3.4.1. Lixiviation

Ce processus concerne essentiellement le cas de l'exploitation de terres salées. Il s'agit d'un lavage de la terre pour mettre en dissolution les sels et récupérer une saumure plus ou moins concentrée. Plusieurs types de structures utilisées au cours de cette opération ont été décrites.

- Le *tlapechtli*

La première consiste en une sorte de tamis ou filtre, appelé *tlapechtli* ou *tapextle* dans le Guerrero et dans le Colima (Reyes, 1992, 1995 ; Quiroz Malka, 1995), *tapesco* sur la côte du Chiapas (Andrews, 1983 : 63), ou encore *tapanco* dans le bassin de Sayula [5]. Le terme *tlapechtli*, d'origine nahuatl désigne une structure surelevée de type estrade. Le filtre est composé d'un support rectangulaire formé par quatre troncs de bois, sur lequel est placé un *petate* ou natte de jonc, ou bien un treillis de branches et de feuilles. Deux couches de sables (fins puis grossiers) sont ensuite déposées sur cette base. Ce filtre est soigneusement élaboré, afin de ne laisser passer que l'eau et les substances dissoutes, pour préserver la saumure résultante des substances en suspension et autres impuretés. Les terres salées sont déposées sur ce tamis naturel. Ensuite une certaine quantité d'eau, fonction de la quantité et de la qualité chimique de la terre déposée, est soigneusement arrosée sur l'ensemble de la terre ; en général l'eau est versée sur un bouquet de branchage, qui empêche la formation d'un entonnoir d'infiltration. Le processus de lixiviation peut durer plusieurs heures. Sur la côte du Colima et du Guerrero, le filtre est arrosé le soir, la terre est ainsi progressivement lixiviée jusqu'au petit matin. La saumure est récupérée dans un bassin creusé sous le filtre, appelé *taza*, de forme et de taille variées selon les dimensions du filtre, généralement recouvert de chaux, qui protège les parois et le rend imperméable.

L'utilisation de ce type de filtre semble se généraliser le long du littoral Pacifique, depuis le Nayarit jusqu'au Guatemala, avec une incursion ponctuelle à l'intérieur des terres, dans le bassin de Sayula.. Il semble qu'il soit apparu durant la période coloniale. Reyes (1995) précise en effet qu'il n'est pas d'origine locale, et qu'il apparaît à Cuyutlan, dans le Colima, à la fin du XVIème siècle. Etant donné le caractère périssable des matériaux utilisés dans sa construction, il semble difficile d'en observer les traces sur site archéologique et par conséquent d'évaluer son ancienneté.

- Le *cajón* (cf. annexe 1C)

Il s'agit d'une structure en bois, de forme quadrangulaire, dont le fond est percé d'un trou afin que s'écoule la saumure résultant de la lixiviation des terres. A Zacapulas, dans les hautes terres du Guatemala, cette structure est décrite comme une grande caisse de bois, d'environ 1,5 x 1,5 m, et 1 m de profondeur, placé au dessus d'un bassin de pierre, sur un monticule de terres lixiviées (Reina et Monaghan, 1981 : 24). La terre est transvasée depuis les parcelles de *tequesquite*, où elle a été mise en tas, jusqu'au filtre, dans des corbeilles en paille soutenues par un *mecapal*. Quand le filtre est plein de terre, celle-ci est piétinée afin d'être tassée - les auteurs précisent que cette opération doit être soigneusement réalisée : un tassement trop dense empêche toute infiltration et une trop faible compacité provoque au contraire une infiltration trop rapide et la dissolution partielle des sels contenus dans le sol -. Ensuite, l'exploitant place au dessus de la terre une corbeille remplie de charbons de bois et des mottes de terres pulvérisées ; celle-ci servira de réceptacle pour l'arrosage – remplissant une fonction analogue au bouquet de branchage décrit pour le *tlapechtli* -.

[5] Ce type de filtre et les processus de lixiviation et d'évaporation solaire qui lui sont associés, étaient en effet utilisés dans le bassin de Sayula, vraissemblablement au cours de la période coloniale et jusque dans les années 40. Des restes de cette exploitation moderne sont encore visibles dans différents secteurs de la playa, où ils se mélangent aux vestiges de l'exploitation préhispanique (cf chap. 1.2. de la deuxième partie).

Le processus de lixiviation dure plusieurs heures, et un morceau de pâte de maïs est placé dans le bassin de pierre afin d'évaluer la concentration de la saumure. Lorsque la boule flotte, cela signifie que la saumure est suffisamment concentrée et prête pour l'etape d'évaporation (ibid. : 24).

Une structure similaire, mais de forme troncônique a été observée dans les salines de Acambaro, aux bords du lac de Cuitzeo dans le Michoacan [6]. Dans ce cas, le filtre est construit à l'intérieur d'un monticule de terres lixiviées. Le bassin servant de réceptacle à la saumure est un tronc d'arbre creusé, lui donnant ainsi l'allure de canoë. Andrews (1983 : 68) fait référence à des structures similaires sur la côte Pacifique du Guatemala.

Aucun texte ne fait référence à l'origine et à l'ancienneté de ce type de structure. Comme pour le *tlapechtli*, le caractère périssable des matériaux utilisés donne peu de chances à l'identification de traces sur les sites archéologiques.

- La *pila*

Cette structure a été décrite avec précision par Parsons (1989a, 1989b, 1994), dans le village de Nexquipayac aux bords du lac de Texcoco [7]. Il s'agit d'une fosse creusée dans un monticule de terre afin qu'elle soit surélevée par rapport au niveau du sol. Elle présente une forme légèrement cônique, 90 cm de diamètre en surface et 70 cm au fond, avec une profondeur de 80 cm. Les parois sont enduites d'argile, plaquée et lissée, pour rendre la fosse imperméable. Pour préserver cette couche d'argile, on l'enduit d'une couche de cendre. Le fond de la fosse est percé d'un trou de 1 cm de diamètre, dans lequel est placé une tige de bambou qui redonne vers l'extérieur. Le mélange de terre préalablement préparé à partir de terres salées et d'anciens résidus de lixiviation, est ensuite placé dans la fosse jusqu'au bord et tassé. Puis ce mélange est arrosé d'une certaine quantité d'eau, fonction de la quantité et de la qualité de la terre à lixivier. La saumure résultante est récupérée dans un récipient placé à l'extrémité externe de la tige de bambou. Le processus de lixiviation dure une vingtaine d'heures.

- Le "*temascal*"[8] (cf. annexe 1D)

Cette structure est décrite par Ewald et Vasquez Illana (1987 : 9), dans les salines de Tonatico, Etat de México. Il s'agit d'une structure circulaire, construite en pierres, pouvant atteindre 2 m de diamètre, et s'élevant approximativement 1 m au dessus du sol. Le centre du filtre est percé d'un trou de 2,5 à 3 cm de diamètre. La saumure est récupérée sous le filtre, dans un bassin creusé dans le sol, dont les parois sont en chaux, et auquel on accède par un escalier.

Des fouilles réalisées sur le site de Zacatenco, dans le bassin de México, ont mis en évidence des structures apparentées datant du Postclassique (Sanchez Vasquez, 1984). Il s'agit de structures rectangulaires, construites à l'aide de galets de basalte, de dimensions variables : l'une de celles-ci mesure 1,75 m de long et 0,65 m de largeur, avec une hauteur de 15 cm ; présentant un canal d'écoulement de 1,35 m de long et 15 cm de large (ibid. : 55-57). Un autre exemple s'apparentant à cette structure est décrit par Sisson (1973 : 100) sur le site de Cienega Redonda de la vallée de Tehuacan, datant du Postclassique. Il s'agit des restes d'un mur en pierres et torchis en forme de U, possédant une ouverture sur un côté, et surplombant un bassin creusé dans le sol, aux parois enduites de chaux. L'auteur interprète cette structure comme le support d'un filtre en haut duquel auraient pu être placés des rondins de bois et un treillis de végétaux.

- La corbeille

Cette technique, que l'on ne retrouve que dans deux références, mérite d'être mentionnée, bien que là encore son caractère périssable ne permet pas de retrouver les traces sur les sites archéologiques. Elle est décrite par Tovilla (Reina et Monaghan, 1981 : 16), au début du XVIème siècle, sur les salines de Zacapulas, au Guatemala. Le *tequesquite* collecté était déposé dans une grande corbeille, placée au dessus d'un récipient en céramique. La terre était alors arrosée et la saumure résultante récupérée dans le récipient. L'utilisation de corbeille est également mentionnée au XVIème siècle dans les salines de Ajuchitlán (Michoacan) (Acuña, 1988 : 67) :

> *"Hay unas salinas en el termino de Cutzmala, y hacese la sal desta manera : tienen un pozo, de donde sacan el agua y cavan la tierra por sus eras y rieganla con aquella agua, muy regada, y dejanla despues secar. Y, desque esta seca, tornanla a mojar muy bien y* ***echanla en unos cestos que hacen, con punta abajo, a manera de nasas****, y por alli destila toda el agua"* (cf annexe 3 : (24)).

On peut imaginer que cette technique rudimentaire pouvait facilement être mise en oeuvre. De par l'utilisation de végétaux pour la fabrication de corbeille, elle s'apparente au treillis qui surplombe le *tlapechtli* précédemment décrit. En parallèle à ces observations, nous pouvons mentionner l'existence de grandes corbeilles ou paniers filtres, utilisés pour le lavage des terres dans le pays Manga au Niger (Gouletquer et Kleinman, 1984 ; Gouletquer et al, 1994) (cf. annexe 1A).

- Egouttoir en céramique

Sauer (1990 : 95) mentionne l'existence de salines à Tlalica, sur la côte du Colima, pour lesquelles, une source du XVI ème siècle donne la description suivante :

> *"Ellos hacen sal en pequeñas cantidades y con alguna dificultad, irrigando primero la playa con vasijas conteniendo agua de mar. Despues de dos o tres irrigaciones, amontonan en pilas esta arena irrigada. Hecho el asiento, toman vasijas (ollas o tinajas) y ponen una arriba de otra. La olla de arriba tiene algunos pequeños agujeros en su base,*

---

[6] Voire description détaillée dans le chapitre 3.1.3.1. de la deuxième partie.

[7] Une description précise de cette structure, illustrée par un schéma de fonctionnement, est proposée dans le chapitre 3.1.4.1. de la deuxième partie.

[8] Le terme de *temascal* n'est pas utilisé ici dans son sens général qui désigne une structure utilisée pour les bains de vapeur. Il correspond au terme utilisé par Ewald et Illana (1987) dans leur description des salines de Tonatico.

> *como las aperturas de las flautas, sobre los cuales son colocados unos tendidos de paja. Dentro de la olla de arriba ponen entonces, dicha arena empregnada de agua hasta que se haga más pequeña que la mitad de llena y ellos la giran hasta expeler el agua de mar, esta agua se vierte dentre de la olla de abajo y esta agua filtrada sale muy saludable y es sacada de sus vasijas, lo cual ellos toman para hervir en sus casas, poniendola en el fuego hasta que es hervida y convertida en sal."* (cf annexe 3 : (25)).

Les récipients ainsi décrits s'apparentent à des égouttoirs, le fond est percé de trous pour laisser passer la saumure résultant de la filtration de terres salées. Des récipients similaires sont décrits comme des filtres à sels par Langlois (1995) sur des sites du Haut Diamaré, dans le nord du Cameroun.

Il faut préciser que dans tous les cas, les résidus de lixiviation s'accumulent progressivement autour de l'aire d'activité, formant au fil du temps, de véritables monticules avec une altitude atteignant plusieurs mètres. Ces monticules dénommés *tlateles*, *saladeras* ou *tepalcateras* selon les auteurs (Charlton, 1969 ; Noguera, 1975 ; Valdez et al, 1994) confèrent au paysage une morphologie particulière, qui constitue un critère de reconnaissance des sites de production de sel. C'est ainsi que lors de prospections archéologiques, Mac Neish et al (1972) identifient plusieurs dizaines de sites de production de sel correspondant à diverses périodes, dans la vallée de Tehuacan. Ces monticules, appelés *salt mounds* par les auteurs, sont décrits comme des accumulations de terres amorphes mélangées à des graviers et recouvertes de tessons de céramique. Ces monticules, souvent regroupés pour former des ensembles, sont quelquefois associés à des structures également identifiées comme résultant de la production de sel (Mac Neish et al, 1972).

3.4.2. Décantation

Il s'agit du processus qui permet de nettoyer la saumure des impuretés, et éventuellement de certains éléments dissous. La saumure est déposée soit dans un récipient, soit dans un petit bassin, et elle est laissée à reposer pendant un certain temps, afin que les sédiments et les substances en suspension se déposent. Ensuite l'eau chargée en sels est soigneusement récupérée.

Ce procédé peut être utilisé dans deux cas distincts :

- <u>Lavage de terres salées</u> : cette opération se réalise dans des grands récipients ou dans des bassins. Ciudad Real (1993 : 151) mentionne ainsi le lavage des terres salées dans le bassin de Sayula :

> *"... El orden que tienen los indios en hacerla [la sal] es el que sigue: de aquellos salitrales allegan muchos montones de polvo y salitre que esta encima y echandolo en unos tinajones, le van echando agua, meneandolo y removiendolo muchas veces y cebandolo siempre con agua hasta la cantidad que ellos saben, y de esto sacan lejía, como se saca de la ceniza mezclandole agua"* (cf annexe 3 : (26)).

Par ailleurs, Muller (1984 : 505), dans sa description des sites de Great Salt Spring (Mississippi), se réfère à la présence de bassins cylindriques creusés dans la terre, aux parois enduites d'argile. L'auteur interprète ces structures comme des fosses de mélange des terres salées et de l'eau, ou encore comme des bassins de stockage de la saumure.

- <u>Concentration d'une saumure</u> : ce procédé est généralement utilisé dans une phase préliminaire à l'évaporation solaire ou artificielle d'eaux salées. Ainsi Sisson (1973 : 85) décrit pour Tlapilco l'existence de bassins où l'eau des sources salées situées à proximité, était stockée et probablement concentrée. Ensuite la saumure était transférée dans des bassins appelés *calentadores* qui servaient à la décantation des particules en suspension, et aussi probablement à une seconde phase de concentration. L'auteur mentionne la pratique d'ajouter de la terre à la saumure dans les *calentadores* pour favoriser sa concentration. Dans les salines de Carrillo (désert du Chihuahua), l'eau de l'aquifère est pompée et déposée dans des grands bassins, appelés *concentradoras*, où elle décante et se concentre, avant d'être transférée dans les bassins d'évaporation solaire proprement dit (Grunberger et al, 1993, 1996). Dans sa description des salines de Silacayoapan, dans l'Etat de Oaxaca, Viramontes (1995 : 45) fait référence à l'existence de petites dépressions de forme cylindrique, appelées *cuexcomates* ou *trojas*. Ces petits bassins situés à l'intersection de canaux amenant la saumure depuis les sources salées, servent au stockage de la saumure avant sa distribution dans les bassins d'évaporation solaire. L'auteur (Viramontes, 1995 : 46) note la présence de dépôts de calcaire dans le fond des canaux et des *cuexcomates*, et précise que ces derniers servent précisément, en parallèle avec le stockage de la saumure, à la décantation des produits calcaires contenus dans celle-ci. Ainsi, les processus de décantation et concentration permettent de laver la saumure de certains sels, comme un procédé de purification du sel produit.

3.4.3. Evaporation et concentration

Il existe deux procédés de base pour concentrer la saumure, c'est à dire favoriser l'évaporation de l'eau : l'évaporation solaire et la cuisson. Il existe une controverse au sujet de l'ancienneté ou de la primauté technologique de l'une ou l'autre des méthodes. En fait, certains auteurs ont tendance à réduire les faits à un simple débat chronologique, concernant une éventuelle évolution des techniques. Ainsi, Mendizabal (1928 : 313) pense que l'évaporation solaire est beaucoup plus simple et exige beaucoup moins de connaissance technique, elle a donc du être l'un des moyens primitifs de récolte du sel. Par ailleurs, Andrews (1983) a démontré que dans certains endroits de la côte du Guatemala ou du Honduras, paradoxalement l'utilisation de l'énergie solaire n'est arrivée qu'à partir du XX ème siècle, alors que la cuisson de la saumure était utilisée depuis environ 2000 ans. Par contre, l'auteur précise que dans le nord du Yucatan, la situation était probablement inverse. En fait, contrairement à ce que pense Mendizabal, le problème ne se réduit pas à un développement culturel, mais à un mélange complexe de paramètres essentiellement contextuels et socio-économiques. De plus, pour revenir à la supposée simplicité des techniques d'évaporation solaire - en regard de l'industrie céramique qu'impliquent les procédés de cuisson -, il ne faut pas oublier qu'il existe une différence majeure entre profiter du résultat anecdotique et circonstancielle des bienfaits de l'évaporation solaire sur des dépressions naturelles (dans lesquelles l'eau se concentre et forment des dépôts salés) et développer des techniques qui utilisent l'énergie solaire à des fins précises et localisées.

sel solaire (*sal solar*)

Cette méthode utilise l'action des phénomènes climatiques qui favorise l'évaporation des plans d'eau naturels, principalement le vent et l'insolation (cette dernière mettant en jeu température et évaporation). Les structures qui sont associées à ces procédés sont souvent éphémères, du fait des matériaux utilisés dans leur construction. Ces observations, associées au fait que la plupart des sources ethnohistoriques anciennes font référence à l'utilisation de la cuisson pour la production de sel, induisent que certains auteurs s'interrogent sur l'ancienneté de cette technique. De fait, la seule référence ancienne dont nous disposons est celle de Toribio de Benavente Motolinia (1980 : Tratado III, cap IX), qui mentionne l'existence de bassins d'évaporation solaire au XVI ème siècle, dans l'Etat de Oaxaca:

> *"Hay tambien fuentes de sal viva, que es cosa muy de ver los manantiales blancos que estan siempre haciendo unas venas muy blancas, que sacada el agua y echada en unas eras pequeñas y encaladas y dandole el sol en breve se vuelven sal"*(annexe 3(27)

Le liquide salé est placé dans des bassins de taille et profondeur différentes selon les régions. Sur le littoral du Pacifique, les bassins sont de forme rectangulaire (environ 5 m x 2 m), et une profondeur inférieure à 10 cm. Ils sont creusés dans la terre, et enduits de chaux ou d'argile pour les rendre imperméables. Ces bassins sont appelés *eras*, la production se réalise en saison sèche, il peut ainsi s'effectuer une récolte par jour. Les bassins sont remplis le matin et le sel est récolté en fin d'après midi.

A San Nicolas Simarao, sur les rives du lac de Cuitzeo, dans le Michoacan, les bassins d'évaporation sont des demi-troncs d'arbre évidés. Les arbres, principalement des pins, sont récupérés dans les montagnes voisines. Il sont creusés, formant ainsi une sorte de canoës, les bassins sont d'ailleurs appelés *canoas*. Ils sont placés sur une motte de terre, ce qui permet de les surélever d'environ 1 m au dessus de la playa, qui peut se trouver temporairement submergée. En saison des pluies, les *canoas* sont recouverts d'une taule afin de les protéger de la putréfaction. De telles structures peuvent avoir une vie de plusieurs dizaines d'années, approchant parfois les cent ans.

Une troisième variante de bassins d'évaporation est décrite par Besso Oberto (1980 : 35) dans les salines de Alahuiztlan, dans les hautes terres du Guerrero et Garcia Payon (1933 : 50) à San Miguel Ixtapan dans l'Etat de Mexico. Des structures, appelées *cajetes* sont construites à partir de roche basaltique, de couleur verte, formant des grandes pierres plates (cf. annexe 1F). Ces galets constituent la base de petits récipients dont les bords sont formés à partir d'une pâte de therebentine. Pour préparer cette pâte, on utilise la résine de pin, qui est placé sur une plaque de céramique posée au dessus d'un feu. Lorsque la résine est bien ramollie, sous l'effet de la chaleur, on ajoute de la terre et un peu de cendres, et on mélange à l'aide d'un bouquet de branchage. La pâte obtenue est modelée en cercle autour de la pierre plate, afin de former des bords. Le tout est mis à sécher au soleil, ce qui permet aux bords de durcir. Une fois sec, le *cajete* peut être utilisé pour verser la saumure, provenant de sources salées. Ces petits bassins sont de forme et taille diverses, selon les dimensions de la pierre utilisée. Ils présentent généralement une forme plus ou moins circulaire ou ovale, et un diamètre moyen d'environ 30 cm.

D'autres arrangements correspondant à des salines d'évaporation solaire, sont décrits par Viramontes (1992, 1995) à Silacoyoapa. Les salines en question sont constituées de plusieurs sources desquelles partent un réseau complexe de canaux de distribution qui, profitant de la pente, conduisent l'eau à une série de bassins disposés en terrasses, connus sous le nom de *cajetes* ou *asoleadores*. Les bassins sont généralement disposés en parallèle, ils ont une dimension moyenne de 2 m par 3 m, et les bords présentent une hauteur maximum de 20 cm. Ils sont liés par des varaignes (sortes de portes éclusières en bois) qui permettent à l'eau de se distribuer dans les bassins uniformément. La saumure est transvasée d'un *cajete* à l'autre par gravité. Deux types de sels sont formés : le sel de table ou sel tendre est obtenu en évitant de remuer la saumure ; le sel blanc ou sel fin est obtenu en remuant constamment la saumure (ce dernier est utilisé dans l'alimentation de l'élevage). Des constructions similaires sont décrites par Sisson (1973 : 88) à Tlapilco dans la vallée de Tehuacan, et par Martinez et Castellán (1995 : 61) dans les salines de Zapotitlan, dans l'Etat de Puebla. Les auteurs précisent que si le bassin est construit sur une forte pente, un mur de pierres est construit du côté de la pente, et de la terre est ajoutée derrière ce mur, afin d'aplanir le terrain. Le sol et les parois des bassins sont préparés avec des petits galets arrondis provenant d'une rivière voisine, recouverts d'une fine couche de chaux préparée localement à partir du *tepetate* (sol volcanique induré).

Viramontes (1995 : 46) précise que les différents bassins et canaux présentent une couche de travertins - connue localement comme *tecali* ou *alabastro* - formée au fil du temps par la précipitation des minéraux calcaires contenus dans les eaux salées. Ce phénomène permet ainsi de fossiliser les constructions. Des sites archéologiques présentant des restes similaires à ceux décrits pour Silacoyoapa, Tlapilco et Zapotitlan, ont été identifiés à Hierve el Agua, Cuicatlan, (dans les hautes terres du Oaxaca) et Coxcatlán (dans la région de Puebla) (Viramontes, 1995 : 43). Il existe une controverse sur l'interprétation de ces sites ; d'une part divers auteurs (Flannery et al, 1967 ; Flannery, 1983 ; Kirkby, 1973 ;

Neely, 1970, 1989) pensent qu'ils constituent le témoignage d'une agriculture intensive, à base de terrasses irriguées. D'autres (Viramontes, 1992, 1995 ; Hewitt et al, 1987) suggèrent qu'ils sont le reste d'anciennes salines d'évaporation solaire, sur le modèle de celles encore en fonctionnement précédemment mentionnées. Même si les structures décrites ci-dessus peuvent facilement se confondre avec des aménagements en terrasse et un système d'irrigation pour une agriculture intensive, il semble toutefois que les teneurs en sels solubles des sources situées aux alentours ne permettent aucun doute quant à leur utilisation dans la production de sels (Hewitt et al, 1987). Dans les sites de la vallée de Tehuacan, Mac Neish et al (1972 : 443) notent la présence de bassins d'évaporation solaire sur des sites de production de sels, caractérisés par la présence de travertins, ainsi qu'un canal menant à une dépression dont le fond est tapissé de galets arrondis. De telles évidences apparaissent dès l'étape finale de la phase Palo Blanco, c'est à dire à partir de 300 ap JC, et se généralisent à partir de 700 ap JC.

sel ignigène (*sal cocida*)

Ce procédé consiste à cuire la saumure au feu. Il utilise différents types de récipients dans différents types de structures de combustion.

Les différents types de récipients

Si on excepte les observations répétées concernant la céramique d'impression textile Texcoco, il n'existe pas d'études systématiques sur la céramique utilisée dans l'étape de cuisson de la saumure. Bien souvent cette céramique ne présente pas de traits caractéristiques qui permettent de déterminer avec certitude sa fonction dans les processus de production de sel. Dans certaines descriptions, on mentionne des grands pots (*ollas*) posés directement sur le feu ; dans d'autres cas, on parle de récipients de taille et de forme diverses qui donnent au sel l'apparence de pains. Mendizabal (1928 : 26) décrit une forme générale de cônes tronqués ou cylindriques avec une base hémisphérique qui donne au sel compacté l'aspect de pain de sucre. Certains auteurs donnent une description un peu plus détaillée de ces récipients, sans toutefois illustrer leur propos par un dessin ou une photo, ce qui rend difficile toute tentative de comparaison ou de typologie fonctionnelle[9].

- *La céramique d'impression textile Texcoco* (TFM).

Tolstoy (1958 : 52) est le premier à définir la céramique d'impression textile "Texcoco fabric-marked", collectée lors de prospections au nord de la vallée de Mexico (cf. annexe 1K). Selon lui, on la trouve dès la période Classique, mais elle se généralise au Postclassique final. Cette céramique est décrite par Séjourné (1970 : 75), à Culhuacan, dans la vallée de Mexico, dans les niveaux du Postclassique ancien : *"cette céramique moulée avec de l'argile fraîche à l'intérieur d'un récipient de fibres végétales, est abondante dés les niveaux profonds de Culhuacan... Il pourrait s'agir de récipients qui servaient pour la fabrication de pains de sel pour une utilisation domestique. Sa fragilité, sa cuisson incomplète et sa fabrication grossière pourraient répondre à la demande massive de récipients d'utilisation momentanée que cette industrie suppose"*. Par ailleurs, Baños (1980 : 65-67) décrit quatre variantes de formes : IA, récipients aux parois droites, d'environ 10 cm de hauteur, 18 à 20 cm de diamètre, à fond plat ; IB récipients aux parois droites, avec des bords légèrement renforcés (elle se distingue de la variante antérieure par la profondeur des récipients qui peut atteindre 19 cm) ; IC présentant un diamètre plus petit de 10 à 12 cm, des parois divergentes, une profondeur de 15 cm environ, et un fond cônique ; ID au fond cônique, parois droites légèrement divergentes, diamètre moyen de 7 cm et profondeur variant entre 15 et 20 cm (cf annexe 1K). L'auteur (1980 : 86) précise que les variantes IA et IB sont les plus répandues.

Cette céramique est également trouvée par Mac Neish et al (1970 : 163) dans la vallée de Tehuacan, dès la phase Palo Blanco de la période Classique. Baños (1981) et Sanchez Vasquez (1984) font référence à l'existence d'une céramique grossière présentant des caractéristiques, de forme, et une rugosité similaire à la TFM. Cette céramique dénommée Villa (Baños, 1981) est localisée sur le site de Zacatenco au niveau du lac de Texcoco, sous les niveaux Azteca II (1100-1400 ap JC), et semble être substituée dans les niveaux supérieurs par la TFM (Sanchez Vasquez, 1984 : 103). Baños (1981) décrit la céramique Villa comme des récipients cylindriques d'environ 20 cm de haut et 16 à 18 cm de diamètre, à bords droits et fond plat ; présentant trois variantes de formes (A parois verticales, B parois convergentes, C parois légèrement divergentes).

Cette céramique présente une finition particulière : "*une proportion variable, environ un tiers des tessons, présente à l'intérieur des zones qui apparaissent polies et patinées. Ces zones apparaissent le plus fréquemment dans la partie supérieure des parois internes du récipient*" (Toltsoy, 1963). Généralement, la partie extérieure est rugueuse et présente un aspect grossier. Sisson (1973 : 93) note que la texture "polie" de l'intérieur réduit le passage de la saumure vers l'extérieur, et l'aspect rugueux de l'extérieur favorise une bonne pénétration de la chaleur.

- *Les autres types de récipients.*

D'autres types de céramiques ont été interprétés comme des récipients de cuisson de sels. Au Guatemala, sur le site de Guzman Mound (de la fin du Préclassique), Nance (1992 : 43) définit une céramique utilitaire, appelée Porvenir Jars, aux parois divergentes fines et rugueuses - présentant des traces de lissage grossier à l'extérieur et de polissage à l'intérieur -, ayant un diamètre moyen de 35 cm (cf. annexe 1J). Une étude détaillée de la distribution de ce type de céramique dans la stratigraphie du monticule, montre une

[9] Etant donné le caractère grossier et domestique de ce type de céramique, il est généralement succintement abordé voire complètement omis dans les analyses céramiques traditionnelles. Celles-ci favorisent en effet la description de récipients décorés ou stylisés - considérés comme diagnostiques dans la séquence culturelle d'un site ou d'une région - au dépend des récipients de manufacture plus rudimentaire, à caractère fonctionnel. On trouvera toutefois en annexe (1 I-J-K) des illustrations qui font exception à la règle.

légère évolution de la forme vers des récipients plus ouverts - entre 150 av JC et 200 ap JC - (Nance, 1992 : 35).

Sur le site du Préclassique final de Salinas la Blanca, Coe et Flannery (1967) définissent le complexe céramique "Cerro del Tiestal", caractérisé par des récipients présentant peu de ressemblances avec la céramique connue de la région. Cette céramique est caractérisée par une pâte et une finition grossière. Les formes incluent des bols profonds, à l'ouverture plus ou moins refermées et des pots à col vertical (Coe et Flannery, 1967 : 91).

A Zacapulas, dans les hautes terres du Guatemala, Andrews (1983 : 90) mentionne l'utilisation de céramique au fond hémisphérique, d'une profondeur de 15 cm environ et d'un diamètre de 30 cm environ. Ces récipients forment des demi sphères, les pains de sels semi-hémisphériques sont parfois regroupés pour former des boules de sel. Les poteries sont fabriqués par les femmes à l'intérieur des maisons, elles ne sont pas cuites mais mises à sécher à l'air (Reina et Monaghan, 1981 : 24).

Sur la côte Pacifique du Honduras, Baudez (1973 : 512) décrit des bols hémisphériques de finition grossière (type Güegüensi Grossier), parfois muni d'une paire d'anses verticales, dont le diamètre varie entre 16 et 28 cm. L'extérieur est brossé ou peigné pour former une surface irrégulière.

Sur des sites du Chiapas, datant de 1000 à 1200 av JC, Pailles (1980 : 35) identifie des récipients en forme de *tecomate* ou globulaire. Dans les hautes terres du Chiapas, sur le site de Ixtapa, Mac Vicker (1969 : 32) identifie un type céramique qu'il nomme "bisquit ware", il s'agit de grandes jarres à col horizontal.

Sur les hauts plateaux de Colombie, dans le salines de Zipaquira, Cardale de Schrimpff (1981 : 111) identifie un type particulier de récipients céramiques, associé à la production de sel (cf. annexe 1I). Cette céramique se trouve en très grande quantité et se divise en 7 groupes distincts : les récipients campanulés et différents groupes de jattes de forme hémisphériques, et de plats droits plus ou moins profonds. Les divers types de récipients présentent une surface externe très grossière, et des profils et des bords très irréguliers. Ces irrégularités se trouvent généralement accentuées par de nombreuses empreintes de modelés par les doigts. Les points d'unions visibles en surface des récipients, ne sont pas été lissés. Par contre, l'intérieur est généralement bien lissé, et sur certains fragments bien conservés, on note la présence de restes de brunissage et d'engobe rouge. L'auteur souligne que cette superficie intérieure lisse et compacte est essentielle pour des récipients destinés à cuire une saumure, tant pour éviter que la solution pénètre dans les pores et fasse éclater le pot, que pour éviter que le bloc de sel cuit reste collé à celui-ci une fois le processus terminé.

- Autres objets en céramique ou argile associés aux récipients de cuisson.

Dans la majorité des cas, le matériel ne présente pas d'évidences d'exposition au feu (Sanchez Vasquez, 1989 : 106). Des expérimentations montrent que la saumure doit être exposée à une température faible et une cuisson progressive, car des températures trop élevées provoquent la formation de gros cristaux qui se dilatent et se décomposent (Riehm, 1961). Par conséquent, il apparaît que le récipient ne doit pas être en contact direct avec le feu, c'est ce qui pourrait expliquer l'absence de résidus de charbons sur les parois des récipients.

A ce sujet, de nombreux auteurs (Coe et Flannery, 1967 ; Mac Neish et al, 1972 ; Sisson, 1973 ; Brown, 1980 ; Andrews, 1983 ; Muller, 1984 ; Mac Kinnon et Kepecs, 1989 ; Valdez et Mock, 1991 ; Nance, 1992 ; Mac Killop, 1995) font référence à l'existence de cylindres de céramique, interprétés comme des supports permettant d'éloigner le récipient de la chaleur intense du foyer (cf. annexe 1L). Sisson (1973 : 98) suggère que ces bâtonnets de céramique étaient supportés verticalement par des galets placés sur le feu. Ces pierres auraient la double fonction de supporter les cylindres et de diffuser progressivement la chaleur latente. Toutefois, comme le soulignent Mac Kinnon et Kepecs (1989 : 526), cette reconstruction n'explique pas comment les récipients étaient maintenus au dessus des cylindres. Sur le site de Placencia, sur la côte du Belize, ces deux auteurs (1989 : 527) identifient deux types d'artefacts associés aux cylindres de céramique :

* des "sockets" (que l'on peut traduire littéralement par manchons), morceaux d'argile brûlée, de la taille d'un point, qui était collé aux deux extrémités des cylindres, pour ancrer l'une d'entre elle à la surface de combustion d'une part, et pour déposer le récipient de cuisson d'autre part.
* des "spacers" (ou boulettes de calage), sont également des morceaux d'argile brûlée, qui étaient placés entre les récipients afin de bien les caler.

Selon les auteurs, tandis que les cylindres de céramique sont des bâtonnets d'argile moulés à la main et préalablement cuits avant leur utilisation, les autres artefacts sont grossièrement moulés dans une argile crue, qui adhère aux parois des récipients lors de la cuisson de la saumure. Ainsi, ils ne pouvaient être utilisés qu'une fois. Une reconstruction de ce schéma est proposé par ces auteurs (cf annexe 1L).

Mac Killop (1995) décrit des artefacts similaires sur la côte du Belize. L'auteur donne une description détaillée d'un cylindre de céramique retrouvé entier, mesurant 26,5 cm de long, et 3,1 cm de diamètre [10].

Finalement, à Zacapulas, au Guatemala, Andrews (1983 : 90) mentionne l'utilisation de galets arrondis, provenant de rivières environnantes, pour supporter les récipients. Quatre couches de galets sont utilisées, ce qui représente une hauteur d'environ 10 cm, au dessus de l'aire de combustion.

[10] L'ensemble de ces artefacts rappelle les éléments qui composent les briquetages européens de l'Age du Fer, amplement décrits dans la littérature et sur lesquels certains auteurs ont réalisé des synthèses (Gouletquer, 1970 ; Weller, 1993 ; Daire, 1994 ; pour ne citer que quelques exemples).

D'une manière générale, les artefacts céramiques associés à la production de sels, sont retrouvés en très grande quantité, en raison de la probable nécessité de casser les récipients pour récupérer les pains de sels. Les grandes accumulations de tessons, parfois associées aux monticules de terres lixiviées précédemment mentionnés, constituent un caractère général considéré comme diagnostique de l'activité de production de sels.

- Les différents types de structures de combustion

Différents types de structures correspondant à des foyers ou des fours pour la cuisson d'une saumure, sont mentionnés dans les textes ethnohistoriques et rapports de fouille. A Nexquipayac, dans la vallée de Mexico, Parsons (1989a, 1989b, 1993) décrit de véritables ateliers. Le four est une structure rectangulaire construite en brique, d'environ 80 cm de large et 100 cm de long, et 100 cm de haut, qui se trouve à l'intérieur d'une cabane de torchis d'environ 4 m². La saumure est chauffée sur une plaque de métal aux dimensions du four. Cette structure présente des caractéristiques modernes, mais on peut imaginer qu'une structure pareillement couverte, pouvait être utilisée durant les périodes préhispaniques.

A Zacapulas, Reina et Monaghan (1981 : 22-23) décrivent ce qu'ils appellent les « cuisines » : des constructions de pierre d'environ 6 m sur 8 m, recouvertes d'un toit de tuiles,supporté par de fines poutres; un espace est laissé pour que l'air circule entre le toit et le haut des murs. Cette structure sert également de stockage des terres salées. Au centre de la pièce, se trouve une structure rectangulaire formée par un amas de terres compact, d'environ 1 m sur 2 m, et d'environ 50 cm de haut ; il s'agit de l'aire de combustion (cf. annexe 1M).

Sur le littoral du Honduras, Baudez (1973 : 511) décrit des fosses rectangulaires de 50 cm de largeur et une longueur variant entre 70 et 330 cm - il en dénombre 36, sur une longueur d'environ 55 m (cf. annexe 1H). La fouille d'une de ces structures a révélé un niveau de cendres et charbons à 30 cm de profondeur, et les parois présentaient des traces de feu. Dans d'autres fosses, les parois étaient recouvertes de tessons. D'autre part, il identifie sur le site la présence de galets de basalte, qu'il interprète comme des pierres de foyer.

Au Guatemala, Nance (1992 : 30) mentionne la découverte de fosses similaires (avec des variantes cylindriques de 120 à 70 cm de diamètre). Sur le site de El Pajon, dans le Chiapas, Pailles (1980 : 30) décrit des fosses cylindriques (variant de 1,6 m à 70 cm de diamètre, et 22 à 33 cm de profondeur) dont les parois et le fond sont faits de tessons de céramiques, recouvertes d'un enduits d'argile grise (cf. annexe 1G). Les parois et le fond présentent des évidences d'exposition à de hautes températures. Cinq structures de ce type ont été découvertes, à l'issue du décapage d'une tranchée de 10 m de long et de 2 m de large. Des charbons de bois prélevés dans les structures donne une date moyenne de 855 av JC (Pailles, 1980 : 33).

Sur le site de Zacatenco, dans la vallée de Mexico, Sanchez Vasquez (1984 : 61), mentionne la présence de restes de fours à l'intérieur d'une structure rectangulaire de 5.40 x 4.30 m ; le four est de forme ovale de 2.15 x 1 m et de 0,40 m de hauteur, les parois sont en torchis et argile. Un autre type de four, de forme circulaire de 1,30 de diamètre et 0,75 m de hauteur, est construit en galets de basalte, *tezontle* (sorte de pierre ponce, d'origine volcanique, riche en oxydes de fer), et argile.

Dans la vallée de Tehuacan, Sisson (1973 : 98) décrit sommairement un four circulaire, de 60 cm de diamètre, au fond duquel était déposée une couche de cendres et charbons d'environ 10 cm d'épaisseur. Sur cette couche, reposait 84 pierres craquelées, et décolorées par le feu, ainsi que plusieurs dizaines de cylindres de céramique. Par ailleurs, dans cette même région, Mac Neish et al (1972 : 425) font référence à la présence de nombreuses fosses cylindriques construites en pierres plates, et contenant des restes de cendres et de terre brûlée, sur différents sites de production de sels de la phase Palo Blanco de la période Classique.

Dans l'Etat de Mississippi, Muller (1984 : 500) décrit des fours cylindriques, présentant des parois en argile cuite. Ces structures apparaissent généralement regroupées en file. L'auteur note également la présence de nombreuses pierres cassées, apparemment brûlées, qu'il interprète comme des pierres à foyer.

Il faut préciser que l'opération de cuisson ne se réalise pas toujours sur le lieu d'extraction de la saumure ; ainsi, à San Mateo Ixtatan, au Guatemala, la saumure est amenée par les femmes depuis les sources salées jusqu'à la maison où elle est cuite sur le four commun à la fabrication de divers plats (Andrews, 1983 : 87).

3.5. Conditionnement et stockage

Mis à part les procédés pour obtenir le sel ignigène, plusieurs auteurs pensent que l'un des rôles principaux de la cuisson est celui d'un séchage ultime et du conditionnement. C'est ce qui à été notamment observé par Garcia Payon (1933 : 51) à San Miguel Ixtapan, dans l'Etat de México : après avoir concentré la saumure dans les *cajetes* (cf chap 3.4.3), le sel formé reste très humide, il est donc transféré dans des récipients de céramique dans lesquels il est cuit. A propos du sel ignigène fabriqué à Zipaquira, en Colombie, Cardale de Schrimpff (1981 : 25) précise qu'il est particulièrement apprécié par les populations vivant en climats humides, car il se conserve plus longtemps que le sel en grain formé par évaporation solaire sur la côte. Elle souligne que de nombreux peuples cuisaient le sel en grain issu de la production côtière, afin de le maintenir bien sec. Par ailleurs, elle mentionne la pratique de fabrication de pains de sels, à partir du sel côtier, en formant des boules enroulées dans des feuilles, qui étaient ensuite séchées sur les cendres d'un foyer pour qu'elles durcissent ; ce pain était ensuite gratté à l'aide d'un couteau en cas de besoin.

Dans d'autres cas le sel est séché à l'air ultérieurement à sa cuisson. Ainsi à Nexquipayac, le sel encore humide à l'issue de la cuisson est déposé en tas sur un amas de sables et de cendres (servant à absorber l'humidité), pour un séchage ultime, avant d'être emballé dans des sacs de jute (Parsons, 1989a, 1989b). Par ailleurs, à Zacapulas, le sel est retiré des récipients pendant la cuisson, alors qu'il a encore la consistance d'une masse visqueuse (cf. annexe 1M), celle-ci est placée dans des moules en bois circulaires, et mise à sécher au soleil. Ces "gâteaux de sel", appelés *quesitos* (littéralement petits fromages), pèsent environ 170 g (Andrews, 1983 : 90).

Dans l'inventaire des récipients céramiques utilisés dans la cuisson, on note qu'il existe généralement des formes et des tailles diverses à l'intérieur d'un même type. C'est le cas notamment des récipients du type TFM : Baños (1980 : 112) fait référence au Codice Mendocino - *"la sal se vendia por medida más que por peso"* -, et interprète les différentes formes et tailles de récipients comme différentes mesures pour une vente ultérieure. Cardale de Schrimpff (1981 : 152) mentionne l'existence de plusieurs tailles de récipients servant à la cuisson du sel, elle pense également qu'ils permettent d'obtenir différentes mesures de pains de sels. Par ailleurs, l'auteur (1981 : 37) souligne l'existence de récipients miniatures utilisés dans la fabrication de *catalenicos* ou petits pains, servant à la consommation domestique.

La plupart des références concorde dans le fait que le moule de céramique n'était pas utilisé dans le transport du sel. Que le pain soit formé dans son moule en céramique, ou modelé à la main ultérieurement à la cuisson, son ultime séchage sert précisément à faciliter son transport. Aujourd'hui l'utilisation de grands sacs de jute, d'une contenance d'environ 50 kg facilite le transport. On peut facilement imaginer que durant les périodes préhispaniques, l'utilisation de vannerie à l'aide de feuilles ou de tressage de tiges de joncs était courante pour enrober le pain de sel, et assurer sa conservation. A Ixtapan dans les hauts plateaux du Chiapas, cette pratique s'effectue toujours, et le pain résultant est appelé *benequen*, et pèse environ 600 g en moyenne, bien que certains pains puissent atteindre un poids de 1,5 kg (Andrews, 1983 : 58).

3.6. Approvisionnement en matières premières (eau, argile et combustibles)

L'approvisionnement en eau douce constitue un des facteurs limitants de la production, surtout dans le cas du lavage de terres salées. L'eau est souvent collectée dans des sources avoisinantes, ou directement dans l'aquifère par le biais de puits creusés. Il faut préciser que le transport et le stockage de cette eau nécessite un certain nombre de récipients, différents de ceux utilisés dans la cuisson de la saumure.

Concernant les problèmes de combustibles, l'étude ethnoarchéologique de Parsons (1989a, 1989b, 1993) dans le village de Nexquipayac, note que les combustibles utilisés sont : des racines de maïs, des végétaux et des fourrages des bords du lac, des feuilles d'arbre et accessoirement du bois. L'auteur précise que la majorité de ces combustibles traditionnels se consument très vite, et que par conséquent l'effort humain à fournir pour s'approvisionner dans ces produits est considérable. De plus, quelques uns de ces combustibles sont saisonniers ; c'est pourquoi différentes combinaisons dans les sources de combustible sont utilisées selon les étapes du cycle annuel de production. Cardale de Schrimpff (1981 : 31) mentionne l'existence de trocs entre les populations des forêts, amenant le bois nécessaire à la cuisson, contre le sel produit à Zipaquira.

Quant au problème relatif à la fabrication des céramiques nécessaires pour la cuisson de la saumure, il est probable que la fouille systématique des grands sites de production de sel résolve la question, par la découverte d'ateliers de poterie. D'une manière générale, les récipients utilisés dans la cuisson d'une saumure sont caractérisés par une pâte grossière, présentant de nombreux dégraissants végétaux ou minéraux. Il n'est donc pas nécessaire d'utiliser une argile pure. On peut supposer que des dépôts alluviaux, situés dans les piémonts de montagne, ou dans des estuaires de fleuves, permettaient une abondance suffisante et un accès relativement facile à cette matière première. Nous pouvons par ailleurs mentionner le cas intéressant relaté par Cardale de Schrimpff (1981 : 36) dans les salines de Zipaquira, au XVII ème siècle : tout comme le bois, les récipients de céramique étaient troqués contre du sel ; ainsi, une population de potiers spécialisés se chargeait de la fabrication des récipients.

3.7. Aperçu chronologique

A part l'étude relativement exhaustive de Andrews (1983) concernant la zone Maya, il n'existe pas d'études systématiques permettant d'ébaucher un schéma chronologique détaillé. La plupart des études se réfère à un matériel de surface ; or le matériel concernant la production de sels est rarement diagnostique d'un point de vue chronologique, il peut être utilisé sur une longue période de temps, sans transformation significative. Par ailleurs, comme le souligne Parsons (1993 : 277), ces sites sont soumis à de constants phénomènes de redéposition et transformation qui rendent confuse toute tentative d'interprétation en stratigraphie, c'est à dire dans le temps. Cependant une compilation des antécédents de recherche cités tout au long de ce chapitre, permet de proposer un aperçu chronologique de la production de sels en Mésoamérique.

Le site le plus ancien jusqu'alors décrit, est celui de El Pajón, sur la côte Pacifique du Chiapas, où une datation ^{14}C situe la production aux alentours de 850 av JC (Pailles, 1980 : 50). Par ailleurs, Drennan (1976) suppose l'existence d'une activité de production de sel également dés le début du premier millénaire avant notre ère, sur le site de Fabrica San José dans le Oaxaca. Andrews (1983 : 6-7) pense qu'il s'agit de cas isolés, et que l'activité de production de sel commence réellement à se développer à partir de la fin du Formatif aux alentours de 300 av JC. L'auteur se réfère à la présence de sites archéologiques de cette époque, dans des endroits stratégiques : notamment Salinas de los Nueve Cerros (Dillon, 1977), site occupé depuis la fin du Formatif jusqu'au Classique, ou dans la région de Ocos sur la côte du Guatemala, où Coe et Flannery (1967) identifient le complexe céramique Cerro del Tiestal associé à la phase

Usulutan de la fin du Formatif. Ce complexe atteste de l'utilisation de la technique de *sal cocida* dès ces périodes anciennes, et montre une continuité technologique jusqu'au Postclassique.

D'une manière générale la zone Maya est caractérisée par une augmentation des sites de production de sel depuis le Formatif jusqu'à la fin du Préclassique, avec une généralisation à divers écosystèmes durant la période Classique, correspondant à l'apogée de la civilisation Maya (Andrews, 1983 : 7).

Dans la région du Plateau Central, et particulièrement dans la vallée de Tehuacan, des sites de production de sel sont mentionnés dès le début de notre ère, durant la phase Palo Blanco, et la densité de ces sites augmente durant la phase Venta Salada, à partir de 700 ap JC (Mac Neish et al, 1972). Il faut noter la présence dans cette zone, de la céramique du type TFM, qui se généralise au Postclassique sur les sites du bassin de Texcoco.

Dans la vallée de Oaxaca, nous avons déjà mentionné le site très ancien de Fabrica San José. Par ailleurs, le site de Hierve El Agua fut occupé durant les phases Monte Alban I à IV, c'est à dire approximativement entre 300 av JC et 1350 ap JC (Neely, 1970), ce qui atteste d'une continuité depuis la fin du Formatif jusqu'au Postclassique.

Il existe malheureusement peu de références concernant les sites de l'Occident. Mountjoy (1982) mentionne l'existence d'un site de production de sel dans une zone d'estuaire de la vallée de Tomatlan, dont le matériel céramique appartient à ce qu'il appelle la "Red on Buff Tradition", s'étalant entre 300 et 700 ap JC. Le même auteur (1993) identifie deux sites, l'un près de San Blas, l'autre dans la vallée de Banderas, appartenant à la tradition Aztatlan, c'est à dire à partir de 1000 ap JC. Correspondant à cette même période, Long et Wire (1966 : 47) interprètent le site de Barra de Navidad (côte du Jalisco) comme un site de pêche et de production saisonnière de sel, sans donner de détails quant aux modes d'extraction de celui-ci, du fait de l'apparente carence en restes archéologiques attestant cette activité. Les auteurs appuient leur argumentation sur une source ethnohistorique du XVI ème siècle qui mentionne une production dans cette zone.

Il semble donc que l'activité de production de sel se développe de manière sporadique durant le premier millénaire avant notre ère, pour se généraliser entre 300 et 700 ap JC, et atteindre dans certaines zones l'apparence de véritables industries à partir de 700 de notre ère.

De fait, à partir du moment où il s'est sédentarisé et a vécu essentiellement de l'agriculture, l'homme a eu besoin de produire ou de se procurer du sel. Les moyens dont il disposait, les techniques qu'il a développées ou les routes commerciales et les échanges qui se sont créés sont encore peu connus. C'est pourquoi les recherches doivent se centrer sur la reconnaissance et la caractérisation des lieux de production. C'est dans cette optique à la fois spatiale et chronologique que l'étude des sites du bassin de Sayula s'est effectuée.

3.8. Etat des connaissances sur la production de sels dans le bassin de Sayula

Ce chapitre a pour but de dresser le bilan des connaissances concernant la production de sel dans le bassin de Sayula. Les informations, d'ordre archéologique et ethnohistorique, peuvent être classées selon deux critères : technologique et économique.

3.8.1. Considérations technologiques

Le premier témoignage concernant les techniques utilisées pour produire le sel dans le bassin de Sayula est celui de Fray Alonso Ponce (Ciudad Real, 1993 : 151), à l'occasion de son passage, notamment dans le village de Atoyac en 1587.

> *"... El orden que tienen los indios en hacerla [la sal] es el que sigue: de aquellos salitrales allegan muchos montones de polvo y salitre que esta encima y echandolo en unos tinajones, le van echando agua, meneandolo y removiendolo muchas veces y cebandolo siempre con agua hasta la cantidad que ellos saben, y de esto sacan lejía, como se saca de la ceniza mezclandole agua ; junto destos tinajones hacen en el suelo un horno redondo, a manera de calera, no muy hondo, y menos de una vara de medir alto del suelo, y dejando hueco y concavidad en qué echar leña y lumbre, ponen encima muchas ollas chicas y grandes, asidas y trabadas unas con otras, puestas por orden y concierto, de manera que queda cerrado todo el redondo del horno ; luego hinchen las ollas de aquella lejía, y vanles dando fuego por abajo por unas bocas grandes que dejan a los lados, y con este fuego se va cuajando la lejía y convirtiendo en sal, y poco a poco van añadiendo lejía hasta tanto que todas las ollas quedan llenas de sal cuajada y echan esta lejía atentadamente, que todas juntas vienen a quedar llenas de sal cuajada a un punto : luego quitan el fuego, y despuès las ollas, y quedan los panes de sal enteros, blancos y muy vistosos..."* (cf annexe 3 : (10)).

Ce récit a servi de base à l'élaboration de la plupart des hypothèses postérieures. L'information disponible concernant la production de sel dans le bassin, se résume à cinq grands points.

(a) Les *tepalcateras*.
Le premier élément considéré comme diagnostique de la production de sel concerne la présence de plusieurs monticules, dispersés dans l'ensemble du bassin, le long des bords de playa. Ces monticules son litérament recouverts de tessons de céramique ou *tepalcates*, raison pour laquelle ils sont appelés *tepalcateras* (Schondube et al, 1992). La reconnaissance de ce type de monticules est à mettre en relation avec le processus de base d'extraction des sels à partir de terres salées. Celles-ci sont filtrées ou lavées, afin de récupérer une saumure concentrée, et les déchets de terres lixiviées sont accumulés formant avec le temps des monticules de plusieurs mètres de haut (cf chap 3.4.2.). Un témoignage anonyme de la seconde moitié du XIX ème siècle (Anonyme, 1878 : 175) fait référence à la présence de ces monticules sur les bords de la lagune :

> *"Por lo mas de las orillas tiene este pantano unos montecillos de tiestos de loza muy tosca y gruesa aun se descubren figuras de ollas grandes y juntamente cimientos y señales de casas pequeñas de piedra. Se cuenta por tradición que los gentiles antiguos venían aqui a hacer sal, de diversas naciones y que trababan varias y sangrientas pendencias de que se dejan mirar señales en los pedernales negros y trasparentes labrados como saetas" (cf. annexe 3 : (11)).*

Ce texte souligne notamment la présence d'alignements de pierres interprétes comme les fondations de petites maison, sur certains monticules de bord de playa. Il s'agit probablement des grands monticules composant les sites de Cerritos Colorados ou de Carmelita. Par ailleurs, il mentionne l'existence d'une concurrence entre différents peuples pour le contrôle de la production de sel, ce qui engendrait "de nombreux et sanglants conflits, dont on peut observer les traces à travers la présence de silex noirs et transparents (obsidienne) taillés en forme de pointe de flèche".

Le témoignage de Ponce précise qu'une seconde étape de la technique consiste à cuire la saumure obtenue, dans des récipients de céramique au-dessus d'un foyer. De ce processus résulte l'accumulation de tessons sur les monticules de terres lixiviées. Dans les années 40, Kelly (1941-1944 : 38) observe que la plupart de ces *tepalcateras* [8] présente une grande quantité de fragments d'un type de récipient qu'elle dénomme *Sayula Salt Pans* traduit par Schondube *Cuencos Salineros Sayula.* Elle les décrit comme des grands récipients profonds, aux parois divergentes et au fond concave, ne présentant pas de décorations. De par leur configuration apparemment standardisée, l'auteur les compare aux récipients utilisés dans la cuisson du sel. De récents travaux réalisés sur le site de Cerritos Colorados ont montré que ce type de récipient se rencontre dans des contextes variés, ce qui relance la problématique de leur utilisation exclusive dans la production de sel (Guffroy, 1996 : 41)[9].

(b) Les « figures » de playa.
Le second type d'artefacts qui caractérisent les sites de production de sel, est représenté par les nombreux cercles ou figures qui apparaissent dans différents secteurs, à la surface

[8] Kelly (1941-1944 : 38) note leur présence le long des marges ouest de la playa, notamment sur le site de Carmelita et sur des monticules situés au nord de celui-ci, ainsi qu'aux abords du village de Atoyac, à l'est du bassin, et enfin au nord du bassin sur les sites qu'elles dénomment Verdía de 1 à 5, qui correspondent à Cerritos Colorados et sa continuité vers l'est le long de la route de Teocuitatlan

[9] cf chap. 5.2.

de la playa, formés par des fragments de céramique enterrés dans le sol. Ces éléments varient en forme et taille, les plus fréquents étant des cercles de 1 m de diamètre. Kelly (1941-1944 : 41) décrit différentes formes : double-cercles, ovale, coeur, poire, larme etc... L'auteur réalise un sondage dans l'une de ces structures, au nord de Carmelita ; elle décrit une structure cylindrique présentant un pavage de tessons de céramique à environ 10 cm de profondeur. Ce fond présente un revêtement de sédiment blanchâtre d'environ 1 cm d'épaisseur, sur lequel ont été réalisées des analyses physico-chimiques. Les résultats de ces analyses montrent qu'ils s'agit de terre argileuse et calcaire (Kelly, 1941-1944 : 39-40). Une structure similaire a été fouillée par Sleight (1965 : 160) près du site de Cerritos Colorados, au nord du bassin. Il décrit de manière identique, une fosse cylindrique, creusée dans le sol, présentant un pavage de tessons de céramique au fond, et un revêtement qu'il interprète comme du torchis. L'auteur note que le remplissage de cette fosse ne présente pas d'évidence matérielle, et interprète celle-ci comme des fosses de décantation, comparables au "*tinajones*" décrits par Ponce.

Kelly note qu'il existe différentes variantes de ces figures : certaines sont délimitées par des pierres, d'autres se différencient par une couleur et une texture de sol différentes à celles de la playa ; elle souligne que ces derniers sont particulièrement abondants sur la playa située aux abords du village de Atoyac. Finalement, elle note la présence d'une autre variante en forme de jarre enterrée au nord de Carmelita (Kelly, 1941-1944 : 41). Cette dernière découverte est à mettre en relation avec des structures similaires observées par Lumholtz (1973 : 321), au sud-est de la playa, à la fin du siècle dernier. Cet auteur note la présence de 40 récipients alignés enterrés jusqu'au bord. Il fouille quatre de ces structures et les décrit comme des jarres, faite de céramique grossière, de faible profondeur (l'une d'entre elle ayant une profondeur d'environ 20 cm). Lumholtz souligne la fragilité de ces jarres, qui les rendent inaptes au transport. De par leur localisation, dans des niveaux de playa, l'auteur suggère leur association au processus dans la production de sel, sans préciser leur fonction exacte. Des récipients similaires ont été découverts lors des fouilles de sauvetage réalisées sur le site de San Juan à Atoyac. Au nombre de 20 (dont 5 complets) ces récipients formaient un ensemble bien délimité dans un secteur isolé du site (Schondube et al, 1992 : 40).

(c) Les fosses creusées dans les monticules.
Le troisième type d'élément diagnostique de la production de sel est décrit par Kelly comme une fosse construite dans le flanc d'un monticule situé sur les playas de Zacoalco (au nord du bassin de Sayula) (Kelly, 1941-1944 : 42). Il s'agit d'une fosse cylindrique, à fond plat, de 115 cm de diamètre et 75 cm de profondeur, dont les parois et le fond sont formés d'un pavage de tessons de céramique, recouvert d'un revêtement de sédiment blanchâtre d'environ 4 cm d'épaisseur. Sans donner de précision pour son interprétation, l'auteur suggère que cette structure était utilisée comme filtre pour la lixiviation des terres salées. Dans les années 60, Sleight (1965 : 160) fouille une structure similaire sur un monticule situé aux abords du site de Cerritos Colorados. Cet auteur décrit une fosse cylindrique d'environ 1 m de diamètre et 1 m de profondeur, présentant des parois et un fond de tessons de céramique pris dans une masse de torchis. Le remplissage de cette structure contenait des cendres. Sleight interprète cette fosse comme un four ayant servi à la cuisson du sel, sur la base de la description donnée par Ponce.

(d) Accumulation de galets de basalte.
Le quatrième élément associé à la production de sel se réfère à des accumulations de galets de basalte, de forme circulaire, dont le diamètre peut varier entre 1 et 2 m. Kelly (1941-1944 : 20) interprète ces artefacts comme les restes d'anciens foyers ayant pu servir à la cuisson de saumure. Toutefois, elle précise que leur localisation au milieu de la playa entraîne une érosion excessive qui expliquerait l'absence de charbons de bois et cendres.

(e) Apercu chronologique.
Le cinquième point qui traite des techniques de production de sel se refère à la chronologie, et à d'éventuelles transformations technologiques dans le temps. Sur la base de l'étude du matériel céramique récupéré en surface des *tepalcateras*, la plupart des auteurs soulignent que l'occupation de ces monticules a lieu durant la phase Sayula (Kelly, 1941-1944, Neal & Weigand, 1990 ; Schondube et al, 1992, 1994 ; Valdez, 1993 ; Valdez et al, 1996). Il semble que durant la phase Amacueca, les sites de playa soient abandonnés, au profit des flancs de montagne (Kelly, 1941-1944 : 43 ; Valdez, 1993 : 52 ; Valdez et al, 1996). Cependant, lors de l'étude du matériel céramique provenant du site de San Juan, Noyola (1994 : 64) perçoit la présence d'un nouveau type céramique : *les cajetes rectos*, apparemment associés à du matériel diagnostique de la phase Amacueca. L'auteur compare ces récipients aux *cuencos salineros* décrits pour la phase antérieure et note que de nombreux fragments de *cajetes rectos* ont été localisés sur des *tepalcateras* qui ne comportent pas de *cuencos salineros*, situées notamment au nord du bassin, dans la périphérie est du site de Cerritos Colorados. Sur la base de ces observations, Noyola (1994 : 65) suggère une possible production de sel durant les phases finales de l'occupation préhispanique, caractérisée par des changements dans le type de récipients utilisés pour cette activité.

3.8.2. Considérations économiques

Les sources ethnohistoriques du XVIème siècle font référence à l'importance du bassin de Sayula en tant que producteur et distributeur de sel dans les régions voisines. Comme le souligne Fernandez (1996 : 166), au vu des témoignages ethnohistoriques, bien que le degré de recomposition de l'espace par les espagnols fût déjà considérable dès le XVIème siècle, on peut dire que l'organisation spatiale caractéristique du Postclassique final persistait – dépendant principalement de la production de sel et de l'agriculture -. Schondube (1994a : 330) souligne également cette persistance de l'organisation indigène jusqu'au XVIIème siècle environ.

Outre une description relativement détaillée des processus techniques de production de sel, Ponce (Ciudad Real, 1993 :151) précise que le village de Atoyac constitue à cette époque un lieu d'échanges où s'installe quotidiennement un marché sur lequel l'un des produits principaux est le sel.

> *"El pueblo es de mediana vecindad de indios muy devotos... ofrecieron al padre comisario pan de Castilla, miel, platanos y muchos panes de sal de la que se hace en aquella laguna junto aquel pueblo, la cual es muy blanda, limpia y buena, y acuden a comprarla españoles de muchas partes, y para eso se hace allí en Atoyaque de cinco en cinco días un mercado o tianguez, y lo principal que en el se vende es sal ; llevanla hasta México por ser muy buena y hacerse con mucha limpieza" (cf annexe 3 : (12)).*

Les Relations Geographiques du XVIème siècle (Acuña, 1987, 1988) comportent une instruction dans laquelle sont précisées les 42 questions qui doivent être posées dans chaque village. Dans ce "formulaire d'enquête", le chapitre n°30 mentionne la question suivante :

> *"Si hay salinas en el dicho pueblo o cerca de el, o de donde se proveen de sal y de todas las otras cosas de que tuvieron falta para el mantenimiento o vestido"* (cf annexe 3 : (13)).

Ainsi les Relations de différents villages situés dans des régions voisines font référence au bassin de Sayula (Province de Avalos), en tant que fournisseur en sel.

Relation de la Province de Tenamaztlan (Acuña, 1988 : 290):

> *"En toda esta provincia tienen carestia de sal ; proveense de ella, de unas salinas que su Majestad tiene a cuarenta leguas de aqui : caen en el nuevo reino de Galicia. Hay arrieros que la traen a vender, y vale a cuatro y a cinco pesos la fanega. Tambien se proveen de la provincia de Avalos, que hacen alli panes de sal blanca y morena"* (cf annexe 3 : (14)).

Relation de Zapotlán (Acuña, 1987 : 394), situé dans le sud du Jalisco :

> *"En este pueblo no hay salinas ; proveense de sal de Atoyaque y Zayula, que son pueblos de la provincia de Avalos que estan a cuatro y cinco leguas deste pueblo"* (cf annexe 3 : (15)).

Relation de Xiquilpan (Acuña, 1987 : 413), dans le Michoacan :

> *"En este pueblo no hay salinas ; proveense de sal los naturales, de la que traen de Colima, que es a veinte leguas deste dicho pueblo, y de la provincia que se dice de Avalos que seran quince leguas"* (cf annexe 3 : (16)).

Relation de Cuiseo (Acuña, 1988 : 193), sur les rives du lac de Chapala

> *"Provese todo el dicho valle, de sal, en Iztlan, qu es de la otra banda del Rio Grande de Chinuhuatengo, y de Atoyaque, provincia que llaman de Avalos, jurisdiccion de la Nueva España ; y antiguamente en tiempo de su gentilidad, por lo consiguiente ; y esto, en cuanto a lo que toca a los señores tan solamente porque los macehuales, gente comun, comian de agua que sacaban de la tierra salobre que había en cada pueblo"* (cf annexe 3 : (17)).

D'autre part la *Suma de Visitas* réalisées en 1548, publiée par Paso y Troncoso en 1902 fait aussi référence à la production de sel dans le bassin de Sayula et au rôle de Atoyac dans la distribution de ce produit.

> *"Tienen estos naturales gran trato de sal que hazen y muy buena... hay cantidad de mercaderes que tratan con sal"* (Paso y Troncoso, 1905, TI : 19) (cf annexe 3 : (18)).

Ces différents témoignages datant du XVIème siècle, attestent de l'importance du sel de Sayula pour les régions voisines ; notamment le sud du Jalisco, les rives du lac Chapala et les hautes terres du Michoacan. Il semble que ces texte témoignent d'une certaine continuité dans les échanges entre la fin de la période préhispanique et le début de la période coloniale, entre des régions encore peu transformées, où persiste une communauté indigène importante. Cependant, il ne s'agit là que d'une vision partielle de l'importance des réseaux d'échanges ayant pu se développer durant les époques préhispaniques. En effet, très rapidement, dès le milieu du XVI ème siècle, il se produit des changements importants qui vont entrainer la création de grands centres de production et modifier les réseaux d'échanges. En 1557, Bartolomé Médina invente le procédé de *patio*, permettant l'extraction de l'argent à l'aide de sels de sodium (Gutman, 1972 : 42). Très vite cette découverte engendre une réorganisation du commerce du sel, qui se concentre alors sur l'approvisionnement des grandes mines d'argent et un contrôle de la production et du commerce par la Couronne (Ewald, 1985 : 55). Par ailleurs, le développement d'autres activités telles que l'élevage bovin ou la fabrication de soude créent de nouveaux marchés pour la distribution du sel. Dans le bassin de Sayula, à partir du XVIIème siècle le *tequesquite* fut utilisé dans l'industrie florissante des fabriques de savon situés à Sayula, Zapotlan, Cocula, Atoyac, Zacoalco, Tapalpa y Atemajac (Munguía, 1996 : 238), et dont le produit était vendu dans les Etats de San Luis Potosi, Aguascalientes, Zacatecas, Durango et Chihuahua (Anonyme, 1878 : 483).

4. Méthodes et outils analytiques

4.1. Rappel de la problématique

Comme nous l'avons souligné dans l'introduction, la thématique générale de cette étude est centrée sur l'élaboration d'un corpus de faits techniques relatifs à la production de sels, dans le bassin de Sayula, dans une perspective à la fois chronologique et spatiale.

L'enregistrement des méthodes de production de sel peut être décomposé en deux processus élémentaires d'origine anthropique et naturelle. Les processus anthropiques correspondent aux diverses étapes de la chaîne opératoire des techniques de production. Les processus naturels sont à l'origine de la ressource exploitée et de la formation du support sur lequel l'homme s'est installé. Ils sont aussi responsables des modifications intervenues postérieurement à l'abandon des sites.

L'identification des processus anthropiques est basée sur l'étude des vestiges matériels (structures et matériel céramique) et des restes sédimentaires et géochimiques (sédiments de rejet). Tandis que la reconnaissance des processus naturels passe par la caractérisation de la ressource exploitée (contextes climatique, sédimentaire et géochimique du milieu playa), et des phénomènes de sédimentation et érosion responsables de la formation et de la transformation des sites.

Par ailleurs, nous rappelons que l'élaboration de l'inventaire des faits techniques passe par ce que Lemonnier (1980 : 17) appelle les "opérations stratégiques", c'est à dire les opérations indispensables à la réalisation du produit. Les paramètres qui déterminent ces opérations correspondent aux contraintes physico-chimiques imposées par la matière première exploitée - les terres salées -. Une étude du milieu permet de caractériser ces paramètres. Selon Lemonnier, la notion de variantes techniques induit l'hypothèse que "*les variations observées d'un système à l'autre traduisent soit une adaptation aux conditions écologiques locales, soit l'existence de liens nécessaires ou d'incompatibilités entre certains traits du système et l'organisation sociale du groupe qui les a développés*" (Lemonnier, 1980 : 9).

L'étude présente donc deux approches distinctes :
- une <u>approche contextuelle</u> relative au milieu playa, qui présente deux objectifs :
* dégager les séquences de distribution spatiale (variations à l'échelle du bassin) et temporelle (variations saisonnières et interannuelles) des terres salées ;
* déterminer les processus physico-chimiques qui permettent le passage entre la fabrication de différents types de sels à partir de différents types de terres salées.

- une <u>approche</u> strictement <u>archéologique</u> visant à l'étude des sites de production selon deux démarches complémentaires
* des classifications typologiques et chronologiques des différents témoins (sédiments de rejet, structures et matériel céramique) ;
* utilisation de méthodes d'analyses spécifiques permettant de préciser l'origine et la fonction des témoins archéologiques.

4.2. Etude du milieu naturel et des processus techniques

- <u>Les conditions naturelles de l'exploitation</u> sont caractérisées à partir de l'étude du milieu playa (ressource exploitée) et de l'impact des phénomènes climatiques sur celui-ci. Il s'agit de caractériser les phénomènes qui entrent en jeu dans la formation des efflorescences salines et d'en connaître la fréquence afin d'évaluer les variations quantitatives et qualitatives de celui-ci. Ces phénomènes peuvent être classés en trois groupes :
- climatique,
- sédimentaire
- géochimique.

La caractérisation des cadres climatique, sédimentaire et géochimique de la playa, s'est établi dans une perspective spatiale : sept stations de mesure ont été installées dans divers secteurs de la playa (fig. 22, chap. 2.1. de la deuxième partie). Ces différentes stations - qui ont fonctionné pendant l'année climatique 94-95 - ont constitué la base pour les mesures, le prélèvement et les analyses d'échantillons de sols et d'eau.

- <u>Les processus techniques et physico-chimiques de production</u> qui permettent d'obtenir différents sels selon différentes étapes à partir des terres salées, ont été étudiés à partir d'observations en contexte ethnographique et de reconstitutions expérimentales.

4.2.1. Cadre climatique et impact sur l'aquifère

- <u>Approche paléoclimatique</u>
L'origine très ancienne de la formation de la playa (cf. chap. 1.1.), comparée à l'âge relativement récent des sites étudiés (entre 500 et 2000 ans) permet de valider les observations réalisées sur le milieu actuel, en accord avec le postulat que la playa (et ses composantes géochimiques principales) a été peu transformée au cours des deux derniers millénaires. Cependant, nous ne pouvons écarter le fait que des changements climatiques mineurs aient pu modifier de manière temporaire la ressource exploitée. Afin d'évaluer l'importance de ces phénomènes - en relation avec les périodes d'occupation des sites archéologiques -, nous proposons une synthèse bibliographique des études paléoclimatiques effectuées dans des régions voisines que nous corrélons avec des observations effectuées dans différents sondages au sein du bassin de Sayula.

- <u>Chroniques climatiques</u>
Les paramètres de précipitation, évaporation et températures ont été enregistrés quotidiennement dans trois stations climatiques (Usmajac, Techaluta, Atoyac), en association avec les différentes mesures effectuées sur les sols de playa et les eaux d'aquifère.

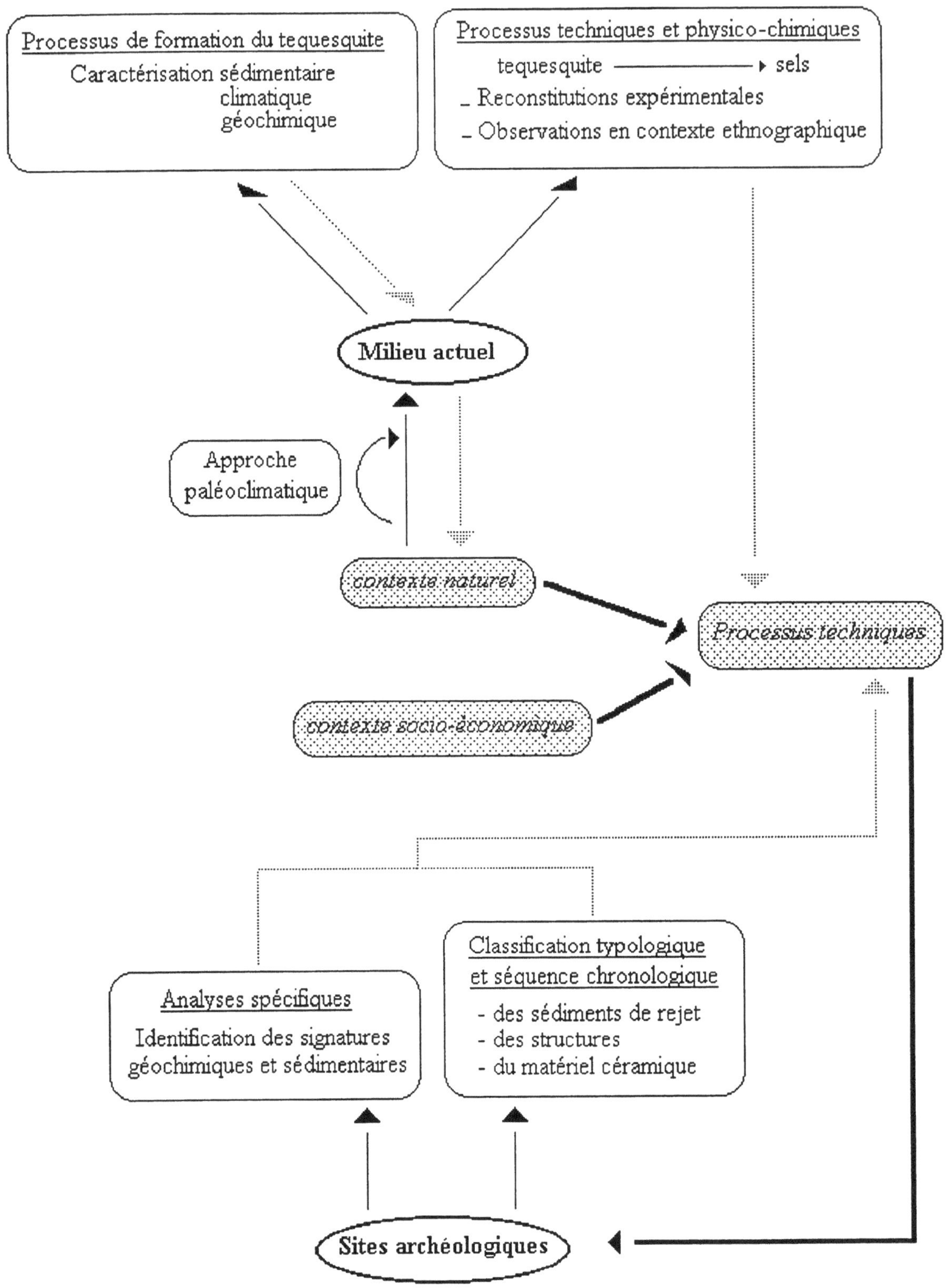

Figure 19 : Critères d'identification des processus techniques de production de sels, relation avec le contexte socio-économique.

Comme nous l'avons mentionné dans le chapitre 1.2. de la première partie, les infrastructures de la SARH et de la CONAGUA[1] ont été fortement endommagées en raison d'un abandon progressif des différentes stations du bassin de Sayula au cours des dix dernières années. C'est la raison pour laquelle, il n'a pas toujours été facile d'obtenir des données pour chaque secteur sélectionné. Les stations de Usmajac et Techaluta ont été remises en état, et des mesures journalières de températures, évaporation et précipitation ont ainsi pu être obtenues. Par ailleurs, nous avons pu obtenir des données d'évaporation mesurées dans le village de Atoyac, et nous avons installé deux types de pluviomètres :

- un pluviomètre totalisateur de diamètre standard, sur le site de Carmelita,
- un pluviomètre à événements de diamètre non standard (34,6 cm) sur le site de Poncitlan.

- Mesures piézométriques

Un piézomètre de fabrication artisanale (tube PVC enfoncé dans le sol) a été installé dans chacune des sept stations. Des mesures de variation de l'aquifère ont ainsi été réalisées chaque semaine, dans chacune des stations mentionnées. Elles ont été mises en relation avec les chroniques climatiques et les mesures permettant de caractériser les terres salées dans les différents secteurs.

4.2.2. Cadre sédimentaire

- Description de profils pédosédimentaires de playa

Dans chaque station de mesure, un sondage a été effectué dans le sol de playa, afin de déterminer les caractéristiques pédologiques (texture, structure, identifications de traits pédogénétiques), sédimentaires (apports alluviaux et éoliens) et géochimiques (pH, conductivité, teneurs en sels majeurs). Les descriptions de terrain se sont accompagnées de prélèvements de sol, afin d'identifier d'éventuels faciès micromorphologiques, et de mesurer les teneurs géochimiques. L'identification de ces caractéristiques permet de comprendre comment s'effectue le lien entre l'aquifère et les efflorescences salines (surface du sol).

4.2.3. Cadre géochimique

- Aquifère

Les prélèvements d'eaux d'aquifère ont été effectués en parallèle avec les mesures piézométriques.

Des analyses géochimiques (pH, conductivité, teneurs en sels majeurs) ont été effectuées dans ces échantillons, afin d'évaluer l'évolution de la salinité des eaux tout au long d'une année climatique.

Par ailleurs, nous avons réalisé des évaporations simulées de ces eaux, à partir de modèles informatiques, afin d'identifier les séquences de minéralisation capables de se former lors d'un cycle de concentration des eaux.

- Efflorescences salines

* Prélèvements hebdomadaires

Un carroyage comprenant 25 carrés de 20 cm^2 a été installé dans le but de contrôler la collecte hebdomadaire d'échantillons de *salitre* sur une surface connue (20 cm^2 chaque semaine). L'épaisseur du sol à prélever a été identifiée en fonction de caractéristiques structurales (sédiments pulvérulents ou croûtes de dessiccation ou de sels se détachant facilement du sol). Les échantillons ont été pesés, puis mis à sécher à l'air et à l'étuve à 105°C, afin de mesurer leur humidité. Ensuite des mesures de pH et conductivité ainsi que des analyses de teneurs en sels majeurs ont été effectuées. Les mesures de poids et de superficie prélevés sont mis en relation avec la salinité mesurée à partir d'une quantité déterminée de sols, afin d'évaluer le potentiel salin et sa répartition spatiale et saisonnière.

* Carte de résistivité de la playa

La résistivité est une technique de prospection généralement utilisée en archéologie dans le but de repérer des structures enfouies dans le sol. C'est ainsi que des tombes à puits ont pu être localisées sur le site de La Caseta lors d'une campagne de prospection en juillet 1993 (Schondübe et al, 1994 : 36).

Sur la base théorique que la résistivité des sols est inversement proportionnelle à la quantité d'électrolytes présents dans celui-ci (c'est à dire à l'humidité et aux teneurs en ions du sol), nous avons élaboré un protocole de mesures sur les sols de playa durant le mois d'avril 1995. Cette technique, pratique et peu coûteuse, permettait d'étendre les observations ponctuelles réalisées sur les sept stations de mesure, à l'ensemble de la playa.

Ces mesures ont été mises en oeuvre à l'aide d'un résistivimètre[2] relié à un ensemble de quatre électrodes séparées de 30 cm chacune, fixées sur un support en bois. Les mesures ont été réalisées tous les 500 m, sur trois transects nord / sud et un transect ouest / est. A chaque point, des coordonnées spatiales ont été enregistrées à l'aide d'un GPS, et une description des états de surface (structure, texture, couleur, humidité, présence ou non de végétation) a été réalisée.

Les mesures ont été effectuées selon la méthode de Wenner, qui consiste à injecter le courant par les électrodes situées aux extrémités et à mesurer une différence de potentiel avec les deux électrodes intérieures. Avec une disposition linéaire de quatre électrodes équidistantes, la portion de sol dans laquelle est mesurée la résistivité correspond à une moitié de sphère dans laquelle les décharges électriques les plus profondes atteignent une profondeur égale à la moitié de la distance qui séparent les électrodes d'injection (fig. 20).

[1] *Secretaria de Agricultura y Recursos Hidraulicos* et *Comisión Nacional del Agua* : organismes qui gèrent les stations climatiques.

[2] Modèle RMC4 fabriqué sous licence ANVAR/CNRS par SEPTA.

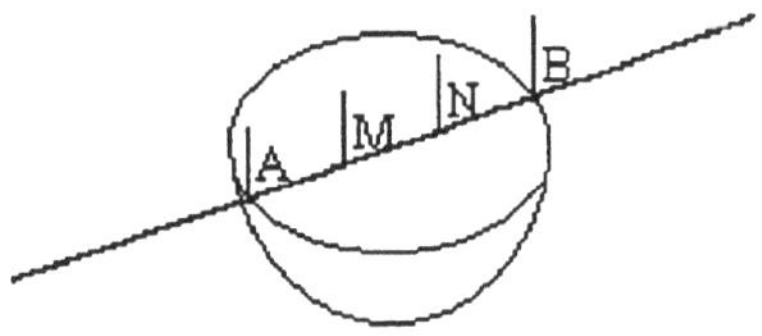

Figure 20 : Schéma de la pénétration électrique dans le sol (configuration Wenner).

4.2.4. Identification des processus techniques et physico-chimiques de production

Cette partie de l'étude recoupe trois aspects fondamentaux :

- recherche de critères diagnostiques permettant d'identifier les étapes techniques de la production de sel à partir d'une matière première connue ;

- étude du comportement de la matière première sous l'effet des processus qui amènent à la production de différentes quantités et qualités de sels,

- observations de l'origine et de la mise en place des déchets issus de la production.

- Observations en contexte ethnographique
L'information ethnographique a été obtenue dans des salines actuelles, ayant conservé des techniques traditionnelles, qui utilisent le procédé d'extraction des sels par le lavage de terres salées. Bien que ces techniques soient traditionnelles, les instruments utilisés ont généralement subi des transformations. Ainsi, dans la plupart des cas, les récipients en céramique servant au transfert ou au stockage de l'eau douce ou de la saumure ont fait place à des récipients en plastique, et ceux utilisés dans la cuisson de la saumure ont été remplacés par des récipients en métal. En dehors de la description des outils et structures, nous mettrons particulièrement l'accent sur les processus entrant en jeu dans les différentes étapes de la production.

Depuis les périodes coloniales, la production de sel ignigène a progressivement été remplacée par des salines d'évaporation solaire. Ainsi, au Mexique, les seul exemples connus de cuisson du sel qui subsistent sont ceux de trois sites d'exploitation familiale, deux dans le Chiapas (Ixtapa, San Mateo Ixtatán) (Andrews, 1983 : 58-59 ; 82-85) et une dans le village de Nexquipayac au nord-est de la vallée de México. Nous travaillerons donc sur quatre exemples distincts, en essayant de combiner des données qui proviennent d'une part d'un milieu différent de celui de Sayula mais avec des techniques similaires à celles utilisées au moins pendant les périodes coloniales (Salines de Guerrero et du Colima), d'autre part d'un milieu similaire (bassins de Texcoco et de Cuitzeo) avec des techniques spécifiques, dont certaines étapes pourront être mises en relation avec les restes archéologiques des sites du bassin de Sayula.

Par ailleurs, nous n'abordons pas en détail le contexte socio-économique de production. En effet, dans les sites que nous avons été en mesure d'étudier, le sel est produit par des populations métisses dont la structure sociale a été considérablement modifiée depuis les époques préhispaniques.

- Reconstitutions expérimentales des processus
Des expérimentations en laboratoire [3] ont été réalisées à partir de *tequesquite* prélevé dans le bassin de Sayula. Les processus de lixiviation et décantation du *tequesquite* et évaporation naturelle et cuisson de la saumure résultante ont été simulés. Le but de ces opérations était de tester la validité de ces différents processus et de caractériser la quantité et la qualité des sels produits. Ces opérations ont donc été systématiquement accompagnées de protocoles de prélèvements et de mesures géochimiques dans les solutions et les sels produits.

4.3. Etude des vestiges archéologiques

L'étude des vestiges archéologiques s'est déroulé selon trois échelles principales :
- à l'échelle de la playa : prospection inventaire des sites ;
- à l'échelle du site : fouilles et sondages de sites ou d'aires représentatifs ;
- à l'échelle des artefacts : analyse des sédiments de rejet, des structures et du matériel céramique.

Une quatrième échelle, l'échelle microscopique, a été observée ponctuellement par le biais d'analyses micromorphologiques et géochimiques dans les différents types d'artefacts [4].

Ces différents niveaux d'analyses ont pour but d'étudier la distribution spatiale et chronologique des sites de production de sel et de reconstituer les techniques de production afin de les mettre en relation avec la dynamique socioculturelle du peuplement.

[3] Le contexte de laboratoire a permis d'analyser soigneusement et de suivre pas à pas l'évolution des processus physico-chimiques en jeu. Le manque de moyens et de temps ne nous ont malheureusement pas permis de compléter ces observations par des expérimentations sur les vestiges archéologiques.

[4] A l'origine, nous avions envisagé de développer particulièrement cette étape de l'étude, en tentant d'identifier des méthodes précises permettant de caractériser des signatures géochimiques dans le matériel et les structures, diagnostiques de diverses étapes de la production de sel. Cependant, étant donnée l'ampleur des étapes nécessairement préalables de fouilles, d'identification des objets, et de caractérisation du milieu d'enfouissement, nous avons délibérément minimisé cette partie de l'étude au profit d'une analyse la plus rigoureuse possible des vestiges macroscopiques.

4.3.1. Prospection

Cette opération consiste en la reconnaissance de surface des sites de playa. Chaque site est nommé, numéroté et décrit en détail. Cette opération de base a permis l'élaboration d'une première carte de répartition des sites en fonction de critères structuraux. Des corrélations ont permis de regrouper les sites en différentes classes. Sur cette base de référence des sites ont été sélectionnés afin de réaliser des fouilles et des sondages.

4.3.2. Fouilles et sondages

Sur chaque site sélectionné, un carroyage orienté au nord magnétique a permis de délimiter des aires d'activité. A l'intérieur, de celles-ci, différents types de structures - principalement des fosses - ont été fouillées. Les monticules formés par une combinaison de processus naturels (limons et sables éoliens, argile de ruissellement) et anthropiques (accumulation de sédiments de rejet) ont été sondés par secteurs, par décapages successifs des différentes couches stratigraphiques. Le matériel céramique a été systématiquement collecté et classé en fonction du contexte d'enfouissement : remplissage des fosses, superficie de l'aire, couches stratigraphiques de monticules. Des phases de chronologie relative ont été identifiées à l'aide du matériel céramique diagnostique collecté sur les sites et sur la base de la chronologie céramique du bassin établie par Kelly (1941-1944) et corrigée par les travaux du projet "Archéologie du bassin de Sayula" (cf. chap. 2.3.). Des prélèvements de charbons de bois dans des accumulations de rejets et dans le remplissage de fosses ont permis de réaliser des datations ^{14}C.

Ces différents fouilles et sondages ont permis de mettre au jour des arrangements spécifiques de monticules, structures et matériel céramique, postérieurement classés et analysés.

4.3.3. Analyse des sédiments de rejet

Les sédiments de rejet se distribuent généralement dans des monticules formés par l'accumulation et la combinaison plus ou moins complexe des résidus de lixiviation des terres salées, des déchets de cendres et charbons de bois provenant du nettoyage des fours, et des fragments de céramique provenant des divers récipients utilisés dans les processus de production.

Ces monticules sont souvent soumis à des phénomènes de transformation et redéposition, du fait de la réutilisation constante des différents déchets. La fouille des monticules se réalise par décapage des différentes couches sédimentaires au sein de sondages. Ce décapage s'accompagne de prélèvements de sédiments, sur lesquels sont effectués des analyses géochimiques et micromorphologiques, afin d'identifier leur origine et leur processus de formation. Des mesures de résistivité sont également effectuées au cours du décapage, dans le but d'établir une carte des teneurs en sels à l'échelle des monticules, dans la même optique que les mesures réalisées sur les sols de playa (cf. chap. 4.2.3).

4.3.4. Analyse des structures

A l'issue des fouilles, un premier enregistrement typologique est effectué, classant les différentes structures selon leur localisation dans un arrangement spatial, et selon des attributs de forme et matériaux de construction.

Des prélèvements dans le remplissage et les parois de ces structures ont été soumis à des analyses géochimiques (mesures des teneurs des sels en solution à partir d'extraits de sédiments) et micromorphologiques (observation de lames minces en microscopie optique), dans le but de préciser leur mode de construction et leur rôle dans la production de sel.

L'analyse du matériel céramique diagnostique et des prélèvements de charbons de bois issus du remplissage des fosses a permis de déterminer leur période d'utilisation.

4.3.5. Analyse du matériel céramique

Sur chaque zone fouillée, le matériel céramique considéré comme spécifique de la production de sel est isolé. Ce matériel est identifié sur des critères d'abondance, d'originalité (par rapport au matériel rencontré sur d'autres types de sites ou d'aires d'activité), de forme et de finition.

Les différents types de récipients céramique ont été dénombrés et classés en fonction de leur attributs de forme, taille, caractéristiques de la pâte et aspect de surface, et de leur distribution spatiale et stratigraphique. Cette classification typologique, associée à une analyse des corrélations avec les autres types de vestiges (céramique diagnostique, sédiments de rejets et structures) a permis de définir la période d'utilisation et le rôle des différents récipients dans la chaîne opératoire de production de sel.

Deuxième partie : Les conditions naturelles et les processus techniques.

Dans cette seconde partie, nous nous intéressons aux conditions naturelles de l'exploitation et aux processus techniques qui permettent de fabriquer du sel à partir des terres salées. Cette étape de l'étude a pour objectif général de définir les paramètres naturels qui déterminent les "opérations stratégiques" conduisant à la production de sel dans le bassin de Sayula.

Dans un premier temps, nous évaluons les fluctuations ayant pu modifier les conditions de l'exploitation au cours des périodes d'occupation depuis le début de notre ère, par une approche paléoclimatique. Si des variations climatiques mineures ont pu avoir un impact momentané sur le milieu naturel et plus spécialement sur la playa, le cadre géochimique global de celle-ci n'a pas évolué au cours des deux derniers millénaires. C'est pourquoi dans un second temps, nous nous attachons à décrire la dynamique saline de la playa actuelle, dans le but de déterminer les variations qualitatives et quantitatives de la salinité, dans l'espace (variations à l'échelle du bassin) et dans le temps (variations saisonnières).

Dans un troisième temps, des observations en contexte ethnographique et des expérimentations ont pour objectif d'identifier les processus techniques et les paramètres physico-chimiques qui permettent de produire des sels à partir d'une saumure extraite par lixiviation de terres salées.

Ces différentes approches conduisent finalement à établir un bilan permettant de dégager les potentialités de production de différents secteurs de playa et d'évaluer l'impact des oscillations paléoclimatiques sur celles-ci.

1. Approche paléoclimatique

Le temps écoulé entre les périodes d'occupation des sites de playa et les périodes actuelles (environ deux millénaires) n'est pas suffisamment long pour que l'on puisse observer une modification de la composition géochimique globale de la playa (Rosen, 1994). Par contre, on peut supposer que des oscillations climatiques mineures (à l'échelle d'une ou plusieurs années) aient pu provoquer soit une mise en eau plus importante et durable de la playa, soit un assèchement de celle-ci pendant certaines périodes. Ces changements climatiques mineurs ont donc pu avoir un impact direct sur la production de sels à certains moments de l'occupation.

Le bassin de Sayula n'a malheureusement jamais fait l'objet d'études paléoclimatiques. Les données présentées dans ce chapitre sont donc tirées de travaux réalisés dans des régions voisines, centrés sur la reconstitution de fluctuations climatiques au cours de l'Holocène. Par ailleurs, nous avons réalisé des sondages stratigraphiques dans différents secteurs de la playa. Nous tenterons donc dans un deuxième temps d'identifier des niveaux sédimentaires ayant enregistré des variations climatiques, observations que nous pourrons éventuellement corrélées avec les informations obtenues dans les régions voisines.

1.1. Antécédents bibliographiques

1.1.1. La théorie de Armillas (1964) et les études palynologiques de Brown (1992)

La théorie de Armillas (1964) est basée sur l'étude de l'occupation de la frontière nord de la Mésoamérique [1], dont l'apogée s'effectue selon lui entre 750 et 1000 ap JC ; avec un déclin progressif qui se termine par un abandon total de certains grands sites à partir de 1000 ap JC. L'auteur pense que ces phénomènes sont en relation étroite avec des processus climatiques ayant entraîné les déplacements de ce qu'il appelle la frontière agricole de la Mésoamérique. Il explique donc l'occupation croissante de cette zone par l'existence de conditions climatiques relativement humides, favorisant le développement de l'agriculture et la migration de populations originaires du sud (essentiellement le Plateau Central). L'auteur suggère également qu'à partir de 1000 ap JC, des conditions de sécheresse relative auraient poussé ces populations à retourner vers le Plateau Central. Dans les années 70, les études de Braniff (1974) viennent confirmer cette hypothèse.

Dans les années 80, Brown (1992) réalise plusieurs profils polliniques afin d'étayer les hypothèses de Armillas et Braniff par une étude paléoclimatique régionale. En introduction à son étude, l'auteur propose un rappel des recherches antérieurement réalisées dans diverses régions. Il mentionne ainsi les travaux de Watts et Bradbury (1982) dans le bassin de Patzcuaro (hautes terres du Michoacan), Gonzalez Quintero et Fuentes-Mara (1980) dans le bassin de Mexico, Ohngemach (1973, 1977) dans la région de Puebla-Tlaxcala, ainsi que Van Devender (1979) dans le désert du Chihuahua. L'auteur souligne que ces études se rejoignent sur deux points essentiels :

d'une part l'interface Pleistocène-Holocène, qui se caractérise dans le bassin de Patzcuaro par la réduction de valeurs en genévrier (*Juniperus*), sauge (*Artemisia*) et ambroisie (*Ambrosia*) et l'augmentation progressive du pin (*Pinus*) ; et dans le bassin de Mexico par la disparition de *Picea* et une augmentation des pollens de *Quercus, Graminae, Compositae*, ainsi que l'apparition du taxon *Chenopodiaceae-Amaranthaceae* (*Chen-Am*) ;
- d'autre part, l'apparition de l'agriculture marquée par la présence de pollen de maïs (*Zea*) (dans le bassin de Patzcuaro ce phénomène est daté à 3500 BP).

Ayant constaté que ces études ne recoupent pas les deux derniers millénaire, l'auteur (Brown, 1992) réalise quatre profils polliniques le long d'un transect est-ouest qui suit approximativement la ligne des 20° de latitude nord : à l'est dans le bassin du río Verde (San Luis Potosi), au centre à San Nicolas Parangueo (Guanajuato), et à l'ouest dans le lac de Guzman (Jalisco) et dans la lagune de San Pedro (Nayarit).

[1] Sous ce terme, l'auteur définit une vaste région qui englobe le nord du Jalisco, et les Etats de Guanajuato, Zacatecas, Aguascalientes, San Luis Potosi, Tamaulipas, Durango et Chihuahua

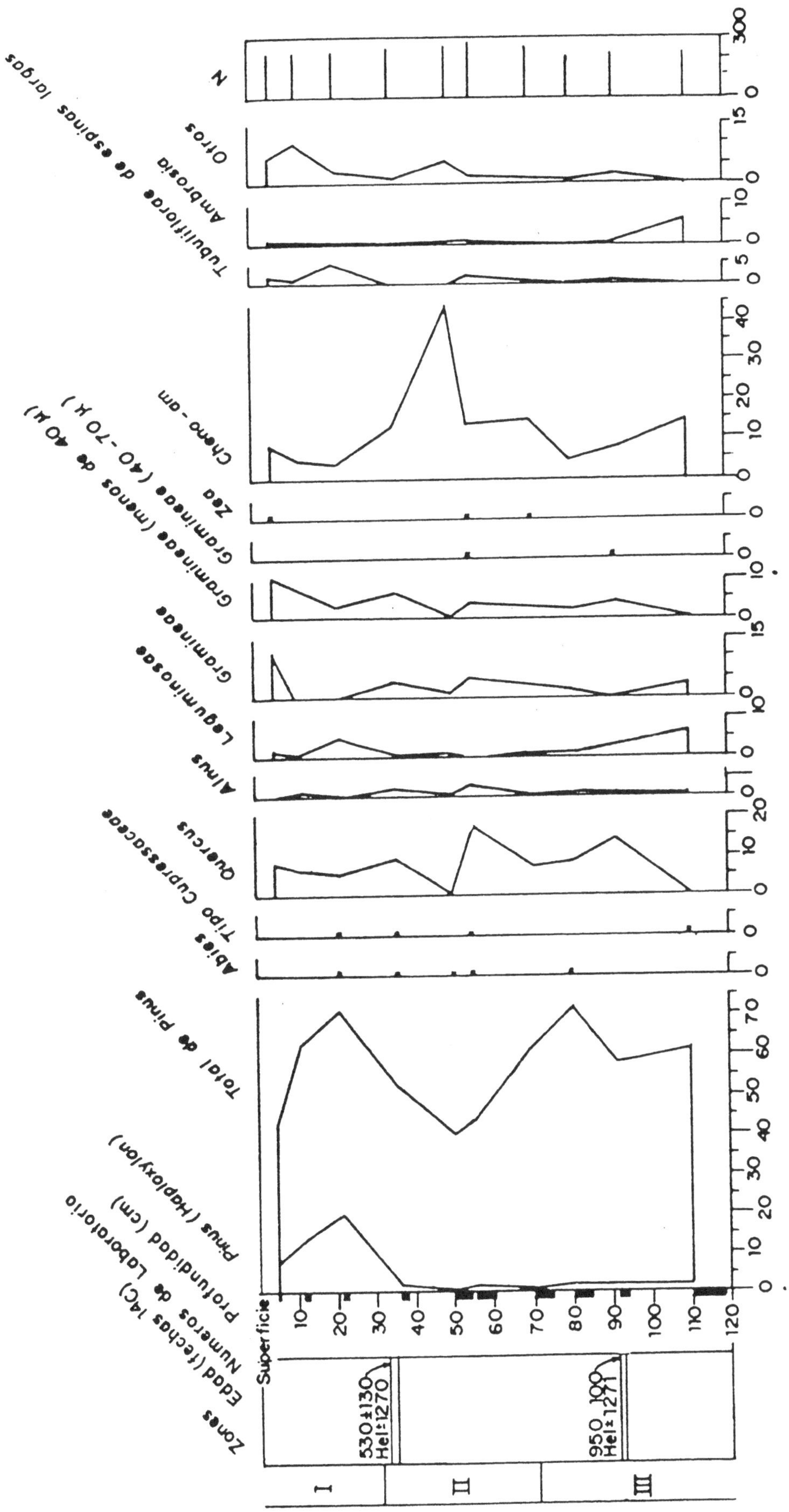

Figure 21 : Diagramme polynique du lac de Cuidad Guzman (Brown, 1992 : fig. 26).

Sans entrer en détails dans la description des différents profils, nous retiendrons les résultats obtenus dans le sondage effectué dans le lac de Guzman, situé à une vingtaine de kilomètres au sud du bassin de Sayula. L'échantillonnage présente l'intérêt de couvrir une période de temps qui correspond aux 1300 dernières années de notre ère, c'est à dire entre 600 et 1900 ap JC (dates ^{14}C sur matériel organique). L'événement principal de ce profil (fig. 21) est marqué par un pic de *Cheno-am* vers 1200 ap JC. L'apparition simultanée de pollen de *Zea*, suggère à l'auteur que ce pic correspond à une intensification des activités agricoles, plus qu'à un assèchement du climat (Brown, 1992 : 86-87).

Après recoupement des différents profils, Brown (1992 : 139) constate que les données ne permettent pas de mettre en évidence des fluctuations climatiques pour les deux derniers millénaires, pendant lesquels les phénomènes naturels se trouvent mêlés à des changements anthropiques, correspondant notamment à une intensification des pratiques agricoles.

1.1.2. Les études ethnohistoriques du bassin de Patzcuaro

Pollard (1982a, 1982b) propose un modèle[2] basé sur les fluctuations du lac décrites dans les sources ethnohistoriques, permettant d'interpréter l'évolution de l'occupation tarasque dans le bassin de Patzcuaro. L'auteur suggère ainsi qu'entre 1000 et 1200 ap JC, des oscillations climatiques mineures auraient provoqué la montée du niveau du lac, entraînant un accroissement de la pression démographique sur les ressources. Cette concurrence pour l'accès aux terres fertiles aurait favorisé des changements culturels rapides à partir de 1250 ap JC (Pollard, 1982a, 1982b, 1995). De son côté, O'Hara (1993) procède à un examen critique des sources ethnohistoriques concernant la période 1380-1550, et souligne également que cette période est caractérisé par un niveau haut du lac, correspondant à un climat humide.

Malheureusement, ces observations ne sont pas étayées par des études paléoclimatiques. Ces faits rejoignent les observations de Magny et Richard (1992 : 5), qui, dans un article introductif à un numéro spécial des Nouvelles de L'archéologie sur le "Climat à la fin de l'Age du Fer et dans l'Antiquité", déplorent la correspondance parfois hâtive qui s'établit entre des faits culturels et des changements climatiques. Ces auteurs soulignent que l'histoire du climat doit nécessairement relever d'une approche naturaliste rigoureuse indépendante des faits archéologiques.

1.1.3. Les travaux du CEMCA[3] : "8000 ans du bassin de Zacapu"

Dans le chapitre introductif de l'ouvrage intitulé "8000 años de la cuenca de Zacapu", les auteurs (Arnauld et al, 1994 : 26) proposent une synthèse sur les études paléoclimatiques préalablement effectuées dans la zone, en mentionnant notamment les recherches de Metcalfe et Harrison (1983) et Metcalfe (1985), qui incluent l'analyse de diatomées, la chimie et la granulométrie appliquées à des sédiments lacustres.

La séquence établie par ces travaux antérieurs peut se résumer comme suit (Arnauld et al, 1994 : 26) :
* avant 4000 BP, on enregistre l'alcalinité la plus basse de la séquence, les eaux sont relativement profondes ;
* 3800-2900 BP : les eaux sont généralement alcalines et probablement peu profondes ;
* 2800-2400 BP : baisse du niveau du lac, qui devient plus alcalin et plus concentré ;
* 2200-1100 BP : les eaux sont généralement moins alcalines, plus profondes et probablement plus fraîches, cette phase représente sans doute celle d'un lac le plus profond dans la séquence observée ;
* 1100 BP: cette période correspond à l'épisode de plus bas niveau du lac, les eaux sont très alcalines et on note la présence de macrorestes de joncs conservés dans les sédiments.
* cette avant dernière période semble suivie d'une augmentation progressive du niveau du lac, et une stabilisation à un niveau qui correspond approximativement à l'actuel. La partie supérieure du sondage enregistre une augmentation rapide de la quantité de diatomées et particulièrement des espèces que indiquent une eutrophisation du milieu. Les analyses de sédiments révèlent une phase de perturbations dans le drainage, dont le positionnement dans la séquence chronologique reste incertain, mais qui pourrait dater du Postclassique (Arnauld et al, 1994 : 26).

Afin de compléter les informations antérieurement obtenues et de préciser le contexte paléoenvironnemental au moment de l'occupation des "Lomas"[4], les chercheurs du CEMCA ont réalisé une étude pluridisciplinaire au début des années 90. Différentes analyses, polliniques, granulométriques, malacofaune, et datations ^{14}C ont été réalisées dans des sondages, selon un transect allant de la rive du marais en passant par les "Lomas" et dans le marais lui même (Pétrequin, 1994 : 133). A l'issue de celles-ci un premier constat d'échec relatif a été souligné ; en effet, la date la plus récente obtenue est de 2170 +/- 60 BP, soit 398 av JC. Elle est donc antérieure à la date la plus ancienne obtenue sur le site archéologique de Loma Alta (Pétrequin, 1994 : 134).

Bien que la séquence obtenue se situe en dehors de notre champs d'étude, nous présentons brièvement les 5 étapes principales qui la composent (Pétrequin, 1994 : 134-136) :

* *La phase du grand marais de Zacapu, avant le VI millénaire av JC* : elle correspond à un climat tempéré de humide à subhumide. Dans les paysages végétaux, la forêt de pin, chêne et aulne avec strate herbacée alterne avec des prairies. Dans le marais lui même, le plan d'eau est peu

[2] cf. chap 2.1. de la première partie.

[3] Centre d'Etudes Mexicaines et Centre-Américaines.

[4] Ensemble collinaire qui domine de quelques mètres les grands marécages du bassin de Zacapu, densément occupés durant les neuf premiers siècles de notre ère (cf chap 2.1. de la première partie).

profond, et une végétation aquatique se développe sur les rives.

* *La phase B et la mise en place des Lomas au VI millénaire av JC* : le long de la séquence stratigraphique, un épisode majeur vient interrompre l'évolution du marais de Zacapu. Cette crise volcanique et l'épisode tectonique qui lui succède ont d'énormes conséquences sur le modelé et le fonctionnement du marais.

* *La phase C et le rétablissement de l'équilibre sédimentaire au V millénaire av JC* : à cette période le marécage est peu profond, on observe une diminution de l'humidité, avec l'instauration très progressive d'un climat tempéré semi-sec. L'étendue du marais se réduit, avec une eau peu profonde, plus eutrophe, et le développement d'une abondante végétation aquatique.

* *La phase de l'abaissement maximal du plan d'eau aux IV et III millénaires av JC* : les dépôts de tourbes ou d'argiles noires se généralisent dans les points bas du marais. La fin de cette phase est marquée par une nouvelle extension du marais et le retour à des conditions climatiques tempérées subhumides qui marquent la fin de la phase D.

* *La phase E et l'anthropisation du milieu, aux II et I millénaires av JC* : avec le retour à un climat un peu plus humide, le marais de Zacapu retrouve ses flaques peu profondes, mais avec des espèces aréophiles. Le marais interne est plutôt boueux avec une forte salinité des sols. Les diagrammes polliniques montrent que la forêt régionale est clairement touchée par les défrichements soulignés par la baisse de *Chenopodiaceae Amaranthaceae* et l'augmentation des graminées.

"Quant à l'hypothèse archéologique qui envisage des eaux particulièrement hautes pendant l'occupation archéologique des "Lomas", il n'existe aucun argument qui permette de l'étayer ou la rejeter. Seul le type de sédiments qui coiffe la partie supérieure de trois sondages - des argiles noires, non analysées parce que probablement polluées par des radicelles de la végétation actuelle -, plaide en faveur d'une certaine stabilité du marais pendant les premiers siècles de notre ère, sans modifications longues des conditions précédentes de mise en eau. Cette observation non chiffrée s'inscrirait plutôt contre l'hypothèse de hauts niveaux lacustres qui auraient modifié les conditions d'occupation des Lomas à la fin de la phase Lupe (vers 850 ap JC)" (Pétrequin, 1994 : 136).

1.1.4. Les récents travaux du Groupe de Recherche Géomorphologique Britannique

Un groupe de chercheurs a récemment publié un article (Metcalfe et al, 1994) reprenant les résultats d'études antérieures, en apportant des compléments d'analyses (notamment susceptibilité magnétique, teneurs totales en P, Fe et Al, rapport C/N, rapport Sr/Ca). Cette étude est basée sur trois séries de sondages : l'une reprenant les profils de Brown à San Nicolas Parangueo (Guanajuato), une autre à la Piscina de Yuriria (Guanajuato), et la troisième dans la bassin de Patzcuaro (hautes terres du Michoacan).

Les observations concernant les sondages de San Nicolas Parangueo se réfèrent essentiellement à l'identification d'épisodes de perturbations dues aux activités humaines, rejoignant en cela les observations précédemment décrites par Brown (1992).

Dans le bassin de Yuriria, les auteurs mettent en évidence trois périodes de sécheresse relative datées au ^{14}C, à 3700-3300 BP, 2950-2700 BP et 2300-800 BP. La première période est marquée par un pic dans le rapport Sr/Ca, la seconde par une baisse du pourcentage des pollens de *Pinus* dans le diagramme palynologique, et la troisième, qui apparaît comme l'épisode de sécheresse le plus intense, par un fort pourcentage de pollen de *Juniperus*. Un hiatus dans l'enregistrement des diatomées observé en parallèle à une augmentation du ratio Sr/Ca, suggère un assèchement du lac, épisode qui est daté entre 1400 et 900 BP. Les 800 dernières années sont caractérisées par un climat général plus humide, bien que deux péjorations mineures puissent être mises en évidence dans la courbe d'enregistrement des diatomées (Metcalfe et al, 1994 : 138).

En ce qui concerne le lac de Patzcuaro, différents épisodes de perturbations ont pu être identifiés. Le premier a été daté à 3600 BP, et se caractérise par une baisse du pourcentage de pollen d'*Alnus*, une augmentation simultanée de *Cheno-ams*, ainsi qu'un rapport Sr/Ca élevé, ce qui suggère des conditions de climat plus sec (Metcalfe et al, 1994 : 139). Le second, marqué par un pic dans le rapport Sr/Ca, est daté à 2890 +/- 80 BP. A partir de 2500 BP, plusieurs phases d'érosion intenses ont été notées, celles-ci peuvent être séparées en deux épisodes distincts : 2500-1200 BP et 850 BP à l'actuel. Ces phases sont interprétées par les auteurs comme les témoins d'une activité humaine croissante. Finalement, un important pic dans le rapport Sr/Ca est observé à une profondeur de 96 cm, ce qui témoigne d'un épisode de sécheresse. Bien que celui-ci n'ait pu être daté, des corrélations établies avec les sondages de Yuriria, suggèrent qu'il pourrait se situer aux alentours de 1100-1200 BP (Metcalfe et al, 1994 : 141). Cet épisode de sécheresse a été également décelé dans le lac de Chiconahuapan (Mexico), où il a été daté entre 1380 +/-50 BP et 870 +/- 50 BP (Metcalfe et al, 1986, 1991).

1.1.5. Conclusions préliminaires

Si les fluctuations de la période Holocène jusqu'au dernier millénaire avant JC sont clairement identifiables, par contre celles des deux derniers millénaires ne sont pas faciles à mettre en évidence. Les difficultés d'interprétation de ces fluctuations reposent d'une part sur leur caractère mineur (les enregistrements sont parfois très faibles) et d'autre part sur le fait qu'elles se trouvent souvent masquées par les effets croissants de l'anthropisation.

Les termes "période sèche" et "période humide" sont généralement utilisés par les différents auteurs pour désigner des variations notables de précipitation. Bien souvent, ce sont les périodes sèches qui sont mises en évidence car elles sont perçues comme des péjorations[5] climatiques pouvant entraîner une perte durable des ressources en eau. Cependant, ces fluctuations climatiques ont un impact différent selon les milieux et les modes de vie des populations.

Même si des oscillations mineures sont identifiées, il est parfois difficile d'évaluer leur impact réel sur l'occupation. C'est pourquoi, nous proposons ici des conclusions préliminaires afin de replacer les périodes sèches et humides déterminées par les différents auteurs ; ces observations seront corrélées ensuite avec les observations réalisées dans le bassin de Sayula. Dans un troisième temps, après avoir étudié l'impact du climat sur la dynamique saline de différents secteurs de la playa et sur les processus de production de sel, nous tenterons de déterminer dans quelles mesures ces oscillations climatiques ont pu avoir un effet négatif ou positif sur la production de sel.

Le tableau 6 présente un récapitulatif des informations paléoclimatiques obtenues dans diverses régions et selon différentes méthodes. Ce bilan permet de reconnaître plusieurs fluctuations à caractère général. Une période sèche s'échelonne selon les secteurs entre 2800 et 2400 BP. Ensuite, on observe un hiatus dans certaines zones entre 2400 et 1200 BP. Dans le bassin de Patzcuaro, cette période est considérée comme relativement stable avec un climat subhumide, tandis qu'à Yuriria, il semble qu'elle soit caractérisée par un climat plutôt sec. Ensuite, on retrouve systématiquement une période sèche qui s'échelonne selon les régions, entre 1400 et 800 BP. En moyenne, les auteurs mentionnent un maximum de sécheresse entre 1000 et 1200 BP. Finalement, il semble qu'à partir de 800 BP, on assiste à nouveau à un climat subhumide relativement stable.

Ces observations permettent d'ébaucher un schéma des variations climatiques des deux derniers millénaires, que nous pourrons mettre en relation avec les données obtenues à partir des sondages stratigraphiques du bassin de Sayula.

<ins>Tableau 6</ins> : Bilan des fluctuations paléoclimatiques identifiées dans différentes régions du Mexique.

Chiconahuapan Mexico (Metcalfe et al, 1986, 1991)	Yuriria Guanajuato (Metcalfe et al, 1994)	Cd Guzman Jalisco (Brown, 1992)	Patzcuaro Michoacan (Metcalfe et al, 1994)	Zacapu Michoacan (Pétrequin, 1994)
				< 4000 BP période humide
	3700 - 3300 BP période sèche		3600 BP période sèche	3800-2900 BP période sèche
	2950 - 2700 BP période sèche		2890+/-80 BP période sèche	2800-2400 BP période sèche
	2300-800BP période sèche			2200-1100 BP climat subhumide
1380 - 870 BP période sèche	1400-900BP assèchement du lac		1100-1200 BP période sèche	1100 BP période sèche
	800BP-actuel climat subhumide	800 BP période sèche ?	800-400 BP climat subhumide	

1.2. Sondages stratigraphiques

Différents sondages ont été réalisés dans des élévations de bords de playa. L'objectif de ces sondages était d'identifier les processus de formation de ces monticules, et d'évaluer ainsi l'importance relative des niveaux anthropiques et des niveaux naturels. Certains auteurs (Neal et Weigand, 1992) pensent en effet que les élévations observées aux abords de la playa sont uniquement le résultat de constructions anthropiques, ce qui tend à surévaluer l'importance de l'occupation dans cette zone. L'identification de niveaux naturels dans certains sondages a permis d'apprécier l'importance des phénomènes naturels dans la formation de ces monticules. A partir de descriptions de terrain et d'analyses micromorphologiques, nous avons tenté d'interpréter ces niveaux de sédimentation naturelle en termes de fluctuations paléoclimatiques. En raison de l'absence de datations ^{14}C - très peu de matériel organique - et d'analyses paléobiologiques complémentaires, nous ne prétendons pas présenter ici une étude détaillée du contexte paléoenvironnemental des sites. Toutefois, les observations permettent d'ébaucher un schéma hypothétique des différents phénomènes qui se sont succédés dans le temps.

Une première campagne de prospections a été réalisée durant le mois d'août 1992, les analyses effectuées à cette occasion ont donné lieu à la rédaction d'un mémoire de DEA, sur l'identification de signatures géochimiques et sédimentaires de production de sel (Liot, 1993). Des profils ont été creusés dans deux secteurs du bassin : Cerritos Colorados et Carmelita (fig. 22 et 23), selon des transects allant de la playa aux monticules.

[5] Ces observations rejoignent les remarques de Jorda (1992 : 14) dans un article publié dans les <ins>Nouvelles de l'Archéologie</ins> : "Les disciplines qui s'intéressent à l'évolution des environnements postglaciaires intègrent dans leurs analyses le facteur climatique dont on s'accorde à reconnaître qu'il a fluctué dans des marges étroites. Les méthodes de recherche débouchent généralement sur des interprétations hypothèses qui privilégient tel ou tel paramètre (températures, précipitations) ou définissent plus globalement des tendances compatibles avec la nature des phénomènes paléoécologiques, hydrologiques, géomorphologiques, sédimentologiques observés. Le bilan encore modeste et parfois ambigu des informations réunies aujourd'hui ressort bien du vocabulaire utilisé par la plupart des chercheurs qui évoquent des "péjorations", des "améliorations", des "dégradations" climatiques dont le contenu demeure incertain ou variable d'une discipline à l'autre".

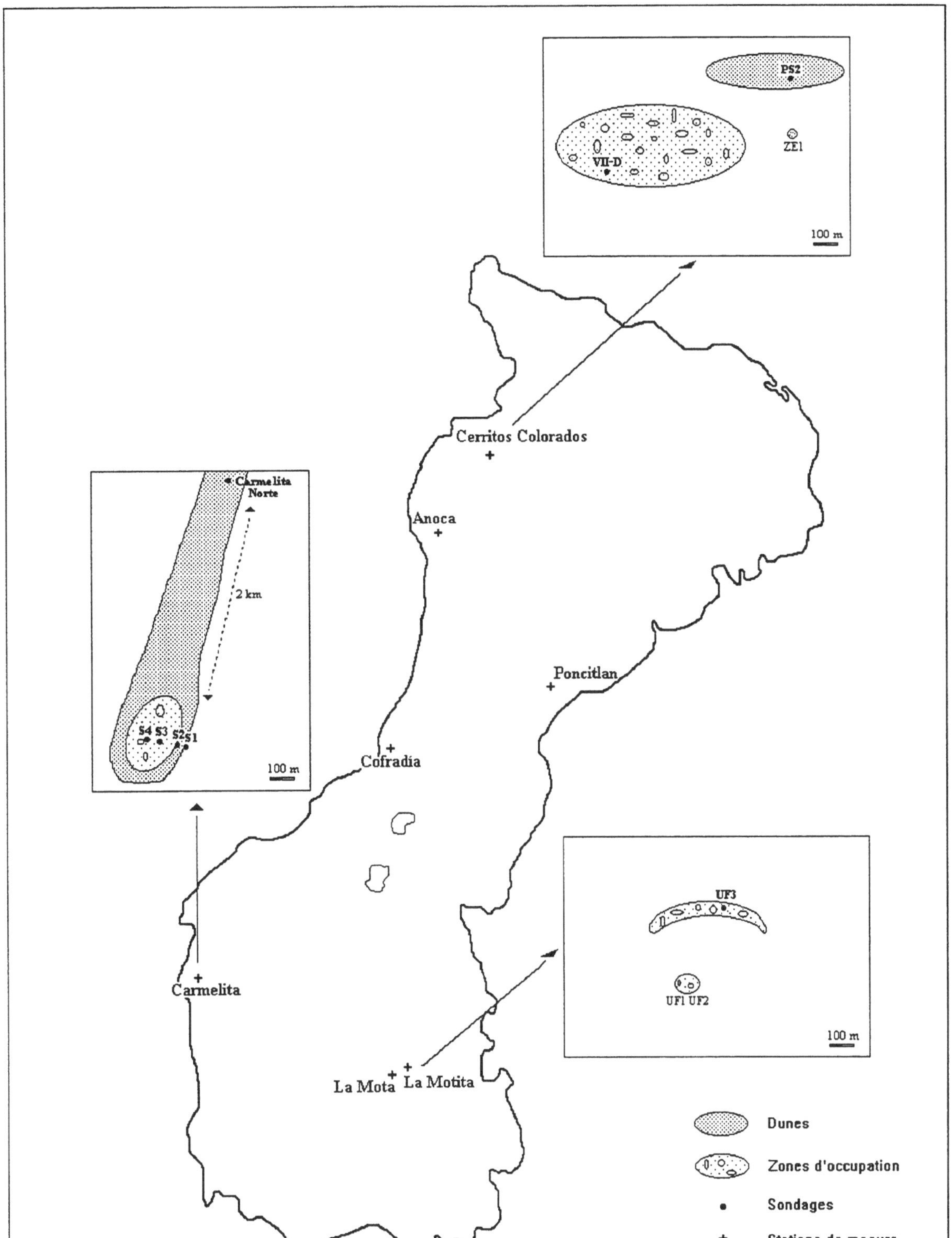

Figure 22 : Localisation des sondages stratigraphiques et stations de mesure (cf. chap. 3.1.).

Figure 23 : **CARMELITA**
Sondages, transect dunes-playa

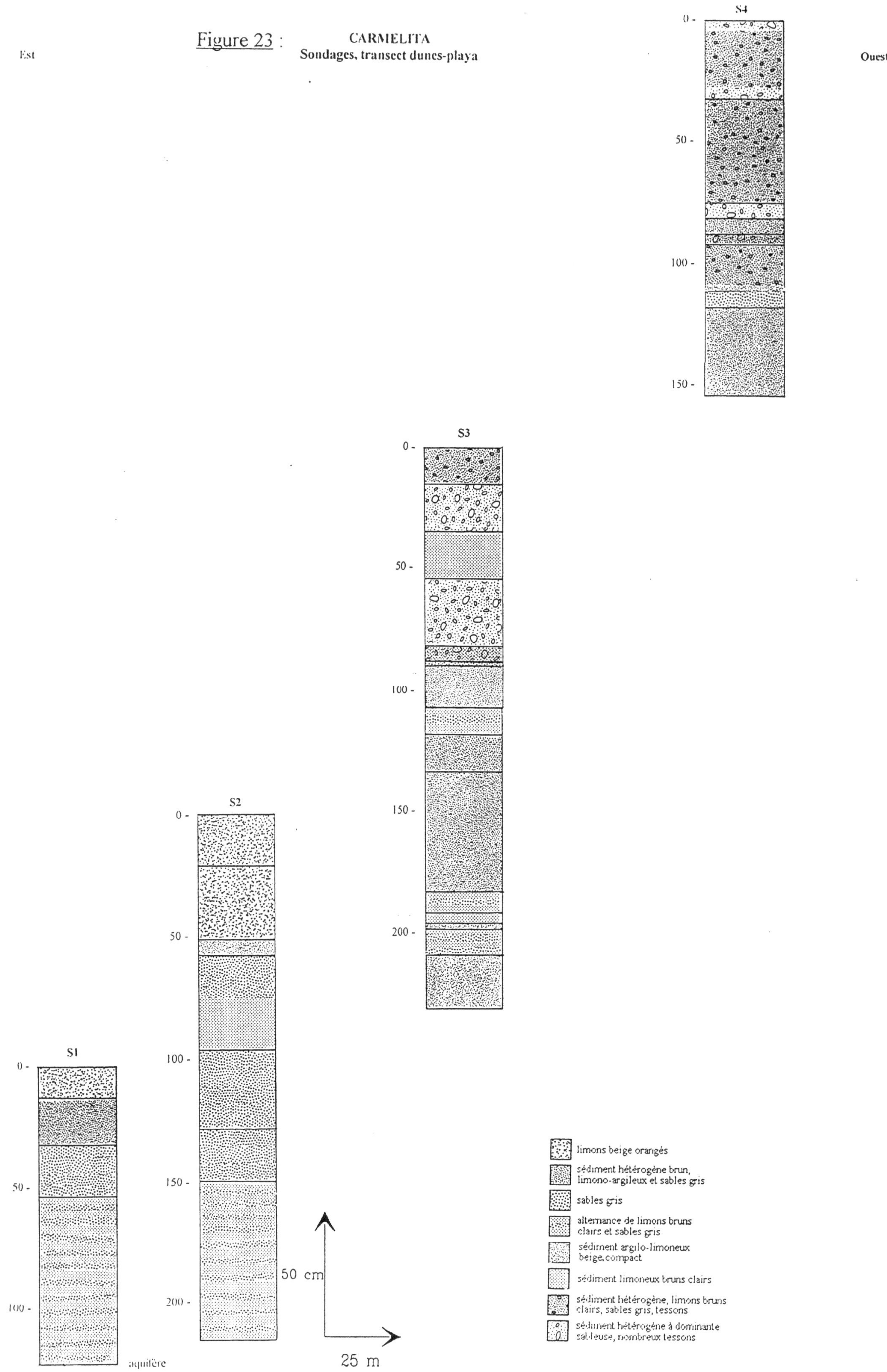

Figure 24 : **CARMELITA NORTE**
Sondage, dunes

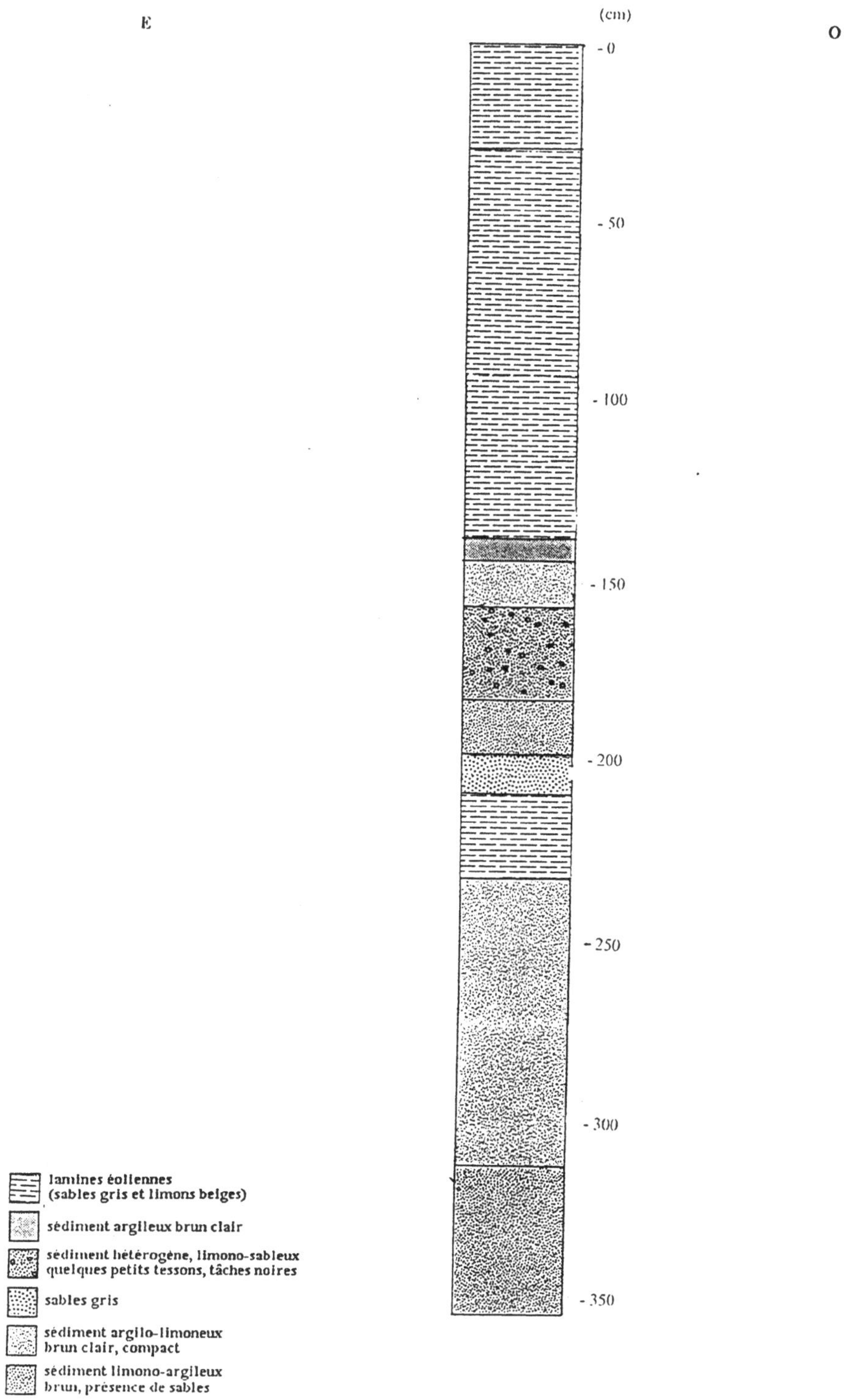

Figure 25 : CERRITOS COLORADOS
Zone extérieure 1
Sondage n°2 (PS-2)

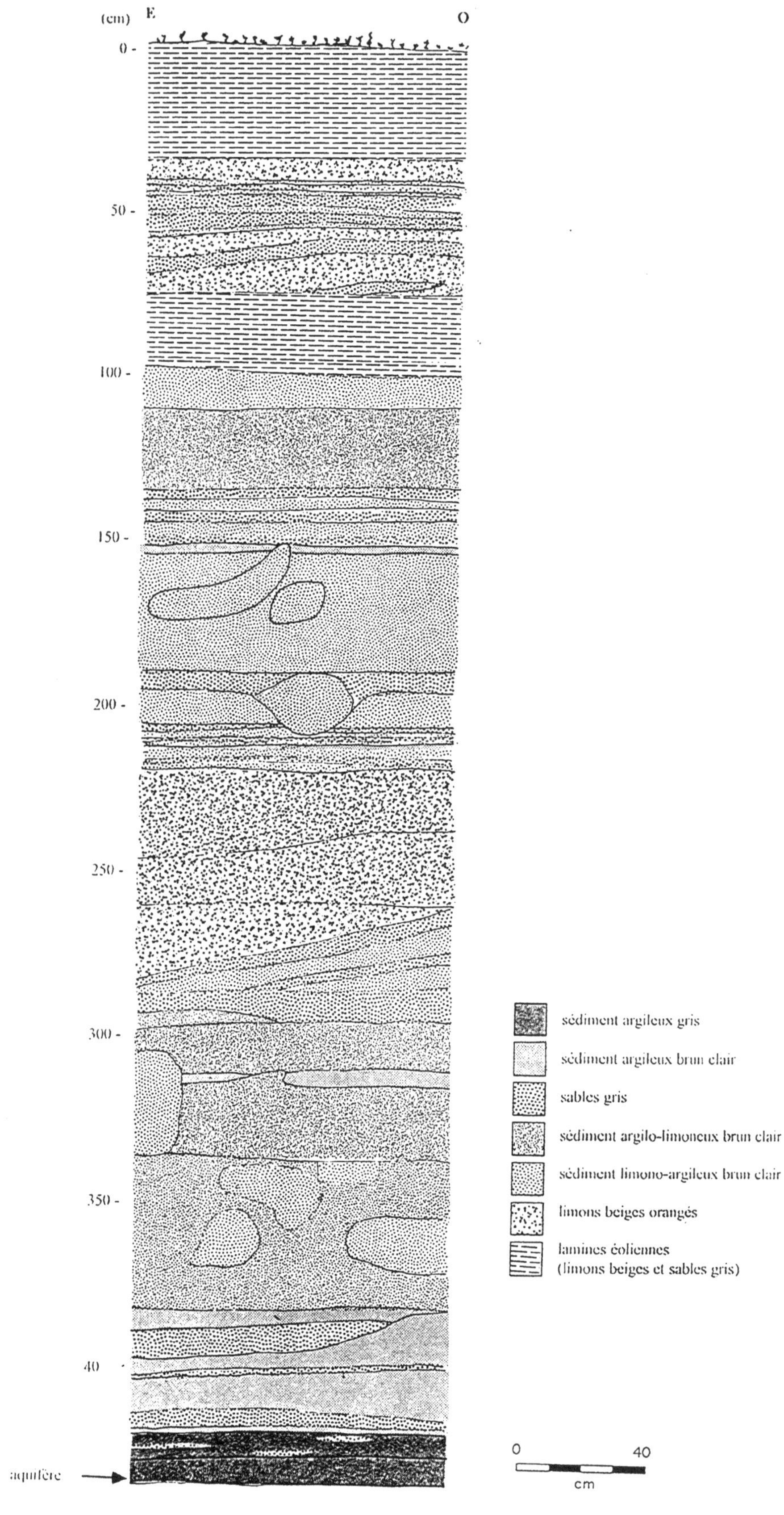

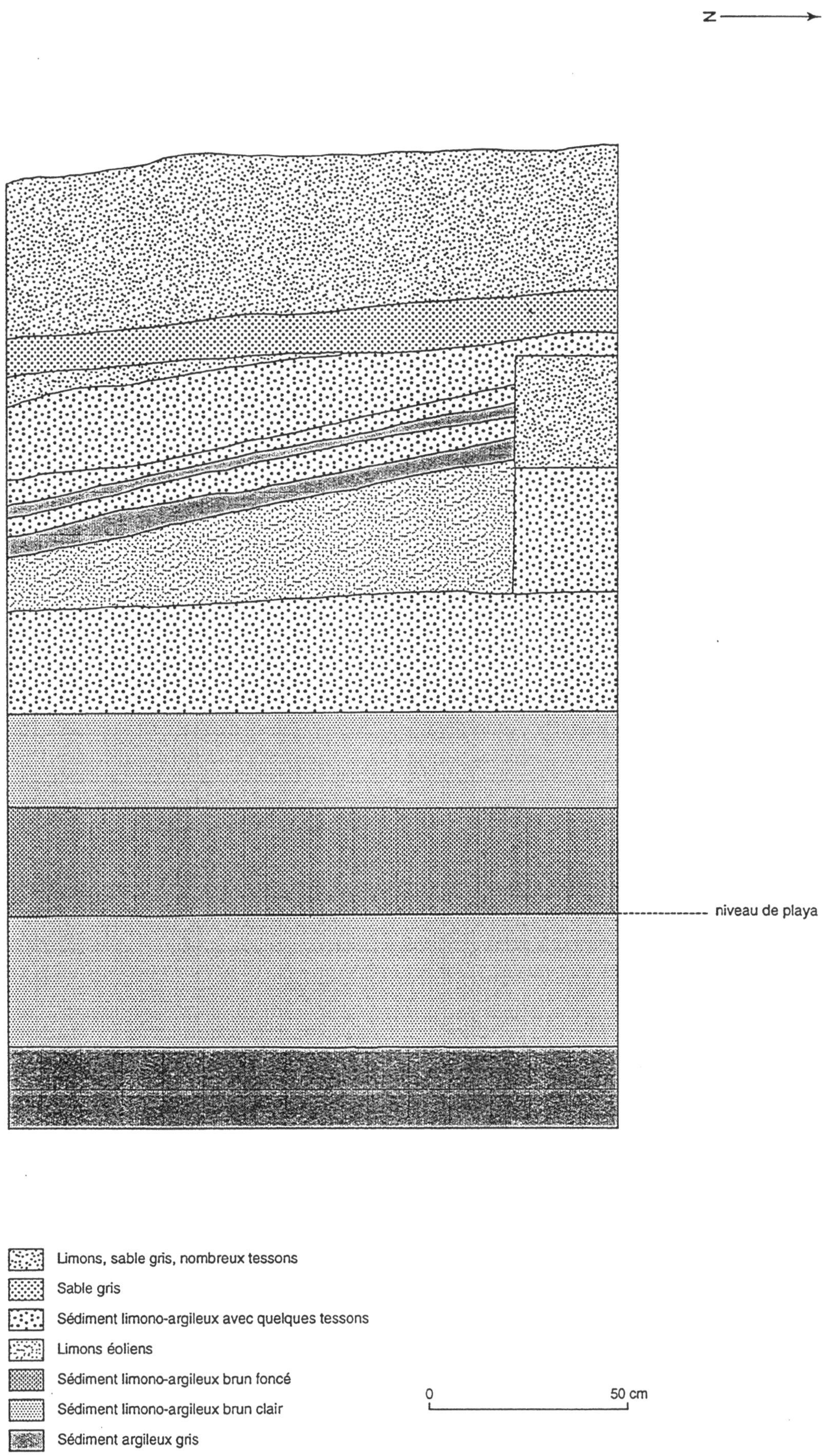

Figure 26 : La Motita, UF3, coupe stratigraphique, monticule nord-ouest

D'autres sondages ont été réalisés lors de campagnes de fouilles, au printemps 95, sur les sites de Cerritos Colorados et la Motita (fig. 22). Pour chaque profil, nous avons procédé à une description détaillée des différents niveaux stratigraphiques. De plus, une série d'échantillons de sol a été prélevée dans certains niveaux, afin de compléter les observations de terrain par une analyse micromorphologique.

Dans les pages qui suivent, nous décrivons les sédiments caractéristiques, qui constituent les témoins de processus naturels.

- Lamines de sédiment argileux et argilo-limoneux brun clair

Sur le terrain il s'agit d'un sédiment très fin, compact, de couleur claire, déposé sur une faible épaisseur en couche horizontale. En lame mince, il se caractérise par une matrice carbonatée très homogène, à porosité vésiculaire, présentant par endroit des fissures horizontales. Au vu de ces caractéristiques, ces lamines peuvent être interprétées comme les témoins de sédimentation lacustre, qui ont enregistrées des variations de niveau du lac.

Ces lamines ont été observées dans les profils S2 et S3 réalisés en 1992 sur le site de Carmelita (fig. 23), à environ 50 cm au dessus du niveau actuel de la playa[6]. Le fait que ces deux niveaux se trouvent corrélés à 50 m de distance confirme l'hypothèse de sédimentation lacustre. Dans le profil S3, on observe une seconde couche de ce type, à environ 135 cm au dessus du niveau actuel de la playa. Dans le profil réalisé en 1992 à Carmelita Norte (fig. 24), on observe une lamine de ce type à une hauteur relative de 140 cm au dessus du niveau actuel de la playa.

A Cerritos Colorados, le sondage PS-2 réalisé en 1995, dans une dune située au nord du site (fig. 25), présente trois lamines de sédiment argileux. La plus basse se situe à environ 1m30 au dessus du niveau de l'aquifère, il semble qu'elle ait subi un remaniement par l'activité de micromammifères. La seconde, dans une partie intermédiaire, est observée à une hauteur relative de 1m50 au dessus du niveau actuel de la playa. Enfin, la plus haute se situe à environ 2m50 au dessus du niveau actuel de la playa.

Dans la coupe réalisé en 1995 dans un monticule du site de la Motita (fig. 26), on peut observer deux lamines de ce type à environ 1 m au dessus du niveau actuel de la playa [7].

- Sédiments limono-argileux bruns clairs

Il s'agit de couches épaisses (plusieurs dizaines de cm) caractérisées par un mélange hétérogène de sédiments fins (à dominante limoneuse), qui comporte quelques éléments grossiers (sables gris) dispersés. Ce sédiment présente une porosité structurale de type chenal, caractéristique de la présence de racines. En lame mince, on observe une matrice carbonatée finement cristallisée, des minéraux volcaniques de type sanidine et hornblende (dont la taille varie entre 100 et 200 µm). La porosité est caractérisée par des chenaux, qui présentent par endroit un revêtement d'argile, diagnostique d'une mobilisation après infiltration. Ces différentes caractéristiques suggèrent qu'il s'agit de sédiments ayant subi une longue période d'alternance humectation / dessiccation. Il peut s'agir de sédiments alluviaux ou éoliens ayant développé des formes de pédogenèse pendant une longue période de relative stabilité climatique, c'est à dire sans sécheresse importante. On peut donc les considérer comme les témoins de périodes relativement stables.

On trouve ce type de sédiments à la base du sondage S3, situé dans une zone intermédiaire sur le site de Carmelita (fig. 23); dans ce même profil, on observe une épaisse couche de sédiments similaires intercalés entre les deux lamines de sédimentation lacustre. Sur le même site, on l'observe également à la base du sondage S4. Par ailleurs, on le retrouve à la base du sondage de Carmelita Norte (fig. 24), où il constitue le support stratigraphique de dépôts éoliens.

Dans le sondage PS-2 effectué aux abords du site de Cerritos Colorados (fig.25), on observe ce type de sédiment dans deux niveaux stratigraphiques : un premier niveau situé entre 300 et 380 cm de profondeur, dans lequel se situe une lamine de sédimentation lacustre ; un second intercalé entre deux couches de sédimentation éoliennes, entre 100 et 200 cm de profondeur, dans lequel on retrouve également une lamine d'argile.

- Sédiment limoneux de couleur beige orangée

Ce type de sédiment est caractérisé par une accumulation homogène et aérée de sédiments fins, sur d'épaisses couches (plusieurs dizaines de cm). Ces niveaux présentent un aspect pulvérulent, et sont de couleur beige orangée. Ils s'apparentent aux sédiments de surface de la playa déposés en saison sèche. Il s'agit en fait de pseudosables carbonatés issus de la déflation de la surface de la playa, par les vents et les tourbillons de saison sèche.

Ces niveaux sont caractéristiques de périodes sèches. Il est très difficile d'évaluer la durée de ces périodes puisque ce type de sédiment peut présenter des vitesses d'accumulation très variables. Ainsi, la saison sèche de l'année 95 a vu s'accumuler jusqu'à 20 cm de sédiments similaires en quelques mois. Par ailleurs, du fait de leur état non consolidé, ces sédiments peuvent être très vite repris et érodés par le ruissellement en saison des pluies. En fait, on peut supposer que s'ils se sont trouvés enregistrés dans la stratigraphie des dunes, c'est qu'ils se sont accumulés pendant une période de temps assez longue, suffisante pour laisser un témoin important dans la stratigraphie.

[6] Il s'agit de l'altitude relative de la playa à un endroit donné. Nous considérons que la playa ne constitue pas une surface absolument plane, et des différences de plusieurs dizaines de cm peuvent être observées d'un secteur à l'autre (du fait de l'importante superficie de celle-ci, nous n'avons pu réaliser de relevé topographique global de la playa). La référence de niveau actuel de playa, n'est ici utilisé que dans la mesure où elle permet une comparaison avec un niveau minimum du lac actuel à un endroit donné.

[7] Ces niveaux présentent ici une légère pente ; il s'agit en effet d'une coupe transversale du monticule. Les lamines de sédiment argileux reposent sur des dépôts éoliens qui donnent un modelé en pente au monticule.

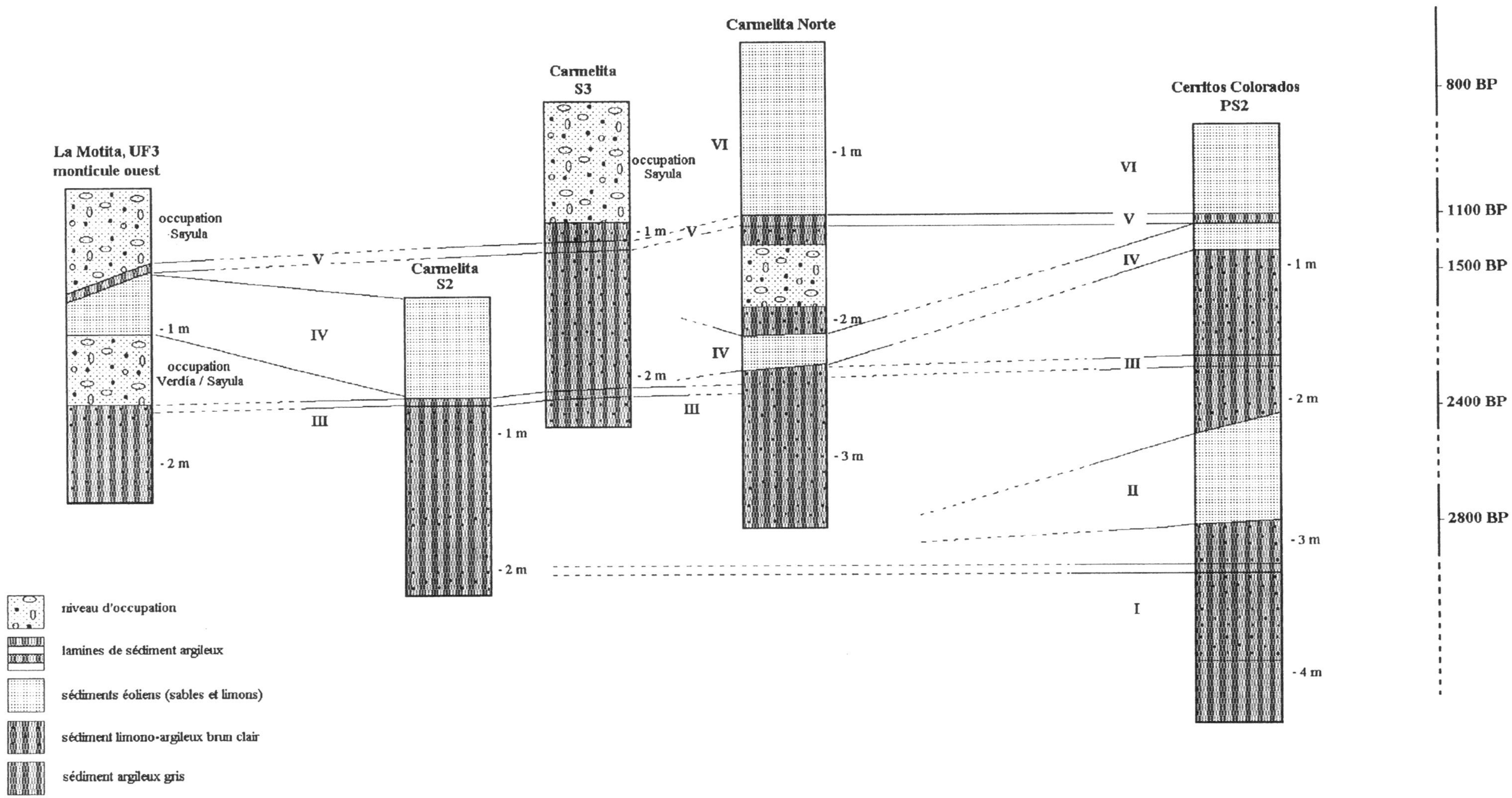

Figure 27 : Schéma de corrélations stratigraphiques entre les différents sondages du bassin de Sayula.

Sur le site de Carmelita, des dépôts éoliens de ce type sont observés au sommet du profil S2 (fig. 23). A Cerritos Colorados, on observe une importante couche de limons éoliens, entre 215 et 285 cm de profondeur (fig. 25). Dans le sondage réalisé sur le site de la Motita, une couche similaire se situe entre 80 et 100 cm de profondeur (fig. 26). D'une manière générale, on observe que ce type de sédiments éoliens se dépose préférentiellement selon une direction, nord / nord-ouest.

- Lamines de sables gris et limons beiges

Ce sédiment se présente sous la forme de lits millimétriques granoclassés, constitués par une alternance de sables volcaniques (sanidine, hornblende verte, verres volcaniques) et de limons carbonatés. Bien que les minéraux constituant les niveaux de sables témoignent d'une origine volcanique, il semble que ces dépôts ne soient pas issus d'un apport direct par des événements volcaniques. En effet, l'intercalation de limons éoliens et la présence locale de ce type de dépôt suggèrent plutôt une reprise par le vent, diagnostique de période sèche. Au contraire des épaisses couches de limons éoliens, il semble que ces lamines se déposent préférentiellement selon une direction ouest / nord-ouest ; on les retrouve en effet en abondance dans les sondages des bords ouest de la playa. C'est le cas notamment de Carmelita Norte (fig. 24), où elles constituent les 140 premiers cm du sondage. A Cerritos Colorados (fig. 25), ce type de sédiment est également observé au sommet de la dune, dans les 40 premiers cm, ainsi qu'entre 75 et 100 cm de profondeur.

- Couche de sédiment argileux de couleur grise

Ce type de couche est constitué par un niveau homogène et compact de sédiment très argileux de couleur grise. En lame mince, il se présente sous la forme d'un faciès homogène constitué par une matrice carbonatée très fine, à microporosité fissurale et polyhédrique d'alternance humectation/dessiccation, et contenant de nombreux petits débris coquillés.

Ce type caractérise le sol de playa, et correspond au niveau de battement de l'aquifère. On le retrouve en effet, à la base du sondage PS-2 de Cerritos Colorados (fig. 25), et nous verrons dans le chapitre 3.1. qu'il est observé systématiquement à la base des profils de playa.

- Synthèse : séquence des événements majeurs

Un schéma de corrélation (fig. 27) permet de relier les différents niveaux dans une stratigraphie générale du bassin, et de comparer leur positionnement respectif au sein de chaque profil. Les corrélations d'altitude ont été effectuées sur la base du niveau de l'aquifère que l'on considère relativement homogène à l'échelle de la playa à un moment donné[8], nous verrons cependant dans le chapitre 3.2. que certaines variations peuvent être mesurées entre les différents secteurs, notamment au moment de la remontée de l'aquifère en saison des pluies.

Six fluctuations climatiques principales peuvent être mises en évidence dans ce schéma :

* I : une période humide que l'on retrouve à la base du profil PS-2 de Cerritos Colorados, qui se caractérise par la présence d'un sédiment limono-argileux brun clair, dans lequel est intercalé une lamine d'argile brun claire marquant un niveau ancien du lac.

* II : une période sèche, qui se caractérise par la présence d'une épaisse couche de limons éoliens de couleur beige orangée (entre 215 et 285 cm de profondeur) dans le profil PS-2 de Cerritos Colorados.

* III : à nouveau une période plus humide, caractérisée par une couche de sédiments limono-argileux brun clair, et marquée par la présence d'une lamine de sédimentation lacustre , à une hauteur relative de 50 à 100 cm (selon les endroits) par rapport au niveau actuel de la playa. Ce niveau se retrouve systématiquement à la base des différents profils.

Intercalés entre les épisodes III et IV, on observe un niveau d'occupation dans le profil de la Motita, dont une partie du matériel se trouve associé à phase Verdía, tandis que d'autres éléments sont diagnostiques de la phase Sayula. Ces niveaux pourraient donc correspondre à une période de transition entre les phases Verdía et Sayula (aux alentours de 450 av. JC).

* IV : une période sèche caractérisée par la présence de limons éoliens et de lamines de sédimentation éolienne, dans le sondage PS-2 de Cerritos Colorados, entre 75 et 80 cm de profondeur ; dans le sondage de Carmelita Norte entre 210 et 230 cm de profondeur ; et dans le profil de La Motita entre 75 et 100 cm de profondeur.

Intercalé entre les épisodes IV et V, on observe un niveau d'occupation dans le profil de Carmelita Norte, malheureusement le matériel récupéré est très érodé, et ne peut être positionné dans la séquence céramique du bassin.

* V : une période humide, caractérisée par une lamine de sédimentation lacustre mise en évidence dans l'ensemble des profils et accompagnée par une couche de sédiments limono-argileux dans les profils S3 de Carmelita et Carmelita Norte. Bien que la lamine d'argile enregistre le niveau le plus haut du lac dans la séquence, la faible épaisseur de la couche de sédiment limono-argileux semble témoigner d'une transgression relativement rapide correspondant probablement à une courte période de temps.

* VI : une période sèche, qui se caractérise par d'épaisses couches de sédimentation éolienne, au sommet des profils PS-2 de Cerritos Colorados et Carmelita Norte. Il est difficile d'évaluer l'importance de cet épisode, car se situant au sommet, il a subi probablement des phénomènes de dépôt-érosion constants. De plus ce niveau de sédimentation éolienne semble correspondre à un régime relativement différent aux précédentes périodes sèches identifiées, puisqu'il est constitué de stries de limons et de sables. Il semble donc que depuis le dernier épisode humide (V), l'on

[8] Une série de profils réalisés dans différents secteurs de la playa au mois de février 95 (cf chap 3.1.), permet de caler le niveau de l'aquifère par rapport à la surface de la playa pour chacun des secteurs étudiés.

assiste à un climat relativement stable avec des alternances saisonnières de saison sèche et humide, similaire à celui qui caractérise la période actuelle.

Dans une période de temps qui semble contemporaine aux niveaux de sédimentation éolienne correspondant à l'épisode VI, on observe d'importants niveaux d'occupation au sommet des profils de la Motita et S3 de Carmelita. Le matériel de ces niveaux a été identifié comme diagnostique de la phase Sayula.

Bien qu'il n'ait malheureusement pas été réalisé de datations dans ces profils, la présence de niveaux d'occupation, ainsi que les événements enregistrés dans des régions voisines (cf. chap. 1.1.), permettent de proposer des hypothèses quant à la séquence chronologique de ces différents épisodes. L'épisode II pourrait correspondre à la période enregistrée dans les profils de Yuriria, Patzcuaro et Zacapu, qui a été datée entre 2400 et 2800 BP. Les épisodes III et V pourraient correspondre à la période humide identifiée dans le bassin de Zacapu, entre 2200 et 1100 BP. L'épisode IV pourrait témoigner de la période sèche systématiquement enregistrée dans les régions voisines depuis l'Etat de México jusqu'au Michoacan, vers 1100-1200 BP. Les données concernant les huit derniers siècles ne sont pas très précises, il semble que l'on assiste à nouveau à un climat un peu plus humide, et relativement stable.

Le panorama des fluctuations paléoclimatiques que nous proposons permet d'identifier des variations relatives d'humidité (augmentation ou diminution des précipitations et variations dans leur distribution saisonnière), avec des variations consécutives du niveau du lac qui se traduisent probablement par la permanence ou l'assèchement de celui-ci pendant plusieurs années.

Nous allons à présent tenter d'évaluer l'impact des variations climatiques sur la formation de la croûte saline, en termes qualitatifs et quantitatifs. Nous allons également identifier les processus physico-chimiques qui permettent de produire du sel à partir des terres salées, afin d'estimer les potentialités de production dans les différents secteurs de la playa en fonction des paramètres climatiques. Dans la quatrième partie, une synthèse des informations enregistrées dans le milieu naturel et sur les sites archéologiques, permettra d'évaluer l'impact des fluctuations paléoclimatiques identifiées dans ce chapitre sur la production de sel durant les périodes préhispaniques.

2. Dynamique saline de la playa en fonction des paramètres climatiques

Les sols de playa sont soumis à des variations saisonnières très marquées. Durant la saison sèche, il se produit des remontées capillaires de l'aquifère qui conduisent à la formation d'efflorescences salines en surface. La couche superficielle du sol est formée d'éléments très fins, susceptibles à la déflation. Durant la saison sèche, correspondant à un fort régime des vents, il peut donc se produire des redistributions de la salinité. Dès les premières pluies, les sels sont dissouts et lessivés en profondeur. En dehors de ces phénomènes très généraux, des fluctuations de température, ensoleillement, quantité et fréquence des précipitations influencent la dynamique des sels dans le sol, et la permanence ou la disparition des efflorescences salines. A ces traits généraux, s'ajoutent des variations spatiales dues à des différences géomorphologiques et climatiques parfois très localisées.

Dans ce chapitre, nous allons présenter les résultats de mesures effectuées dans différents secteurs de la playa au cours d'une année climatique. Ces mesures et les analyses correspondantes ont pour objectif de déterminer les processus de salinisation et leurs variations spatiales et saisonnières dans différents secteurs de la playa.

Dans un premier temps, nous présentons les phénomènes généraux impliqués dans les transferts aquifère / salinité de surface pour les différents secteurs de la playa. Ensuite, nous précisons les variations spécifiques de chaque station au cours d'une année climatique (mars 94 - mai 95). Nous étudions l'impact des variations climatiques saisonnières sur les niveaux piézométriques et les teneurs géochimiques de l'aquifère, puis nous mesurons les effets au niveau de la surface du sol. Enfin, dans un troisième temps, nous réalisons un bilan permettant de dégager les variations spécifiques de chaque station afin de proposer une carte de distribution de la salinité et ses fluctuations au cours de l'année dans l'ensemble de la playa.

2.1. Présentation des stations de mesure

Sept stations ont été sélectionnées au mois de mars 1994 (fig. 22) afin de suivre l'évolution du niveau piézométrique de l'aquifère et les processus de formation des efflorescences salines au cours d'une année climatique (mars 1994 - mai 1995). Chacune des stations a été caractérisée par :
- la description d'un profil de sol depuis la surface jusqu'à l'aquifère, en prenant en compte les caractéristiques pédologiques, sédimentaires et géochimiques,
- l'installation d'un piézomètre permettant de mesurer les variations de niveau de l'aquifère,
- l'installation d'un carroyage sur le sol pour le prélèvement régulier de volumes connus de sol de surface.

Les stations ont été choisies en fonction de leur facilité d'accès quelle que soit l'époque de l'année, selon un transect croisé nord-sud / est-ouest permettant de distinguer au mieux les variabilités spatiales (fig. 22).

La figure 28 présente les caractéristiques des sols de chaque station[1]. La base de l'ensemble des profils est constituée par un horizon très argileux, de couleur gris-clair, caractérisé par un microporosité fissurale et polyhédrique et la présence de nombreux petits débris coquillés. Les caractéristiques de cet horizon témoignent d'une alternance de longues phases d'humectation et dessication, qui indiquent qu'il s'agit du niveau de battement de l'aquifère. Les profils du secteur nord (Anoca, Cerritos Colorados et Poncitlan) présentent un aquifère très proche de la surface, et des horizons à tendance limono-argileuse. A Cerritos Colorados et Anoca, la surface du sol se présente sous la forme de sédiments pulvérulents, pouvant se cimenter en croûte à certaines époques de l'année ; tandis qu'à Poncitlan, la surface est caractérisée par la présence de croûte de décantation.

Dans la partie sud, l'aquifère est plus profond. Dans les stations de La Mota et La Motita, les profils sont également constitués d'horizon à tendance limono-argileuse. A Carmelita, l'horizon argileux de bas de profil est surmonté par une épaisse couche de lits de sables et limons entre 50 et 150 cm de profondeur, probablement issue de l'érosion par ruissellement des dunes situées sur les bords de playa.
La station de Cofradía se situe dans une zone de transition entre les parties nord et sud, l'aquifère est moyennement profond, et le profil, à tendance limono-argileuse, présente également une strate de sables et limons, pouvant correspondre (étant donné la localisation de la station) à des alluvions.

La figure 29 présente les séquences géochimiques des ions au sein de chaque profil de sol. Une mesure des teneurs a été réalisée à partir d'extraits aqueux de sols au 1/20. Les ions mobilisés par la dissolution majoritairement observés dans chacun des profils sont le magnésium (Mg^{2+}), le calcium (Ca^{2+}), le potassium (K^{+}), le sodium (Na^{+}), le sulfate ($SO4^{2-}$) le chlorure (Cl^{-}), les carbonates ($CO3^{2-}$) et bicarbonates ($HCO3^{-}$) - représentés ici par le TAC (Titre Alcalimétrique Total) -.

Sans entrer en détails dans l'analyse de ces courbes, nous nous intéresserons plus particulièrement à la comparaison des types et des quantités de sels spécifiques à chaque station étudiée. Dans l'ensemble des stations, on retrouve un profil général caractéristique du comportement d'un sol de playa en saison sèche, l'évaporation en surface produisant de fortes teneurs dans les cinq premiers centimètres du sol, puis une chute brutale de celles-ci entre 5 et 10 cm de profondeur.

[1] Dans les descriptions nous utilisons le terme de sédiment, bien qu'il ne soit pas parfaitement approprié puisqu'il n'intègre pas les processus pédogénétiques. Ce choix se justifie par le fait qu'il s'agit de sols peu évolués, et que nous nous intéressons particulièrement à la texture et à l'arrangement des couches, paramètres qui interviennent dans les phénomènes de remontée capillaire et lessivage des sels en solution.

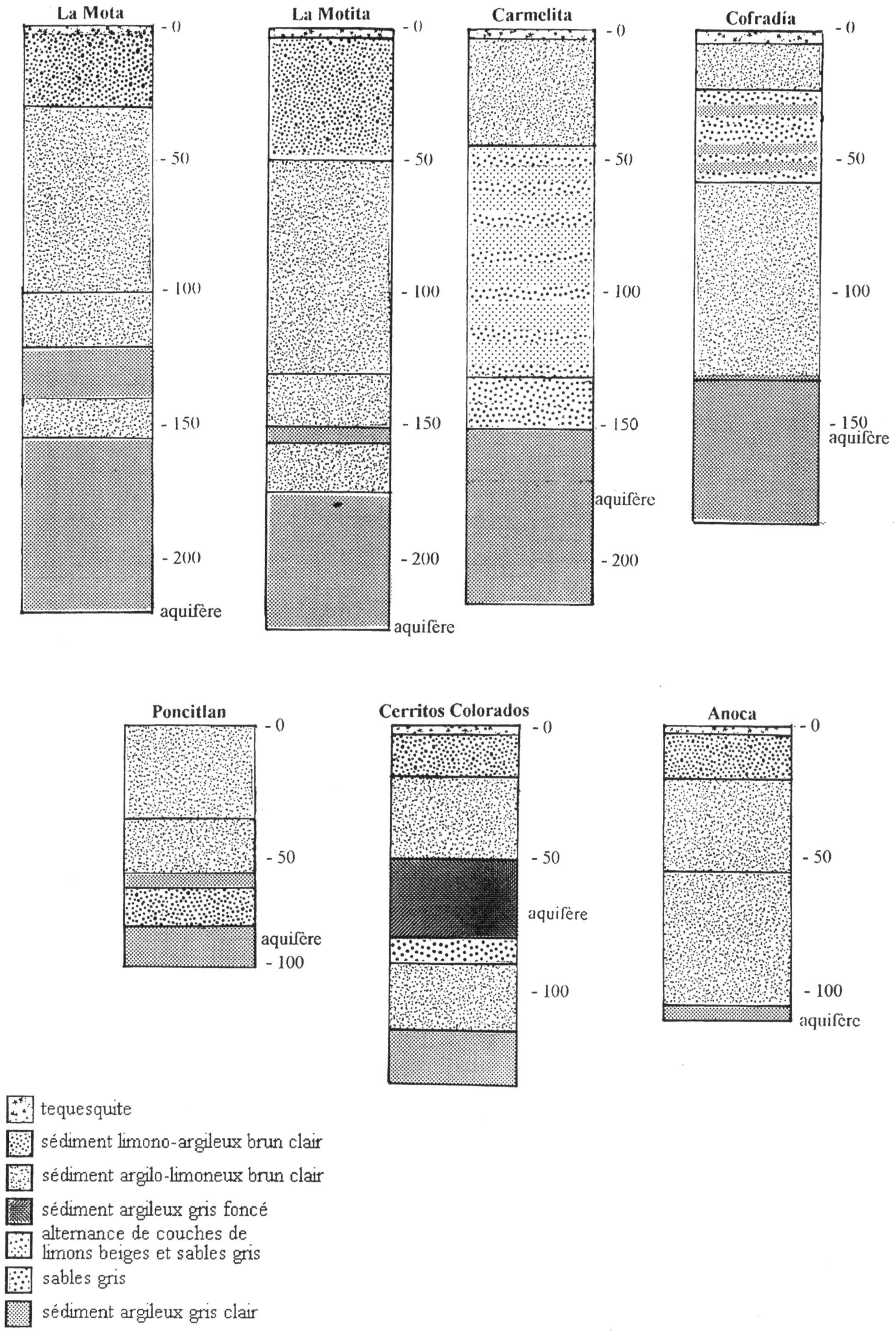

Figure 28 : Profils pédosédimentaires de playa.

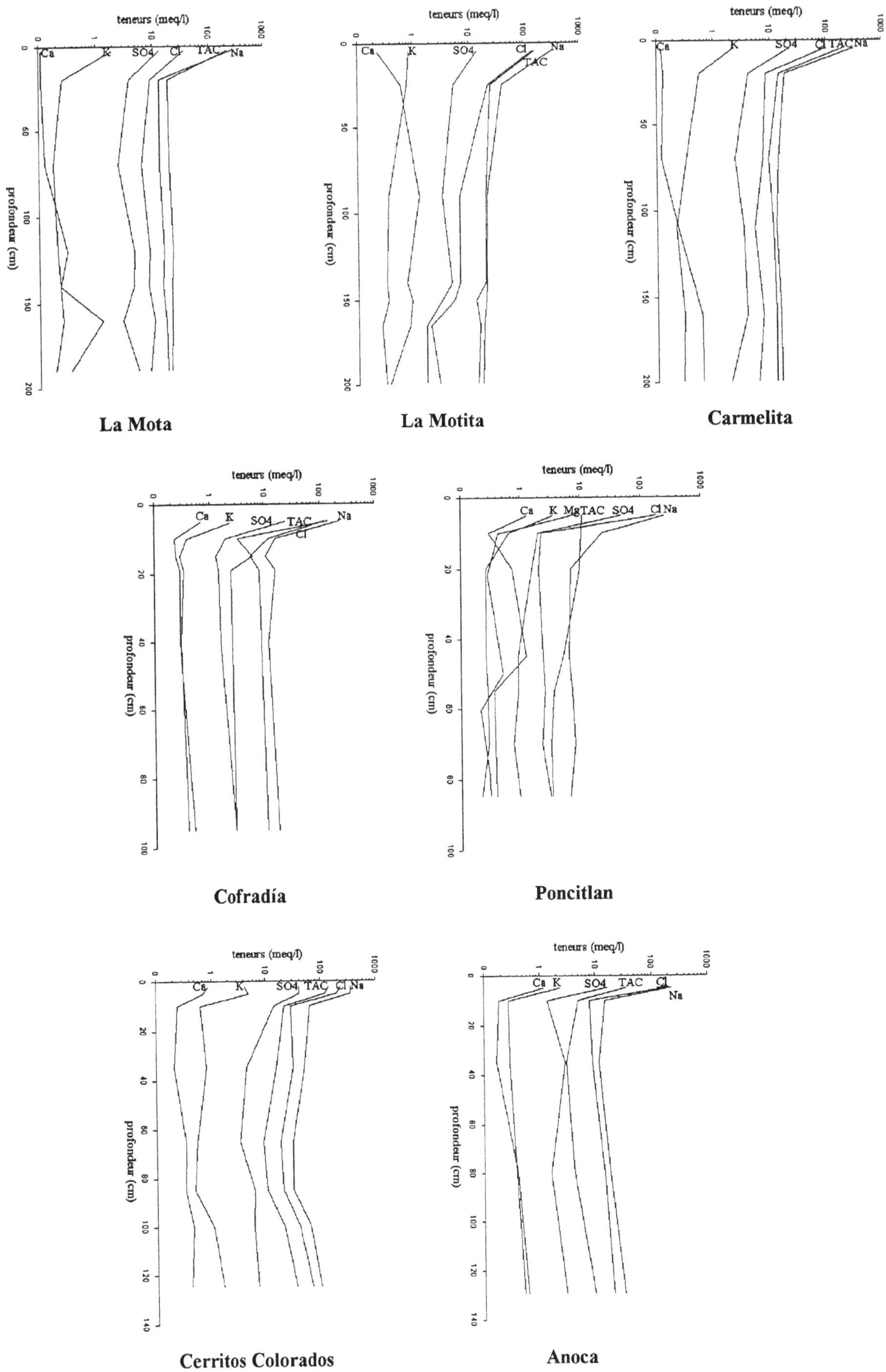

Figure 29 : Séquences géochimiques dans les profils pédosédimentaires de playa.

Tableau 7 : Caractéristiques principales des différents profils de playa (descriptions et prélèvements réalisés entre les 24 et 28 mars 1994).

	La Motita	La Mota	Carmelita	Cofradía	Anoca	Cerritos Colorados	Poncitlan
texture dominante du sol	argilo-limoneux	argilo-limoneux	limono-sableux	haut de profil limono-sableux bas de profil argileux	argilo-limoneux	argilo-limoneux	argilo-limoneux à argileux
type de profil géochimique	A	A	A	A/B	B	C	D
profondeur aquifère	225 cm	220 cm	180 cm	155 cm	110 cm	70 cm	90 cm
aquifère **- teneurs (meq/l)**	Na : 656 Cl : 427 TAC : 295 (CO3 54%)	Na : 465 TAC : 309 (CO3 57%) Cl : 225	Na : 713 TAC : 301 (CO3 61%) Cl :391	Na : 709 Cl : 343 TAC : 294 (CO3 64%)	Na : 448 Cl : 330 TAC : 143 (CO3 60%)	Na : 1696 Cl : 1000 TAC : 623 (CO3 60%)	Na : 217 Cl : 193 TAC : 25 (CO3 50%)
tequesquite **- extraits 1/20 teneurs (meq/l)**	Na : 315 TAC : 156 (CO3 90%) Cl : 146	Na : 270 TAC : 225 (CO3 84%) Cl : 56	Na : 320 TAC : 202 (CO3 93%) Cl : 97	Na : 234 Cl : 141 TAC : 120 (CO3 85%)	Na : 240 Cl : 198 TAC : 36 (CO3 86%)	Na : 364 Cl : 231 TAC : 142 (CO3 93%)	Na : 260 Cl : 191 TAC : 11 (CO3 71%)
- minéraux de sodium formés *** chlorures** *** carbonates**	50 % 30 %	25 % 50 %	30 % 35 %	60 % 30 %	85 % 10 %	65 % 21 %	73 % 3 %
rapport des concentrations (*teques* / aqui)	1/2	1/2	1/2	1/3	1/2	1/5	1

Entre 10 cm de profondeur et le bas de profil, les courbes présentent une forme différente suivant les stations, on peut distinguer ainsi quatre types de courbes :
- le type A : illustré dans les profils de la Mota, la Motita et Carmelita ; il se caractérise par une stabilisation voire une baisse des teneurs entre 10 cm de profondeur et le bas de profil. Cette forme générale est observée pour l'ensemble des ions mesurés à exception du calcium pour lequel les teneurs augmentent au fur et à mesure que l'on descend dans le bas du profil.

- le type B : illustré dans le profil de Anoca, où l'ensemble des teneurs augmentent progressivement entre 10 cm et le bas de profil.

Le profil de Cofradía se situe à l'intermédiaire entre les profils de type A et celui de type B ; en effet, les teneurs augmentent très légèrement en descendant vers le bas du profil, mais sans atteindre la pente observée dans le profil de Anoca.

- le type C : représenté par le profil de Cerritos Colorados, dont les courbes des différentes teneurs présentent une forme générale incurvée, avec une baisse entre 10 cm et 60 cm de profondeur, une stabilisation entre 60 et 80 cm, puis une augmentation vers le bas du profil.

- le type D : représenté par le profil de Poncitlan, dont les courbes ne présentent pas de forme homogène. Les teneurs en calcium et magnésium[2] montrent un premier pic à environ 50 cm de profondeur, et un second pic en surface. Par ailleurs, on observe un très léger enrichissement en carbonates à partir de 60 cm de profondeur jusqu'en haut de profil, sans pic de surface caractéristique. Les courbes de sulfates, chlorures et sodium sont relativement stables dans les trois quart du profil, et augmentent dans les 10 derniers cm pour atteindre un maximum en surface.

[2] L'élément magnésium n'a pas été représenté dans les autres profils, car les teneurs mesurés étaient très faibles.

Le tableau 7 présente un bilan des caractéristiques sédimentaires et géochimiques des différents profils étudiés. A partir des teneurs en sodium, chlorures et carbonates mesurées dans les eaux d'aquifère et dans les extraits de *tequesquite*, nous avons calculé la part relative des chlorures et carbonates de sodium susceptibles de se former. Dans ce calcul théorique, nous considérons que tous les ions chlorures et tous les ions carbonates et bicarbonates s'associent aux ions sodium. Nous avons également calculé un rapport des concentrations théorique en comparant les teneurs mesurées dans les eaux d'aquifère et les teneurs mesurées dans les extraits de croûte saline.

Les données présentées dans ce tableau correspondent à un état des différents profils à un moment précis de l'année, leur comparaison permet d'ébaucher une première classification des différents stations étudiées, en fonction des paramètres géochimiques et sédimentaires. D'une manière générale, la playa se divise en deux secteurs (nord et sud), fonctionnant comme deux playas distinctes, séparés par une zone intermédiaire où la playa se rétrécit et dans laquelle apparaissent les deux remontées basaltiques (Isla Chica et Isla Grande). Ces deux sous-playas présentent apparemment une légère différence topographique que l'on remarque dans la profondeur de l'aquifère. Par ailleurs, le secteur nord semble être divisé en deux parties (ouest - est) présentant une dynamique différente - fonction des contextes géologiques, géomorphologiques et climatiques -.

- Secteur sud

Ce secteur regroupe les stations de La Motita, La Mota et Carmelita, il se caractérise par un aquifère plus profond que dans les autres secteurs du bassin. Les courbes de teneurs mesurées dans ces sols présentent un profil de type A précédemment décrit. Le rapport des concentrations entre le *tequesquite* et l'aquifère est égal à 1/2. Dans la station de La Motita, on observe une légère prédominance des chlorures de sodium, tandis qu'à Carmelita et La Mota, la tendance est inverse, avec une nette prédominance des carbonates de sodium à La Mota.

- Zone intermédiaire

Cette zone est représentée par Cofradía, avec un aquifère un peu moins profond que pour les stations précédentes, et un profil de sol à tendance plus argileuse. A cet endroit, le profil géochimique présente une forme intermédiaire entre les types A et B et le rapport des concentrations entre le *tequesquite* et l'aquifère est de 1/3. La croûte saline présente des teneurs moyennes, avec une prédominance nette des chlorures de sodium.

- Secteur nord-ouest

Ce secteur est représenté par les stations de Anoca et Cerritos Colorados, où l'aquifère est très proche de la surface et très concentré et présente une prédominance en chlorures de sodium. La station de Anoca montre un profil géochimique de type B. Le facteur de concentration calculé est de 1/2. Les teneurs mesurées dans l'extrait de *tequesquite* sont moyennes, et présentent une grande proportion de chlorures de sodium.

La station de Cerritos Colorados présente un profil géochimique très incurvé, défini comme de type C. L'aquifère présente des teneurs très élevées, cependant le facteur de concentration entre le *tequesquite* et l'aquifère est de 1/5. Ainsi, bien que les teneurs mesurées au niveau de la croûte saline soient les plus élevées dans l'ensemble des stations étudiées, elles sont réduites par rapport à la concentration mesurée dans l'aquifère.

- Secteur nord-est

Ce secteur est représenté par la station de Poncitlan qui se distingue de celles précédemment décrites pour plusieurs raisons. L'aquifère est beaucoup moins concentrée dans cette zone, cependant les teneurs mesurées dans la croûte saline s'intègrent dans la moyenne des autres stations. Nous avons en effet calculé un facteur de concentration entre le *tequesquite* et l'aquifère de 1. La faible profondeur de l'aquifère et la présence d'un sol très argileux se combinent pour favoriser une utilisation maximum de l'aquifère et une bonne concentration de surface. La croûte saline présente la particularité de montrer des teneurs non négligeables en magnésium et en sulfates ; ainsi 73 % des sels de sodium susceptibles de se former sont des chlorures et 3 % des carbonates, ce qui laisse 24 % d'autres sels de sodium, sans compter les autres sels de type magnésiens, non comptabilisés dans ce tableau.

Dans les chapitres suivants, nous allons tenter de préciser ces variations à l'échelle d'une année climatique, en dégageant les chroniques journalières de précipitation et d'évaporation, et leur influence sur les variations géochimiques et piézométriques de l'aquifère, et les processus de formation et de salinisation des terres salées dans les différentes stations.

2.2. L'aquifère

L'alternance des processus de salinisation de surface est conditionnée par l'interaction entre l'aquifère et les conditions climatiques. En saison des pluies, l'aquifère se recharge en eau par les apports directs (infiltration des eaux de pluie) et indirects (écoulement depuis les versants), les sels de surface sont lessivés en profondeur. En saison sèche, l'eau remonte par capillarité et s'évapore en surface, entraînant l'enrichissement salin de celle-ci sous la forme d'efflorescences ou de croûtes salines.

Dans ce chapitre, nous allons donc présenter les teneurs géochimiques et les variations piézométriques caractéristiques de chaque secteur de la playa, par des observations réalisées au cours d'une année climatique.

2.2.1. Conductivité

La figure 30 illustre les variations de conductivité dans les prélèvements d'aquifère de chaque station, au cours d'une année climatique. L'aquifère de Cerritos Colorados est de loin le plus salin de la playa avec une conductivité moyenne de 185 mS/cm. Les aquifères de Carmelita, Cofradía, La Mota et La Motita présentent des conductivités assez élevées, situées entre 50 et 80 mS/cm.. Poncitlan représente le secteur le moins salin, avec une conductivité moyenne de 35 mS/cm.

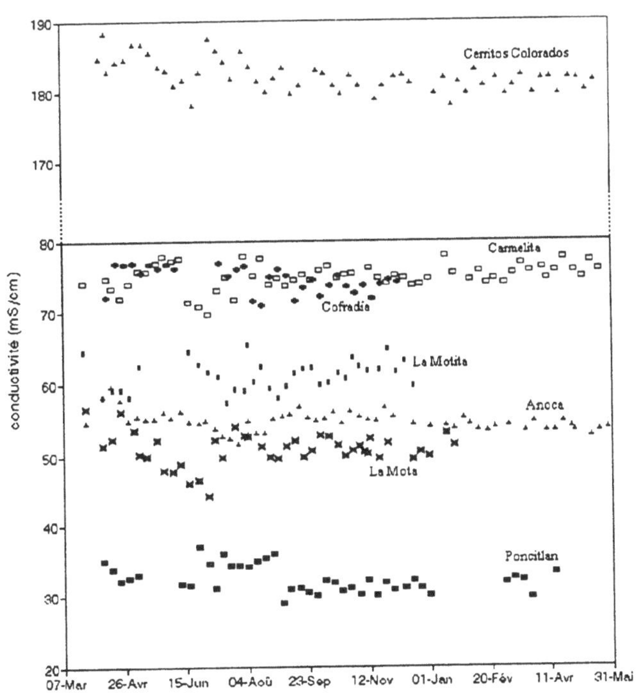

Figure 30 : Evolution de la conductivité des eaux d'aquifère au cours de l'année climatique 94-95.

Dans l'ensemble des stations, la conductivité de l'aquifère reste relativement stable à l'échelle d'une année. On note toutefois quelques variations durant la saison des pluies :

- dans les stations de Cerritos Colorados, Carmelita, La Motita et La Mota, la conductivité baisse en début de saison des pluies (juin-juillet) ;
- dans la station de Cofradía, ces variations sont plus irrégulières et s'observent durant toute la durée de la saison des pluies ;
- dans la station de Poncitlan, les variations sont bien marquées et correspondent probablement à des moments précis de recharge intensive de l'aquifère ;
- dans la station de Anoca, les variations sont minimes.

Ces écarts de conductivité sont associés à des remontées piézométriques de l'aquifère dans le sol en saison des pluies, phénomènes que nous allons détailler dans le chapitre suivant. Nous rappelons également que les inégalités de concentration globale s'accompagnent de différences dans les proportions respectives en types de sels selon les secteurs. Nous verrons dans le chapitre 3 comment ces différences se manifestent dans la formation des efflorescences salines de surface spécifiques à chaque secteur.

2.2.2. Variations piézométriques

La figure 31 représente les variations du niveau d'aquifère dans les différentes stations au cours de l'année climatique 94-95 [1]. Par souci de clarté, la courbe de piézométrie de la station de La Mota n'est pas figurée, car elle se recoupe avec celle de La Motita.

Dans ce schéma général, on observe trois types de courbes différentes :

- tout d'abord un ensemble formé par les stations de La Mota, La Motita, Carmelita et Cofradía, qui montrent des fluctuations importantes à certaines époques de l'année. Il semble que dans ces secteurs, le niveau de l'aquifère soit moyennement influencé par les phénomènes climatiques.

- un second ensemble représenté par les stations de Anoca et Cerritos Colorados, dans lesquelles on observe de faibles variations piézométriques au cours de l'année. Sur ces sites, l'aquifère semble donc être peu sensible aux variations climatiques saisonnières.

- enfin, Poncitlan, où l'aquifère est soumis à d'importantes fluctuations piézométriques au cours de l'année, et qui constitue le seul endroit où se forme une lame d'eau superficielle. Dans cette station, l'aquifère apparaît donc fortement influencé par les conditions climatiques.

[1] Dans cette figure, les courbes de La Motita et Cofradía s'interrompent vers la fin du mois de décembre et début du mois de janvier ; en effet, sur ces sites, l'aquifère a baissé au delà de la profondeur d'installation des piézomètres. Au delà des points observés, il faut donc imaginer que les courbes suivent une progression descendante, c'est à dire que l'aquifère baisse progressivement.

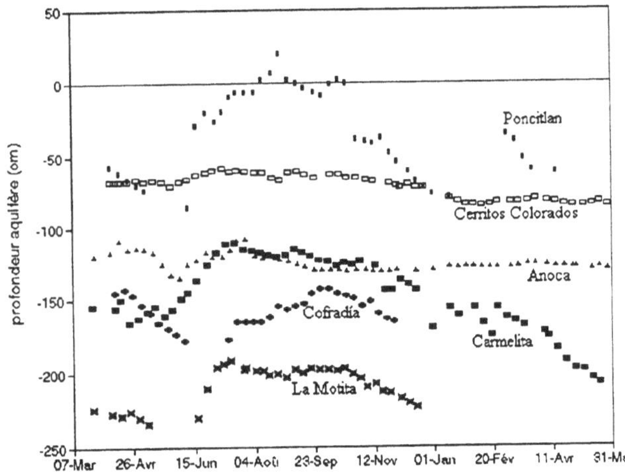

Figure 31 : Variations piézométriques dans les différentes stations de playa (année climatique 94-95).

Afin d'évaluer l'impact des fluctuations climatiques sur l'aquifère, nous avons comparé les variations piézométriques de chaque station avec les données journalières d'évaporation et précipitation de différentes stations climatiques[2] (fig. 32, 33, 34 et 35) :
- pour La Mota, La Motita et Carmelita, station climatique de Usmajac,
- pour Cofradía, Anoca et Cerritos Colorados, station climatique de Techaluta,
- pour Poncitlan, pluviométrie de Poncitlan et évaporation de Atoyac.

Les courbes de variations piézométriques présentent plusieurs phases caractéristiques :
- une phase A de montée, correspondant à une recharge de l'aquifère en saison des pluies,
- une phase B de stabilisation,
- une phase C de descente, correspondant à une décharge de l'aquifère en saison sèche par évaporation,
- une phase D de stabilisation, correspondant à une limite de la décharge de l'aquifère par évaporation.

Afin de détailler le comportement de l'aquifère en fonction des paramètres climatiques, nous avons quantifié les variations piézométriques, la précipitation et l'évaporation pour les différentes phases, dans chaque station (tableau 8). Dans ce tableau, nous avons également figuré les mesures totales de précipitation et évaporation pour une période d'une année entre les mois de mars 94 et 95. Ces mesures sont largement inférieures aux moyennes annuelles des stations[3], ce qui signifie qu'il s'agit d'une année relativement sèche. Il semble toutefois que les mesures de précipitation des stations de Techaluta et Poncitlan soient sous-estimées par rapport à celles de Usmajac ; en dehors de variations locales, ces différences peuvent s'expliquer par les conditions de mesure respectives de chaque station[4].

Les variations piézométriques observées dans les différents secteurs témoignent de l'interaction de trois phénomènes :
- conditions climatiques locales,
- caractéristiques pédologiques du sol de playa,
- contexte géologique et géomorphologique des versants.

D'une manière générale, les phases de décharge de l'aquifère correspondent à des périodes de précipitations moindres ou nulles et s'expliquent par la remontée capillaire de l'eau et l'évaporation en surface. Cette remontée peut présenter une phase de stabilisation qui correspond soit à la limite de la frange capillaire (fonction de la porosité du sol), soit à la formation d'une croûte saline en surface qui bloque l'évaporation. En saison des pluies, l'aquifère se recharge par les apports directs (infiltrations des eaux de pluies de playa) et indirects (écoulement depuis les versants), tandis que l'évaporation, très élevée à cette période de l'année, peut entraîner une décharge ponctuelle. L'infiltration est fonction des caractéristiques physico-chimiques superficielles et internes du sol et les apports latéraux dépendent de la morphologie des versants. Il est difficile d'établir les proportions respectives de l'infiltration des précipitations directes et des apports latéraux venant alimenter l'aquifère. Cependant, la description des profils de sol et des caractéristiques géomorphologiques de chaque secteur (fig. 36), nous permet de proposer des hypothèses pour expliquer le fonctionnement piézométrique de l'aquifère dans les différents secteurs.

- Secteur sud / sud-ouest

Dans ce secteur, représenté par les stations de Carmelita, La Mota et La Motita (fig. 32), le niveau piézométrique monte rapidement en début de saison des pluies (phase A), pendant une période de temps correspondant à une forte intensité des pluies (mi juin - fin juillet). Ensuite le niveau se stabilise à une certaine profondeur, pendant une durée variable selon les stations correspondant approximativement à la seconde partie de la saison des pluies (août - octobre). Dans les trois stations, les variations piézométriques de la phase A correspondent à la remontée au sein de l'horizon argileux situé à la base du profil de sol (cf. fig. 28). Cet horizon présente une microporosité texturale qui entraîne une pression et une remontée rapide de l'eau. Après avoir dépassé cet horizon, le niveau piézométrique se stabilise dans un horizon à tendance plus limoneuse ou sableuse selon les secteurs.

[2] Un détail des installations météorologiques du bassin est donné dans le chap. 4.2.1. de la première partie.

[3] cf. tableau 1, chap. 1.2 de la première partie.

[4] A Usmajac, les mesures ont été effectuées dans un pluviomètre standard par une personne chargée de l'enregistrement des données de la station depuis plusieurs années, on suppose donc que celles-ci sont relativement fiables. Par contre, à Techaluta et à Ponctilan, les mesures ont été effectuées respectivement dans un pluviomètre totalisateur et dans un pluviomètre non standard dont les manipulations, bien que simples, exigent une certaine rigueur dans le protocole de mesure (fréquence régulière et mesure précise) à laquelle les observateurs non initiés n'étaient pas habitués. C'est pourquoi on peut supposer que les données de Techaluta et Poncitlan sont sous-estimées par rapport à celles de Usmajac.

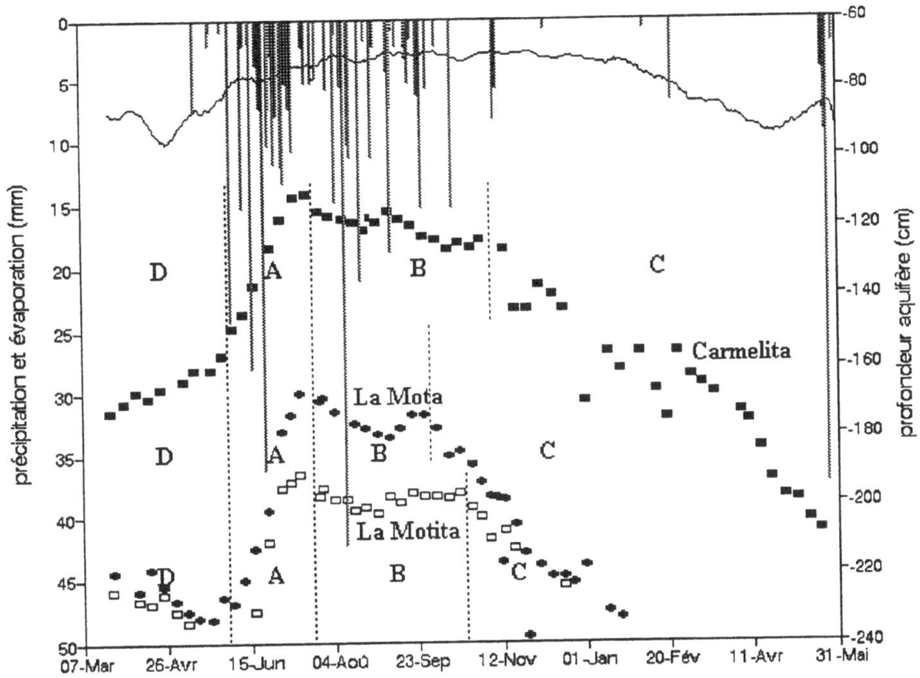

Figure 32 : Variations piézométriques à La Motita, La Mota et Carmelita ; comparaison avec les données climatiques de la station de Usmajac (année 94-95).

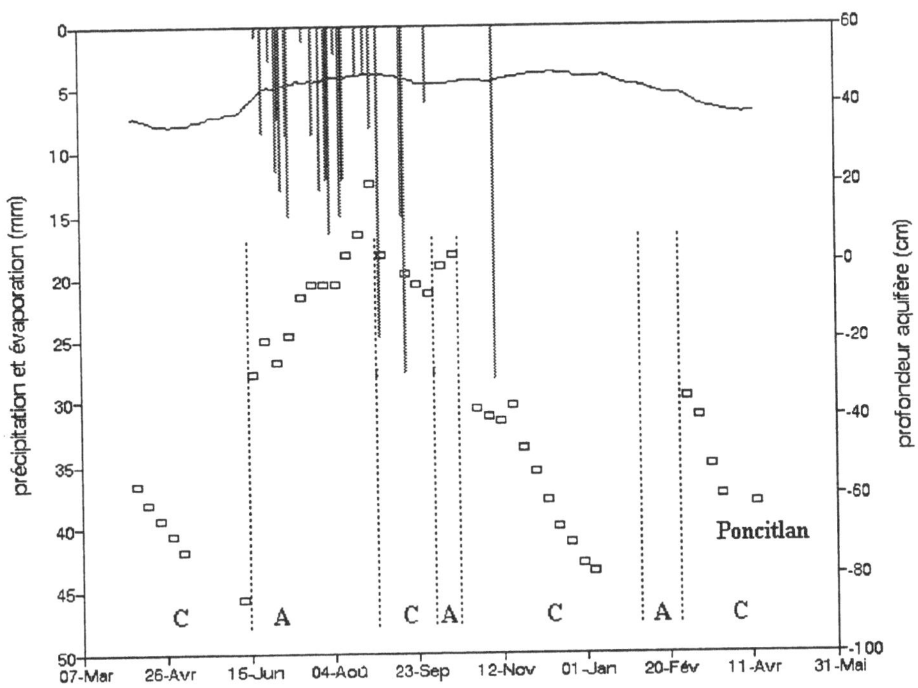

Figure 33 : Variations piézométriques à Poncitlan ; comparaison avec les données climatiques de la station de Atoyac (année 94-95).

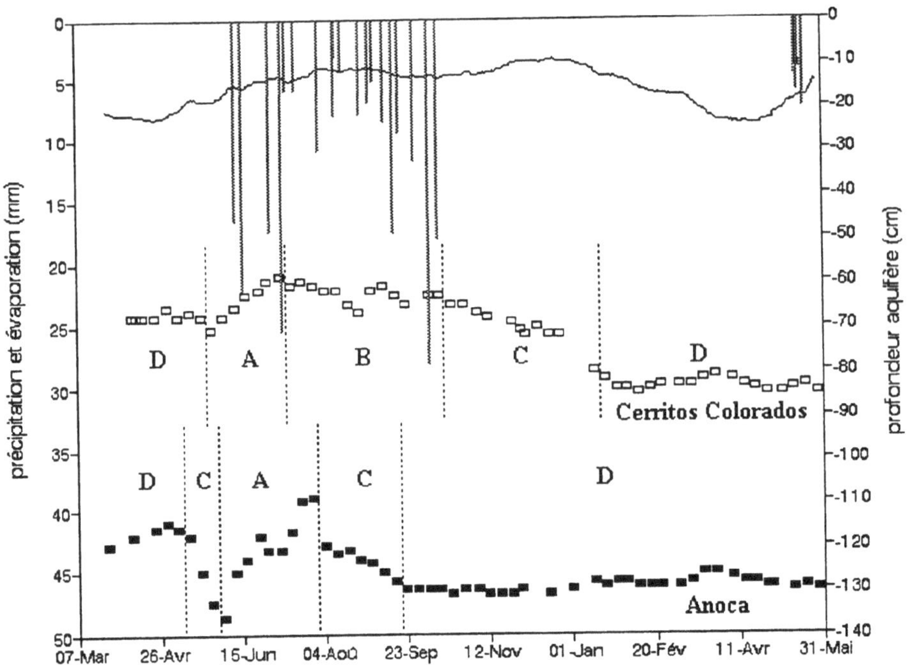

Figure 34 : Variations piézométriques à Anoca et Cerritos Colorados ; comparaison avec les données climatiques de la station de Techaluta (année 94-95).

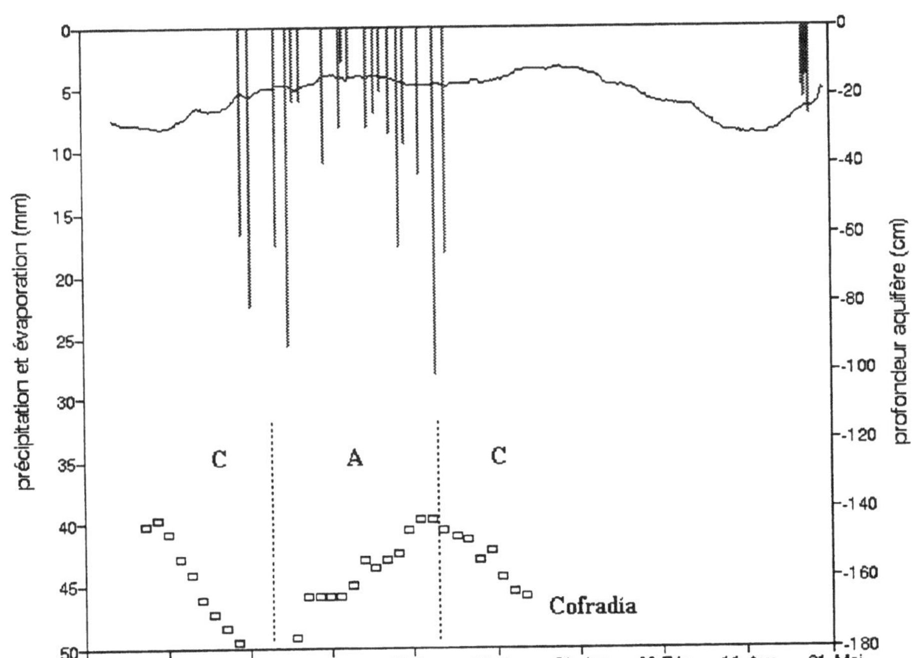

Figure 35 : Variations piézométriques à Cofradía ; comparaison avec les données climatiques de la station de Techaluta (année 94-95).

Tableau 8 : Phases de variations piézométriques en fonction des données de précipitation et évaporation dans les différentes stations.

Carmelita phase	piezo. (mm)	précip. (mm)	évap. (mm)	La Mota phase	piezo. (mm)	précip. (mm)	évap. (mm)	La Motita phase	piezo. (mm)	précip. (mm)	évap. (mm)	station climatique de Usmajac
D	+ 150	10	393	**D**	- 70	10	539	**D**	- 90	0	539	période du 24/03/94 au 24/03/95 :
A	+ 440	225	270	**A**	+ 590	228	270	**A**	+ 320	238	270	total précip. : 524 mm
B	- 130	259	329	**B**	- 60	242	226	**B**	- 70	266	282	
C	- 840	21	1056	**C**	- 590	36	359	**C**	- 270	14	188	total évap. : 1732 mm

Anoca phase	piezo. (mm)	précip. (mm)	évap. (mm)	Cerritos Colorados phase	piezo. (mm)	précip. (mm)	évap. (mm)	Cofradía phase	piezo. (mm)	précip. (mm)	évap. (mm)	station climatique de Techaluta
D	+ 40	0	339	**D**	0	0	443	**C**	- 330	39	624	période du 24/03/94 au 24/03/95 :
C	- 170	0	151	**A**	+ 110	97	318	**A**	+ 350	185	495	
A	+ 240	103	336	**B**	- 10	155	432	**C**	- 220	49	255	total précip. : 256 mm
C	- 180	74	209	**C**	- 150	0	341					
D	- 10	113	1351	**D**	- 30	31	849					total évap. : 1943 mm

Poncitlan phase	piezo. (mm)	précip. (mm)	évap. (mm)	données climatiques de Poncitlan et Atoyac
C	- 310	0	491	période du 7/04/94 au 7/04/95 :
A	+ 1060	157	376	
C	- 260	78	110	total précip. : 273 mm
A	+ 50	7	64	
C	- 780	29	379	total évap. : 1930 mm
A	+ 440	0	255	
C	- 270	0	268	

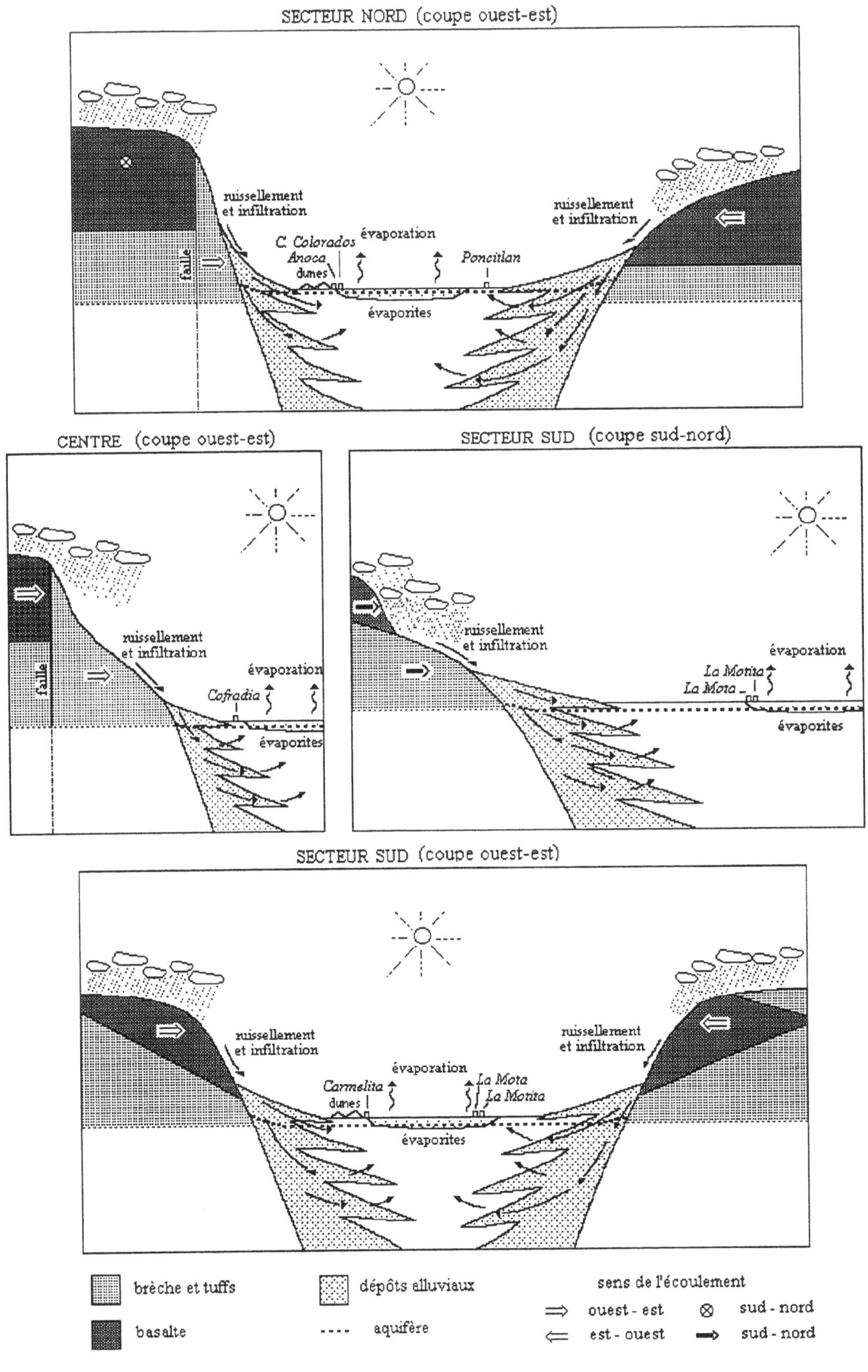

Figure 36 : Schéma des processus de recharge de l'aquifère par les versants dans les différents secteurs de la playa.

Sur la figure 36, nous avons représenté schématiquement les processus de recharge de l'aquifère de playa par les apports latéraux, en fonction des caractéristiques géologiques et topographiques des versants.

- *Secteur sud*

Le secteur sud présente des versants ouest et est de même type, avec une couche de basalte du tertiaire dont les coulées sont orientées vers l'est pour le versant ouest et vers l'ouest pour le versant est. L'eau d'infiltration issue des précipitations de montagne s'écoule donc préférentiellement vers la playa dans les deux cas. A ces écoulements souterrains de montagne viennent s'ajouter le ruissellement et l'infiltration des pluies de versant dans les plaines alluviales de piedmont. Dans ce secteur, il semble donc que les apports latéraux permettant la recharge annuelle de l'aquifère soient plus élevés que dans le secteur nord-ouest.

Par ailleurs, en dehors des analogies observées dans le contexte géologique, nous rappelons que le versant est est soumis à des précipitations en moyenne plus importantes que le versant ouest, ce qui expliquerait la présence de zones marécageuses et de nombreuses sources et cours d'eau sur le versant est.

Les stations de La Mota et La Motita se situent dans une zone également soumise aux apports du versant sud du bassin. Celui-ci présente également un contexte géologique favorable à une recharge intensive de l'aquifère, avec un sens d'écoulement orienté vers le nord sur une large superficie en raison d'une faible pente.

En début de saison sèche, le niveau piézométrique baisse progressivement (phase C) par remontée capillaire et évaporation en surface. Cette phase présente des variations selon la texture et la structure des horizons situés au dessus de la limite supérieure de battement de l'aquifère. Ainsi dans la station de Carmelita, le profil de sol présente une texture sablo-limoneuse à structure fragmentaire grumeleuse, à faible pression capillaire, entraînant une remontée lente et irrégulière. Dans cette zone, les efflorescences salines présentent un aspect pulvérulent et forment rarement de véritables croûtes, l'évaporation est donc continue tout au long de la saison sèche.

Dans les stations de La Mota et La Motita, les horizons surmontant le niveau de battement de l'aquifère sont à composante argilo-limoneuse, à structure prismatique, créant une forte pression capillaire et une remontée plus rapide de l'eau. Dans ces stations, la phase C montre une pente plus forte et est probablement suivie d'une phase de stabilisation. En raison de la profondeur du piézomètre, nous n'avons malheureusement pas pu mesurer l'évolution du niveau de l'aquifère sur l'ensemble de la saison sèche. Toutefois, dans ces zones, nous avons pu observé que les efflorescences salines peuvent parfois former des croûtes en surface empêchant ainsi l'évaporation. De plus, il est probable qu'en raison de la profondeur de l'aquifère et des caractéristiques de sol, l'on puisse atteindre assez rapidement la limite de la frange capillaire, à partir de laquelle il ne s'opère plus de remontée en phase liquide.

- *Zone intermédiaire*

Ce secteur est représenté par la station de Cofradía (fig. 35) dans laquelle on observe une succession de phases de descente et montée piézométriques d'amplitude moyenne. Comme pour le secteur sud / sud-ouest, le battement mesuré correspond à l'horizon argileux situé à la base du profil de sol (cf. fig. 28). Dans cette station, on n'observe pas de phase de stabilisation postérieure à la remontée. Il semble que cette zone soit soumise à des apports d'eau directs et indirects moindres par rapport au secteur sud, qui entraînent une recharge moins importante de l'aquifère et ne permet pas au niveau piézométrique d'atteindre l'horizon limoneux dans lequel il peut s'opérer une stabilisation.

En effet, dans ce secteur (fig. 36) la moitié inférieure du versant est formé de brèches volcaniques, de pente moyenne avec un sens d'écoulement orienté vers l'est, donc favorable à une bonne recharge de l'aquifère de playa. La partie supérieure du versant est composé de basalte avec un sens d'écoulement également orienté vers l'est, mais la présence d'une faille constitue un obstacle à l'écoulement. Les apports indirects se limitent donc à la partie inférieure du versant. A pluviométrie égale, cette zone est donc proportionnellement moins influencée par les apports latéraux que le secteur sud.

La baisse de saison sèche suit apparemment des processus analogues à ceux identifiés dans le secteur sud ; cependant, comme à La Mota et La Motita, la profondeur limitée du piézomètre ne nous a pas permis de mesurer le phénomène pendant toute la durée de la saison sèche. Nous avons également observé dans cette station, la formation d'une croûte saline temporaire, susceptible de provoquer un arrêt momentané de la remontée capillaire par évaporation en pleine saison sèche.

- *Secteur nord / nord-ouest*

Ce secteur est figuré par les stations de Anoca et Cerritos Colorados (fig. 34), dans lesquelles on observe des variations piézométriques beaucoup moins marquées que dans les autres secteurs de la playa. A Cerritos Colorados, l'aquifère se situe au sein d'un horizon argileux très compact situé entre 50 et 80 cm de profondeur dans le profil de sol. On observe une augmentation du niveau piézométrique en début de saison des pluies, dont l'amplitude (11 cm) correspond à la limite supérieure de l'horizon argileux. Cette phase est suivie d'une longue période de stabilisation pendant la saison des pluies. En début de saison sèche, le niveau piézométrique baisse progressivement pour atteindre également une limite de stabilisation aux alentours de 85 cm, dans une couche de sable située sous l'horizon argileux. Cerritos Colorados se distingue par les fortes teneurs mesurées dans les eaux d'aquifère, qui sont deux à quatre fois plus élevées que dans les autres stations (fig. 30). Ici, il se forme rapidement une croûte saline en surface qui empêche la remontée capillaire et l'évaporation de l'aquifère.

Dans la station de Anoca, le niveau piézométrique présente des variations singulières. On observe en effet une phase de descente en fin de saison sèche, après une période de stabilisation. Cette baisse traduit une reprise de l'évaporation qui peut être le résultat d'une transformation de la croûte

saline de surface en efflorescences pulvérulentes à la suite d'une érosion éolienne. En début de saison des pluies, le niveau piézométrique remonte assez rapidement pour atteindre la limite supérieure de l'horizon argileux.
A partir de début août, bien que l'on soit encore en saison des pluies, il semble que l'aquifère ne se recharge plus et le niveau piézométrique baisse à nouveau pour atteindre un niveau de stabilisation à 130 cm de profondeur. Dans un premier temps, les fortes précipitations de playa empêchent la formation d'une croûte saline en surface. Ensuite, à partir du début de la saison sèche, il se forme une croûte saline qui bloque l'évaporation de l'eau du sol.

Dans ce secteur, les apports d'eau latéraux sont très faibles, en raison d'une pluviométrie moindre d'une part, et surtout du contexte géologique du versant. Celui-ci est recouvert d'une épaisse couche de coulées basaltiques orientées vers le nord et séparées du flanc est de la montagne par une faille. L'essentiel de l'eau apportée par les précipitations sur les versants s'écoule donc vers le nord où elle va alimenter la lagune de Zacoalco. La faiblesse des apports expliquent également les fortes concentrations mesurées dans l'aquifère de ce secteur, et plus particulièrement à Cerritos Colorados, situé à l'extrême nord. La station de Anoca est située un peu plus au sud, où le versant est un peu moins abrupt et bénéficie d'apports un peu plus importants, ce qui explique que l'aquifère présente des concentrations plus faibles qu'à Cerritos Colorados.

- Secteur est
Ce secteur est représenté par la station de Poncitlan (fig. 33), qui présente des variations piézométriques de forte amplitude. Cette station est caractérisée par la coexistence d'un aquifère également très proche de la surface, de concentrations plus faibles que dans les autres secteurs et d'un profil très argileux. Les apports latéraux sont favorisés par une grande superficie de versant, dont les coulées basaltiques sont orientées vers l'intérieur du bassin (fig. 36) et par une pluviométrie plus élevée que celle de la partie nord - ouest. L'interaction des différents phénomènes entraînent des variations piézométriques de grande amplitude, apparemment très influencées par les rythmes climatiques : alternance de périodes humides et sèches provoquant respectivement des phases de remontée brutale du niveau au sein d'un profil très argileux, et des phases de baisse régulière favorisée par la formation de fissures de dessiccation et par l'absence de croûte en surface (due à la structure superficielle du sol et des concentrations moindres par rapport aux autres secteurs).

Dans le chapitre suivant, nous allons étudier les manifestations superficielles de ces variations identifiées dans l'aquifère des différents secteurs, dans le but de distinguer différents faciès de salinité d'un point de vue quantitatif et qualitatif.

2.3. Les efflorescences salines

Après avoir étudié les variations piézométriques et géochimiques de l'aquifère dans les différentes stations, nous observons les répercutions de celles-ci dans la formation des efflorescences salines au cours de l'année climatique 94-95.

Dans un premier temps, nous proposons une analyse des résultats obtenus sur les prélèvements hebdomadaires de surface du sol effectués dans les différentes stations. Ensuite, nous présentons une carte de salinité de l'ensemble de la playa obtenue à partir de mesures de résistivité effectuées au printemps 95.

2.3.1. Variations des teneurs géochimiques

Comme nous l'avons précisé dans le chapitre 4 de la première partie, nous avons effectué des prélèvements hebdomadaires de surface du sol, sur une superficie connue (400 cm²) entre le mois de mars 1994 et le mois de mai 1995. Des analyses géochimiques (mesures de la conductivité et du pH, et mesures des teneurs en ions majeurs) ont été effectuées sur des extraits aqueux des échantillons de sols au 1/20.

Dans un premier temps, nous allons comparer les variations de la conductivité électrique des extraits de terres salées aux variations piézométriques de l'aquifère pour chaque station (fig. 37). Les données obtenues à Carmelita ne peuvent malheureusement pas être prises en compte dans cette analyse en raison d'une erreur dans le prélèvement des échantillons.

Dans l'ensemble des stations figurées, les courbes de conductivité présentent une forme générale analogue, avec une baisse caractéristique durant la saison des pluies (entre la fin du mois de mai et la fin du mois d'octobre) qui traduit un lessivage des sels en profondeur par infiltration des eaux de pluies, et une reprise pendant la saison sèche par remontée capillaire et évaporation des eaux chargées en sels. Sur cette figure, nous avons représenté en grisé les périodes pendant lesquelles la conductivité est inférieure à 10 mS/cm[1] et l'on considère que le *tequesquite* n'est pas suffisamment salé pour être collecté et lixivié. Au delà d'une forme générale similaire, les courbes indiquent des particularités selon les secteurs :

- Secteur sud

Dans les stations de La Mota et La Motita, on observe une baisse progressive de la conductivité à partir du début du mois de juin (période correspondant aux premières précipitations dans cette zone) qui traduit une dissolution partielle des sels de surface et un lessivage des ions en profondeur par infiltration des eaux de pluie. Les eaux d'infiltration viennent alimenter l'aquifère, entraînant une augmentation du niveau piézométrique. Dans cette zone, le profil de sol est à tendance limono-argileuse et les concentrations salines sont moyennes par rapport aux autres secteurs, ce qui entraîne une infiltration graduelle de l'eau.
La période pendant laquelle la surface du sol présente une conductivité inférieure à 10 mS/cm s'étale entre la mi juin et la mi septembre, c'est à dire pendant la période de forte intensité des précipitations. A partir de la mi octobre, la conductivité augmente progressivement, tandis que l'on observe une baisse du niveau piézométrique traduisant des remontées capillaires par évaporation. Après une augmentation rapide en début de saison sèche, la conductivité se stabilise aux alentours de 30 mS/cm, valeur qui correspond à la formation d'une croûte saline en surface.

- Zone intermédiaire

Dans la station de Cofradía, la conductivité baisse brutalement au début du mois de mai, bien que l'on n'ait pas enregistré de pluies et que le niveau piézométrique baisse. Ce phénomène pourrait s'expliquer par une erreur dans le prélèvement des échantillons de sol. A partir du début du mois de juin, la conductivité baisse à nouveau brutalement pour atteindre un palier aux alentours de 2 mS/cm. La période pendant laquelle la conductivité est inférieure à 10 mS/cm s'échelonne entre le début du mois de mai et la fin du mois d'octobre. A partir du mois de novembre, la conductivité augmente très graduellement jusqu'à atteindre une valeur de 17 mS/cm à la fin de la saison sèche. Cette station présente la salinité la plus faible à l'échelle d'une année et montre deux périodes de salinité bien marquée correspondant au rythme de saison sèche et saison des pluies.

- Secteur nord-ouest

Dans les stations de Anoca et Cerritos Colorados, la conductivité des extraits de *tequesquite* présente une évolution différente. A Cerritos Colorados, l'existence d'un profil très argileux, d'un aquifère très proche de la surface et d'une pluviométrie faible entraîne une dissolution progressive, et une très faible infiltration. De par ses caractéristiques texturales et structurales, le profil de sol se sature très vite et il ne s'opère pas d'infiltration au delà de l'horizon d'argile située entre 50 cm et 80 cm de profondeur. Dans cette zone, les sels sont lessivés en subsurface et la surface du sol garde toujours une concentration relativement importante quelle que soit l'époque de l'année. En conséquence, la période pendant laquelle on ne peut collecter le tequesquite est courte (entre la mi juillet et la fin septembre). En saison sèche il se forme rapidement une croûte saline, et la conductivité de l'extrait de tequesquite se stabilise autour de 25 mS/cm.

A Anoca, l'eau s'infiltre plus facilement et lessive les sels en profondeur, dès le début de la saison sèche. Pendant la saison des pluies, bien que l'on ait observé une baisse du niveau piézométrique, la conductivité reste faible (autour de 20 mS/cm), ce phénomène semble donc correspondre à un mauvais fonctionnement du piézomètre plus qu'à une effective remontée capillaire et évaporation. A la mi octobre, la conductivité augmente rapidement pour atteindre un palier vers 20 mS/cm.

---

[1] Il s'agit d'une valeur arbitraire, qui correspond approximativement à une limite inférieure de salinité permettant d'extraire une saumure suffisamment concentrée pour produire du sel. Nous avons choisi cette limite, qui dans la réalité peut légèrement osciller, afin d'établir des comparaisons entre chaque station

- *Secteur nord-est*

A cet endroit (station de Poncitlan), l'existence de fentes de dessiccation favorise une infiltration rapide de l'eau en profondeur, entraînant la dissolution des sels de surface et le lessivage en profondeur. On observe donc une chute brutale de la conductivité au début de la saison des pluies. Ensuite, durant la saison sèche, l'eau s'évapore progressivement et il y a à nouveau formation de *tequesquite,* avec enrichissement salin progressif de celui-ci, sans véritable processus de stabilisation en raison des faibles teneurs de l'aquifère dans ce secteur. En fin de saison sèche, la croûte saline présente une conductivité moyenne de 30 mS/cm. La période pendant laquelle la conductivité est inférieure à 10 mS/cm s'étale entre la mi mai et la mi septembre.

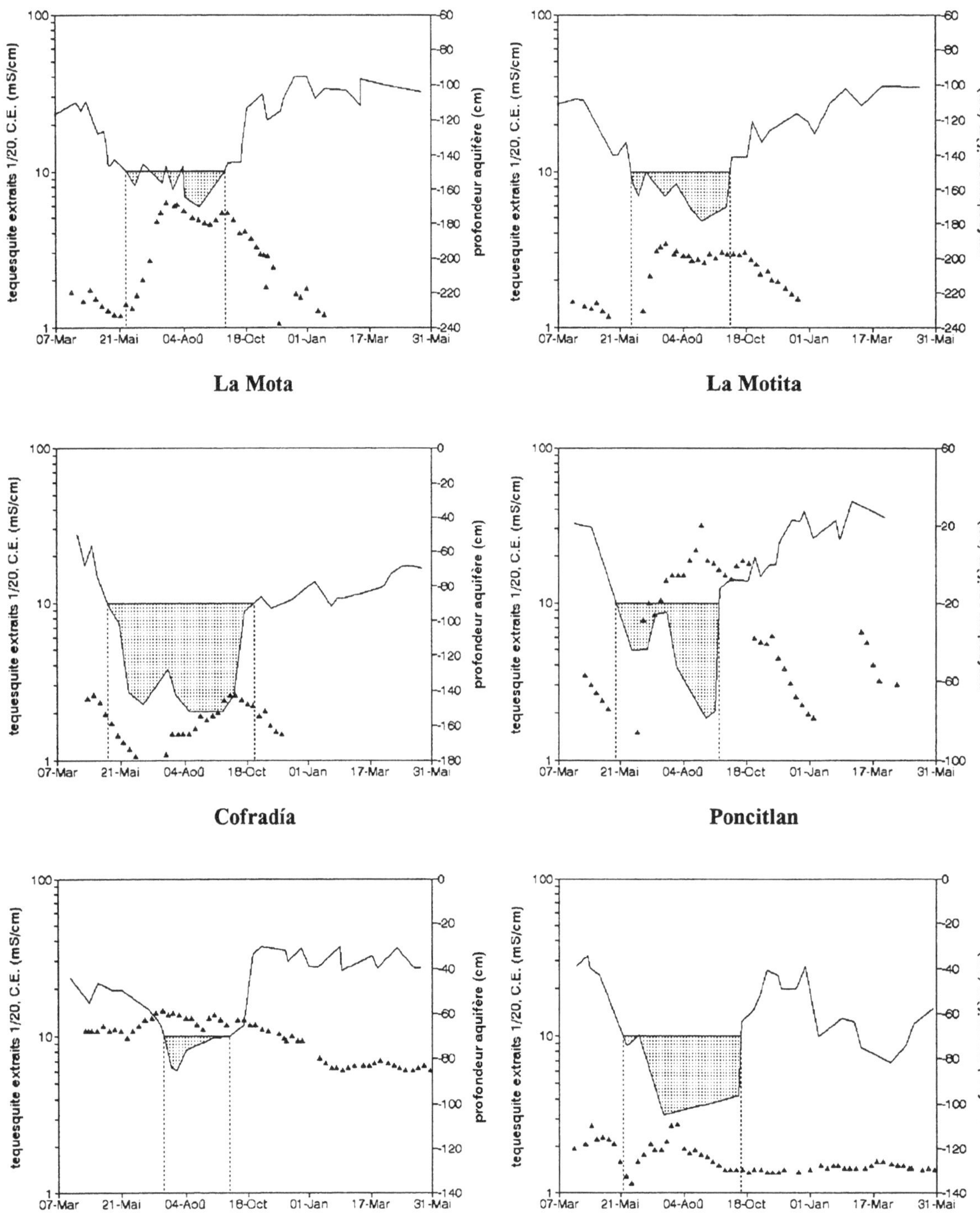

Figure 37 : Evolution de la conductivité électrique (C.E.) des extraits de croûte saline dans les différentes stations ; comparaison avec les variations piézométriques de l'aquifère.

A l'issue de ces premières observations, nous allons nous intéresser à présent aux processus de formation de la croûte saline en saison sèche, et nous allons estimer les poids de sel collecté pour chacune des stations.

2.3.2. Variations de poids et de volume des efflorescences salines

Dans ce chapitre nous avons évalué le poids de sel en g/m² collecté dans les différentes stations à partir des mesures de concentration en g/l des extraits de sol et du poids de sol sec collecté. Le calcul du poids de sel en g/m² a été effectué en utilisant les concentrations en g/l mesurées pour chaque élément dans les extraits au 1/20. Ces concentrations ont été converties en g/g de sol sec (en considérant les proportions de sols utilisés pour réaliser les extraits aqueux : 5g dans 100 ml d'eau distillée) ; ces valeurs ont ensuite été multipliées par le poids de sol sec[2] prélevé dans chaque carré de 20 cm de côté, puis multipliés par 25 afin d'obtenir une valeur en g/m².

La figure 38 illustre l'évolution du poids de sel collecté en g/m² dans les stations de Cerritos Colorados et La Motita, au cours de la saison sèche. Nous avons également figuré les courbes de variations de la conductivité et du poids de sol sec en g/m², deux paramètres qui influent sur le calcul du poids de sel. La figure 38 permet de constater que si dans certains cas (station de Cerritos Colorados) les courbes de conductivité, poids de sol sec et poids de sel restent relativement stables au cours de la saison sèche ; par contre dans d'autres (station de La Motita), on observe d'importantes variations de conductivité et de poids de sol qui ont une influence sur le poids de sel collecté. Pour plus de clarté, nous avons résumé les valeurs minimales, moyennes et maximales de chacune des composantes respectivement mesurées dans chacune des stations au cours de la saison sèche (tableau 9).

- Secteur sud

Dans les stations de La Mota et La Motita, le poids de sol sec collecté se situe entre 2,5 et 5 kg par m² ; valeurs qui, ramenées aux concentrations salines, donnent un poids de sel compris entre 270 et 2000 g/m² et en moyenne sur la saison sèche de 1000 g/m². Dans ce secteur, nous rappelons que l'aquifère est relativement profond, et les sols à tendance argilo-limoneuse, on observe donc un battement important du niveau d'aquifère. Ces caractéristiques entraînent le séchage et la salinisation de la surface du sol, phénomène progressif qui peut alors s'établir sur une épaisse couche de sol en surface. Les importantes variations de poids de sol collecté peuvent s'expliquer dans ce secteur par l'érosion éolienne. En effet, bien que les efflorescences salines se présentent parfois sous la forme de fine croûte, elles gardent dans cette zone un aspect général très pulvérulent qui les rend très susceptibles à la déflation.

- Zone intermédiaire

Dans la station de Cofradía, le poids de sel collecté reste relativement stable sur l'ensemble de la saison sèche ; les mesures de poids de sol se situent dans un ordre de grandeur intermédiaire entre celles du secteur sud et celles du secteur nord, en moyenne 3,2 kg de sol sec au m². Cependant, la conductivité mesurée dans les extraits de *tequesquite* est moindre, ce qui donne des poids de sel relativement faibles : entre 100 et 700 g/m². Nous nous situons dans une zone de transition entre le sud et le nord, avec un aquifère moyennement profond, des sols à tendance limono-argileuse, et un battement moyen de l'aquifère qui témoigne de mouvements d'infiltration et de remontée capillaire modérés.

- Secteur nord-ouest

Dans les stations de Cerritos Colorados et Anoca, bien que la conductivité du *tequesquite* soit similaire à celle mesurée à La Mota et La Motita, on obtient des valeurs en g/m² moindres par rapport à ce dernier secteur. En effet, le poids de sol sec collecté est relativement stable au cours de la saison et varie entre 2 et 3,8 kg par m², ce qui donne des teneurs comprises entre 200 et 1000 g par m², soit environ deux fois inférieures à celles calculées pour le secteur sud. A Cerritos Colorados, l'existence de concentrations plus importantes permet de collecter un poids moyen de sel deux fois plus élevés qu'à Anoca, bien que les deux stations présentent des caractéristiques de sol similaires. Dans ce secteur, les transferts d'eau et de sels en solution ne se réalisent que sur une faible tranche, dès le début de la saison sèche, il se forme rapidement une fine croûte saline en surface qui empêche l'évaporation de l'eau du sol.

- Secteur nord-est

Dans la station de Poncitlan, il se produit un phénomène inverse à celui observé dans les autres secteurs. En effet, il existe une corrélation inverse entre les valeurs de la conductivité et celles du poids de sel en g/m². En fait, au cours de la saison sèche, le poids de sol sec collecté diminue progressivement, tandis que la conductivité de la croûte saline augmente. En moyenne, le poids de sol collecté est de 2000 g/m², ce qui donne un poids de sel moyen de 400 à 500 g/m². Dans ce secteur, nous avons vu dans le chapitre précédent que le profil de sol est soumis à des mouvements verticaux, d'eau et de sels dissous, de forte amplitude. En saison sèche, la surface du sol se salinise progressivement au fur et à mesure que s'évapore l'eau du sol et que remonte par capillarité l'eau d'aquifère. La salinisation progressive de la surface du sol ne se traduit pas par l'apparition d'une véritable couche d'efflorescences pulvérulentes. L'aquifère étant peu profond, il se produit des remontées constantes d'eau à la surface du sol et celle-ci ne se dessèche pas autant que dans les autres secteurs du bassin, hormis une fine pellicule en surface. Au fur et à mesure de l'évaporation, la quantité de sol collecté est donc de plus en plus faible.

A l'issue de cette seconde partie, nous établirons un rapport entre les quantités de sel collecté, calculées dans les différentes stations, et les potentialités de production de sel par cuisson et évaporation solaire. A travers l'étude de ces différentes stations, s'ébauche peu à peu une carte de

[2] Par poids de sol sec, nous entendons le poids de sol après séchage à l'étuve. En l'occurrence il ne s'agit pas nécessairement d'un sol sec au moment du prélèvement mais de la couche de surface qui se détache du reste du profil par son aspect pulvérulent et moins compact.

répartition de la salinité et des potentialités de récolte de *tequesquite* dans les différents secteurs de la playa. Toutefois, les données présentées dans ce chapitre correspondent à des valeurs obtenues à partir d'une salinisation naturelle de la surface du sol. Nous rappelons que, bien souvent, lorsque la production de sel se réalise à partir de la collecte et la lixiviation de terres salées, les sauniers opèrent un travail du sol qui permet un enrichissement plus rapide et plus conséquent de la surface (cf. chap. 3.3.4. de la première partie). Nous avons donc tenter de simuler ce travail en réalisant des prélèvements de *tequesquite* à intervalles de temps variables après avoir dénudé la surface du sol.

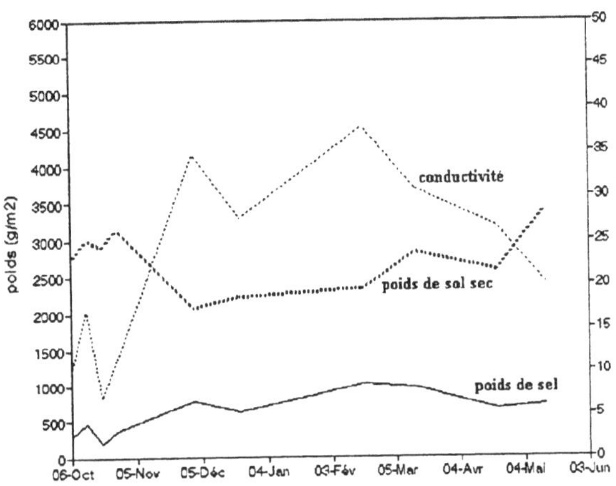

Cerritos Colorados

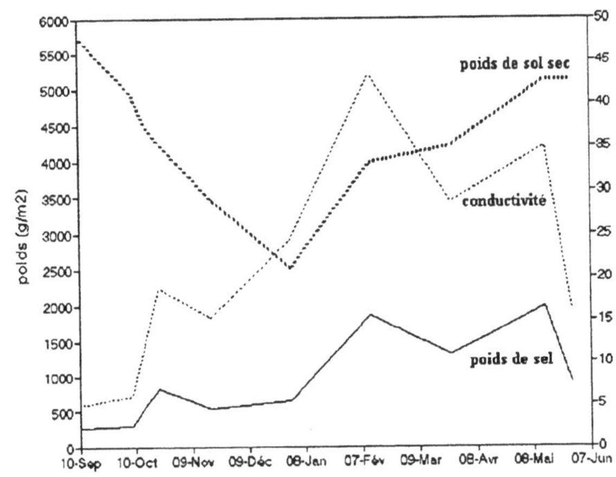

La Motita

Figure 38 : Comparaison de l'évolution du poids de sel en g/m², de la conductivité des extraits au 1/20 et du poids de sol sec en g/m², dans les stations de Cerritos Colorados et La Motita, au cours de la saison sèche (sept/oct 94 - mai/juin 95).

	conductivité (mS/cm)			poids de sol sec (g/m²)			poids de sel (g/m²)		
	min	**moy**	**max**	**min**	**moy**	**max**	**min**	**moy**	**max**
- La Mota	11,7 (oct 94)	26,9	40,5 (fév 95)	2500 (déc 94)	3793	4600 (mai 95)	542 (oct 94)	1090	1700 (fév 95)
- La Motita	4,9 (sept 94)	20,4	43,3 (fév 95)	2517 (déc 94)	4384	5120 (mai 95)	272 (sept 94)	921	1992 (mai 95)
- Cofradía	2,8 (oct 94)	10,3	17,9 (mai 95)	1326 (nov 94)	3165	4082 (janv 95)	78 (oct 94)	349	743 (mai 95)
- Anoca	4,2 (oct 94)	13,1	30,2 (janv 95)	1980 (oct 94)	3027	3847 (janv 95)	153 (oct 94)	375	989 (janv 95)
- Cerritos Colorados	6,9 (oct 94)	22,4	37,8 (fév 95)	2074 (déc 94)	2724	3395 (mai 95)	192 (oct 94)	623	1009 (fév 95)
- Poncitlan	2 (sept 94)	23	38,2 (mars 95)	649 (janv 95)	1946	3571 (sept 95)	65 (sept 94)	462	1573 (fév 95)

Tableau 9 : Caractéristiques de salinité et de poids des efflorescences salines dans les différentes stations (automne 94 - printemps 95).

2.3.3. Estimation du temps de formation des efflorescences salines

Les figures 39 et 40 représentent les résultats de mesures réalisées après avoir dénudé une surface connue de sol et collecté la croûte saline en formation à différents intervalles de temps, dans les stations de La Motita et Cerritos Colorados. La collecte de la croûte superficielle du sol s'est effectuée à l'intérieur d'une bande de 125 cm de long et de 25 cm de large. Cette bande a été divisée en 5 carrés de 25 cm de côté. Dans le premier carré, nous avons collecté la croûte en formation après une journée, dans le second après quatre jours, dans le troisième après huit jours, dans le quatrième après seize jours et dans le cinquième après trente jours. Nous avons répété cette opération trois fois dans chaque station, avec un décalage de deux semaines entre chaque nouvelle bande, durant les mois de mars et avril 1995.

Nous avons figuré en abscisses le cumul journalier du déficit hydrique, paramètre qui influence directement la formation de la croûte saline.

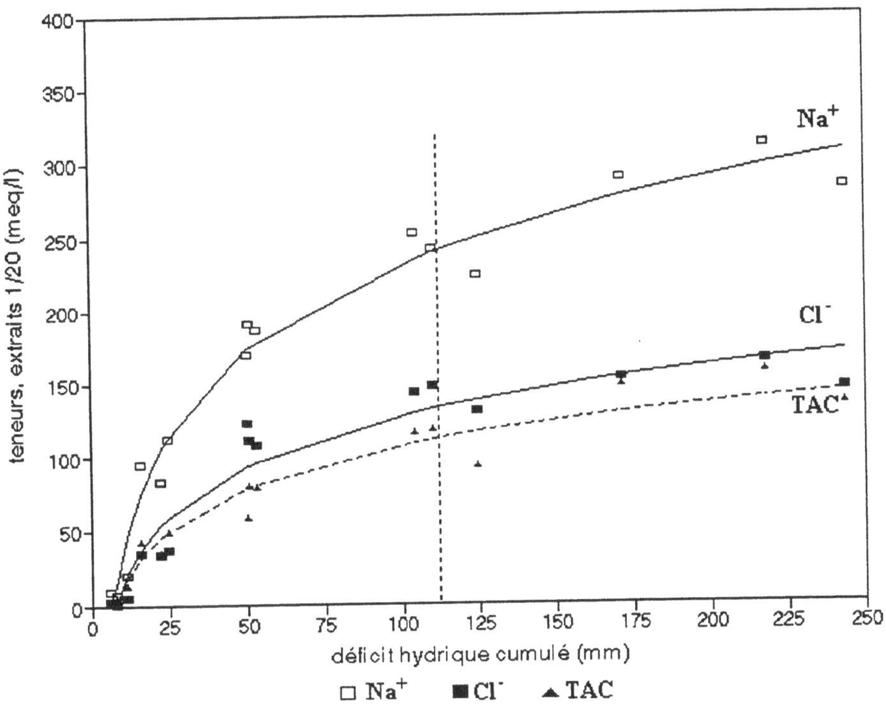

Figure 39 : Evolution des teneurs mesurées dans les extraits au 1/20 du *tequesquite*, en fonction du déficit hydrique cumulé, dans la station de la Motita.

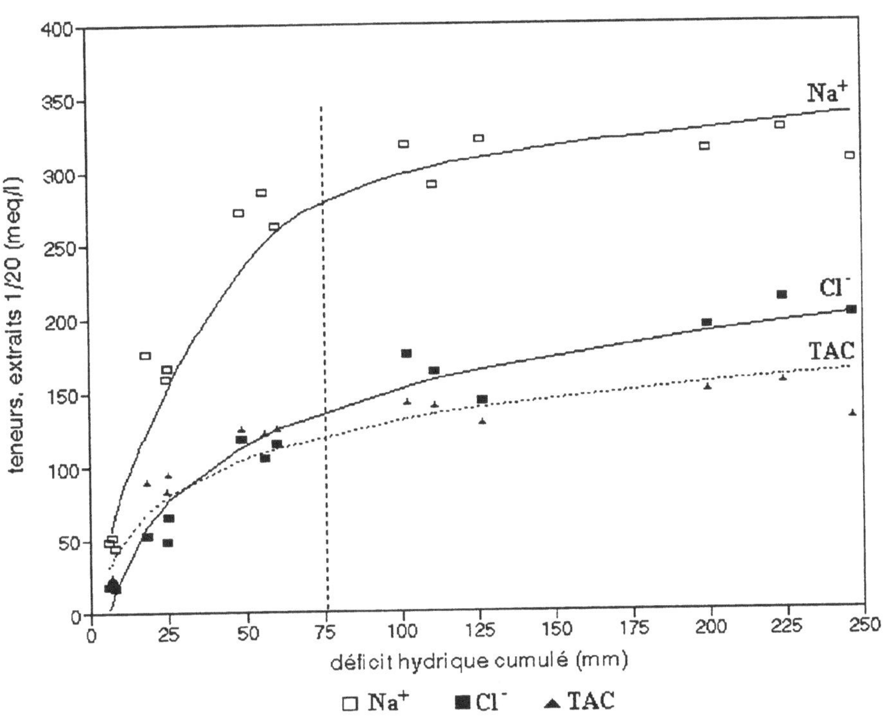

Figure 40 : Evolution des teneurs mesurées dans les extraits au 1/20 du *tequesquite*, en fonction du déficit hydrique cumulé, dans la station de Cerritos Colorados.

Dans les deux stations, les teneurs du tequesquite présentent une évolution de type logarithmique. Les points représentent les mesures réelles effectuées sur les extraits, et les courbes sont issues d'un calcul de régression linéaire d'équation :

$$Y = a(\log X) + b$$

Ce qui signifie que plus le cumul du déficit hydrique augmente, plus l'accroissement des teneurs est faible. Dans la station de La Motita, la pente de la courbe des teneurs se stabilise pour un déficit hydrique cumulé de 110 mm, ce qui repésente une période de temps environ égale à deux semaines dans la zone, à cette époque de l'année (février-mars). Tandis que dans la station de Cerritos Colorados, ce phénomène se produit après un temps plus court, pour un déficit hydrique d'environ 75 mm, ce qui correspond à environ huit jours dans ce secteur du bassin. Dans cette station, on observe un processus intéressant, que nous détaillerons dans le chapitre suivant : il semble que les carbonates précipitent en premier, en effet la courbe du TAC se stabilise un peu avant celle des chlorures.

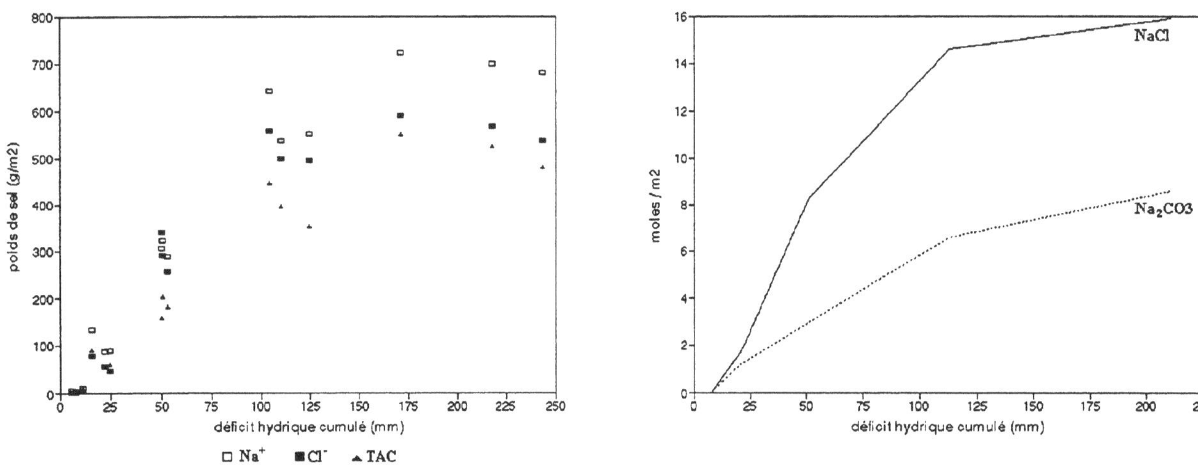

Figure 41 : Evolution du poids de sel en g/m² et du nombre de moles par m² dans le *tequesquite*, en fonction du déficit hydrique cumulé, dans la station de La Motita.

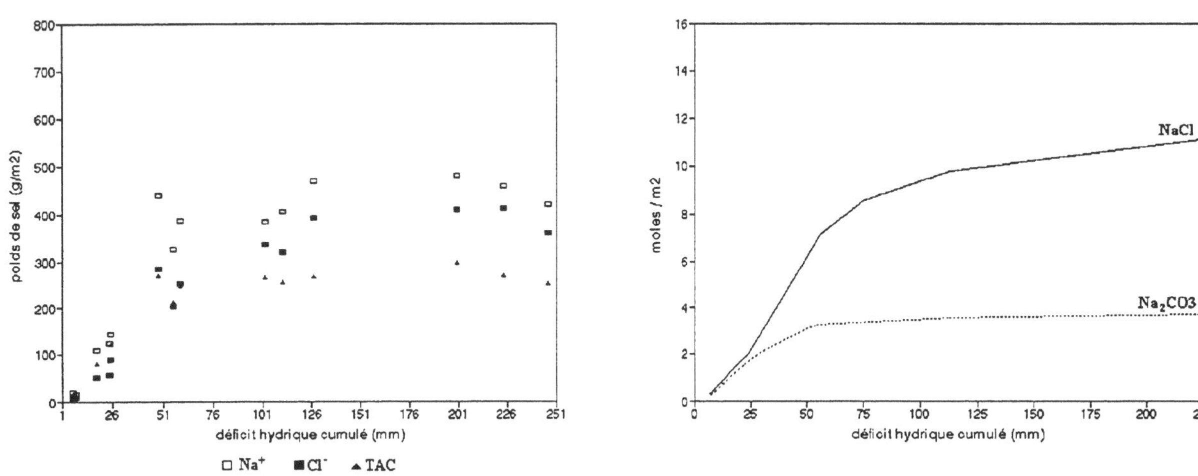

Figure 42 : Evolution du poids de sel en g/m² et du nombre de moles par m² dans le *tequesquite*, en fonction du déficit hydrique cumulé, dans la station de Cerritos Colorados.

Nous avons également représenté l'évolution du poids des éléments dominants (sodium, chlorures et carbonates) en g/m², ainsi que le nombre de moles par m² de chlorures de sodium et carbonates de sodium calculés à partir du poids des éléments (fig. 41 et 42). Dans la station de La Motita (fig. 41), on obtient environ 15 moles de NaCl (877, 5 g) et 6,5 moles de Na_2CO3[3] (689 g) pour un déficit hydrique cumulé de 110 mm correspondant à deux semaines d'évaporation. Dans la station de Cerritos Colorados (fig.

[3] Pour faciliter le calcul nous avons choisi le natron (Na_2CO3) pour représenter l'espèce carbonatée, nous verrons dans le chapitre suivant que d'autres sels peuvent se former tels le trona ($Na_2CO3.NaHCO3.2H_2O$) ou la thermonatrite ($Na_2CO3.H_2O$).

42), les courbes commencent à se stabiliser pour un déficit hydrique cumulé de 75 mm (huit jours d'évaporation) et on obtient environ 9 moles de NaCl (526,5 g) et 3 moles de Na_2CO3 (318 g).

Ces observations permettent de mettre en évidence un moment idéal de collecte du *tequesquite*, la gestion de ces intervalles de temps permet d'optimiser la collecte. Dans chacune des stations, les caractéristiques géochimiques, sédimentaires et climatiques locales entraînent des temps de formation et une qualité chimique différentielle de la croûte saline : à La Motita, il faut attendre environ deux semaines pour que se forme une croûte optimale dont la salinité se distribue principalement entre le chlorure de sodium et les carbonates de sodium en quantités similaires. A Cerritos Colorados, le *tequesquite* se forme plus rapidement (environ une semaine) avec une prédominance de chlorures de sodium par rapport aux carbonates.

Après avoir étudié dans le détail, les processus de formation et d'enrichissement salin de la surface du sol dans les différentes stations, nous allons à présent nous intéresser aux faciès géochimiques, c'est à dire à la séquence des minéraux susceptibles de se former en surface du sol.

2.3.4. Faciès géochimiques

En dehors des variations quantitatives de salinité, nous rappelons qu'il existe également des différences de composition chimique au sein de chaque secteur. Le tableau 10 illustre ces différences en donnant la distribution en pourcentage des éléments majeurs entrant dans la composition de la croûte saline dans les différentes stations.

Ainsi, dans le secteur sud, à La Mota et La Motita, la croûte saline est composée d'environ 40 % de sels solubles, les sodium se distribuent à part égal entre chlorures et carbonates pour La Motita, et avec une prédominance pour les carbonates pour La Mota. Dans la station de Cofradía, celle-ci n'est composée que de 30% de sels solubles, parmi lesquels on observe une part plus importante des chlorures par rapport aux carbonates. Dans le secteur nord-ouest, la part des sels solubles est d'environ 40 %, avec une large prédominance des chlorures. Enfin, dans le secteur nord-est, la part des sels solubles est de 60 %, et les anions se répartissent entre chlorures et sulfates.

Ces différences de composition chimique entraînent des variations dans les types de sels formés par secteurs. Afin d'identifier les types de sels et leur proportions caractérisant la surface du sol, nous avons utilisé un programme de calcul informatique permettant de simuler les réactions chimiques intervenant au cours de la concentration par évaporation d'une eau. Ce programme, mis au point par Plummer et al (1988) utilise les équations de Pitzer pour le calcul de l'activité ionique, adaptées pour les solutions très concentrées jusqu'à une force ionique de 6.

Les données fournies au programme sont : les molalités des éléments chimiques majeurs (Na, Ca, Mg, K, TAC, Cl et SO_4) présents dans la solution initiale, la pression de CO_2, le pH et la température. Le programme calcule les caractéristiques des états d'équilibre successifs correspondant à chaque minéral. Si la solution est saturée par rapport à un minéral, le nombre de moles de ce minéral qui précipitent, est calculé en fonction du facteur de concentration, en respectant la loi de conservation de masse.

Tableau 10 : Composition de la croûte saline dans les différentes stations de playa (avril 1994).

20/04/94	% Na	% HCO3	% CO3	% Cl	% SO4	% insoluble
La Mota	15,3	3,3	13,6	5	1,2	61,3
La Motita	15,1	1,6	8,7	9,2	4,2	60,9
Cofradía	10,9	0,7	4,6	11,3	0,6	72
Anoca	14,4	0,2	0,8	18	4,4	61,8
Cerritos Colorados	13,4	1,3	7,8	10,4	2,8	64,2
Poncitlan	20,9	0,8	1	19,4	16,7	40,6

Nous avons réalisé la simulation à 25°C et à pression atmosphérique constante (-3,5). Nous avons testé l'équilibre de différentes solutions initiales par rapport aux minéraux dominants, chlorures et carbonates de sodium. Nous avons également tenu compte de la présence non négligeable dans certains secteurs de sulfates, et avons testé l'équilibre avec les sulfates de sodium. Avant de présenter les résultats obtenus, nous donnons une description des sels considérés dans la simulation, en rappelant pour chacun, leur équation de dissociation et produit de solubilité thermodynamique à 25°C [4]. Nous rappelons que la solubilité d'un minéral est définie par la quantité maximale dissoute dans une solution saturée. Elle est souvent calculée à partir d'une constante d'équilibre, appelée produit de solubilité, que nous détaillons pour le cas de la halite.

[4] Ces données sont tirées du tableau VI de la thèse de Zins Pawlas (1988 : 35-36).

* Le chlorure de sodium (halite)
$NaCl \leftrightarrow Na^+ + Cl^-$

Dans une solution saturée vis à vis de la halite, le produit de solubilité de ce minéral, ou constante de la loi d'action de masse appliquée à la réaction, a pour expression :

$$Kps = \frac{[Na+][Cl-]}{[NaCl]}$$

L'activité des phases solides est par définition égale à 1, on a donc :

$Kps = [Na+][Cl-] = 10^{1,57}$

* Les carbonates de sodium
Dans les milieux carbonatés-bicarbonatés sodiques un certain nombre de sels sont susceptibles de précipiter aux fortes concentrations, ce sont les carbonates de sodium tels le trona ($Na_2CO_3.NaHCO_3.2H_2O$), la thermonatrite ($Na_2CO_3.H_2O$), le natron ($Na_2CO_3.10H_20$), ou la nahcolite ($NaHCO_3$). Les domaines de stabilité des carbonates de sodium sont donnés dans la figure 43. Lors de la formation des croûtes de sel, un mécanisme important intervient : la perte de CO_2 (Jones et al, 1977), la température joue également un rôle important dans ce processus. De ce fait, les croûtes qui se forment à partir de solutions bicarbonatées-carbonatées ne précipitent jamais de nahcolite mais soit du trona, soit de la thermonatrite à cause du faible niveau de CO_2 dans l'atmosphère (Eugster, 1966), et des températures relativement élevées lors de la saison de formation des croûtes salines.

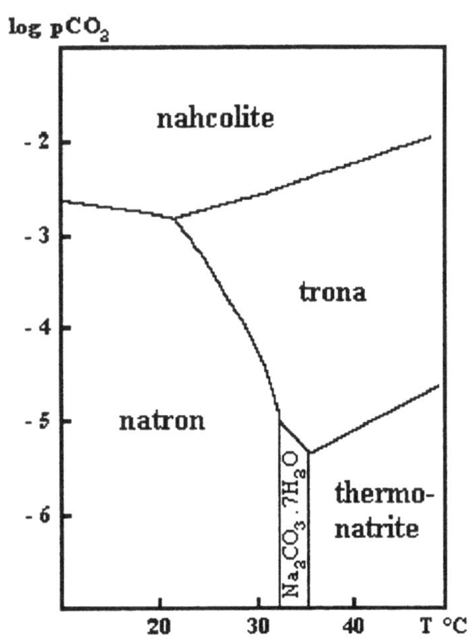

Figure 43 : Domaine de stabilité des carbonates de sodium en fonction de la température et de la pression de CO_2 (Eugster, 1966).

Le trona présente les caractéristiques suivantes :
$Na_2CO_3.NaHCO_3.2H_2O \leftrightarrow 3\ Na^+ + HCO_3^- + CO_3^{2-} + 2\ H_2O$

$Kps = 10^{-1,044}$

La thermonatrite présente les caractéristiques suivantes :
$Na_2CO_3.H_2O \leftrightarrow 2\ Na^+ + CO_3^{2-} + H_2O$

$Kps = 10^{0,482}$

Le natron présente les caractéristiques suivantes :

$Na_2CO_3.10H_2O \leftrightarrow 2\ Na^+ + CO_3^{2-} + 10\ H_2O$

$Kps = 10^{-0,825}$

* Les sulfates de sodium
On rencontre dans la nature deux formes de sulfate de sodium : la thénardite (Na_2SO_4) et la mirabilite ($Na_2SO_4.10H_2O$). Comme le sulfate de sodium est dix fois plus soluble à 30°C qu'à 0°C, la précipitation a lieu le plus souvent, sous forme de mirabilite pendant la saison froide, dans les lacs salés où la saturation en ce sel peut être obtenue. L'évaporation d'une solution sursaturée en sulfate de sodium, donne à température inférieure à 32,5°C de la mirabilite, et au delà de la thénardite.

La mirabilite présente les caractéristiques suivantes :
$Na_2SO_4.10H_2O \leftrightarrow 2\ Na^+ + SO_4^{2-} + 10\ H_2O$

$Kps = 10^{-1,228}$

La thénardite présente les caractéristiques suivantes :
$Na_2SO_4 \leftrightarrow 2\ Na^+ + SO_4^{2-}$

$Kps = 10^{-0,288}$

La figure 44 illustre le bilan des phases solides durant l'évaporation simulée d'eaux d'aquifère et d'extraits aqueux de *tequesquite* dans les différents secteurs du bassin[5]. Nous rappelons que la simulation a été réalisée dans des conditions de température et de pression atmosphérique constantes de 25°C et -3,5. Compte tenu de ces caractéristiques, nous avons testé l'équilibre des solutions avec la halite, le trona et la mirabilite. Il faut toutefois considérer que dans la réalité des modifications de température et de pCO_2 peuvent entraîner des transformations et la précipitation d'autres types de sels (tels que natron, thermonatrite, thénardite ou burkeite ($2Na_2SO_4.Na_2C03$) (Jones, 1962 : 3569)). Cependant, ces considérations ne changent pas fondamentalement l'ordre de précipitation des différents minéraux puisque à gradient de solubilité décroissant, on obtient une séquence sulfates de sodium - carbonate de sodium - chlorure de sodium.

[5] Nous ne proposons ici que les simulations réalisées dans trois stations représentatives de trois secteurs du bassin, dans lesquelles les résultats sont significatifs. Pour les autres stations et pour différentes raisons, la simulation n'a pas donné des résultats probants.

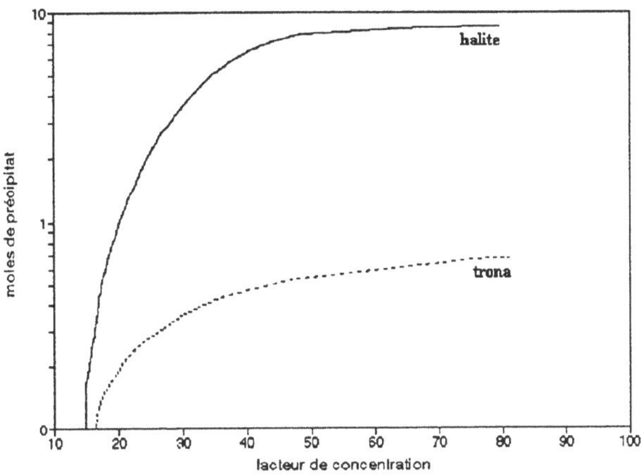

Anoca, eau d'aquifère

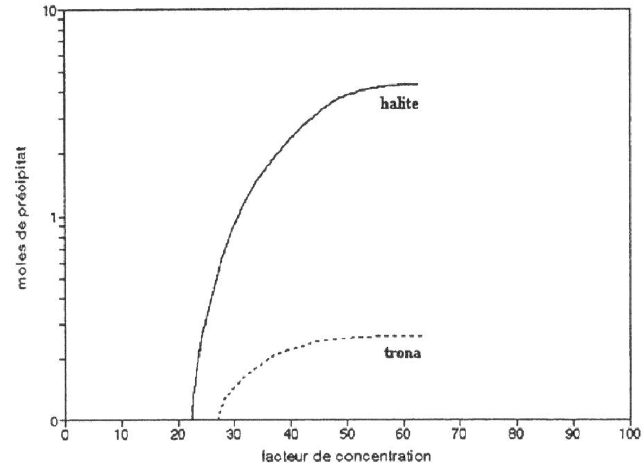

Anoca, extrait aqueux de *tequesquite*

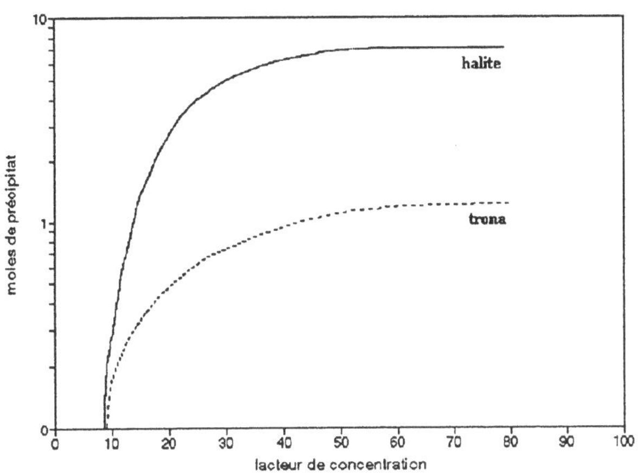

La Motita, eau d'aquifère

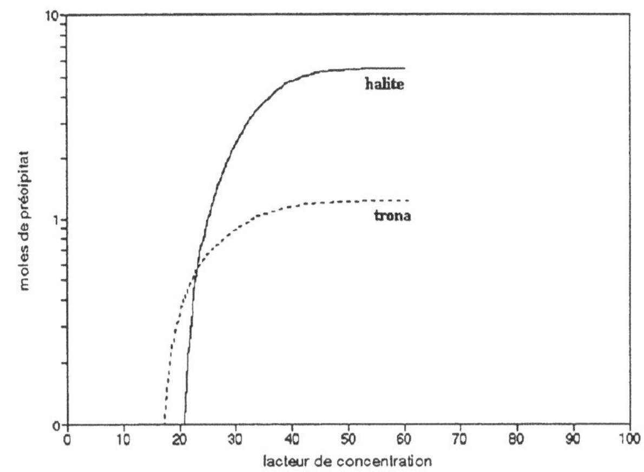

La Motita, extrait aqueux de *tequesquite*

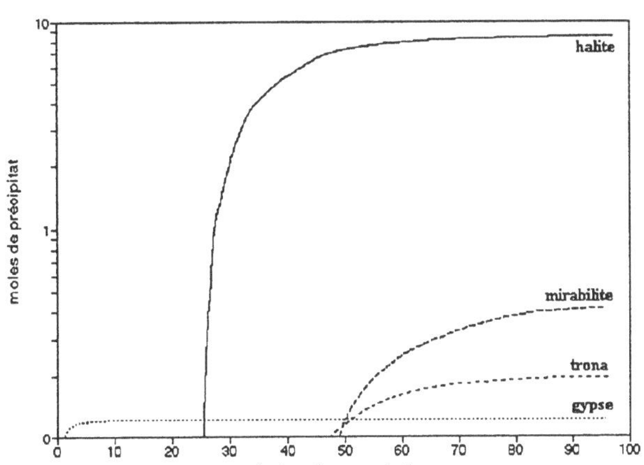

Poncitlan, eau d'aquifère

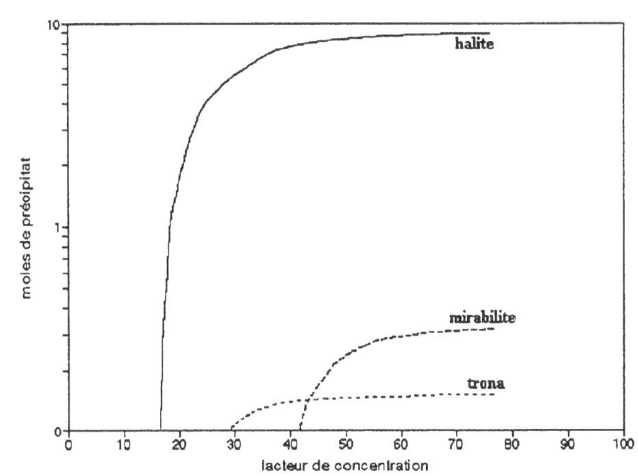

Poncitlan, extrait aqueux de *tequesquite*

Figure 44 : Résultats de l'évaporation simulée des eaux d'aquifère et des extraits aqueux de *tequesquite* dans les différents secteurs de la playa : bilan des phases solides (avril, 1994).

Les simulations réalisées sur les eaux d'aquifère et les extraits aqueux de *tequesquite* ont pour but de reconstituer les faciès géochimiques entrant dans la composition de la croûte saline. Dans le premier cas on simule la concentration par évaporation de l'eau d'aquifère, ce qui se rapproche du phénomène naturel d'évaporation et remontée capillaire de l'aquifère et concentration des sels en surface. Dans le second cas, on dissout la croûte saline et le processus de concentration des extraits obtenus permet de simuler les faciès géochimiques de la croûte saline en terme de gradient de précipitation et de quantités précipitées par litres d'eau. On observe généralement une légère différence entre les résultats obtenus à partir de la simulation de l'aquifère et ceux obtenus à partir des extraits de *tequesquite*

; en effet, dans le premier cas, on ne tient pas compte des pertes dues aux modifications de pCO_2 et de températures lors de la remontée au sein du profil de sol.

- *Secteur nord-ouest*

Dans la station de Anoca, la part d'éléments chlorures est largement dominante dans la solution initiale par rapport aux carbonates ; malgré un coefficient de solubilité plus élevé. C'est donc la halite qui précipite en premier, pour un facteur de concentration de 15 dans l'aquifère, et de 21 dans l'extrait de *tequesquite*. Le trona précipite ensuite assez rapidement pour des facteurs de concentration respectifs de 16 et de 27. Dans l'aquifère, le point d'équilibre avec la mirabilite est atteint pour un facteur de concentration de 80, 8,3 moles de halite ont précipité, pour seulement 0,5 moles de trona. Dans l'évaporation simulée de l'extrait de *tequesquite*, on obtient 4,4 moles de halite et 0,2 moles de trona pour un facteur de concentration de 60 qui correspond au point d'équilibre avec la mirabilite. Il est intéressant de noter que l'essentiel des précipitations en halite et trona s'opèrent avant même d'atteindre l'équilibre avec la mirabilite, même s'il se forme un peu de mirabilite (ou de thénardite, selon la température), il s'agira d'une fine couche superficielle recouvrant la croûte de halite et trona.

- *Secteur sud-ouest*

Dans la station de la Motita, trona et halite précipitent en même temps lors de l'évaporation simulée de l'aquifère, pour un facteur de concentration de 9. Puis, lorsque le point d'équilibre avec la mirabilite est atteint, pour un facteur de concentration de 80, 7,4 moles de halite ont précipité pour 1,4 moles de trona. En ce qui concerne l'extrait de *tequesquite*, le trona précipite en premier, pour un facteur de concentration de 17, suivi de la halite pour un facteur de concentration de 21 ; le point d'équilibre avec la mirabilite est atteint pour un facteur de concentration de 56 ; à ce moment, 5,2 moles de halite ont précipité, pour 1,1 moles de trona. Une fois de plus, en raison de la faible quantité de sulfates dans la solution initiale, l'équilibre avec la mirabilite est atteint pour un facteur de concentration élevé, et les précipitations de trona et halite se réalisent bien avant ce point. Par ailleurs, dans l'extrait de *tequesquite*, le trona précipite un peu avant la halite, lorsque celle-ci commence à précipiter, une grande partie du trona s'est déjà déposé. On obtient donc une croûte saline composée d'une couche de trona, sur laquelle se superpose une couche très riche en halite. Il faut noter que, bien que les proportions de carbonates ne soient pas négligeables dans la solution initiale, la quantité de trona précipité n'est pas très élevée. En effet, lorsque le trona précipite, la réaction consomme des ions carbonates et bicarbonates en quantités équimolaires :

$$3\,Na^+ + HCO_3^- + CO_3^{2-} + 2\,H_2O \rightarrow Na_2CO_3.NaHCO_3.2H_2O$$

Or, les teneurs en carbonates sont supérieures à celles en bicarbonates d'où une perte rapide en ions bicarbonates qui peut être observée et la saturation en trona diminue. La précipitation du trona ne pourra se poursuivre que si un apport suffisant de CO_2 arrive à la solution par des apports atmosphériques ou biologiques (Zins Pawlas, 1988 : 78), selon la réaction suivante :

$$H_2O + CO_2 \rightarrow HCO_3^- + H^+$$

Dans la nature, il est probable que dans certaines conditions de pCO_2 et de température, une certaine quantité de natron précipite.

- *Secteur nord-est*

Dans la station de Poncitlan, la halite commence à précipiter à partir d'un facteur de concentration de 26 pour l'aquifère et de 16 pour l'extrait de *tequesquite*, tandis qu'une faible quantité de trona précipite à partir d'un facteur de concentration de 48 pour l'aquifère et 29 pour l'extrait de *tequesquite*. La présence de sulfates en quantité non négligeable dans les solutions initiales, favorise la précipitation de faible quantité de gypse en début de concentration, puis de mirabilite à partir d'un facteur de concentration de 50 pour l'aquifère et 42 pour le *tequesquite*. La croûte saline formée à Poncitlan, est donc essentiellement composée de chlorure de sodium, avec de petites quantités de sulfate de sodium et de calcium. En raison de produits de solubilité très faibles, et d'une mauvaise adaptation du programme pour ce genre de réactions, nous n'avons pu concentrer les solutions jusqu'à la formation de sels magnésiens (en quantité non négligeables dans les solutions initiales), tels l'epsonite ($MgSO_4.7H_20$; Kps : $10^{-1.881}$), qui dans la réalité sont susceptibles de se former, et de modifier légèrement la composition de la croûte saline.

Les résultats exposés ici ne sont que le reflet de calculs théoriques, comme nous l'avons précisé le programme ne prend pas en compte toute la complexité de la nature, ainsi certaines conditions peuvent entraîner la précipitation d'autres sels, et nous n'avons mentionné ici que les sels se formant majoritairement. Cependant, ces simulations permettent d'avoir une bonne vision globale et de comparer les différents secteurs pour les sels majeurs. Comme nous l'avons déjà observé lors de la comparaison des teneurs du *tequesquite* dans les différents secteurs, bien que l'aquifère soit plus concentré dans le secteur nord-ouest que dans le secteur sud, la croûte saline formée dans ce dernier contient plus de sels, pour des proportions globales en sels solubles identiques (cf. tableau 8). De plus, elle contient une proportion non négligeable de carbonates de sodium, contrairement au secteur nord-ouest. On observe également que les proportions aquifère/croûte saline calculées lors de la présentation des sites (chap. 2.1.) sont respectées. Ainsi, pour Poncitlan cette proportion est quasiment de 1.

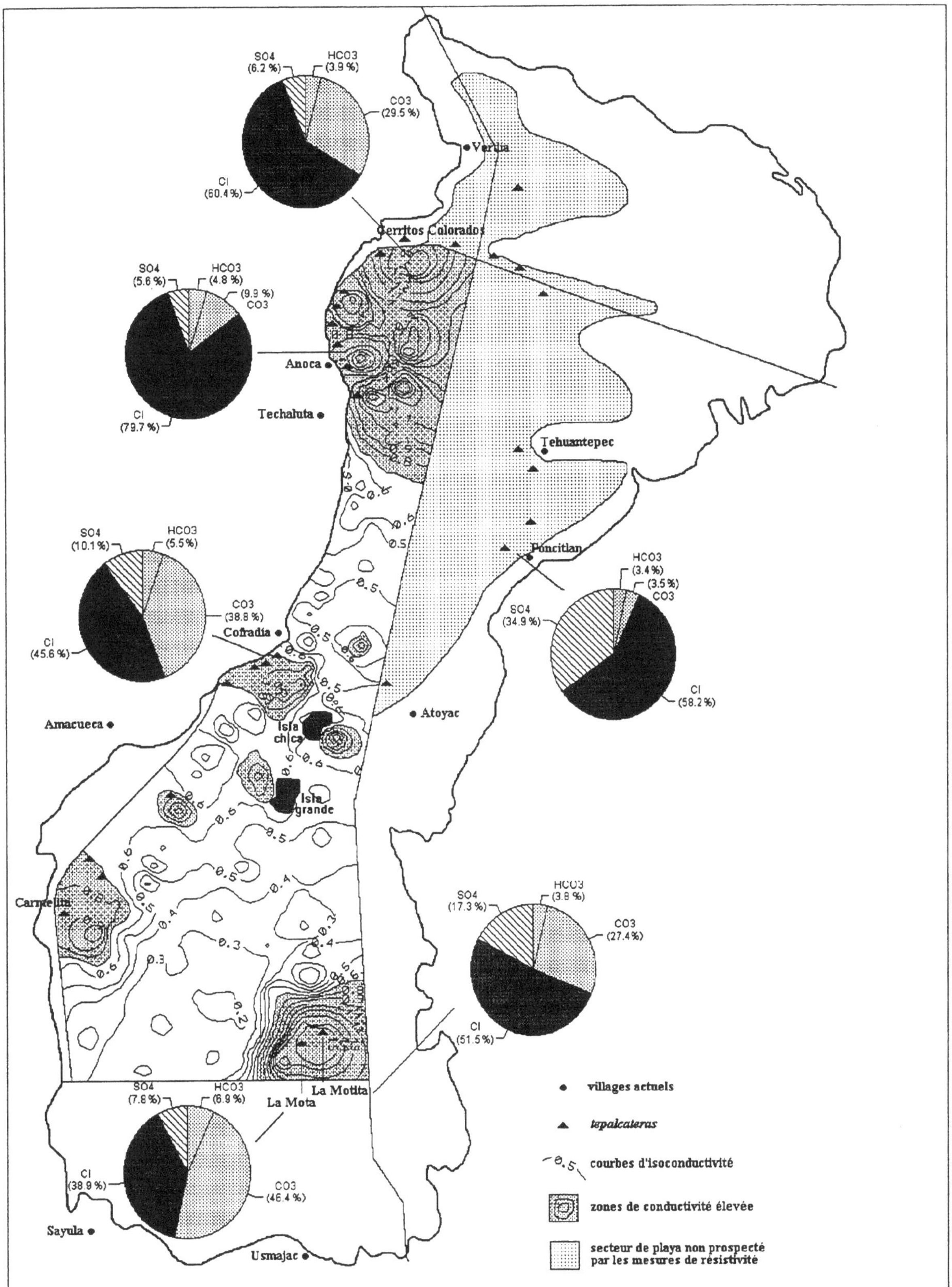

Figure 45 : Carte de conductivité de la playa (avril 1995)

2.3.5. Distribution de la salinité à l'échelle de la playa

Pendant le mois d'avril 95, des mesures de résistivité ont été effectuées sur trois transects nord-sud et deux transects est-ouest dans la partie de playa située à l'ouest de l'autoroute, représentant environ les 3/4 de la superficie totale de celle-ci. Le quart nord-est de la playa n'a malheureusement pas pu être pris en compte dans cette analyse, en raison d'un problème d'accessibilité - présence de secteurs conservant une forte humidité tout au long de l'année -.

Etant donnée la distance séparant les électrodes, nous avons mesuré la résistivité entre 0 et 45 cm de profondeur ; ce qui correspond, si on se réfère aux observations réalisées dans les profils de sol des sept stations étudiées, à un horizon limono-argileux que l'on peut considérer homogène sur la partie de playa explorée par le biais de la méthode électrique (cf. fig. 28). Notre objectif dans cette analyse était d'établir un gradient de salinité qualitatif, c'est à dire de comparer des zones de plus ou moins fortes conductivités.

Il est dommage que nous n'ayons pu explorer par cette méthode l'ensemble de la playa. Nous avons figuré sur la carte (fig. 45), le quart nord-est qui n'a pu être pris en considération dans cette analyse. Les parties laissées en blanc ne participent pas au secteur de playa au sens strict. En effet, en raison de la présence de terres alluviales, de cours d'eaux et la construction de canaux et de puits profonds, la partie sud est actuellement largement exploitée pour la culture de luzerne. Par ailleurs, le secteur est / sud-est dispose de la présence de nombreuses sources, ce secteur est du reste déjà mentionné dans les sources ethnohistoriques comme une zone marécageuse utilisée au bénéfice de la chasse et de la pêche [1]. Enfin, l'extrémité nord du bassin ainsi que la partie sud-ouest, montrent la présence massive de dépôts éoliens associés par endroits à des dépôts alluviaux, ayant favorisé le développement d'une végétation arbustive essentiellement constituée d'épineux.

La figure 45 illustre les résultats obtenus lors de la prospection électrique. Sur cette carte, figurent les courbes d'isoconductivité (valeurs exprimées en Siemens par mètre) représentant l'inverse des lectures observées sur le résistivimètre. Les valeurs s'échelonnent entre 0,2 et 2,3 S/m. Par souci de clarté de la carte, nous n'avons figuré que les courbes d'isoconductivités comprises entre 0,2 et 1,5 S/m. Nous avons grisé les zones présentant des valeurs supérieures à 0,7 S/m, en considérant qu'il s'agit de secteurs à conductivité élevée par rapport à l'ensemble mesuré. A l'intérieur de ces zones grisées on peut également apprécier des secteurs particulièrement salins, figurés par une concentration de courbes concentriques allant jusqu'à des valeurs supérieures à 1,5 S/m. C'est le cas des secteurs nord-ouest et sud englobant respectivement les stations de Cerritos Colorados et Anoca, La Mota et La Motita.

En ce qui concerne les états de surface, les secteurs mis en relief par des salinités élevées, correspondent à des zones entièrement dénudées, présentant une croûte de sol sec en surface, et un sol relativement humide en subsurface. Par contre, les secteurs présentant des conductivités inférieures à 0,7 S/m montrent généralement une végétation clairsemée ou en tâches de types graminées, installées sur une croûte de décantation, bien souvent piétinée par le bétail, puisque ces zones sont souvent utilisées comme pâturages. Ces zones de piétinement présentent un sol souvent très dur et relativement sec, caractère qui peut expliquer les faibles conductivités. Dans un milieu de playa, les facteurs eau et salinité sont étroitement liés, puisque tous les transferts de sels se font en solution. Ainsi, dans les secteurs très salins, il se forme rapidement une croûte saline en surface, l'horizon de subsurface reste humide et relativement riche en électrolytes. Dans les secteurs moins salins, les transferts d'eau provoquent des alternance humectation/dessiccation qui entraînent la formation de croûtes de décantation en surface. Du fait de la texture argileuse du sol, ce phénomène s'accompagne d'une apparition de fentes de dessication entraînant un assèchement substantiel en profondeur. Ces secteurs moins salins sont par ailleurs propices au développement de graminées dont la tolérance à la salinité présente un certain seuil.

Dans la figure 45 nous avons associé les résultats obtenus lors de la prospection électrique de la playa avec les variations chimiques qualitatives mesurées dans les extraits de croûte saline des différentes stations. Ces variations sont représentées par les proportions respectives des anions majeurs par rapport à la somme totale de ceux-ci (en meq/l), en considérant qu'ils se distribuent principalement en sels de sodium. On constate ainsi que la playa présente différents groupes de salinité avec au sud une répartition similaire entre chlorures et carbonates de sodium, vers le nord-ouest, une prédominance de chlorures de sodium et au nord-est une prédominance de chlorures et la présence non négligeable de sulfates de sodium.

Ces différences qualitatives peuvent s'expliquer soit par des apports différentiels selon les caractéristiques géologiques de chaque versant ; soit par différents fronts de précipitation en fonction de la solubilité de chaque minéral (Maglione, 1976). Quelles que soient les interprétations, cette distribution qualitative est le fruit de phénomènes géochimiques anciens, et peut ainsi être transposable à la playa exploitée par les populations préhispaniques. Ces observations laissent supposer que les sauniers préhispaniques avaient accès à différents lieux d'extraction permettant d'obtenir différents types de sels, pratique actuellement en vigueur dans les salines de Nexquipayac, dans le bassin de Texcoco (cf. chap. 4.1.4.).

2.4. Bilan : disponibilité spatiale et saisonnière en terres salées

Dans les chapitres précédents nous avons caractérisé le comportement de l'aquifère vis à vis des conditions climatiques et les processus de formation des efflorescences salines dans différents secteurs de la playa. Les observations réalisées nous permettent de dresser un bilan sur la disponibilité en terres salées dans les différents secteurs de

[1] cf. chap. 1.3.2. de la première partie.

la playa : considérées comme la ressource de base pour la production de différents types de sels.

Même s'il s'agit d'un scénario court ne prenant en compte que les variations saisonnières à l'échelle d'une année climatique, la distribution de salinité qualitative et quantitative semble être le résultat de phénomènes géochimiques et sédimentaires anciens qui suggèrent une relative stabilité à l'échelle des périodes d'occupation que nous étudions. Toutefois, nous rappelons que des fluctuations climatiques mineures se traduisant par une alternance de périodes sèches et humides ont pu avoir un impact temporaire sur le paysage durant les deux derniers millénaires (cf. chap. 1). Sans être en mesure de déterminer dans le détail les effets de ces oscillations paléoclimatiques sur la disponibilité en terres salées au niveau de la playa, nous pouvons toutefois évaluer la sensibilité de l'aquifère aux variations de précipitations à partir de la dynamique observée en fonction des rythmes saisonniers.

Tableau 11 : Principales caractéristiques des terres salées dans les différentes stations à l'échelle d'une année climatique.

	sensibilité aux variations climatiques	période de collecte possible	nombre de collectes au même endroit (a)	poids moyen en sels (g/m²)	proportions moyennes des anions dominants	superficie des terres salées (b)
- La Motita	forte	15/09 - 15/06	11	921	Cl : 51 % TAC : 31 % SO4 : 17 %	400 ha
- La Mota	forte	15/09 - 15/06	11	1090	TAC : 53 % Cl : 39 % SO4 : 8 %	400 ha
- Cofradía	moyenne	30/10 - 30/04	12	349	TAC : 44 % Cl : 46 % SO4 : 10 %	250 ha
- Anoca	moyenne	10/10 - 20/05	14	375	Cl : 80 % TAC : 15 % SO4 : 6 %	1000 ha
- Cerritos Colorados	faible	1/10 - 10/07	29	623	C l : 60 % TAC : 33 % SO4 : 6 %	1000 ha
- Poncitlan	très forte	15/09 - 15/05	10	462	Cl : 58 % SO4 : 35 % TAC : 7 %	?

(a) Valeurs calculées à partir des informations obtenues dans le chapitre 2.3.3. : pour le site de Cerritos Colorados, nous savons que la croûte saline se forme pour un déficit hydrique cumulé de 75 mm, tandis qu'à La Motita le déficit doit être de 110 mm. Pour la station de La Mota, nous avons utilisé la même valeur que dans la station La Mota. Pour Cofradía et Poncitlan, nous avons considéré un déficit de 120 mm, en considérant que les concentrations de l'aquifère sont plus faibles que dans les autres secteurs. Et pour Cofradía, nous avons appliqué un déficit hydrique cumulé de 90 mm.

(b) Superficie estimée à partir des zones grisées sur la carte de conductivité (fig. 45).

Le tableau 11 résume les informations principales concernant les caractéristiques chimiques qualitatives et quantitatives des terres salées dans les différentes stations, et leur sensibilité aux variations climatiques en fonction de la dynamique de l'aquifère.

- Secteur sud

Les stations de La Mota et La Motita sont caractérisées par une forte sensibilité aux variations climatiques. En effet, les caractéristiques sédimentaires et géochimiques favorisent un battement de l'aquifère relativement important et sur une grande profondeur, ce qui signifie que des fluctuations climatiques entraînent rapidement des modifications :

- durant une période sèche, l'aquifère atteint rapidement la limite de la frange capillaire et il ne se produit plus d'évaporation en phase liquide permettant la concentration des sels en surface ;
- durant une période humide, les précipitations directes et les importants apports latéraux entraînent rapidement une saturation en eau du profil de sol et la formation d'une nappe superficielle accompagnée de la dissolution des sels. Il faudra alors attendre une longue période de déficit hydrique positif pour revenir à une situation favorisant la salinisation superficielle du sol.

Par contre dans des conditions climatiques relativement stables - analogues à celles qui caractérisent la période actuelle - définies par deux saisons bien marquées : une saison des pluies permettant une bonne recharge de l'aquifère et une saison sèche favorisant la formation d'efflorescences salines à partir de l'évaporation de l'aquifère ; le secteur bénéficie d'un contexte favorable à la collecte de terres très salées présentant des proportions équivalentes en chlorures et carbonates de sodium.

On note toutefois une limite à la disponibilité en terres salées, dans un secteur où l'aquifère est profond et les concentrations de l'aquifère moyennes, il faut attendre un déficit hydrique cumulé de 110 mm, soit environ deux semaines durant les mois de février et mars, avant de pouvoir collecter à nouveau au même endroit.

Bien que nous n'ayons pu analyser les résultats concernant les efflorescences salines de la station de Carmelita, les observations correspondant à la dynamique de l'aquifère suggèrent que les processus de formation des efflorescences salines suivent un fonctionnement sensiblement analogue à celui de La Mota et La Motita.

- *Zone intermédiaire*

Dans ce secteur, les caractéristiques géochimiques et sédimentaires occasionnent un battement moyen de l'aquifère et donc une sensibilité moyenne aux conditions climatiques :

- durant une longue période sèche, il faudra attendre un temps plus long que dans le secteur sud pour que la remontée capillaire se stabilise et que la salinisation de surface soit ralentie ;

- de même dans le cas d'une période humide, les apports latéraux étant moins importants dans ce secteur que dans le sud à pluviométrie égale, l'impact de l'accroissement des précipitations (en temps ou en intensité) sera moins immédiat que dans le secteur sud.

Dans des conditions climatiques relativement stables, cette zone présente un contexte peu favorable à l'exploitation de grandes quantités de terres salées. En effet, elle est d'une part associée à une superficie estimée en terres salées moindre par rapport aux autres stations ; d'autre part, les concentrations mesurées dans l'aquifère sont plus faibles que dans les autres stations (à exception de Poncitlan).

- *Secteur nord-ouest*

La station de Cerritos Colorados représente le lieu le plus favorable pour la collecte de terres salées, grâce à l'interaction de plusieurs phénomènes : aquifère très proche de la surface et très concentré, présence d'un horizon d'argile très compact à 50 cm de profondeur, apports des versants très faibles. Ces caractéristiques rendent cette zone très peu sensible aux variations climatiques :

- en période humide, il suffit de petites phases de déficit hydrique positif (évaporation > précipitation) pour qu'apparaissent à nouveau des efflorescences salines ;

- en période sèche, les fortes concentrations empêchent la baisse rapide de l'aquifère et procurent à cette zone une bonne résistance (en termes de durée) à la sécheresse.

La station de Anoca présente des caractéristiques moins extrêmes, avec une sensibilité moyenne aux variations climatiques en raison de concentrations moindres et d'apports latéraux plus conséquents qu'à Cerritos Colorados. Elle présente des caractéristiques intermédiaires entre celles de Cerritos Colorados et celles de Cofradía.

- *Secteur nord-est*

Avec des apports latéraux importants et un aquifère très peu profond, la dynamique saline de la station de Poncitlan montre une sensibilité très marquée vis à vis des conditions climatiques :

- en particulier dans le cas de périodes humides, il se forme très vite une lame d'eau superficielle, qui dissout les sels et rend toute collecte impossible ;

- durant une période sèche, la salinisation de surface sera également bloquée lorsque l'aquifère atteint la limite de la frange capillaire, c'est à dire après un temps substanciellement plus long que dans le secteur sud.

Etant donné l'absence de prospection électrique, nous ne pouvons estimer la superficie de terres salées correspondant à ce secteur. Les analyses réalisées sur les efflorescences salines permettent toutefois de constater que, dans le cas de conditions climatiques stables, ce secteur ne présente pas un contexte très favorable pour la collecte de terres salées, avec un aquifère proportionnellement moins concentré. Cette zone se particularise toutefois par la présence non négligeable de sulfates de sodium, dont les propriétés chimiques sont actuellement utilisées à Tehuantepec dans la fabrication d'explosifs.

Dans les chapitres suivants, nous allons identifier les processus qui permettent de produire des sels à partir de l'extraction d'une saumure par lixiviation de terres salées. Dans la synthèse de cette partie, nous serons donc en mesure d'évaluer les potentialités de production de différents types de sels à l'échelle de la playa, en fonction des conditions climatiques.

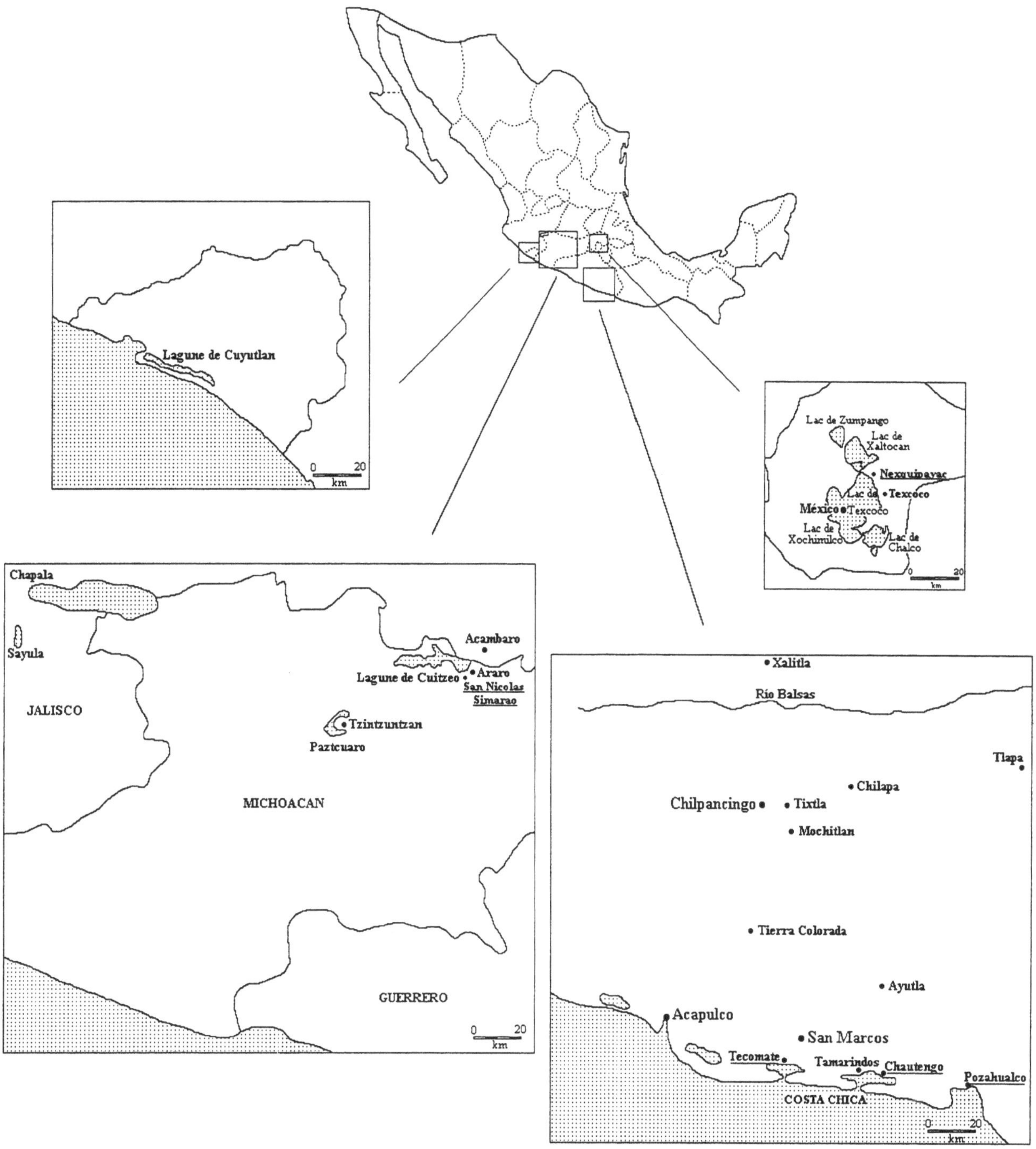

Figure 46 : Localisation des salines d'observation ethnographique.

3. Identification des processus techniques et physico-chimiques de production

Après avoir étudié en détail la matière première exploitée ; c'est à dire le *tequesquite*, ses processus de formation et les variations spatiales et saisonnières de sa composition ; il était important de s'intéresser aux processus techniques qui permettent de produire des sels à partir de celui-ci. Dans ce but, nous avons approfondi certaines observations ethnographiques et effectué des reconstitutions expérimentales.

Dans un premier temps, les observations en contexte ethnographique nous permettent d'avoir accès à des chaînes opératoires complètes, c'est à dire de suivre les différentes étapes de production d'un ou de plusieurs sels, à partir d'une matière première connue. Ensuite, nous avons reproduit ces processus à partir de terres salées collectées dans le bassin de Sayula, afin d'observer le comportement de celui-ci, et d'évaluer les quantités et les qualités de sel produit.

3.1. Observations en contexte ethnographique

L'information ethnographique a été obtenue dans des salines actuelles, ayant conservé des techniques traditionnelles, qui utilisent le procédé d'extraction des sels par le lavage de terres salées. Bien que ces techniques soient traditionnelles, les instruments utilisés ont généralement subi des transformations. Ainsi, dans la plupart des cas, les récipients en céramique servant au transfert ou au stockage de l'eau douce ou de la saumure ont fait place à des récipients en plastique, et ceux utilisés dans la cuisson de la saumure ont été remplacés par des récipients en métal. Même si certaines relations d'ordre fonctionnelle ont été maintenues entre les instruments actuels et ceux utilisés dans le passé, les transformations subies sont parfois telles qu'il est difficile d'établir un lien entre les deux. En dehors d'une description indispensable des instruments et structures utilisées, nous mettrons donc l'accent sur les processus entrant en jeu dans les différentes étapes de la production.

Par ailleurs, nous n'abordons pas en détail le contexte socio-économique de production. En effet, dans les sites que nous avons été en mesure d'étudier, le sel est produit par des populations métisses dont la structure sociale a été considérablement modifiée depuis les époques préhispaniques.

Dans un premier temps, nous présentons chacun des sites de production en donnant une description détaillée des processus techniques, un aperçu de l'évolution historique et une caractérisation physico-chimique des processus depuis la ressource exploitée jusqu'au sel produit. Dans un second temps, nous réalisons un bilan des informations obtenues

3.1.1. Les salines de Cuyutlan (Colima)

La lagune de Cuyutlan se situe sur le littoral Pacifique, dans l'Etat de Colima. Elle couvre une superficie d'environ 35 km de long sur 4 km de large. Actuellement, cette lagune est reliée à l'Océan Pacifique dans son extrémité nord, par un canal artificiel construit dans le courant du XX ème siècle (elle était auparavant également reliée à la mer dans son extrémité sud, par l'estuaire de Palo Verde qui fut fermé durant le raz de marée de 1932) (Reyes, 1996). Durant la saison sèche, de vastes étendues de la lagune se dessèchent, donnant lieu à la formation d'une croûte saline en surface. La production a été largement décrite par Reyes (1992, 1995, 1996) dans différents articles auxquels nous ferons référence dans ce chapitre.

3.1.1.1. La technique de production

La production se réalise à Cuyutlan selon quatre étapes principales :
- collecte des terres salées
- lixiviation des terres salées et récupération d'une saumure
- évaporation de la saumure dans des bassins
- séchage et conditionnement

L'unité de production appelée "*pozo de hacer sal*" (littéralement "puits pour faire du sel"), est constituée par un ensemble d'éléments : le filtre (*tapextle*) ; les terres salées appelées localement *panino*, "*tierra muerta*" ou *polvillo* ; les monticules de terres lixiviées, le puits donnant accès à l'aquifère (le *tajo*) et les bassins d'évaporation (*eras*) (Reyes, 1996 : 3).
La saison de production s'étale entre la fin du mois de février et le début du mois de juin. En début de saison, les structures sont réparées ou totalement reconstruites selon le degré de dégradation subit lors de l'inondation de la lagune pendant la saison des pluies. Ensuite, commence la collecte des terres salées.

- <u>Collecte des terres salées</u>

Dans un premier temps, la croûte saline est cassée et réduite à l'état de poudre à l'aide d'un outil de type herse appelé *gata*. Celui-ci est composé d'un triangle de bois dans lequel sont placés de grands clous. La herse est généralement tirée par un cheval ou par une mule. Le *polvillo* est ensuite placé en petits tas, puis il est transféré à l'aide d'une brouette et d'une pelle vers le filtre.

- <u>Lixiviation des terres salées</u>

Le filtre constitue l'élément caractéristique de la zone (fig. 47). Il s'agit d'une construction rectangulaire d'environ 8 m sur 4 m et entre 2 m et 2 m 40 de hauteur. Une estrade, soutenue par des piliers de bois est construite dans la partie supérieure. Elle est composée de couches successives de joncs et de graminées sauvages ou de feuilles de cocotiers (*Cocos mucifera*), morceaux de coques de noix de coco, charbons de bois, puis le *polvillo* (Reyes, 1996 : 3). Dans la partie inférieure se trouve la *taza*, ou bassin de réception, dans lequel est récupérée la saumure provenant de la filtration des terres salées. L'eau utilisée dans la filtration est prélevée dans l'aquifère. Actuellement la plupart des unités de production est équipée d'une électropompe permettant de transférer rapidement de grandes quantités d'eau dans le filtre. Dans certains cas, l'eau est encore transvasée par les sauniers dans des récipients en plastique.

- Evaporation solaire de la saumure
La saumure est transférée de la *taza* vers les bassins d'évaporation, ou *eras,* par gravité à l'aide de tuyaux. Les bassins d'évaporation présentent une dimension approximative de 6m sur 6m, et une profondeur inférieure à 10 cm. Ils sont répartis en groupes de huit ou dix, disposés en deux colonnes. Chaque unité de production est équipée de 16 à 20 bassins. Le sel est récolté dans les *eras* tous les trois jours environ, à l'aide d'une sorte de râteau en bois et d'une pelle.

- Séchage et conditionnement
Le sel collecté est stocké pendant quelques jours en monticules sur une aire aménagée à l'aide de sables secs, afin de sécher. Il est ensuite conditionné dans des sacs de jute de 50 kg. La récolte est en moyenne de 350 kg par bassin, c'est à dire environ 1750 kg par jour et par unité de production.

3.1.1.2. Aperçu historique

Dans un article publié dans le *Journal of Salt History*, Reyes (1996) fait référence à la transformation des processus de production depuis le XVIème siècle, jusqu'à nos jours. Il mentionne un texte de 1580 de la Province de Motin [1], dans lequel les auteurs décrivent les étapes suivantes : arrosage des terres de la lagune avec de l'eau de mer, collecte des terres ainsi salées, filtration de celles-ci à l'aide d'égouttoirs en céramique, et cuisson de la saumure résultante dans des récipients en céramique. L'auteur indique qu'il n'existe pas de références précises quant aux méthodes utilisés au début du XVIIème siècle, il mentionne l'existence d'un document de 1636 qui précise que le sel était produit en bord de mer, en fermant l'entrée de l'estuaire du Palo Verde pour que l'eau douce n'inonde pas la lagune d'une part, et que les entrées d'eau de mer soient facilitées d'autre part. Reyes interprète cette référence comme un contrôle des entrées d'eau de mer permettant dans un premier temps de favoriser l'enrichissement en sels des terres de la lagune, puis le séchage de celles-ci pendant la saison sèche. L'auteur argumente cette hypothèse en s'appuyant sur un texte de 1684 qui décrit les processus de production dans les trois salines principales de l'époque :

> "*... por no producir ni crearse en ellas la sal como en Minas y Salinas naturalmente, sino a fuerza de arte y industria [...] desaguando esteros de agua dulce que causan las lluvias; algunos esteros de la ribera del mar, llenándolos de la agua salada de ésta, y esperando a que por los meses de Enero y Febrero se retire a su centro para después sembrar los esteros de tierra seca que conducen con sumo trabajo, la qual recibidos los vapores y humedades que causa el agua del mar, se echa en una coladera con la necesaria [agua], que también se conduce a otras [coladeras], y lo que estila cae en los pozos mencionados y se saca posteriormente de ellos en cántaros o vasijas convertida en salmuera, a que sucede echarla en unas eras cubiertas de ceniza de higuera y otros árboles conducida a nuevo costo y trabajo, y en ellos se cuaja más o menos conforme el beneficio del Sol...*" (cf annexe 3 : (28)).

Cette référence atteste en effet du contrôle des entrées d'eau de mer pour favoriser l'enrichissement en sel des terres; elle témoigne de plus de la pratique d'épandage de terres sèches en surface permettant l'absorption de l'eau de mer et la concentration des sels. Par ailleurs, elle attire l'attention sur l'utilisation d'un filtre appelé *coladera* dont la structure n'est pas décrite, mais qui correspond probablement à une forme primitive de l'actuel *tapextle* [2], comme le souligne Reyes (1996). Enfin, ce texte signale également l'usage de bassin d'évaporation solaire.

Selon Reyes (1996), il semble que le contrôle des entrées d'eau de mer, permettant d'inonder périodiquement les terres de la lagune, ait persisté au moins jusqu'à la seconde moitié du XVIII ème siècle. En effet, un texte de 1762 se réfère à une des responsabilités du Juge des Salines consistant à s'assurer des entrées d'eau de mer dans le but d'accroître la production de sel. Reyes souligne que cette pratique était probablement en train de tomber en désuétude à cette époque, de même que celle d'épandre de la terre sèche. L'auteur souligne qu'il n'existe pas de références qui permettent d'identifier avec certitude le moment à partir duquel les sauniers se sont rendus compte de l'inutilité de ces pratiques, dans un contexte lagunaire où les terres sont régulièrement inondées par l'eau de mer de manière naturelle. Il émet l'hypothèse que l'abandon de telles pratiques ait pu être liée à l'introduction de changements technologiques permettant d'accroître le rendement, en augmentant la taille des filtres ; c'est à dire en passant de la structure désignée par le terme de *coladera*, au *tapextle*. Reyes (1996) mentionne l'existence du premier texte, qui date de 1777, dans lequel on utilise le terme de *tapextle* pour désigner le filtre :

> "*Que el modo de fabricar un pozo es abriéndole, al que se le pone un* ***tapestle*** *encima, el que se llena de tierra salitrosa, que se le echa agua para que destile en dicho pozo y de alli se va sacando la salmuera, y estiende en las eras que ya están preparadas con el plan bien anivelado de cal, esperando el beneficio que allí les comunica el Sol para cuajar la sal, proveyendo cada pozo diez eras, las que rinden de cinco a seis anegas, o más por día según el sol y calma del aire...*" (cf annexe 3 : (29)).

Reyes (1996) souligne que ce filtre spécifique qui apparaît dans la seconde moitié du XVIIIème siècle, va subir plusieurs modifications permettant d'accroître progressivement son rendement. Ainsi, jusqu'au début du XXème siècle, le bassin situé sous le filtre est de forme circulaire et creusé dans la terre, tandis que le filtre est de forme rectangulaire et consiste en une structure constituée

[1] cf. chap. 3.4.1. de la première partie.

[2] Nous verrons en effet, dans la description des pratiques utilisées à San Nicolas Simarao dans le Michoacan, que le filtre utilisé est également appelé *coladera*.

de végétaux divers. Dans les années 30, la taille de la structure augmente considérablement, et le bassin de stockage de la saumure est construit en élévation afin de favoriser le remplissage des bassins d'évaporation par gravité (fig. 47) [3]. Cette modification, apparemment simple, permet d'augmenter le nombre de bassins d'évaporation par unité de production et de réduire la main d'oeuvre attachée à celle-ci (Reyes, 1996).

Les transformations technologiques observées dans la production de sel de la région de Cuyutlan, commencent dès la fin du XVIème siècle, période qui correspond également à la venue sur la côte Pacifique du Mexique, d'esclaves et d'immigrés orientaux, pour la plupart originaires des Philippines. La coïncidence de ces phénomènes, le fait que la technique du *tapextle* ne soit apparemment pas connue antérieurement dans la zone et enfin qu'elle se soit développée exclusivement sur la côte Pacifique (à l'exception d'une incursion ponctuelle dans le bassin de Sayula), suggèrent à l'auteur (Reyes, 1996) qu'il s'agit d'une technique importée depuis l'Orient, ayant postérieurement développé des spécificités locales.

Actuellement, il existe de nombreux lieux de production en divers secteurs de la lagune. Reyes (1996) explique que la production s'est accrue rapidement, donnant lieu à la création de nombreux centres de production, à partir de la seconde moitié du XVIème siècle, en association avec l'accroissement de la demande pour l'extraction minière. Ainsi, sur la côte de Colima, seules deux salines, Tecpa et Petlazoneca, sont mentionnées dans les textes, aux alentours de 1540. A la fin du XVIème siècle, on dénombre plus de 15 zones de production (Reyes, 1996).

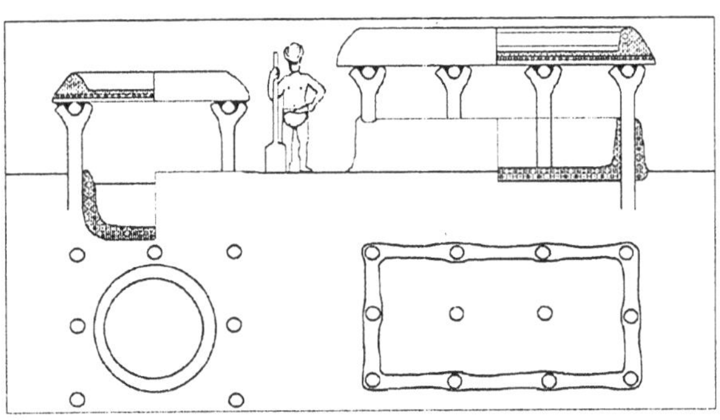

Figure 47 : Salines de Cuyutlan : comparaison entre le *tapextle* ancien (dessin de gauche) utilisé durant le XIX ème siècle, et le *tapextle* moderne (extrait de Reyes, 1996 : 10) [4]

Jusque vers la moitié du XIXème siècle, il n'existait pratiquement pas de population permanente. En effet, en raison de son insalubrité, l'ensemble de la zone comptait à l'époque, à peine 50 individus (Reyes, 1995 : 149). Par contre, pendant la période de récolte du sel, la population pouvait s'élever à 5000 individus venus des environs de Colima, mais aussi du Jalisco ou du Michoacan, et ceci dès la fin du XVI ème siècle (Reyes, 1995 : 149). Ce n'est que dans le courant du XIXème siècle, que la construction de puits profonds a permis l'installation d'importantes communautés permanentes dans la zone.

3.1.1.3. Analyses géochimiques

Nous avons réalisé une visite dans les salines de Cuyutlan le 23 avril 1994. Nous avons ainsi pu interroger les sauniers et effectuer des prélèvements afin de caractériser la qualité chimique des différentes composantes de la saline.

Le tableau 12 expose les résultats des analyses de pH, conductivité et mesures des teneurs en sels majeurs dans les différentes composantes en terres et eaux de la saline. Nous avons ainsi effectué des mesures sur des extraits aqueux au 1/20 de sol provenant du *polvillo* en formation en surface des terres dénudées de lagune, du *polvillo* collecté et mis en tas en attente d'être lixivié, des terres lixiviées rejetées la veille et des terres lixiviées prélevées dans des monticules plus anciens au niveau d'unités de production abandonnées depuis plusieurs années. Nous avons également réalisé des prélèvements d'eaux dans l'aquifère et dans le bassin situé sous le filtre contenant la saumure.

Tableau 12 : Qualité chimique des différentes composantes des salines de Cuyutlan (Colima).

	pH	C.E. mS/cm	Ca^{2+} meq/l	Mg^{2+} meq/l	K^+ meq/l	Na^+ meq/l	TAC meq/l	Cl^- meq/l	$SO4^{2-}$ meq/l
- *polvillo*	7,6	25,2	41,3	23,4	2,3	212,6	0,4	289,7	21,2
-*polvillo* en tas	7	31,8	27	33,6	2,3	317	3,8	383,7	27,3
-terres lixiviées récentes	8,4	3,7	12,4	5	0,6	15,6	2,3	14,4	4,6
-terres lixiviées passées	8,4	1,3	8,1	2	0,3	1,1	3	6,2	3,1
-aquifère	6,9	82	85	101,5	8,8	465,2	13,7	638,5	123,[illegible]
-saumure	6,5	366	40	152	6,6	3608	27,5	3660	113

L'utilisation combinée de la salinité du *polvillo* et de l'aquifère permet d'obtenir une saumure très concentrée. Les éléments dominant dans les trois composantes sont le sodium et le chlorure et dans une moindre mesure le magnésium et le sulfate. Les sels qui peuvent se former à partir de la saumure sont donc par ordre d'importance le

[3] Il faut préciser que dans cette structure de taille importante, l'accès à la partie supérieure du filtre est facilité par le fait que celui-ci est construit au sein d'un monticule de terres lixiviées. Ce monticule n'est pas figuré dans le dessin, puisque c'est essentiellement la structure que l'auteur a voulu mettre en évidence, mais il faut imaginer que la partie supérieure du *tapextle* est située au même niveau que le sommet d'un monticule de terres lixiviées. Les opérations de remplissage et de nettoyage du filtre se réalisent ainsi plus facilement.

[4] Le dessin de gauche a été légèrement modifié par rapport à l'original de Reyes. En effet, des observations réalisées dans le bassin de Sayula montrent que le bassin de stockage de la saumure situé sous le filtre, était creusé dans le sol et ne présentait apparemment pas de supports en bois comme le suggèrent le dessin original de l'auteur.

chlorure de sodium (NaCl), le chlorure de magnésium ($MgCl_2$), le sulfate de magnésium ($MgSO_4$) et éventuellement le sulfate de calcium ($CaSO_4$). Toutefois, les processus de salinisation naturelle permettant la formation d'une croûte saline en surface du sol, et de concentration artificielle par lixiviation de celle-ci, permettent d'établir une première sélection empirique des sels que l'on désire produire. On peut effectivement constater que la proportion de magnésium et sulfate est beaucoup plus faible dans le *polvillo* et dans la saumure que dans l'aquifère. La saumure contient cependant encore une concentration résiduelle en sulfate et magnésium. C'est le processus d'évaporation qui va alors jouer un rôle dans la sélection naturelle des sels. En effet, du fait de leur produit de solubilité spécifique, lors de la concentration par évaporation de la saumure, les sels se déposent successivement à des degrés de saturation différents. Ainsi, ce sont les sulfates de calcium qui précipitent en premier, sous forme hydraté, c'est le gypse ($CaSO_4$, $2H_20$). Ensuite, le chlorure de sodium commence à précipiter lorsqu'environ 80 % du gypse s'est déjà déposé dans le fond du bassin. Les sels magnésiens commencent à précipiter lorsque la saumure est très dense et que la quasi totalité du chlorure de sodium a précipité. C'est pourquoi, il reste toujours une quantité résiduelle de saumure lorsque se produit la récolte. Le sel qui cristallise au delà de cette concentration a un goût de plus en plus amer et un très faible grenage. De plus l'évaporation de saumures très denses, donc magnésiennes, est très lente, la production s'en ressent évidemment (Colas, 1985 : 52). Par ailleurs au moment de la récolte, la fine couche de sulfates de calcium déposée épisodiquement au fond du bassin, reconnaissable par une couleur généralement plus jaunâtre, est laissée de côté.

Le sel récolté présente encore un certain degré d'humidité, il contient environ 30 % d'eau. Lors du processus de séchage, l'eau résiduelle est drainée emmenant avec elle les sels déliquescents et d'éventuelles impuretés. Le produit final est donc un sel très pur contenant environ 95 % de chlorure de sodium.

3.1.2. Les salines de la Costa Chica de l'Etat de Guerrero

La Costa Chica est une région située sur le littoral Pacifique de l'Etat de Guerrero, entre le sud de la ville d'Acapulco et la frontière de l'Etat de Oaxaca. Les salines que nous allons présenter dans ce chapitre sont situées dans les lagunes de Tecomate, Chautengo et Pozahualco [5]. La production de sel se réalise dans les deux premières lagunes, selon des modalités similaires à celles de la région de Cuyutlan, il s'agit en effet de lagunes côtières qui, pendant une partie de l'année, s'assèchent et exposent de vastes étendues de terres salées.

3.1.2.1. Les techniques de production

Sur les sites de Chautengo et Tecomate, on utilise le procédé de lixiviation de terres salées au moyen d'un *tapextle* qui s'apparente au filtre utilisé à Cuyutlan au début du XX ème siècle (fig. 47)

- <u>Collecte des terres salées</u>

Les terres salées sont prélevées aux alentours de l'unité de production à l'aide d'une pelle. La croûte saline est cassée et déposée en petits tas. Ensuite, les terres sont transportées à l'aide de sceaux en plastique, sacs de jute ou brouette jusqu'à la structure de lixiviation.

- <u>Lixiviation des terres salées</u>

Le *salitre* est déposé dans le filtre et arrosé d'eau provenant d'un puits creusé à côté de la structure et accédant à l'aquifère, qui se situe à une faible profondeur (entre 1 m 50 et 2 m de profondeur). Le filtre est composé d'une sorte d'estrade construite sur la base d'un rectangle formé par des piliers en bois et un lit de joncs, élevée à environ 80 cm au dessus du sol, et de dimensions variant de 80 cm à 1 m de largeur et de 1 m 20 à 1 m 60 de longueur. Au dessus du lit de joncs, sont placées deux couches de sables fins et grossiers. Les bords du filtre sont formés d'un mélange de sables et d'argile d'environ 20 cm de hauteur (Quiroz Malca, 1995 : 193). La saumure ruisselle sous le filtre en surface du sol, qui a été préalablement enduite d'un mélange de chaux et de sable et aménagée pour former une légère pente. L'eau salée est ainsi amenée par gravité jusqu'au bassin de stockage, appelé *pila*, creusé dans le sol à côté du filtre. La *pila* est une structure circulaire d'environ 60 cm de profondeur et 1 m de diamètre, dont les parois sont enduites d'un mélange de chaux et de sable.

- <u>Evaporation solaire de la saumure</u>

A proximité de l'unité de lixiviation, se trouvent les bassins d'évaporation également appelés *eras*. Il s'agit de petites structures carrées, de 1 m sur 1 m et de 5 cm de hauteur, dont les parois sont également enduites d'un mélange de sable et de chaux. Ils sont regroupés en 4 bandes de deux colonnes de 8 bassins chacune. La récolte de sel se réalise au bout de deux ou trois jours au moyen de morceaux de coquilles de coco et de récipients en plastique.

- <u>Séchage et conditionnement</u>

Comme à Cuyutlan, le sel est mis à sécher en monticules sur une aire aménagée à cet effet. La récolte est en moyenne de 15 kg par bassin, cela fait en moyenne 200 kg par jour. Le sel est ensuite conditionné dans des sacs de jutes de 50 kg, et il sera vendu ou échangé par les sauniers sur des marchés, ou emmenés par des grossistes qui le transfèrent en camions.

Sur le site de Pozahualco, les procédés de production sont différents du fait d'un contexte naturel particulier. En effet, cette lagune est plus petite que les deux précédentes. L'eau de la lagune est ainsi suffisamment concentrée et facilement accessible pour être utilisée directement dans le processus d'évaporation. La production se réalise sensiblement à la même période, pendant les mois de saison sèche entre février et mai ou juin. L'eau est amenée par des canaux

[5] Je voudrais remercier chaleureusement Haydée Quiroz Malca, qui travaille dans cette zone depuis une dizaine d'années, et a présenté en 1998 une thèse en ethnologie à l'Université Ibéroaméricaine de la ville de Mexico, sur les populations de pécheurs-sauniers de cette zone. Au cours d'une courte mission réalisée ensembles au mois d'avril 1994, elle m'a permis de découvrir les salines et de rencontrer les producteurs.

jusqu'à l'aire d'évaporation. Elle se concentre pendant plusieurs jours dans ces canaux, avant d'être transférée dans les bassins d'évaporation. Les bassins appelés ici *paños*, sont construits selon la même technique, mais sont regroupés en plus grand nombre, puisque tout l'espace laissé libre par l'assèchement d'une partie de la lagune est utilisé. Le sel est également récolté tous les deux ou trois jours et mis à sécher en monticules. Le travail s'organise de façon collective, chaque famille possédant en moyenne une vingtaine de bassins.

3.1.2.2. Aperçu historique

Les populations actuelles de sauniers de la Costa Chica du Guerrero sont issues d'un métissage entre les indigènes natifs de cette région et des groupes d'esclaves originaires d'Afrique. Il semble qu'elles pratiquent cette activité depuis au moins le début du XIX ème siècle (Good, 1995 : 10). Il n'existe pratiquement pas de références qui permettent d'attester d'une production plus ancienne, et encore moins d'inférer sur l'évolution des techniques de production. A partir d'une étude sur le commerce au sein des communautés Nahuas de la moyenne vallée du Río Balsas, Good (1995) s'est intéressée plus spécialement aux voyages périodiques vers la côte entrepris par celles-ci afin de s'approvisionner en sel. Il semble que cette coutume soit le fruit d'une tradition très ancienne, qui pourrait prendre son origine durant les périodes préhispaniques. En effet, dans la Relation de Chilapa, rédigée en 1582, il est mentionné que les villages de cette région s'approvisionnent en sel venant de la mer (Acuña, 1984 : 117) ; de même que la Relation de Tixtla et Mochitlán indique que le sel est obtenu de la côte (Acuña, 1984 : 273). Good (1995 : 11) précise que des populations Nahuas de la région de Chilapa sont toujours engagées dans le commerce du sel avec les producteurs de la Costa Chica.

3.1.2.3. Analyses géochimiques

Nous avons réalisé une visite dans les salines de la Costa Chica les 17 et 18 avril 1994. Le tableau 13 présente les teneurs géochimiques des différentes composantes des salines de Chautengo, El Tecomate et Pozahualco. Pour les salines de Chautengo et El Tecomate, fonctionnant selon des modalités similaires à celles de Cuyutlan, on obtient des teneurs en quantités et en proportions analogues à celles obtenues pour Cuyutlan. On peut donc se rapporter aux remarques faites pour ces dernières. On peut toutefois noter une différence significative dans les teneurs mesurées à Chautengo qui sont plus importantes qu'à El Tecomate et Cuyutlan. En effet, si on prend le sodium comme exemple, à Chautengo les teneurs mesurées dans le salitre et la saumure sont de 240 meq/l et 4300 meq/l, alors qu'à El Tecomate elles sont de 139 meq/l et 3330 meq/l ; par contre les teneurs de l'aquifère sont quasiment identiques. Il faut donc relier la différence observée à des variations de profondeur de l'aquifère ou de texture et structure de sol entre les deux lagunes.

Dans les salines de Pozahualco, on note que la saumure prélevée directement dans le canal est relativement concentrée par rapport à celle de l'aquifère mesurée à Chautengo et El Tecomate. Cette observation est à relier au fait que dans ce site, il n'existe pas de processus de lixiviation, en effet l'eau est suffisamment concentrée pour être utilisée directement. Il faut de plus rappeler que l'eau se concentre naturellement dans le canal. Par contre le fait de prélever directement la saumure présente l'inconvénient de conserver des teneurs non négligeables en calcium, magnésium et sulfates, il faut donc être plus vigilant au moment de la concentration dans les bassins d'évaporation, pour ne récolter que les chlorures de sodium.

De fait, le sel produit à Pozahualco est considéré par les populations locales comme un sel de moindre qualité, utilisé essentiellement pour l'alimentation du bétail, le tannage des peaux et la cuisson des coquillages. Selon les sauniers, ce sel ne doit jamais être utilisé pour sécher le poisson, saler les viandes, faire du fromage ou assaisonner les aliments destinés à la consommation humaine, dans le cas contraire des phénomènes de putréfaction apparaissent très vite (Good, 1995 : 7). En fait, ils considèrent que l'utilisation de la technique de lixiviation dans le *tapextle*, contribue à nettoyer la saumure des impuretés et à produire un sel plus pur, c'est à dire composé essentiellement de chlorure de sodium.

Tableau 13 : Qualité chimique des différentes composantes des salines de la Costa Chica (Guerrero).

	pH	C.E. mS/cm	Ca^{2+} meq/l	Mg^{2+} meq/l	K^+ meq/l	Na^+ meq/l	TAC meq/l	Cl^- meq/l	$SO4^{2-}$ meq/l
Tecomate - *salitre*	7,8	28,7	9,4	31,4	1,5	240	8,1	301	43,6
-terres lixiviées récentes	8	5,2	6,8	5,6	0,5	28	0,3	37	5,2
-terres lixiviées anciennes	7,9	5,3	11,7	9,3	0,6	26	2,6	34	5,1
-aquifère	7	98	220	105,2	10,3	526	12	713	137
-saumure	7,5	414	115	38,9	27,2	4300	27	4384	97,2
Chautengo -*salitre*	7,7	12,5	4,3	20,3	1,1	139	5,9	151	33,1
-terres lixiviées	7	4,9	6,6	7,7	0,6	27	0,9	36	8,7
-aquifère	6,9	85	95	74,1	6,9	513	3,7	682	93,4
-saumure	6,5	472	80	40,8	29	3330	31	3802	85,6
Pozahualco -saumure (canal)	7,3	279	220	134,4	9	2752	82,6	2915	177

3.1.3. Les salines de San Nicolas Simirao (Michoacan)

Les salines de San Nicolas Simirao se situent près de la Municipalité de Araro sur les marges sud du lac de Cuitzeo dans l'Etat de Michoacan. Dans cette zone continentale, la production est basée sur deux composantes naturelles : la présence de sources thermales et de terres salées, périodiquement inondées par la montée des eaux du lac en saison des pluies. La production se réalise donc également à partir de la lixiviation de terres, pendant la saison sèche, entre le mois de décembre et la fin du mois de mai.

3.1.3.1. La technique de production

La production se réalise selon une séquence à peu près similaire aux deux sites précédents, il faut toutefois rajouter une étape préliminaire qui consiste à préparer la formation de la croûte saline qui sera collectée.
- préparation à la formation de la croûte saline
- collecte des terres salées
- lixiviation des terres salées et récupération d'une saumure
- évaporation solaire de la saumure
- séchage et conditionnement

- Préparation et collecte des terres salées
Ici, la salinisation de la surface du sol est favorisée par l'homme. En effet, les sauniers effectuent un épandage préalable d'une couche de terre sèche, prélevée dans les monticules de terres lixiviées. Ces terres, de texture pulvérulente et sèche, sont utilisées comme "piège à sel", favorisant la remontée capillaire de l'aquifère et le captage des sels en surface après évaporation. Après leur épandange, ces terres sont arrosées avec l'eau issue des sources thermales, canalisée depuis la source jusqu'aux « parcelles » de terres salées. Il faut attendre en moyenne 8 jours pour que se forme une croûte saline. Celle-ci est ensuite cassée à l'aide d'une herse, puis amassée en petit tas avant d'être transportée à l'aide d'une brouette vers l'unité de lixiviation.

- Lixiviation des terres salées
L'unité de lixiviation est appelée *coladera* ou *estilador*. Elle se compose d'un filtre de forme troncônique, fabriqué à l'aide de planches de bois enduite d'argile, d'environ 1 m 80 de diamètre et 1 m 60 de hauteur. Cette structure repose au sein d'un monticule de terres lixiviées à l'aide d'un échafaudage en bois. Elle est percée au fond d'un petit trou afin de permettre l'écoulement de l'eau. La saumure est récupérée dans un bassin placé sous le filtre, appelé *canoa*, construit dans une moitié de tronc d'arbre évidée (fig. 48), dont les dimensions moyennes sont de 60 cm de largeur, 3 m de longueur et 10 cm de profondeur.

L'eau utilisée pour la lixiviation est prélevée à l'aide de récipients en plastique dans des bassins de stockage, fosses de forme carrée, d'environ 1 m de côté et 1 m de profondeur, dont les parois sont en pierres. Ce bassin est régulièrement approvisionné en eau par le biais de canaux construits depuis les sources thermales située à proximité.

- Evaporation de la saumure
La saumure est transférée vers les bassins d'évaporation, qui sont également construits à partir de moitié de troncs d'arbres évidés (*canoas*). Les bassins mesurent en moyenne 7 m de longueur, 60 cm de largeur et 10 cm de profondeur. Ces bassins sont surélevés d'une hauteur d'environ 1 m par rapport à la surface du sol, à l'aide de supports en bois et en terre. Cette pratique permet de les protéger des inondations périodiques, et de faciliter le remplissage et la collecte du sel. Ces structures sont construites dans du bois de pins provenant des forêts environnantes, notamment des alentours de la ville de Zinapecuaro. Selon les sauniers, de telles structures peuvent avoir une durée de vie de plusieurs dizaines d'années. Chaque unité de production comprend de 8 à 20 *canoas* pour un *estilador*.

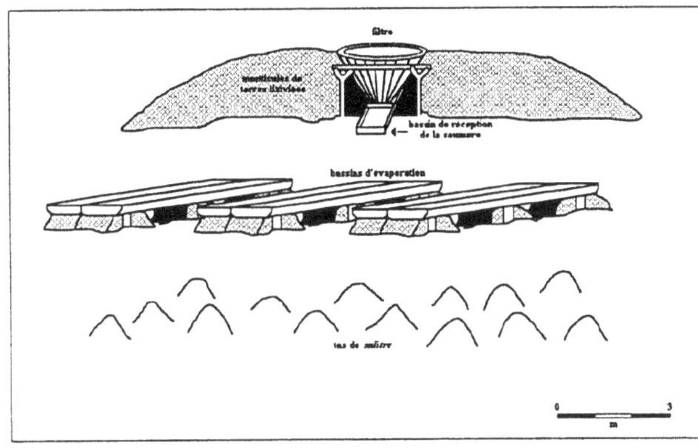

Figure 48 : Représentation schématique des salines de San Nicolas Simirao.

Il faut attendre 3 à 4 jours pour que le sel commence à cristalliser. Lorsque surviennent les premières précipitations, la saumure est mélangée à l'aide d'une grande palette de bois. Au bout du cinquième jour, le sel est ramassé et entassé à l'aide d'une pelle. La récolte est en moyenne de 60 à 65 kg de sel par bassin.

- Séchage et conditionnement
Le sel est amassé en tas afin d'être séché. Il est ensuite conditionné dans des sacs de jute de 50 kg, et amené au village (situé à environ 1 km) à l'aide de camionnette. Il est vendu soit au détail (dans un *cuartillo*, mesure de volume, correspondant environ à 3 litres), soit dans des sacs de 50 kg.

Par ailleurs, les terres salées sont parfois utilisées pour faire paître le bétail, on dit que l'on amène le troupeau à *salitrear*.

3.1.3.2. Aperçu historique

Quelques références ethnohistoriques mentionnent l'existence de salines dans la région. En effet, Paso y Troncoso (1905 : 32) signale la présence de salines et d'eaux thermales dans la municipalité de Araro :

> *"Dan cada año... treinta cargas de sal....En la cabecera de Araro ay una laguna en que ay mucho pescado y hay salinas y aguas calientes"* (cf annexe 3 : (30)).

Par ailleurs, dans la Relation de Acambaro (Acuña, 1987 : 67) il est dit :

> *"La sal que han menester la compran de un pueblo llamado Araro, que es a dos leguas desta dicha cabecera"* (cf. annexe 3 : (31)).

De même dans la Relation de Cuiseo de la laguna (Acuña, 1987 : 89) :

> *"En cuanto al capitulo treinta : se proveen estos naturales de sal del pueblo de Chucandiro, que es a cuatro leguas deste pueblo, y ansimismo, se proveen del pueblo de Araro, que esta a otras cuatro leguas. Y esta sal les traen en cantidad a trocar por el pescado que toman en su laguna"* (cf annexe 3 : 32)).

Si ces textes attestent d'une production importante au moins depuis le XVIème siècle, il n'est fait aucune mention des techniques utilisées pour produire le sel. Cependant, la présence d'eaux thermales est associée à l'existence de salines. On peut donc imaginer que les procédés d'extraction étaient déjà basés sur l'utilisation combinée de ces eaux et des terres salées de la lagune. Les sauniers de San Nicolas Simarao donnent le témoignage oral d'une production ancienne, pratiquée par leurs parents et grands parents selon des modalités identiques. Certains se souviennent même du temps où l'eau était transportée à l'aide de grandes jarres en céramique posée dans une armature en vannerie soutenue par le front appelée *mecapal*. Même si la production de sel ne constitue pas la seule activité de ces populations - ils se consacrent par ailleurs à l'élevage bovin et à la culture de maïs - les gens semblent attachés à celle-ci par une longue tradition, en dépit d'un travail contraignant.

Par ailleurs, à l'occasion de notre visite, une prospection sommaire des salines et des terrains environnants a révélé la présence de plusieurs artefacts, qui semblent témoigner d'une production préhispanique selon des modalités différentes : monticules recouverts de tessons de céramique (apparemment issus d'un même type de récipients) et d'objets lithiques en basalte et obsidienne. Ces vestiges semblent diagnostiques d'une production de sel ignigène.

3.1.3.3. Analyses géochimiques

Au contraire des autres sites que nous avons visité, ces salines n'ont pas fait l'objet d'études à ce jour. Lors de notre passage, les salines n'étaient malheureusement pas encore en activité, les sauniers avaient à peine commencer à préparer le filtre et les bassins, et à entasser un peu de salitre. Nous n'avons donc pas pu réaliser de prélèvements de la saumure, et le salitre que nous avons prélevé correspond au tout début de la saison, il ne correspond pas à l'optimum de production, qui doit se réaliser entre janvier et avril-mai.

Le *salitre* prélevé en surface du sol présente des teneurs relativement faibles, sans doute peu représentatives des teneurs qui le caractérisent lorsqu'il est collecté pour être lixivié. En effet, une collecte de celui-ci venait d'être réalisé dans les jours précédents notre venue et le processus d'épandage de nouvelles terres n'avait pas encore été effectué. L'échantillon prélevé dans un tas de *salitre* montre des teneurs plus conséquentes avec une prédominance de sodium répartis entre chlorures et carbonates. L'utilisation combinée de l'eau des sources thermales comprenant des teneurs non négligeables et du salitre doit permettre d'obtenir une saumure relativement riche. Bien qu'incomplètes, les informations géochimiques obtenues permettent de supposer que le sel produite à Simirao est d'une nature similaire à celui produit dans certains secteurs de la playa de Sayula, comprenant des teneurs non négligeables en carbonates de sodium de type trona.

L'enquête effectuée auprès des sauniers du village nous a révélé que le sel produit est utilisé ponctuellement pour la consommation humaine dans le village et est particulièrement recherché par certains fabricants de fromages car il est reconnu pour ses vertus conservatrice et antimicrobienne. Les producteurs de Simario soulignent également que leur sel peut être comparé à celui de Cuyutlan, ce dernier étant, selon leurs dires, beaucoup moins adapté pour la fabrication de produits laitiers car il entraîne une putréfaction plus rapide de ceux-ci. On peut rejoindre cette remarque à celle du chapitre 3.2.2. de la première partie, sur la fabrication des fromages : "il existe pour chaque type de fromage à produire, une ou plusieurs qualités de sels spécifiquement adaptées à cet usage" (Colas, 1993 : 42). On peut donc imaginer que la présence non négligeable de carbonates de sodium dans le sel produit à San Nicolas Simirao remplisse un rôle spécifique dans la fabrication de certains fromages.

Tableau 14 : Qualité chimique des différentes composantes des salines de San Nicolas Simirao (Michoacan).

	pH	C.E. mS/cm	Ca^{2+} meq/l	Mg^{2+} meq/l	K^{+} meq/l	Na^{+} meq/l	TAC meq/l	Cl^{-} meq/l	SO4 meq/l
-*salitre*	8,6	3,7	4	0,1	1,6	33,7	12,2	27,4	0,7
-*salitre* en tas	8,6	11	2,9	0,04	4,8	94,3	35	79	2,6
-terres lixiviées	8,4	1,6	0,1	0,02	0,6	13	1,3	11,4	0,5
-source thermale	7,9	3,9	1,3	0,04	1,6	26,2	2,5	21,3	5,4

3.1.4. Les salines de Nexquipayac (bassin de Texcoco)

Les salines de Nexquipayac se situent dans le bassin de Texcoco, au nord ouest de la ville de Mexico. Comme pour les sites précédents, la production se réalise sur la base d'une lixiviation de terres salées collectées en saison sèche, au niveau de la playa. La concentration de la saumure permettant d'obtenir le sel cristallisé est effectuée par le biais d'une cuisson dans un four spécialement construit à cet effet. La production a été décrite par Parsons (1989a, 1989b, 1994) dans le cadre d'une étude ethnoarchéologique.

3.1.4.1. La technique de production

La production de sel est ici constituée d'une séquence de cinq étapes principales (Parsons, 1989a : 71) :
- collecte des terres
- préparation du mélange de terres
- lixiviation du mélange pour l'obtention d'une saumure

- cuisson de la saumure
- séchage et stockage du sel

- Collecte des terres

Deux types de terres sont utilisées dans le mélange qui sera lixivié : les terres salées provenant de la playa, et les terres lixiviées.

Les terres salées se situent dans des endroits spécifiques et très localisés, à une distance moyenne de 2 à 5 km de l'unité de production. Elles sont collectées à l'aide d'une pelle, accumulées en tas, et transportées vers l'atelier de production, soit à l'aide d'une charrette tirée par une mule, soit directement en camionnette. La collecte et le transport des terres salées se réalisent préférentiellement durant la saison sèche. Lorsque l'on utilise la camionnette ou le camion, seuls un ou deux voyages suffisent à s'approvisionner pour l'année. Généralement, les terres sont transportées vers les ateliers en peu de temps, et elles sont stockées en monticules recouverts de bâches en plastique (Parsons, 1989a : 71). Elles sont également parfois stockées dans des sacs plastiques, et d'après Parsons (1989b : 79), elles étaient autrefois stockées à l'intérieur de petites constructions en torchis.

Les terres adéquates sont reconnues sur des critères d'apparence (la plupart d'entre elles présente un léger microrelief par rapport au reste de la playa), de couleur et de goût (Parsons, 1989b : 59). Il existe trois types de terres potentiellement utilisées (cf. chap. 3.3.4. de la première partie) : la *tierra picante* (littéralement terre piquante, c'est à dire une terre très chargée en sels), la *tierra dulce* ("terre douce", qui correspond probablement à une terre contenant des teneurs en sels moindres que la précédente), et le *tequesquite* (essentiellement constitué de carbonates de sodium).

Deux types de terres lixiviées sont prélevées : des terres provenant de monticules récents, d'autres provenant de monticules anciens. Les premières sont de deux types (Parsons, 1989b : 62-63) :* *pila-clalli* : terres extraites directement des monticules situés sur le site de production,
* *camaclalli* : terres prélevées dans les zones aménagées pour le séchage du sel ; un lit de terres lixiviées (d'environ 70 x 80 cm et 8 à 10 cm d'épaisseur) est en effet placé sur le sol afin de servir comme base au séchage du sel. Cette couche est utilisée pendant une semaine puis remplacée. Après avoir servies pour deux ou trois récoltes de sel, ces terres sont enrichies en sels.

Les secondes, appelées *clalmanctli*, sont extraites dans des monticules situés dans d'anciens sites de production pouvant se localiser à plusieurs kilomètres de l'atelier actuel. Ces terres sont utilisées dans le but de diminuer la "force" du mélange (Parsons, 1989a : 71).

- Préparation du mélange des terres

Les terres sont mélangées à l'aide d'une pelle plate, sur une aire spécialement aménagée au coeur de l'unité de production (Parsons, 1989a : 71). Différents mélanges sont réalisés en fonction du type de sels que l'on veut obtenir : le sel blanc (*sal blanca*), le sel noir (*sal negra*) et le sel jaune (*sal amarilla*). Le sel blanc représente 90% du sel fabriqué actuellement à Nexquipayac et est utilisé pour la consommation humaine. Le sel noir est produit en plus petite quantité, et vendu exclusivement aux fabricants de *carnitas* (viande de porc frite). Le sel jaune n'est quasiment plus produit actuellement, il était utilisé dans l'alimentation du bétail (Parsons, 1989b : 14).

* *Préparation du mélange pour la production de sel blanc* : utilisation de *tierra dulce*, *pila-clalli*, et un mélange de cendres issues de la cuisson du sel et de *camaclalli*. Les quantités respectives de chaque composant sont évaluées à l'oeil par le producteur. Tout d'abord, une certaine quantité de *pila-clalli* (environ 450 kg) est déposée sur l'aire de mélange ; ce tas est mélangé à environ 15 litres d'eau récupérée lors du lavage du récipient ayant servi à la cuisson de la saumure. Ce tas de boue est laissé à reposer jusqu'au lendemain matin. Environ 600 kilos de *tierra dulce* sont ensuite déposés sur l'aire de mélange, puis environ 175 kg de *camaclalli*, ainsi que quelques kg de cendres récupérées à l'issue de la cuisson de la saumure. La cendre est ajoutée pour donner une consistance moins grasse au mélange et ainsi favoriser l'infiltration de l'eau lors de la lixiviation. Les différents éléments sont ensuite mélangés à l'aide d'une pelle plate. Ce mélange représente un total d'environ 1200 kg de terre, qui seront utilisés pendant une semaine de production (Parsons, 1989b : 81-83).

* *Préparation du mélange pour la production de sel noir* : seuls les composants et les quantités de terre varient, on utilise en effet : du *clalmanctli*, du *tequesquite* et de la *pila-clalli* provenant de monticules de terres lixiviées issues de la préparation de sel noir. Les trois ingrédients sont mélangés sur l'aire aménagée dans les proportions suivantes : 160 kg de *clalmanctli*, 70 kg de *tequesquite* et 70 kg de *pila-clalli*. Ces quantités sont estimées être suffisantes pour le "chargement" de deux *pilas* (Parsons, 1989b : 84).

- Lixiviation

Le filtre est appelé *pila*, il s'agit d'une structure en fosse de forme conique, d'environ 40 à 50 cm de profondeur et 90 à 100 cm de diamètre, creusée dans un monticule de terres lixiviées (fig. 49) (Parsons, 1989a : 71). Les parois sont enduites d'une couche d'argile d'environ 5 cm d'épaisseur, soigneusement lissée à l'aide d'une pierre plate. La structure est percée d'un trou au fond dans lequel est placée une tige de canne ou un tuyau de plastique donnant accès par gravité à un récipient situé en contrebas. Un bouchon de fibres végétales est déposé dans l'extrémité de la tige à la base du filtre, afin d'empêcher la pénétration de terre dans celui-ci. Une fine couche de cendres (environ 5 mm d'épaisseur) récupérées dans le four de cuisson, est finalement appliquée sur l'enduit d'argile afin de protéger celui-ci et d'éviter que le mélange de terres ne colle aux parois (Parsons, 1989b : 90).

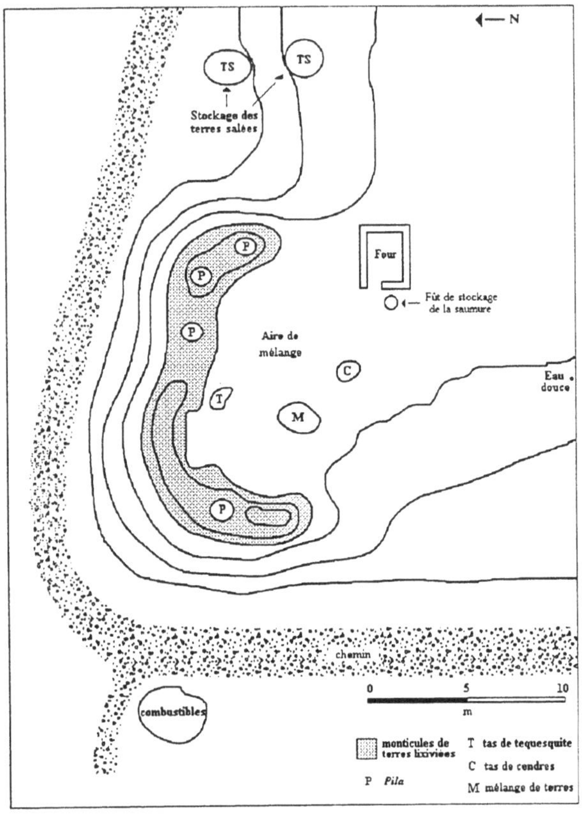

Figure 49 : Plan schématique des salines de Nexquipayac (extrait de Parsons, 1994 : 265)

Le filtre est rempli de terres jusqu'au bord, et un tassement est opéré par piétinement. Le niveau de compaction est soigneusement surveillé afin de permettre une infiltration adéquate de l'eau de lixiviation (Parsons, 1989b : 91). Les 130 kg de terres nécessaires pour charger le filtre sont transférées depuis l'aire de mélange jusqu'à la *pila* à l'aide de récipients en métal ou en plastique. Un bouquet de végétaux est placé au sommet du filtre, servant de réceptacle à l'eau afin d'empêcher la formation de fentes d'infiltration préférentielle. L'eau douce, provenant d'un puits situé à proximité est versée progressivement sur le mélange à l'aide de récipients en plastique, à raison d'une moyenne de 130 litres pour un filtre (Parsons, 1989b : 94).

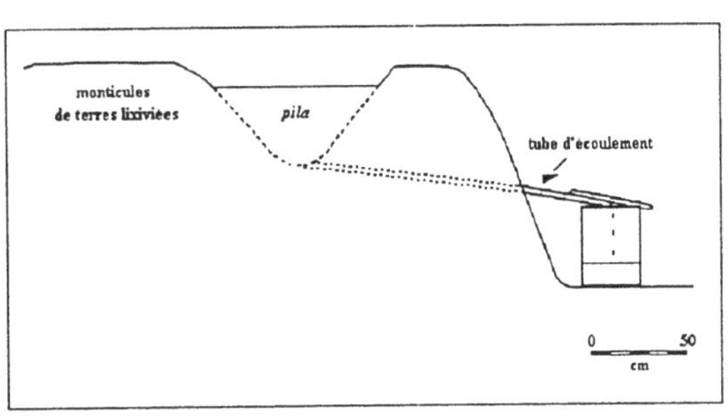

Figure 50 : Salines de Nexquipayac, coupe schématique de l'unité de lixiviation (extrait de Parsons, 1994 : 268).

Au bout d'une heure, les premières gouttes de saumure commencent à tomber dans le récipient en plastique placé à l'autre extrémité de la tige. Il faut compter en moyenne 20 heures pour que la lixiviation soit achevée. Chaque *pila* produit environ 30 à 35 litres de saumure (Parsons, 1989b : 94). La saumure peut être stockée environ deux semaines avant d'être cuite.

Lorsque le processus de filtration est terminé, la terre est soigneusement retirée du filtre, et amoncelée en monticules autour. Les parois de la *pila* sont nettoyées avec de l'eau douce et à nouveau lissées. Chaque structure a une durée de vie moyenne de 5 ans (Parsons, 1989b : 92).

- Cuisson de la saumure

La cuisson de la saumure se réalise au sein d'une petite construction dont les murs sont en torchis et le toit en tôle, de 2 m 50 sur 3 m et 1 m 80 de hauteur. Cette structure comporte une entrée et une cheminée. A l'intérieur se trouve un four rectangulaire, dont les parois sont également en torchis, de 1 m 20 de longueur, 80 cm de largeur et 1 m de hauteur. Le récipient de cuisson, une plaque de métal de superficie analogue, est déposé sur ce four. Dans la partie inférieure, se trouve une petite ouverture qui permet d'alimenter la chambre de combustion.

Le combustible actuellement utilisé est constitué de déchets de caoutchouc achetés à bas prix dans une fabrique de pneus proche du village. Ce combustible est utilisé depuis les années 60. Auparavant, les sauniers utilisaient essentiellement des combustibles organiques, par ordre d'importance : racines et talles de maïs, végétation de bord de rivières, végétation de playa, fumier animal, feuilles d'arbres et bois.

Les quelques trente litres de saumure récupérés lors de la lixiviation, sont versés dans le récipient en métal déposé sur le four. Un petit morceau de feuille d'agave est placé dans la saumure afin de favoriser la cristallisation, elle sera retirée au bout de 40 à 45 minutes de cuisson. Le combustible est déposé dans la chambre de combustion de manière progressive, afin de réaliser une cuisson à feux doux. Une cuisson trop forte entraîne la formation d'une croûte de sel dure au fond de la plaque qui détériore très vite celle-ci. La saumure commence à bouillir au bout de 10 à 15 minutes. Une feuille de *jarilla* [6] est utilisée pour enlever ou simplement dissiper l'écume qui se forme à la surface de la saumure en ébullition (Parsons, 1989b : 99-101).

Après une heure de cuisson, le sel formé est placé dans un coin de la plaque afin de permettre au liquide restant de continuer à bouillir et se concentrer. Après environ une heure et demi de cuisson, le sel cristallisé est enlevé de la plaque à l'aide deux planches en contre-plaqué, et placé sur l'aire aménagée pour le séchage.
Lorsque c'est du sel noir qui est produit, il se forme plus d'écume que pour le sel blanc, dans ce cas, celle-ci n'est pas enlevée. Pour la fabrication du *salitre*, qui n'est plus produit aujourd'hui, le liquide était retiré du feu avant que les cristaux ne commencent à se former, ensuite il était laissé à température ambiante, et en refroidissant, le sel cristallisait. Le problème était d'identifier le moment propice pour

[6] Une graminée sauvage (*Stevia salicifolia*).

extraire la saumure du feu et obtenir le produit désiré. Ce moment était reconnu soit par un critère d'odeur, soit en déposant régulièrement quelques gouttes de liquide en ébullition sur une feuille de maïs, si ces gouttes se transformaient rapidement en cristaux, c'est qu'il était temps de retirer le liquide du feu (Parsons, 1989b : 103).

- Séchage et conditionnement

Les procédés de séchage sont différents selon les sels produits. Le sel blanc est séché à l'intérieur de l'édifice de cuisson, en utilisant une aire spécialement aménagée à l'aide d'une couche de terre (cf. paragraphe sur la préparation du mélange des terres), sur laquelle est dispersée un peu de cendres. Le sel est étalé sur cette aire en une couche d'environ 10 cm d'épaisseur. La couche de sel est légèrement aspergée d'eau afin d'être nettoyée. Puis le sel est laissé à sécher toute la nuit, et récupéré le lendemain matin.

A l'issue du séchage on récupère environ 5 à 5,5 kg de sel sec. Il est soigneusement amené dans la maison d'habitation à l'aide de récipient en plastique et stocké dans une grande corbeille en osier.

Le sel noir est placé dans une grande corbeille en osier. Cette corbeille est posée au dessus d'un récipient en plastique dans lequel est récupéré le liquide issue du séchage. Le tout est laissé également durant toute une nuit dans le bâtiment de cuisson. Le lendemain le sel est transporté jusqu'à la maison où il est stocké dans une corbeille, tandis que le liquide est lui aussi conservé. 60 litres de saumure provenant de la lixiviation de 300 kg de sol dans 250 litres d'eau produisent 16,5 kg de sel et 3 litres de liquide.

Le *salitre* était produit en refroidissant la solution dans des récipients en céramique appelés *enfriadores*. Selon Parsons (1989b : 108), il s'agit de récipients à l'ouverture évasée, d'environ 25 cm de hauteur et 15-20 cm de diamètre, avec des anses de chaque côté, et dont la capacité pouvait atteindre 4 à 5 litres. Le liquide était laissé à décanter durant une nuit dans ces récipients, et le lendemain les parois couvertes de *salitre* étaient grattées à l'aide d'une spatule en bois. Jusque dans les années 40, le *salitre* était utilisé dans des fêtes religieuses et d'autres occasions cérémonielles (Parsons, 1989b : 15).

3.1.4.2. Aperçu historique

Deux sources ethnohistoriques du XVI et XVII ème siècles donnent les témoignages suivant :

> *El que trata en sal, hácela, o la compra de los otros para revenderla; y para hacerla junta la tierra salitrosa, y juntada, remójala muy bien y destilala o cuélala en una tinaja, y hace formas para hacer panes de sal. El que revende la sal que compra de otros, llévala fuera para ganar con ella, y así no pierde ningún mercado de los que se hacen por los pueblos de su comarca, donde vende panes redondos o largos, como panes de azucar, gordos y limpios, sin alguna arena, muy blancos, sin resabios; y a las veces vende panes que tienen resabio de cal desabrida; vende también a las veces panes delgados arenosos, y vende también sal gruesa y sal que no sala bien* (Sahagún, 1992 : 147) (cf annexe 3 : (33)).

> *Van de Ixtlapalapa a Tenustitan [Tenochtitlan]... sobre un muro de piedra... Las cuidades adyacentes al puente hacen sal, que todos los pueblos del país usan. Del agua salada del lago a través de trincheras en la tierra, para hacerla más gruesa, y cuando está endurecida y espesa la hierven y hacen después bultos redondos o bolas para ser mandado a mercados o ferias para intercambiar con articulos foráneos* (Mártir de Angleria, 1628 : 188) (cf annexe 3 : (34)).

Dans le premier texte, Sahagun se réfère au lavage de terres salées pour l'obtention d'une saumure, dans un grand récipient de céramique (*tinaja*). Il mentionne ensuite la fabrication de pains de sel. L'apport important de ce texte repose sur la description détaillée des différentes formes de pains et des types de sels vendus : "pains ronds ou longs comme des pains de sucre, gros et propres, sans sables, très blancs, sans arrière goût" mais aussi "des pains avec un arrière goût de chaux, des pains fins et sableux, du gros sel ainsi que du sel qui ne sale pas bien". Bien que l'on ne produise plus de pains de sels à Nexquipayac, du fait de l'utilisation d'un récipient permettant une cuisson plus économique de grandes quantités de sels, les différentes qualités décrites par Sahagun peuvent être grossièrement corrélées à celles actuellement produites à Nexquipayac.

Il semble donc que les pratiques encore utilisées dans le village de Nexquipayac soient relativement fidèles, au moins en termes de processus et de types de sels produits, à celles autrefois employées par les Aztèques. Le second texte fait toutefois référence à la cuisson d'eau salée prélevée dans le lac. En fait il semble peu probable que l'eau du lac ait été suffisamment salée pour être utilisée directement comme saumure, en raison des apports réguliers d'eau de pluie. Il s'agit d'ailleurs de la seule référence connue qui mentionne cette pratique.

Plusieurs études archéologiques ont été réalisées dans la zone, attestant d'une production importante au moins durant le Postclassique, caractérisée par la présence massive de monticules de terres lixiviées et de céramique d'impression textile (cf. chap. 3.4.3. de la première partie). Certaines évidences permettent d'attester une production dès la période Classique, de fait il est fort probable que les richesses naturelles en sels de la zone aient été utilisées dès les périodes plus anciennes dans des proportions sans doute moindre que durant l'apogée de l'empire Aztèque.

3.1.4.3. Analyses géochimiques

La visite dans les salines de Nexquipayac a été réalisée au mois de septembre 1994. Dans ce cas, le fait de réaliser l'étude pendant la saison des pluies importait peu, puisque la production se réalise toute l'année, grâce au stockage des terres salées et à la cuisson dans un espace couvert.

Cependant, la production réalisée actuellement à Nexquipayac est très ponctuelle, et ne concerne plus que le labeur irrégulier d'un seul homme dans le village. Nous n'avons donc pu suivre toutes les phases de la production comme l'avait fait Parsons à la fin des années 80. Nous n'avons notamment pu prélever le mélange correspondant à la préparation du sel noir, fabriqué très exceptionnellement aujourd'hui. Par ailleurs, bien que le producteur ait eu la gentillesse de nous détailler chaque pas de la production, il n'a pas réalisé de production au moment de notre venue, car celle-ci ne se fait actuellement qu'en fonction de la demande, c'est pourquoi nous n'avons pu prélevé d'échantillon de saumure.

Le tableau 15 résume les analyses que nous avons été en mesure d'effectuer à partir de prélèvements de terres salées, de mélange pour la lixiviation et de cendres récupérées dans le four, utilisées pour le mélange des terres et pour être déposées sur le *camaclalli*. Tout d'abord on peut noter que la *tierra dulce*, utilisée dans le mélange pour la fabrication du sel blanc, est essentiellement composé de chlorures de sodium ; contrairement au *tequesquite*, qui présente des teneurs un peu moins élevées distribués en sodium, carbonates et chlorures. Ce dernier montre de plus un pH élevé caractéristique d'une proportion importante de carbonates. Le mélange de terres pour la fabrication de sel blanc comporte des teneurs plus faibles que la ressource d'origine, ce qui rejoint les remarques du saunier à propos de la justification du mélange de terres salées et lixiviées : d'après lui, l'ajout de terres lixiviées permet "d'adoucir" le mélange et ainsi de permettre une meilleure lixiviation. Les cendres contiennent une certaine quantité de sodium, carbonates et chlorures, du fait notamment de la composition du combustible utilisé et de l'écume ayant contaminée la chambre de combustion.

Bien que nous n'ayons pu caractériser chimiquement toute la complexité de la collecte et le mélange de terres pour la production de différents sels, on note des différences entre *tequesquite* utilisé dans la fabrication de sel noir et la *tierra dulce* pour la fabrication de sel blanc. Il faut noter que cette gestion des terres, aujourd'hui en voie de simplification du fait de la fabrication quasi exclusive de sel blanc, était encore plus élaborée dans le même secteur il y a environ 50 ans. En effet, nous rappelons que dans les années 40, Lozano (1946) avait identifié quatre types de *tequesquite* différents, présentant chacun des caractéristiques physico-chimiques et géographiques particulières (cf. chap. 3.3.4. de la première partie).

Tableau 15 : Qualité chimique des différentes composantes des salines de Nexquipayac (bassin de Texcoco).

	pH	C.E mS/cm	Ca^{2+} meq/l	Mg^{2+} meq/l	K^{+} meq/l	Na^{+} meq/l	TAC meq/l	Cl^{-} meq/l	$SO4^{2-}$ meq/l
-*tierra dulce*	8,4	12	0,6	0,4	1,2	104,7	11,2	111,4	2,3
-*tequeq.*	11	8,7	0,3	0,1	1,8	78,8	36,3	47,2	0,7
-mélange de terres pour le sel blanc	8	8,7	1,6	0,5	4	62,2	8,3	66,7	1,2
-cendres	10	3,8	1,3	0,6	4,8	26,3	18,8	13,7	0,4
-terres lixiviées (*pila clalli*)	9,1	2,3	0,6	0,2	1,2	16,9	3,6	11,9	0,9

3.1.5. Bilan : variabilité des traits techniques

Dans l'intitulé de ce chapitre, nous reprenons une expression utilisée par Lemonnier (1980) dans son ouvrage sur les salines de l'ouest de la France. Dans son travail d'analyse des traits variables et des invariants du système technique étudié, il note que l'opposition entre ces deux termes "recouvre pour partie les importantes distinctions établies par Leroi-Gourhan entre *tendance* et *fait*" (Lemonnier, 1980 : 173). Ainsi il rappelle les principes de "*la grille méthodologique qui a permis à Leroi-Gourhan de situer des faits isolés les uns par rapport aux autres, d'en distinguer les traits essentiels et les caractères secondaires, et de mener ainsi la vaste étude comparative dont sont issus les deux volumes d'Evolution et techniques (1971 et 1973)*" (Lemonnier, 1980 : 175). Dans ces ouvrages, Leroi-Gourhan définit la *tendance* comme "*cette caractéristique de l'évolution technique qu'est l'apparition, indépendamment de tout lien de parenté, de procédés et d'outils faisant appel aux mêmes forces, propriétés mécaniques, chimiques etc..., en réponse à des problèmes techniques posés dans des termes identiques*" (Lemonnier, 1980 : 173). "*A partir d'une tendance générale, les groupes ethniques produisent des objets dont la morphologie ou les propriétés mécaniques diffèrent d'autant que la description de l'observateur est précise. Aussi les faits présentent-ils des degrés qui correspondent à leur individualisation progressive. Pratiquement, "le premier degré du fait traduit sa fonction"* (Leroi-Gourhan, 1971 : 34*), les derniers correspondant à des détails fonctionnels d'importance secondaire voire symboliques*" (Lemonnier, 1980 : 174).

Sans prétendre égaler la complexité de l'étude de Lemonnier sur les salines de l'ouest - notre objectif étant d'identifier des clefs d'aide à l'interprétation des restes archéologiques, nous nous intéressons exclusivement aux caractéristiques matérielles, géochimiques et sédimentaires des techniques, sans prendre en compte le cadre social de celles-ci - nous nous proposons d'utiliser une démarche méthodologique similaire afin de dégager les invariants (que l'on associe ici aux opérations stratégiques) et les variantes techniques.

- Depuis la collecte des terres salées jusqu'à l'obtention d'une saumure.

Tableau 16 : Variabilité des traits techniques depuis la collecte des terres salées jusqu'à l'obtention d'une saumure.

Invariants	Variantes	Sources
- collecte des terres salées en saison sèche	- préparation du "piège à sels" : * épandage de terres lixiviées * arrosage de ces terres (facultatif) * délimitation de parcelles : "jardins de terres salées" (facultatif)	Simarao (Mich) Zacapulas (Gua) Totolcingo (Puc)
	- broyage de la croûte saline à l'aide d'un outil type herse	Simarao (Mich) Cuyutlan (Col)
	- collecte de différentes terres	Nexquipayac (Mex)
mise en tas des terres salées pour séchage et stockage temporaire	- stockage dans une structure couverte	Nexquipayac (Mex) Zacapulas (Gua)
lixiviation des terres salées dans un filtre et récupération d'une saumure	- mélange de terres pour la lixiviation	Nexquipayac (Mex)
	- différentes sources d'approvisionnement en eau : * eau douce : sources, rivières, aquifère profond (puits) * eau thermale * eau salée : aquifère (puits)	 Nexquipayac (Mex) Simarao (Mich) Zacapulas (Gua) littoral Pacifique
	- différentes structures et objets pour approvisionnement et transfert de l'eau : * canaux : chaux * récipients : céramique	 Simarao (Mich) Tonatico (Mex) Nexquipayac (Mex)
	- différents types de filtres : * *tlapechtli* : bois, végétaux, sable, argile * *cajón* : bois, argile * *pila* : argile * *temascal* : pierre, torchis, argile * corbeille : végétaux * égouttoir : céramique	 littoral Pacifique Simarao (Mich) Zacapulas (Gua) Nexquipayac (Mex) Tonatico (Mex) Zacapulas (Gua) Tlalica (Col)
	- différents types de structures pour récupération et stockage temporaire de la saumure : * fosse circulaire ou quadrangulaire : pierres, chaux * bassin rectangulaire : chaux * *canoa* : demi tronc d'arbre évidé * récipient : céramique	 Tonatico (Mex) Zacapulas (Gua) littoral Pacifique Simarao (Mich), Yucatan Nexquipayac (Mex)
- rejet des déchets de lixiviation en monticules	- réutilisation des terres lixiviées pour le cycle de production suivant	Simarao (Mich) Tonatico (Mex) Nexquipayac (Mex) Zacapulas (Gua)
	- utilisation des monticules pour la construction du filtre	littoral Pacifique Simarao(Mich) Nexquipayac (Mex), Zacapulas (Gua),

- Concentration de la saumure et cristallisation du sel

Tableau 17 : Variabilité des traits techniques dans la production de sel solaire.

Invariants	Variantes	Sources
- concentration de la saumure par évaporation solaire	- différents objets ou structures pour le transfert de la saumure : * récipient céramique * calebasse * canaux : chaux	 Simarao (Mich) Costa Chica (Gue) Tonatico (Mex) Cuyutlan (Col)
	- différents types de structures pour évaporation solaire de la saumure : * bassins rectangulaires : chaux (taille variable) * *canoas* : bois * *cajetes* : basalte, cendres, résine * bassins en terrasses : galets, chaux	 littoral Pacifique Simarao (Mex) Alahuiztlan (Guer) Silacoyoapa (Oax) Tlapilco (Pue) Zapotitlan (Pue)
	- plusieurs types de bassins pour différentes phases du processus de concentration	Silacoyoapa (Oax) Tlapilco (Pue) Zapotitlan (Pue)
	- temps de concentration varie selon la concentration initiale de la saumure et la taille des bassins	
- collecte de sel cristallisé	- utilisation de différents objets * écorces de noix de coco * grande spatule en bois * balai : végétaux	 Costa Chica (Gue) littoral Pacifique Zapotitlan (Pue) Silacayoapa (Oax)
	- collecte de différents types de sels	Zapotitlan (Pue) Silacayoapa (Oax)
- séchage	- mise en monticules et séchage du sel par gravité sur une aire spécialement aménagée	littoral Pacifique, Simarao (Mich)
	- dépôt du sel dans une corbeille	Zapotitlan (Pue)
- stockage et conditionnement	- utilisation de différents objets et structures (taille diverse) * sacs : végétaux * corbeille : végétaux * bâtiment : torchis, pierre	 littoral Pacifique, Simarao (Mich) Simarao (Mich) Zapotitlan (Pue)
	- utilisation d'une mesure de volume pour évaluer la quantité : petite boite en bois quadrangulaire (taille varie)	Simarao (Mich) Zapotitlan (Pue) Costa Chica (Gue)

Tableau 18 : Variabilité des traits techniques dans la production de sel ignigène.

Invariants	**Variantes**	**Sources**
- transfert de la saumure dans des grandes cruches en céramique conçues à cet effet, puis concentration de la saumure par cuisson sous abri,	- différents types de récipients : * *apaste* : céramique, campaniforme, 40 cm de diamètre, 15 cm de prof * bol hémisphérique céramique, 30 cm de diamètre, 15 cm de prof * grands bols céramique, 90 cm de diamètre et 70 cm de prof * *paila* : grande plaque de métal	 San Mateo Ixtatán (Chia) Zacapulas (Gua) Ixtapa (Chia) Nexquipayac (Mex)
	- différents types de structures de combustion : * four rectangulaire : torchis * four domestique : torchis * aire de combustion : amas de terres, sables	 Nexquipayac (Mex) Ixtapa (Chia) San Mateo Ixtatán (Chia) Zacapulas (Gua)
	- utilisation de galets comme supports des récipients	Zacapulas (Gua)
- collecte de sel cristallisé	- obtention d'un pain de sel sec	San Mateo Ixtatán (Chia) Zacapulas (Gua)
	- obtention de sel encore humide : * séchage par mise en tas sur une couche de sables et de cendres * séché selon différentes méthodes (voir conditionnement)	 Nexquipayac (Mex) San Mateo Ixtatán (Chia) Ixtapa (Chia) Zacapulas (Gua)
	- production de différents types de sels	Nexquipayac (Mex) Zacapulas (Gua)
- stockage temporaire	- dépôt du sel sec dans une grande corbeille	Nexquipayac (Mex)
	- dépôt de sel humide dans un grand récipient de céramique	Ixtapa (Chia) Zacapulas (Gua)
- conditionnement	-sel conditionné dès la cuisson puisqu'obtention d'un pain de sel : * *pilón* (poids standard 22 kg) * boule de sel	 San Mateo Ixtatán (Chia) Zacapulas (Gua)
	- sel séché et conditionné en même temps : * *benequen* : pain de sel de taille standard (600 g), par enrobage du sel encore humide dans une natte de joncs * formation de petits tas moulés à la main et séchés sur une couche de sables placée sur l'aire de combustion * *quesitos* : séchage au soleil, dans un petit moule en bois de forme carrée, poids standard (170 g)	 Ixtapa (Chia) Zacapulas (Gua) Zacapulas (Gua)
	- conditionnement de sel sec dans des sacs pour la vente	Nexquipayac (Mex)

Dans cette analyse, nous prenons en compte les traits techniques qui concernent d'une part les premières étapes de la production depuis la collecte des terres salées jusqu'à la lixiviation et l'obtention d'une saumure, d'autre part la concentration de cette saumure et l'obtention du sel cristallisé en opérant une distinction entre sel solaire et sel ignigène. Nous complétons cette étude avec les informations bibliographiques exposées dans le chapitre 3.4.3. de la première partie.

Dans les tableaux 16, 17 et 18 nous exposons la variabilité des traits techniques concernant la production de sels, à partir de la collecte et de la lixiviation de terres salées pour l'obtention d'une saumure (tableau 16) et la concentration de celle-ci par évaporation solaire (tableau 17) ou la cuisson (tableau 18).

Par ailleurs, nous avons fait le choix de n'exposer dans ces tableaux que les objets construits à partir de matériaux potentiellement disponibles durant les périodes préhispaniques (à exception de la plaque de métal utilisé à Nexquipayac pour la cuisson de la saumure). Ainsi, même si bien souvent les récipients en céramique utilisés dans le transfert de l'eau ou le stockage de la saumure ont été remplacés par des récipients en plastique ou en métal, cette substitution s'étant réalisé récemment, nous mentionnons l'existence de récipients en céramique.

Comme dans l'étude de Lemonnier (1980 : 175) sur les salines de l'Ouest de la France, nous constatons que l'analyse des traits variables et invariants des techniques de production de sel montre que la notion de degré de fait s'applique aussi bien aux processus techniques qu'aux objets. Ainsi, l'opération stratégique de collecte des terres salées peut consister en une simple collecte jusqu'à la construction de véritables "jardins de terres salées" qui seront exploités à la manière d'un champs cultivé. Quant au processus de lixiviation des terres salées, les invariants concernent essentiellement les objets et les structures associés à cette opération. Il faut préciser que, bien que nous ayons séparé filtre et bassin de réception de la saumure pour des questions de commodités dans le tableau, les deux sont en fait étroitement liés et leurs tailles et formes sont souvent proportionnelles. Nous verrons en effet dans le chapitre suivant que la structure ou l'objet récepteur de la saumure présente la plupart du temps des caractéristiques de taille et de forme permettant de recevoir une quantité de saumure correspondant à une lixiviation (tableau 19).

* *Organisation de la production autour d'une unité bien délimitée dans l'espace*
D'une manière générale, on note que les opérations se réalisent systématiquement autour d'une unité de production bien déterminée, gérée par une personne ou par un groupe réduit de 2 à 3 personnes. En effet, même dans le cas d'une organisation collective de la production - comme à Cuyutlan par exemple -, la fabrication du sel se combine autour de plusieurs unités de production, chacune étant gérée par une famille. La fabrication du sel à Cuyutlan peut être considérée comme une production de type industrielle, et cependant elle continue à s'organiser autour d'unités de production individuelles. Ces unités présentent la caractéristique récurrente d'être bien délimitées dans l'espace autour d'une unité de lixiviation, des monticules de terres lixiviées et des unités d'évaporation (bassins d'évaporation solaire ou four).

* *Production saisonnière*
A l'exception de Nexquipayac, la production de sel constitue toujours une activité temporaire. En effet, les processus de collecte de terres salées et d'évaporation solaire ne peuvent se réaliser que pendant la saison sèche. Par ailleurs, même si les terres salées peuvent être stockées sous abri (comme c'est le cas à Nexquipayac ou à Zacapulas), et donc être utilisées tout au long de l'année dans le cas d'une cuisson sous abri, la production de sel est souvent complémentaire d'autres activités se réalisant préférentiellement durant la saison des pluies (pêche en milieu côtier, ou agriculture en milieu continental). Le site de Nexquipayac constitue un cas particulier puisque la fabrication de sel constitue, pour la seule famille qui continue à le produire, une activité très ponctuelle répondant à une demande irrégulière et spontanée.

* *Réutilisation de l'unité de production sur une longue période de temps*
Bien que cela n'apparaisse pas dans les tableaux, nous rappelons que la plupart du temps la production se réalise au même endroit chaque année avec une remise en état plus ou moins importante des structures utilisées pendant la saison antérieure. On imagine alors toute la complexité de l'étude stratigraphique d'un tel type de site après son abandon. De plus, même si les terres lixiviées sont systématiquement rejetées en monticules autour de l'unité de production, nous rappelons dans le tableau 16 qu'elles peuvent être réutilisées dans le cycle de production suivant. La plupart du temps leur réutilisation consiste en un épandage pour servir de "piège à sels" en surface du sol. A Nexquipayac, cette réutilisation atteint son paroxysme, puisque les terres lixiviées sont employées à la fois dans le mélange des terres salées, mais aussi pour le séchage du sel après la cuisson - nous rappelons qu'à cela vient s'ajouter la complexité de la fabrication de différents sels (sel noir et sel blanc) et de l'utilisation de différents types de terres lixiviées [1]-. La pratique de l'épandage des terres lixiviées pour favoriser la formation d'une croûte saline de surface semble attester pour l'ensemble des sites situés dans des bassins continentaux. Nous pouvons rappeler à ce sujet les observations réalisées par Reyes (1996) sur l'histoire des salines de Cuyutlan ; l'auteur mentionne en effet la pratique de contrôle des entrées d'eaux de mer dans la lagune et d'épandage de terres pour favoriser l'enrichissement salin de la surface du sol et accroître la production ; usage attesté pour le XVI ème siècle, et apparemment tombé en désuétude vers la fin du XVIII ème siècle[2]. L'auteur souligne qu'il n'existe pas de références qui permettent d'identifier avec certitude le moment à partir duquel les sauniers se sont rendus compte de l'inutilité de ces pratiques, dans un contexte lagunaire où les terres sont régulièrement inondées par l'eau de mer de

[1] cf. chap. 4.1.4.1.
[2] cf. chap. 4.1.1.2.

manière naturelle. Il émet l'hypothèse que l'abandon de telles pratiques ait pu être liée à l'introduction de changements technologiques permettant d'accroître le rendement, en augmentant la taille des filtres.

* *Processus de séchage différentiel selon le type de sel*
En ce qui concerne les processus de cuisson de la saumure, on observe un certain nombre de variantes à la fois dans la forme et la taille des objets et structures utilisés, mais aussi dans l'ordre des processus qui amène à l'obtention de sel sec. Par ailleurs, on peut noter que dans certains endroits, différentes alternatives sont utilisées selon le type de sels que l'on veut produire : ainsi, à Zacapulas, dans les hautes terres du Guatemala, on note la fabrication de trois types de sels, l'un étant obtenu sous la forme d'un pain de sel directement pendant la cuisson, l'autre sous la forme de petits "gâteaux" de sel après séchage sur l'aire de combustion encore chaude, postérieurement à la cuisson ; et enfin un troisième type appelé "*quesitos*" qui est obtenu par séchage au soleil postérieurement à la cuisson.

* *Utilisation d'outils pour la maintenance des structures*
Bien qu'ils soient très rarement mentionnés dans les descriptions ethnographiques, nous pouvons nous arrêter un instant sur les outils utilisés dans diverses étapes de préparation et de maintenance de la chaîne opératoire. Dans son rapport sur les salines de Nexquipayac, Parsons (1989b : 123-124, tableau 3) établit une série de correspondances entre les outils actuellement utilisés et leur probable manifestation durant les périodes préhispaniques. Ainsi, il mentionne l'utilisation d'un maillet en bois (*maso*) durant la construction de la pila, pour piler et concasser la surface des parois avant de les enduire d'argile. Cette opération a pour but de réduire la porosité et empêcher toute perte de saumure par infiltration. (Parsons, 1989b : 87). Cet outil est également utilisé sur la Costa Chica pour la préparation des bassins d'évaporation solaire avant et après l'enduit de chaux. Parsons suggère que cette opération peut également être réalisée à l'aide d'une grosse pierre. Ainsi, à Cuyutlan, l'opération de polissage des parois des bassins d'évaporation - enduites d'un mélange de chaux, sables et cendres - se réalise avec une morceau de roche dure (type serpentine), dont une des faces a été aplanie et polie (Reyes, 1996 : 11). L'opération de polissage des parois de la *pila* est effectuée à Nexquipayac, à l'aide d'une épaisse semelle de chaussure en caoutchouc (Parsons, 1989b : 88). Parsons pense qu'un racloir en bois ou une feuille d'agave pouvaient remplir une fonction similaire durant les périodes préhispaniques. Enfin, l'auteur mentionne l'utilisation d'une faucille ou d'une machette pour collecter la végétation utilisée comme combustibles. Il suggère que la correspondance préhispanique ait pu se manifester sous la forme d'un hachoir avec un manche en bois et un tranchant composé de lames d'obsidienne.

- <u>Comparaison de l'efficacité entre les différents systèmes de production</u>
Nous nous sommes inspirés de la démarche proposée par Lemonnier (1980) pour établir une comparaison de productivité entre les quatre systèmes de production étudiés. En effet, au delà d'une productivité du travail au sens strict, il s'agit de comparer "l'efficacité des moyens mis en oeuvre pour agir sur la matière" (Lemonnier, 1980 : 125) dans les différentes salines. Dans le tableau 19, nous récapitulons les informations qui nous paraissent pertinentes pour établir des comparaisons ; ces informations concernent trois types de faits techniques :
* les structures ou objets et leurs caractéristiques
* les processus et leur durée
* l'approvisionnement en matières premières (eau et terres salées)

* *Efficacité des structures*
La taille du filtre et les quantités de saumure extraites par lixiviation varient considérablement selon les salines. On note une tendance à l'accroissement de la productivité (diminution du temps nécessaire pour produire 1 kg de sel) proportionnelle à l'accroissement de la taille du filtre. Pour les salines de Cuyutlan, cette tendance est d'autant plus justifiée qu'elle correspond à un choix historique délibéré ayant pour but une augmentation de l'efficacité du filtre (Reyes, 1996)[3]. Il semble évident que la pression de la demande exercée sur les salines de Cuyutlan, et son organisation consécutive en coopérative au début du XX ème siècle ont favorisé les modifications permettant un accroissement de l'efficacité des moyens de production.

* *Durée des processus*
La durée de lixiviation varie selon les dimensions du filtre, le tassement de la terre et la quantité d'eau versée instantanément dans le filtre. Ainsi à Nexquipayac, la durée de lixiviation est très lente car le filtre est rempli jusqu'à ras bord de terre, donc l'eau ne peut-être versée que progressivement. A Cuyutlan, une hauteur d'environ 10 cm est laissée au dessus des terres dans le filtre, ainsi l'eau est versée en continue à l'aide d'un tuyau jusqu'à remplir le filtre et atteindre le bord ; il s'exerce ainsi une forte pression permettant à l'eau de s'infiltrer plus rapidement.

De plus, la morphologie du filtre à Cuyutlan offre une vaste surface d'infiltration, au contraire de Nexquipayac dans lequel la surface réduite et la forme tronconique avec un seul petit trou d'évacuation au fond, freinent considérablement le passage de l'eau. A San Nicolas Simirao, l'importante taille du filtre atténue ces phénomènes en donnant une section importante à l'eau pour s'infiltrer.

Pour la production de sel solaire, le facteur principal qui influence la durée d'évaporation est l'épaisseur de la lame d'eau à évaporer (d'autres facteurs tels que la concentration de l'eau, la taille et la forme des bassins peuvent avoir une influence relativement négligeable) ; ainsi à San Nicolas Simirao, la durée d'évaporation est plus élevée que dans les salines du littoral Pacifique.

[3] cf. chap. 4.1.1.2.

Tableau 19 : Comparaison de productivité entre les différentes salines

	volume de terre (m^3) (a)	masse de terre (kg) (b)	surface de terre (m^2) (c)	quantité d'eau (litres) (d)	quantité saumure (litres) (e)	durée de lixiviation	contenu du bassin (litres) (f)	durée évapo-ration	durée séchage du sel	sel collecté par bassin
Cuyutlan	1,6	2200	500	4500	1350	6 h	1800	2 à 3 j	24 h	350 kg
Chautengo	0,1	180	40	400	120	3 h	50	2 à 3 j	24 h	15 kg
San Nicolas Simarao	1	1400	330	1400	420	5 h	300	4 à 5 j	?	60 kg
Nexquipayac	0,01	130	30	130	30	20 h	30	2 h	12 h	5 kg

	localisation des terres salées (g)	lieu de collecte de l'eau (g)	collecte des terres (h)	préparation de la lixiviation (i)	maintenance du filtre (j)	maintenance du bassin (k)	durée de vie du filtre	durée de vie du bassin
Cuyutlan	100 m	10 m	6 h	3 h	2 h	15 mn	1 saison	1 saison
Chautengo	100 m	10 m	1 h	30 mn	1 h	15 mn	1 saison	1 saison
San Nicolas Simarao	50 m	100 m	3 h	2 h	2 h	15 mn	> 10 ans	> 10 ans
Nexquipayac	2 à 5 km	50 m	6 h	30 mn	1 h	15 mn	5 ans	3 ans

	rapport eau / terre	quantité de saumure pour 1 kg de sel	quantité de terres pour 1 kg de sel (l)	temps pour produire 1 kg de sel (m)
Cuyutlan	2,25	5 litres	7,5 kg	1 h
Chautengo	2,2	3 litres	5 kg	4 h 30 mn
San Nicolas Simarao	1	5 litres	16,5 kg	6 h
Nexquipayac	1	6 litres	13 kg	8 h

(a) Valeur approximative calculée à partir de la taille du filtre et de l'épaisseur de terres salées déposées dans celui-ci.
(b) La quantité de terre a été calculée en tenant compte du rapport connu pour Nexquipayac entre volume et quantité de terre.
(c) Estimation de la surface de terre à collecter pour remplir le filtre : calculée en divisant la masse de terre (b) par la masse moyenne de terre au m² (4250 g) calculée à partir des prélèvements effectués dans le bassin de Sayula (cf. chap. 3.2.1.).
(d) Valeur estimée à partir des approximations données par les sauniers (nombre de sceaux etc...) et du volume occupé par l'eau quand elle est versée sur les terres salées dans le filtre.
(e) Valeur estimée à environ 30 % de la quantité d'eau utilisée pour lixivier les terres salées (ce pourcentage correspond à celui donné par les mesures réalisées par Parsons dans les salines de Nexquipayac).
(f) Valeur estimée à partir de la taille des bassins.
(g) Estimation de la distance moyenne séparant le lieu de collecte des terres salées et le lieu de collecte de l'eau du lieu de fabrication (lixiviation + évaporation).
(h) Estimation du temps nécessaire à la collecte et au transfert des terres salées utilisées pour une lixiviation : valeurs estimées pour un homme muni d'une pelle et d'une brouette, rapportées à la distance séparant le lieu de collecte du lieu de lixiviation.
(i) Estimation du temps nécessaire pour remplir le filtre d'eau et de terres salées.
(j) Estimation du temps nécessaire aux opérations de nettoyage et remise en état du filtre pour une prochaine lixiviation.
(k) Estimation du temps nécessaire aux opérations de nettoyage et remise en état des bassins ou récipients pour une prochaine évaporation.
(l) Quantité de terres salées nécessaires pour produire 1 kg de sel (Pour Nexquipayac, nous avons considéré que le mélange de terres utilisé dans la lixiviation ne contenait que 50 % de terres salées).
(m) Valeur estimée à partir du cumul des temps nécessaires pour la collecte des terres, la préparation de la lixiviation, la maintenance des structures et les durées de lixiviation, évaporation et séchage, divisé par la quantité de sel formé pour une lixiviation. Dans cette estimation, nous avons pris en compte le nombre de personnes effectuant le travail, ainsi nous avons multiplié par trois les valeurs obtenues pour Cuyutlan, Chautengo et San Nicolas Simarao, en considérant que c'est le nombre moyen de personnes travaillant par unité de production, sachant qu'à Nexquipayac, une seule personne réalise la quasi totalité des processus de production.

* *Comparaison sel solaire / sel ignigène*
Dans des conditions de climat favorable (saison sèche) - si on prend en compte le temps strictement nécessaire à l'évaporation - l'évaporation solaire est plus efficace pour concentrer de grandes quantités de saumure (comparaison Cuyutlan / Nexquipayac). Nous rappelons toutefois qu'à Cuyutlan un ensemble de choix techniques - tels que l'augmentation de la taille des bassins, la surélévation du bassin de stockage de la saumure permettant de remplir les bassins par gravimétrie - a été mis en oeuvre dans le but d'accroître la productivité.

* *Approvisionnement en terres salées*
Hormis des écarts significatifs dans la durée des processus, liés aux variations de caractéristiques des structures employées, on observe peu de changements dans l'ordre de ceux-ci, c'est à dire dans le déroulement de la chaîne opératoire qui permet d'obtenir du sel cristallisé à partir de la lixiviation de terres salées (à exception faite des changements mentionnés concernant le séchage dans le cas de la production de sel ignigène). Les différences les plus notoires s'observent au niveau de l'approvisionnement en terres salées, en effet celle-ci peut consister en une simple collecte autour de l'unité de production (Costa Chica), en passant par un broyage de la croûte saline (Cuyutlan), ou encore par une recherche élaborée sur des critères spécifiques de différents types de terres (Nexquipayac), jusqu'à la préparation de véritables "pièges à sels" (San Nicolas Simirao). Ces phénomènes ont des implications importantes en ce qui concerne l'accumulation stratigraphique des déchets de lixiviation. Par contre, en terme de durée, les variations sont moindres, puisque les pratiques d'épandage de terres sèches réalisées à Simarao contribuent à accélérer le phénomène de salinisation (obtention d'une croûte saline au bout d'environ 8 jours), phénomène qui se réalise de manière naturelle dans les autres endroits (sur le littoral Pacifique, il faut attendre en moyenne 15 jours pour que se reforme la croûte saline après collecte).

Le facteur principal qui influence les pratiques de collecte est celui de la disponibilité en terres salées, c'est à dire la gestion spatiale de celles-ci. Dans les salines de Cuyutlan ou de la Costa Chica, les unités de fabrication sont entourées de vastes étendues de terres salées en quantité suffisante pour les besoins de la production. A San Nicolas Simirao, l'espace des terres salées est plus réduit, il est donc probable que les pratiques permettant d'accélérer l'enrichissement salin de la surface du sol constitue un palliatif à cela. A Nexquipayac, le problème est différent car les terres salées, bien que distribuées à travers de vastes étendues, ne se situent pas à proximité des unités de production. L'utilisation de véhicules a permis de palier le problème de l'approvisionnement, permettant de transporter de grandes quantités en peu de temps (quelques jours) et de stocker les terres salées sur le lieu de production. Parsons (1989b : 75-76) souligne qu'avant les années 50, des mules étaient utilisées pour le transport des terres, il suppose qu'une mule ne pouvait transporter une charge supérieure à 100 kg ce qui multipliait considérablement le nombre de voyages à effectuer et le temps passé à la collecte. L'absence de tels moyens de transport durant les périodes préhispaniques [4] suppose - comme le suggère Parsons (1989b : 119-121 ; 1993 : 274-275) - qu'à cette époque, les unités de production étaient situées plus près des "gisements" de terres salées, probablement préférentiellement sur les bords de l'ancien lac de Texcoco. L'observation de nombreux monticules de terres, appelés *tlateles* ou *saladeras* selon les auteurs (Charlton, 1969 ; Noguera, 1975), sur les rives du lac semblent confirmer cette hypothèse. Il faut souligner que la possibilité de stocker de grandes quantités de terres sur le lieu de production est induite par l'existence de moyens de transport (charrettes tirées par des ânes ou véhicules motorisés) permettant de réaliser ces opérations rapidement. Il est donc probable que la pratique de stockage était sans doute plus rare voire inexistante durant les périodes préhispaniques.

* *Approvisionnement en eau douce*
La disponibilité en eau douce constitue un autre facteur important dans l'exploitation du sel par lixiviation de terres. L'eau est indispensable dans plusieurs étapes de la chaîne opératoire. Elle est en effet utilisée dans de grandes quantités dans le processus de lixiviation, mais aussi dans des doses moindres pour laver le sel fraîchement collecté (pratique systématique à Nexquipayac), pour nettoyer régulièrement les objets, pour réaliser le mélange d'argile utilisé comme enduit des structures de lixiviation (*pila* de Nexquipayac par exemple). Actuellement, l'approvisionnement en eau douce est facilité par la construction de puits profonds, suite à l'accroissement de la demande liée au développement de l'irrigation dans certaines zones. Durant les périodes anciennes, dans les bassins continentaux tels que Cuitzeo (San Nicolas Simirao) ou Texcoco (Nexquipayac), l'existence de nombreuses sources permettaient un accès à l'eau relativement facile. Par contre, le problème devait être plus aigu dans des secteurs dépourvus d'une distribution homogène en points d'eau douce, tels que les lagunes du littoral Pacifique. Ainsi dans la lagune de Cuyutlan le seul point d'eau douce accessible naturellement consistait en l'estuaire du Palo Verde à l'extrémité sud de celle-ci [5]. Même si les arrivées d'eau douce à cet endroit étaient conséquentes en saison des pluies, elles devaient être bien moindres en saison sèche (donc durant la saison de production), et leur localisation en un point extrême de la lagune rendaient leur accès peu commode si on imagine une exploitation dans l'ensemble de lagune. Reyes (1995 : 149) mentionne que jusque vers la moitié du XIX ème siècle, il n'existait pratiquement pas de population permanente dans la zone, du fait de son insalubrité. Ce n'est que dans le courant du XIX ème siècle, que la construction de puits profonds a permis l'installation permanente d'importantes communautés. L'auteur explique aussi qu'il existe peu de mentions quant à une production de

[4] C'est actuellement la brouette qui est utilisée dans les trois autres zones de production pour assurer le transfert des terres salées jusqu'au lieu de lixiviation. Durant les périodes préhispaniques le transport des terres devait être effectué au moyen d'une corbeille disposée dans le dos et attaché au front au moyen du *mecapal*, comme on peut encore l'observer à Zacapulas (Reina et Monaghan, 1981 : 23).

[5] cf. chap. 4.1.1.

sel antérieure à la fin du XVI ème siècle [6]. Il est probable que le problème d'accès à l'eau douce ait empêché en parallèle le développement de communautés importantes et de la production de sel. Quant à la Costa Chica, les rares références mentionnées par Good (1995) [7] qui témoignent d'un commerce entre les populations de la moyenne vallée du Rio Balsas et la côte, ne précisent pas l'existence effective de populations permanentes de sauniers sur la côte. De nos jours, les communautés villageoises permanentes sont installées à quelques centaines de mètres voire à quelques kilomètres des lieux de production, dans des secteurs de plaines alluviales. Le manque de données archéologiques concernant cette partie de la côte Pacifique ne nous permet pas d'attester avec certitude du schéma d'occupation de la zone, mais il semble que là aussi la production devait se réaliser dans les lieux de vie temporaire en association avec la saisonnalité de la production, et au problème d'approvisionnement en eau. Dans les bassins continentaux, il semble que la coexistence d'ateliers de production de sel et de villages - dans des secteurs à la fois proche de la ressource en terres salées et en eau douce - soit plus facilement envisageable que dans les milieux de lagunes côtières.

* *Approvisionnement en combustibles*
Nous n'avons pas mentionné dans ce travail l'importance de l'approvisionnement en combustibles dans l'obtention de sel par cuisson d'une saumure. Malheureusement, ce problème a été très peu abordé dans les enregistrements ethnographiques, et à Nexquipayac la possibilité de se procurer de grandes quantités de déchets dans une usine voisine a récemment éludé le problème. Cependant l'étude relativement exhaustive de Parsons permet d'émettre quelques hypothèses à ce sujet. En effet, l'auteur souligne qu'il y a environ une trentaine d'années les producteurs de Nexquipayac devaient investir une grande partie de leur temps et de leur travail dans l'approvisionnement en combustibles d'origine organique (Parsons, 1993 : 279). Parsons donne un inventaire des types de combustibles utilisés par ordre d'importance : racines et talles de maïs, végétation de bord de rivières, végétation de playa, fumier animal, feuilles d'arbres et bois (Parsons, 1989b : 110). Il précise que la majorité de ces combustibles traditionnels se consument très vite, et que, par conséquent, l'effort humain à fournir pour s'approvisionner dans ces produits est considérable. Par ailleurs, certaines de ces ressources sont saisonnières ; c'est pourquoi différentes combinaisons de combustibles étaient utilisées selon les étapes du cycle annuel de production. Outre le fait que les populations préhispaniques n'aient pu avoir accès à des quantités significatives de fumier animal, il est par contre probable qu'elles aient bénéficié d'une environnement végétal plus conséquent. Parsons (1993 : 279) rappelle en effet que le Plateau Central a souffert d'une déforestation massive et d'une détérioration de la végétation herbacée du fait du surpâturage lié à l'introduction de moutons et de bovins, depuis le début de la période coloniale. S'il ne dispose pas de chiffres précis quant à l'utilisation des combustibles organiques, l'auteur propose un parallèle entre ceux-ci et les quantités de déchets de caoutchouc actuellement nécessaires pour une cuisson ; il précise ainsi qu'il faut environ 1 kg de caoutchouc pour produire 300 g de sel (Parsons, 1993 : 279), ce qui équivaut à une quantité d'environ 20 kg de combustibles pour la cuisson d'une quantité de saumure extraite pour une lixiviation.

Par ailleurs, nous rappelons que des expérimentations montrent que la saumure doit être exposée à une température plutôt faible et une cuisson progressive ; des températures trop élevées provoquent la formation de gros cristaux qui se dilatent et se décomposent (Riehm, 1961)[8]. Il peut alors paraître étonnant qu'à Nexquipayac, une végétation de type feuilles et graminées ait été préférée à du bois, qui se consume de manière plus progressive et régulière. Ainsi à Zacapulas, Reina et Monaghan (1981 : 26) mentionnent l'utilisation de bois de pins pour la cuisson. En fait, dans les années 60, il était beaucoup plus facile de se procurer les déchets de l'agriculture ou la végétation de playa, dans une zone où une déforestation massive sévit depuis plusieurs siècles.

* *Impact des variations climatiques*
Finalement, nous n'avons pas abordé dans cet essai de comparaison, l'important problème de la sensibilité aux facteurs climatiques. Une courte visite ne nous permettait malheureusement pas d'obtenir des informations significatives sur ce point. Nous pouvons toutefois rappeler que les différents types de salines présentent une sensibilité inégale aux aléas climatiques, à la fois du fait de leurs caractéristiques internes mais aussi du fait des manifestations locales du climat. Nous pouvons notamment signaler les remarques de Good (1995) au sujet des différents types d'exploitation de la Costa Chica ; l'auteur note en effet que la production de sel à Pozahualco - qui se réalise par évaporation directe de l'eau de la lagune - souffre beaucoup moins des variations dues aux conditions climatiques que celle des salines de Chautengo ou El Tecomate. Dans ces dernières, la pluie imprègne le sol et rend boueuses les terres salées, empêchant ainsi la collecte. A Pozahualco, la pluie peut éventuellement retarder la concentration dans les bassins, mais le retard et les effets sur la production sont moindres. Nous avons déjà signaler que dans le cas d'un stockage des terres salées et d'une cuisson sous abri (Nexquipayac et Zacapulas), l'impact du climat sur la production annuelle est négligeable ; par contre d'importantes variations interannuelles, voire des fluctuations s'étalant sur plusieurs dizaines d'années, peuvent considérablement freiner la production. En période de sécheresse, se pose très vite le problème de l'approvisionnement en eau pour la lixiviation, et en parallèle, le problème du renouvellement de la salinisation de surface du sol du fait d'une baisse des aquifères qui entraîne un arrêt de la remontée capillaire par évaporation. Durant les périodes pluvieuses, les sels sont dissous, des lacs envahissent les points bas du paysage, il se pose le problème de l'approvisionnement en terres salées.

[6] cf. chap. 4.1.1.2.
[7] cf. chap. 4.1.1.2.
[8] cf. chap. 3.4.3. de la première partie.

3.2. Reconstitution expérimentale des étapes techniques

Comme le soulignent Langouet et al (1994 : 122), les observations en contexte ethnographique correspondent à des besoins et des possibilités locales mais aussi et surtout à des histoires et à ce qu'elles impliquent. Ces caractéristiques locales induisent les limites de l'utilisation des connaissances ethnologiques dans la problématique archéologique. L'expérimentation à partir des éléments fournis par les sites archéologiques peut alors constituer un moyen complémentaire permettant de tester la validité des techniques de production identifiées. A ce propos, Langouet et al (1994 : 111) précisent que la recherche sur le sel accuse un sérieux retard dans le domaine de l'expérimentation. Des essais de reconstitution réalisés par ces auteurs dans le marais de Dol en Bretagne, présentaient le double objectif d'expérimenter la capacité des objets d'argile cuite recensés en contexte archéologique à produire du sel, et d'autre part de reproduire la "gestuelle" des briquetages, c'est à dire l'effort humain fourni lors de la fabrication des objets (Langouet et al, 1994 : 115). Les auteurs indiquent que ces expériences ne doivent être prises que comme des illustrations de ce qu'étaient les fourneaux à augets, et non de ce qu'était la technique dans son ensemble, notamment en raison de leur incapacité à fabriquer de véritables pains de sels. Ils suggèrent que les expérimentations à venir devraient se centrer sur l'obtention de pains de sels à partir de la ressource, quels que soient les moyens employés, avant de régresser vers des structures semblables aux briquetages ; ce qui signifie que la compréhension des briquetages doit d'abord passer par la mise en évidence des principes de fabrication de sel à partir d'une saumure et non par une simple imitation des objets (Langouet et al, 1994 : 122).

De notre côté, nous avons décidé de privilégier dans un premier temps les processus et leur capacité à produire du sel. Nous avons ainsi tenter de nous placer modestement dans la position du saunier, qui, par des observations empiriques, invente et améliore des processus techniques et se crée progressivement un savoir faire lui permettant de fabriquer du sel à partir de l'extraction d'une saumure. Une seconde étape, que nous n'avons malheureusement pas été en mesure de réaliser ici, serait de tester les structures et objets archéologiques. Comme l'indiquent les essais mis en oeuvre sur la côte bretonne, de telles expérimentations demandent beaucoup de temps et de moyens humains afin de suivre rigoureusement les étapes de fabrication des différents objets (Langouet et al, 1995 : 115).

Le contexte de laboratoire a permis d'analyser soigneusement et de suivre pas à pas les différents processus techniques et leurs implications physico-chimiques, depuis l'extraction d'une saumure par lavage des terres salées jusqu'à la concentration de celles-ci et l'obtention de sel cristallisé. Le but de ces opérations était de tester la validité de ces différents processus et de caractériser la quantité et la qualité des sels produits.

3.2.1. Lixiviation des terres salées

Dans une colonne de PVC de 15 cm de diamètre et 56 cm de hauteur, avec le fonds percé de petits trous, nous avons tenté de reconstituer le plus fidèlement possible les composantes du *tlapechtli* actuellement utilisé sur le littoral Pacifique, et dans les années 50 dans le bassin de Sayula. A la base de cette colonne, nous avons placé quatre couches de fibres végétales représentant une épaisseur de 2 cm, puis une couche de 8 cm de sables fins superposée d'une couche de 10 cm de sables grossiers. Au dessus de ce filtre naturel, nous avons disposé 3 kg 840 g de *tequesquite* prélevés au mois de février 1995 dans la playa située aux abords du site de La Motita. Après avoir été légèrement tassée, cette couche présentait une épaisseur d'environ 20 cm.

Le *tequesquite* a été lixivié à l'aide d'une eau reconstituée à partir de carbonate et chlorure de sodium afin d'obtenir des concentrations similaires à l'eau d'aquifère de La Motita. Cette eau présentait en effet une conductivité de 61,6 mS/cm, avec une concentration en meq/l de 450 pour le chlorure, 652 pour le sodium et 193 pour le carbonate. Six litres d'eau ont été versées sur le filtre, en deux fois à un quart d'heure d'intervalle. L'eau a été soigneusement versée sur le *tequesquite* à travers un filet à mailles fines, afin d'éviter la formation de fentes d'infiltration préférentielle (sur le terrain cette opération est réalisée à l'aide d'un bouquet de branchage placé sur les terres salées, permettant de diffuser l'eau dans l'ensemble du filtre).

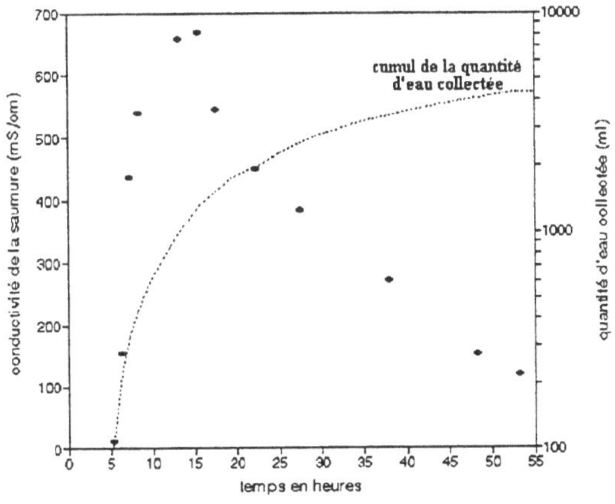

Figure 51 : Expérience de lixiviation de tequesquite prélevé sur le site de La Motita ; mesure de la qualité chimique et de la quantité de saumure collectée au cours du temps.

Les premières gouttes de saumure sont apparues dans le récipient placé sous le filtre après 5 heures d'infiltration. A partir de ce moment nous avons mesuré à chaque pas de temps la quantité et la qualité de l'eau collectée. La figure 51 illustre les résultats de ces mesures. L'essentiel de la saumure est collectée au bout de 30 heures après le début de la lixiviation. Pendant cet intervalle de temps, la vitesse d'infiltration est relativement constante et permet de collecter environ 100 ml de saumure par heure. Durant les 15 premières heures, la conductivité augmente très rapidement pour atteindre un maximum de 680 mS/cm, ensuite elle baisse progressivement jusqu'à la fin de la lixiviation. Bien que l'expérience se soit continuée au delà de 30 heures - jusqu'à ce qu'il n'y ait plus de gouttes sous le filtre - on peut considérer que le procédé est achevé au terme de cette durée puisqu'il s'agit du moment à partir duquel la collecte de l'eau est de plus en plus lente et la conductivité atteint une valeur de 320 mS/cm, correspondant approximativement à la conductivité moyenne de la saumure (366 mS/cm). De fait, l'essentiel de la saumure est obtenue entre la septième et la trentième heures de lixiviation, intervalle de temps pendant lequel la conductivité est supérieure à 300 mS/cm.

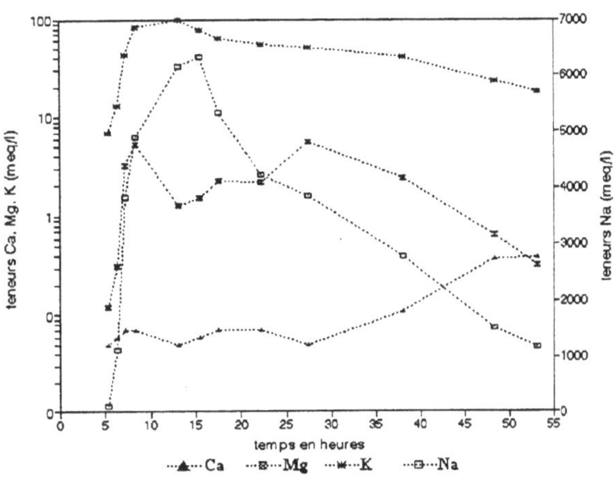

Figure 52 : Evolution des teneurs en cations dans les eaux de lixiviation

Dans les figures 52 et 53 nous avons représenté l'évolution des teneurs en cations et anions dans la saumure au cours de la lixiviation. Les teneurs en sodium suivent sensiblement le profil de la courbe de conductivité représentée dans la figure 51. On observe toutefois une légère différence par rapport à la courbe de conductivité, dans l'intervalle de temps séparant la 25ème et la 40ème heure de lixiviation, les teneurs en sodium baissent de manière moins significative que la conductivité. Les teneurs en calcium sont négligeables. Les teneurs en magnésium sont également très faibles, elles passent très rapidement par un maximum de 4 meq/l en début de collecte, pour baisser pendant les 20 heures qui suivent et à nouveau repasser par le maximum un peu avant 30 heures. Les teneurs en potassium sont un peu plus conséquentes et suivent également sensiblement la courbe de conductivité, en atteignant un maximum de 100 meq/l au bout de 15 heures de lixiviation.

Quant aux cations, les teneurs en sodium et sulfates évoluent parallèlement selon une courbe similaire à celle de la conductivité, en passant respectivement par un maximum de 3600 meq/l et 1250 meq/l. Les teneurs en carbonates et bicarbonates présentent un profil de courbe très particulier par rapport aux autres éléments, puisqu'elles augmentent progressivement pour n'atteindre leur maximum respectif de 2200 meq/l et 400 meq/l qu'aux alentours de la 30ème heure de lixiviation.

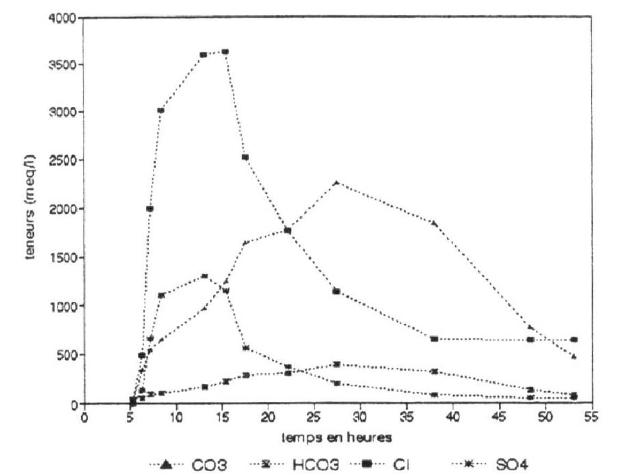

Figure 53 : Evolution des teneurs en anions dans les eaux de lixiviation

Deux phases de lixiviation peuvent donc être distinguées [1]. La première située entre la 7ème et la 17ème heure, pendant laquelle la saumure s'enrichit en chlorures et sulfates de sodium, avec une nette prédominance pour les premiers. Ensuite entre la 17ème et la 40ème heure, les teneurs en chlorures baissent assez rapidement, au profit d'un enrichissement progressif en carbonates et bicarbonates pouvant s'associer au sodium encore présent en quantité importante dans la saumure. On peut donc supposer que la gestion de ces deux temps permet d'obtenir deux types de saumure différents : le premier essentiellement composé de chlorures de sodium, et dans des quantités moindres en sulfates de sodium ; le second contenant des teneurs substantielles en carbonates de sodium.

3.2.2. Décantation des terres salées

Le processus de décantation est suggéré par Ciudad Real dans sa description de la technique utilisée dans le bassin de Sayula au XVIème siècle (cf. chap. 2.4.1. de la première partie). Comme nous pouvons constater dans le tableau 11 (chap. 4.1.5. de la deuxième partie), ce procédé n'est pas mentionné dans d'autres lieux de production. Par le biais de l'expérimentation, nous nous proposons donc de tester sa viabilité en comparaison avec le procédé classique de lixiviation.

La décantation a été réalisée dans une grande bassine de 80 cm de diamètre et 25 cm de hauteur - c'est à dire d'une taille similaire aux structures cylindriques découvertes en fouilles -. Nous avons utilisé 6 kg 479 g de terres salées analogues à celles utilisées pour l'expérience de lixiviation. Après avoir été étalées au fond de la bassine sur une épaisseur d'environ 10 cm, les terres salées ont été arrosées d'eau. Nous avons cette fois utilisé de l'eau douce semblable à celle provenant d'une source située sur le site de La Mota. Dix litres d'eau ont été ajoutés au *tequesquite*, et nous avons mélangé eau et sédiment pendant une demie heure.

---

[1] Ces deux phases peuvent s'expliquer par des différences de cinétiques de dissolution et mobilité des ions selon les espèces concernées.

Au bout de quatre heures, la terre forme un dépôt au fond de la bassine et nous avons collecté soigneusement 6 litres de saumure propre. Les 2350 ml restant sont inutilisables en raison de la présence de sédiments en suspension. La saumure présente une conductivité de 358 mS/cm et des teneurs en meq/l de 0,07 de Ca^{2+}, 3,1 de Mg^{2+}, 46 de K^+, 3341 de Na^+, 2013 de Cl^-, 1095 de TAC (dont 876 de CO_3^{2-} et 219 de HCO_3^-) et 322 de SO_4^{2-}.

3.2.3. Comparaison entre lixiviation et décantation

Dans les deux méthodes les quantités d'eaux et de terres utilisées sont proportionnellement analogues, de même pour le rapport entre quantité de saumure collectée et volume d'eau initialement versé. Dans les deux cas, on peut noter que le procédé général d'extraction d'une saumure à partir de terres salées permet d'obtenir des concentrations très élevées par rapport à l'aquifère.

Pour les quantités d'eau et de terre utilisées dans les expériences, le procédé de décantation est plus rapide que celui de lixiviation. Cependant on peut imaginer que pour des plus grandes quantités de matières premières, ce phénomène s'inverse. En effet, nous avons vu dans le chapitre 4.1.5 de la deuxième partie, que l'efficacité de la méthode de lixiviation dépend des dimensions et de la taille du filtre - plus un filtre est large et peu profond plus la lixiviation est rapide - ; ce procédé permet ainsi d'extraire de grandes quantités de saumure dans une même structure. Les limites de son efficacité reposent ensuite sur une taille maximale permettant de gérer au mieux les durées de remplissage en terres salées et eaux et de nettoyage. Pour la méthode de décantation on imagine difficilement une fosse ou un récipient beaucoup plus important que celle utilisée dans l'expérience réalisée ici, car l'étape de mélange serait ensuite impossible à réaliser. Ce procédé présente donc une bonne efficacité dans l'extraction de petites quantités de saumure en peu de temps ; là encore la multiplication de petites fosses de décantation pouvant fonctionner simultanément permettrait d'obtenir des quantités de saumure conséquentes capables d'approvisionner une série d'ateliers de fabrication de sel à vocation industrielle.

Outre sa capacité à distiller de grandes quantités de saumure, l'avantage majeur du procédé de lixiviation repose sur la possibilité d'extraire deux types de saumure. Cette faculté est d'autant plus remarquable dans un milieu continental présentant des concentrations significatives en différents sels. Il est cependant difficile de présumer de la connaissance de ces phénomènes chez les sauniers préhispaniques.

3.2.4. Evaporation de la saumure

Quatre litres de saumure obtenue par décantation ont été évaporées à l'aide d'un dispositif expérimental permettant de reconstituer artificiellement les conditions d'évaporation solaire. La saumure a été placée dans un petit aquarium de 20 cm de largeur, 40 cm de longueur et 20 cm de hauteur ; ce qui donnait une hauteur d'eau initiale de 5 cm. Le récipient était surmonté d'un ventilateur et de deux lampes de 150 watts. Un radiateur était disposé à côté de l'aquarium, permettant d'obtenir une température d'environ 28 °C. Les différents appareils étaient éteints la nuit.

L'évaporation a duré environ 76 heures. Des prélèvements d'eau et de dépôt salin ont été effectués à intervalles de temps réguliers. A l'issue de l'expérience, 680 g de sel humide ont été collectés. A ce moment, il restait 0,9 cm de saumure dans le bassin, ce qui représente une réduction de volume d'environ 80%. Après séchage à l'étuve à 105°C, il restait 320 g de sel sec, ce qui signifie que lors de la collecte le sel contenait 47% d'humidité.

La figure 54 illustre l'évolution des teneurs en chlorures, carbonates et sulfates de la saumure au cours de l'évaporation. On observe que les premiers dépôts apparaissent à partir d'une réduction de volume d'environ 45% et correspondent au moment où les teneurs en carbonates se stabilisent dans la saumure ; ce qui signifie qu'ils commencent à précipiter. Les chlorures ne précipitent qu'à partir d'une réduction de volume de 60%, tandis que la concentration en sulfates continue de s'accroître jusqu'à la fin de l'expérience, avec une légère baisse de la pente à partir d'une réduction de volume de 65% ; ce qui indique qu'une petite quantité de sulfates de sodium précipite.

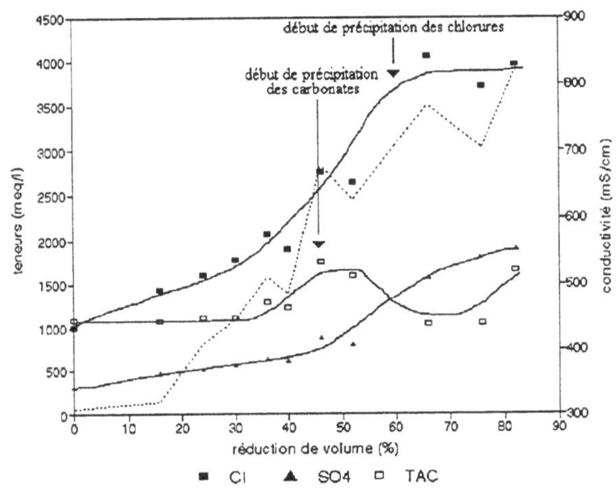

Figure 54 : Evolution des concentrations en anions et de la conductivité au cours de l'évaporation de la saumure.

Trois dépôts ont été prélevés au cours de l'évaporation, correspondant à des réductions de volume de la saumure de 50%, 60% et 75%. Des analyses de Rayons X ont permis d'identifier les minéraux composant ces dépôts. Le premier contient par ordre d'importance, une grande quantité de carbonates de sodium sous la forme de trona et wegscheidenite (trona anhydre), de la halite et des traces de burkeite ($Na_4(SO_4)(CO_3,SO_4)$). Dans le second dépôt c'est la halite qui domine, suivie des carbonates de sodium (trona et thermonatrite), et quelques traces de burkeite. Le troisième dépôt est essentiellement constitué de halite, et présente quelques traces de trona et burkeite. Des Rayons X effectués sur le sel collecté en fin d'expérience montrent que celui-ci est composé en grande partie de chlorure de sodium, avec une présence non négligeable de trona et quelques traces de burkéite.

Les résultats de ces analyses viennent corroborer les observations concernant l'évolution des teneurs dans la saumure au cours de l'évaporation. Dans un premier temps, ce sont les carbonates de sodium qui précipitent, suivis du chlorure de sodium et en fin d'évaporation des petites quantités de sulfate de sodium. Le sel final présente une composition dominante en chlorures de sodium, accompagnée de carbonates de sodium. Nous devons préciser que les analyses ont été effectuées sur des prélèvements de sel séchés à l'étuve à 105°C, afin d'obtenir un échantillon parfaitement sec. C'est pourquoi les résultats font apparaître certains minéraux tels que la wegscheidenite, la thermonatrite ou la burkeite qui ont peu de chance de se former dans des conditions d'évaporation naturelle.

3.2.5. Cuisson de la saumure

Nous avons réalisé plusieurs tentatives de cuisson à partir des saumures récupérées par lixiviation et décantation. Pour chacune d'entre elles, nous avons soigneusement mesuré les conditions de température et pris soin de stabiliser la saumure dans un état d'ébullition constant favorisant l'évaporation de l'eau et la précipitation des sels. Une certaine quantité de saumure a ainsi été versée progressivement au cours des expériences, tandis que le liquide était régulièrement mélangé à l'aide d'un morceau de bois.

Tableau 20 : Déroulement des expériences de cuisson de saumures en laboratoire.

	essai n°1	**essai n°2**	**essai n°3**
- Type de saumure	décantation	lixiviation	décantation
- Quantité de saumure	1650 ml	2000 ml	514 ml
- Récipient de cuisson	bol céramique actuel (diam. 30 cm, haut. 15 cm) int. bruni, ext. lissé épaisseur paroi : 6 mm	idem que essai n°1	fond : tesson archéologique base de cajete recto (phase Amacueca) int. bruni, ext. rugueux bords : silicone diam. 5 cm, haut. 10 cm
- Structure de cuisson	four	plaque électrique	plaque électrique
- T°C de cuisson	160°C	103°C	103°C
- Protocole de cuisson	15 h 30 : 400 ml 16 h 35 : ébullition 17 h 05 : + 250 ml 18 h : + 250 ml 19 h : + 250 ml 20 h : + 250 ml 21 h : + 250 ml 22 h 45 : four éteint	10 h 15 : début, 1000 ml 10 h 30 : 65°C, ébullition 10 h 45 : 103°C 11 h 15 : + 200 ml 12 h : + 200 ml 12 h 30 : + 200 ml 13 h : + 200 ml 13 h 30 : + 200 ml 14 h 20 : fin de l'exp.	10 h 20 : début 192 ml 10 h 30 : 70 °C, ébullition 10 h 37 : 103 °C 10 h 50 : + 58 ml 11 h 10 : + 40 ml 11 h 25 : + 64 ml 11 h 45 : + 48 ml 12 h : + 58 ml 12 h 20 : + 54 ml 12 h 35 : fin de l'exp.
- Temps total de cuisson	7 h 15 mn	4 h 05 mn	2 h 15 mn
- Etat du récipient à la fin de la cuisson	récipient intact, sel se détache des parois	récipient fracturésel se détache des parois	récipient intact, sel se détache des parois
- Caractéristiques du sel	"pain" de sel : couche blanche très dure au fond du récipient : 189,03 g	"pain" de sel : couche blanche très dure surmontée d'une couche spongieuse plus tendre brune : 625,28 g	"pain" de sel idem que essai n°2 110,07g
- Rayons X	halite dominant traces de burkéite	sel blanc:halite dominant,traces de natrite sel brun : thermonatrite et trona dominants, halite et burkeite	idem que essai n°2
- Rapport saumure/sel	8,73	3,20	4,67

Le tableau 20 résume le déroulement de chacun de ces essais. Dans le premier cas, l'expérience s'est révélée relativement infructueuse. En effet la cuisson au sein d'une structure fermée empêche l'évacuation de la vapeur d'eau, et confine la saumure dans une température trop forte qui empêche une bonne cristallisation. Pendant toute la durée de l'opération, la saumure se présentait sous forme de liquide plus ou moins visqueux, ce n'est qu'au moment où nous avons éteint le four et que la température a chuté au sein de la structure, qu'une couche de sel très dure s'est formée. Malgré un temps de cuisson très long et la faible quantité de sel collecté du fait des mauvaises conditions de cuisson, nous avons toutefois obtenu une couche de sel blanc très dur, qui, après avoir été passé aux Rayons X se révèle être constitué essentiellement de halite.

Dans les deux essais suivants, la cuisson s'étant réalisée à ciel ouvert, nous avons pu contrôler plus facilement les opérations de mélange et de versement progressif de la saumure dans le récipient. Dans les deux cas, le protocole de cuisson est similaire, seuls le type de récipient et le type de saumure changent. Nous avons ainsi obtenu un pain de sel analogue présentant deux couches distinctes : au fonds du récipient une couche de sel blanc très dure, et au dessus une couche spongieuse de sel brun mal cristallisé. Cette ultime couche correspond en fait à l'écume formée au cours de la cuisson, que nous avons délibérément choisie de ne pas évacuer. L'analyse de Rayons X décèle une composition dominante en chlorures de sodium pour le sel blanc et en carbonates, chlorures et traces de sulfates de sodium pour le sel brun.

Le fait que les parois soient brunies permet au sel cristallisé de se détacher facilement de celles-ci une fois la cuisson terminée, il n'apparaît donc pas nécessaire de casser le récipient pour récupérer le pain de sel. Toutefois, nous avons pu constater lors de l'essai n°2 que la formation du pain de sel en fin de cuisson entraîne une pression sur les parois et la fracture progressive de celles-ci, ce qui empêche une réutilisation du récipient pour d'autres cycles de cuisson.

Bien que le protocole expérimental suivi pour les essais n°2 et n°3 soit pratiquement similaire, on note que le premier montre une efficacité plus grande en termes de temps de cuisson et de rapport saumure/sel. En effet, l'utilisation d'un récipient à large ouverture de type bol comme nous l'avons utilisé dans l'essai n°2, favorise la concentration rapide de la saumure en facilitant l'évacuation de la vapeur d'eau. Les différences observées au niveau du rapport saumure/sel peuvent être attribuées aux variations de concentration mesurées entre les saumures obtenues par lixiviation et décantation.

3.2.6. Comparaison entre évaporation "solaire" et cuisson

Là encore, nous précisons que les critères de comparaison se basent essentiellement sur les résultats des expérimentations et ne prennent nécessairement pas en compte les facteurs limitant de la production, tels que les variations climatiques pour l'évaporation solaire et l'approvisionnement en argile et en combustibles pour la cuisson. Dans les conditions expérimentales, la cuisson apparaît plus efficace que l'évaporation "solaire". En effet, pour la première, dans l'essai n°2, l'évaporation a duré 4 heures pour un rapport saumure/sel de 3,2 ; tandis que dans la seconde, la durée a été de 76 heures, pour un rapport saumure/sel de 12,5. Dans la méthode "solaire", il existe toujours une perte substantielle de saumure, puisque le sel est collecté avant d'atteindre l'évaporation totale - ce qui serait beaucoup trop long en raison de l'extrême concentration de la saumure en fin de processus. Dans le calcul de la durée, nous n'avons pas pris en compte le temps de séchage du sel, étape nécessaire dans le cas de l'évaporation "solaire". De plus, il faut considérer qu'un simple séchage ne permet pas d'obtenir un sel parfaitement sec, au contraire du pain de sel obtenu par cuisson.

Nous rappelons toutefois que sur le terrain l'utilisation de bassins d'évaporation de grande taille permet d'obtenir de grandes quantités de sel avec un rapport de temps et un effort moindre que ceux nécessaires à la cuisson (cf. chap. 4.1.5.).

Hormis ces considérations concernant l'efficacité respective des deux méthodes, d'autres remarques se réfèrent aux processus physico-chimiques spécifiques à chacune d'elle et leurs implications sur la qualité du sel obtenu. Ainsi, nous constatons que dans les deux cas, il est possible d'obtenir différents types de sels à partir d'une saumure. Toutefois, si le phénomène de séparation des sels s'opère "naturellement" au cours de la cuisson - puisque l'on obtient un pain de sel présentant des couches bien différenciées - le procédé est plus délicat dans le cas de l'évaporation "solaire", puisqu'il implique un fractionnement intentionnel de la saumure à des moments déterminés de la concentration. En effet, même si au cours de l'expérience d'évaporation "solaire", nous avons constaté que les sels se déposent également par ordre de solubilité décroissante, en fonction des concentrations initiales de la saumure, la masse de sel collectée à l'issue de l'expérience ne présente pas de couches caractéristiques permettant de distinguer visuellement un type de sels d'un autre. L'observation des processus physico-chimiques permet de déterminer les phases de concentration de la saumure correspondant à la précipitation des différents types de sels. A partir de cette connaissance empirique, l'utilisation de techniques permettant de transvaser la saumure d'un bassin à un autre à différents moments de sa concentration, facilite la séparation des différents types de sels qui la composent.

La méthode de cuisson permet donc d'obtenir d'une part un sel blanc essentiellement constitué de chlorures de sodium, et d'autre part un sel de couleur brunâtre contenant une grande quantité de carbonates de sodium. Tandis que par la méthode d'évaporation "solaire", on obtient un sel en grains de couleur brunâtre mélange d'espèces carbonatées et chlorurées contenant un fort taux d'humidité.

4. Bilan : évaluation de la productivité des terres salées du bassin de Sayula.

Le tableau 21 permet de comparer l'efficacité de la production expérimentale réalisée à partir de terres salées de la station de La Motita avec la production des salines actuelles du littoral Pacifique et des bassins de Texcoco et Cuitzeo. D'une manière générale, on note que les valeurs obtenues lors des reconstitutions expérimentales sont tout à fait comparables à celles du contexte ethnographique. Il faut toutefois considérer que les expérimentations de laboratoire se sont réalisées à une échelle réduite par rapport aux quantités respectives de terre et eau utilisées sur le terrain. Le suivi rigoureux des différents processus expérimentaux et l'utilisation de petites quantités de matières premières ont favorisé des pertes moindres par rapport au terrain, ce qui pourrait expliquer les excellents rapport terre/saumure et eau/saumure obtenues. Par contre, la lixiviation s'étant réalisée à l'intérieur d'une petite structure, la durée de celle-ci a été beaucoup plus longue en contexte expérimental que sur le terrain, pour les raisons que nous avons déjà mentionnées dans le commentaire du tableau 17 (chap. 3.1.5.).

Tableau 21 : Comparaison entre les observations ethnographiques et les résultats des expérimentations réalisées à partir de terres salées prélevées à La Motita.

	terre (kg)	eau (litres)	saumure (litres)	rapport eau / terre	rapport terre / saumure	rapport eau / saumure
Cuyutlan	2200	4500	1350	2,25	1,6	3,3
Chautengo	180	400	120	2,25	1,5	3,3
San Nicolas Simarao	1400	1400	420	1	3,3	3,3
Nexquipayac	130	130	30	1	4,3	4,3
La Motita						
- lixiviation	3,8	6	3,5	1,6	1,1	1,7
- décantation	6,5	10	6	1,5	1,1	1,7

	durée lixiviation	durée évaporation	quantité de saumure pour 1 kg de sel
Cuyutlan	6 h	2 à 3 j	5 litres
Chautengo	3 h	2 à 3 j	3 litres
San Nicolas Simarao	5 h	4 à 5 j	5 litres
Nexquipayac	20 h	2 h	6 litres
La Motita			
- lixiviation	30 h		
- décantation	4 h		
- évaporation		3 j	6 litres
- cuisson			
* essai n°2		4 h	3 litres
* essai n°3		2 h 15 mn	≈ 5 litres

Les reconstitutions expérimentales montrent également que les processus d'évaporation "solaire" et de cuisson sont parfaitement efficaces pour obtenir de bonnes quantités de sel. Dans les deux cas nous avons obtenu une quantité de sel proportionnellement bonne par rapport à la quantité de saumure obtenue. Nous rappelons que le processus de cuisson apparaît plus efficace, étant donné les petites quantités de saumure que nous avons utilisées, car il permet d'obtenir un sel parfaitement sec et contenant deux couches bien distinctes : chlorures de sodium et carbonates de sodium, en rappelant que la saumure extraite à partir des terres salées de la Motita contient des quantités similaires en chlorures et carbonates. Ce qui représente un net avantage par rapport aux salines du littoral dans lesquelles on ne peut produire que du chlorure de sodium.

Par ailleurs, nous rappelons que dans l'ensemble des stations du bassin de Sayula que nous avons étudiées, les terres salées et l'eau douce se situent à proximité des sites de production. Dans le tableau 22, nous proposons une évaluation chiffrée de la disponibilité en terres salées et de la production potentielle en sels pour les différentes stations. Bien que les reconstitutions expérimentales n'aient été réalisées que sur un type de terres salées prélevées dans la station de La Motita, nous rappelons que l'on n'observe pas de différences majeures dans la conductivité des extraits de *tequesquite* dans les différents secteurs. Nous pouvons donc considérer que les résultats obtenus à partir des terres salées de La Motita sont représentatifs d'un point de vue quantitatif [2]. C'est pourquoi, nous avons calculé la production potentielle en sels des différents secteurs en utilisant le rapport moyen quantité de terres pour produire 1 kg de sels (5,5) relevé lors des reconstitutions expérimentales.

Tableau 22 : Estimation de la production potentielle de sels dans les différents secteurs de la playa durant l'année climatique 94-95.

	Disponibilité en terres salées (tonnes) (a)	Production potentielle de sels (tonnes) (b)
- La Motita	1567	285
- La Mota	1460	265
- Cofradía	1140	207
- Anoca	4110	747
-Cerritos Colorados	8373	1522

(a) Calculée en multipliant la superficie en terres salées par le nombre de collectes possibles (cf. tableau 9) et par le poids de sol collecté (cf. tableau 7).
(b) Estimation à partir de la quantité de terres utilisées pour produire 1 kg de sel lors des expérimentations (en moyenne 5,5 kg).

Les valeurs exprimées dans ce tableau, ne sont que des estimations pour l'année étudiée, et ne doivent être prises que comme éléments de comparaison quantitative entre les différents secteurs.

Comme nous l'avons vu dans le chapitre 2.4., le secteur nord-ouest (stations de Anoca et Cerritos Colorados) constitue de loin la zone la plus riche de la playa, également la moins sensible aux variations climatiques. Dans le cas de fluctuations mineures, induites par des changements significatifs de précipitation, cette partie du bassin sera la moins affectée et représente la dernière zone où la collecte de terres salées est possible. Le secteur sud (La Mota, La Motita et Carmelita) offre une bonne disponibilité en terres salées, mais nous rappelons que les caractéristiques géochimiques et sédimentaires de cette zone lui confèrent une grande sensibilité aux variations climatiques (cf. chap. 2.4.). Dans le cas d'un accroissement ou d'une diminution substantielles des précipitations, ce secteur est inaccessible pour la collecte de terres salées. Le secteur nord-est avec la station de Poncitlan n'a pas été figuré dans ce tableau car nous ne disposions pas de données suffisantes pour estimer la disponibilité en terres salées et en déduire une production

[2] Nous rappelons en effet que les variations du poids de sels en g/m² observées au sein des différents secteurs sont liés aux variations du poids de sol collecté.

potentielle. Nous rappelons toutefois qu'il s'agit du secteur le moins salé de la playa, et qu'un faible accroissement des précipitations provoque une inondation rapide et rend impossible la collecte des sels. Par contre, ce secteur offre une bonne "résistance" à la sécheresse grâce à ses réserves en eau et aux faibles concentrations de l'aquifère.

Finalement, nous rappelons que chaque secteur est composé de différents faciès géochimiques qui permettent la collecte de types de sols distincts et la production de plusieurs espèces de sels : dans la partie sud, carbonates et chlorures de sodium ; dans la partie nord-ouest, principalement chlorures de sodium et dans la partie nord-est, chlorures et sulfates de sodium. Nous rappelons que les propriétés physico-chimiques de ces différents types de sels offrent des usages spécifiques : le chlorure de sodium est utilisé comme condiment dans la consommation humaine ; les chlorures et carbonates de sodium sont utilisés dans la salaison des viandes et des poissons et dans le tannage des peaux ; les carbonates de sodium sont utilisés comme levure dans la préparation des plats à base de maïs et haricots ; les carbonates et sulfates de sodium sont utilisées dans l'industrie textile pour la fixation des teintures ; enfin, chlorures, carbonates et sulfates de sodium sont utilisés dans la préparation de différents types de médicaments.

Troisième partie : Les vestiges archéologiques

La troisième partie correspond à la présentation des vestiges archéologiques de production de sels. L'information est présentée dans un ordre logique selon trois échelles d'études complémentaires :
- à l'échelle de la playa, des campagnes de prospection ont permis d'inventorier et classer les sites de production de sel en fonction de leurs caractéristiques de surface ;
- à l'échelle des sites, sélectionnés à l'issue de la prospection pour leur représentativité et fouillés dans l'objectif de reconstruire l'histoire de leur mise en place ;
- à l'échelle des objets et des structures, dont l'analyse détaillée a permis d'établir une classification à la fois fonctionnelle et chronologique.

1. Inventaire et répartition des sites de playa

Dans un premier temps, nous avons réalisé une campagne de prospection sur l'ensemble de la playa afin d'établir un inventaire des sites et de décrire leurs caractéristiques de surface.

1.1. Rappel des critères de reconnaissance des sites de playa

Les antécédents de recherche permettent d'identifier les sites de production de sel par la présence de différents éléments caractéristiques [1] :
- groupes de monticules recouverts de tessons de céramique, appelés *tepalcateras* ;
- deux types de matériel céramique apparemment diagnostiques de la production de sel: les *cuencos salineros Sayula* et les *cajetes rectos Amacueca* ;
- groupes de figures formées par des fragments de céramique enterrés dans le sol de playa. Ces éléments varient en forme et taille, les plus fréquents étant des cercles de 1 m de diamètre. Certaines de ces structures peuvent être délimitées par des pierres, d'autres se différencient par une couleur et une texture de sol distinctes de celles de la playa. Une autre variante se manifeste par des alignements de jarres enterrées dans le sol ;
- groupes de fosses circulaires creusées dans le flanc de certains monticules ;
- amas de galets de basaltes et fragments d'obsidienne au niveau de la playa.

1.2. Localisation et description des sites

Les descriptions présentées dans ce chapitre sont issues de plusieurs campagnes de prospection :
- observations réalisées par Kelly (1941-1944)
- campagnes réalisées par l'équipe du projet "Archéologie du bassin de Sayula" en 1991 et 1993 (Schondube et al, 1992, 1994).
- deux autres campagnes de prospection exclusives à la playa ont été réalisées en 1994 et 1995.

[1] cf. chap. 3.8.1. de la première partie.

A l'issue de ces différentes campagnes, 27 sites ont été dénommés et numérotés [2]. Ces sites sont de taille variable et certains d'entre eux sont formés par le regroupement de plusieurs monticules ou structures associées, formant un ensemble homogène. Dans cette description préliminaire, les sites sont regroupés par secteur, en dégageant pour chacun d'entre eux la présence d'éléments diagnostiques précédemment décrits (fig. 55).

1.2.1. Secteur sud / sud-est

- *Potrero tepalcates* (CS-80)

Situé à l'extrémité sud de la playa, ce site se localise au nord-est du village de Usmajac, où il se trouve enfoui sous un dépotoir moderne. Dans les années 40, Kelly (1941-1944) l'enregistre sous le nom de Sayula # 12 et observe de nombreux récipients enterrés. L'auteur associe ce site à celui d'El Reparo mentionné par Lumholtz à la fin du XIXème siècle[3]. Outre l'observation de nombreux tessons de céramique, la plupart diagnostiques de la phase Sayula et de quelques récipients enterrés, l'amoncellement constant de détritus dans cette zone ne permet malheureusement pas d'étayer la description de ce site.

- *La Motita* (CS-24)

Situé au milieu de la playa, ce site est associé à une chaussée surélevée, large de 3 à 5 m de large et haute de 35/40 cm, qui traverse la playa d'ouest en est. Il est composé d'une série de monticules artificiels, formant un arc ouvert vers le sud-est (photo n°8). L'ensemble du site mesure environ 300 mètres de long sur 20 m de large. Il a été dénommé par Kelly (1941-1944) *La Lobera* (site # 14). Actuellement la présence de sédiments éoliens en superficie permet le développement d'une végétation clairsemée d'épineux, de cactées et de graminées. On distingue toutefois une grande quantité de matériel céramique et lithique (*manos* et *metates*[4] de basalte et lames et pointes de projectile en obsidienne). Le matériel céramique est très érodé et la majorité ne présente pas de décoration apparente. On note la présence de quelques bords de *cuencos salineros Sayula*, des corps de céramique très grossière et des bords de bols présentant à l'intérieur des lignes d'engobe rouge. Ce site est également caractérisé par la présence de nombreuses structures, enterrées au pied des monticules et sur les niveaux de playa alentours, dont les contours sont délimités par des tessons de céramique.

- *La Mota* (CS-25)

Ce site se situe à environ 1 km au sud-ouest de La Motita, avec lequel il partage des caractéristiques similaires. Il s'agit d'un groupe de monticules formant une élévation de forme ovale d'environ 350 m de long et 30 m de large et pouvant atteindre jusqu'à 2 m de hauteur. Ce site a été dénommé *Cerro del Guarda* (site # 13) par Kelly (1941-1944).

[2] Les sites identifiés par le projet cuenca de Sayula sont codés par CS suivi du numéro correspondant.

[3] cf. chap. 3.8.1. de la première partie.

[4] Mains et meules.

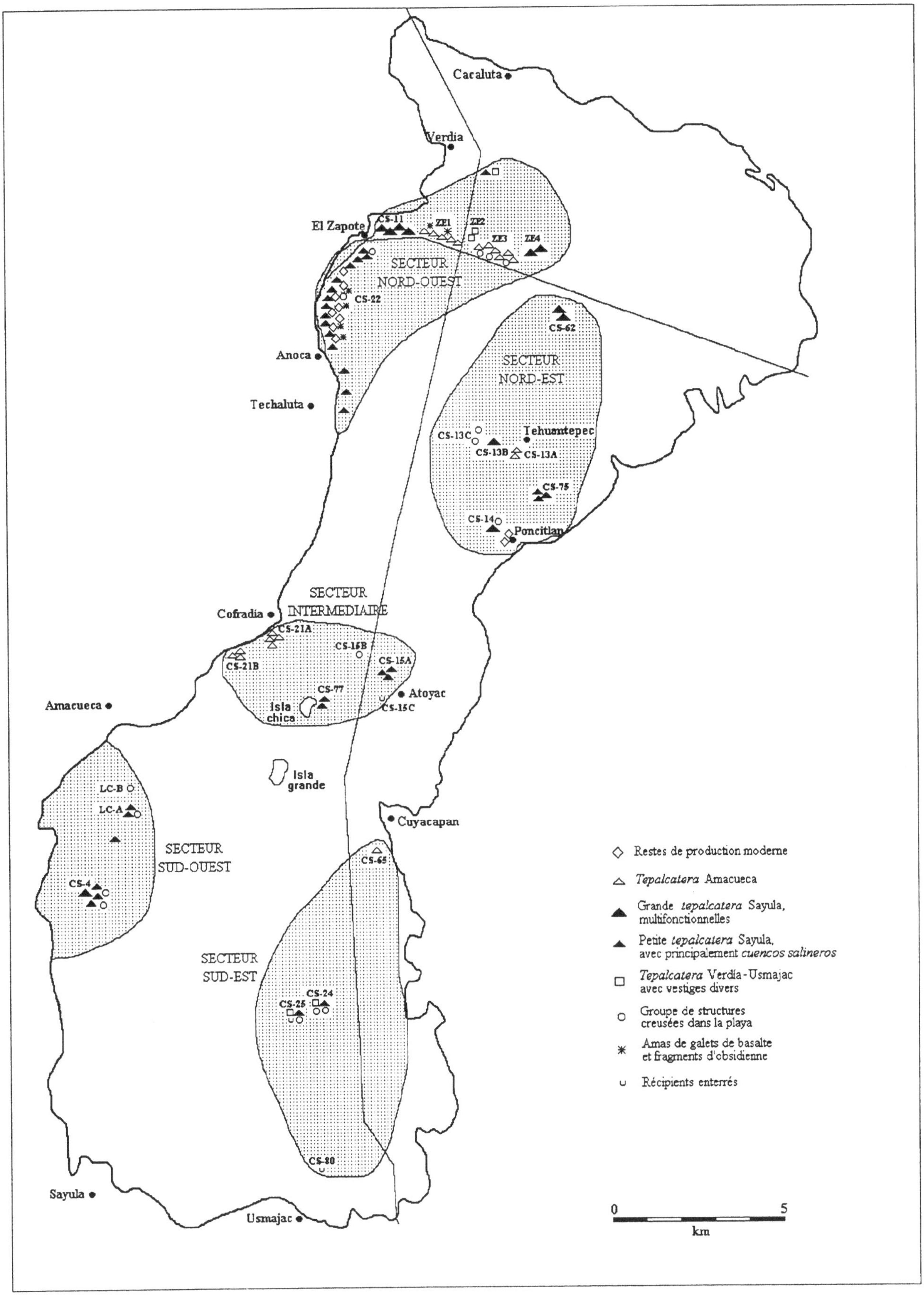

Figure 55 : Distribution des sites de playa et caractéristiques principales

Outre les composantes précédemment mentionnées pour La Motita, ce site se caractérise par la présence d'une surprenante quantité de fragments d'outils en basalte (*manos* et *metates*). Par ailleurs, la partie sud du site est marquée par l'existence de plusieurs récipients enterrés, similaires à ceux observés par Lumholtz et Kelly sur le site de *Potrero de tepalcates*.

- *Tepalcateras de Cuyacapan* (CS-65)
Situé au sud-ouest du village de Cuyacapan, se site a été recoupé par un grand canal d'irrigation qui relie le piémont aux niveaux de playa. Il est constitué de plusieurs petites *tepalcateras* recouvertes de multiples petits tessons dans l'ensemble très érodés, parmi lesquels on note la présence de *cajetes rectos Amacueca*.

1.2.2. Secteur sud-ouest

- *Carmelita* (CS-4) (photo n°9)
D'une largeur approximative de 150 m, ce site s'étend sur environ 1 km le long de la playa. Il est caractérisé par une série de terrasses aménagées sur des dunes, recouvertes d'un abondant matériel céramique et lithique. Le matériel céramique, très diversifié, est diagnostique de la phase Sayula. L'industrie lithique est représentée par des blocs de basalte et d'obsidienne, de nombreux *manos* et *metates*, choppers et éclats de taille, ainsi que de nombreuses lames préparées et pointes de projectile, grattoirs et racloirs. Des esquilles d'ossements humains, mises au jour par des pillages, apparaissent en superficie. Ce site est également marqué par la présence d'une très grande quantité de fragments de coquillages marins, probables déchets de fabrication d'objets de parure.
Apparemment associées aux terrasses principales, on trouve sur les bords de playa, trois *tepalcateras* d'environ 1 m 50 de hauteur et 5 m de diamètre, constituées par des amas de *cuencos salineros Sayula* et jattes de céramique grossière. Non loin de celles-ci apparaissent sur la playa de nombreuses structures circulaires de taille diverse, creusées dans le sol et dont les contours sont dessinés par des tessons de céramique très érodés.

- *Entre Carmelita et Lienzo Charro*
A environ 2 km au nord de Carmelita, on note la présence d'une *tepalcatera* isolée, d'environ 2 m de hauteur et 10 m de diamètre. Ce monticule est recouvert de tessons de *cuencos salineros Sayula*. Une coupe réalisée dans ce monticule montre une accumulation de tessons sur toute la hauteur de celui-ci.

- *Lienzo Charro A*
Ce site est situé à environ 500 m au sud du Lienzo Charro. Il est constitué par un groupe de petites *tepalcateras* (de 1 m 50 de hauteur en moyenne), recouvertes de *cuencos salineros Sayula* (photo n°10) Ces monticules sont entourés de plusieurs figures circulaires de 90 cm de diamètre, dont les contours sont dessinés sur la playa par des tessons de céramique très érodés.

- *Lienzo Charro B*
Il s'agit d'une petite aire de playa, séparée des niveaux de playa actuels par la voie de chemin de fer et composée d'un groupe de six fosses circulaires (diamètre variant entre 90 cm et 1m 20). Sur ces structures, se trouvent amassés plusieurs tessons céramique de grande taille de *cajetes rectos Amacueca*.

1.2.3. Secteur intermédiaire

- *Cofradía* (CS-21 A)
Situé à environ 500 m au sud du village de Cofradía, ce site est composé de quatre *tepalcateras* qui se présentent sous la forme de grandes plates-formes de 1 m 50 de hauteur et 10 m d'amplitude en moyenne. Ces monticules sont recouverts d'une multitude de tessons de *cajetes rectos Amacueca*. La présence de sédiments éoliens, favorise dans cette zone le développement d'une végétation clairsemée d'épineux et graminées. On ne distingue pas d'autres types de matériel ou structures en surface.

- *Cofradía* (CS-21 B)
A environ 1 km 5 au sud du village de Cofradía, on trouve à nouveau trois petites *tepalcateras* élevées sur la playa, et recouvertes de *cajetes rectos Amacueca*.

- *Tepalcateras Isla Chica* (CS-77)
Il s'agit d'un groupe de deux petites tepalcateras, situées à environ 300 m à l'est de Isla Chica, recouvertes de tessons de *cuencos salineros Sayula*.

- *Playas de Atoyac* (CS-15 A)
Situé à environ 300 m au nord-ouest du village de Atoyac, ce site est composé d'un groupe de petites *tepalcateras* couvertes d'un matériel céramique de la phase Sayula, parmi lequel prédominent les *cuencos salineros*. Cette zone a été fortement endommagée par la construction de l'autoroute et l'aménagement de canaux d'irrigations. Kelly souligne l'importante densité de vestiges sur ce site.

- *Playas de Atoyac* (CS-15 B)
Ce site se situe à quelques centaines de mètres à l'ouest des *tepalcateras* précédemment mentionnées, du côté ouest de l'autoroute qui croise actuellement le bassin du nord au sud. Il est constitué d'un ensemble de fosses circulaires de diamètre variant entre 1 m et 1 m 50, alignées sur une centaine de mètres (photo n°6). Ces structures se distinguent du reste de la playa par un contour en argile de couleur gris foncée et un remplissage de texture plus argileuse.

- *Fraccionamiento San Juan* (CS-15C)
Il s'agit d'une zone à caractère habitationnel et funéraire, présentant des vestiges d'occupation depuis la phase Verdía jusqu'à la phase Amacueca, parmi lesquels on distingue la présence de récipients enterrés probablement associés à l'activité de production de sel (cf. chap. 2.3.3. de la première partie).

1.2.4. Secteur nord-ouest

- *Playas El Zapote – Techaluta* (CS-22)
Ce site a été désigné à l'origine sous le nom de "Playas nord-ouest El Zapote-Cofradía" (Schondübe et al, 1992 : 26). En fait il s'agit d'une succession de *tepalcateras* alignées le long des bords de playa depuis le sud du village de El Zapote jusqu'au niveau du village de Techaluta. Sur une distance approximative de 6 km, on dénombre une douzaine de groupes de *tepalcateras* présentant des caractéristiques semblables. Ces monticules ont été réutilisés pour la production de sel à l'époque moderne. On observe en effet des restes de bases de filtre en bois et de bassins circulaires aux parois de chaux (types *tapechtli* et *taza* de la Costa Chica du Guerrero [5]) entourées de monticules de terres lixiviées. Dispersé au sein de ces résidus, on note la présence de matériel céramique érodé du type *cuencos salineros Sayula* et autres tessons diagnostiques de la phase Sayula, ainsi que quelques tessons caractéristiques de la phase Amacueca.

Ces *tepalcateras* sont installées à proximité immédiate des plaines alluviales actuellement mises en cultures. Les quatre premières *tepalcateras* sont très érodées. Sur la première on note la présence de quatre fosses circulaires, de 80 cm de diamètre, creusées dans les flancs du monticule, aux parois délimitées par des tessons et une épaisse couche d'argile. Le matériel céramique directement associé à ces structures est composé *de cajetes rectos Amacueca.*

A partir d'une distance de 1 km au sud de El Zapote, les huit autres séries de *tepalcateras* sont associées à des amas constitués de nombreuses gros fragments de basalte et ponce, petits galets de basalte et fragments de taille et d'outils en obsidienne ainsi que quelques tessons de *cuencos salineros Sayula* très érodés et quelques tessons de céramique moderne (photo n°12). Ces amas se situent sur la playa à une cinquantaine de mètres à l'est des *tepalcateras* et se présentent sous la forme de petites élévations très étendues (quelques dizaines de centimètres de hauteur et plusieurs dizaines de mètres de longueur et largeur). Ils se trouvent parfois associés à des restes d'une exploitation moderne, *taza* avec des parois de chaux et une délimitation en gros galets de basaltes ainsi que les bases de *tapechtli* en bois, ou encore tracés quadrangulaires en chaux des groupes de bassins d'évaporation (*eras*). Au sein de deux de ces amas, nous avons également noté la présence de plusieurs petites structures circulaires de 60 à 70 cm de diamètre, dont les contours se dessinent par des tessons très érodés. A environ 500 mètres au nord du village de Anoca, entre deux groupes de tepalcateras, apparaît une série de cinq petits amas circulaires (environ 1 m de diamètre) constitués essentiellement de pierres de basalte et ponce.

Dans l'ensemble, cette zone est marquée par un importante dégradation en raison de la réutilisation des sites à l'époque moderne.

[5] cf. chap. 3.1.2. de la deuxième partie.

- *Cerritos Colorados* (CS-11)
Kelly (1941-1944) avait dénommé ce site Verdía # 1. Il s'étend le long de la rive nord du bassin de Sayula et se compose de plusieurs ensembles de restes archéologiques dont :
- un ensemble monumental avec une possible fonction publique, qui intègre des monticules, des places et différents édifices dans la partie centrale du site
- et un groupe de structures avec une possible occupation résidentielle, situées au nord-ouest du site [6].

Outre ces deux grands ensembles, une petite zone située au pied du flanc sud du site (Zone XIX-B), se caractérise par la présence des fosses circulaires délimitées par des tessons et creusées dans un petit amas de tessons très érodés, apparemment diagnostiques d'une activité de production de sel[7]. Cette zone a été fouillée et nous détaillerons ses caractéristiques dans le chapitre 2.1.

- *Cerritos Colorados* (CS-11, ZE1)
A l'est de la partie centrale du site de Cerritos Colorados et à l'ouest de l'autoroute, apparaissent alignés le long des bords de playa une série de cinq petites *tepalcateras* séparées par une distance moyenne de 50 m. Ces monticules sont caractérisés par la présence d'un abondant matériel céramique dans lequel domine largement le type *cajetes rectos Amacueca.* Au sein de chaque monticule, on note également la présence de plusieurs fosses circulaires creusées dans les flancs et délimitées par des tessons et une épaisse couche d'argile. Plusieurs types de figures délimitées par des tessons de céramique apparaissent au pied du monticule ; ainsi que plusieurs accumulations de pierres basaltiques distribuées en amas circulaires d'une vingtaine de centimètres de hauteur et entre 5 et 10 m de diamètre. Cet ensemble a été reconnu par Kelly (1941-1944), qui l'a dénommé Verdía # 2. Cependant, l'auteur décrit le matériel céramique de cette zone comme essentiellement composé de *cuencos salineros Sayula.* La fouille d'un monticule dans cette zone nous a permis de détailler les aménagements qui la caractérisent (cf. chap. 2.2.)

- *Cerritos Colorados* (CS-11, ZE2)
Situé du côté est de l'autoroute dans le prolongement de la zone précédemment décrite, ce site est composé d'un groupe de trois grandes *tepalcateras.* Ces monticules sont recouverts d'un abondant matériel céramique avec de nombreux fragments de céramique fine et brunie présentant des décorations en motifs géométriques de rouge sur crème, caractéristiques de la phase Verdía. Ce site présente une faible quantité de matériel lithique, quelques petits galets de basalte, *manos* et fragments de *metates* et très peu d'obsidienne. Identifié par Kelly (1941-1944) sous le nom de Verdía # 3, ce site constitue l'une des rares zones de playa montrant une prédominance de matériel Verdía en surface.

[6] cf. chap. 2.3.2.2. de la première partie.
[7] idem

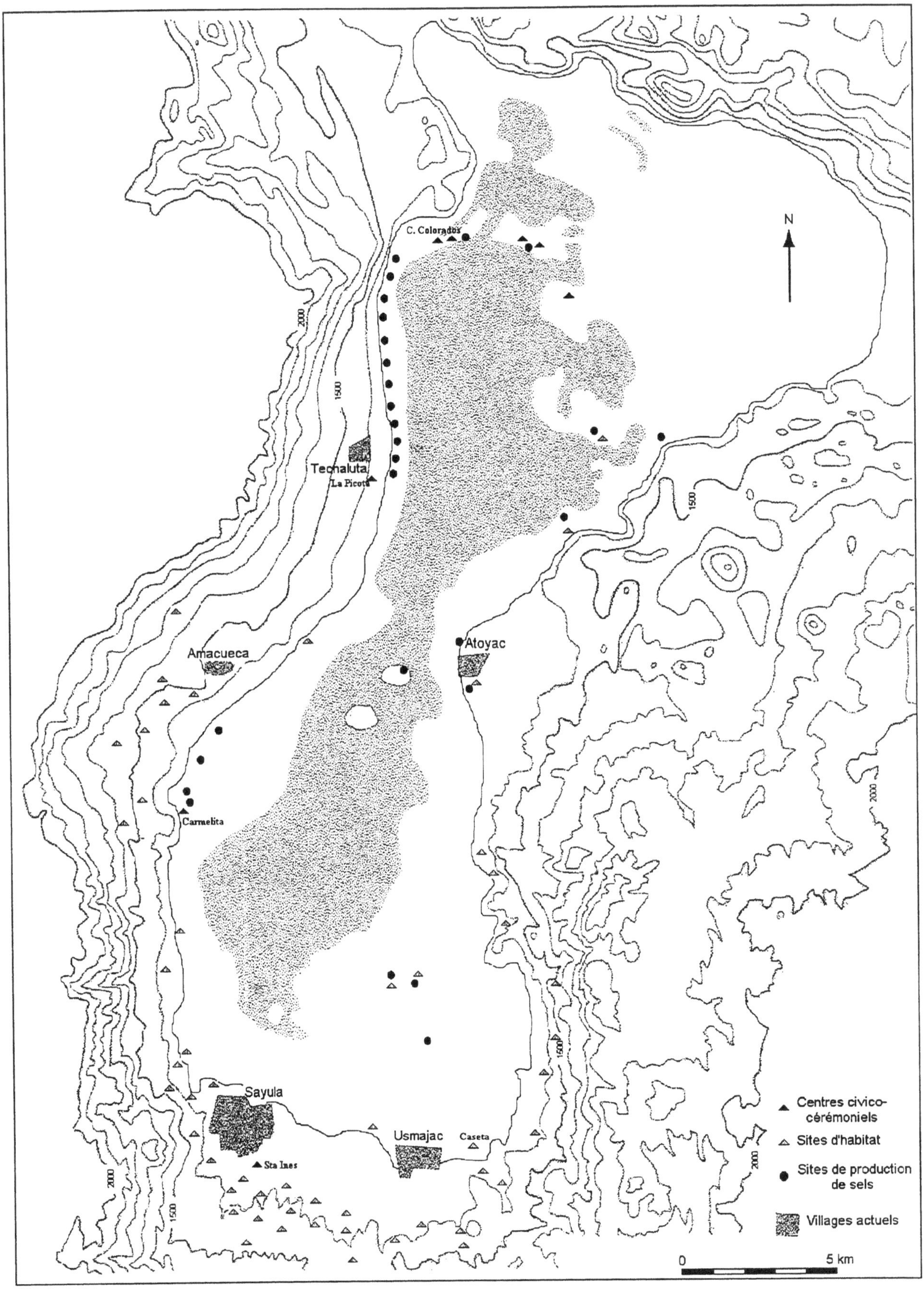

Figure 56 :Répartition des sites d'habitat et de production de sels durant la phase Sayula.

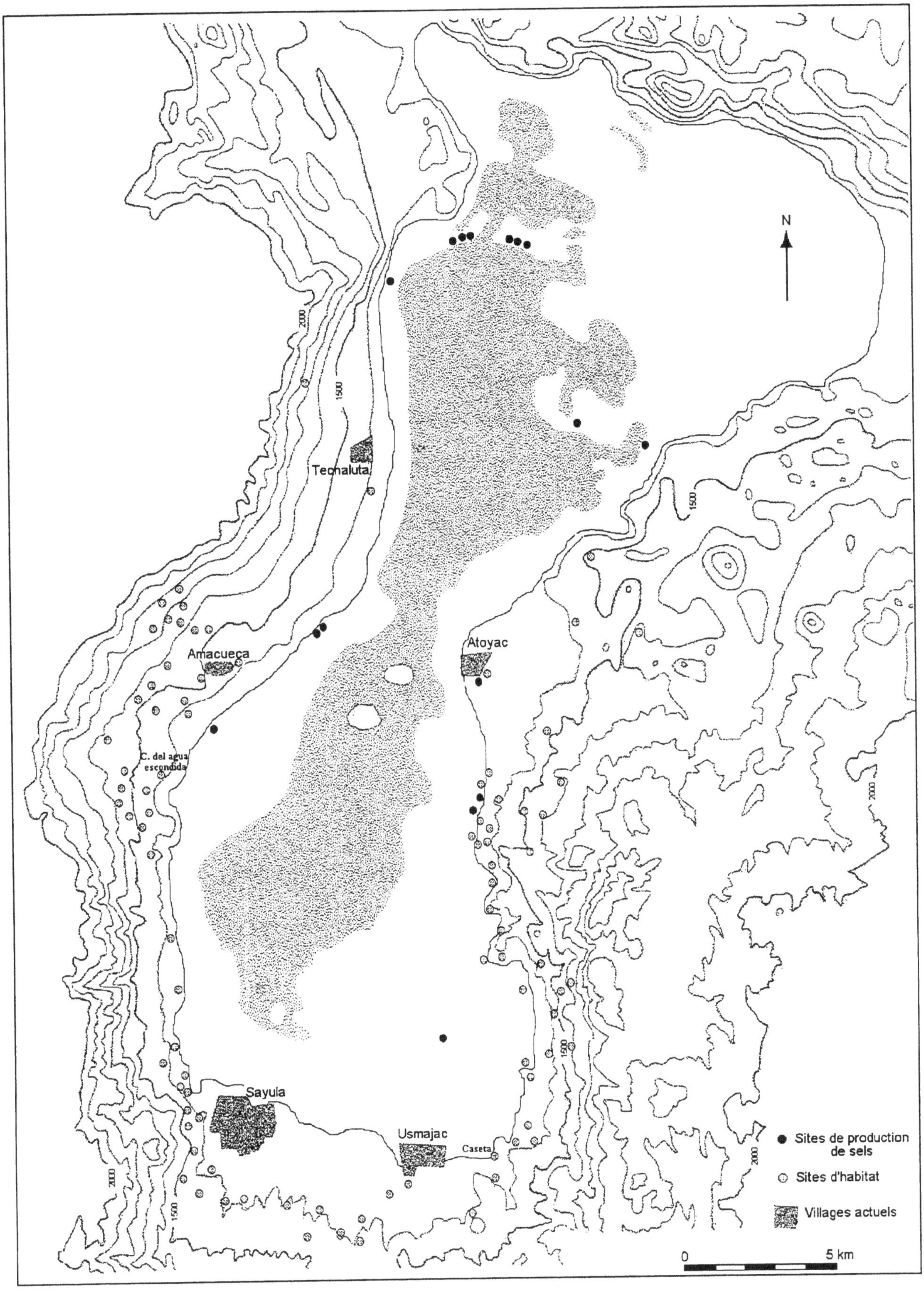

Figure 57 : Répartition des sites d'habitat et de production de sels durant la phase Amacueca.

- *Cerritos Colorados* (CS-11, ZE3)
Dénommé Verdía # 4 par Kelly (1941-1944) et situé dans le prolongement est de la zone précédemment décrite, ce site est constitué d'une série de six monticules alignés le long des bords de playa, présentant des caractéristiques similaires à la ZE1. La ZE3 se différencie de la première par une plus grande densité de structures de playa distribuées au pied des *tepalcateras*. Ces structures, dessinées par des contours de tessons de céramique, présentent des formes et des tailles diverses. Les proportions relativement faibles de structures analogues dans la Zone Extérieure 1 peuvent s'expliquer par : d'une part, une forte sédimentation par ruissellement depuis les bords de la route ; d'autre part la présence d'une végétation de graminées utilisée pour le pâturage de troupeaux de vaches et chevaux, dont le piétinement entraîne une dégradation substantielle des structures de playa.

- *Cerritos Colorados* (CS-11, ZE4)
Appelé Verdía # 5 par Kelly (1941-1944), ce site présente des caractéristiques de surface analogues à la partie centrale de Cerritos Colorados, avec une étendue moindre : matériel lithique et céramique très abondant et diagnostique de la phase Sayula, alignements de grosses pierres de basalte formant des structures quadrangulaires et rectangulaires. Comme dans la partie principale de Cerritos Colorados, parmi le matériel céramique, on trouve une très grande proportion de *cuencos salineros Sayula*.

- *Tepalcateras Verdía - Cacaluta*
Situé à 1,5 km à l'est du village de Verdía, à l'extrémité nord du bassin, ce site est composé d'un groupe de quatre *tepalcateras* de taille moyenne (1 m 50 à 2 m de hauteur), recouvertes d'un abondant matériel céramique parmi lequel on distingue de nombreux fragments de *cuencos salineros Sayula*, ainsi que des tessons de récipients de formes et décorations diagnostiques de la phase Sayula. Dans ce matériel, on trouve également plusieurs tessons présentant une décoration en lignes rouges sur crème, ainsi que des fragments de pots à l'aspect marbré avec des motifs de brun sombre sur crème, tous deux éléments diagnostiques d'une étape de transition entre les phases Verdía et Sayula. On observe également, mais en quantité moindre, quelques fragments de matériel lithique tel que petites lames et pointes de projectile en obsidienne et galets de basalte. Sans structures apparentes, ce groupe de *tepalcateras* semble témoigner d'une zone d'occupation probablement liée indirectement à la production de sel.

1.2.5. Secteur nord-est

- *Tepalcateras Atotonilco* (CS-75)
Il s'agit d'un groupe de monticules situé à mi chemin entre Tehuantepec et Poncitlan. Ces *tepalcateras* de hauteur moyenne (environ 1 m 50) se distribuent sur une centaine de mètres. Elles sont recouvertes par un abondant matériel céramique principalement composé de fragments de *cuencos salineros Sayula*, et présentant quelques tessons décorés diagnostiques de la phase Sayula. On observe également une petite quantité de galets de basalte.

- *Tepalcateras Fabrica de explosivos* (CS-13 A)
Une fabrique d'explosifs exploite les sulfates de sodium au nord-est de la playa à quelques centaines de mètres du village de Tehuantepec. Ce site est localisé à l'entrée de la déviation qui part du chemin séparant Tehuantepec de Poncitlan. Il est constitué d'un ensemble de deux *tepalcateras* de taille moyenne (hauteur 1 m 50 et amplitude 20 m). Ces monticules sont couverts de fragments de *cajetes rectos Amacueca* et présentent cinq structures circulaires de 80 à 90 cm de diamètre, creusées dans leurs flancs. Les parois de ces structures sont délimitées en superficie par des tessons de céramique très érodés et une épaisse couche d'argile beige. Ce site présente une grande similarité avec celui de Cerritos Colorados, ZE1.

- *Tepalcateras Fabrica de explosivos* (CS-13 B)
Ce site est représenté par deux groupes de *tepalcateras* de grande taille, distants d'environ 300 m et situés au sud / sud-ouest des limites de la fabrique d'explosifs. Ces monticules se caractérisent par une couverture de matériel céramique et lithique divers. Le matériel céramique est représenté par une grande quantité de fragments de *cuencos salineros Sayula* et de récipients de forme et décoration caractéristiques de la phase Sayula. On note la présence de nombreux galets de basalte, sans aménagements spécifiques, ainsi que des *manos* et *metates*. L'industrie lithique se présente sous la forme de nombreux débris de taille, lames et pointes de flèche en obsidienne noire. Ces monticules sont également marqués par l'apparition en surface de nombreuses esquilles d'ossements, mises au jour par des pillages, qui témoignent de la présence d'inhumations en profondeur.

- *Playa Fabrica de explosivos* (CS-13 C)
Dans les niveaux de playa situées à l'ouest et au sud-ouest du site précédemment décrit, on signale la présence de nombreuses structures de forme et taille diverses, regroupées en deux ensembles distants d'environ 300 m l'un de l'autre. Dans le premier, apparaissent de nombreux cercles de diamètre variant entre 90 cm et 1 m 50, similaires à ceux décrits dans le site CS-15 B, dont les contours se dessinent par une texture et une couleur de sol différents à ceux de la playa. Ces cercles sont associés à des structures oblongues en forme de larme, dont les contours sont délimitées par un sédiment blanchâtre très épais, semblable à de la chaux.

Le second groupe présente des structures similaires, ainsi qu'une douzaine de petits cercles disposés en ligne, de 50 à 60 cm de diamètre avec des contours dessinés par des tessons de céramique très érodés. A l'intérieur des grands cercles, se trouvent quelques tessons de céramique grossière.

- *Tepalcateras Poncitlan* (CS-14)
Ce site est localisé au milieu de la playa à environ 500 m à l'ouest du village de Poncitlan. Il est composé d'une grande *tepalcatera* d'une hauteur variant entre 1 m 50 et 2 m, et qui s'étend sur une longueur approximative de 50 m et une largeur de 10 m. Ce monticule est couvert de matériel céramique et lithique très divers. Le matériel céramique est représenté par une grande quantité de *cuencos salineros Sayula*, ainsi que de nombreux tessons de récipients décorés diagnostiques de la phase Sayula. Pour le lithique, on

remarque de nombreux éclats de taille, lames et pointes de projectile en obsidienn, ainsi que des galets de basalte, *manos* et *metates*. Par ailleurs, nous avons noté la présence de plusieurs inhumations, mises au jour par des pillages.

A une centaine de mètres au nord de cette grande *tepalcatera*, on observe un petit monticule très érodé, d'une hauteur moyenne de 50 cm, qui s'étend sur environ 20 m de longueurs et quelques mètres de largeur. Cette petite élévation est couverte de nombreux tessons très érodés et présente dans son extrémité nord, deux structures circulaires de 90 cm de diamètre, délimitées par des tessons et une couche d'argile brune, sur lesquelles reposent des tessons de plats aux bords droits de céramique grossière.

- *Piramides de Tehuantepec* (CS-62)
Ce site se situe au sein d'une zone de petites collines couvertes d'arbustes épineux, de cactus et de graminées, sur les bords sud de la route qui mène de El Zapote à Teocuitatlan. Ces collines présentent par endroits des concentrations de petits tessons très érodés parmi lesquels on distingue de nombreux *cuencos salineros Sayula*. Le site se présente sous la forme de très grandes *tepalcateras* (de 3 à 10 m de hauteur) disposées en groupes. Ces monticules sont recouverts d'une très grande quantité de matériel céramique qui est composé en grande partie de *cuencos salineros Sayula* et de tessons de récipients décorés diagnostiques de la phase Sayula. Ce site présente également quelques fragments d'objets lithiques en basalte et obsidienne. On ne distingue aucune structure en surface.

1.3. Bilan de la prospection : classification préliminaire des sites

A partir des descriptions réalisées lors des différentes campagnes de prospection, nous pouvons établir une première classification des sites de playa en fonction des types de vestige et de leur aménagement dans l'espace. On distingue ainsi 8 groupes de sites différents, pouvant être associés à la production de sels (cf. fig. 55) :

- *Les restes d'exploitation moderne*
Le premier groupe concerne les restes d'exploitation moderne semblables à ceux observés dans les salines de la Costa Chica du Guerrero : monticules de terres lixiviées, bases de filtre en bois, bassin cylindrique de réception de la saumure avec des parois en chaux et une délimitation en gros galets de basalte, tracé quadrangulaire des bassins d'évaporation avec restes de chaux. Ces vestiges récents se retrouvent essentiellement sur les bords de playa entre El Zapote et Techaluta (CS-22) et ont considérablement perturbé les traces d'exploitation préhispanique dans cette zone.

- *Les tepalcateras Amacueca*
Le second ensemble est relatif aux *tepalcateras* de taille moyenne recouvertes d'un matériel céramique particulier : les *cajetes rectos Amacueca*. Comme l'avait remarqué Noyola (1994 : 64-65) à l'occasion de l'étude du matériel issu des fouilles du site de San Juan à Atoyac, ce type de récipients semble associé à la phase Amacueca et se retrouve en grand nombre sur des monticules de playa ; ce qui suggère une probable utilisation dans l'exploitation de sels durant les périodes finales de l'occupation préhispanique [8]. D'autre part, ces *tepalcateras* sont généralement associées à la présence de structures circulaires, délimitées par des tessons de céramique et creusées dans les flancs des monticules. On retrouve ce type de sites dans la partie est du site de Cerritos Colorados (ZE1 et ZE3), au sud du village de Cofradía (CS-21A et CS-21C) et à l'ouest de Tehuantepec (CS-13A).

- *Les grandes tepalcateras Sayula multifonctionnelle*
Le troisième ensemble est représenté par les très grandes *tepalcateras* composées de divers éléments, la plupart diagnostiques de la phase Sayula. Ces monticules présentent un abondant matériel céramique et lithique respectivement représenté par une grande quantité de *cuencos salineros Sayula* et une large gamme de récipients de forme et décorations diagnostiques de la phase Sayula, ainsi que des galets de basalte, choppers, grattoirs, racloirs, *manos* et *metates*, et outils en obsidienne de type lames, pointes de projectile et éclats de taille. Des inhumations mises au jour par des pillages, apparaissent également dans certains secteurs. Les deux sites majeurs de ce groupe, Cerritos Colorados (CS-11 et ZE4) et Carmelita (CS-4), présentent en surface des évidences de structuration spatiale, matérialisées par des alignements de pierres. De taille moindre, mais présentant des caractéristiques matérielles communes, on peut également signaler la présence dans ce groupe, des sites de Poncitlan (CS-14) et Fabrica de Explosivos (CS-13B). Egalement inclus dans ce groupe, le site de Piramides de Tehuantepec (CS-62) présente la particularité d'être de très grande taille, mais sans structures apparentes en surface. Bien que les sites de la frange nord-ouest (*Tepalcateras El Zapote-Techaluta*, CS-22) aient souffert d'un important remaniement par l'exploitation moderne, la présence d'un matériel très divers dans certains des monticules laisse supposer qu'une partie de cette zone appartienne également à cet ensemble.

- *Les petites tepalcateras avec uencos salineros Sayula*
Le quatrième groupe concerne les *tepalcateras* de taille moyenne à petite essentiellement caractérisées par la présence massive de tessons de *cuencos salineros Sayula*. Ces monticules présentent également en quantité moindre des tessons de récipients de forme et décorations diagnostiques de la phase Sayula. Ce type de monticules se rencontre le long de la frange ouest de la playa, entre El Zapote et Anoca (CS-22) et entre Lienzo Charro et Carmelita (CS-4), ainsi qu'aux alentours de Isla Chica (CS-77), Atoyac (CS-15A) et Atotonilco (CS-75).

- *Les tepalcateras avec vestiges divers de la phase Verdía*
Le cinquième ensemble est représenté par des *tepalcateras* de taille moyenne avec un matériel céramique diagnostique de la phase Verdía : écuelles et pots de céramique fine, aux deux faces brunies et aux décorations géométriques de rouge sur crème. Ces monticules présentent une faible quantité de matériel lithique : principalement quelques petits galets de

[8] cf. chap. 3.8.1. de la première partie.

basalte et des fragments de *manos* et *metates*. Le seul site de playa qui appartienne à cet ensemble est situé à l'est de Cerritos Colorados (ZE2).

Les *tepalcateras* des sites de La Mota (CS-25) et La Motita (CS-24) présentent un matériel céramique particulier dont certains traits sont diagnostiques de la phase Sayula, tandis que d'autres semblent témoigner d'une époque plus ancienne. Un phénomène semblable est observé dans le site *Tepalcateras Verdía - Cacaluta*, bien que celui-ci se distingue des autres par une plus grande proportion de *cuencos salineros* et de matériel diagnostique de la phase Sayula ,ainsi que l'absence de structures en superficie.

- Les groupes de fosses creusées dans la playa
La sixième catégorie de cette classification est symbolisée par l'existence de groupes de structures creusées dans la playa, de tailles et formes diverses. Ces structures apparaissent délimitées par des tessons ou par une texture et une couleur de sol différentes de celles de playa. Rarement isolés, ces groupes semblent généralement associés à des *tepalcateras*. Ils sont distribués dans tous les secteurs de la playa et ne semblent pas correspondre à une période déterminée.

- Les amas de galets de basalte et fragments d'obsidienne
Le septième groupe concerne les amas de galets de basalte, pierres ponces et fragments d'obsidienne, contenant parfois quelques tessons de *cuencos salineros Sayula*. Ces artefacts apparaissent dans le secteur nord-ouest de la playa (CS-22), où ils semblent associés à des *tepalcateras* Sayula.

- Les groupes de récipients enterrés
La huitième catégorie fait référence aux groupes de récipients enterrés uniquement rencontrés sur trois sites : Potrero de Tepalcates (CS-80), La Mota (CS-25), situés dans le secteur sud-est et Fraccionamiento San Juan de Atoyac (CS-15C) dans la zone intermédiaire. Sur le site de La Mota, ces récipients sont associés à des *tepalcateras*.

A l'intérieur de cette classification préliminaire des sites de playa, on note une certaine "hiérarchisation" des sites depuis des artefacts spécifiques à la production de sels (petites *tepalcateras* avec un seul type de récipients, groupes de structures de playa, amas de pierres, récipients enterrés) jusqu'aux grands ensembles de monticules présentant des caractéristiques résidentiels ou civico-cérémoniels témoignant d'occupations annexes probablement indirectement liées à la production de sel.

Par les fouilles et les sondages stratigraphiques réalisés dans différentes aires d'activité, nous allons tenter de préciser la fonction des différents éléments identifiés dans les sites de playa et de les replacer au sein de la séquence culturelle du bassin.

2. Fouilles de différentes aires d'activité

A l'issue de la prospection, quatre aires d'activité ont été sélectionnées pour leur représentativité au sein des groupes décrits dans le chapitre précédent : la zone XIX-B et la zone extérieure 1 (ZE1) du site de Cerritos Colorados (secteur nord-ouest) et les Unités de Fouilles 1-2 et 3 du site de La Motita (secteur sud). Le choix de ces aires d'activités s'est établi sur la base de différents critères :

- Tout d'abord, ces aires d'activité se distribuent au sein d'un espace bien délimité, dans lequel la fouille permet d'avoir accès à des étapes complètes de la chaîne opératoire et à un matériel spécifique et diagnostique de la production de sels.

- Les deux sites sont localisés dans deux secteurs distincts du bassin : le premier, Cerritos Colorados, à l'extrémité nord, dans un lieu de passage menant aux régions voisines de Zacoalco, Acatlan et Magdalena, vallée de Atemajac et bords du lac Chapala ; le second, La Motita, se trouve isolé au milieu de la playa dans la partie sud du bassin.

- Cette localisation différentielle implique des variations dans les conditions naturelles de l'exploitation de sel : comme nous l'avons vu dans la seconde partie, les secteurs nord-ouest et sud du bassin présentent des disparités géomorphologiques et climatiques qui entraînent une diversité qualitative et quantitative de la ressource en terres salées.

- Finalement, chaque site est caractérisé par un contexte d'occupation distinct. Cerritos Colorados, reconnu comme le lieu le plus important du bassin pour la phase Sayula, est un site complexe composé de différentes aires d'activité parmi lesquelles on distingue un centre civico-cérémoniel, un secteur de type résidentiel et un ensemble d'"ateliers" de production de sel. Dans ce site, les aires spécifiques de production de sel occupent une vaste superficie et semblent avoir été utilisées jusqu'aux périodes finales de l'occupation préhispanique. Durant la phase Sayula, ce site pourrait avoir été le centre d'une production et d'une distribution de type industriel. Les caractéristiques de surface du site de La Motita semblent témoigner d'une production plus restreinte, s'étalant entre la fin de la phase Verdía et tout ou partie de la phase Sayula, selon des modalités apparemment plus rustiques à vocation artisanale ou domestique.

Dans chacune des aires d'activité sélectionnées, les structures ont été fouillées selon la même méthode : ouverture d'une moitié de la structure par décapages successifs de couches de 10 cm d'épaisseur jusqu'à atteindre le fond, description de la coupe permettant d'observer la nature du remplissage, puis ouverture de la seconde moitié. La matériel céramique a été systématiquement collecté et étudié. Par ailleurs, nous avons réalisé des sondages et des décapages dans certaines parties de monticules.

2.1. Cerritos Colorados, zone XIX-B, secteur 1

Cette zone se situe au pied de grandes *tepalcateras* couvertes de tessons au sud de la partie centrale du site de Cerritos Colorados [1]. Il s'agit d'une aire de 32 m de long et 12 m 50 de large, formée par un amas de petits tessons très érodés et dans laquelle sont distribuées plusieurs structures circulaires (fig. 58).

La zone a été divisée en 55 carrés de 2 m 50 de côté à partir d'un point côté 0 situé à l'angle sud-ouest. Etant donnée l'intense érosion du matériel, nous n'avons pas réalisé de collecte de surface.

2.1.1. Fouilles des structures

Neuf structures circulaires délimitées par des tessons et de diamètre variant entre 80 cm et 1 m ont été identifiées, trois d'entre elles (numérotées de 1 à 3) ont été fouillées (fig. 58).

Les deux premières sont des fosses cylindriques de 80 cm de diamètre, dont les parois et le fond sont formés d'une mosaïque de tessons, enduite d'un revêtement d'argile de 6 cm d'épaisseur. Elles ont été remplies par une sédimentation naturelle, composée d'une succession de lits de sables et limons. Cependant, au sein de la structure 2, une couche hétérogène collée aux parois, composée de lentilles d'argile grise, brune et noire et comprenant de nombreux tessons marque un horizon artificiel. Le fond de ces fosses présente deux niveaux, le premier entre 28 et 35 cm de profondeur, et le second apparaissant comme une dépression dans le tiers sud à 50 cm de profondeur. Les tessons formant le pavage des parois ont une taille variant entre 2 et 10 cm et ont souffert d'une érosion intense, qui empêche leur identification. Certains de ces tessons sont recouverts d'une fine croûte de sédiment beige. La structure 1 a été en partie détruite par un pillage et seule une partie du fond a été conservée.

La troisième structure est une fosse cylindrique dont les contours apparaissent en superficie comme un cercle de sables au milieu de la couverture de tessons de la zone. Elle présente des dimensions de 80 cm de diamètre et 36 cm de profondeur. Les parois et le fond sont formés d'une couche d'argile brun foncée à noire de 5 cm d'épaisseur. La partie supérieure du remplissage est constitué de sédiments limoneux beige avec quelques tessons. Entre 5 et 25 cm de profondeur, formant une cuvette, on observe une alternance de fins lits d'argile noire et limons beige, dans laquellle sont également présents quelques tessons. Un petit amas de cendres comprenant quelques fragments millimétriques de charbons de bois, se trouve intercalé entre ces deux couches. En profondeur, apparaît une couche très hétérogène, composée d'une matrice argileuse très humide, de couleur grise parsemée de tâches noires, et comprenant quelques petits charbons de bois, des indurations formées par une matière beige très sèche présentant des traces de paille, ainsi que de nombreux tessons. Ces fragments de céramique sont de grande taille (en moyenne 10 cm) et ont été très fragilisés par l'humidité ambiante.

[1] Pour la localisation de la Zone XIX-B au sein du site de Cerritos Colorados, voir fig. 15, chap. 2.3.2. de la première partie.

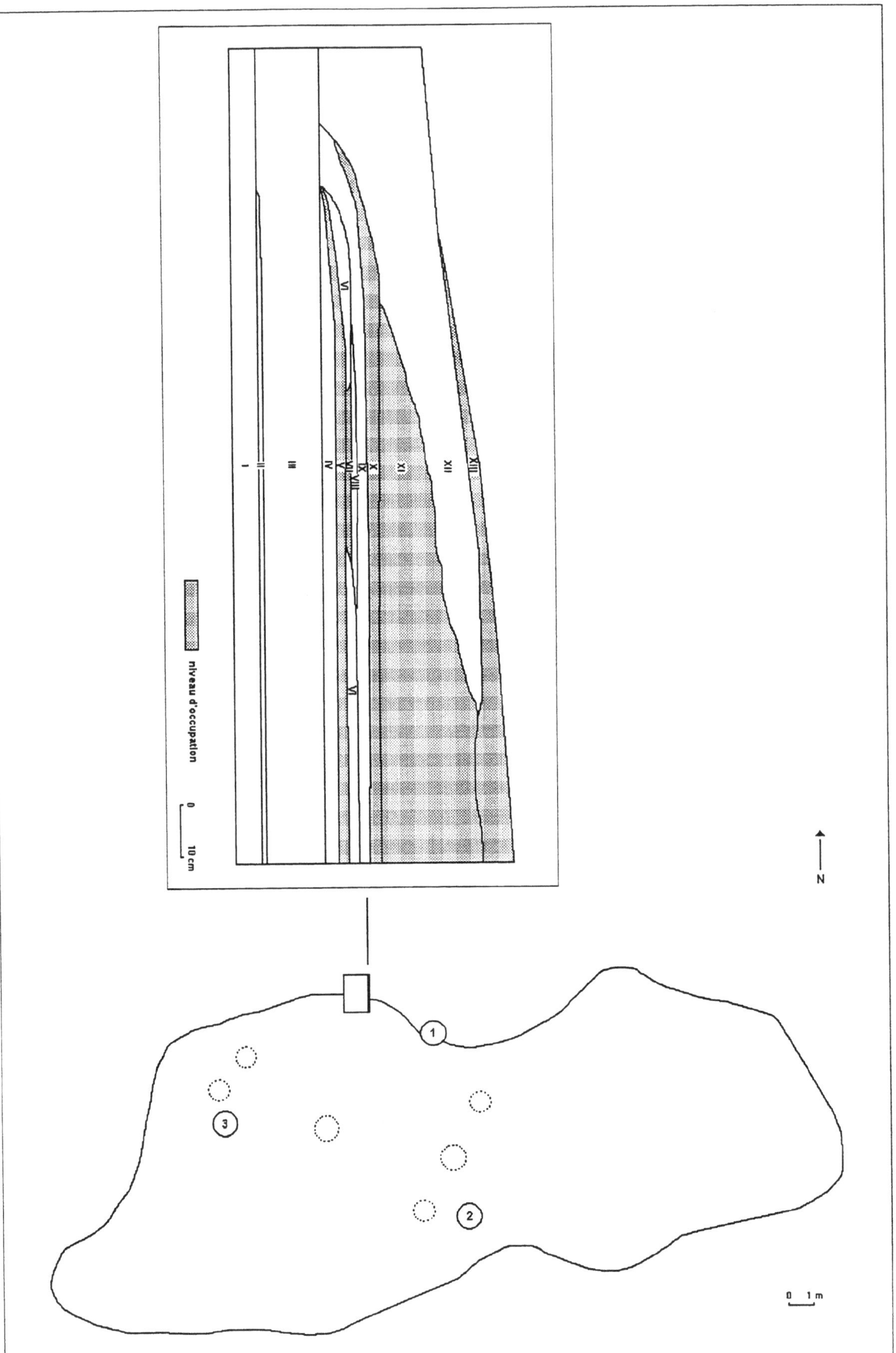

Figure 58 : Cerritos Colorados, plan de la zone XIX-B et coupe stratigraphique du sondage.

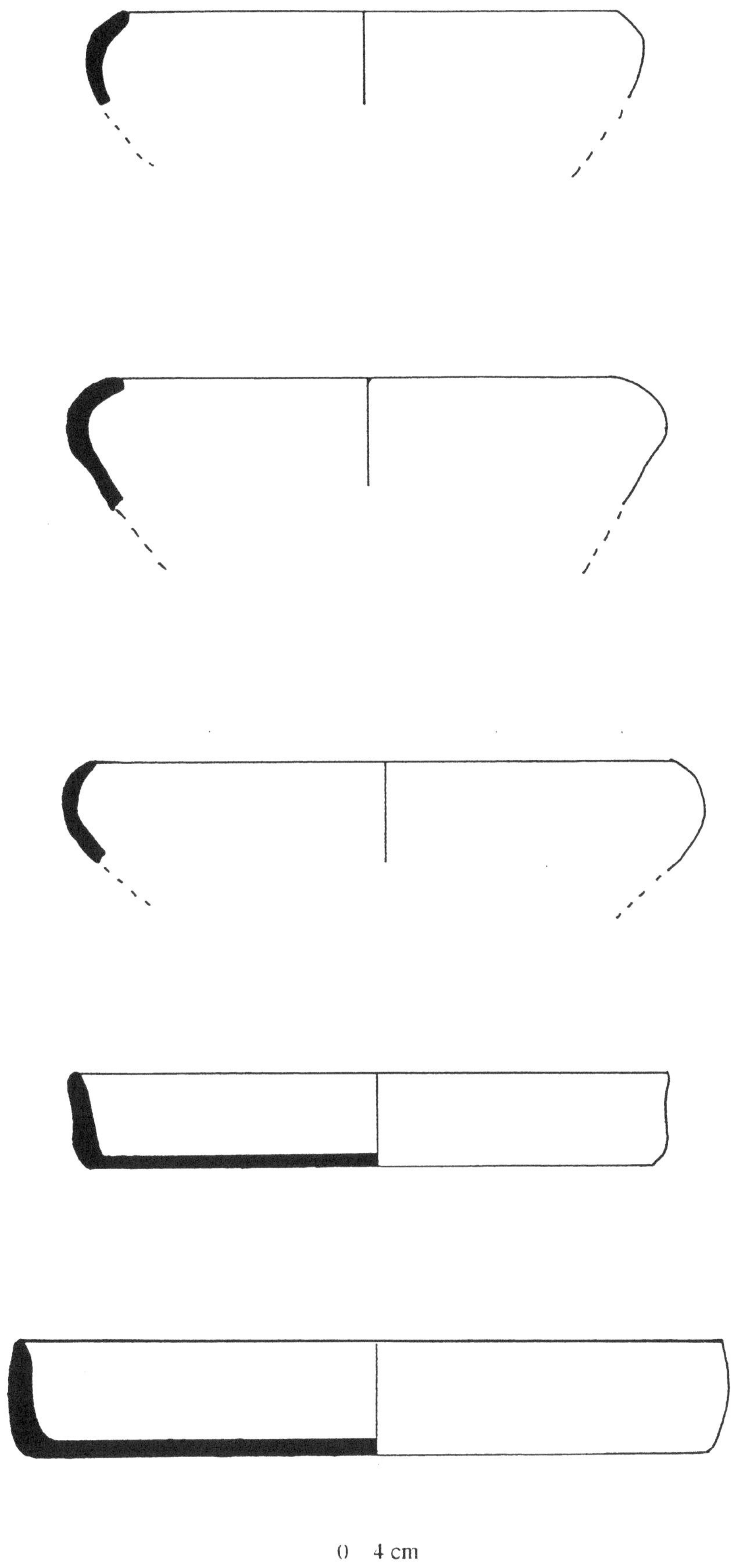

Figure 59 : Matériel céramique de la zone XIX-B, Cerritos Colorados : *cuencos salineros Sayula* et *cajetes rectos Amacueca*

2.1.2. Sondage stratigraphique (fig. 58)

Afin de déterminer la profondeur de l'occupation, nous avons réalisé un profil au nord de la zone. Nous avons délimité un rectangle de 1 m sur 2 m, dans lequel une tranchée a été creusée, par décapages successifs de couches de 10 cm d'épaisseur, jusqu'à une profondeur de 65 cm. Dans ce profil nous avons identifié différentes couches numérotées de I à XII.

- Les couches I et III constituent des horizons caractéristiques d'un profil de sol naturel, avec un niveau très argileux surmonté par un sédiment limoneux. Ces deux couches sont séparées par une strate d'argile noire de 1 cm d'épaisseur (couche II), probable résidu du lessivage des niveaux d'occupation supérieurs. Au dessus de ces 35 premiers centimètres, on trouve un niveau de sédimentation éolienne caractérisé par la présence de stries de sables et limons (couche IV).

- A partir de 40 cm de profondeur, une succession de niveaux d'occupation (V, VII,, X, XI et XIII) d'une épaisseur moyenne de 5 cm, est intercalée entre des dépôts éoliens (VI, VIII et IX). Les niveaux d'occupation sont caractérisés par une matrice sédimentaire très hétérogène, composée de lentilles de sables gris et de limons argileux crème et dans laquelle sont dispersés de nombreux tessons très érodés de petite taille. La couche IX se distingue des autres par la présence d'une matrice très argileuse de couleur crème, contenant une multitude de petits tessons.

- La couche XII est constituée par un sédiment homogène très compact, de texture limono-argileuse et de couleur brun clair. Il est probable qu'elle soit issue d'une accumulation de dépôts de ruissellement depuis les monticules environnants.

2.1.3. Inventaire du matériel céramique

Tableau 23 : Inventaire du matériel céramique de la Zone XIX-B, Secteur 1 du site de Cerritos Colorados (a)

	nombre total de tessons	non identifiés	*cuencos salineros Sayula*	*cajetes rectos Amacueca*
structure 2	40		4	36
structure 3	240		10	230
sondage - niveaux V, VII, IX, X - niveau XII		 +++ +++	 ++ ++	 +

(a) les tessons du sondage stratigraphique n'ont pas été dénombrés, les croix expriment une estimation de leur quantité (+ faible, ++ moyenne, +++ forte).

Le remplissage de la structure 1 est dépourvu de tessons. Le matériel céramique des structures 2 et 3 est principalement composé de *cajetes rectos Amacueca*. Tandis que parmi le matériel identifiable récupéré dans la tranchée, on observe une prédominance de *cuencos salineros Sayula*. Dans la couche XII, nous avons également récupéré quelques tessons de *cajetes rectos Amacueca*.

2.1.4. Conclusions préliminaires

Cette zone est marquée par la présence de deux composantes particulières :
- des fosses cylindriques pour lesquelles on distingue deux variantes, l'une dont les parois et le fond sont constitués d'une mosaïque de tessons recouverte d'un enduit d'argile crue, l'autre avec un simple revêtement d'argile.
- un matériel céramique spécifique composé d'une part de *cuencos salineros Sayula* (niveaux d'occupation du sondage) et d'autre part de *cajetes rectos Amacueca* (structures 2 et 3).

Les faibles quantités de charbons de bois récupérés n'ont pas permis de réaliser de datations, toutefois le matériel céramique collecté permet de supposer deux grandes étapes d'occupation dans cette zone :
- une première durant la phase Sayula, matérialisée par la présence de nombreux fragments de *cuencos salineros* dans l'ensemble des niveaux d'occupation identifiés dans le sondage stratigraphique ;
- une seconde durant la phase Amacueca, attestée par la présence dans les structures 2 et 3 de nombreux fragments *cajetes rectos Amacueca*, plats aux bords droits similaires à ceux décrits par Noyola (1994 : 64) dans les niveaux d'occupation Amacueca du site de San Juan.

Les fosses semblent avoir été utilisées pendant la dernière phase de l'occupation, en utilisant des tessons de céramique résidus des phases d'occupations précédentes pour la construction des parois et du fond.

2.2. Cerritos Colorados, Zone Extérieure 1, Unité n°1

La Zone Extérieure 1 se situe à l'est de la partie centrale du site de Cerritos Colorados[2]. Elle est composée d'une série de cinq groupes de monticules, alignés sur une distance approximative de 500 m le long des bords de playa. Durant le printemps 1995, nous avons réalisé des fouilles dans le troisième de ces ensembles (en partant de l'ouest).

Cette unité (fig. 60) est composée d'un monticule d'une extension moyenne en superficie de 16 m et d'une hauteur moyenne de 2 m, recouvert de tessons de céramique et divisé en trois parties. En superficie, nous avons noté la présence de six structures circulaires sur les flancs nord et sud du tiers nord-ouest du monticule, ainsi que cinq autres structures dans les niveaux de playa au sud de celui-ci. Après avoir effectué le relevé topographique du monticule, nous avons délimité une zone de fouille dans le tiers nord-ouest de celui-ci.

[2] Cf. Chap. 1.2.4.

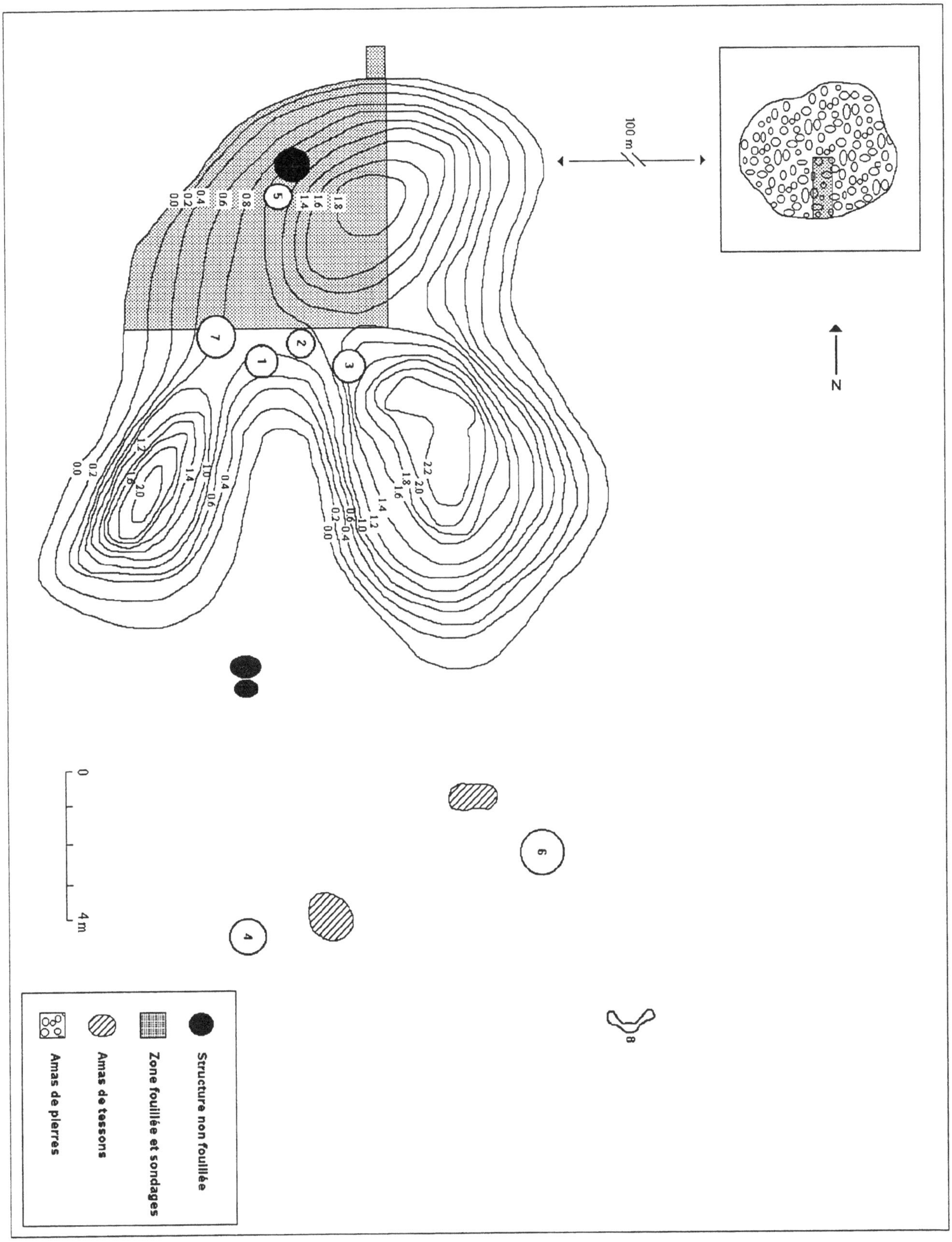

Figure 60 : Cerritos Colorados, plan de la Zone Extérieure 1, Unité n°1.

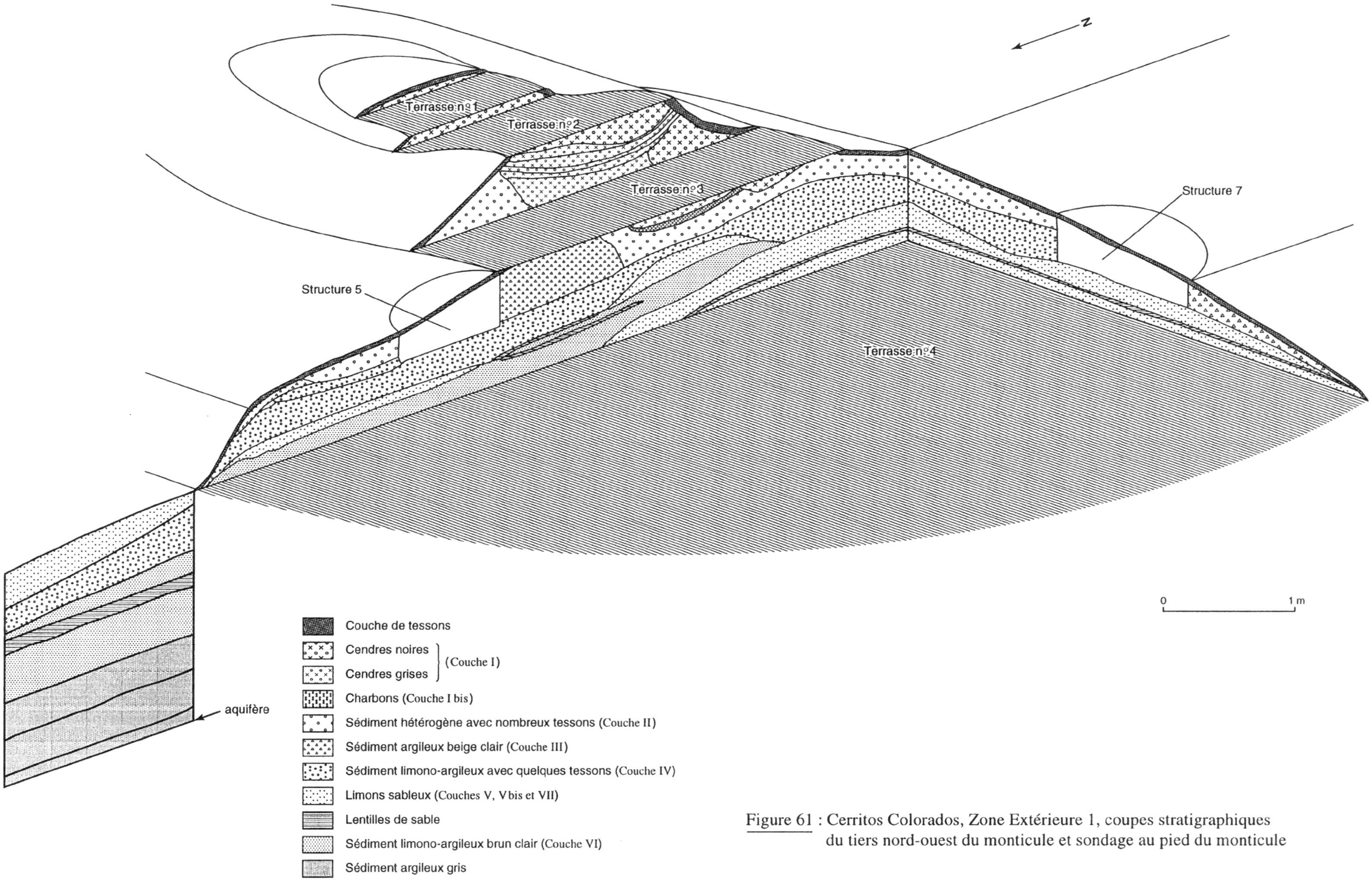

Figure 61 : Cerritos Colorados, Zone Extérieure 1, coupes stratigraphiques du tiers nord-ouest du monticule et sondage au pied du monticule

2.2.1. Fouille du tiers nord-ouest du monticule

La zone de fouille a été délimitée par un carré de 10 m de côté, orienté vers les quatre points cardinaux. A l'intérieur de ce carré, le monticule a été dénudé de la couche de tessons superficielle qui le recouvrait sur une épaisseur moyenne de 5 cm. Etant donnée l'importante quantité de matériel céramique que ce décapage représentait, nous avons opéré une analyse préliminaire de celui-ci sur le site en estimant les proportions relatives des différents types et en sélectionnant un échantillonnage représentatif pour chacun d'entre eux.

Une fois mis à nu, le monticule a été décapé sur quatre niveaux échelonnés en terrasses depuis le sommet (est) vers la base (ouest). Ce système de terrasses avait pour objectif de décaper le monticule sur une grande surface, tout en laissant un témoin stratigraphique des différentes couches le composant (photo n°14 et fig. 61).

- Terrasse n°1
Située au sommet du monticule, la première terrasse a été décapée sur 10 cm d'épaisseur (entre 1 m 90 et 1 m 80 de hauteur par rapport à la base du monticule). Elle est composée d'un amas de cendres noires et contient une très grande quantité de tessons.

- Terrasse n°2
La seconde terrasse, d'une épaisseur de 10 cm, présente une accumulation de cendres noires et grises dans laquelle est dispersée une très grande quantité de tessons, ainsi que plusieurs indurations de sédiment argileux très sec mélangé à des restes végétaux..

- Terrasse n°3
Cette terrasse a été décapée sur 60 cm jusqu'à un niveau correspondant à l'ouverture d'une fosse située sur le flanc nord du monticule (structure n°5). A ce niveau, nous avons découvert deux bases de plats déposées horizontalement. Elle est composée de deux couches distinctes :

* *couche I* : dans les deux tiers sud, la terrasse est composée de couches de cendres grises et noires disposées en cuvettes, contenant de nombreux tessons et indurations d'argile sèche.

* *couche II* : dans le tiers nord, on distingue un sédiment hétérogène, composé d'une matrice limono-argileuse brun claire, dans laquelle sont incorporées des lentilles de sables et d'argile et qui comprend de nombreux tessons de céramique.

- Terrasse n°4
Cette terrasse a été décapée sur 1 m jusqu'au niveau de base du monticule. Elle est constituée de huit couches distinctes:

* *couche I* : cette couche est la continuité de la couche I de la terrasse n°3, elle est composée de dépôts de cendres grises, disposés en cuvette, dans lesquels apparaissent de nombreux tessons et de nombreuses indurations d'argile sèche de couleur beige.

* *couche Ibis* : située à la base de l'amas de cendres, cette couche, épaisse de 7 cm en moyenne, est constituée de fragments de charbons de bois et de cendres noires. Deux datations ^{14}C ont été réalisées à partir de prélèvements réalisés dans cette couche :

- la première effectuée à Bondy dans les laboratoires de l'Orstom donne une date de **270 ± 70 BP**, qui calibrée donne des valeurs comprises entre **1508 et 1604 ap JC** (1 sigma) et **1443 et 1693 ap JC** (2 sigmas) [3],

- la seconde effectuée dans les laboratoires de Beta Analytic à Miami en Floride, donne une date de **100 ± 70 BP**, avec des valeurs calibrées comprises entre **1680 et 1755 ap JC** (1 sigma) d'une part et **1805 et 1940 ap JC** (2 sigmas) d'autre part [4].

* *couche II* : cette couche, similaire à la couche II de la terrasse n°3, est déposée dans deux secteurs du monticule, au nord et au sud de la structure n°5 (couches IIN et IIS sur la fig. 61).

* *couche III* : elle apparaît comme une "construction", composée d'un sédiment argileux très sec de couleur beige clair, et s'étend au sud et à l'ouest autour de la structure 5, ainsi qu'à l'ouest et au nord de la structure 7.

* *couche IV* : déposée sur l'ensemble de la terrasse, sur une épaisseur moyenne de 20 cm, cette couche est composée d'une matrice limono-argileuse brun claire, présentant des petites lentilles d'argile beige claire et une très grande porosité et comprenant quelques tessons.

* *couches V et Vbis* : déposées en amas dans les secteurs nord et sud du monticule, sur une épaisseur moyenne de 10 cm, ces couches sont composées d'un limon sableux très pulvérulent, dans lequel s'intercalent des stries de sables gris.

* *couche VI* : située à la base du monticule, sur une épaisseur de 10 à 20 cm sur toute la superficie de la terrasse, cette couche est composée d'un sédiment argilo-limoneux compact, de couleur brune, dans lequel sont dispersés quelques tessons.

* *couche VII* : disposée en tas dans le secteur nord-est du monticule, cette couche est de composition similaire aux couches V et Vbis précédemment décrites.

2.2.2. Fouille des structures

Huit des onze structures identifiées en superficie ont été fouillées.

[3] Programme CALIB.rev.3.03.3c (3-21-94) Quaternary Isotope Lab. (Stuiver et Reimer, 1993).
[4] ibid.

- Structure 1

Il s'agit d'une fosse de 1 m de diamètre, dont les parois sont constituées d'une mosaïque de tessons recouverte d'un enduit d'argile brun claire de 5 cm d'épaisseur. Cette structure se trouve très détériorée : seules les parties périphériques du fond sont préservées et se situent à 5 cm de profondeur par rapport à la superficie dans la moitié nord et à 10 cm dans la moitié sud. Nous avons décapé la moitié sud de la fosse jusqu'à une profondeur de 40 cm. Dans les 20 cm de la partie supérieure, le remplissage est constitué de limons et sables éoliens. Ensuite, on distingue une couche hétérogène composée d'une matrice limono-argileuse brune, dans laquelle sont dispersés de nombreux tessons et indurations noires et crèmes. Sous ce niveau anthropique, on observe une couche de limons argileux bruns clairs sur une dizaine de cm d'épaisseur puis une couche d'argile brune.

- Structure 2

Située à 30 cm à l'est de la première, cette structure se présente sous la forme d'une fosse cylindrique de 75 cm de diamètre et 38 cm de profondeur. Les parois et le fond sont formés par une mosaïque de tessons de céramique, recouverte d'un enduit d'argile sèche de couleur beige, de 5 à 6 cm d'épaisseur, présentant par endroits des traces noires. Le fond présente une petite dépression dans la partie sud jusqu'à une profondeur de 43 cm. Le remplissage est composé de différentes couches : les 10 cm supérieurs sont constitués d'un sédiment très hétérogène contenant un mélange de sables gris, limons bruns clairs et indurations crèmes et noires ; ensuite une grande quantité de tessons mélangés à des indurations crèmes est accumulée sur 20 cm d'épaisseur ; une lentille de sable disposés en stries se trouve intercalée dans cette accumulation ; au fond de la fosse, on observe un remplissage naturel sur une dizaine de cm d'épaisseur, composé de lits millimétriques de sables et limons. Deux grosses pierres ont été découvertes au fond de la structure.

- Structure 3

Cette structure, similaire à la seconde, représente une fosse cylindrique de 1 m 05 de diamètre externe et 95 cm de diamètre interne, avec une profondeur variant entre 36 et 46 cm. Les parois de cette fosse présentent la particularité d'être formées de tessons posés horizontalement ; au contraire des autres structures, dans lesquelles les tessons sont plaqués verticalement contre la paroi. Comme dans la structure 1, seules les parties périphériques du fond sont conservées. Les 30 cm supérieurs du remplissage sont composés de limons éoliens. Ensuite, sous ce dépôt naturel, on observe dans la partie ouest jusqu'au fond, un sédiment hétérogène composé d'une matrice argileuse brun foncée très indurée, dans laquelle se distribuent des traces noires et de nombreux tessons. Dans la partie est, nous avons décapé jusqu'à 80 cm de profondeur un niveau de sédimentation naturelle composée de lits millimétriques de sables et d'argile.

- Structure 4

Située au pied du monticule vers les niveaux de playa, cette structure se présente sous la forme d'une fosse de 1 m de diamètre et de 20 cm de profondeur avec une dépression dans la partie ouest atteignant 32 cm de profondeur. Les parois et le fond sont tapissés de tessons de céramique et recouverts d'un enduit d'argile crue de couleur grise de 5 cm d'épaisseur. Cette fosse est comblée par un sédiment hétérogène composé d'une matrice limoneuse brun foncée avec des lentilles d'argile et de sables et de nombreux tessons. Une grosse pierre est déposée sur le fond au centre de la structure.

- Structure 5

Cette structure présente des caractéristiques similaires aux structures 2 et 3, elle se situe sur le flanc nord du monticule. Il s'agit d'une fosse de 70 cm de diamètre et 45 cm de profondeur. Les parois et le fonds sont tapissés de tessons de céramique et recouverts d'un enduit d'argile sèche de couleur beige de 5 à 7 cm d'épaisseur. Le remplissage est constitué d'un mélange hétérogène de cendres grises et limons bruns foncé, présentant des indurations noires et beiges et quelques tessons.

- Structure 6 (photo n°15)

Située au pied du monticule à une dizaine de mètres à l'est de la structure 4, cette fosse présente un diamètre de 1 m 10 et une profondeur de 53 cm. Les parois sont tapissées de tessons de céramique et couvertes d'un enduit d'argile sèche de couleur beige de 5 cm d'épaisseur. Seules les parties périphériques du fond ont été conservées et sont également composées de tessons et d'argile. Le remplissage de cette fosse est composé d'une succession de couches sablo-limoneuses et argileuses. Dans une couche de sables déposée entre 10 et 15 cm de profondeur, sont apparues deux grosses pierres ; tandis qu'une autre était placée à 30 cm de profondeur. Un sondage effectué au contact ouest de la fosse a permis de suivre les limites externes de la paroi jusqu'au fond et de mettre à jour une ouverture dans la paroi située entre 30 et 50 cm de profondeur et d'une largeur de 15 cm. Le relevé stratigraphique du sondage montre une accumulation de dépôts éoliens sur 30 cm de profondeur, puis entre 30 et 60 cm un sédiment limono-argileux brun foncé présentant les caractéristiques d'un horizon B de sol.

- Structure 7

Cette structure présente des caractéristiques analogues à la structure 1 mais se trouve en grande partie détériorée. Nous n'avons pu identifier qu'une moitié superficielle de la paroi et quelques petits fragments de fond à 20 cm de profondeur. Une grande quantité de tessons a été collectée dans le remplissage de cette structure.

- Structure 8 (photos n°16 et 17)

Cette structure, très peu visible, est apparue après une petite pluie lorsque la superficie du sol était légèrement humide. Il s'agit d'une fosse en forme de croissant, avec dans la partie centrale une cuvette cylindrique de 20 cm de profondeur, reliée par deux canaux qui s'élargissent aux extrémités et remontent en pente douce jusqu'à la superficie. Les parois et le fond sont tapissés d'un enduit d'argile grasse de couleur brun clair épais de 3 à 5 cm. Le remplissage est composé de limons argileux bruns.

2.2.3. Sondage au pied du monticule

Nous avons réalisé un sondage sur une superficie de 1 m², au pied nord du monticule fouillé jusqu'au niveau de l'aquifère (PS1 dans la fig. 60). On observe (fig. 61) des sédiments apparemment associés à la zone d'activité jusqu'à 50 cm de profondeur sous la superficie actuelle de la base du monticule. En effet, ces sédiments, quoique totalement dépourvus de matériel céramique dans la partie sondée, présentent une composition hétérogène similaire à ceux qui structurent la partie inférieure du monticule. Entre 50 cm et 185 cm de profondeur (niveau de l'aquifère), on observe une succession de couches à tendance argileuse caractéristiques d'un profil de sol de playa.

2.2.4. Sondage dans un amas de pierres

Nous avons ouvert une tranchée (de 1 m sur 2 m 50) par décapages successifs de couches de 10 cm d'épaisseur dans un amas de pierres situé à une centaine de mètres du monticule fouillé (photo n°18). Cet amas présente une forme sommairement circulaire de 5 m de diamètre et une hauteur maximale de 30 cm. Les pierres éparpillées en superficie de l'amas sont d'origine volcanique (basalte et ponces) et sont calibrées autour d'une taille moyenne de 10 cm. Aucune ne semble avoir été travaillées. Elles sont accumulées sur un sédiment argilo-limoneux brun clair très poreux. Au sommet de l'amas, on note une petite accumulation en cuvette sur 10 cm d'épaisseur de fins lits d'argile brun claire et de sables gris.

Tableau 24 : Inventaire du matériel céramique dans le monticule fouillé de la Zone Extérieure 1, Unité n°1, Cerritos Colorados.

	nombre total de tessons	non identifiés	*cuencos salineros Sayula*	*cajetes rectos Amacueca*	jattes céramique grossière	pots non identifiés	pots (phase Sayula)	autres
superficie	+	++	+	+++	+	+	+	1 écuelle bord ext. incisé
terrasse n°1	579	19	1	549		2		1 figurine Cerro de Garcia
terrasse n°2	352			313	37			2 écuelles Amacueca
terrasse n°3 - couche I - couche II	 487 131			 485 131		 1	 1	
terrasse n°4 - couche I - couche IIN - couche IIS - couche IV - couche VI	 121 239 308 334 108	 28 34	 10 9 11	 120 82 303 223 6	 113 97 34	 1 4 4 2 10	 2 1 3 11	1 molcajete Sayula 1 plat, bord ext. incisé

Tableau 25 : Inventaire du matériel céramique dans les structures de la Zone Extérieure 1, Unité n°1 de Cerritos Colorados.

	nombre total de tessons	non identifiés	*cuencos salineros Sayula*	*cajetes rectos Amacueca*	jattes céramique grossière	pots non identifiés
structure 1	77			67	10	
structure 2	76			76		
structure 3	74		1	73		
structure 4	190	96	2	86	6	
structure 5	47			47		
structure 6	48	17	1	29		1
structure 7	182		2	78	91	1

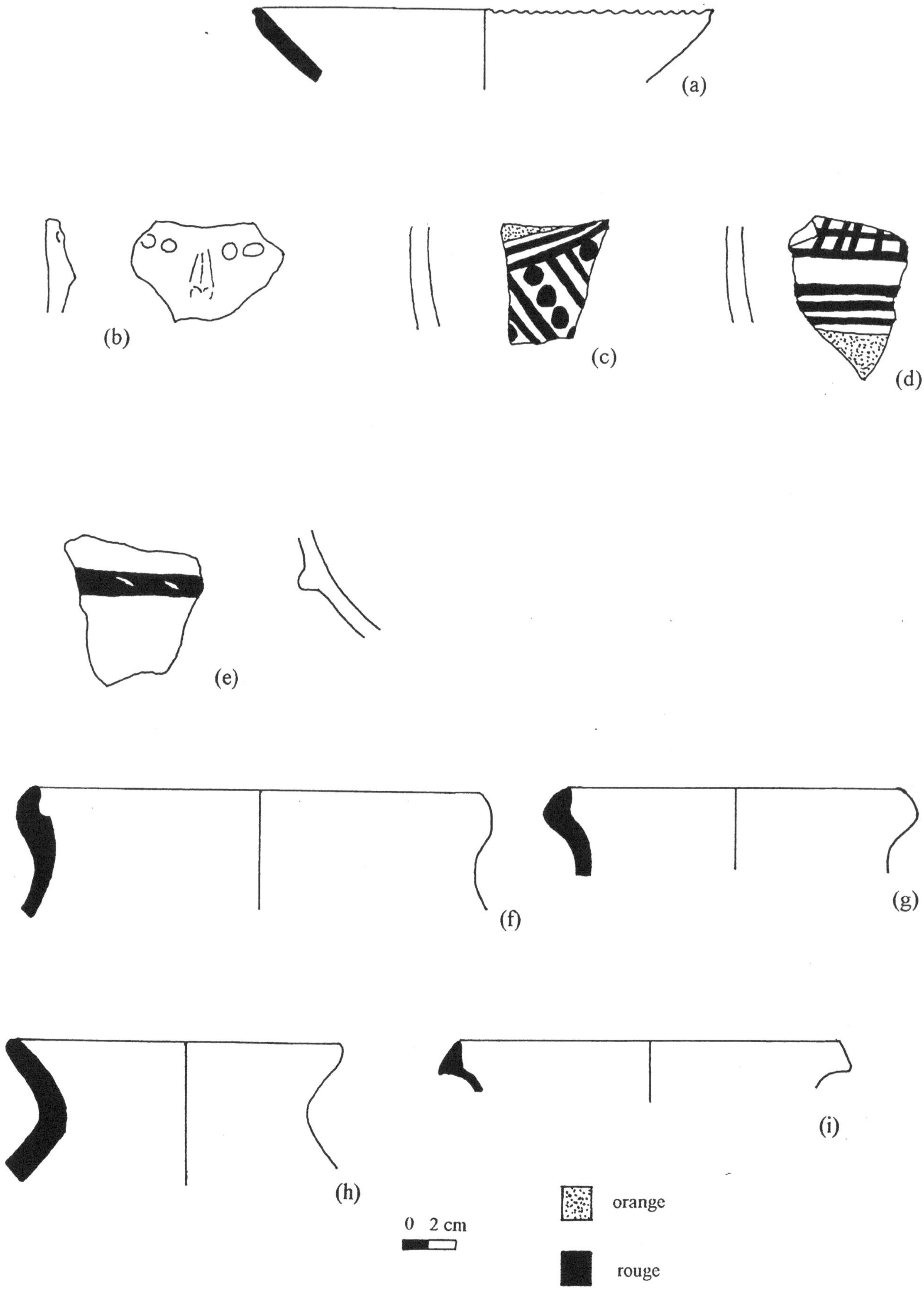

Figure 62 : Matériel céramique de la Zone Extérieure 1, Cerritos Colorados : phase Sayula. (a) écuelles au bord caréné, (b) fragment de figurine Cerro de García, (c-d) corps pots face externe décorée en rouge et orange sur beige, (e) fragment de *molcajete* avec rebord médian en engobe rouge et excisé, (f-i) col de pots.

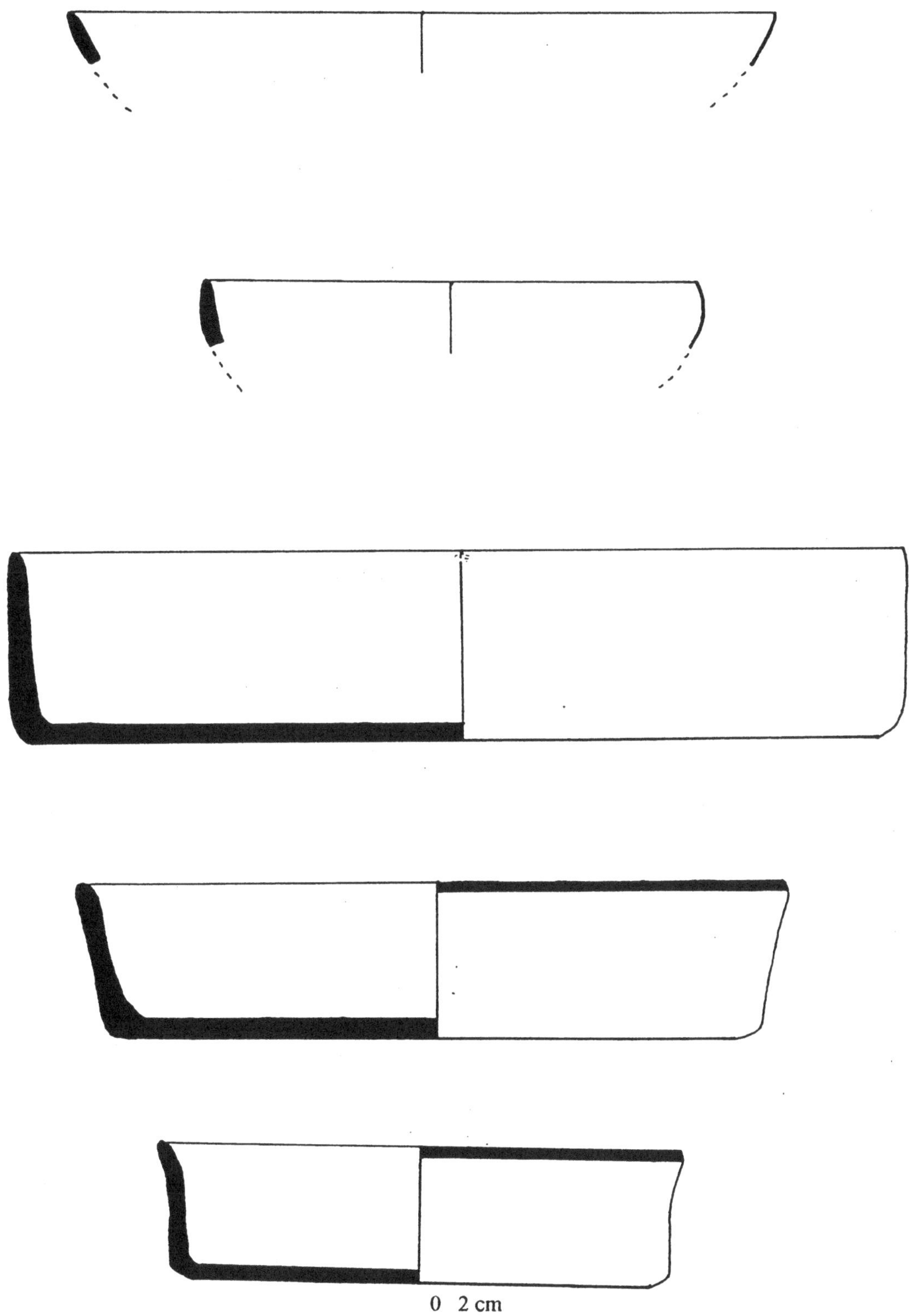

Figure 63 : Matériel céramique de la Zone Extérieure 1, Cerritos Colorados : phase Amacueca écuelles et *cajetes rectos Amacueca*.

2.2.5. Inventaire du matériel céramique

L'ensemble du site est caractérisé par la présence massive d'un type de récipients : les *cajetes rectos Amacueca*, plats aux bords droits, mis en évidence par Noyola (1994) dans les niveaux d'occupation de la phase Amacueca du site de San Juan à Atoyac. Nous pouvons également signaler la présence significative de jattes de céramique grossière dans certains secteurs du site (notamment dans les couches IIN et IV de la terrasse n°4 et dans la structure 7).
Si une grande majorité du matériel est représentée par un type de récipient standard, on note toutefois la présence de quelques récipients décorés diagnostiques de la phase Sayula ainsi qu'un fragment de figurine Cerro de García également caractéristique de cette phase (fig. 62). Dans la terrasse n°2, apparaissent deux fragments d'écuelles dont les caractéristiques de couleur et de finition semblent correspondre à des éléments diagnostiques de la phase Amacueca (fig. 63).

2.2.6. Conclusions préliminaires

Ce site est composé de plusieurs éléments caractéristiques :

- Une *tepalcatera* couverte d'une grande quantité de fragments de *cajetes rectos Amacueca* et dont la stratigraphie se divise en trois grands types de dépôts :
* dans la partie supérieure des couches de cendres et charbons de bois accumulées sur plusieurs dizaines de centimètres ;
* sur le côté et sous ces dépôts de cendres, on distingue 'une matrice limono-argileuse brun clair dans laquelle sont incorporées des lentilles de sables et d'argile ;
* sous ces couches, se trouve une épaisse accumulation de sédiments limono-argileux bruns clairs.

- Des fosses creusées dans le flanc du monticule dont les caractéristiques internes et la localisation - pour chacune d'entre elles l'ouverture se situe à la base des accumulations cendreuses du monticule - laissent supposer une utilisation comme structures de combustion dans le processus de cuisson du sel, en association avec les récipients du type *cajetes rectos Amacueca*,

- Des fosses situées au pied du monticule dans les niveaux de playa : l'une (structure 6) présente toutes les caractéristiques d'un four ; les deux autres pourraient avoir été utilisées en complémentarité avec le reste du site, dans le processus de décantation ou de filtration des terres salées.

Finalement, nous rappelons la présence d'un amas de pierre à une centaine de mètres de la zone fouillée. Le sondage effectué dans cet amas ne nous permet malheureusement pas de préciser son origine tant d'un point de vue fonctionnel que chronologique.

Sur le plan chronologique, nous disposons de deux types d'information :
- d'une part les datations ^{14}C qui situent la mise en place des couches cendreuses de la partie supérieure du monticule entre les dernières années de la période préhispanique et le début de la période coloniale ;
- d'autre part, le matériel céramique, qui se compose en majorité de fragments de récipients dénommés *cajetes rectos Amacueca* en raison de leur association avec des niveaux d'occupation de cette phase sur le site de San Juan à Atoyac ; ainsi qu'en quantité moindre de jattes de céramique grossière et matériel diagnostique de la phase Sayula, principalement mis au jour dans les niveaux situés à la base du monticule.

Les datations ^{14}C révèlent un âge plus récent que celui suggéré par le matériel céramique - nous rappelons qu'aucun tesson de la période coloniale n'a été découvert sur le site -. Toutefois, il faut souligner que la chronologie céramique n'est ici basée que sur la présence massive d'un type unique de récipients associé à la phase Amacueca d'une part et sur la présence diffuse d'objets décorés diagnostiques de la phase Sayula d'autre part.

Tout d'abord, les *cajetes rectos Amacueca* ne présentent aucune caractéristique interne permettant de les attribuer à une phase céramique précise, leur association à la phase Amacueca a été démontrée grâce à des corrélations établies sur le site de San Juan dans des contextes domestiques qui ont été datés aux XIVème, XVème et XVIème siècles [5]. Si ces récipients sont attestés pour les époques finales de la phase Amacueca, il est difficile de déterminer le moment précis de leur apparition dans la séquence chronologique du bassin. Nous rappelons toutefois qu'une variante apparemment plus fine a été découverte dans les niveaux anciens de la phase Amacueca sur le site de Caseta [6].

Par ailleurs, bien que ne présentant pas de filiations apparentes avec la production de sels - à exception des quelques fragments de *cuencos salineros* -, le matériel diagnostique de la phase Sayula met en évidence l'occupation de cette zone dès la période Classique. A ce sujet, nous pouvons noter que les jattes de céramique grossière, dont les caractéristiques - qui seront précisées dans le chap. 5.3. - semblent témoigner d'une utilisation dans la production de sels, apparaissent préférentiellement dans les niveaux profonds en association avec les objets de la phase Sayula.

En résumé, ce site présente des évidences d'occupation depuis le Classique, correspondant à la phase Sayula, jusqu'à la fin de la période préhispanique voire le début de la période coloniale. Les datations ^{14}C suggèrent que les dépôts situés au sommet sont issus de la toute dernière phase d'occupation tout en gardant des traces d'occupation plus ancienne. Cette observation nous permet de rappeler que les amas de déchets accumulés sur les sites d'exploitation de sel, présentent généralement une stratigraphie complexe en raison de leur constante réutilisation au sein du cycle de production [7].

[5] cf. chap. 2.2.3. de la première partie.
[6] cf. chap. 2.2.3. de la première partie.
[7] cf. chap. 3.1.5. de la deuxième partie.

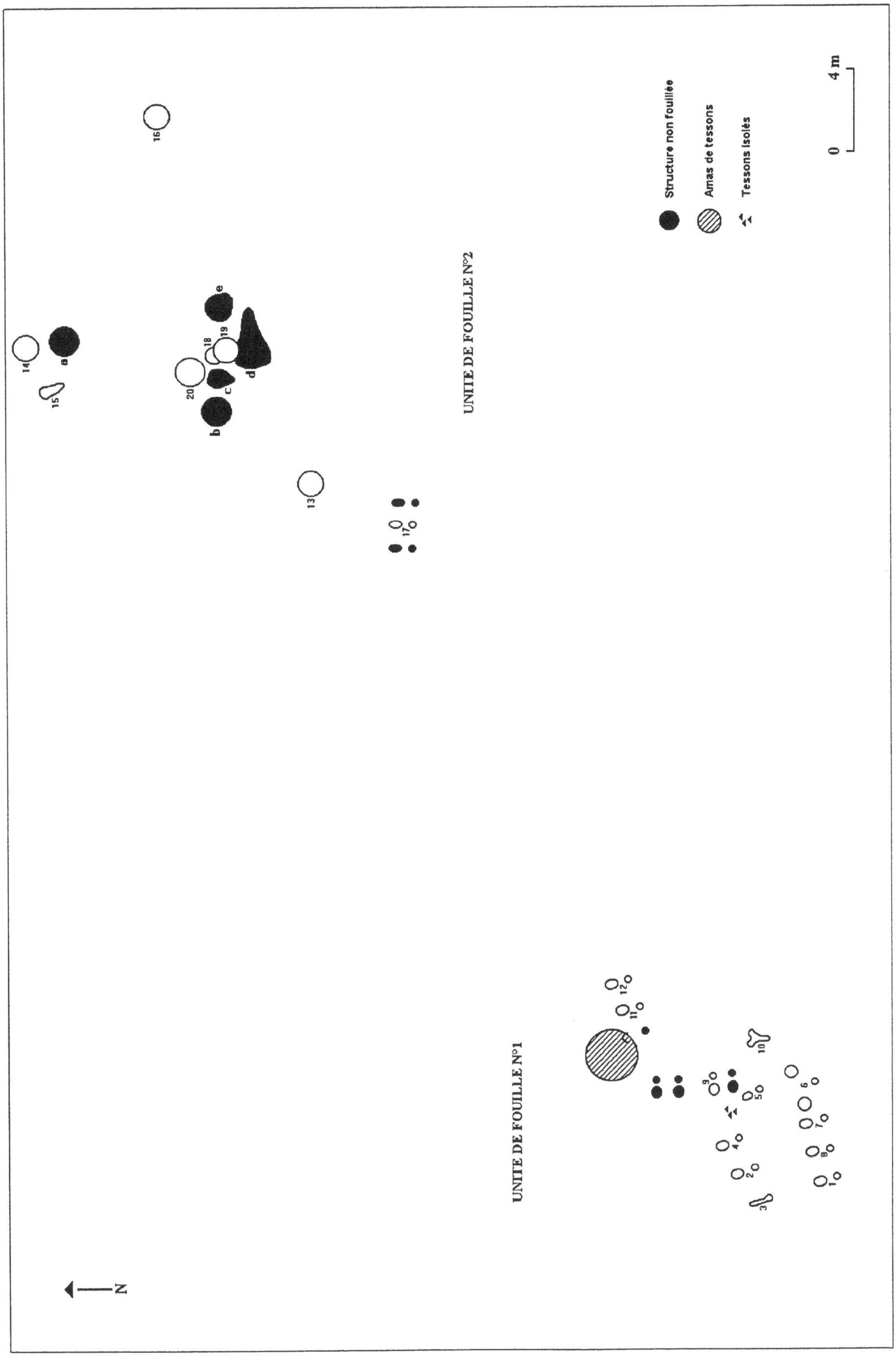

Figure 64 : La Motita, plan des Unités de Fouille n°1 et 2.

2.3. La Motita, Playa Sud, Unités de Fouille n°1 et 2 (UF1-UF2)

Les premières explorations du site de La Motita ont été réalisées sur une aire de 350 m², située dans les niveaux de playa à environ 300 m au sud des monticules [1]. Il s'agit d'un espace dénudé, dans lequel on peut apprécier en superficie de nombreuses formes dont la plupart sont délimitées par des tessons de céramique. La zone a été divisée en deux unités de fouille représentant deux secteurs dans lesquels se concentrent les structures (fig. 64).
L'Unité de Fouille n°1 a été délimitée par un carroyage de 20 m de côté, orienté au nord, divisé en carrés de 2m², numérotés de 1 à 100 à partir de l'angle sud-ouest. Douze structures, numérotées de 1 à 12, ont été fouillées dans cette première unité. L'Unité de Fouille n°2, située à l'est de la première, a été délimitée par un carroyage de 150 m². Huit structures, numérotées de 13 à 20 ont été fouillées dans cette deuxième unité. Préalablement à la fouille, nous avons effectué un décapage de la couche de *salitre* (5 cm de superficie) qui masquait une partie des structures. Ce décapage a été accompagné d'une collecte systématique du matériel céramique et lithique de superficie.

2.3.1. Fouille des structures

- <u>Structures 1-5, 7-8, 11-12 (UF1) et 17 (UF2)</u>
(photos n°19-24)
Ces onze structures sont toutes similaires : elles se présentent sous la forme d'une "louche" enterrée dans le sol constituée de trois parties :
* une fosse cylindrique dont la diamètre varie entre 25 et 35 cm, et la profondeur entre 35 et 40 cm,
* au fond de cette fosse part un tunnel d'une dizaine de cm de diamètre et d'une trentaine de cm de long,
* ce tunnel amène en pente ascendante vers une large cuvette ovale.

Les parois et le fond des structures sont tapissés d'une mosaïque de tessons de céramique, recouverte d'un enduit d'argile crue de couleur grise de 2 cm d'épaisseur. Le remplissage est constitué d'une succession de dépôts naturels de texture argilo-limoneuse. Seule la structure 12 présente un remplissage hétérogène, composé d'un mélange de sables et d'argiles et de nombreux petits tessons. Nous précisons qu'à l'exception des structures 3, 11 et 12, seule la fosse cylindrique est visible en surface et apparaît comme un petit cercle délimité par des tessons de céramique. Dans la structure 3, le tunnel n'est pas fermé et se présente plus sous la forme d'un petit canal reliant les deux cuvettes. Dans les structures 3, 4 et 5, l'enduit d'argile se trouve en partie érodé. A l'exception de la structure 17, toutes sont orientées sud-est / nord-ouest et sont regroupées en lignes parallèles de trois structures. La structure 17 qui se trouve également au sein d'un groupe de trois, est orientée sud / nord.

- <u>Structure 6 (UF1)</u>
Cette structure se présente comme une variante des autres : elle partage des caractéristiques analogues et se distingue par l'existence de deux tunnels reliant deux cuvettes à une fosse cylindrique.

- <u>Structure 9 (UF1)</u>
Cette structure peut également être considérée comme une variante des précédentes, puisqu'elle partage les mêmes caractéristiques de forme. Elle est apparue après avoir décapé le *salitre* et se distingue par le fait que les parois et le fond sont formés d'un revêtement d'argile sèche de couleur brune. Elle se trouve également au sein d'un groupe de quatre structures similaires, alignées en direction est / ouest.

- <u>Structures 10 (UF1), 15 et 18 (UF2)</u>
Ces trois structures, de forme variée, présentent des parois et un remplissage similaire. Il s'agit de fosses dont les parois sont délimitées par un revêtement de sédiment blanchâtre pulvérulent semblable à de la chaux, d'une épaisseur variant entre 5 et 10 cm. Ces fosses ne présentent pas de forme standardisée et les parois sont irrégulières : la structure 10 présente une forme approximative en T, la structure 15 est en forme de poire et la structure 18 est en partie masquée par la structure 19 et se présente sous la forme d'un demi cylindre. Le fond se situe entre 50 et 75 cm de profondeur. Le remplissage est constitué d'un mélange hétérogène de charbons, cendres, limons, sables, indurations blanchâtres et noires et de nombreux tessons. Dans la structure 10, nous avons réalisé un prélèvement de charbons dans une couche homogène située à 40 cm de profondeur. Une datation ^{14}C réalisée dans les laboratoires de l'Orstom à Bondy à partir de ce prélèvement, donne une date de **1010 ± 60 BP**, qui calibrée donne une moyenne de **1020 ap JC** [2].

- <u>Structures 13, 14, 16 et 19 (UF2)</u> (photos n°25-28)
Ces structures sont analogues à la structure 4 de la Zone Extérieure 1 du site de Cerritos Colorados : ce sont des fosses cylindriques d'environ 1 m de diamètre et de 10 à 20 cm de profondeur, présentant une dépression dans un des côtés du fond ; les parois et le fond sont tapissés d'une mosaïque de tessons recouverte d'un enduit d'argile crue de couleur grise. La structure 14 présente un remplissage naturel de sédiments éoliens. Les trois autres sont remplies d'un sédiment hétérogène contenant de nombreux tessons et se caractérisent par la présence d'une grosse pierre déposée sur le fond.

- <u>Structure 20 (UF2)</u>
Il s'agit d'une grande fosse cylindrique de 1 m 20 de diamètre et 55 cm de profondeur. Les parois et le fond sont constitués par un revêtement d'argile brun claire similaire à celui de la structure 9. La partie inférieure du remplissage (entre 20 cm et 55 cm de profondeur) est composé d'un mélange hétérogène d'argile et de limons contenant de nombreux tessons, et quelques charbons de bois. Dans la partie supérieure, on note la présence de quatre couches de sédiments argilo-limoneux lités.

---

[1] cf. chap. 1.2.1.

[2] Programme CALIB.rev.3.03.3c (3-21-94) Quaternary Isotope Lab. (Stuiver et Reimer, 1993).

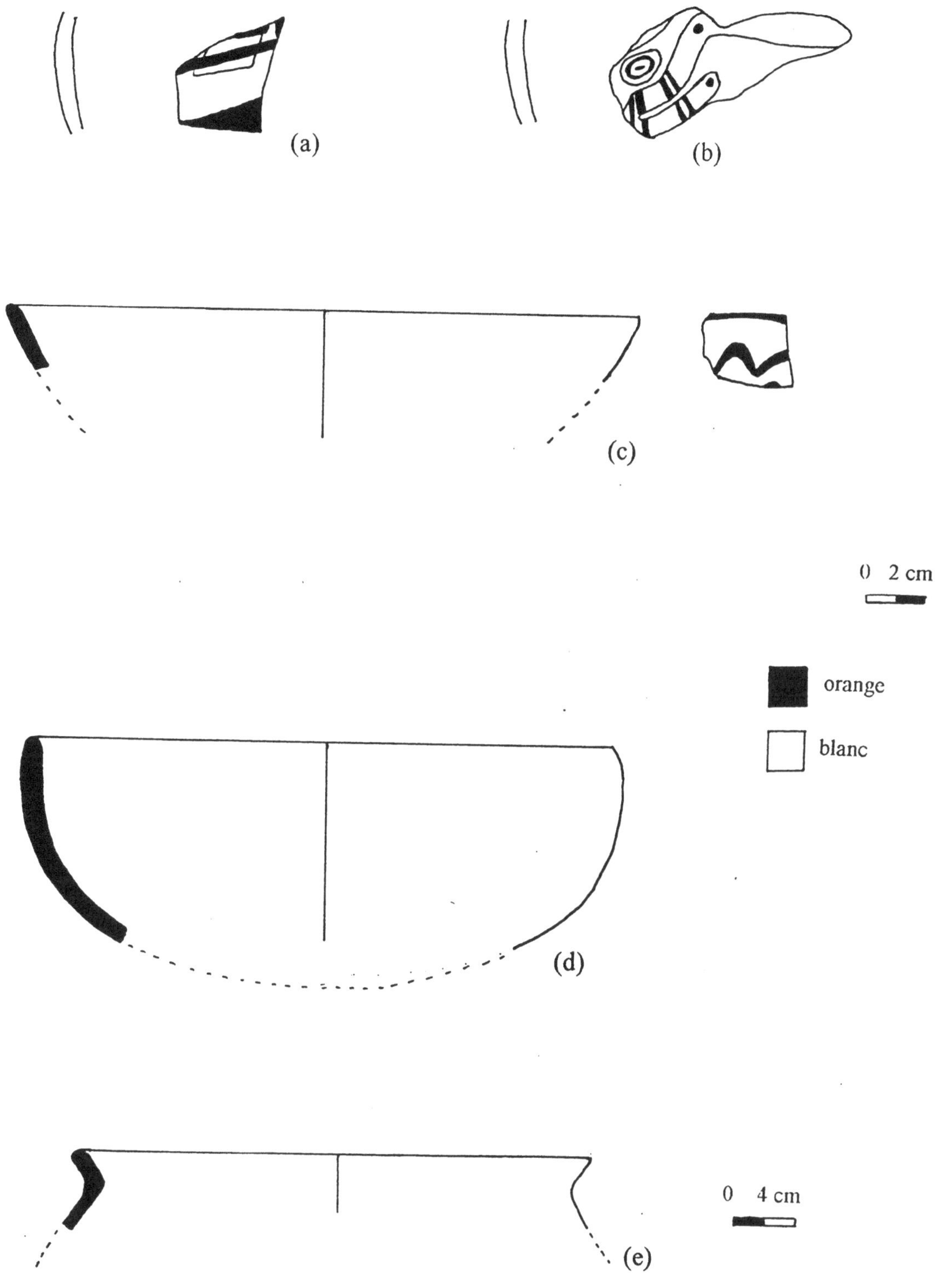

Figure 65 : Matériel céramique des Unités de Fouille n°1 et 2, La Motita.
(a) fragment d'écuelle, face interne engobe rouge polie, face externe décor en rouge et blanc sur crème, (b) fragment de pot avec décoration en orange et blanc sur rouge fumé, (c) écuelle Verdía face externe décorée en rouge sur crème, (d) écuelle Verdía, (e) col de pot.

2.3.2. Collecte du matériel dans un amas de tessons

Situé dans le secteur nord de l'Unité de Fouille n°1, cet amas s'étend sur un diamètre moyen de 2 m et sur une hauteur maximale de 35 cm. Il est composé d'un mélange très hétérogène d'argile, de limons et de sable, indurations blanchâtres et quelques charbons de bois, comprenant de nombreux tessons. Il est surmonté par une couche de sédiments éoliens sur laquelle s'est développée une végétation herbacée.

2.3.3. Inventaire du matériel céramique

A exception de la structure 12, le remplissage des fosses en forme de "louche" (1-9 et 11) est dépourvu de tessons. L'essentiel du matériel céramique est représenté par des fragments de jattes de céramique grossière que l'on retrouve en grands nombres dans les fosses et dans l'amas de tessons.

Par ailleurs, on note également la présence significative de plusieurs tessons d'écuelles hémisphériques caractérisées par une décoration en lignes d'engobe rouge parallèles au bord sur la face interne. Le matériel décoré se caractérise également par la présence de plusieurs fragments de pots diagnostiques de la phase Sayula et d'écuelles qui partagent des caractéristiques communes aux phases Verdía et Sayula (fig. 65).

Tableau 26 : Inventaire du matériel céramique des Unités de Fouille 1 et 2 du site de La Motita.

	nombre total de tessons	non identifiés	*cuencos salineros Sayula*	jattes, lignes rouges sur beige	jattes céramique grossière	*cajetes rectos Amacueca*	pots non identifiés	pots (phase Sayula)	autres
structure 10	159				159				
structure 12	26	26							
structure 13	233	149		5	78		1		
structure 15	180				180				
structure 16	403	379		16			5	2	
structure 18	71				66		5		
structure 19	941	145		2	784		8	2	
structure 20	1564	16	7	2	1502	13	14	9	
amas de tessons	1289	114	1	35	1075		54	2	8 écuelles Sayula ancien

2.3.4. Conclusions préliminaires

Ce site est caractérisé par la présence sur une aire de playa de plusieurs séries de structures originales :

- des alignements de fosses en forme de "louche" enterrées dans le sol, dont les parois et le fond sont tapissés de tessons et enduits d'argile crue ; on en dénombre 19 en superficie dont 4 d'orientation et de finitions différentes (structure 9 et adjacentes, fig. 64), 12 d'entre elles ont été fouillées ;

- des fosses cylindriques dont les parois et le fonds sont également tapissés de tessons et enduits d'argile crue et qui présentent une dépression au fond. On en dénombre quatre sur le site (structures 13, 14, 16 et 18), deux d'entre elles sont remplies de fragments de jattes de céramique grossière ;

- des fosses aux formes irrégulières, dont les parois sont façonnées dans un sédiment semblable à de la chaux et qui présentent un mélange de limons, cendres, charbons, indurations crèmes et de nombreux fragments de jattes de céramique grossière. Outre les trois structures fouillées (10, 15 et 18) trois autres (nommées c, d et e sur le plan) apparaissent en superficie autour de la structure 18 (fig. 64);

- des grandes fosses cylindriques dont les parois et le fonds sont formés d'un revêtement d'argile brune et qui présentent un remplissage de tessons parmi lesquels prédominent des jattes de céramique grossière. Outre la structure 20 qui a été fouillée, deux autres (nommées a et b sur le plan) montrent des caractéristiques de surface identiques (fig. 64).

Cet ensemble de structures semble correspondre à un petit atelier de production dans lequel se réalisaient différentes étapes de la chaîne opératoire. Les fosses aux formes irrégulières et aux parois modelées dans un mélange semblable à de la chaux (structures 10, 15 et 18), peuvent être interprétées comme des structures de combustion permettant la cuisson d'une saumure à l'intérieur des jattes de céramique grossière auxquelles elles sont associées - même si plusieurs interrogations restent en suspend, telles que l'alimentation du foyer en combustibles ou le placement des récipients à l'intérieur de la structure par exemple -. Ensuite, si l'on admet que la saumure était extraite à proximité des structures de combustion, on peut supposer que les deux premiers types de fosses présentent des attributs de forme et de finitions adaptés à l'extraction d'une saumure par lixiviation de terres salées : dans le premier cas (structures 13, 14, 16 et 19), on peut imaginer un processus de décantation au cours duquel les sédiments se déposeraient dans la dépression au fond de la structure ; dans le second cas (structures 1-9, 11-12 et 17), on peut envisager un processus de filtration depuis la partie haute - où seraient placées les terres salées - vers la partie basse et profonde qui recevrait la saumure par ruissellement dans le tunnel [3].

Sur le plan chronologique, on observe à nouveau un décalage entre les données obtenues par l'analyse du matériel céramique et celles révélées par la datation ^{14}C. En effet, les premières semblent attester d'une occupation relativement ancienne, prenant son origine durant la phase Verdía et se continuant pendant au moins une partie de la phase Sayula ; tandis que la seconde donne une date de 1010 ± 60 BP, correspondant aux époques finales de la phase Sayula. En fait, nous pouvons interpréter ce décalage de la même façon que le site précédent : la datation absolue a été effectuée à partir de dépôts correspondant à la dernière utilisation de ces structures. On pourrait toutefois se poser la question de savoir où se trouvent accumulés les résidus (tant cendreux que sédimentaires) des cycles de production précédents ?

2.4. La Motita, Unité de Fouille n°3 (UF3) (fig. 66)

Cette zone se situe dans la partie centrale de l'arc formé par les monticules du site. Elle est constituée par un espace ouvert au centre duquel s'élève une petite *tepalcatera* entourée par plusieurs structures. Celle-ci se présente sous la forme d'une petite élévation recouverte de sables éoliens, de tessons et d'herbes (photo n°29). Elle a été délimitée par un carroyage orienté au nord divisé en carrés de 1m². Les carrés ont été numérotés en fonction de leurs coordonnées cardinales par rapport au point 0, situé à l'angle sud-ouest du carroyage.

Dans un premier temps, nous avons réalisé le relevé topographique du monticule, puis nous avons effectué une collecte systématique du matériel céramique et lithique de superficie. Trois carrés ont été décapés au sein du monticule et un sondage a été effectué dans un monticule situé au nord-ouest de la zone. Par ailleurs, trois des onze structures identifiées en superficie ont été fouillées.

2.4.1. Fouille des carrés N2-E7, N3-E6 et N7-E4 du monticule central

Chaque carré a été fouillé par décapage des couches stratigraphiques jusqu'à 1 m de profondeur par rapport au point le plus haut (fig. 67). Les sondages N2-E7 et N3-E6, situés sur le flanc sud du monticule, sont en relation stratigraphique, ils sont composés de six couches qui peuvent être divisées en trois groupes :

- à la base, sur 30 cm, deux couches de sédiments argilo-limoneux compacts,

- dans la partie intermédiaire, sur 40 à 50 cm, deux couches de sédiments limoneux contenant des tessons, entre lesquelles s'intercale une strate d'argile brun foncée,

- dans la partie supérieure, une couche de sables gris comprenant de nombreux petits tessons très érodés.

Dans le sondage N7-E4, situé sur le flanc nord du monticule, les quatre premières couches situées à la base sont similaires à celles identifiés dans les carrés précédents. Par contre, dans la partie supérieure, on observe une couche de sédiment argilo-limoneux analogue à celle identifiée à la base, surmontée d'une épaisse couche composée d'une matrice limono-argileuse brun claire dans laquelle sont dispersés de très nombreux tessons et quelques petits charbons de bois.

2.4.2. Fouille des structures

- Structure 1

Cette structure se situe dans le carré S5-E8, elle se présente sous la forme d'une fosse de 1 m de diamètre et 30 cm de profondeur, avec une dépression dans la partie nord-ouest atteignant 45 cm de profondeur. Les parois sont délimitées par un revêtement d'argile brune de 3 cm d'épaisseur. Deux pierres de basalte ont été découvertes déposées sur le fond. Le remplissage est composé de limons éoliens.

- Structure 2

Cette structure est très détériorée, seul le tiers ouest du fonds a été préservé. Il s'agissait probablement d'une fosse de plus de 1 m de diamètre, dont l'érosion a enlevé les deux tiers du fond et la totalité des parois. La partie de fonds préservée se trouve à 3 cm sous la superficie et présente une mosaïque de tessons sur laquelle on peut distinguer par endroit un enduit d'argile crue de couleur grise. Une pierre de basalte ainsi que de nombreux tessons ont été découverts sur le fond.

- Structure 3 (photo n°30)

Située à 5 m à l'ouest du monticule, cette structure se présente sous la forme d'une fosse ovale de 1 m 10 de longueur et 85 cm de largeur. Les parois et le fonds sont formés d'une épaisse couche de sédiment pulvérulent blanchâtre semblable à de la chaux. Le fonds présente une pente depuis le sud-est (20 cm) vers le nord-ouest (40 cm). Le remplissage est constitué d'un mélange très hétérogène de sédiments limono-argileux bruns clairs, indurations blanchâtres, nombreuses pierres présentant un revêtement blanchâtre, nombreux tessons, cendres et charbons de bois. Les parois et le fonds présentent par endroits des traces de rubéfaction.

[3] Nous reviendrons sur ces hypothèses lors de l'examen détaillée de chaque type de structures dans le chapitre 4.

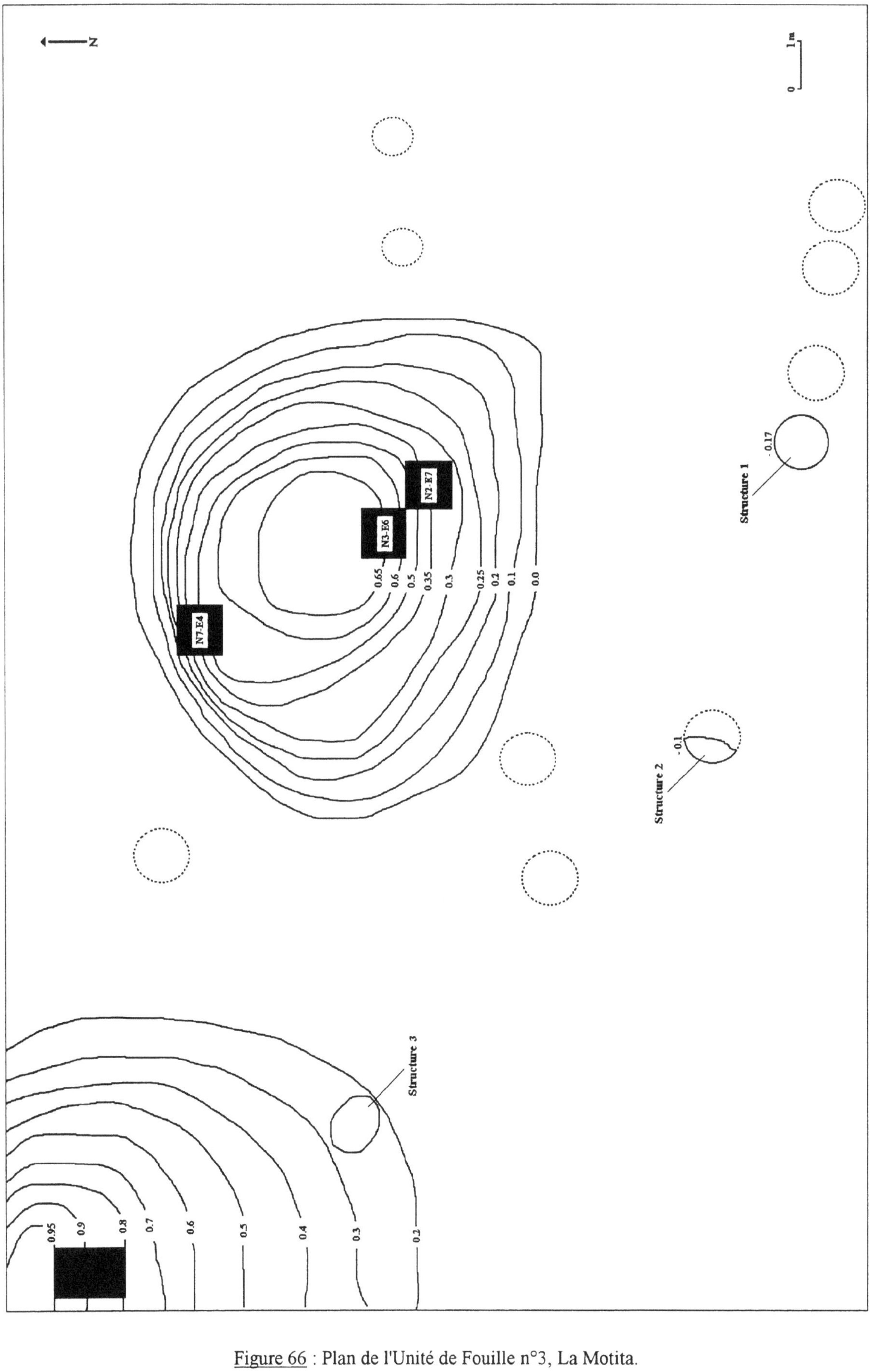

Figure 66 : Plan de l'Unité de Fouille n°3, La Motita.

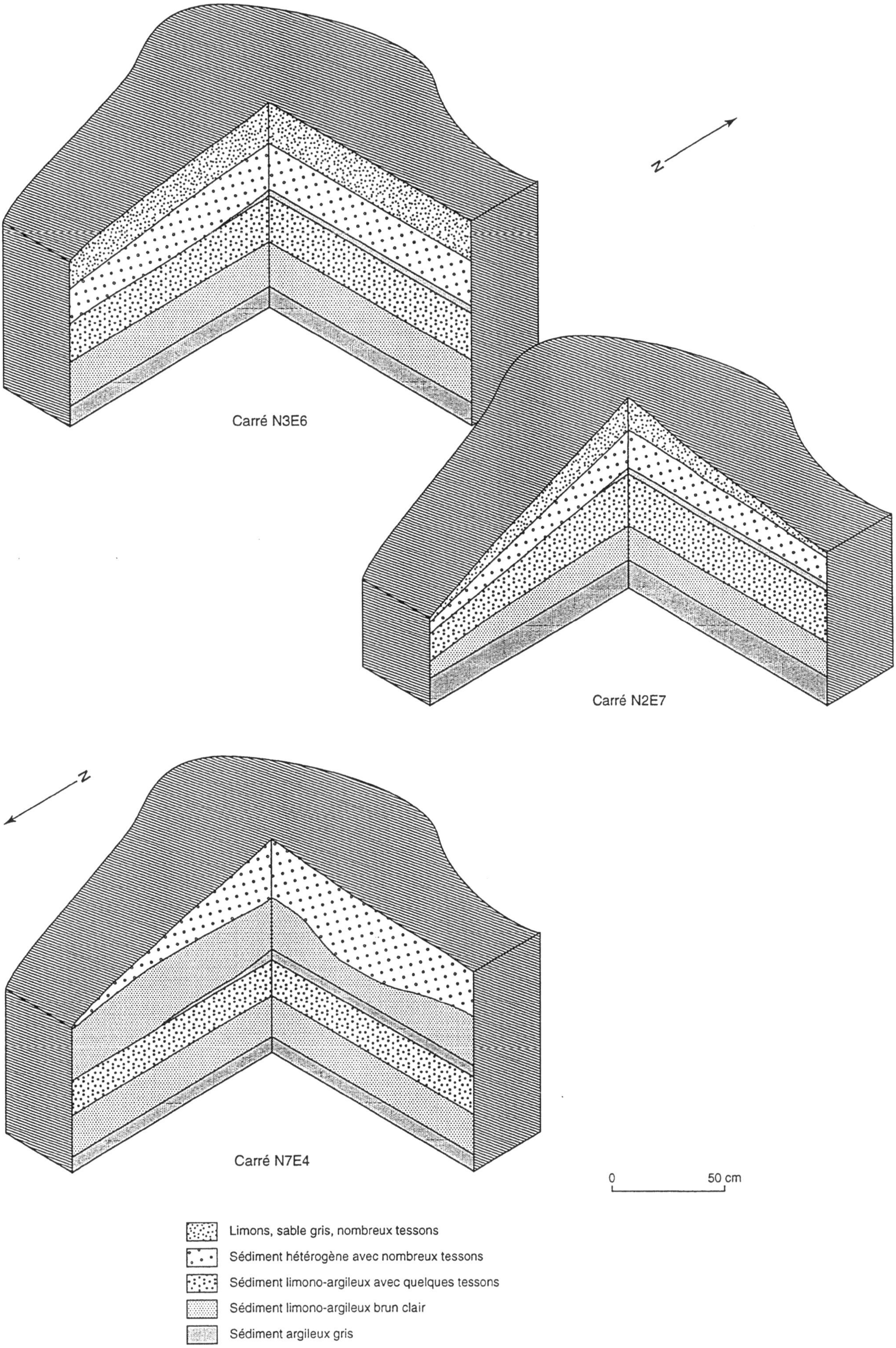

Figure 67 : La Motita, UF3, coupes stratigraphiques des sondages du monticule central

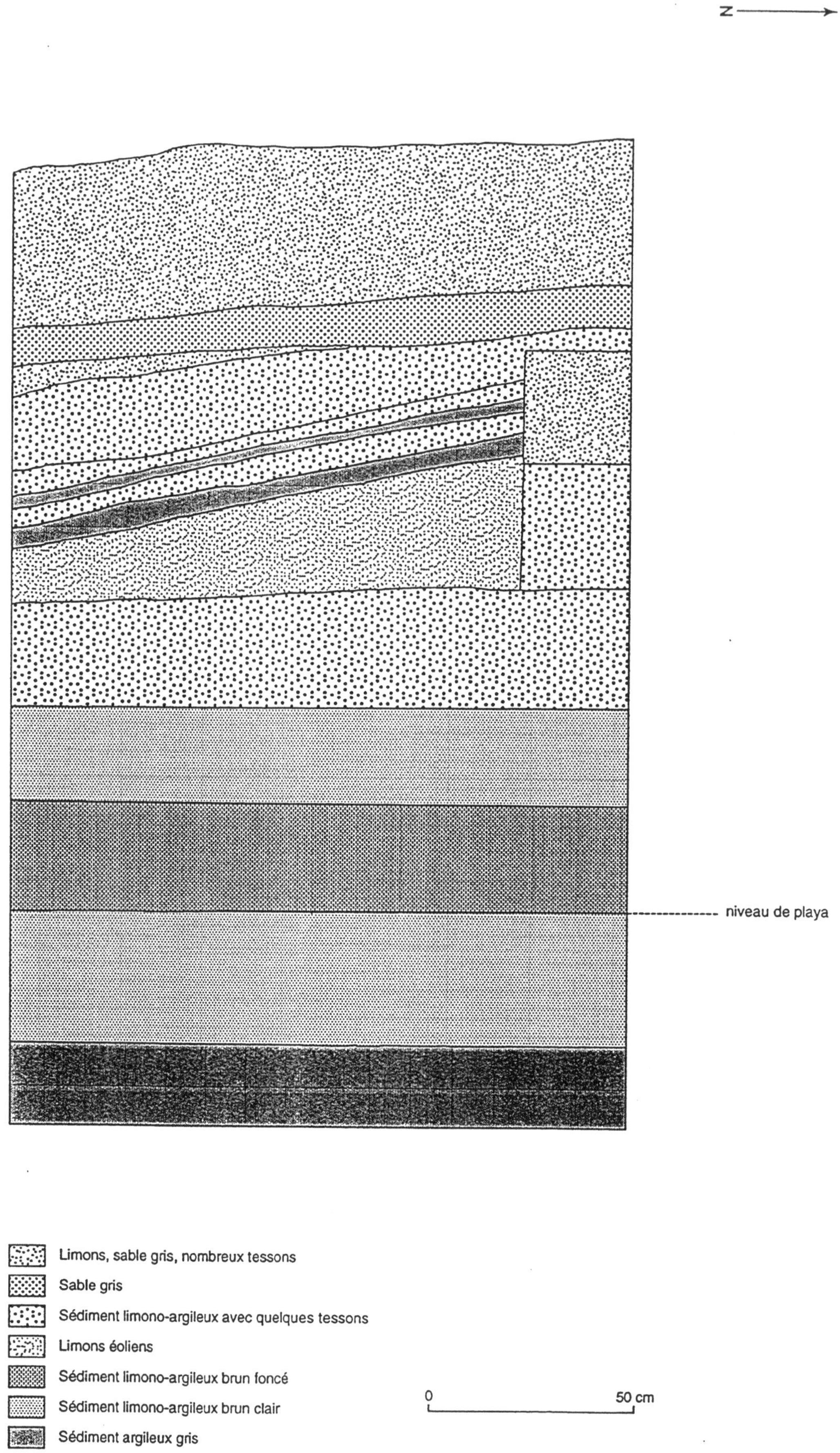

Figure 68 : La Motita, UF3, coupe stratigraphique, monticule nord-ouest

2.4.3. Sondage dans le monticule nord-ouest

Ce sondage a été réalisé sur une superficie carrée de 1 m 50 de côté et une profondeur de 2 m 25, dans l'objectif d'identifier les processus de formation du monticule. On y distingue plusieurs couches d'origine anthropique et naturelle (fig. 68) :
- à la base, on observe une couche de sédiment argileux qui correspond à l'horizon identifié dans les sols de playa,
- ensuite, on note la présence d'une épaisse couche de sédiment limono-argileux comprenant quelques tessons et quelques petits fragments de charbons de bois. La partie supérieure de cette couche correspond au niveau actuel de la playa.
- au dessus, apparaissent deux couches de texture limono-argileuse, la première de couleur brun foncée présente quelques tessons à la base. Les caractéristiques de ces couches semblent témoigner d'une mise en place anthropique et de remaniements pédogénétiques lors d'une longue période humide (cf. chap. 1.2. de la deuxième partie),
- ces couches sont surmontées d'un épais niveau de sédiment limono-argileux caractérisé par la présence de petites lentilles d'argile et quelques tessons,
- au dessus de celle-ci apparaît une épaisse couche de limons éoliens au dessus de laquelle on retrouve une couche de limons argileux bruns clairs dans laquelle s'intercalent deux lamines d'argile,
- la partie supérieure (entre 0 et 70 cm de profondeur) témoigne d'une intensification de l'occupation, elle est composée de deux types de couches : la première se caractérise par un sédiment hétérogène composé d'une matrice de limons bruns clairs dans laquelle sont imbriquées des lentilles d'argile et de sable et comprenant une certaine quantité de tessons ; la seconde est composée d'une matrice limono-sableuse et présente une grande densité de tessons.

On peut également signaler l'existence d'un remaniement, dans l'extrémité nord du sondage entre 50 cm et 1 m de profondeur : il s'agit d'un comblement composé des deux types de sédiments précédemment décrits et dans lequel nous avons découvert quelques esquilles d'ossements humains et une rotule à 90 cm de profondeur. Ces vestiges attestent de la présence d'une inhumation dans le monticule. La nature des restes collectés dans le sondage ne nous permet malheureusement pas d'étayer les caractéristiques de cette inhumation.

Tableau 27 : Inventaire du matériel céramique de l'Unité de Fouille n°3, La Motita.

	nombre total de tessons	non identifiés	jattes, lignes rouges sur beige	jattes céramique grossière	pots non identifiés	pots (phase Sayula)	autres
monticule superficie	331	58	203	8	59		3 écuelles Verdía
carré N3-E6 5 - 40 cm	685	518	118		39	5	4 écuelles Verdía 1 support
carré N3-E6 40 - 60 cm	1099	940	78	60	20		1 écuelle Verdía
carré N2-E7 5 - 40 cm	466	371	63		26	3	2 écuelles Verdía 1 figurine Tuxcacuesco
carré N2-E7 40 - 60 cm	972	808	56	89	17		2 écuelles Verdía
carré N7-E4 5 - 40 cm	561	467	71	2	18	3	
carré N7-E4 40 - 60 cm	832	734	32	56	8	2	
structure 2	322	294		25	1	2	
structure 3	240	56	12	145	12	12	3 écuelles Verdía 1 jatte Amacueca
sondage monticule nord-ouest 0 - 40 cm	1264	1156	45	17	21	4	1 écuelle Verdía
sondage monticule nord-ouest 40 - 70 cm	151	66	38	35	12		

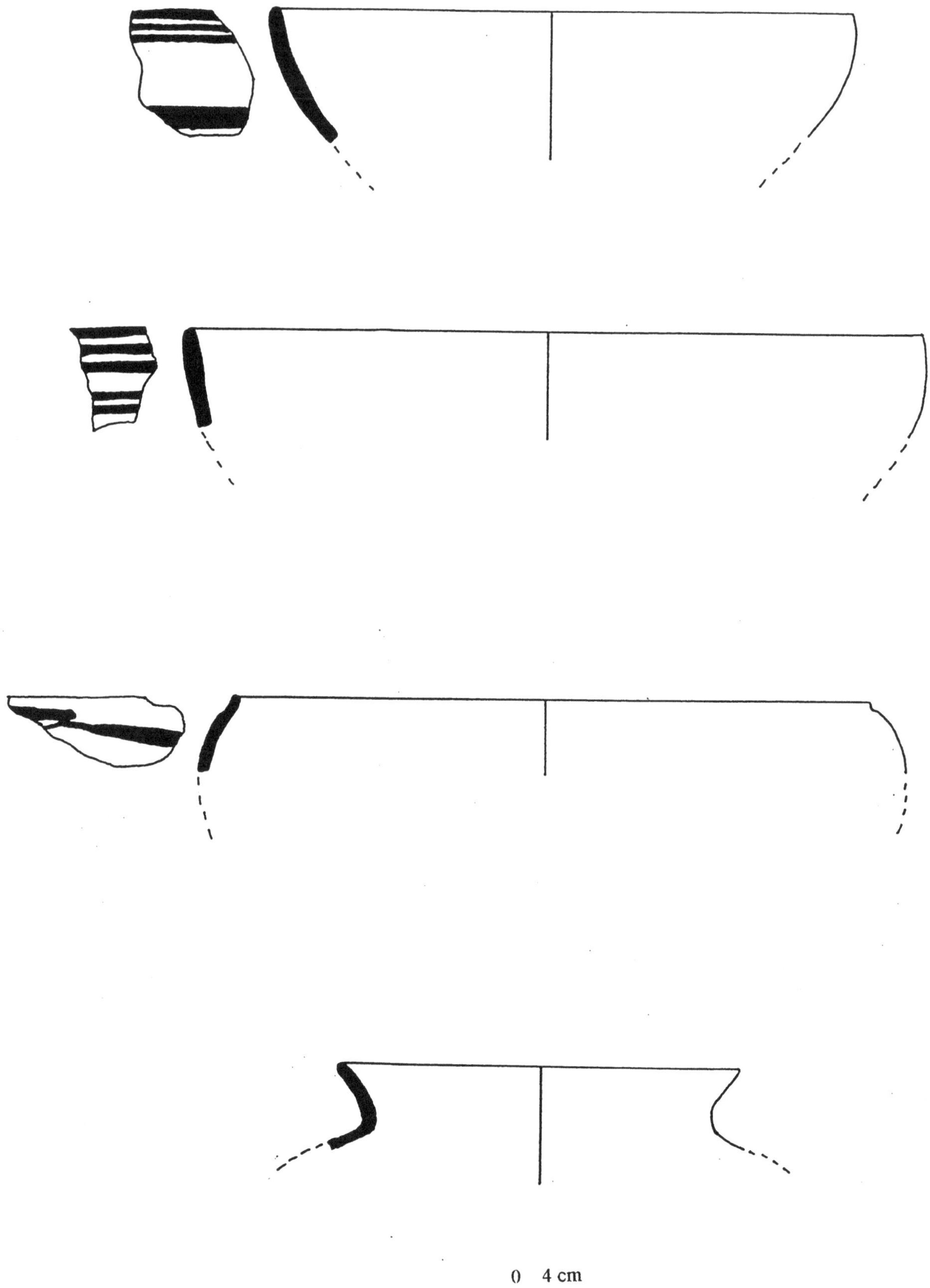

Figure 69 : Matériel céramique de l'Unité de Fouille n°3, La Motita :
jattes hémisphériques avec lignes d'engobe rouge sur la face interne et col de pot.

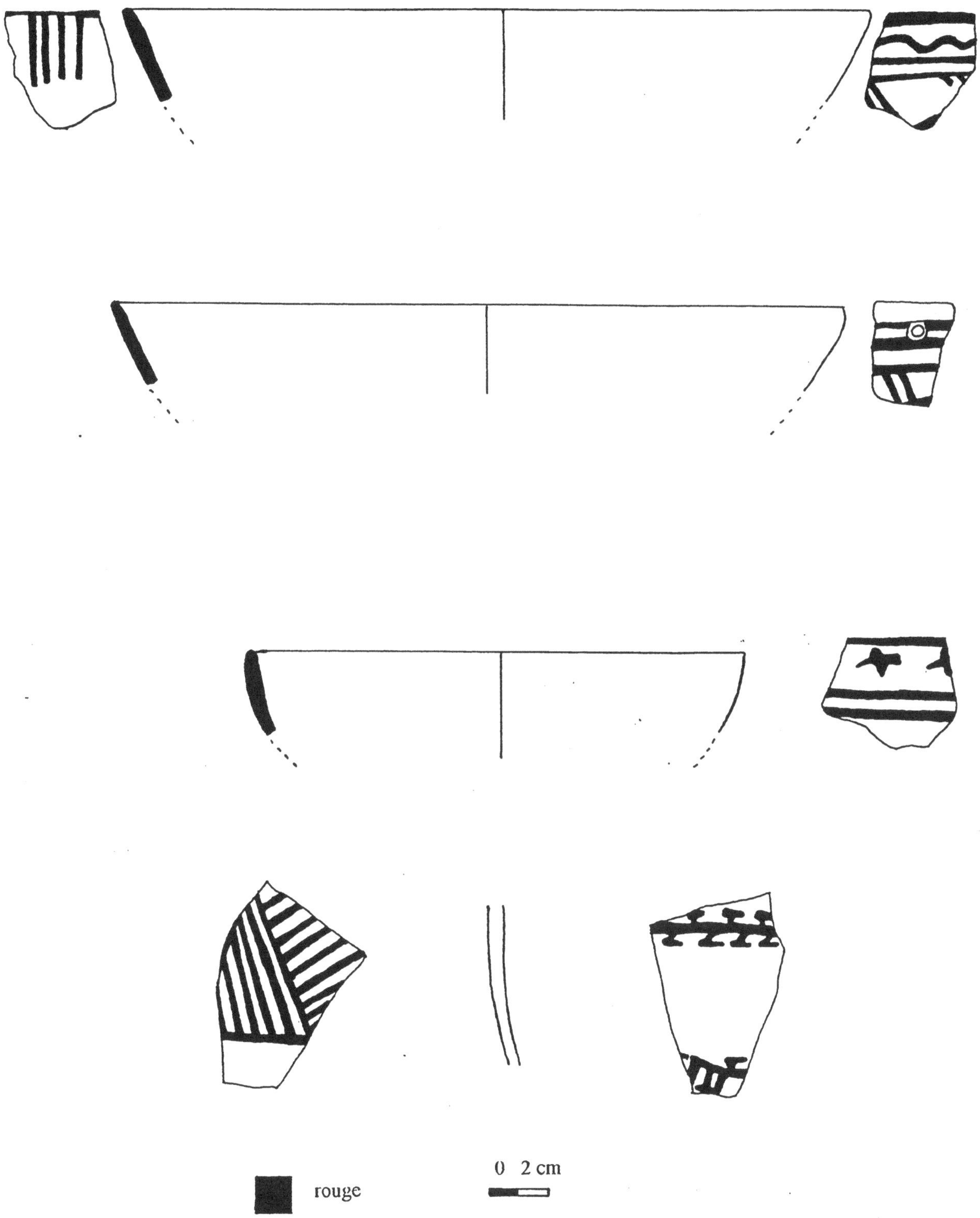

Figure 70 : Matériel céramique de l'Unité de Fouille n°3, La Motita : écuelles Verdía, décor en rouge sur crème.

2.4.4. Inventaire du matériel céramique

Une grande partie du matériel collecté est composée de tessons de très petites tailles et très érodés. Parmi le matériel identifié, on note la présence de nombreux fragments d'écuelles hémisphériques présentant des lignes d'engobe rouge parallèles au bord sur la face interne (fig. 69). On peut également mentionner la présence de nombreux tessons de jattes de céramique grossière.

Par ailleurs, cette zone est caractérisée par une quantité significative de fragments de pots, souvent très érodés, dont certains présentent une décoration diagnostique de la phase Sayula. On observe également un nombre important de tessons d'écuelles décorées diagnostiques de la phase Verdía (fig. 70).

2.4.5. Conclusions préliminaires

Cette unité partage des caractéristiques communes avec les précédentes : notamment une fosse avec des parois façonnées dans un sédiment semblable à de la chaux, associée à de nombreux tessons de jattes de céramique grossière ; ainsi que deux fosses similaires à celles que nous avons interprétées comme des cuves de décantation dans l'Unité de Fouille n°2. Les monticules situés à proximité de ces structures - petit monticule au centre et monticule nord-ouest - présentent des couches caractéristiques de sédiments hétérogènes, constitués par une matrice limono-argileuse brun claire dans laquelle peuvent s'imbriquer des lentilles d'argile et de sables et des tessons de céramique. La texture et l'hétérogénéité de ces couches suggèrent une possible accumulation de terres lixiviées. L'ensemble de ces évidences atteste d'une activité de production de sels dans la zone, mais selon des modalités apparemment moins standardisées que dans les autres zones fouillées.

De plus, à la différence des précédentes, cette zone présente un ensemble de vestiges qui ne sont pas liés directement à la production de sel, parmi lesquels on peut citer les nombreux tessons d'écuelles décorées réparties dans les différents secteurs du site, les restes d'inhumations mis au jour dans le sondage du monticule nord-ouest et les nombreux éclats et pointes de projectile d'obsidienne découverts en superficie du monticule central. Ces vestiges, bien qu'épars et non associés à des aménagements particuliers, semblent témoigner d'une occupation multifonctionnelle, non exclusivement consacrée à l'activité de production de sels.

Sur le plan chronologique, nous ne disposons que de l'information obtenue par l'analyse du matériel céramique. La présence de plusieurs fragments d'écuelles diagnostiques de la phase Verdía, ainsi que des tessons de pots de la phase Sayula nous permettent de placer l'occupation de la zone entre les époques finales de la phase Verdía et tout ou partie de la phase Sayula. Bien que l'on n'ait retrouvé qu'un exemplaire, nous pouvons également signaler la présence d'un fragment de jatte asymétrique, décrit par Noyola (1994) et Ramirez (1996) comme diagnostique de la phase Amacueca.

2.5. Bilan et hypothèses d'interprétation

Avec la fouille de plusieurs aires d'activité dans différents contextes tant chronologiques que spatiaux, nous disposons d'une information diversifiée qui nous permet de proposer des hypothèses sur les processus de production de sel dans le bassin aux différentes époques de la période préhispanique. Les données sont réparties autour de trois séries d'artefacts distincts :

- les **sédiments** accumulés sous forme de monticules peuvent être divisés en six groupes : (1) le sédiment limono-argileux brun clair, (2) le sédiment limono-argileux avec lentilles d'argile et quelques tessons, (3) le sédiment hétérogène avec nombreux tessons (couche II de la Zone Extérieure 1 de Cerritos Colorados), (4) le sédiment argileux induré, très sec, de couleur beige clair (couche IV de la Zone Extérieure 1 de Cerritos Colorados), (5) les amas de cendres et charbons de bois, (6) les indurations d'argile sèche ;

- les **structures** se distribuent en six groupes : tout d'abord les fosses creusées dans le sol de playa, (1) les fosses en forme de "louche", (2) les fosses cylindriques avec une dépression dans le fond, (3) les fosses aux parois faconnées dans un sédiment semblable à de la chaux, (4) les grandes fosses cylindriques aux parois formées par un revêtement d'argile brune, (5) les fours (structure 6 de la ZE1 de Cerritos Colorados) ; ensuite (6) les fosses creusées dans les monticules;

- les **récipients céramiques** se subdivisent en quatre groupes : (1) les jattes hémisphériques avec lignes d'engobe rouge sur la face interne, (2) les jattes de céramique grossière, (3) les *cuencos salineros Sayula*, (4) les *cajetes rectos Amacueca.*

Ces groupes d'artefacts constituent les témoins de différentes étapes de la chaîne opératoire. Ainsi, les niveaux de limons bruns clairs - identifiés dans les monticules de la Zone Extérieure 1 du site de Cerritos Colorados et de l'Unité de Fouille n°3 du site de la Motita - semblent correspondre à des accumulations de terres lixiviées. Par ailleurs, il semble que le processus de lixiviation se réalisait au sein des fosses enterrées dans le sol de playa, comme nous l'avons suggéré dans le chapitre 2.3.4. L'étape de cuisson est évoquée par la présence de fosses aux parois façonnées dans un sédiment semblable à de la chaux et de fosses creusées dans les flancs de monticules, associées à des amas de cendres, indurations beige et nombreux tessons (jattes de céramique grossière et *cajetes rectos Amacueca*).
Sur le plan chronologique, si les processus semblent analogues pour les différentes époques identifiées, l'information recueillie par les fouilles laisse entrevoir un changement dans certaines structures et dans le matériel utilisé correspondant au passage entre les phases Sayula et Amacueca.
Ces hypothèses vont être examinées dans les chapitres suivants, à travers l'analyse détaillée des sédiments, des structures et du matériel spécifiques à la production de sels.

3. Description des sédiments et interprétation de la stratigraphie des monticules

Dans ce chapitre, nous allons examiner les paramètres (composition, morphologie, distribution) permettant d'interpréter l'origine des différents types de sédiments, formant la stratigraphie des monticules des aires de production de sel.

3.1. Le sédiment limono-argileux brun clair

Ce sédiment est composé d'un mélange homogène d'éléments fins (à dominante limoneuse), comprenant quelques éléments grossiers (sables gris) dispersés. Il présente une porosité structurale en chenaux, caractéristique d'activité biologique (végétale ou animale). En lame mince, on observe une matrice carbonatée finement cristallisée dans laquelle se dispersent quelques minéraux volcaniques de type sanidine et hornblende, dont la taille varie entre 100 et 200 μm. Dans certains endroits de la porosité, un revêtement d'argile diagnostique témoigne d'une mobilisation après infiltration.

Ce type de sédiment apparaît systématiquement à la base des monticules fouillés : couche VI du monticule de la Zone Extérieure 1 du site de Cerritos Colorados (fig. 61 et 71), couches IX et XI du monticule nord-ouest (fig. 68) et couches V des sondages N3E6, N2E7, II et V du sondage N7E4 du monticule central (fig. 67) de l'Unité de Fouille n°3 du site de La Motita. Nous rappelons qu'il apparaît également à la base des sondages réalisés en 1992 sur les sites de Carmelita et Carmelita Norte (fig. 27, chap. 1.2. de la seconde partie). Il est également présent dans la partie intermédiaire (entre 50 et 100 cm de profondeur) du sondage réalisé au pied nord du monticule de la Zone Extérieure 1 du site de Cerritos Colorados (fig. 61), où il est assimilé à un horizon intermédiaire diagnostique d'un sol de playa.

Préalablement décrit dans le chapitre 1.2. de la seconde partie - relatif à l'identification de témoins sédimentaires de changements paléoclimatiques -, ce type de sédiment a été interprété comme un dépôt ayant subi une pédogenèse au cours d'une longue période de relative stabilité climatique, c'est à dire sans sécheresse importante.

Dans les couches V des sondages du monticule central et XI du sondage du monticule nord-ouest de l'Unité de Fouille n°3 du site de La Motita et dans le sondage situé au pied du monticule de la Zone Extérieure 1 du site de Cerritos Colorados, ce type de sédiment est totalement dépourvu de matériel céramique et se situe à une altitude correspondant au niveau actuel du sol de playa. Il constitue donc dans ces zones, l'assise naturelle des monticules.

Par contre, les couches II du sondage N7E4 du monticule central, IX du sondage du monticule nord-ouest de l'Unité de Fouille n°3 de La Motita et VI du monticule fouillé dans la Zone Extérieure 1 du site de Cerritos Colorados, présentent quelques tessons et apparaissent comme des "transgressions", soit entre deux niveaux d'occupation (cas des sondages de l'Unité de Fouille n°3 de La Motita) soit entre deux niveaux naturels (limons éoliens : couches V, Vbis et VII du monticule de la Zone Extérieure 1 de Cerritos Colorados).

La présence de tessons dans ces couches et leur position stratigraphique semblent témoigner d'un remaniement anthropique de celles-ci :

- dans la Zone Extérieure 1 du site de Cerritos Colorados, la couche VI du monticule contient plusieurs tessons, dont une grande partie diagnostique de la phase Sayula (et 6 tessons de *cajetes rectos Amacueca*) : elle apparaît comme le témoin d'un applanissement ou d'une surélévation intentionnelle de la zone avant l'exploitation et la mise en place du monticule par les populations Amacueca ;

- dans l'Unité de Fouille n°3 du site de La Motita, la couche IX du monticule nord-ouest contient des tessons diagnostiques de la phase Verdía final et apparaît également comme une surélévation intentionnelle de la zone qui pourrait avoir été effectuée dans le but de se protéger d'un accroissement de l'humidité dans les niveaux de playa. La couche II du sondage N7E4 du monticule central contient également du matériel diagnostique de la phase Verdía final et semble être le résultat d'un applanissement intentionnnelle de ce secteur du monticule (les autres sondages du monticule ne présentent pas ce type de couche à cette altitude).

3.2. Le sédiment limono-argileux avec lentilles d'argile et quelques tessons

Ce sédiment est composé d'un mélange hétérogène d'éléments fins (à dominante limoneuse) et grossiers (sables gris), dans lequel sont dispersés de nombreuses petites lentilles d'argile, et plusieurs tessons. Ce mélange est très aéré par une microporosité vésiculaire et une macroporosité biologique et structurale. En lame mince, il est constitué d'une masse fine très peu dense, et très peu carbonatée (faible biréfringence en Lumière Polarisée), dans laquelle sont distribués des petits amas d'argile, des accumulations de petits cristaux de sanidine, hornblende, plagioclases (taille comprise en 100 et 200 μm), quelques petits fragments végétaux (taille 100 μm). Dans le cas de la couche IV du monticule fouillé dans la Zone Extérieure 1 de Cerritos Colorados (fig. 61 et 71), ce sédiment est également composé de quelques petits fragments de charbons de bois et quelques petits tessons (taille de 100 à 200 μm).

La grande diversité d'éléments composant ce sédiment, indique qu'il s'agit d'un mélange d'origine anthropique. Les caractéristiques porales et structurales de ce sédiment signalent une accumulation de déchets non tassés (absence de structure). Par ailleurs, le mélange présente une certaine homogénéité granulométrique : matrice d'éléments fins dans laquelle sont distribués différents types d'éléments grossiers dont la taille est comprise entre 100 et 200 μm. Cette homogénéité souligne que les éléments composant le mélange ont été soigneusement triés, voire cassés.

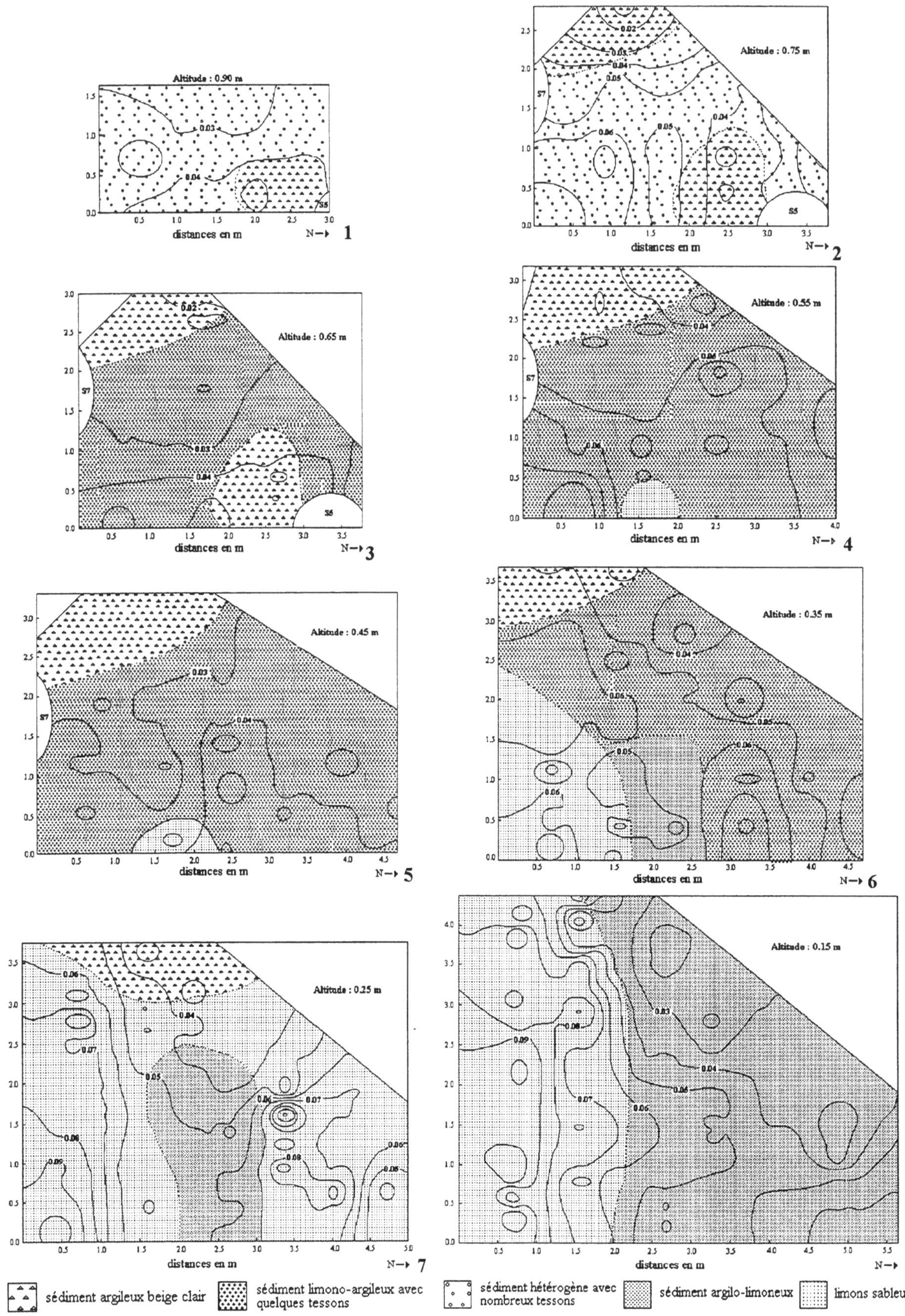

Figure 71 : Cerritos Colorados, ZE1, plans de décapage de la terrasse n°4 du monticule : distribution spatiale des sédiments et carte de conductivité

Ce sédiment présente des caractéristiques analogues à celui prélevé dans des accumulations de terres lixiviées issues de production moderne sur les playas de Poncitlan et Anoca. Ces derniers montrent un mélange d'éléments fins et grossiers très aéré et peu structuré, ils se distinguent des précédents par l'absence de fragments de charbons de bois et de petits tessons et par une présence plus marquée de fragments végétaux. Les similitudes observées suggèrent que ce type de sédiment correspond à des accumulations de terres lixiviées. D'un point de vue stratigraphique, ce type de sédiment apparaît systématiquement dans les sondages réalisés dans les différentes aires d'activité étudiées :

- dans l'Unité de Fouille n°3 du site de La Motita, il est présent dans les trois sondages du monticule central sur une épaisseur moyenne de 20 cm et dans le sondage du monticule nord-ouest sur deux niveaux, le premier accumulé à 50 cm de profondeur sur une épaisseur moyenne de 20 cm et le second entre 110 cm et 140 cm de profondeur ;

- dans la Zone Extérieure 1 du site de Cerritos Colorados, on le retrouve en accumulation sur plusieurs dizaines de centimètres dans le monticule fouillé (couche IV de la terrasse n°4, fig. 61 et 71) ainsi que dans le sondage réalisé au pied du monticule (fig. 61).

Dans ces différents niveaux, ce type de sédiment comprend une densité moyenne de tessons : dans l'Unité de Fouille n°3 du site de La Motita, il s'agit de plusieurs petits fragments très érodés ainsi que quelques tessons de jattes avec lignes d'engobe rouge sur la face interne, jattes de céramique grossière et écuelles Verdía ; dans la Zone Extérieure 1 du site de Cerritos Colorados, il s'agit de plusieurs tessons de *cajetes rectos Amacueca*, des fragments de jattes de céramique grossière et quelques fragments de pots diagnostiques de la phase Sayula.

Bien que les analogies observées entre le sédiment archéologique et celui prélevé dans des contextes d'exploitation moderne permettent d'interpréter le premier comme un amas de déchets issus du processus de lixiviation des terres salées, quelques différences entre les deux peuvent être mises en évidence et attribuées à des changements technologiques. En effet, le sédiment archéologique présente une plus grande variété de composants ajoutés - présence de tessons, charbons de bois, sables... -. Ces composants présentent un certain granoclassement - matière fine d'une part et éléments grossiers de taille homogène d'autre part - qui suggère un tri et une préparation spécifique des terres. Ces éléments sont remplacés dans le sédiment moderne par l'utilisation de macrorestes végétaux, quasiment absents dans le sédiment archéologique [1]. Les différences de constituants observées dans le sédiment archéologique soulignent des changements dans le processus de préparation des terres salées, mais aussi dans le processus utilisé pour la lixiviation de celles-ci. Ainsi, dans les déchets de l'exploitation moderne, l'observation de macrorestes végétaux peut s'expliquer par l'utilisation de paille et de joncs dans l'élaboration du filtre. Pour les périodes préhispaniques, deux hypothèses peuvent être émises pour la reconstitution du processus de lixiviation [2]:

- soit un processus de filtration dans une fosse également spécialement conçue à cet effet ou dans un autre type de structures utilisant des matériaux labiles - donc probablement disparus - que nous n'avons pas identifiés : dans ce cas les différents composants identifiés dans le sédiment pourraient avoir joué un rôle de "dégraissant" pour une meilleur infiltration de l'eau, ou certains d'entre eux pourraient avoir été utilisées comme filtre et mélangés aux terres lixiviées au moment du nettoyage de la structure après le processus de lixiviation ;
- soit un processus de décantation dans une fosse ou un récipient spécialement conçus à cet effet : dans ce cas l'utilisation d'éléments "dégraissants" n'a pas d'intérêt, la diversité des composants et l'homogénéité de leur granulométrie pourraient s'expliquer par une préparation des terres salées antérieures à la collecte : épandage et mélange d'éléments grossiers au sédiment limono-argileux de playa pour augmenter la porosité et favoriser la remontée des solutions salées par évaporation capillaire.

Dans les deux cas, la présence de plusieurs tessons dans les déchets de terres lixiviées pourrait s'expliquer par l'ajout systématique de déchets salinisés par un contact avec une saumure ou du sel lors d'un cycle de production précédent, afin d'enrichir les terres salées et de récupérer les "déchets de sel" du cycle précédent. Nous savons qu'un tel procédé est actuellement utilisé dans plusieurs lieux de production de sel actuels, notamment à Zacapulas, dans les hautes terres du Guatemala, où un panier contenant des charbons de bois et des tessons issus du cycle précédent est placé dans le filtre avec les terres salées (cf. chap. 3.3.4. de la première partie) ; de même à Nexquipayac, dans le bassin de Texcoco, les cendres retirées du four et le sable utilisé dans le séchage du sel, sont mélangés aux terres salées (cf. chap. 3.1.4.1. de la seconde partie).

3.3. Le sédiment argileux beige clair

Ce sédiment est composé d'un mélange d'argile sèche et de végétaux compacté, semblable à un torchis. En lame mince, il est constitué d'une matrice fine très dense, dans laquelle se distribuent de nombreux fragments végétaux de tailles diverses et quelques petits fragments de céramique. Ce sédiment apparaît comme une sorte de construction autour des structures 5 et 7 du monticule fouillé dans la Zone Extérieure 1 du site de Cerritos Colorados (couche III, fig. 61 ; fig. 71). Au sud et à l'ouest de la structure 5, la superficie de ce sédiment se présente sous la forme d'une surface plane aménagée au niveau de l'ouverture de la fosse, sur laquelle ont été mis au jour deux fonds de récipients de type *cajetes rectos Amacueca* déposés horizontalement sur leur face interne.

[1] L'utilisation de "dégraissants" dans la préparation des terres salées est attestée dans différents lieux de production de sels actuels, ceux-ci permettent une bonne aération des terres pour faciliter l'infiltration de l'eau lors du processus de filtration (cf. chap. 3.4. de la première partie et 3. de la seconde partie).

[2] cf. chap. 2 et 4 (fosses de type A et B).

Ce sédiment forme une construction intentionnelle et semble donc avoir joué deux rôles:

- d'une part un renforcement autour des structures qui auraient été construites en élévation, au moins sur un des côtés, et une mise à niveau afin d'obtenir une surface plane à la hauteur de l'ouverture des fosses ;

- d'autre part une utilisation de la superficie de cette construction comme aire de travail associée au fonctionnement des fosses de combustion, pour le démoulage des pains de sel ou le séchage et conditionnement du sel après cuisson.

3.4. Le sédiment hétérogène avec nombreux tessons

Ce sédiment est composé d'un mélange très hétérogène de limons bruns clairs et de sables gris, indurations d'argile sèche de couleur beige et nombreux tessons. On le retrouve au dessus des déchets de terres lixiviées dans le monticule de la Zone Extérieure 1 du site de Cerritos Colorados (couche II, fig. 61 et fig. 71) et dans le monticule centrale de l'Unité de Fouille n°3 du site de La Motita (fig. 67).

L'hétérogénéité des composants et de la structure, associée à l'irrégularité des dépôts de ce type de sédiment, montrent qu'il s'agit également d'accumulations de déchets. Dans les différents sondages, ce sédiment contient une grande quantité de tessons :

- dans la Zone Extérieure 1 du site de Cerritos Colorados, les dépôts situés à l'est et au sud de la structure 5 contiennent des tessons de *cajetes rectos Amacueca*, tandis qu'une petite zone de dépôts similaires, située au nord de cette même structure, contient une grande quantité de *cajetes rectos Amacueca* et de jattes de céramique grossière, ainsi que quelques tessons de *cuencos salineros Sayula* ;

- dans le monticule central de l'Unité de Fouille n°3 du site de La Motita, ce type de dépôt contient une grande quantité de jattes avec lignes d'engobe rouge sur la face interne, et quelques tessons de pots et écuelles des phases Verdía et Sayula.

Dans le monticule de la Zone Extérieure 1 de Cerritos Colorados, ces dépôts occupent une position stratigraphique intermédiaire entre les accumulations de terres lixiviées et les amas de cendres et charbons de bois. C'est à dire qu'ils semblent avoir été déposés dans une étape intermédiaire entre l'utilisation des fosses de combustion (structures 5 et 7)[3] et le curage de celles-ci. Par ailleurs, ce type de sédiment contient un certain nombre d'indices permettant de le lier également au fonctionnement des fosses : présence de tessons de *cajetes rectos Amacueca* et d'indurations d'argile sèche (cf. chap. 3.6). Ce type de sédiment semble donc être le résidu de l'étape de production correspondant à la vidange partielle des fosses de combustion, lorsque les récipients et le sédiment qui les maintient sont extraits de celles-ci et que l'on procède au démoulage des pains de sel ou au séchage et au conditionnement du sel produit. L'activité de récupération du sel sous forme de pains ou de pâte visqueuse se réalise sur l'aire spécialement aménagée à cet effet (chap. 3.3.), et les résidus (fragments de récipients et "torchis" de support) sont rejetés sur les côtés et au dessus[4].

Dans le monticule central de l'Unité de Fouille n°3 du site de La Motita, la présence de ce type de sédiment dans les niveaux supérieurs de la stratigraphie, pourrait être liée au fonctionnement d'une fosse de combustion située à la base du monticule (structure 3, fig. 66). Ce sédiment est ici associé à une grande quantité de jattes avec lignes d'engobe rouge sur la face interne et quelques tessons de pots et écuelles décorés diagnostiques de périodes anciennes (Verdía finale et Sayula ancien). La présence de ces tessons pourrait témoigner de leur utilisation dans le "torchis" (cf. chap. 3.6.) de support des récipients lors de la cuisson.

3.5. Les amas de cendres et charbons de bois

Les amas de cendres et charbons de bois ont été découverts dans deux contextes différents : d'une part sous forme d'accumulations épaisses au sommet du monticule de la Zone Extérieure 1 du site de Cerritos Colorados, d'autre part dans le remplissage des fosses de combustion des trois unités de fouille du site de La Motita.

En l'absence d'analyses spécifiques, nous n'avons malheureusement pas été en mesure d'identifier la nature de ces cendres et charbons de bois.

Dans le monticule de la Zone Extérieure 1, les cendres sont déposées en couches successives, ce qui signifie que ces accumulations sont le résultat de plusieurs cycles de combustion ou de la superposition des résidus de curage des différentes fosses de combustion construites dans le flanc du monticule (six au total).

Nous rappelons que ces amas de cendres et charbons de bois sont systématiquement associés à une grande quantité de tessons : *cajetes rectos Amacueca* pour le monticule de la Zone Extérieure 1 de Cerritos Colorados et jattes de céramique grossière pour le remplissage des fosses de La Motita. Dans les deux cas, ils contiennent également une grande quantité d'indurations d'argile sèche de couleur beige que nous allons décrire dans le chapitre suivant.

3.6. Les indurations d'argile sèche

Ces indurations se présentent comme des masses informes très sèches constituées par un mélange d'argile, de végétaux et de tessons (photos n° 31 et 32). Leur structure s'apparente donc à un torchis qui aurait été séché à une température

[3] Ce type de dépôts se situe sur les côtés et au dessus du sédiment précedemment décrit et interprété comme une construction de soutien et une aire aménagée en association avec l'utilisation des fosses de combustion.

[4] Nous reviendrons en détail sur le fonctionnement hypothétique des structures de combustion dans les chap. 5.3.3. et 5.4.3., relatifs à l'analyse des jattes de céramique grossière et cajetes rectos Amacueca.

relativement élevée, mais non suffisante pour transformer l'argile en céramique. La taille de ces indurations varie grossièrement entre 5 et 30 cm. En lame mince, ces indurations sont constituées d'une matrice fine très peu dense, très brune en Lumière Polarisée, dans laquelle sont imbriqués de nombreux gros fragments de végétaux à squelette calcitique microcristique dont la taille varie de 200 µm à plusieurs centimètres, ainsi que plusieurs fragments de céramique dont la taille varie également de quelques centaines de microns à plusieurs centimètres.

Nous rappelons que ces indurations sont associées au remplissage des fosses de combustion, ainsi qu'aux accumulations de déchets et aux amas de cendres et charbons de bois identifiés dans la stratigraphie des monticules de la zone centrale de l'Unité de Fouille n°3 du site de La Motita et de la Zone Extérieure 1 de Cerritos Colorados. De plus, un sédiment du même type a été identifié sur la face externe de nombreux tessons de jattes de céramique grossière et de *cajetes rectos Amacueca* [5], tous deux également associés aux fosses et accumulations mentionnées. Ces indurations semblent donc étroitement liées au fonctionnement des fosses de combustion et à l'utilisation des récipients dans celles-ci. En fait, les caractéristiques de ces indurations et leur localisation permettent de supposer leur utilisation dans un dispositif de support des récipients dans les fosses de combustion lors du processus de cuisson de la saumure pour la fabrication de sel.

Nous rappelons en effet que la méthode de fabrication de sel ignigène implique la plupart du temps un dispositif particulier permettant de soutenir et de caler les récipients au dessus du foyer, tout en les maintenant à une certaine distance de celui-ci pour éviter le contact avec une chaleur intense qui empêcherait une bonne cristallisation du sel [6]. Ainsi, nous avons vu dans le chapitre consacré aux techniques de production de sel dans la première partie, que plusieurs dispositifs peuvent être mis en place à cet effet. De nombreux auteurs (Coe et Flannery, 1967 ; Mac Neish et al, 1972 ; Sisson, 1973 ; Brown, 1980 ; Andrews, 1983 ; Muller, 1984 ; Mac Kinnon et Kepecs, 1989 ; Valdez et Mock, 1991 ; Nance, 1992 ; Mac Killop, 1995) font notamment référence à l'existence de cylindres de céramique et autres types d'artefacts céramique tels que les "sockets" et "spacers" décrits par Mac Kinnon et Kepecs (1989 : 527). Ce type de dispositif rappelle les structures de briquetage de l'Age du Fer mis au jour dans différents sites d'Europe, qui associent des briques à différents artefacts d'argile cuite pour former de véritables grilles permettant de caler les récipients de cuisson [7]. D'autres auteurs mentionnent l'utilisation de galets, c'est le cas à Zacapulas, dans les hautes terres du Guatemala (Reina et Monaghan, 1983 : 90), mais aussi sur le littoral du Honduras (Baudez, 1973 : 511).

[5] cf. chap. 4.3. et 4.4.

[6] cf. chap. 3.4.3. de la première partie.

[7] voir notamment les travaux de Olivier Weller (1993) et l'ouvrage de synthèse sur les briquetages Armoricains (Daire, 1994).

Au contraire des artefacts précédemment mentionnés, les indurations découvertes dans le bassin de Sayula ne présentent pas de forme définie permettant de reconstituer un dispositif particulier. Elles se différencient également des autres par leur aspect, elles ne semblent pas avoir été soumises à une température suffisamment élevée pour entraîner une modification de l'argile en céramique. Toutefois, nous rappelons que différentes expériences ont montré que la température de cuisson d'une saumure doit se stabiliser autour de 100 °C [8], au delà le sel brûle ou les cristaux éclatent (Riehm, 1961).

En dehors du rôle de support et de calage des récipients au dessus du foyer, ces artefacts présentent également l'intérêt de favoriser une bonne diffusion de la chaleur dans la structure de combustion et autour des récipients. La présence de tessons dans les indurations, de même que les nombreux tessons distribués dans les amas de rejet précédemment décrits (chap. 3.4.), permet de supposer leur utilisation à la fois pour structurer le dispositif de support mais aussi pour favoriser la diffusion de la chaleur grâce à leur propriété réfractaire.

3.7. Bilan : Interprétation de la stratigraphie des monticules

L'inventaire des différents types de sédiments permet d'émettre plusieurs hypothèses sur la mise en place et l'utilisation des monticules, en relation avec la production de sels aux différentes périodes d'occupation.

3.7.1. Phases Verdía et Sayula

Les sondages réalisés dans deux monticules de l'Unité de Fouille n°3 du site de La Motita, permettent de proposer un bilan sur l'origine de leur mise en place et leur relation avec différentes étapes de la production.

- *Monticule nord-ouest*

Le sondage réalisé dans ce monticule a révélé une combinaison de sédiments d'origine naturelle et anthropique:

* une première superposition de couches limono-argileuses présentant des indices d'occupation (petits tessons et charbons de bois) : ces indices sont toutefois trop faibles pour identifier la nature de cette occupation. Bien que ces couches se situent au dessus du niveau actuel de la playa, on peut s'interroger sur leur position relative au moment de l'occupation ;
* ces couches sont surmontées d'un épais niveau de terres lixiviées comprenant des indices d'occupation durant des phases Verdía et Sayula ;

* ensuite, deux couches de sédimentation naturelle : une épaisse couche de limons éoliens puis deux lamines d'argile imbriquées dans un sédiment limono-argileux ;

[8] cf. chap. 3.2.5. de la deuxième partie.

* au dessus de ces dépôts naturels, on retrouve à nouveau une accumulation de terres lixiviées comprenant des tessons diagnostiques des phases Verdía et Sayula ;

* au sommet du monticule, on observe une épaisse accumulation de sables et limons comprenant une très grande quantité de tessons diagnostiques des phases Verdía et Sayula.
Entre 50 cm et 1 m de profondeur, on note la présence d'une fosse remplie sur deux niveaux et comprenant des ossements humains.

- *Monticule central*
Les sondages de ce monticule montrent une succession de couches de type déchets correspondant à différentes étapes de la production: une accumulation de terres lixiviées, puis une masse de sédiment très hétérogène issue des étapes de cuisson et séchage du sel.

Par ailleurs, nous rappelons qu'une série de sondages a été réalisé sur les sites de Carmelita (fig. 23), Carmelita Norte (fig. 24) et Lienzo Charro en 1992.

- Sur le site de *Carmelita* (fig. 23) :
* les deux premiers sondages (S1 et S2) montrent une succession de dépôts naturels ;

* le troisième (S3) présente à la base une succession de dépôts naturels et à partir d'une profondeur de 80 cm jusqu'à la superficie une accumulation de dépôts anthropiques contenant une grande quantité de matériel céramique, parmi lequel dominent des fragments de *cuencos salineros Sayula*;

* le quatrième sondage (S4) présente une succession de dépôts anthropiques contenant des restes très variés (tessons de récipients décorés, lithique, ossements humains etc...) qui ne semblent pas liés directement à l'activité de production de sel.

- Le sondage de *Carmelita Norte* (fig. 24) montre une succession de dépôts naturels entre lesquels s'intercalent un niveau d'occupation entre 150 cm et 180 cm de profondeur, dont le matériel très érodé n'a pas été identifié.

- Le sondage de *Lienzo Charro* a été réalisé dans une petite *tepalcatera* couverte en superficie de *cuencos salineros Sayula* et a permis d'observer une accumulation de tessons de ce type de récipients sur 50 cm de profondeur, puis une succession de couches anthropiques, sur près de 1 m d'épaisseur, semblables à celles identifiées dans le monticule centrale de l'Unité de Fouille n°3 de La Motita.

Ces différents sondages permettent de distinguer trois types de monticules distincts :

- les premiers présentent d'épaisses accumulations de dépôts anthropiques - entre lesquels peuvent s'imbriquer des niveaux de sédimentation naturelle - qui ne montrent aucun indice de liens directs avec l'activité de production de sel : c'est le cas notamment de certains secteurs du site de Carmelita (voir sondage S4) et de la partie centrale du site de Cerritos Colorados (voir sondages et fouilles dans les zones VII-D, X-B, XIV-A/B et XXIII-A [9]) ;

- les seconds présentent une succession de niveaux anthropiques - entre lesquels peuvent également s'imbriquer des niveaux de sédimentation naturelle - parmi lesquels certains sont constitués d'accumulations de déchets sédimentaires ou céramique diagnostiques de différentes étapes de la production de sel : c'est le cas notamment du monticule nord-ouest de l'Unité de Fouille n°3 du site de La Motita et de certains secteurs du site de Carmelita (sondages S2 et S3) ;

- les troisièmes sont exclusivement formés par l'accumulation de déchets issus de différentes étapes successives de production de sel : c'est le cas notamment du monticule central de l'Unité de Fouille n°3 du site de La Motita et du monticule sondé à Lienzo Charro.

Cette classification rejoint les observations réalisées à l'issue des différentes campagnes de prospection des sites de playa, qui avaient permis de distinguer deux types de tepalcateras distinctes pour la phase Sayula : les grandes *tepalcateras* avec vestiges divers apparemment non exclusivement ou directement liées à la production de sel et les petites ou moyennes *tepalcateras* essentiellement couvertes de *cuencos salineros Sayula* [10].

Dans le cas de monticules formés par l'accumulation de déchets de production, tel que celui de la partie centrale de l'Unité de Fouille n°3 du site de La Motita, on note l'absence d'accumulations cendreuses, et l'absence de fosses donc d'utilisation de ceux-ci comme espace de travail.

3.7.2. Phase Amacueca

L'information concernant la phase Amacueca est donnée par la fouille du monticule de la Zone Extérieure 1 du site de Cerritos Colorados. Celle-ci a révélé une succession de niveaux de déchets issus de différentes étapes de la production de sel, situés au dessus de dépôts naturels (limons et sables éoliens). Le sédiment limono-argileux brun clair, situé à la base du monticule (chap. 3.1.), semble témoigner d'une élévation ou d'un aplanissement intentionnel à l'aide d'un sédiment de playa, d'une zone auparavant exploitée par les populations Sayula. Au dessus de cette couche, on observe une épaisse accumulation de terres lixiviées. Ces déchets de lixiviation semblent ensuite avoir servi de support à la construction de fosses de combustion et à l'aménagement d'un espace en torchis pour le démoulage et le séchage du sel après cuisson dans ces fosses. Ensuite, on trouve des amas de sédiment hétérogène et de cendres et charbons de bois, issus de la vidange des fosses et des processus de démoulage et séchage du sel.

La stratigraphie observée dans cette partie du monticule semble donc être le résultat d'un seul cycle de production et permet d'observer l'élévation et l'aménagement progressif du

[9] cf. chap. 2.2.2. de la première partie.
[10] cf. chap. 1.3.

monticule, en fonction des étapes successives de production. Il est toutefois difficile d'évaluer l'ampleur de cette production [11] et la durée impliquée dans celle-ci. Nous rappelons qu'un cycle de production peut se réaliser sur une année, en grandes étapes successives. Ainsi, à Nexquipayac, la saison sèche est réservée à la collecte des terres salées, qui sont stockées sous abri. En saison des pluies, ces terres sont mélangées puis lixiviées pour obtenir une saumure. Finalement, cette saumure est chauffée pour produire le sel cristallisé [12]. Quel que soit le volume de la production et les durées impliquées dans celle-ci, l'exploitation de sel de la phase Amacueca se caractérise par une organisation méthodique du lieu de travail, dans un espace bien délimité, que l'on peut considérer comme un véritable atelier de production. Ces caractéristiques, associées à l'apparition d'un nouveau type de récipients (le *cajete recto Amacueca*), indiquent une certaine rupture par rapport à la phase précédente.

Nous rappelons que d'autres sites du même type ont été identifiés lors de la prospection de la playa : dans la Zone Extérieure 1, quatre autres groupes de monticules se trouvent alignés le long de la frange nord de la playa, et dans la Zone Extérieure 3 du même site, six autres groupes de monticules présentent également des caractéristiques analogues. D'autres monticules se situent dans le secteur nord-est, sur le site de Tepalcateras Fabrica de Explosivos (CS-13A) ; dans la zone intermédiaire, sur le site Cofradía (CS-21A et CS-21C) ; dans le secteur sud-est, sur le site de Tepalcateras de Cuyacapan (CS-65).

---

[11] Dans le chap. 5.4., concernant l'analyse des *cajetes rectos Amacueca*, nous tenterons d'évaluer le nombre de récipients présents sur cette partie du site et la production potentielle.

[12] cf. chap. 3.1.4.1. de la seconde partie.

4. Classification typologique des structures

Les fouilles ont permis de mettre en évidence six types de fosses : (A) les fosses en forme de «louche» creusées dans la playa, (B) les fosses cylindriques creusées dans la playa, (C) les fosses aux parois façonnées dans un sédiment de type chaux, (D) grandes fosses de forme cylindrique et profonde creusées dans la playa (E) les fosses de combustion creusées dans les flancs de monticules, (F) four creusé au pied des monticules. Dans ce chapitre, nous allons les décrire et les analyser en détails, afin d'identifier leur fonction, leur chronologie et leur répartition sur les différents sites de playa.

4.1. Les fosses de type A (fig. 72)

Nous classons dans cette catégorie les fosses en forme de "louche", mises au jour dans la Zone Extérieure 1 de Cerritos Colorados et dans les Unités de Fouille n°1 et 2 de La Motita.

4.1.1. Rappel descriptif

Enterrées dans le sol de playa, elles sont constituées de trois parties:

* une fosse cylindrique dont le diamètre varie entre 25 et 35 cm, et la profondeur entre 35 et 40 cm ;
* au fond de cette fosse part un tunnel de 10 cm de diamètre moyen et de 30 cm de longueur moyenne ;
* ce tunnel amène en pente ascendante vers une large cuvette ovale (50 cm de longueur moyenne, 40 cm de largeur maximale, la profondeur variant entre 10 et 20 cm).

Dix neuf structures peuvent être classées dans cette catégorie, dont 18 dans les Unités de Fouille n°1 et 2 du site de La Motita - parmi lesquelles 12 ont été fouillées - et 1 dans l'Unité de Fouille n°1 de la Zone Extérieure 1 du site de Cerritos Colorados.

Ce type de structure présente cinq variantes :

- *Variante A1*
Cette variante est la plus répandue, elle possède des parois tapissées d'une mosaïque de tessons et recouvertes d'un enduit d'argile crue de couleur grise de 1 à 2 cm d'épaisseur ; cet enduit se trouve en partie ou totalement érodé dans certaines des structures. Ce type de fosses se situe dans l'UF1 du site de La Motita et se regroupe en lignes parallèles de trois structures orientées sud-est / nord-ouest. Trois autres structures appartenant à cette variante et située dans l'UF2 du même site, sont orientées sud / nord.

- *Variante A2*
Cette seconde variante concerne la structure 6 de l'UF1 du site de La Motita, qui présente les mêmes caractéristiques de finition que les premières, mais se distingue de celles-ci par l'existence de deux tunnels reliant deux cuvettes à une fosse cylindrique en direction ouest et nord.

- *Variante A3*
Cette troisième variante concerne la structure 3 de l'UF1 du site de La Motita, également de finition similaire aux premières, elle se distingue par l'aspect ouvert du tunnel qui se présente plus sous la forme d'un petit canal reliant les deux dépressions.

- *Variante A4*
Cette quatrième variante s'applique à la structure 9 et les trois adjacentes situées dans l'UF1 du site de La Motita. Ces fosses sont apparues à 5 cm sous la superficie actuelle, elles sont orientées est / ouest. Les parois sont simplement recouvertes d'un enduit d'argile brune.

- *Variante A5*
La cinquième variante concerne la structure 8, mise au jour dans l'Unité de Fouille n°1 de la Zone Extérieure 1 du site de Cerritos Colorados. Elle présente des caractéristiques communes avec les variantes A2, A3 et A4, puisque d'une part deux tunnels relient une dépression cylindrique à deux cuvettes ; d'autre part, ces tunnels sont ouverts et constituent des petits canaux ; enfin les parois sont également formées par un simple enduit d'argile brun foncée.

A exception de la structure 12 de l'UF1 du site de La Motita, qui est remplie d'un mélange de limons et de petits tessons très érodés, ces fosses sont comblées par un sédiment argilo-limoneux homogène de couleur brune.

4.1.2. Caractérisation micromorphologique et chimique des enduits

- <u>Enduit argileux de couleur grise</u> (variantes A1, A2, A3)
En lame mince, cet enduit est composée d'une matrice fine très dense à microstructure fissurale, dans laquelle se distribue une grande quantité de petits fragments végétaux en bâtonnets (de 100 µm), quelques petits fragments de charbons de bois et quelques petits tessons et une très faible quantité de cristaux de petite taille (sanidine, hornblende verte et plagioclases). Les caractéristiques de cet enduit suggèrent un mélange d'argile et de dégraissants (végétaux, tessons et charbons de bois), probablement semblable à celui réalisé pour la fabrication de céramique. L'arrangement de la microstructure en tassement dense formant des pseudolitages horizontaux, séparés par une porosité microfissurale, laisse supposer un tassement délibéré de ce mélange contre la paroi et un lissage de l'enduit, cette opération se répétant après chaque utilisation de la fosse. La porosité fissurale peut être également diagnostique de phénomènes d'humectation / dessiccation accompagné par d'éventuels processus de dissolution et cristallisation de sels détruisant la structure.

Les analyses de Rayons X révèlent la présence de calcite, sodalite (silicate de calcium), de feldspaths plagioclases, de halite, et de minéraux argileux (principalement smectite, et traces de kaolinite).

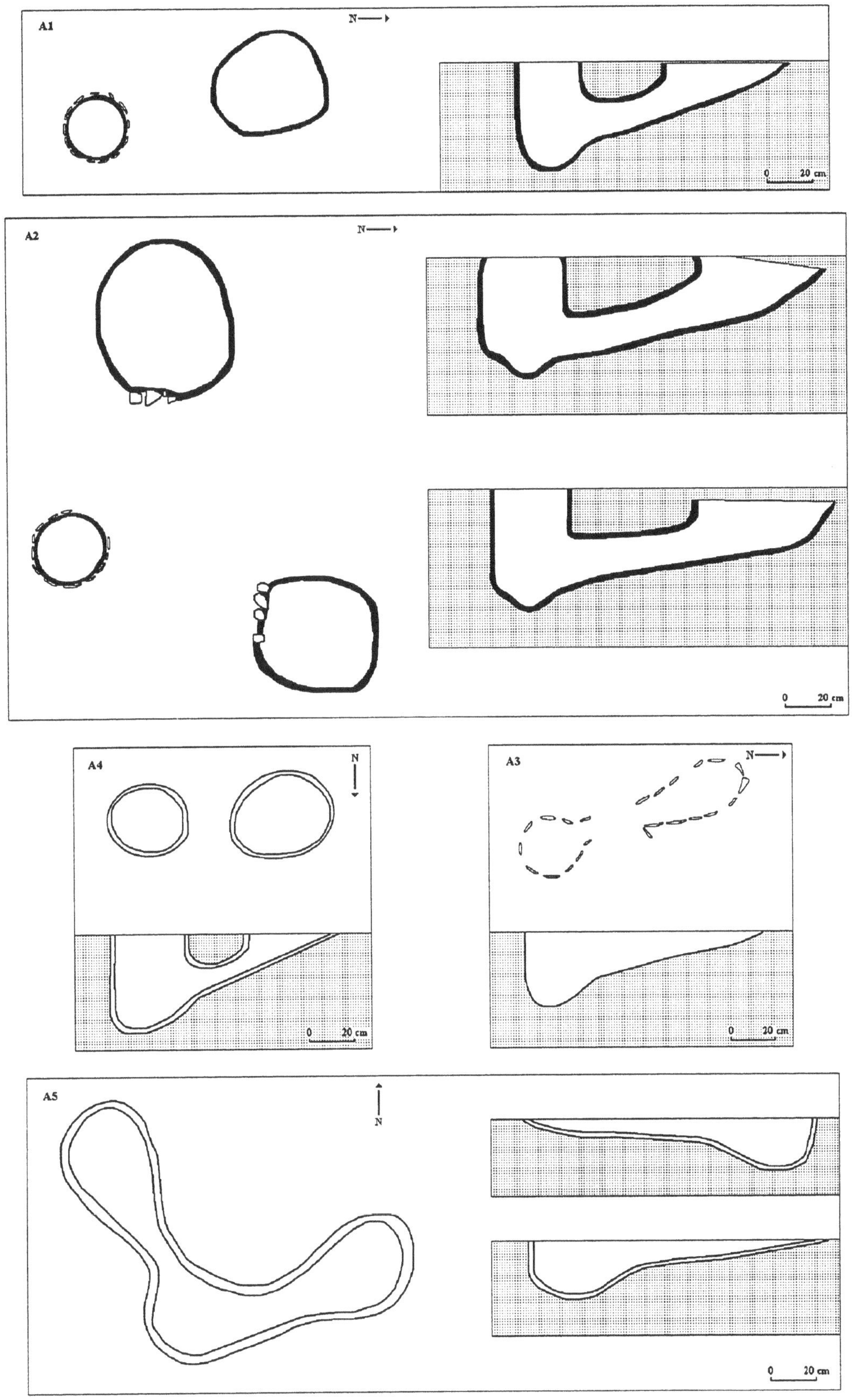

Figure 72 : Fosses de type A

Tableau 28 : Bilan des données relatives aux fosses de type A.

	Caractéristiques	Enduit	Localisation	Information chronologique
Type dominant A1	Forme de "louche" enterrée dans le sol de playa. Parois : mosaïque de tessons et enduit d'argile grise. Regroupement en lignes parallèles de trois fosses orientées sud-est / nord-ouest	Préparation à base d'argile et dégraissants plaquée et lissée sur les parois.	La Motita, UF1 et UF2 CS-25, CS-4, CS-22, CS-11 ZE3, CS-13C	La Motita, UF1 structure creusée dans le même niveau datée à 1010 ± 60 BP Autres sites : proche de tepalcateras Sayula et Amacueca (cf. fig. 54).
Variantes A2	similaire à A1, mais existence de deux tunnels reliant une fosse cylindrique à deux cuvettes.	idem que A1	La Motita, UF1	idem que A1
A3	similaire à A1, mais tunnel ouvert.	idem que A1	La Motita, UF1	idem que A1
A4	Même forme que A1 Parois : enduit d'argile brune Regroupement en lignes parallèles de trois fosses orientées est / ouest.	Sédiment argilo-limoneux prélevé dans la playa, plaqué et tassé sur les parois.	La Motita, UF1	Enterrées à 5 cm sous la superficie actuelle du sol, donc probablement plus anciennes que A1.
A5	Forme similaire à A2, avec tunnels ouverts. Parois : enduit d'argile brune	idem que A4	Cerritos Colorados, Zone Extérieure 1	?

Les analyses géochimiques (conductivité, pH, et concentrations en éléments majeurs) réalisées sur des extraits aqueux de sols au 1/20, à partir d'échantillons prélevés sur les enduits et dans l'environnement sédimentaire immédiat (sédiment de remplissage et sol de playa) ne révèlent pas de différences significatives. Malgré sa texture et sa structure particulières l'enduit ne semble pas avoir "piégé" des teneurs significatives d'éléments majeurs par rapport au contexte sédimentaire.

- Enduit argileux de couleur brune (variante A4)
En lame mince, cet enduit est composé d'une matrice finement carbonatée (couleur brune caractéristique en lumière polarisée), dans laquelle sont répartis de nombreux petits cristaux de sanidine, hornblende verte, plagioclase et fragment de roches, ainsi que de nombreux débris coquillés de gastéropodes[29]. Cette matrice présente également un tassement dense et une microporosité fissurale. Cet enduit présente des composantes similaires au sédiment argilo-limoneux formant le sol de playa. Il semble donc qu'il corresponde à une application de sédiment argileux prélevé sur place et tassé puis lissé sur les parois.

Les analyses aux Rayons X révèlent la présence de calcite, feldspaths plagioclases, un peu de halite, et de minéraux argileux (smectite et traces de kaolinite).

Comme pour l'enduit précédent, les analyses géochimiques n'ont pas donné de résultats significatifs, puisque l'on n'observe pas de différences de teneurs entre l'enduit et son contexte d'enfouissement (remplissage et sédiment de playa).

4.1.3. Distribution dans les sites de playa

Dans les Unités de Fouille n°1 et 2 du site de La Motita, où elles sont en grand nombre, ce type de fosses apparaît systématiquement en superficie comme un petit cercle délimité par un contour en tessons de céramique, c'est à dire que seule une des extrémités (la petite fosse cylindrique) se visualise en superficie. Par ailleurs, la structure 8 de l'Unité de Fouille n°1, Zone Extérieure 1 du site de Cerritos Colorados n'est apparue qu'après avoir décapé la couche de *salitre*. La présence de ce type de fosses se trouve donc attestée dans les différents sites de playa par l'existence de petits cercles dessinés ou non par un contour de tessons de céramique, de diamètre approchant les 30 cm.

Ce type de fosses a ainsi été repéré dans plusieurs sites des différents secteurs de la playa : dans le secteur sud, sur les sites de La Motita (CS-24) et La Mota (CS-25); dans le secteur sud-ouest, sur le site de Carmelita (CS-4); dans le secteur nord-ouest, sur les sites de Playas El Zapote-Techaluta (CS-22) et les Zones Extérieures 1 et 3 de Cerritos Colorados (CS-11); dans le secteur nord-est, sur le site de Playa Fabrica de Explosivos (CS-13C).

[29] Cristaux fibreux composés de calcite et présentant une forme caractéristique en faisceau tubulaire (Courty et al, 1989).

4.1.4. Bilan : fonction et chronologie des fosses de type A

Le tableau 28 propose un bilan des données relatives aux fosses de type A, ces fosses présentent une forme caractéristique, qui permet de proposer une utilisation dans un processus de filtration : depuis la partie haute – où seraient placées les terres salées – vers la partie basse, qui recevrait la saumure par ruissellement dans le tunnel, à l'entrée duquel pourrait être placé un bouchon de végétaux, empêchant le passage de la terre. Dans toutes les variantes identifiées, les parois sont enduites d'un sédiment argileux tassé, voire lissé, jouant un rôle imperméabilisant, qui atteste que ces fosses ont été construites pour contenir un liquide.

La variante A1, la plus répandue, semble apparaître durant la phase Sayula, en parallèle avec une standardisation (regroupement des fosses en plusieurs lignes parallèles de trois structures) de l'utilisation et de la technique de construction. La mosaïque de tessons pourrait avoir joué un rôle de modelage permettant de structurer et de soutenir les parois (notamment dans le tunnel), mais aussi de faciliter la maintenance après chaque utilisation. On peut en effet supposer qu'après chaque filtration, la fosse est vidée des déchets de terre, nettoyée, puis les parois à nouveau enduites. D'une manière générale, malgré la différence de forme et de taille, on peut établir une corrélation entre ces fosses et les fosses de forme tronconique actuellement utilisées dans un procédé analogue dans le village de Nexquipayac, bassin de Texcoco[30].

Les tessons qui forment la mosaïque sur les parois des variantes de type A1, A2 et A3, sont la plupart du temps très érodés, toutefois nous avons pu distinguer quelques bords de *cuencos salineros Sayula*. L'hypothèse de l'utilisation systématique de *cuencos salineros* dans la formation des parois de ces fosses a été proposée par Kelly (1941-1944) lors des campagnes de prospection effectuées dans le bassin dès la fin des années 30.

La variante A4 semble correspondre à une forme ancienne de ce type de structure, elle apparaît en effet dans des niveaux légèrement plus profonds que les autres variantes. Par ailleurs, les parois sont formées d'un simple revêtement d'argile, apparemment prélevé directement dans le sol de playa. Tandis que pour les formes plus récentes, l'enduit des parois est formé d'une préparation argileuse probablement similaire à celle utilisée dans la fabrication des céramiques. Les variantes A2, A3 et A5 représentent des exemplaires uniques dans l'échantillon fouillé.

Bien que non attestée, l'utilisation de ces fosses durant la phase Amacueca ne peut être totalement rejetée puisque la variante A5 apparaît dans une zone occupée durant cette phase. Nous rappelons également que ces fosses apparaissent dans des sites d'occupation Sayula (La Mota, Carmelita, Playas El Zapote-Anoca, Playa Fábrica de Explosivos), et d'occupation Amacueca (Zone Extérieure 3 du site de Cerritos Colorados).

[30] cf chap, 3.1.4.1.

4.2. Les fosses de type B (fig. 73)

Nous plaçons dans cette catégorie les fosses cylindriques d'environ 1 m de diamètre et de 10 à 20 cm de profondeur, présentant une dépression dans un des côtés du fond.

4.2.1. Rappel descriptif

Ces fosses sont au nombre de 13 au total dans les trois sites fouillés, dont 4 dans l'Unité de Fouille n°2 de La Motita, 8 dans l'Unité de Fouille n°3 du même site (deux fouillées) et 1 dans l'Unité de Fouille n°1, Zone Extérieure 1 du site de Cerritos Colorados. Le diamètre varie entre 1 m et 1 m 20, et le fond se présente sur deux niveaux : le premier couvrant les 2/3 de la superficie entre 10 et 20 cm selon les structures ; le second dans une des périphéries du fond entre 20 et 40 cm. Ce type de structures présente deux variantes.

- *Variante B1*

La première variante, la plus répandue, concerne les fosses dont les parois et le fond sont tapissés d'une mosaïque de tessons, recouverte d'un enduit d'argile crue de couleur grise à noire, de 2 à 3 cm d'épaisseur.

- *Variante B2*

La seconde variante se rapporte à la structure 1 de l'Unité de Fouille n°3 du site de La Motita, qui présente les mêmes caractéristiques de taille et de forme mais dont les parois et le fond sont formés par un simple enduit d'argile brune de 3 cm d'épaisseur.

Parmi les sept structures fouillées, six contiennent une ou deux grosses pierres de basalte déposées sur le fonds. Deux d'entre elles (la structure 1 de UF3 et la structure 14 de UF2 de La Motita) sont comblées par un remplissage naturel (limons éoliens et argile de ruissellement) ; tandis que les autres sont remplies par un sédiment hétérogène dans lequel sont dispersés de nombreux tessons :

- dans la structure 4 de l'Unité de Fouille n°1, Zone Extérieure 1 du site de Cerritos Colorados, la moitié du matériel céramique prélevé est composée de petits tessons très érodés, le reste est représenté essentiellement par des fragments de *cajetes rectos Amacueca*, auxquels s'ajoutent 2 fragments de *cuencos salineros Sayula* et 6 fragments de jattes de céramique grossière [31] ;
- dans les structures 13, 16 et 19 de l'Unité de Fouille n°2 du site de La Motita, on dénombre également une grande quantité de petits tessons très érodés, ainsi qu'un grand nombre de fragments de jattes de céramique grossière, auxquels s'ajoutent quelques tessons de jattes avec lignes d'engobe rouge sur la face interne et de pots [32] ;
- dans la structure 2 de l'Unité de Fouille n°3 du site de La Motita, la plupart du matériel est également constitué par de petits tessons très érodés, le reste se composant d'une vingtaine de fragments de jattes de céramique grossière, une autre vingtaine de jattes avec lignes d'engobe rouge sur la face interne et trois tessons de pots [33].

[31] cf. chap. 2.3.3.

[32] ibid.

[33] ibid.

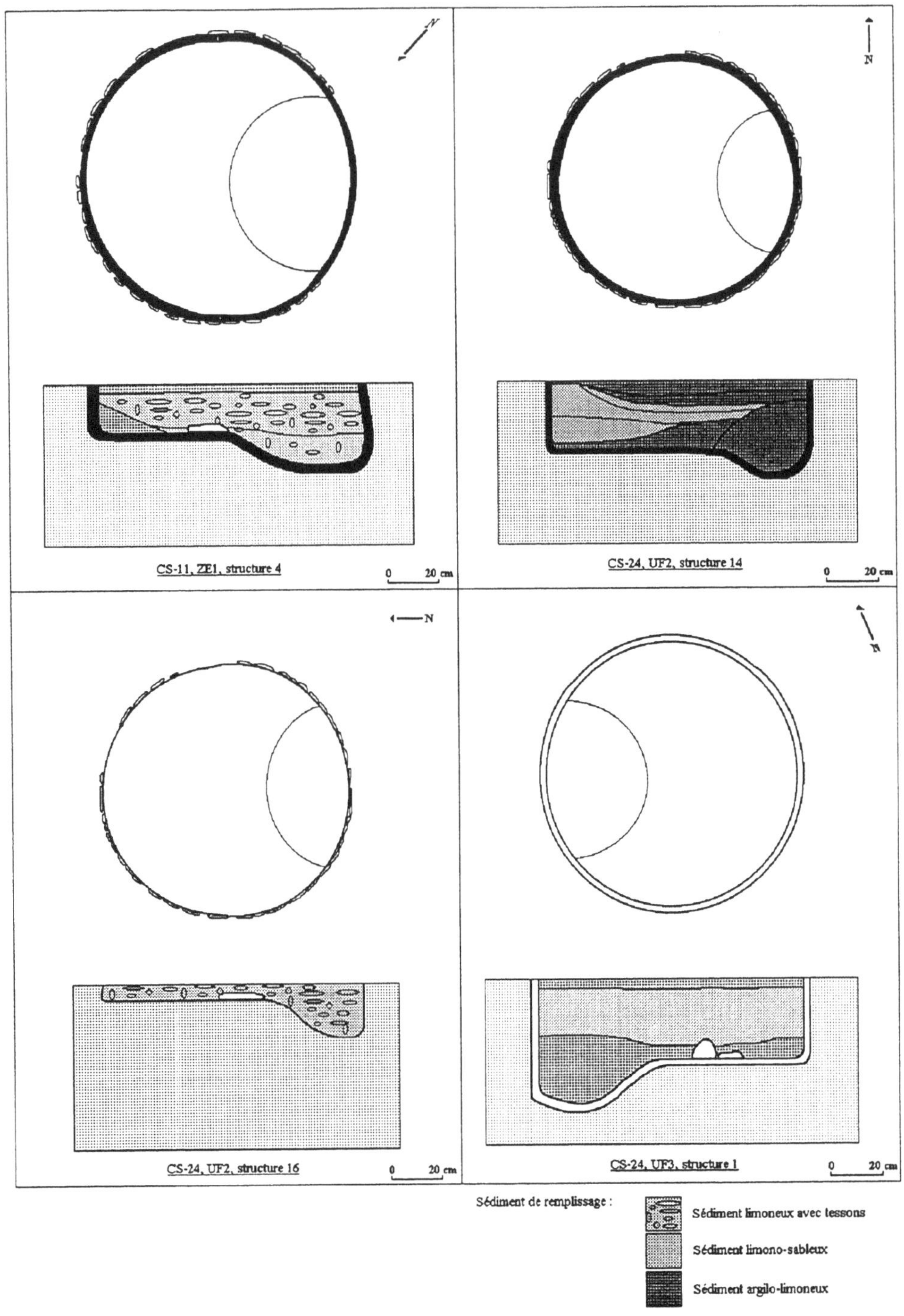

Figure 73 : Fosses de type B

4.2.2. Caractérisation micromorphologique et chimique des enduits

- Enduit argileux de couleur grise (variante B1)

En lame mince, cet enduit présente des caractéristiques analogues à celui qui revêt les parois des fosses de type A. On note toutefois une présence un peu plus marquée de petits cristaux de type sanidine et plagioclases.

Les analyses de Rayons X révèlent la présence de calcite, sodalite (silicate de calcium), de feldspaths plagioclases, de halite, et de minéraux argileux (principalement smectite, et traces de kaolinite).

Comme pour le type A, les analyses géochimiques réalisées à partir d'échantillons prélevés dans le remplissage, dans les enduits et dans le sol d'enfouissement ne présentent pas de différences significatives permettant d'induire une quelconque fonction de la fosse.

- Enduit argileux de couleur brune (variante B2)
Nous n'avons pas réalisé de lame dans la seule fosse qui concerne cette variante (structure n°1 de l'Unité de Fouille n°3 du site de La Motita). Toutefois, les caractéristiques macroscopiques de celui-ci sont très analogues à celui identifié dans la structure 9 de l'Unité de Fouille n°1 du site de La Motita (variante A4).

4.2.3. Distribution dans les sites de playa

Ce type de structure est facilement identifiable en superficie puisqu'il forme un cercle de diamètre variant entre 1 m et 1 m 20, creusé dans le sol de playa et délimité par des tessons de céramique.

Des fosses analogues ont ainsi été remarquées dans plusieurs sites des différents secteurs de la playa, la plupart du temps en association avec des fosses de type A : dans le secteur sud, sur les sites de La Motita (CS-24) et La Mota (CS-25); dans le secteur sud-ouest, sur les sites de Carmelita (CS-4), Lienzo Charro A et B ; dans la zone intermédiaire, sur le site de Playas de Atoyac (CS-15B) ; dans le secteur nord-ouest, sur les sites de Playas El Zapote-Techaluta (CS-22) et les Zones Extérieures 1 et 3 de Cerritos Colorados ; dans le secteur nord-est, sur le site de Playa Fabrica de Explosivos (CS-13C).

Cinq fosses similaires ont été fouillées dans le secteur d'habitat du site de San Juan de Atoyac. Elles sont décrites comme des fosses cylindriques creusées dans la terre, dont le diamètre varie entre 70 cm et 98 cm. Les parois sont recouvertes d'un enduit d'argile crue de couleur grise de 1 cm d'épaisseur. Elles présentent une profondeur moyenne de 45 cm et trois d'entre elles montrent une dépression de forme ovale dans le fond jusqu'à 55 cm de profondeur. Une d'entre elle présente une grande pierre plate dans la partie centrale du fond (Emphoux, 1995 : 179). Ces fosses présentent un remplissage hétérogène, composé d'un mélange de limons, matériel céramique (non spécifié) et cendres. L'ensemble de ces caractéristiques et leur localisation dans un contexte domestique font suggérer à l'auteur une possible utilisation dans le stockage de grains (Emphoux, 1995 : 179). Toutefois, leurs similitudes avec les fosses de type B, nous amènent à rejeter cette hypothèse au profit

4.2.4. Bilan : fonction et chronologie

Les fosses de type B présentent, comme les fosses de type A, une forme et une finition particulières. Leur finition - mosaïque de tessons, mais surtout enduit d'argile jouant un rôle imperméabilisant pour toutes - indiquent qu'elles sont probablement faites pour contenir un liquide.

Tableau 29 : Bilan des données relatives aux fosses de type B.

	Caractéristiques	Enduit	Localisation	Information chronologique
Type dominant B1	Fosse cylindrique, diamètre compris entre 1 m et 1 m 20, fond sur deux niveaux (10-20 cm et 20-40 cm) Parois : mosaïque de tessons et enduit d'argile grise. Présence d'une ou deux grosses pierres déposées sur le fond.	Préparation à base d'argile et dégraissants plaquée et lissée sur les parois.	La Motita, UF2 CColorados, ZE1 CS-25, CS-4, LCA, LCB, CS-22, CS-11 ZE3, CS-13C (cf. fig. 54)	La Motita, UF1 structure creusée dans le même niveau datée à 1010 ± 60 BP Matériel céramique dans le remplissage : - jattes lignes d'engobe rouge sur beige sur face int. - jattes de céramique grossière - *cuencos salineros Sayula* - *cajetes rectos Amacueca* Autres sites : proche de tepalcateras Sayula et Amacueca (cf. fig. 54).
Variante B2	Même forme que B1 Parois : enduit d'argile brune Présence de deux pierres déposées sur le fond.	Sédiment argilo-limoneux prélevé dans la playa, plaqué et tassé sur les parois.	La Motita, UF3 CS-25, LCA, LCB, CS-11 ZE3 CS-13C, CS-15B	La Motita, UF3 présence de matériel céramique diagnostique des phases Verdía final et Sayula.

De fait, on peut lier l'utilisation de ces fosses au processus de décantation décrit par Fray Alonso Ponce (Ciudad Real, 1993 : 151), à l'occasion de son passage dans le village de Atoyac en 1587 :

> "... *El orden que tienen los indios en hacerla [la sal] es el que sigue: de aquellos salitrales allegan muchos montones de polvo y salitre que esta encima y echandolo en unos tinajones, le van echando agua, meneandolo y removiendolo muchas veces y cebandolo siempre con agua hasta la cantidad que ellos saben, y de esto sacan lejía, como se saca de la ceniza mezclandole agua...*" (cf annexe 3 : (26)).

L'auteur décrit ici l'utilisation de *tinajones*, c'est à dire de grandes jarres pour ce processus. Toutefois, la forme spécifique des fosses de type B, avec une dépression dans le fond, parait adaptée pour recevoir un mélange de sol et d'eau, en considérant que le sédiment se dépose dans la partie basse, permettant de collecter assez facilement la saumure surnageante.

Comme pour les fosses de type A, les tessons qui forment la mosaïque sur les parois sont difficilement identifiables en raison de leur degré d'érosion, toutefois nous avons pu distinguer quelques bords de *cuencos salineros Sayula*.

Il semble que, comme pour les fosses de type A, auxquelles elles sont d'ailleurs associées, les fosses de type B ont été utilisées systématiquement durant la phase Sayula [1]. On peut supposer qu'une forme ancienne de ces fosses commence à être utilisée durant la phase Verdía (variante B2, structure 1 de l'Unité de Fouille n°1, UF3 du site de La Motita). Leur utilisation durant la phase Amacueca semble également probable ; l'une d'entre elles (la structure 4 de la Zone Extérieure 1 du site de Cerritos Colorados) présente des fragments de *cajetes rectos Amacueca* dans son remplissage et d'autres exemplaires classés dans ce type ont été identifiés en superficie de sites occupés durant la phase Amacueca (Lienzo Charro B et ZE3 de Cerritos Colorados).

La présence presque systématique de grosses pierres déposées sur le fond reste problématique. De même que l'étrange relation de forme existant entre ce type de fosses et celles de type E que nous décrirons dans le chapitre 4.5., nous reviendrons sur ce problème lors de la description de ces dernières.

Il faut également noter l'association de ce type de fosses avec des récipients de type jattes avec lignes d'engobe rouge sur la face interne, jattes de céramique grossière et *cajetes rectos Amacueca*. Nous reviendrons sur cette association dans le chapitre consacré à l'analyse typologique des récipients céramique (chap. 5).

4.3. Les fosses de type C (fig. 74)

Cette catégorie concerne les fosses creusées dans le sol de playa, dont les parois, de forme irrégulière, sont façonnées dans un sédiment blanchâtre pulvérulent.

4.3.1. Rappel descriptif

Ces fosses ne présentent pas de forme standardisée mais des caractéristiques de construction et de remplissage communes. Les parois sont formées dans un sédiment blanchâtre épais (5 à 10 cm). Le remplissage est constitué d'un mélange très hétérogène de cendres grises, fragments de charbons, sables, indurations de matière beige et noire et de très nombreux tessons.

Au total, sept fosses de ce type ont été dénombrées, six au sein des Unités de Fouille n°1 et 2 du site de La Motita (structures 10, 15 et 18 fouillées, et c, d, e non fouillées sur la fig. 65) et une (structure 3 sur la fig. 67) au sein de l'Unité de Fouille n°3 du même site.

- Dans les Unités de Fouille n°1 et 2 : la structure 10 présente une forme approximative en T, avec des dimensions de 90 cm du nord au sud, 80 cm d'est en ouest (correspondant à la barre du "T"), 25 à 35 cm de largeur, et une profondeur de 55 cm. La structure 15 est de forme ovale, avec une longueur de 1 m 10, une largeur maximale de 45 cm et une profondeur de 50 cm. La structure 18, en partie masquée par une fosse de type B, se présente sous la forme d'un demi cylindre de 70 cm de diamètre et 75 cm de profondeur. Les structures c, d, e qui apparaissent en superficie, présentent les formes et dimensions respectives suivantes : la structure c est en forme de poire avec une longueur de 1 m 20 et une largeur maximale de 70 cm ; la structure d est de forme similaire à la précédente avec une longueur de 2 m 50 et une largeur maximale de 1m60 ; la structure e est en forme de cercle avec un diamètre de 1m10.

- Dans l'UF3, la structure 3 est une fosse de forme ovale avec une longueur de 1m10, une largeur maximale de 85cm et une profondeur variant entre 20 et 40 cm.

Le matériel céramique situé dans le remplissage de ces fosses se compose essentiellement de fragments de jattes de céramique grossière. Dans la structure 3 de l'Unité de Fouille n°3, on note également la présence de quelques tessons de jattes avec décoration en lignes d'engobe rouge sur la face interne, ainsi que quelques fragments de pots - parmi lesquels certains ont été identifiés comme diagnostiques de la phase Sayula - et trois fragments d'écuelles diagnostiques de la phase Verdía finale. Par ailleurs, le remplissage de cette fosse se compose également de nombreuses pierres couvertes d'une fine croûte de sédiment blanchâtre.

Finalement, nous rappelons qu'une datation ^{14}C effectuée à partir de fragments de charbons de bois prélevées dans une de ces fosses (la structure 10 de l'Unité de Fouille n°1), donne une date calibrée de 1010 B.P.

4.3.2. Caractérisation micromorphologique et chimique des parois

Les parois de ce type de fosses sont formées dans un sédiment blanchâtre de type chaux. En lame mince, ce sédiment se caractérise par une masse fine d'aspect "fondu" (pas de cristallisation apparente) de couleur grise en lumière polarisée, dans laquelle se dispersent de nombreux fragments végétaux et plusieurs tessons de céramique de taille diverse (de 500 µm à plusieurs mm). Le sédiment formant les parois de la structure 9 se distingue des autres par l'absence de tessons et de végétaux, remplacés par une certaine quantité de cristaux de sanidine, hornblende verte et plagioclases de très petite taille.

L'analyse aux Rayons X révèle la présence de calcite, halite et sodalite.

Les caractéristiques macro et microscopiques de ce sédiment témoignent d'une préparation réalisée à partir de terres riches en calcite et qui aurait subi une cuisson à une température entraînant une destructuration de la masse fine et un début de transformation de type chaux.

[1] Les fosses analogues identifiées sur le site de San Juan de Atoyac sont également attribuées à la phase Sayula (Francisco Valdez, communication personnelle).

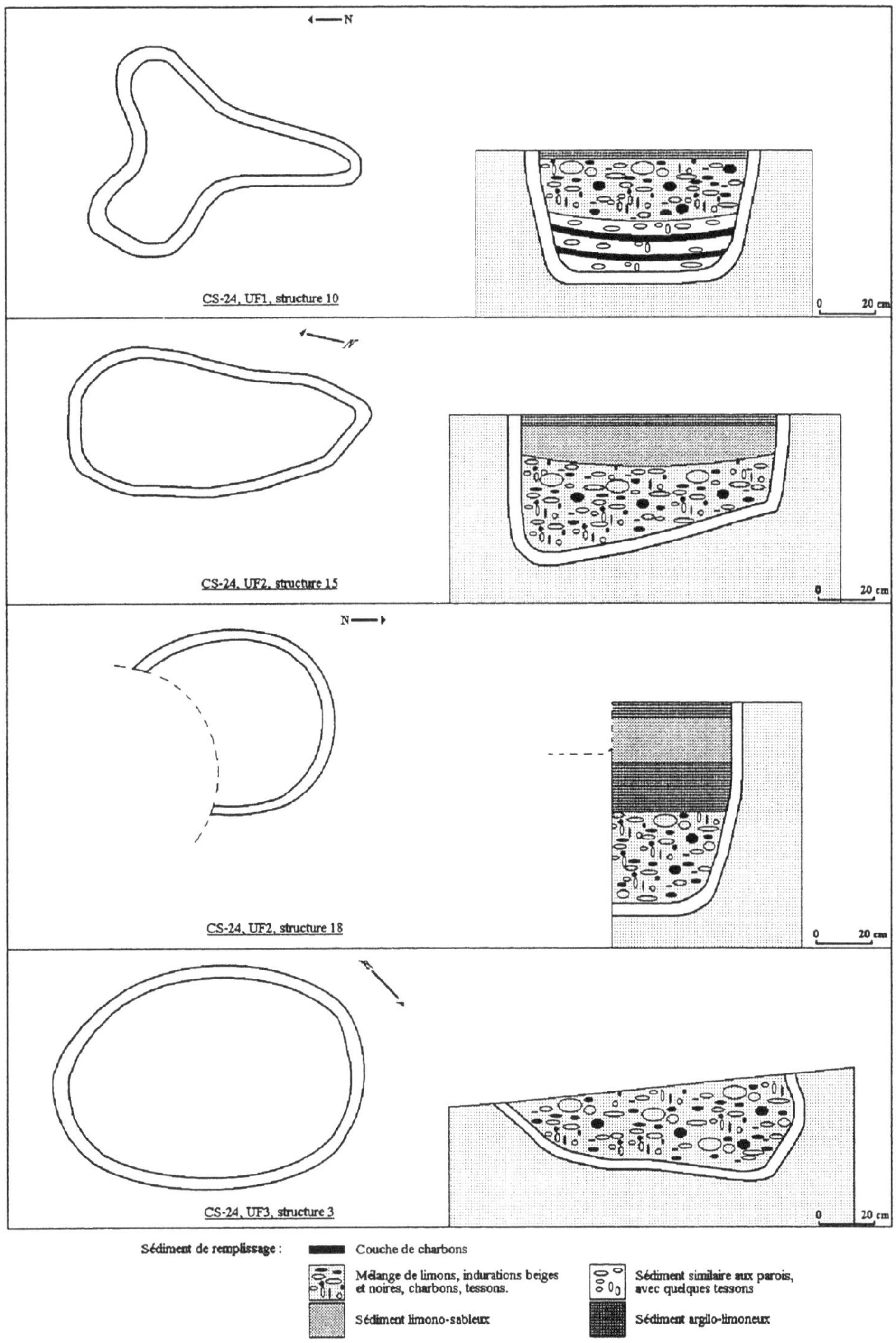

Figure 74 : Fosses de type C

4.3.3. Distribution dans les sites de playa

Ce type de fosses n'apparaît pas toujours clairement en superficie. Les structures de cette catégorie ne sont apparues dans les Unités de Fouille n°1 et 2 qu'après décapage du salitre. Les structures c, d et e ne sont apparues qu'en fin de fouille après l'apparition des premières pluies.

Malgré ces difficultés d'identification en superficie, nous avons pu observer ce type de fosses dans deux sites supplémentaires de la playa : Carmelita (CS-4) et Tepalcateras Fabrica de Explosivos (CS-13C).

Tableau 30 : Bilan des données relatives aux fosses de type C.

Type	Caractéristiques	Parois	Localisation	Information chronologique
C	Fosses de forme irrégulière, creusées dans le sol de playa. Parois : mélange de sédiment fondu de type chaux Remplissage hétérogène mélange de limons, argile, sables et indurations beige, cendres, charbons et nombreux tessons.	Mélange de sédiment fondu de type chaux.	La Motita, UF1, UF2, UF3 CS-4, CS-13C	La Motita, UF1, structure 10, datation ^{14}C : 1010 ± 60 BP Matériel céramique dans le remplissage : - jattes lignes d'engobe rouge sur face interne - jattes de céramique grossière - pots de la phase Sayula - écuelles de la phase Verdía finale.

4.3.4. Bilan : fonction et chronologie

Les caractéristiques de ce type de fosses semblent attester une utilisation comme structure de combustion. Elles sont remplies de cendres et charbons de bois, les parois façonnées dans un sédiment bien aéré permettent une bonne circulation de la chaleur. Leur forme irrégulière est difficile à expliquer. Par ailleurs l'absence d'ouverture permettant l'alimentation de la structure en combustibles reste problématique. On peut supposer qu'une partie des fosses (la partie restreinte dans les fosses de forme ovale, ou la partie allongée dans la fosse en forme de T) n'était pas couverte par les récipients de cuisson et permettait l'alimentation en combustibles. Ces fosses sont associées à une grande quantité de fragments de jattes de céramique grossière pour lesquelles une utilisation comme récipients de cuisson semble attestée (voir chap. 5.3.3.). On note également dans le remplissage de ces fosses la présence d'indurations d'argile sèche de couleur beige qui pourraient avoir servi de support aux récipients, nous proposerons dans le chap. 5.3.3. des hypothèses concernant les modalités de la cuisson dans ce type de fosses, en association avec les jattes de céramique grossière.

D'un point de vue chronologique, l'utilisation de ces fosses durant la phase Sayula est attestée par la datation ^{14}C réalisée à partir de prélèvements de charbons de bois dans la structure 10 de l'Unité de Fouille n°1. Par ailleurs la présence d'écuelles de la phase Verdía finale dans la structure 3 de l'Unité de Fouille n°3 du même site soulève l'hypothèse d'une utilisation dès la phase Verdía, au moins dans cette zone.

4.4. Les fosses de type D (fig. 75)

Cette catégorie intègre les grandes fosses de forme cylindrique, dont les parois sont enduites d'un revêtement d'argile brune.

4.4.1. Rappel descriptif

Ce type de fosse a été mis au jour dans l'Unité de Fouille n°2 du site de La Motita, dans lequel on en dénombre trois, dont une a été fouillée (structure 20). Cette structure présente un diamètre de 1 m 20 et 55 cm de profondeur. L'intérieur de la fosse est comblée aux trois quart par un sédiment d'origine anthropique, composé d'un mélange hétérogène d'argile et de limons et contenant un très grand nombre de tessons et quelques petits fragments de charbons de bois. Au dessus de cette épaisse couche anthropique, se trouve une succession de sédiments naturels (limons éoliens et argile de ruissellement).

Le matériel céramique du remplissage est constitué d'un très grand nombre de fragments de jattes de céramique grossière, auquel s'ajoutent quelques tessons de *cuencos salineros Sayula, cajetes rectos Amacueca*, jattes avec lignes d'engobe rouge sur la face interne, pots (dont certains diagnostiques de la phase Sayula), ainsi qu'un fragment de pot diagnostique de la phase Verdía final.

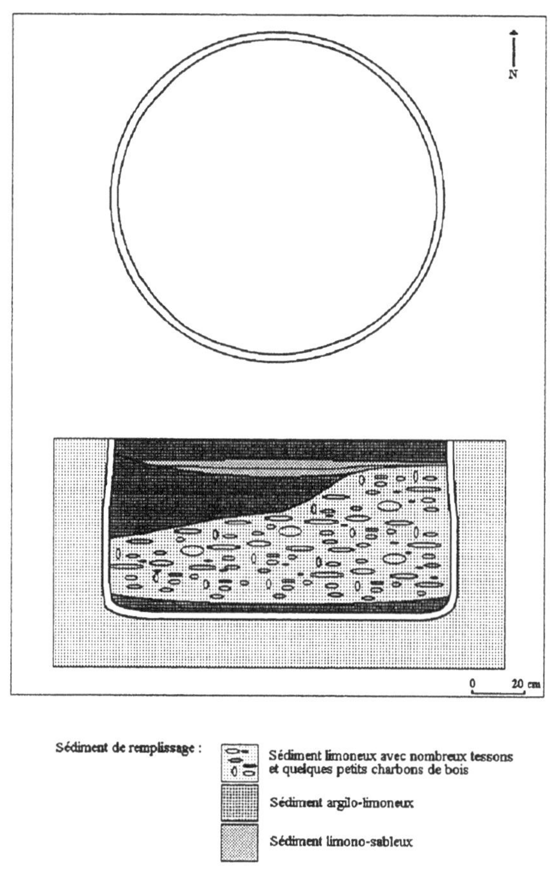

Figure 75 : Fosses de type D.

4.4.2. Caractérisation micromorphologique et chimique de l'enduit

En lame mince, l'enduit de cette fosse est caractérisé par une matrice fine brun foncée en lumière polarisée, présentant un aspect "fondu" similaire à l'enduit des fosses précédentes, dans laquelle se distribue de manière hétérogène quelques petits cristaux de type sanidine et plagioclases, et quelques petits tessons. L'ensemble présente une porosité moyenne de type fissurale et biologique. Dans certains endroits la masse fine présentent des figures de tassement non homogènes sur la lame. Ces caractéristiques laissent supposer qu'il s'agit d'un revêtement à base de sédiment limono-argileux qui aurait subi une transformation au contact avec un feu de faible intensité.

Les analyses aux Rayons X révèlent la présence de calcite, feldspaths plagioclases, un peu de halite, et de minéraux argileux (smectite et traces de kaolinite).

Les résultats des analyses géochimiques soulèvent les mêmes remarques que pour les fosses précédentes : on n'observe pas de différences significatives entre les teneurs dans l'enduit et celles de son environnement sédimentaire immédiat.

Tableau 31 : Bilan des données relatives aux fosses de type D.

Type	Caractéristiques	Parois	Localisation	Information chronologique
D	Grande fosse cylindrique diamètre : 1 m 20 profondeur : 55 cm Parois : enduit d'argile brune	Sédiment argilo-limoneux plaqué contre la paroi et chauffé.	La Motita, UF2 CS-4, CS-15B, CS-13C	Matériel céramique dans le remplissage : - jattes lignes d'engobe rouge sur face interne - jattes de céramique grossière - *cuencos salineros Sayula* - *cajetes rectos Amacueca* - pots de la phase Sayula - pot de la phase Verdía finale

4.4.3. Distribution dans les sites de playa

Cette structure et les autres du même type (a et b sur la fig. 65) ont été découvertes en fin de fouille, après décapage du *salitre* et apparition des premières pluies. La finesse et la couleur brune de l'enduit qui délimite les parois de ce type de fosses, se confondent facilement avec le sédiment de playa et rendent difficile leur observation en surface.

Cependant, nous avons pu identifier des structures analogues dans d'autres secteurs du bassin : dans le secteur sud-ouest, sur le site de Carmelita (CS-4) ; dans la zone intermédiaire, sur le site de Playas de Atoyac (CS-15B) ; dans le secteur nord-est sur le site de Playa Fabrica de Explosivos (CS-13C).

4.4.4. Bilan : fonction et chronologie

Au vu de ces caractéristiques, ce type de fosse peut être interprété comme un structure de combustion. Les parois semblent avoir été chauffées, le remplissage contient une petite quantité de charbons de bois et une grande quantité de jattes de céramique grossière, interprétées comme des récipients de cuisson d'une saumure (voir chap. 5.3.3.).

D'un point de vue chronologique, la présence de pots de la phase Sayula et de quelques tessons de *cuencos salineros Sayula* dans le remplissage, semble attester de leur utilisation pendant cette phase. On note également la présence de pots de la phase Verdía finale, qui suggère une éventuelle utilisation dès la phase Verdía.

4.5. Les fosses de type E (fig. 76)

Cette catégorie concerne les fosses mises au jour sur les flancs du monticule fouillé dans la Zone Extérieure 1 du site de Cerritos Colorados. Bien que non situé réellement sur un monticule mais sur une élévation basse, nous incluons dans cette catégorie les structures 1 et 2 fouillées dans la zone XIX-B du même site, auxquelles on peut ajouter deux structures qui présentent des caractéristiques de surface similaires.

4.5.1. Rappel descriptif

- Cerritos Colorados, Zone Extérieure 1

Dans la Zone Extérieure 1, au nombre de six, dont cinq fouillées, ces fosses se présentent sous la forme d'une fosse cylindrique de diamètre variant entre 70 cm et 1 m, et de profondeur variant entre 35 et 45 cm. Deux d'entre elles (structures 2 et 3) présentent une dépression dans la partie sud du fond. Les parois et le fonds de ces fosses sont formés d'une mosaïque de tessons, recouvertes d'un enduit d'argile sèche de couleur beige, de 6 à 7 cm d'épaisseur. La structure 3 se distingue des autres par la présence de tessons posés perpendiculairement à la paroi, entre chaque tesson s'intercale un sédiment argileux très sec de couleur beige, analogue à l'enduit.

Ces fosses sont comblées par deux types de couches : la partie inférieure du remplissage est composée d'un mélange hétérogène de limons dans lequel sont dispersés de nombreux tessons et de nombreuses indurations de matière beige ; la partie supérieure est formée par une accumulation de limons et sables éoliens en stries. Par ailleurs, deux grosses pierres de basalte sont déposées l'une sur l'autre dans le fond de la structure 2.

Le matériel céramique situé dans le remplissage de ces structures est essentiellement constitué de fragments de *cajetes rectos Amacueca.* Dans la structure 3, un tesson *de cuenco salinero Sayula* a été collecté, tandis que la structure 7 contient une grande quantité de fragments de jattes de céramique grossière.

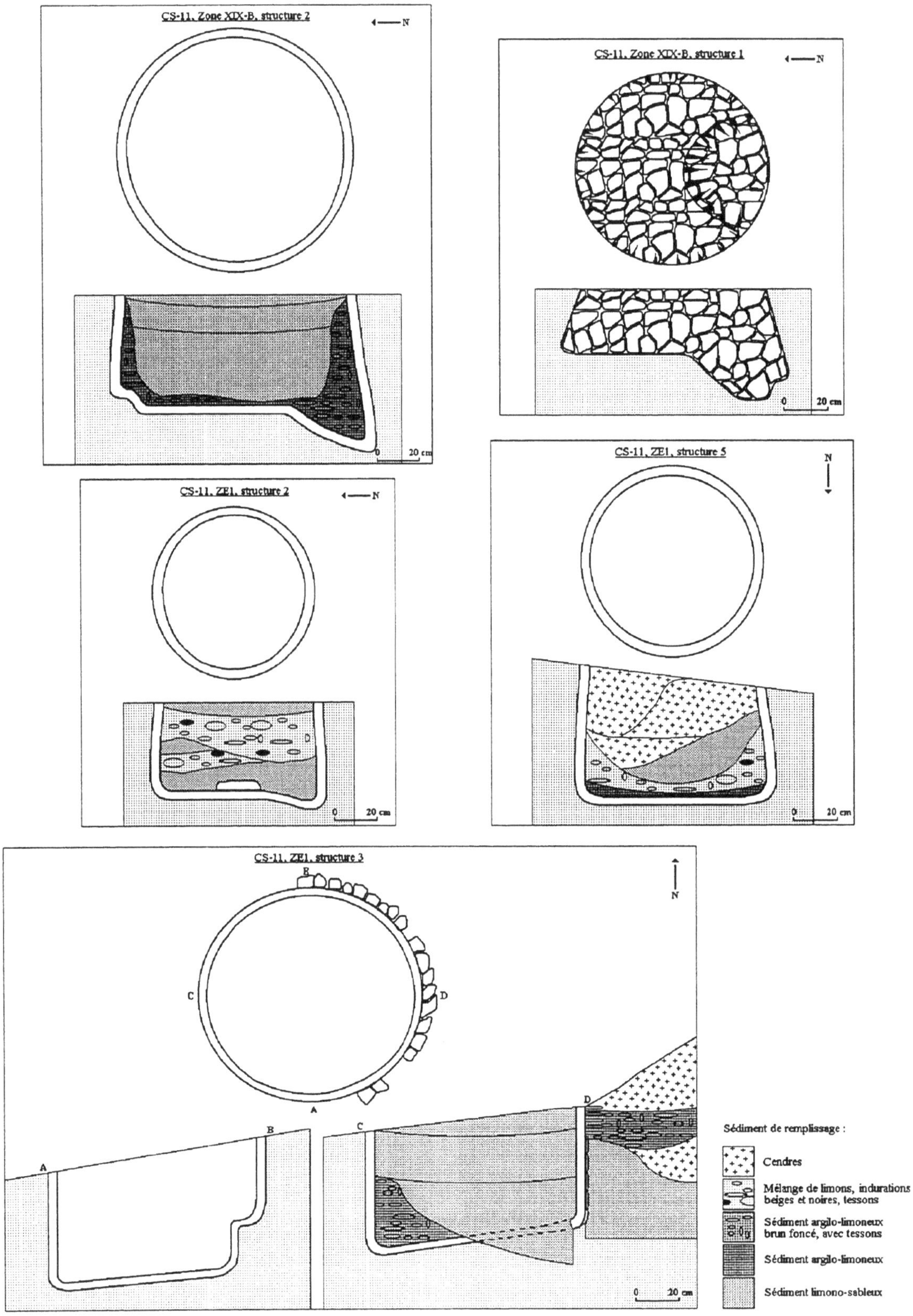

Figure 76 : Fosses de type E.

- *Cerritos Colorados, Zone XIX-B*
Les deux fosses de cette zone présentent un diamètre de 80 cm et une profondeur sur deux niveaux, le premier respectivement à 28 et 35 cm et le second à 50 cm. Les parois et le fond sont également tapissés d'une mosaïque de tessons, enduite d'une épaisse couche d'argile sèche de couleur beige.

La structure 1 a été pillée et remplie partiellement par des limons et sables éoliens. La structure 2 est comblée par des sédiments naturels (succession de limons éoliens et argile de ruissellement), et par une couche hétérogène collée aux parois et sur le fonds composée de lentilles d'argile grise, brune et noire et comprenant de nombreux tessons de *cajetes rectos Amacueca*, et quelques tessons de *cuencos salineros Sayula*. Là encore, les tessons formant la paroi sont très érodés, ils ont une taille moyenne de 10 cm, et certains d'entre eux présentent un encroûtement de matière beige.

4.5.2. Caractérisation micromorphologique et chimique des enduits

En lame mince, l'enduit de ces fosses présente plusieurs couches millimétriques depuis l'intérieur (contact avec la paroi de céramique) vers l'extérieur. Toutes ces couches présentent des caractéristiques similaires : elles sont composées d'une matrice fine relativement dense et d'aspect "fondu", dans laquelle se distribuent une grande quantité de petits fragments végétaux en bâtonnets (de 100 à 300 µm), des petits cristaux cubiques de 100 µm (cendres ?), des gros fragments végétaux carbonisés, quelques charbons de bois et quelques tessons de céramique (de 100 à 500 µm).

Depuis la paroi de céramique vers l'intérieur de la fosse, on observe une couche de 1 cm d'épaisseur, surmontée d'une couche foncée de 1 m d'épaisseur (en lame mince, cette couche se présente comme une altération de la précédente), puis une troisième couche de 1 cm d'épaisseur également surmontée d'une fine couche noire de couleur brun foncée. L'ensemble de ces couches présente une porosité de type fissurale.
Les analyses de Rayons X révèlent une composition en calcite et feldspaths plagioclases.

Les caractéristiques de l'enduit de ce type de fosses indiquent qu'il s'agit d'un mélange à base de sédiment argileux, de végétaux et de petits tessons (apparemment similaire à celui formant les fosses de type A et B) ayant été plaqué sur les parois et soumis à un chauffage.

4.5.3. Distribution dans les sites de playa

En superficie, ces fosses présentent des caractéristiques similaires aux fosses de type B, toutefois elles se distinguent des précédentes par un enduit d'argile beige très épais que l'on peut observer en superficie, et par le fait qu'elles sont construites dans des monticules, et qu'elles se trouvent systématiquement associées à des tessons de *cajetes rectos Amacueca*.

En dehors des zones fouillées, nous avons ainsi observé ce type de fosses dans la Zone Extérieure 3 du même site et sur le site de *Tepalcateras Fabrica de Explosivos* (CS-13A).

Tableau 32 : Bilan des données relatives aux fosses de type E.

	Caractéristiques	**Enduit**	**Localisation**	**Information chronologique**
Type E	Fosse cylindrique, diamètre compris entre 70 cm et 1 m, fond entre 35 cm et 50 cm Parois : mosaïque de tessons et enduit d'argile sèche de couleur beige.	Préparation à base d'argile et de végétaux plaquée sur les parois et soumises à un chauffage.	CColorados, ZE1, Zone XIX-B CS-11 ZE3, CS-13A	Datations ^{14}C à partir de prélèvements de charbons de bois sur monticule associé : 270 ± 70 BP et 100 ± 70 BP. Matériel céramique dans le remplissage : - *cuencos salineros Sayula* - jattes de céramique grossière - *cajetes rectos Amacueca*

4.5.4. Bilan : fonction et chronologie

Bien que ces structures présentent une grande similarité de forme et de construction avec les fosses de type B précédemment décrites, elles se distinguent de celles-ci par leur profondeur (plus profondes que les fosses de type B), leur localisation (creusées sur le flanc de monticules ou de petites élévations), les caractéristiques de leur enduit (visiblement chauffé et "collé" par endroits sur les tessons de la paroi), leur association céramique (principalement *cajetes rectos Amacueca*) et leur période d'occupation, pour certaines d'entre elles leur remplissage et leurs associations plus ou moins directes avec des couches de cendres et de charbons de bois et des indurations d'argile sèche. Toutes ces caractéristiques attestent de leur utilisation comme structure de combustion pour la cuisson d'une saumure dans des récipients de type *cajetes rectos Amacueca* (voir chap. 5.4.3.).

Dans le chapitre 3.4.3. de la première partie, nous proposons un inventaire des différents types de fosses interprétées comme des structures de combustion sur plusieurs sites de production de sel d'Amérique du Nord et centrale, certaines présentent des analogies avec les structures fouillés à Sayula:

- Sur le littoral du Honduras, Baudez (1973 : 511) décrit des fosses rectangulaires de 50 cm de largeur et une longueur variant entre 70 et 330 cm dont les parois sont également formées par une mosaïque de tessons.

- Au Guatemala, Nance (1992 : 30) mentionne la découverte de fosses similaires (avec des variantes cylindriques de 120 à 70 cm de diamètre).

- Sur le site de El Pajon, dans le Chiapas, Pailles (1980 : 30) décrit des fosses cylindriques (variant de 1,6 m à 70 cm de diamètre, et 22 à 33 cm de profondeur) dont les parois et le fond sont tapissées de tessons de céramiques, recouverts d'un enduits d'argile grise. Les parois et le fond présentent des évidences d'exposition à de hautes températures.

- Dans la vallée de Tehuacan, Sisson (1973 : 98) décrit brièvement un four circulaire, de 60 cm de diamètre, au fond duquel étaient déposée une couche de cendres et charbons d'environ 10 cm d'épaisseur. Dans cette même région, Mac Neish et al (1972 : 425) font référence à la présence de nombreuses fosses cylindriques construites en pierres plates, et contenant des restes de cendres et de terre brûlée, sur différents sites de production de sels de la phase Palo Blanco de la période Classique.

- Dans l'Etat de Mississippi, Muller (1984 : 500) décrit des fours cylindriques, présentant des parois en argile cuite. Ces structures apparaissent généralement regroupées en file.

Par ailleurs, comme nous l'avons précisé dans le chapitre 2.4.1. de la première partie, un des éléments diagnostiques de la production de sel du bassin de Sayula est décrit par Kelly comme une fosse construite dans le flanc d'un monticule situé sur les playas de Zacoalco (au nord du bassin de Sayula) (Kelly, 1941-1944 : 42). Il s'agit d'une fosse cylindrique, à fond plat, de 115 cm de diamètre et 75 cm de profondeur, dont les parois et le fond sont formés d'un pavage de tessons de céramique, recouvert d'un revêtement de sédiment blanchâtre d'environ 4 cm d'épaisseur. L'auteur avait interprété cette structure comme un filtre pour la lixiviation de sel, par analogie de forme et de localisation sur les flancs d'un monticule, avec les structures du village de Nexquipayac décrites dans les années 40 par Apenes (1994). Dans les années 60, Sleight (1965 : 160) fouille une structure similaire sur un monticule situé aux abords du site de Cerritos Colorados. Cet auteur décrit une fosse cylindrique d'environ 1 m de diamètre et 1 m de profondeur, présentant des parois et un fond de tessons de céramique pris dans une masse de torchis. Le remplissage de cette structure contenait des cendres. Sleight interprète cette fosse comme un four ayant servi à la cuisson du sel, sur la base de la description donnée par Ponce.

Nous pouvons ici rappeler les remarques de Ponce (Ciudad Real, 1993 : 151) au sujet de la cuisson et du four lors de son passage dans le village de Atoyac en 1587.

> *hacen en el suelo un horno redondo, a manera de calera, no muy hondo, y menos de una vara de medir alto del suelo, y dejando hueco y concavidad en qué echar leña y lumbre, ponen encima muchas ollas chicas y grandes, asidas y trabadas unas con otras, puestas por orden y concierto, de manera que queda cerrado todo el redondo del horno ; luego hinchen las ollas de aquella lejía, y vanles dando fuego por abajo por unas bocas grandes que dejan a los lados, y con este fuego se va cuajando la lejía y convirtiendo en sal, y poco a poco van añadiendo lejía hasta tanto que todas las ollas quedan llenas de sal cuajada y echan esta lejía atentadamente, que todas juntas vienen a quedar llenas de sal cuajada a un punto : luego quitan el fuego, y despuès las ollas, y quedan los panes de sal enteros, blancos y muy vistosos..."* (cf annexe 3 : (10)).

L'auteur décrit effectivement un four circulaire creusé dans le sol dans lequel sont placés les récipients pour cuire la saumure. Toutefois, il précise que des ouvertures ou des concavités permettent d'alimenter la structure en combustibles lors de la cuisson. Les fosses de type E ne présentent pas d'ouverture, par contre certaines d'entre elles présentent effectivement une "concavité" ou dépression dans une partie du fond qui pouvait remplir le rôle d'accès à la chambre de combustion.

Là encore, il manque des indications permettant d'inférer sur le positionnement des récipients dans la structure. Les nombreuses indurations d'argile sèche de couleur beige, mises au jour dans le remplissage de certaines fosses et dans les accumulations cendreuses du monticule, pourraient avoir servi de support. Nous reviendrons sur ce problème dans le chapitre suivant concernant la classification typologique des récipients céramique.

D'un point de vue chronologique, ces fosses semblent diagnostiques de la phase Amacueca, car elles sont presque systématiquement associées à des *cajetes rectos Amacueca* d'une part, et ne sont pas situés sur des sites présentant des évidences d'utilisation exclusive des phase Verdía et surtout Sayula.

4.6. Les fosses de type F (fig. 77)

Cette catégorie se rapporte à la structure 6, située au pied du monticule fouillé dans la Zone Extérieure 1 du site de Cerritos Colorados.

4.6.1. Rappel descriptif

Il s'agit d'une fosse de 1 m 10 de diamètre et 53 cm de profondeur. Les parois sont tapissées de tessons de céramique et couvertes d'un enduit d'argile sèche de couleur beige de 5 cm d'épaisseur. Le remplissage est constitué d'une succession de couches sablo-limoneuses et argilo-limoneuses dans lesquelles sont dispersés quelques tessons de *cajetes rectos Amacueca* et un tesson de *cuenco salinero Sayula*. Trois grosses pierres ont été découvertes entre 10 et 30 cm de profondeur.

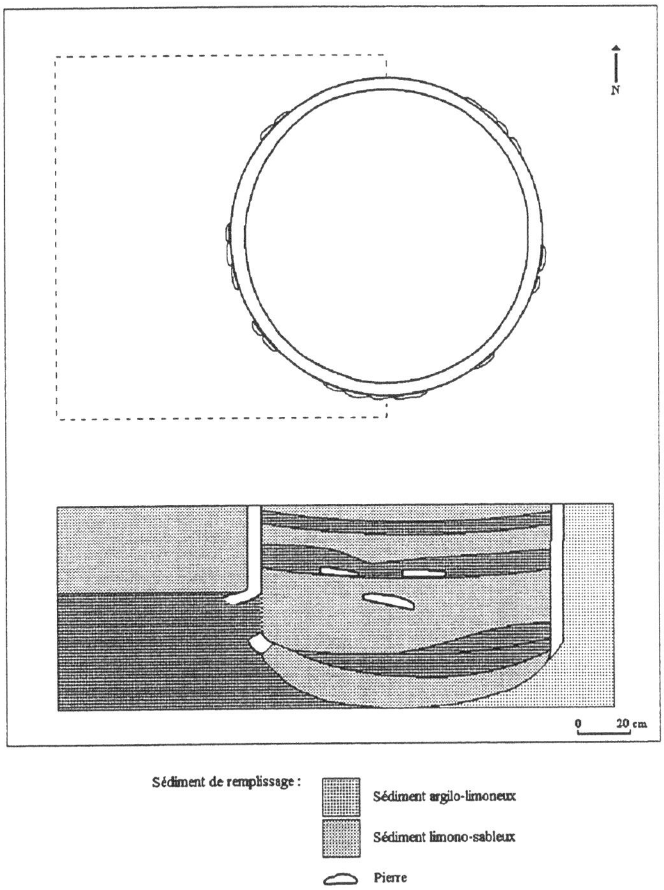

Figure 77 : Fosse de type F.

4.6.2. Caractérisation micromorphologique et chimique de l'enduit

L'enduit de cette fosse présente macroscopiquement des caractéristiques analogues à celui identifié dans les fosses de type E, on y observe de claires évidences de contact avec le feu (traces noires). En lame mince, il présente également les mêmes caractéristiques que celui des fosses de type E.

4.6.3. Distribution dans les sites de playa

Ce type de fosses a été identifié dans la Zone Extérieure 3 du site de Cerritos Colorados.

4.6.4. Bilan : fonction et chronologie

Ce type de fosse, comme le type E, présente des évidences d'utilisation comme structure de combustion. Il se distingue du précédent par sa localisation (au pied du monticule, tandis que le type E se situe sur les flancs du monticule), par sa taille (plus grande que le précédent), et par l'existence d'une ouverture permettant d'alimenter facilement la chambre de combustion.

L'existence de cette ouverture semble attester qu'il ne s'agit pas réellement d'une fosse, mais que la structure ait été construite en élévation par rapport à la superficie. L'ouverture d'un sondage pour suivre la face externe de la paroi à l'ouest de la structure, a permis de constater que les tessons sont également enduits sur la face externe de la paroi, ce qui donne la sensation que cette paroi pouvait être parfaitement soutenue dans le vide. Cela signifierait également que la superficie de la zone se situait durant la période d'utilisation à 50 cm sous la superficie actuelle, ce qui pose un problème si on considère que les autres structures (type A et B) situées dans la même zone sont elles des fosses.

Le remplissage de cette structure donne malheureusement peu d'indication sur son fonctionnement et son utilisation précise, il semble qu'il s'agisse d'un comblement intentionnel réalisé à base de sédiment naturel.

D'un point de vue chronologique, la localisation de cette fosse dans une zone qui présente toutes les évidences d'utilisation dans les phases finales de la période préhispanique, voire le début de la période coloniale, semble attester d'un âge récent.

Tableau 33 : Bilan des données relatives à la fosse de type F.

	Caractéristiques	Enduit	Localisation	Information chronologique
Type F	Fosse cylindrique, diamètre : 1 m 10 profondeur : 53 cm Parois : mosaïque de tessons et enduit d'argile sèche de couleur beige.	Préparation à base d'argile et de végétaux plaquée sur les parois et chauffée.	CColorados, ZE1 CS-11 ZE3	Datations ^{14}C à partir de prélèvements de charbons de bois sur monticule associé : 270 ± 70 BP et 100 ± 70 BP. Matériel céramique dans le remplissage : - *cajetes rectos Amacueca*

4.7. Bilan de la classification des fosses

Le tableau 33 propose un récapitulatif des caractéristiques des différents types de fosses mis au jour par les fouilles. Plusieurs observations et hypothèses peuvent être formulées à l'issue de ce bilan :

- durant la période Sayula, une certaine standardisation des techniques de production de sel transparaît à travers l'apparition systématique de fosses spécialisées utilisées dans diverses étapes de la chaîne opératoire : les fosses de type A, pour la filtration des terres salées ; les fosses de type B, pour la décantation des terres salées ; les fosses de type C, pour la cuisson de la saumure et la fabrication de sel cristallisé ;

Tableau 33 : Récapitulatif des caractéristiques des différents types de fosses.

Type	Utilisation	Chronologie	Localisation
A	filtration / lixiviation de terres salées	Verdía Sayula Amacueca	S.S-E : La Motita, La Mota (CS-25) S.S-O : Carmelita (CS-4) S.N-O : Playas El Zapote-Techaluta (CS-22) Cerritos Colorados (ZE1, ZE3) S.N-E : Fábrica de Explosivos (CS-13C)
B	décantation	Verdía Sayula Amacueca	S.S-E : La Motita, La Mota (CS-25) S.S-O : Carmelita (CS-4), Lienzo Charro S.I : Playas de Atoyac (CS-15B) S.N-O : Playas El Zapote-Techaluta (CS-22) Cerritos Colorados (ZE1, ZE3) S.N-E : Fábrica de Explosivos (CS-13C)
C	cuisson de la saumure et fabrication du sel	Verdía Sayula	S.S-E : La Motita, La Mota (CS-25) S.S-O : Carmelita (CS-4), Lienzo Charro S.N-E : Fábrica de Explosivos (CS-13C)
D	cuisson de la saumure et fabrication du sel	Verdía Sayula	S.S-E : La Motita S.S-O : Carmelita (CS-4), Lienzo Charro S.I : Playas de Atoyac (CS-15B) S.N-E : Fábrica de Explosivos (CS-13C)
E	cuisson de la saumure et fabrication du sel	Amacueca	S.N-O : Playas El Zapote-Anoca (CS-22) Cerritos Colorados (ZE1, ZE3, Zone XIX-B) S.N-E : Fábrica de Explosivos (CS-13A)
F	cuisson de la saumure et fabrication du sel	Amacueca	S.N-O : Cerritos Colorados (ZE1)

- certaines de ces fosses semblent avoir été utilisées dès la phase Verdía, mais sous des formes plus rustiques (absence d'une mosaïque de tessons soutenant les parois, enduit des parois plus grossier) : variante A4 des fosses de type A, variante B2 des fosses de type B ;

- la phase Amacueca correspond à une période de changements qui se manifestent par l'apparition de nouveaux types de fosses de combustion (E et F) ; ces changements semblent s'accompagner d'une certaine continuité par l'utilisation de fosses de décantation ou filtration existant durant la phase Sayula (types A et B), cette observation reste néanmoins difficile à confirmer en raison de la réutilisation des lieux de production de sel pendant les différentes phases ;

- certaines de ces fosses présentent une fonction analogue et sont utilisées sur les mêmes sites apparemment pendant les mêmes phases : c'est le cas des fosses de type A et B utilisées pour la fabrication d'une saumure par filtration ou décantation de terres salées pendant la phase Sayula ; c'est également le cas des fosses de combustion de type C et D également utilisées durant la phase Sayula; pour la phase Amacueca, c'est le cas des fosses de combustion de type E et F. Trois hypothèses peuvent expliquer ce phénomène : d'une part des fonctions légèrement différentes dans le but de produire différents types de sels ; d'autre part une utilisation par des groupes différents - cette hypothèse reste problématique étant donnée que les fosses sont présentes sur les mêmes sites - ; finalement des différences chronologiques non mises en évidence en raison du degré de résolution chronologique [2];

- ce bilan reste incomplet en raison de l'absence d'identification d'autres types de structures utilisées durant les périodes préhispaniques, dont les matériaux de construction disparaissent rapidement avec le temps : c'est le cas notamment des corbeilles utilisées dans le processus de filtration des terres salées [3]. Ce type de structure pourrait avoir été utilisé en remplacement ou en complément des fosses découvertes sur les ateliers de production.

D'une manière générale, les fosses identifiées ici témoignent, de par leur finition et leur construction, d'une activité à caractère spécialisé et standardisé qui s'ébauche dès la phase Verdía et se développe systématiquement durant la phase Sayula pour connaître des changements significatifs durant la phase Amacueca.

[2] L'identification des périodes d'utilisation de ces fosses s'appuie sur une chronologie relative établie à partir de l'étude du matériel céramique diagnostique, seule information disponnible en raison de l'absence d'autres matériaux datables par chronologie absolue dans la plupart des fosses.

[3] cf. chap. 3 de la première partie

5. Classification typologique des récipients céramique

Dans ce chapitre, nous allons décrire et analyser les différents types de récipients mis au jour dans les sites fouillés, dont la localisation spécifique et la quantité laissent supposer une utilisation diagnostique dans la production de sel. Nous tenterons ainsi d'identifier leur période d'utilisation et leur fonction respectives dans les étapes de la chaîne opératoire de production de sel.

Les récipients sont classés en fonction de critères de forme et de taille. Nous utiliserons dans cette classification les critères et la terminologie définis par Balfet et al (1992). Quatre types de récipients principaux (classés de I à IV) ont été identifiés sur les sites fouillés : les jattes hémisphériques avec lignes d'engobe rouge sur la face interne (type I), les *cuencos salineros Sayula* (type II), les jattes de céramique grossière (type III) et les *cajetes rectos Amacueca* (type IV). Chacun d'entre eux a été analysé en fonction de ses attributs (formes et dimensions, caractéristiques et épaisseur de la pâte, état de surface et traitement de finition, éventuel décor) et de sa distribution stratigraphique et spatiale, afin d'identifier les associations à la fois chronologiques et fonctionnelles (remplissage des structures, accumulations de déchets...).

Deux autres types de récipients mis au jour sur les aires d'activité, les pots et les jarres enterrées, sont également pris en compte dans cette classification, afin de déterminer leur fonction dans la chaîne opératoire de production de sel.

5.1. Type I : les jattes hémisphériques avec lignes d'engobe rouge sur la face interne.

Ce type de récipients a été mis au jour dans les trois Unités de Fouille du site de La Motita. 776 tessons sont classés dans cette catégorie dont 716 provenant de l'Unité de Fouille n°3. Parmi ces tessons, 43 % sont des bords (dont 34 % décorés avec lignes d'engobe rouge sur la face interne, 18 % non décorés et 48 % érodés), et 57 % des corps (dont 21 % avec lignes d'engobe rouge sur la face interne, 33 % non décorés et 46 % érodés).

5.1.1. Description des attributs

- Formes et dimensions

Ces récipients se présentent sous la forme de grandes jattes [1] hémisphériques. Nous n'avons malheureusement pas été en mesure de reconstituer la totalité de ces récipients. Cependant, l'orientation des parois, l'observation des diamètres, et l'existence de corps de forme exclusivement incurvés, permettent de supposer qu'il s'agit de récipients à fond concaves et relativement profonds. Ils peuvent être classés en trois sous-catégories en fonction de l'orientation des bords : les jattes hemisphériques à bords rentrant (type IA), les jattes hémisphériques à bords droits (type IB) et les jattes hémisphériques aux parois divergentes et bords sortant (IC).

- *Type IA* (fig. 78A)

Cette sous-catégorie est dominante, elle représente environ 50 % du matériel collecté. Son diamètre varie entre 35 cm et 65 cm. Sur quelques exemplaires, la lèvre présente un léger rebord externe (b, m et n sur la figure 78A). La profondeur estimée varie entre 24 cm et 32 cm.

- *Type IB* (fig. 78B)

Cette sous-catégorie représente environ 35 % du matériel collecté. Son diamètre varie entre 32 cm et 64 cm et la profondeur est estimée entre 20 et 28 cm.

- *Type IC* (fig. 78B)

Cette sous-catégorie représente environ 15 % du matériel collecté. Son diamètre varie entre 36 et 60 cm et la profondeur est estimée entre 16 et 22 cm.

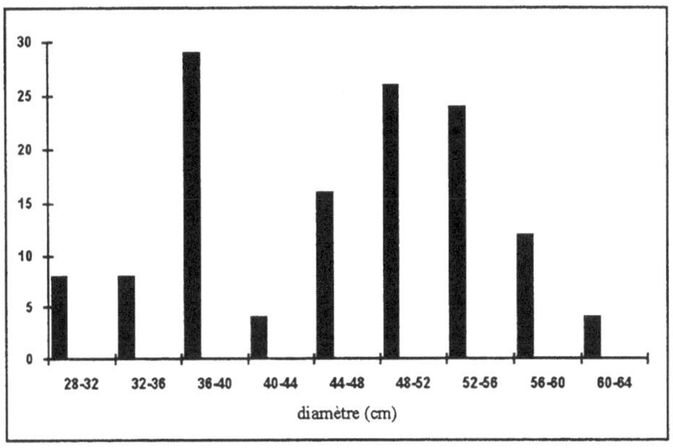

Figure 79 : Histogramme des diamètres des récipients de type I (échantillon de 131 tessons)

- Caractéristiques et épaisseur de la pâte

L'épaisseur de la pâte varie entre 0.73 et 1.15 cm avec une moyenne de 0.95 cm. Dans 80 % des cas, la pâte présente une couleur grise plus ou moins foncée, qui traduit une cuisson en atmosphère réductrice. Pour l'ensemble des tessons observés, la pâte est caractérisée par une argile assez fine et moyennement dense, présentant une quantité moyenne d'éléments non plastiques de taille et d'origine diverses, parmi lesquels dominent des minéraux de type plagioclases et sanidine.

- Aspects de surface et traitement de finition

La plupart des tessons ont une couleur homogène brun claire, 20 % d'entre eux présentent des traces d'enfumage sur la face externe. Comme nous l'avons vu dans le paragraphe introductif, 43 % des tessons collectés sont des bords, parmi lesquels 48 % sont érodés. L'ensemble des fragments de bords intacts présentent un traitement de finition similaire : sur la face interne un polissage linéaire (traces de polissage en lignes parallèles à la lèvre), sur la face externe un fin lissage. Parmi les fragments de corps non érodés, 79 % présentent un traitement identique à celui des bords, et 21 % ont une face externe régularisé lui donnant un aspect de surface légèrement rugueux. Cette caractéristique laisse supposer qu'il s'agit de fragments de fond des récipients.

[1] Jatte : récipient ouvert aux parois légèrement divergentes et dont le diamètre de l'ouverture (supérieur à 19 cm) est de 1,5 à 2 fois supérieur à la hauteur (Balfet et al, 1992 : 25).

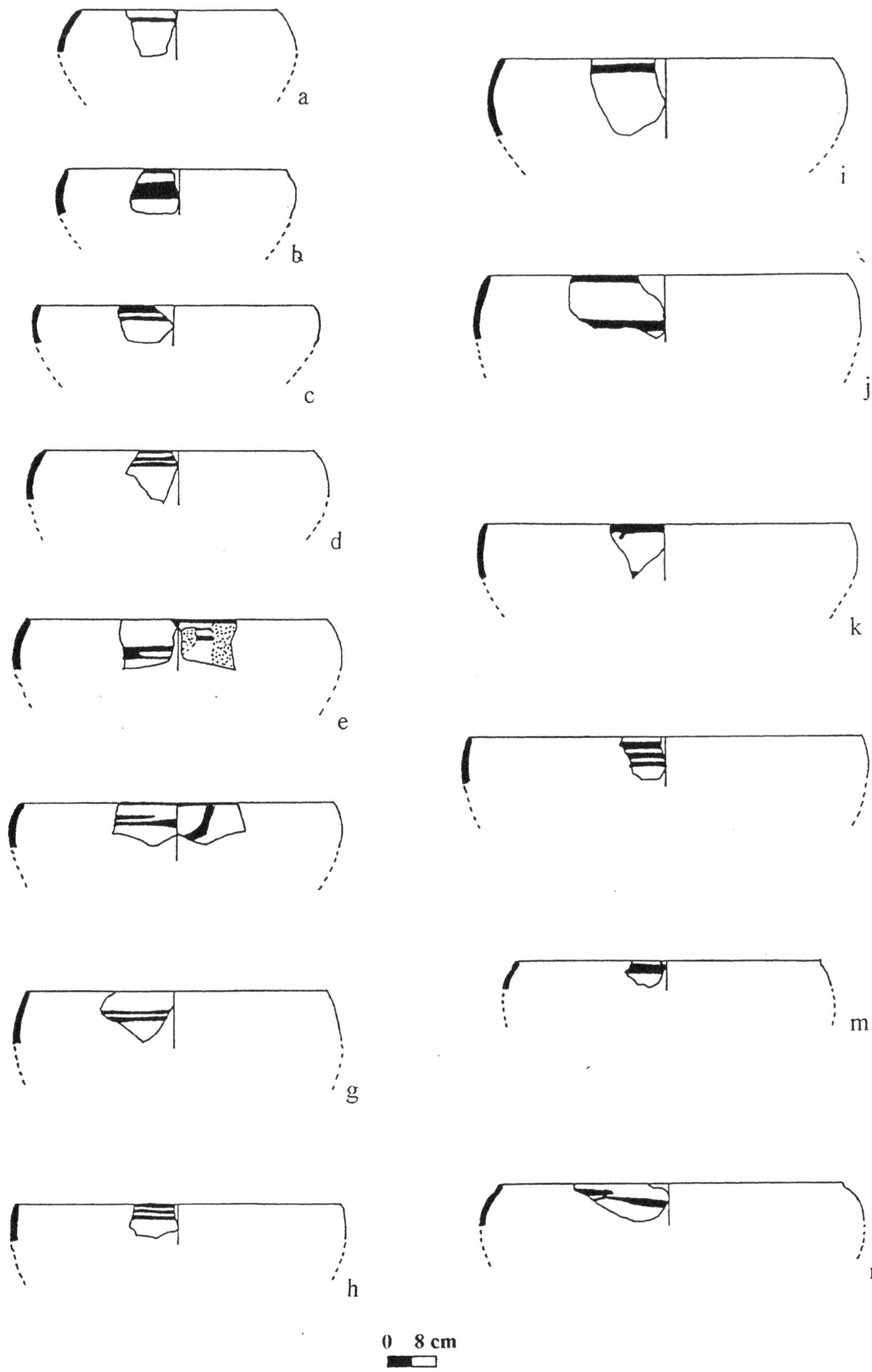

Figure 78A : Jattes hemisphériques avec lignes d'engobe rouge sur la face interne, type IA

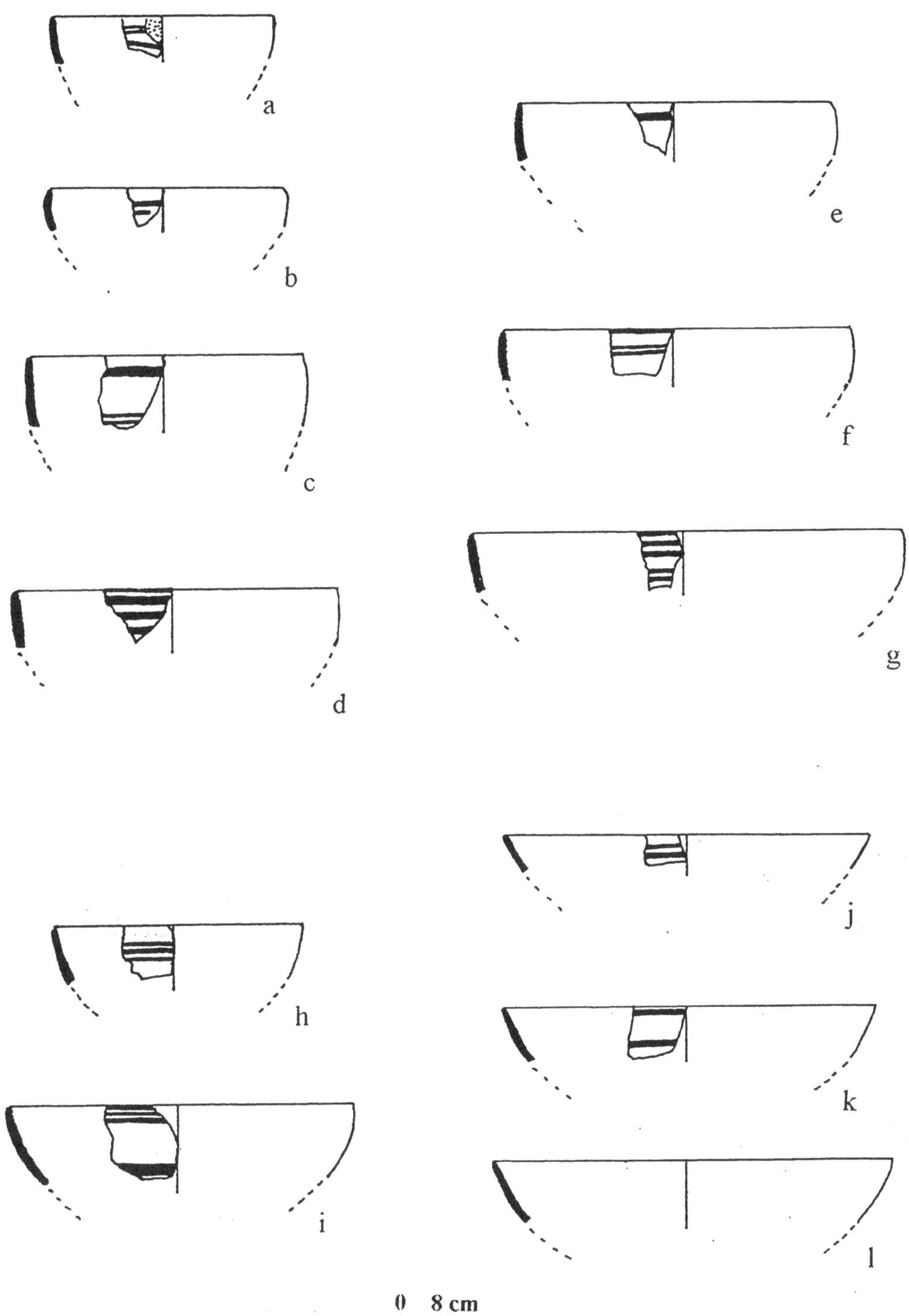

Figure 78B : Jattes hemisphériques avec lignes d'engobe rouge sur la face interne, types IB (a-g) et IC (h-l)

- Décor
26 % des tessons collectés se caractérisent par la présence d'un décor interne en lignes d'engobe rouge parallèles à l'ouverture. Seuls deux exemplaires présentent également une décoration sur la face externe (e et f, fig. 78A). Les éléments représentés sur les figures 78A et 78B illustrent la diversité de ce décor, quant au nombre, à la localisation et à l'épaisseur des lignes :

- 35 % des bords décorés présentent une ligne localisée à une distance de la lèvre comprise entre 0,5 cm et 2 cm et dont l'épaisseur varie entre 0,5 et 1,5 cm (éléments a, i et m, fig. 78A et e, fig. 78B);

- 40 % présentent deux lignes d'épaisseur variant entre 0,5 cm et 2 cm, positionnées différemment selon les tessons : soit une ligne fine sur la lèvre et une ligne épaisse à 2 cm de celle-ci (b, fig. 78A) ; soit une ligne épaisse sur la lèvre et une ligne fine séparée de 0,5 cm de la première (c, fig. 78A) ; soit deux lignes fines séparées par 1 cm, situées à 2 cm de la lèvre (g, fig. 78A ; b et j, fig. 78B) ; soit deux lignes épaisses, l'une située sur la lèvre et l'autre environ au quart de la profondeur du récipient (j, fig. 78A ; k, fig. 78B);

- 20 % présentent trois lignes d'épaisseur identique variant entre 0,5 cm et 1 cm, positionnées différemment selon les tessons : soit trois lignes fines depuis la lèvre vers l'intérieur, séparées de 0,5 à 2 cm (d et h, fig. 78A ; f, fig. 78B) ; soit trois lignes d'épaisseur identique, situées à une distance de la lèvre comprise entre 1 cm et 2 cm (l, fig. 78A ; a et h, fig. 78B) ; soit une ligne épaisse située à 1,5 cm de la lèvre et deux lignes fines situées au quart de l'intérieur du récipient (c, fig. 78B) ;

- deux tessons présentent quatre lignes d'épaisseur comprise entre 0,5 et 1,5 cm : soit une ligne fine sur la lèvre et trois lignes épaisses, toutes séparées de 1 cm (d, fig. 78B) ; soit trois lignes fines depuis la lèvre vers l'intérieur, séparées de 0,5 cm et une ligne épaisse située au quart du récipient (h, fig. 78B) ;

- un tesson présente cinq lignes de 1 cm d'épaisseur : trois lignes situées depuis la lèvre vers l'intérieur, séparées de 1 cm, et deux lignes distantes des premières de 2 cm (g, fig. 78B).

Il s'agit généralement d'un décor "grossier" réalisé avec une peinture liquide. L'aspect "grossier" se distingue par l'irrégularité des traits (particulièrement visibles sur les fragments e, f et n de la fig. 78A) et la présence marquée sur certains fragments de petites coulées (fragment j de la fig. 78A).

5.1.2. Distribution stratigraphique et spatiale

Comme nous l'avons précisé dans le paragraphe d'introduction, ces récipients ont été mis au jour sur le site de La Motita. Leur présence est également signalée sur le site de La Mota (cf. chap. 1.2.1.). Le tableau 34 propose un récapitulatif de leurs caractéristiques en fonction de leur distribution dans les trois Unités de Fouille du site de La Motita.

Ce type de récipient se retrouve en grande quantité en superficie dans différents secteurs du site, également au sein d'accumulation de sédiments de rejet : dans l'amas de tessons de l'UF1 et dans les différentes couches stratigraphiques du monticule central et du monticule Nord-Ouest de l'UF3. On note également la présence de quelques fragments dans les fosses de type B et dans la fosse de type F de l'UF2, ainsi que dans la fosse de type C de l'UF3. Toutefois, la présence en faible quantité dans ces dernières ne semblent pas significative d'une utilisation de ces récipients directement liée à ces fosses.

5.1.3. Bilan : fonction et chronologie

Comme nous l'avons vu dans le chapitre précédent, ce type de récipients apparaît essentiellement en superficie dans différents secteurs des sites de La Mota et La Motita, dans les niveaux de rejets des monticules sondés sur le site de La Motita et dans l'amas de tessons de l'Unité de Fouille n°1, en association avec d'autres récipients de type pots ou écuelles à probable usage domestique. Par contre leur quasi absence dans les fosses de décantation ou de combustion permet de suggérer qu'ils ne sont pas directement liés aux processus de production du sel proprement dit. Ils apparaissent toutefois en quantité importante par rapport à d'autres types de récipients, sur des sites dans lesquels la production de sel occupe une place significative. Toutes ces observations supposent qu'ils aient joué un rôle dans cette activité. Leur forme à la fois évasée et profonde et leur taille relativement grande, nous conduisent à émettre l'hypothèse de leur utilisation dans le processus de stockage du sel. Par stockage, on suppose soit un processus de longue durée, à l'intérieur de l'habitat jusqu'à la consommation sur place ; soit un processus temporaire, dans l'attente d'un conditionnement en pain de sel pour un transport et une commercialisation ultérieure. Le stockage du sel dans des récipients de ce type, impliquerait par ailleurs que l'étape de cuisson produise un sel qui soit encore à l'état visqueux (et non pris en masse à l'état de pain), afin de faciliter le transvasement depuis le récipient de cuisson jusqu'aux récipients de stockage. Nous rappelons qu'un tel type de sel est encore produit actuellement dans le village de Zacapulas, dans les hautes terres du Guatemala, où il est effectivement transvasé à l'aide d'une spatule en bois depuis le récipient de cuisson - qu'il n'est alors pas nécessaire de casser - vers des grandes jarres de stockage, avant son séchage ultime et son conditionnement en pain pour la vente (Reina et Monaghan, 1981 : 29).

Si on considère que ce type de récipients a effectivement servi au stockage d'un sel encore humide, voir au transport sur de courtes distance depuis la zone de production vers la zone de stockage, nous pouvons estimer leur contenance [2].

[2] Nous rappelons qu'il ne s'agit ici que de calculs hypothétiques puisque nous n'avons pu reconstituer la forme totale des récipients.

Tableau 34 : Distribution et caractéristiques des récipients de type I.

	Partie du récipient		Aspect de surface (1)		Type	Décor	Association chronologique
	corps	bords	ext	int			
La Motita, UF1							La Motita, UF1, structure 10, datation ^{14}C : 1010 ± 60 B.P.
-amas de tessons	26		LI	PO			
	3		RE	PO			Matériel diagnostique associé: écuelles Sayula ancien
	2		ER	ER			
		4	LI	PO	IA	2 et 3 lignes	
La Motita, UF2							La Motita, UF1, structure 10, datation ^{14}C : 1010 ± 60 B.P.
-fosses de type B	1		RE	PO			
	9		LI	PO			Matériel associé: jattes céramique grossière, pots Sayula
		7	LI	PO	IA	1 ligne	
		6	ER	ER	IA	2 et 3 lignes	
-fosse de type D	2		LI	PO		1 ligne	La Motita, UF1, structure 10, datation ^{14}C : 1010 ± 60 B.P. Matériel associé: jattes céramique grossière, pots Sayula
La Motita, UF3							
-monticule central superficie	27		ER	ER			Matériel diagnostique associé : écuelles Verdía
	4		LI	PO		1 ligne	
		113	ER	ER	IA et IB		
		17	LI	PO	IA et IB		
		42	LI	PO	IA et IB	2, 3 et 4 lignes	
-monticule central N3-E6, N2-E7, N7-E4 5 - 40 cm	36		RE	PO			Matériel diagnostique associé : écuelles Verdía, pots Sayula.
	112		ER	ER			
	40		LI	PO		1 et 2 lignes	
		12	ER	ER	IA et IB		
		35	LI	PO	IA et IB		
		17	LI	PO	IA et IB	1, 2 et 3 lignes	
-monticule central N3-E6, N2-E7, N7-E4 40 - 60 cm	11		RE	PO			Matériel diagnostique associé : écuelles Verdía
	32		LI	PO			
	46		ER	ER			
	28		LI	PO		1 ligne	
		11	ER	ER	IA, IB, IC		
		38	LI	PO	IA, IB, IC	2 et 3 lignes	
-monticule NO 0 - 40 cm	20		LI	PO			Matériel diagnostique associé : écuelles Verdía, pots Sayula
	3		LI	PO		1 ligne	
		14	ER	ER	IA et IB		
		5	LI	PO	IA		
		3	LI	PO	IA	2, 3 et 5 lignes	
-monticule NO 40 - 70 cm	12		ER	ER			
	9		LI	PO			
	5		LI	PO		1 et 2 lignes	
		6	ER	ER	IA et IB		
		4	LI	PO	IA		
		2	LI	PO	IA et IB	2 et 3 lignes	
-fosse de type C	8		LI	PO			Matériel diagnostique associé : écuelles Verdía, pots Sayula
	4		LI	PO		1 et 2 lignes	

(1) LI : Lissé, PO : Poli, RE : régularisé, ER : érodé.

A l'intérieur de l'histogramme des diamètres mesurés sur 131 bords (fig. 79), on note que ces récipients se répartissent en deux groupes de taille : le premier pour lequel le diamètre est compris entre 32 et 36 cm et le second pour lequel le diamètre est compris entre 48 et 56 cm. Le premier groupe de récipient présente une capacité volumique moyenne de 11 litres, le second groupe de 38 litres. Si on ramène ces capacités volumiques à un poids de sel [3], on obtient des valeurs de 18 kg de sel sec ou 20 kg de sel à 15 % d'humidité [4] pour les récipients du premier groupe ; 63 kg de sel sec ou 69 kg de sel à 15 % d'humidité pour les récipients du second groupe, en considérant dans chaque cas

[3] Les densités du chlorure de sodium minéral et du bicarbonate de sodium minéral sont respectivement 2,164 et 2,2, (Dean, 1985) ; on considère donc que la densité moyenne du sel formé à Sayula est de 2,2. Par ailleurs, on estime la porosité d'un tas de sel à 25 %, en considérant que les grains ont une taille moyenne de 1 mm.

[4] La valeur de 15 % est une valeur approximative qui se réfère à des mesures d'humidité réalisées sur un sel collecté dans les salines de Carrillo (désert du Chihuahua, Nord Mexique).

que le récipient soit rempli jusqu'au bord. Les récipients les plus grands (diamètre de 64 cm) ont une capacité volumique de 69 litres, ce qui ramené à une estimation de poids de sel donne des valeurs de 114 kg de sel sec ou 126 kg de sel à 15 % d'humidité. Les récipients du premier groupe pourraient avoir servi à transporter le sel jusqu'aux zones de stockage de longue durée, tandis que les récipients du second groupe et les récipients les plus grands, intransportables lorsqu'ils sont remplis, pourraient avoir servi au stockage de longue durée soit dans des zones spécialement aménagées à cet effet dans d'autres secteurs du site, soit sur le lieu même de la production.

Dans ce contexte, les décors en lignes d'engobe rouge pourraient être la marque d'appartenance à une famille ou à un groupe de producteur, ce qui expliquerait les différences du nombre de lignes et de leur position sur le récipient.

Bien que nous ne disposions pas de datations absolues directement associées à ce type de récipients, plusieurs observations relatives aux associations avec du matériel diagnostique permettent d'émettre des hypothèses quant à leur période d'utilisation :

- ces récipients sont presque systématiquement associés à des écuelles Verdía, ou des écuelles Sayula ancien ;

- on ne retrouve pas ce type de récipients sur d'autres sites présentant du matériel exclusivement Sayula ;

- on note également que ces récipients présentent (notamment pour le type IA) une forme générale et une taille qui rappelle celle des *cuencos salineros* diagnostiques de la phase Sayula. Il semble donc qu'ils puissent constituer soit un modèle ancien, soit un modèle local (ou les deux) des *cuencos salineros* qui seront utilisés en quantité "industrielle" pendant la phase Sayula sur la plupart des sites de playa ;

- des récipients de manufacture et décor similaires ont été collectés en superficie des sites de Hierbabuena et El Gorgozo - localisés sur le piémont de la Sierra del Tigre, à l'est du bassin, entre les villages de Cuyacapan et Atoyac - où ils sont associés à du matériel ancien (Verdía et Usmajac) (Francisco Valdez, communication personnelle).

5.2. Type II : les *cuencos salineros Sayula*.

Nous rappelons que le terme de *cuencos salineros Sayula* a été défini par Kelly (1941-1944 : 38) à l'issue de campagnes de prospection, au cours desquelles elle a observé la présence de grandes quantités de tessons de ce type sur de nombreuses *tepalcateras* de playa, en association avec du matériel diagnostique de la phase Sayula [5]. L'auteur les décrit comme de grands récipients profonds, aux parois divergentes et au fond concave et émet l'hypothèse de leur utilisation dans la cuisson du sel. De récents travaux réalisés sur le site de Cerritos Colorados ont montré que ce type se rencontre dans des contextes variés, ce qui relance la problématique de leur utilisation exclusive dans la production de sel (Guffroy, 1996 : 41) [6].

Nous n'avons identifié que 58 tessons classés dans cette catégorie et répartis dans les Zones XIX-B et Extérieure 1 du site de Cerritos Colorados et dans les Unités de Fouille n°1 et 2 du site de La Motita. Nous pouvons ajouter à ce nombre, les quelques tessons non comptabilisés situés en superficie de la Zone Extérieure 1 et les nombreux petits fragments également non comptabilisés, mais regroupant une grande quantité de ce type de récipients en superficie et dans les niveaux stratigraphiques du sondage de la Zone XIX-B du site de Cerritos Colorados.

5.2.1. Description des attributs

- Formes et dimensions

Ces récipients sont caractérisés par une forme générale de jatte profonde, aux bords divergents et au fond concave. A l'intérieur de cette catégorie, on observe une grande variété de forme d'ouverture et de taille. La figure 80 montre quelques exemples de récipients. On note ainsi que l'ouverture varie avec l'existence de bords droits (a) (IIA), bords plus ou moins rentrants arrondis (b, c, e, g, h, i, k) (IIB) ou anguleux (d, f, j, l, m) (IIC), et un exemplaire à l'ouverture évasée bords sortants en continuation des parois (n) (IID). Le diamètre varie entre 32 cm et 45 cm. La profondeur estimée varie entre 11 cm (n, fig. 80) et 24 cm (d, fig. 80), avec une moyenne de 18 cm.

- Caractéristiques et épaisseur de la pâte

L'épaisseur des tessons varie entre 0,72 et 0,97 cm, avec une moyenne de 0,83 cm. Les variantes IIB et IIC présentent une pâte analogue, constituée par une matrice argileuse assez fine et compacte dans laquelle se disperse une quantité moyenne à forte d'éléments non plastiques, parmi lesquels on distingue de nombreux plagioclases, ainsi que des cristaux de hornblende verte, d'augite et des fragments de verre volcanique. La pâte présente une couleur orange, avec un éventuel filet grisâtre à l'intérieur, significative d'une atmosphère de cuisson totalement ou partiellement oxydante. La pâte des variantes IIA et IID présente une texture et des constituants similaires avec une couleur grise plus ou moins foncée, diagnostique d'une cuisson en atmosphère réductrice.

- Aspects de surface et traitement de finition

Parmi les 58 tessons analysés, 54 présentent un important degré d'érosion ayant endommagé la surface. Parmi les 4 tessons intacts, 3 bords ont une face externe grossièrement lissée et une face interne lissée avec des traces de polissage parallèles à l'ouverture ; 1 corps présente une face externe régularisé lui donnant un aspect rugueux et une face interne lissée et irrégulièrement polie. Ces quatre tessons ont une couleur brune.

[5] cf. chap. 3.8.1. de la première partie.

[6] cf. chap. 2.3.2 de la première partie.

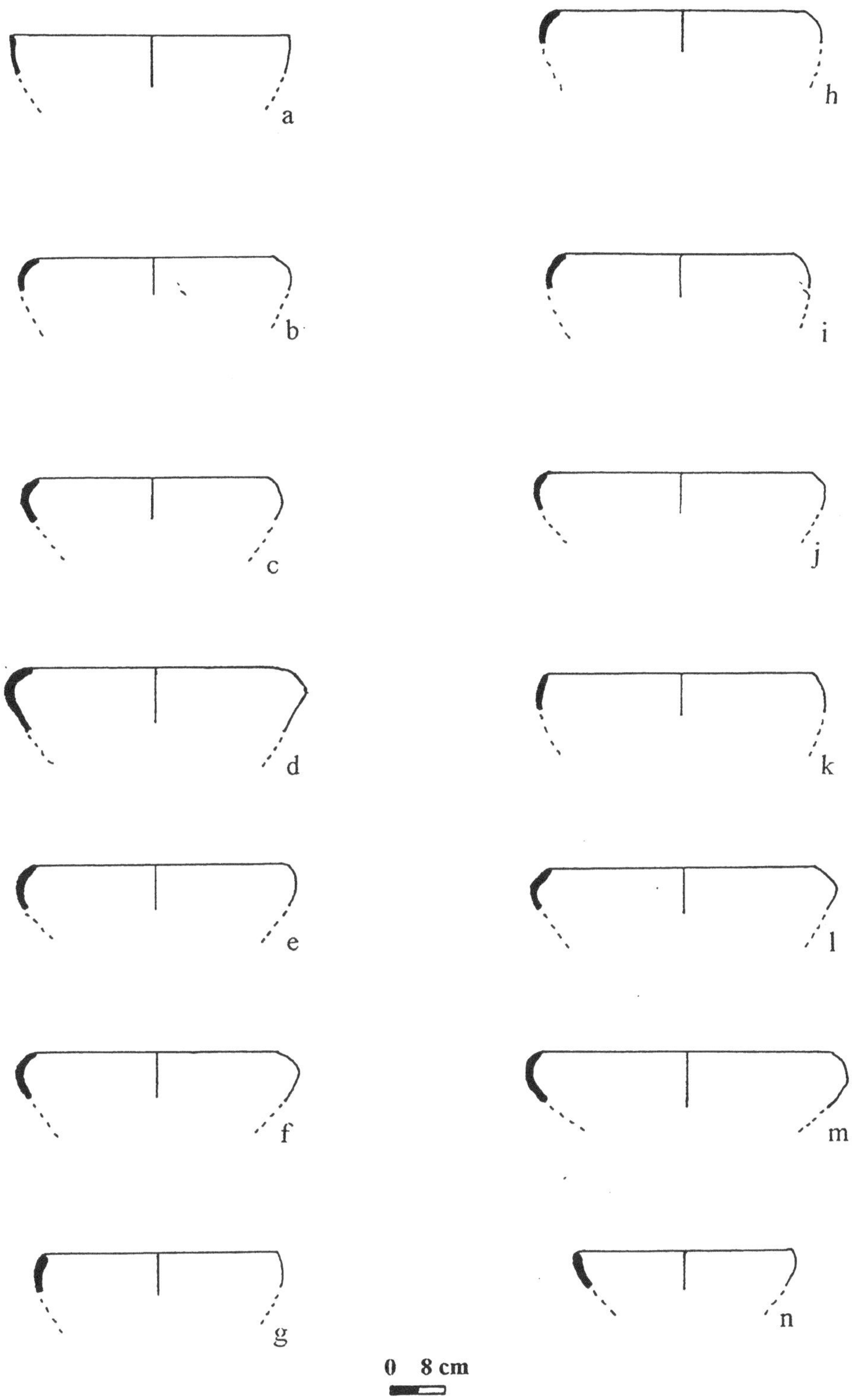

Figure 80 : *Cuencos salineros Sayula*, type II.

5.2.2. Distribution stratigraphique et spatiale

L'information obtenue à partir de l'échantillonnage collecté sur les aires d'activité étudiées, synthétisée dans le tableau 35, soulève plusieurs remarques :

- Tout d'abord, on note la faible quantité de ce type de récipients sur des aires de production, alors qu'ils ont été pendant longtemps, comme leur nom l'indique, strictement associés aux étapes de fabrication du sel. Ce faible nombre est problématique sur le site de La Motita (et plus particulièrement dans les Unités de Fouille n°1 et 2, datées de la phase Sayula). Il l'est moins en ce qui concerne la Zone Extérieure 1 du site de Cerritos Colorados, où la présence marquée de *cajetes rectos Amacueca* et des datations ^{14}C attestent d'une occupation récente de celle-ci. Dans cette zone, on peut d'ailleurs noter que les quelques tessons de *cuencos salineros Sayula* se trouvent en général associé à d'autres fragments de récipients diagnostiques de la phase Sayula. En ce qui concerne la Zone XIX-B, il semble que la période de fonctionnement des fosses de production de sel soit également située pendant la phase Amacueca, et les quelques fragments de *cuencos salineros Sayula* identifiés (auxquels on peut ajouter de nombreux petits fragments probablement issus du même type de récipient) ne semblent pas associés directement au fonctionnement de la zone comme aire de production de sel.

Tableau 35 : Distribution et caractéristiques des récipients de type II.

	Partie du récipient		Aspect de surface		Type	Association chronologique
	corps	bords	ext	int		
La Motita, UF1						La Motita, UF1, structure 10, datation ^{14}C : 1010 ± 60 B.P.
- amas de tessons		1	ER	ER	IIA	Matériel diagnostique associé: écuelles Sayula ancien, pots Sayula
La Motita, UF2						La Motita, UF1, structure 10, datation ^{14}C : 1010 ± 60 B.P.
- fosse de type D		7	ER	ER	IIA, IIB, IIC	Matériel associé: jattes céramique grossière, pots Sayula
Cerritos Colorados Zone XIX-B						
- structure 2	3		ER	ER		
- structure 3	5		ER	ER		
		5	ER	ER	IIB, IIC	
Cerritos Colorados ZE1						
- terrasse n°1	1		ER	ER		Matériel diagnostique associé : pots Sayula, 1 fig. Cerro de García
- terrasse n°4	5		ER	ER		Matériel diagnostique associé :
couche IIN		5	ER	ER	IIB, IIC	- pots Sayula
couche IV	4		ER	ER		- pots Sayula
		5	ER	ER	IIB	
couche VI	1		LI	LP		- pots Sayula, 1 molcajete Sayula, 1 plat déc. incisé Sayula.
	3		ER	ER		
		1	LI	LP	IIB	
		6	ER	ER	IIB, IIC	
- structure 3		1	LI	LP	IIB	
- structure 4		1	LI	LP	IIB	
		1	ER	ER	IIB	
- structure 6		1	LI	LP	IIB	
- structure 7	2		ER	ER		

(1) LI : Lissé, LP : lissé et irrégulièrement poli, RE : régularisé, ER : érodé.

- Sur l'ensemble des zones fouillées, la plupart des tessons présente un important degré d'érosion qui atteste soit d'une utilisation durant des périodes antérieures à l'occupation identifiée sur la zone en question (cas des Zones XIX-B et Extérieure 1 du site de Cerritos Colorados), soit d'un apport depuis d'autres secteurs (cas des Unités de Fouille n°1 et 2 du site de La Motita).

Aux observations effectuées sur du matériel collecté lors de la fouille des zones de production, on peut ajouter l'information recueillie lors des différentes campagnes de prospection des sites de playa et lors de la fouille d'autres secteurs du site de Cerritos Colorados. Ainsi, les *cuencos salineros* sont présents en grand nombre en superficie de plusieurs sites de playa, dans différents contextes [7]:

- soit sous forme de petites *tepalcateras* essentiellement composées de *cuencos salineros*, auxquels peuvent s'ajouter des fragments de jattes de céramique grossière et des fragments de pots décorés diagnostiques de la phase Sayula : Carmelita (CS-4), entre Carmelita et Lienzo Charro, Lienzo Charro (LCA), Tepalcateras Isla Chica (CS-77) :

- soit dispersés sur de grandes *tepalcateras* en association avec du matériel divers (céramique décoré diagnostique de la phase Sayula, objets et éclats lithiques, esquilles d'ossements humains...) : Carmelita (CS-4), Cofradía (CS-21B), Playas de Atoyac (CS-15A), Playas El Zapote-Techaluta (CS-22), Cerritos Colorados (CS-11, zone centrale et ZE4), Tepalcateras Verdía-Cacaluta, Tepalcateras Atotonilco (CS-75), Tepalcateras Fábrica de Explosivos (CS-13B), Tepalcateras Poncitlan (CS-14) et Piramides de Tehuantepec (CS-62).

Sur le site de Cerritos Colorados, on retrouve ce type de récipients en très grande quantité, leur distribution en superficie est généralisée mais non homogène et on observe des différences notables de concentration selon les secteurs (Guffroy, 1996b). On note des densités particulièrement importantes dans le secteur ouest du site. Comme dans les autres sites de playa ils apparaissent dans deux contextes distincts :

- soit dans des secteurs civico-cérémoniels ou résidentiels en association avec un matériel très divers ;

- soit comme de grandes accumulations de tessons en superficie du site - c'est le cas notamment de deux grands monticules situés au nord de la Zone XIX-B fouillée - ou en stratigraphie - plusieurs niveaux constitués par des amas de *cuencos salineros* ont notamment été identifiés dans le sondage du secteur VII-D, à l'ouest du site.

Ces grandes accumulations, et plus particulièrement celles de superficie, supposent une disponibilité de grande quantité de tessons de ce type, notamment durant la phase finale de l'occupation du site (Sayula IIb) (Guffroy, communication personnelle). Elles ont pu jouer un rôle de remblai pour couvrir ou soutenir certains secteurs du site à différentes époques.

Par ailleurs, nous rappelons que des tessons de ce type de récipients semblent avoir servi à la construction de la mosaïque de tessons formant les parois des fosses de type A, B et E, ce qui confirme l'hypothèse d'une grande disponibilité de tessons de ce type à une période de l'occupation du bassin et plus particulièrement au moment de l'apogée de l'occupation des sites de production de sel.

[7] cf. chap. 1

5.2.3. Bilan : fonction et chronologie

Différentes hypothèses plus ou moins contradictoires ont été émises sur les *cuencos salineros Sayula*. La plupart des auteurs (Kelly, 1941-1944 ; Schöndübe et al, 1992 ; Valdez, 1993 ; Noyola, 1994 ; Liot, 1995 ; Valdez et al, 1996) s'accorde à leur attribuer un rôle important dans la production de sel durant la phase Sayula, en raison de leur présence systématique en grand nombre sur les *tepalcateras* de playa ; sans toutefois préciser leur fonction dans la chaîne opératoire de production de sel. Certains auteurs (Kelly, 1941-1944 ; Noyola, 1994) ont émis l'hypothèse de leur utilisation dans la cuisson d'une saumure pour la fabrication de sel cristallisé, sur la base de l'observation de grosses accumulations de tessons de ce type de récipients, qui constitueraient les déchets de cuisson dans le cas de la fabrication de pains de sels, nécessitant un bris intentionnel des récipients pour récuperer les pains.

A l'issue de ses travaux sur le site de Cerritos Colorados, Guffroy (1996a : 41-42) énonce trois arguments qu'il considère aller à l'encontre de cette hypothèse : d'une part, l'existence de variations importantes de taille et de forme à l'intérieur de cet ensemble ; d'autre part, la présence de ces récipients dans des zones de très probable fonction publique ou cérémonielle ; et enfin leur quasi absence dans des secteurs où l'on a pu observer des évidences claires d'une fabrication de sel [8].

D'autre part, l'auteur (Guffroy, 1996b) relativise l'importance de ce type de récipients en notant que si l'on prend en compte la taille et le poids moyens de ceux-ci, les quantités impliquées, même dans les concentrations les plus importantes, ne dépassent pas quelques dizaines de pièces par m^3. Estimation, qui, ramenée à la durée de l'occupation du site correspondant à l'utilisation de ces récipients - VII-XII èmes siècles de notre ère - lui fait suggérer que le nombre n'est pas si important.

Nous pensons que quelque soit leur quantité réelle sur les différents sites de playa, ces récipients peuvent être considérés comme des marqueurs de la phase Sayula, comme l'avait noté Kelly (1941-1944). Cette phase correspond à une période de développement notable du bassin en association avec l'occupation quasi systématique de la playa, c'est à dire avec l'intensification de l'activité de production de sel, et au développement de grands centres civico-cérémoniels, dont le plus important est Cerritos Colorados. Dans ce contexte, les *cuencos salineros*, de par leur présence systématique dans différents secteurs et sites de la playa, et leur quantité importante - même si celle-ci peut être relativisée - semblent former le lien et construire la cohésion entre les différents secteurs d'activité du site de Cerritos Colorados et des différents sites de playa.

[8] Il faut préciser que l'auteur se réfère dans ce troisième point aux ateliers de production identifiés dans la Zone Extérieure 1 du site, attribués à la phase Amacueca pendant laquelle la partie centrale du site n'est pas occupée.

Toutefois, l'information dont nous disposons actuellement ne nous permet pas d'étayer l'hypothèse d'une utilisation dans l'étape de cuisson de la saumure et fabrication de pains de sel. Leur forme, relativement profonde pour certains et leur ouverture à bords rentrant, ne nous paraissent pas adaptées à la cuisson et l'évaporation d'une saumure. De plus, nous rappelons que ce type de récipients est quasiment absent dans les aires de fabrication, et plus particulièrement dans les fosses de combustion, identifiées sur le site de La Motita. Ce site montre des évidences d'occupation depuis la phase Verdía, jusqu'à la fin de la phase Sayula (datation ^{14}C : 1010 ± 60 BP) et présente une grande quantité d'un type de récipient (type III), identifié comme récipient de cuisson de la saumure et fabrication de sel à cette période et identifié sur d'autres *tepalcateras* de la phase Sayula [9]. Il ne faut cependant pas négliger le fait que le site de La Motita se trouve isolé (avec le site de La Mota) dans le secteur sud-est de la playa, tandis que la plupart des *tepalcateras* Sayula se concentrent dans les secteurs ouest et nord. Cet isolement pourrait expliquer d'éventuelles différences entre ce site et ceux des autres secteurs de la playa et notamment l'absence relative de *cuencos salineros Sayula* sur celui-ci [10].

Ces différentes observations (critères de localisation, attributs de forme et de taille) nous conduisent à proposer l'hypothèse de leur utilisation dans le stockage du sel. Nous avons d'ailleurs émis l'hypothèse que les récipients de type I; pour lesquels on suppose une fonction analogue, soient une forme ancienne des *cuencos salineros Sayula* (cf. chap. 5.1.3.). Nous considérons en effet que l'activité de stockage est essentielle et très importante dans le cadre d'une exploitation de type "industriel", comme cela semble être le cas pour la production de sel durant la phase Sayula. Il s'agirait, comme pour l'hypothèse proposée pour les récipients de type I, d'un stockage plus ou moins temporaire de sel encore humide, dans l'attente d'un séchage ultime et d'un conditionnement pour le transport et la commercialisation. A l'exemple de Zacapulas, mentionné dans le chapitre 5.1.3., on peut ajouter celui de Nexquipayac, où le sel est stocké dans des grandes corbeilles dans la maison du producteur, jusqu'à un conditionnement en sac pour la vente.

L'échantillon collecté sur les sites fouillés [11] est malheureusement trop faible pour établir des groupes de taille de récipients, comme nous l'avons fait pour le type I. Toutefois, nous pouvons estimer les contenances moyennes des quelques récipients identifiés. Nous obtenons ainsi une capacité volumique de 9 litres pour les récipients les plus petits, et de 51 litres pour les récipients les plus grands. Lorsque l'on ramène ces valeurs à un poids de sel, on obtient 15 kg de sel ou 16,5 kg de sel à 15 % d'humidité pour les récipients les plus petits, et 84 kg de sel sec ou 93 kg de sel à 15 % d'humidité pour les récipients les plus grands. Là encore, on peut supposer que les récipients les plus petits aient servi au transport depuis les aires de production jusqu'aux zones de stockage, tandis que les plus grands pourraient avoir servi au stockage dans des zones spécialement aménagées à cet effet. Dans ce cadre, on peut également supposer que les zones de stockage principales aient été localisées dans les grands centres civico-cérémoniels de type Carmelita ou Cerritos Colorados, ce qui impliquerait un transport du sel de sites en sites à l'aide des *cuencos salineros* de petite taille.

Cette reconstitution hypothétique du rôle des *cuencos salineros* explique à la fois les grandes quantités de ce type de récipients, leur localisation sur la plupart des sites de playa de l'époque Sayula dans différents secteurs et leur faible quantité sur certains ateliers de fabrication proprement dite. Toutefois, cette hypothèse mériterait d'être confirmée par une étude détaillée, sur un échantillonnage plus grand, des différentes variantes de ce type de récipients et de leur distribution respective.

5.3. Type III : les jattes de céramique grossière

Ce type de récipient, caractérisé par une pâte et une finition très grossière, a été mis au jour dans les trois Unités de Fouille du site de La Motita, ainsi que dans la Zone Extérieure 1 du site de Cerritos Colorados. Au total, 4662 tessons de ce type ont été collectés, dont 388 à Cerritos Colorados, 3844 dans les Unités de Fouille n°1 et 2 de La Motita, et 430 dans l'Unité de Fouille n°3 du même site.

5.3.1. Description des attributs

- <u>Formes et dimensions</u>

Ce type de récipients peut être classé en deux grandes catégories, en fonction de la forme générale : les jattes hémisphériques à bords droits et fond concave (type IIIA, fig. 81A), les jattes à bords droits et fond plat (type IIIB, fig. 81B). A l'intérieur de cette seconde catégorie, certains exemplaires présentent un élément de préhension sur le bord (IIIC) (c et d, fig. 81B). Dans les deux cas, les parois et le bord sont très irréguliers.

- *Type IIIA*

37 % des tessons collectés sont classés dans cette catégorie. Le diamètre varie de 24 cm à 49 cm, tandis que la profondeur estimée varie de 13 cm à 24 cm.

- *Type IIIB*

63 % des tessons sont classés dans cette catégorie. Bien que nous n'ayons pas été en mesure de remonter totalement ce type de récipient, l'orientation des bords suggèrent qu'il s'agit de récipients relativement profond, dont la profondeur peut être estimée entre 15 cm pour les récipients les plus petits (diamètre de 26 cm) et 30 cm pour les récipients les plus grands (diamètre jusqu'à 55 cm). Le diamètre varie de 26 à 48 cm. Certains exemplaires présentent un bord légèrement incurvé (sortant) (e, f, g, h, i, fig. 81B).

- *Type IIIC*

Treize exemplaires de ce type ont été mis au jour dans la structure 19 de l'Unité de Fouille n°2 du site de Cerritos Colorados. Ils présentent un diamètre de 42 cm.

---

[9] cf. chap. 5.3.

[10] Nous reviendrons en détails sur cette hypothèse dans le chapitre de synthèse générale.

[11] Nous ne disposons pas encore des résultats de l'analyse effectuée à partir des tessons de ce type de récipients collectés dans d'autres secteurs du site de Cerritos Colorados.

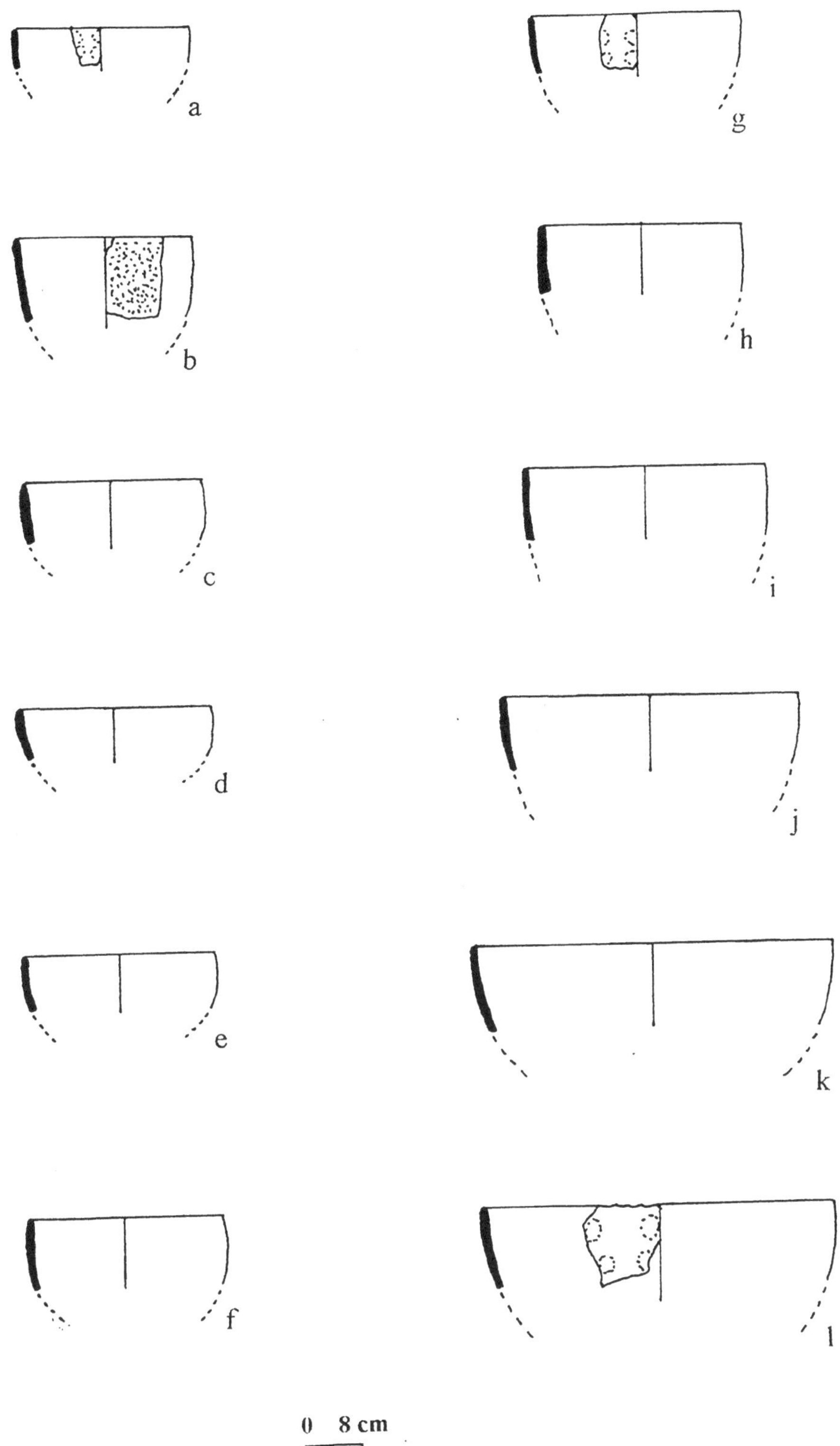

Figure 81A : Jattes de céramique grossière, type IIIA

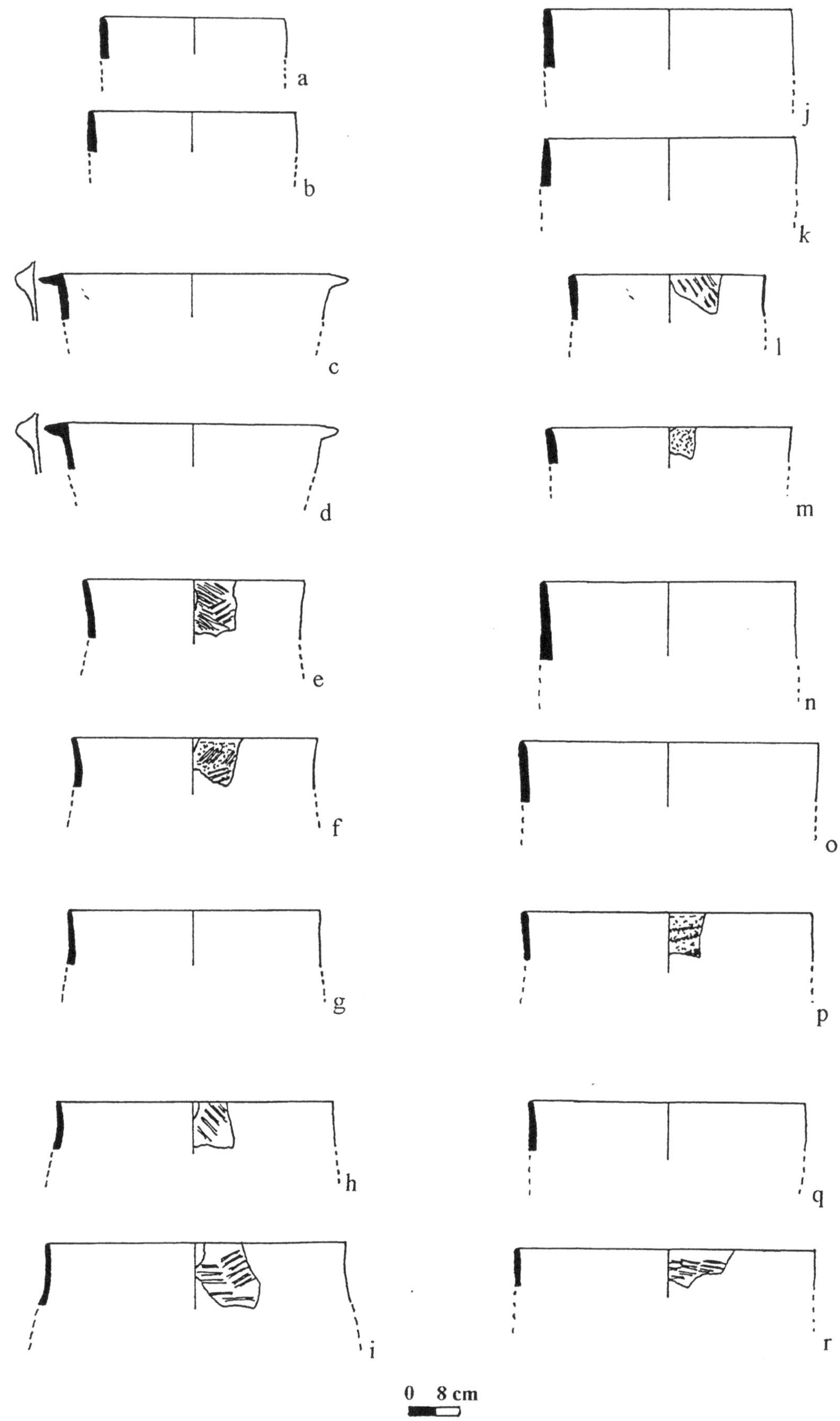

Figure 81B : Jattes de céramique grossière, types IIIB et IIIC (c-d)

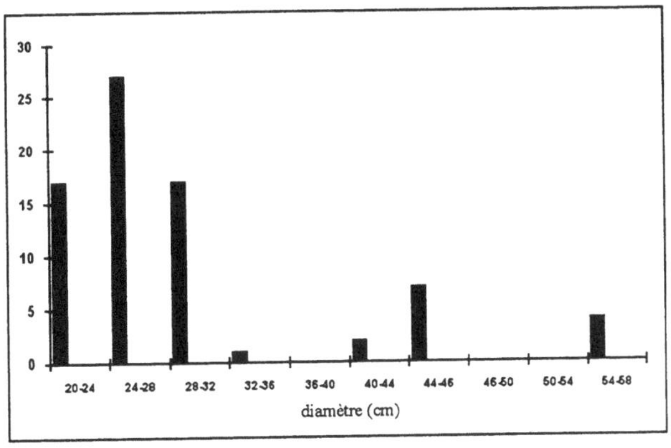

Figure 82A : Histogramme des diamètres des récipients de type IIIA (échantillon de 75 tessons).

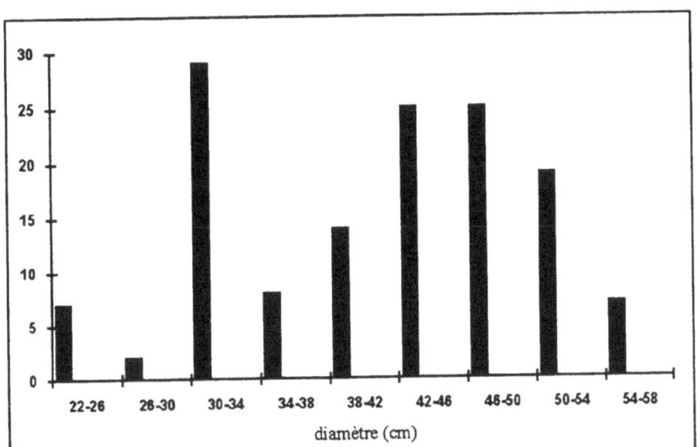

Figure 82B : Histogramme des diamètres des récipients de type IIIB et IIIC (échantillon de 136 tessons).

- Caractéristiques et épaisseur de la pâte

Dans tous les cas, la pâte de ces récipients est très grossière et très épaisse. L'irrégularité des parois est particulièrement remarquable dans les récipients de type IIIA, l'épaisseur des bords varie entre 0,71 et 1,35 cm, avec une moyenne de 0,94 cm ; tandis que l'épaisseur des corps varie entre 0,80 et 2,11 cm, avec une moyenne de 1,4 cm. Les types IIIB et IIIC présentent des parois un peu plus régulières et un peu plus épaisses en moyenne, l'épaisseur des bords varie entre 0,89 et 1,55 cm, avec une moyenne de 1,11 cm ; tandis que l'épaisseur des corps varie entre 1,56 et 2,34 cm, avec une moyenne de 1,86 cm.

La pâte présente une couleur orange, avec dans certains cas une ligne grisâtre au centre ou vers l'intérieur du récipient, qui indique une atmosphère de cuisson totalement ou partiellement oxydante. Elle est composée d'une argile grossière comprenant de nombreux petits minéraux (de taille inférieure à 100 µm) de type sanidine et plagioclases, dans laquelle se trouvent imbriqués de nombreux fragments végétaux de grande taille.

- Aspects de surface et traitement de finition

- *Type IIIA*

Dans ce type de récipient, la face externe est régularisée, lui donnant un aspect rugueux, et la face interne présente un lissage avec des traces de polissage parallèles à l'ouverture. Dans certains cas, on note la présence d'empreintes de doigts, témoignages du moulage rapide du récipient (a, g et l sur la fig. 81A). 28 % des tessons analysés (pour l'essentiel des corps) présentent un encroûtement externe de quelques millimètres d'épaisseur, composé d'un sédiment beige clair mélangé à des débris végétaux.

- *Types IIIB et IIIC*

Dans ces types de récipients, les parois présentent une face externe grattée (e, f, g, h, i, l, r, fig. 81B), et la face interne similaire au type IIIA. Les fonds présentent une face externe régularisée et une face interne grossièrement polie. 14 % des tessons analysés (pour l'essentiel des corps : bases ou bas de parois) présentent également un encroûtement sur la face externe, similaire à celui précédemment décrit.

5.3.2. Distribution stratigraphique et spatiale

Ce type de récipients est distribué dans différents contextes des sites fouillés, il se trouve particulièrement en grand nombre dans le remplissage de fosses de type B, C et D (tableaux 36 et 37).

Comme nous l'avions noté dans le chapitre précédent, c'est le type IIIB qui domine. Les types IIIA et IIIB ne se trouvent en correspondance dans aucun des cas, ce qui signifie que soit ils correspondent à deux périodes différentes, soit à deux artisanats distincts. On note également que le type IIIC ne se retrouve que dans un contexte particulier (la structure 19 de l'UF2 de La Motita), l'utilisation d'éléments de préhension apparaissant comme une transformation ponctuelle soit à une période donnée soit pour une utilisation spécifique.

Sur le site de Cerritos Colorados, on note la prédominance des récipients de type IIIB. Ceux-ci apparaissent dans les couches profondes du monticule fouillé, en association avec du matériel diagnostique de la phase Sayula.

Par ailleurs, nous rappelons que ce type de céramique a été identifié sur d'autres sites de playa : dans le secteur sud-ouest, sur le site de Carmelita (CS-4) au sein de petites tepalcateras en association avec des *cuencos salineros Sayula* et proche de groupes de structures de playa composé de fosses de type A, B, C et D ; dans le secteur nord-est, sur le site Playa Fabrica de Explosivos (CS-13C), en association avec des fosses de type A, B, C et D, dans une zone qui présente des caractéristiques semblables aux Unités de Fouille n°1 et 2 du site de La Motita, sur le site Tepalcatera Poncitlan (CS-14) en association avec des fosses de type B.

D'une manière générale, les tessons de ce type se concentrent dans le remplissage des fosses et sont peu visibles en superficie ou dans la stratigraphie des monticules - c'est ce qui peut expliquer le fait qu'ils n'aient pas été identifiés lors de précédentes campagnes de prospection.

Tableau 36 : Distribution et caractéristiques des récipients de type III sur le site de La Motita

	Partie du récipient (1)			**Aspect de surface** (2)		**Type**	**Croûte beige**	**Fragmentation** (3)				**Association chronologique**
	corps	pi	bords	ext	int			I	II	III	IV	
La Motita, UF1												
- fosse de type C	110			RE	LP	IIIA	45 %	35	62	3		datation ^{14}C : 1010 ± 60 B.P.
	34			ER	ER	IIIA	26 %	42	58			
			15	RE	LP	IIIA	14 %	43	21	21	15	
- amas de tessons	450			ER	ER	IIIA	29 %	63	33	4		La Motita, UF1, structure 10,
	529			RE	LP	IIIA	39 %	57	34	9		datation ^{14}C : 1010 ± 60 B.P.
			14	ER	ER	IIIA		93	7			Matériel diagnostique associé :
			82	RE	LP	IIIA	2 %	32	66	2		pots Sayula, écuelles Sayula ancien
La Motita, UF2												
- fosses de type B	336			ER	ER	IIIB		83	17			La Motita, UF1, structure 10,
	30			RE	ER	IIIB		87	13			datation ^{14}C : 1010 ± 60 B.P.
	76			RE	LP	IIIB	28 %	67	28	5		
	144			GR	LP	IIIB	7 %	52	34	4		Matériel diagnostique associé :
		50		GR	LP	IIIB	40 %	11	89			pots Sayula
			52	ER	ER	IIIB		75	25			
			161	GR	LP	IIIB		38	56	6		
			13	GR	LP	IIIC			100			
- fosses de type C	45			ER	ER	IIIA		93	7			La Motita, UF1, structure 10,
	188			RE	LP	IIIA	42 %	58	30	11	1	datation ^{14}C : 1010 ± 60 B.P.
			13	RE	LP	IIIA	46 %	54	23	23		
- fosse de type D	116			GR	ER	IIIB	11 %	72	37	1		La Motita, UF1, structure 10,
	341			GR	LP	IIIB	12 %	46	52	2		datation ^{14}C : 1010 ± 60 B.P.
	317			RE	ER	IIIB	10 %	78	21		1	
	382			RE	LP	IIIB	40 %	67	27	5	1	Matériel diagnostique associé :
		150		GR	LP	IIIB	37 %	51	49			pots Sayula
			196	GR	LP	IIIB	8 %	52	41	7		
La Motita, UF3												
- monticule central superficie	7			ER	ER	IIIB			100			Matériel diagnostique associé :
		1		ER	ER	IIIB			100			écuelles Verdía
- monticule central N3-E6, N2-E7, N7-E4 5 - 40 cm	2			ER	ER				100			Matériel diagnostique associé : écuelles Verdía, pots Sayula.
- monticule central N3-E6, N2-E7, N7-E4 40 - 60 cm	168			ER	ER	IIIA		73	27			Matériel diagnostique associé :
	27			RE	LP	IIIA		52	37	1		écuelles Verdía, pots Sayula.
			9	RE	LP	IIIA			100			
		1 support										
- monticule NO 0 - 40 cm	5			ER	ER	IIIB			100			Matériel diagnostique associé :
	11			RE	LP	IIIB			100			écuelles Verdía, pots Sayula
		1		GR	ER	IIIB			100			
- monticule NO 40 - 70 cm	24			ER	ER	IIIB		61	28	1		
	5			GR	LP	IIIB		79	21			
			6	GR	LP	IIIB		82	18			
- fosse de type B	6			ER	ER	IIIB		83	17			Matériel diagnostique associé :
	10			GR	LP	IIIB			100			pots Sayula.
	8			RE	LP	IIIB			100			
			1	GR	LP	IIIB			100			
- fosse de type C	30			ER	ER	IIIB		100				Matériel diagnostique associé :
	27			GR	LP	IIIB			74	26		écuelles Verdía, pots Sayula.
	60			RE	LP	IIIB	18 %	37	37	24	2	
		11		GR	LP	IIIB			82	18		
			10	GR	LP	IIIB			60	30	10	

Tableau 37 : Distribution et caractéristiques des récipients de type III sur le site de Cerritos Colorados.

	Partie du récipient (1)			**Aspect de surface** (2)		**Type**	**Croûte beige**	**Fragmentation** (3)				**Association chronologique**
	corps	pi	bords	ext	int			I	II	III	IV	
Cerritos Colorados ZE1												
- terrasse n°2	37			RE	LP	IIIA		34	55	11		
- terrasse n°4 couche IIN	13			GR	LP	IIIB			15	85		Matériel diagnostique associé : pots Sayula.
	32			RE	ER	IIIB		28	72			
	44			RE	LP	IIIB		28	45	27		
		13		GR	LP	IIIB			100			
			2	ER	ER	IIIB			100			
			9	GR	LP	IIIB		33	67			
couche IV	28			ER	ER	IIIB		36	46	18		Matériel diagnostique associé : pots Sayula.
	43			RE	LP	IIIB			70	30		
	5			GR	LP	IIIB			100			
		9		GR	LP	IIIB			100			
			12	GR	LP	IIIB		8	58	34		
couche VI	15			ER	ER	IIIB		42	33	25		Matériel diagnostique associé : pots Sayula.
	9			RE	LP	IIIB		18	51	31		
	7			GR	LP	IIIB			100			
			3	GR	LP	IIIB		11	74	15		
- fosse de type B	6			RE	LP				100			
- fosses de type E	39			ER	ER	IIIB	26 %	38	62			
	58			RE	LP	IIIB	69 %	19	41	40		
		3		GR	LP	IIIB			100			
			1	GR	LP	IIIB			100			

(1) pi : point d'intersection entre paroi et base.
(2) LI : lissé, LP : lissé et irrégulièrement poli, RE : régularisé, GR : gratté, ER : érodé.
(3) I : % de tessons de taille inférieure à 3 cm ; II : % de tessons de taille comprise entre 3 et 5 cm ; III : % de tessons de taille comprise entre 5 et 10 cm ; IV : % de tessons de taille comprise entre 10 et 15 cm.

Sur le plan chronologique, ils sont associés à du matériel diagnostique de la phase Sayula. La datation ^{14}C effectuée dans la structure 10 de l'Unité de Fouille n°1 de La Motita, dans un niveau de cendres associé à des récipients de ce type, confirme l'utilisation de ce type de récipients durant la phase Sayula.

5.3.3. Bilan : fonction et chronologie

Ce type de récipients se retrouve systématiquement dans les fosses de type C, dans les Unités de Fouille n°1 et 2 du site de La Motita, il s'agit de récipients de type IIIA et dans la structure 3 de l'Unité de Fouille n°3, il s'agit de récipients de type IIIB. On trouve également une grande quantité de tessons de récipients de type IIIA dans l'amas de tessons de l'Unité de Fouille n°1, ainsi qu'une grande quantité de tessons de récipients de type IIIB dans la structure 20 (fosse de type D) de l'Unité de Fouille n°2. Enfin, des fragments de récipients de type IIIB et IIIC sont également présents dans deux fosses de type B de l'Unité de Fouille n°2.
Leur présence systématique dans le remplissage des fosses de type C et D, interprétées comme des structures de combustion (cf. chap. 4.3.4. et 4.4.4.) et leur grande quantité dans l'amas de tessons de l'Unité de fouille n°1, suggèrent une utilisation de ces récipients dans l'étape de cuisson d'une saumure pour la fabrication de sel cristallisé. A ce sujet, nous rappelons que 20 % des tessons (dans la plupart des cas des bases pour les récipients de type IIIB et des corps pour les récipients de type IIIA) présentent un encroûtement sur la face externe, composé d'un mélange d'argile et de végétaux sec de couleur beige. Ce sédiment est similaire à celui qui forme les indurations retrouvées dans le remplissage des fosses de type C et E [12]. De fait, l'observation de cet encroûtement sur la base des récipients, rejoint l'hypothèse d'interprétation proposée dans le chapitre 3.6,. quant au rôle de ce mélange d'argile et de végétaux dans la formation d'une "structure" de placement et de support des récipients lors de l'étape de cuisson dans les fosses (fig. 83). Si on prend en compte la taille des récipients, respectivement associés aux différents types de fosses, on note que les fosses de type C peuvent contenir de 3 (structures 10 et 18) à 5 (structure 15) récipients de type IIIA et 5 récipients de type IIIB (structure 3 de l'UF3) ; tandis que la fosse de type D (structure 20 de UF2) peut contenir jusqu'à 6 récipients de type IIIB, sur un même niveau. On peut également imaginer que les récipients aient été placés sur deux, voir trois niveaux, décalés pour les fosses les plus profondes, chaque récipient étant maintenu par un enrobage de "torchis" à la base et sur les côtés et des espaces étant préservés entre les différents niveaux, pour faciliter le remplissage des différents récipients avec de la saumure au cours de la cuisson. Nous rappelons également qu'une des extrémités des fosses pouvait être laissée libre, pour faciliter l'alimentation en combustibles lors de la cuisson (cf. chap. 4.3.4.).

[12] cf. chap. 3.6.

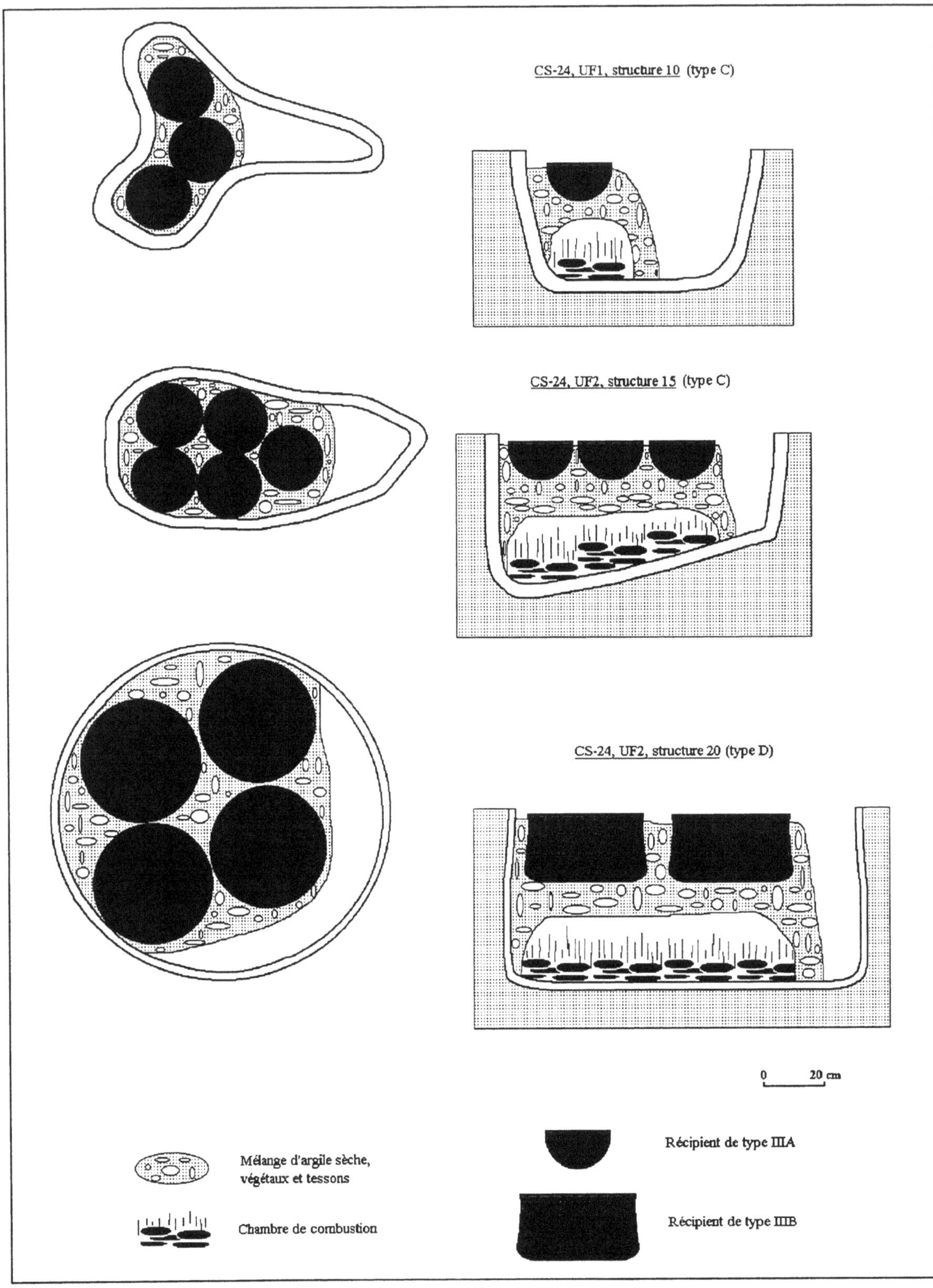

Figure 83 : Schéma de reconstitution hypothétique du fonctionnement des fosses de combustion durant la phase Sayula.

L'analyse de la fragmentation (classement des tessons par taille, cf. tableaux 36 et 37) permet d'estimer le NMI (Nombre Minimum d'Individus) dans les différents secteurs, en rapportant le nombre de tessons et leur surface à la taille moyenne des types de récipients (tableau 38).

NMI = $\sum(n \times t) / T$

où n est le nombre de tessons pour chaque classe de taille t
t les différentes classes de tailles définies dans les tableaux 36 et 37
T la taille moyenne d'un récipient, calculée à partir du diamètre moyen [13]

Tableau 38 : Calcul du NMI (Nombre Minimum d'Individus) pour les récipients de type III.

	Nombre de tessons	NMI
La Motita, UF1		
- structure 10 (type C)	159	2,5 type IIIA
- amas de tessons	1075	15 type IIIA
La Motita, UF2		
- structures 13 et 19 (type B)	862	3 types IIIB et IIIC
- structures 15 et 18 (type C)	246	3 type IIIA
- structure 20 (type D)	1502	6 type IIIB
La Motita, UF3		
- structure 3 (type C)	138	2 type IIIB

Pour les fosses de type C et D, on obtient des chiffres inférieurs ou égaux à la contenance maximale de celles-ci. Les récipients découverts dans l'amas de tessons de l'Unité de Fouille n°1, situé à proximité de la structure 10, pourraient constitués le rejet des récipients utilisés dans celle-ci. La présence de récipients de type IIIA dans deux fosses de type B de l'Unité de Fouille n°2, peut également s'expliquer par une accumulation de rejets de récipients utilisés dans les fosses de type C (structures 15 et 18), situées à proximité de celles-ci.

Les récipients de type IIIA présentent une taille relativement homogène (cf. fig. 82A), leur forme et leur taille moyenne permettent de supposer une utilisation comme moule dans la cuisson de pains de sel. Par contre les récipients de type IIIB présentent une grande variabilité de taille, et un certain nombre d'entre eux sont relativement grands. Ils semblent plus adaptés à la cuisson d'une "pâte" de sel selon un procédé analogue à celui décrit par Reina et Monaghan à Zacapulas (cf. chapitre précédent), plutôt qu'à un rôle de moule dans la fabrication de pains.

[13] Pour ce calcul, on prend en compte la taille moyenne des récipients de type IIIA (26 cm de diamètre, fig. 82A) et la taille moyenne des récipients de type IIIB (42 cm de diamètre, fig. 82B).

Les deux types de récipients présentent des caractéristiques de pâte et de finition diagnostiques de techniques d'une manufacture sommaire, à l'aide d'un mélange d'argile peu élaboré. Toutefois, ils présentent un traitement de finition qui, bien que grossier, atteste d'un soin spécifique attaché à l'aspect de surface : d'une part, un polissage intérieur qui favorise une certaine imperméabilité et facilite le prélèvement du sel cristallisé à l'issue de la cuisson (notamment dans le cas de la fabrication d'une pâte de sel à consistance visqueuse) ; d'autre part, un aspect extérieur rugueux, qui favorise une bonne diffusion de la chaleur dans le récipient.

D'un point de vue chronologique, ce type de récipients est systématiquement associé à du matériel diagnostique de la phase Sayula et à des structures datées de cette phase (datation ^{14}C dans la structure 10 : 1010 ± 60 B.P.). Sur le site de Cerritos Colorados, ce type de récipients apparaît dans les couches profondes du monticule, en association avec du matériel diagnostique de la phase Sayula. Dans certains contextes (notamment dans l'Unité de Fouille n°3 de La Motita), on note également la présence de matériel diagnostique des périodes anciennes (Verdía final et Sayula ancien) ; ce qui permet de supposer que ce type de récipients ait pu être utilisé dès les périodes anciennes.
Finalement, on n'observe pas de différences chronologiques significatives entre les récipients de type IIIA et les récipients de type IIIB, ces deux variantes ont pu être utilisées simultanément, l'une pour la fabrication de pains de sel et l'autre pour la cuisson d'une pâte de sel. La présence des récipients de type IIIC dans une seule fosse, semble attester d'une innovation ponctuelle dans l'utilisation d'éléments de préhension sur des récipients de type IIIB.

5.4. Type IV : les *cajetes rectos Amacueca*

Nous rappelons que ces récipients ont été identifiés pour la première fois par Noyola (1994 : 64) lors de l'analyse du matériel céramique provenant du site de San Juan à Atoyac. Au total, 2947 tessons ont été classés dans cette catégorie ; seuls 13 tessons ont été mis au jour sur le site de La Motita, et 266 tessons ont été dénombré dans les fosses de la Zone XIX-B du site de Cerritos Colorados. Le reste se trouvait dans l'Unité de Fouille n°1 de la Zone Extérieure 1 du site de Cerritos Colorados (tout en considérant que la superficie du monticule fouillé était entièrement recouverte de tessons, qui ne sont pas comptabilisés dans cette somme).

5.4.1. Description des attributs

- Formes et dimensions

Ces récipients se présentent sous la forme de plats aux bords droits et fond plat. Le diamètre varie de 20 à 48 cm, avec une moyenne de 30 cm, et la profondeur entre 6 et 10 cm, avec une moyenne de 8 cm. Les bords peuvent être droits (e, h, i, l, n, v, y, aa, ab, ac, ad, fig. 85), légèrement divergents (a, d, g, m, o, p, r, t, u, w, fig. 85), légèrement incurvés et renforcés dans la partie basale (b, c, f, j, q, s, x, af, ah, ai, aj, fig. 85), ou encore légèrement convergents avec également un renforcement dans la partie basale (h, k, ae, ag, ak, fig. 85).

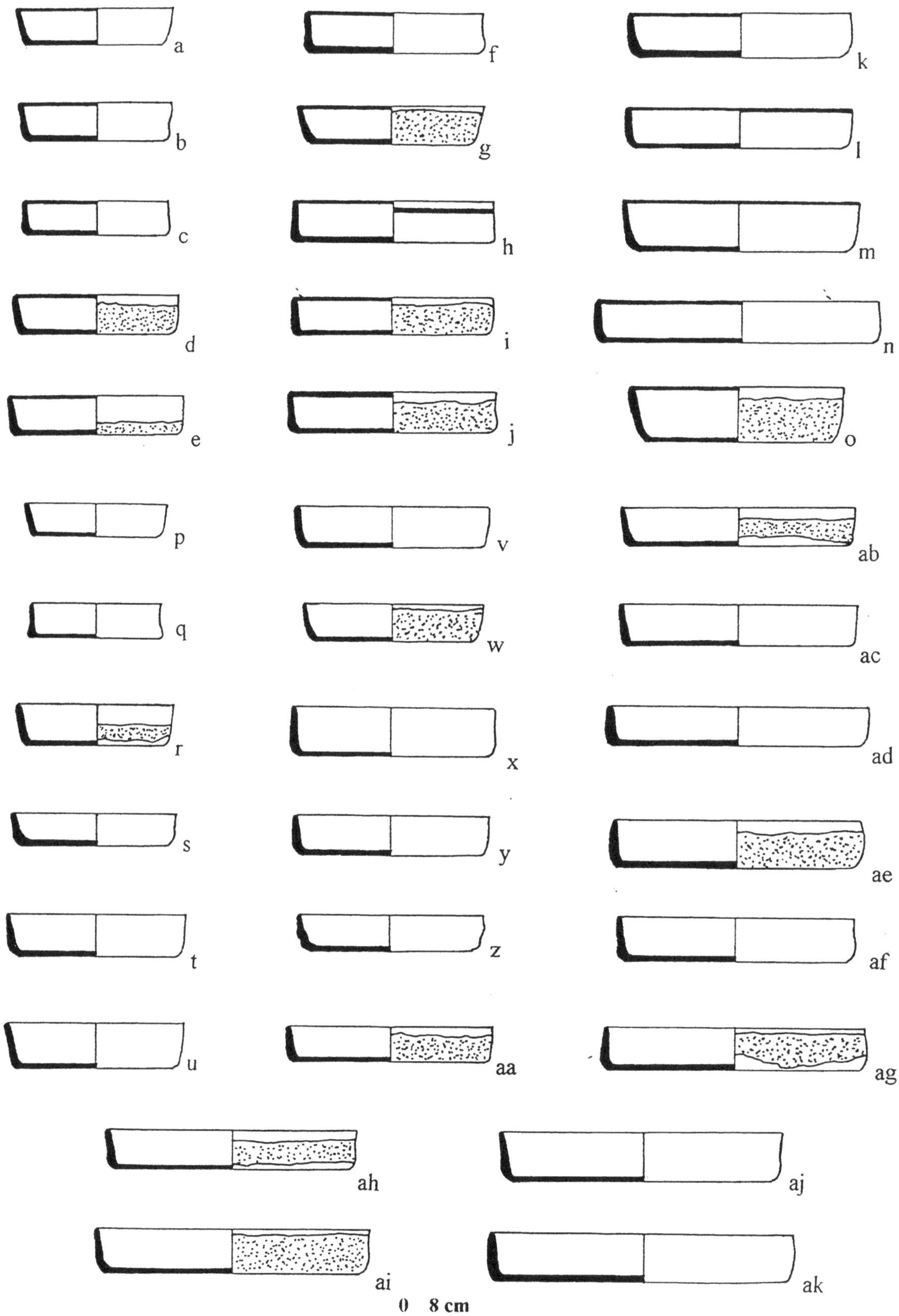

Figure 85 : *Cajetes rectos Amacueca*, type IVA (a-o) et IVB (p-ak)

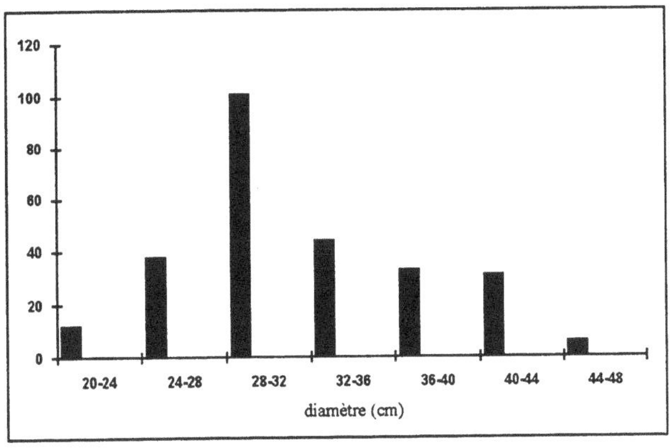

Figure 84 : Histogramme des diamètres des récipients de type IV (échantillon de 265 tessons).

- Caractéristiques et épaisseur de la pâte

L'épaisseur de la pâte varie entre 0,69 et 1,41 cm, avec une moyenne de 0,91 cm. La pâte présente en général une couleur orange avec une ligne grisâtre au centre, diagnostique d'une atmosphère de cuisson partiellement oxydante. On distingue deux types de pâtes à l'intérieur de cette catégorie de récipients. Dans les deux cas elle est composée d'une matrice argileuse assez grossière mais relativement dense, dans laquelle sont distribués de nombreux petits minéraux (taille inférieure à 100 µm) de type sanidine et plagioclases. Le premier type comporte une quantité assez importante d'éléments non plastiques de grande taille (supérieure à 500 µm) de type sanidine, plagioclase et fragments de basalte. Le second type comporte quelques gros fragments de roches de type tufs volcaniques et quelques petits fragments végétaux.

- Aspects de surface et traitement de finition

Les bords de ces récipients sont finement polis à l'intérieur (traces de polissages parallèles à l'ouverture), et l'extérieur est lissé puis gratté. Les fonds sont également finement polis sur la face interne et grossièrement régularisés sur la face externe, lui donnant un aspect rugueux. Plusieurs fragments de base présentent une impression de vannerie (ou *petate*) sur le fond, qui témoigne de l'utilisation d'une natte de végétaux dans la fabrication des récipients.

Par ailleurs 36,5 % des tessons collectés présentent un encroûtement de sédiment beige sur la face externe (similaire à celui identifié sur les récipients de type III) (éléments d, e, g, i, j, o, r, w, aa, ab, ac, af, ah, ai de la fig. 85).

- Décor

31 % des tessons analysés sont des bords, parmi ceux-ci 60 % présentent une ligne d'engobe rouge de 5 mm à 1 cm d'épaisseur sur la face interne de la lèvre (éléments a-o fig. 85), certains d'entre eux présentent également une ligne d'engobe rouge sur la face externe de la lèvre ou sur le bord (e, m et h, fig. 85). Ces récipients peuvent donc être classés en deux types : les récipients présentant une ligne d'engobe rouge (IVA) et les récipients dépourvus de décor (IVB). Ce décor rappelle les lignes d'engobe rouge caractérisant les récipients de type I précédemment décrits.

5.4.2. Distribution stratigraphique et spatiale

Ce type de récipients présente une fragmentation homogène (plus de la moitié des tessons est classée dans la catégorie II, 6ème colonne des tableaux 39, 40 et 41), il s'agit généralement de gros tessons très peu érodés présentant une cassure au niveau de l'angle basal. Nous rappelons que deux bases de plats entières, déposées sur la face interne, ont été mises au jour en surface de la terrasse n°3, dans un niveau correspondant à l'ouverture des fosses de type E creusées dans les flancs du monticule.

Dans la Zone Extérieure 1 du site de Cerritos Colorados, le type IVA est dominant, mais il n'apparaît ni dans la Zone XIX-B du même site, ni dans l'Unité de Fouille n°2 de La Motita. Les variantes IVA et IVB se trouvent en correspondance dans tous les niveaux de la Zone Extérieure 1. Une grande majorité des tessons se situe dans les accumulations cendreuses des couches superficielles du monticule et dans le remplissage des fosses de type E.

Par ailleurs, nous rappelons, que de nombreux fragments de ce type de récipients ont été mis au jour sur le site de San Juan de Atoyac dans des dépotoirs et des puits, en association avec du matériel diagnostique de la phase Amacueca (Noyola, 1994 : 65).

Ce type de récipients apparaît sur plusieurs autres sites de playa : dans le secteur sud-est, sur le site de Tepalcateras de Cuyacapan (CS-65) ; dans le secteur sud-ouest, sur le site de Lienzo Charro (LC-B) ; dans la zone intermédiaire, sur le site de Cofradía (CS-21A et CS-21B) et sur le site de Fraccionamiento San Juan de Atoyac ; dans le secteur nord-ouest, sur le site de Playa Techaluta-Anoca (CS-22), sur le site de Cerritos Colorados (CS-11, ZE1 et ZE3) ; dans le secteur nord-est, sur le site de Tepalcateras Fábrica de Explosivos (CS-13A). L'ensemble de ces sites se présentent sous la forme de *tepalcateras* couvertes de *cajetes rectos Amacueca* et la majorité d'entre eux présentent des fosses de type E (Tepalcateras de Cuyacapan et Cofradía font exception).

5.4.3. Bilan : fonction et chronologie

Comme pour le type précédent, la distribution et les caractéristiques des *cajetes rectos Amacueca* laissent supposer une utilisation dans la cuisson d'une saumure pour la fabrication de sel cristallisé. Ils sont en effet systématiquement associés à des types de fosses interprétées comme des structures de combustion et à des accumulations de cendres et charbons de bois associés au fonctionnement de ces fosses. Comme les récipients de type III, 36,5 % des tessons collectés présentent un encroûtement de sédiment argileux sec de couleur beige sur la face externe. Cet encroûtement est observé sur les bases, mais aussi sur la face externe des bords, comme si le récipient avait été calé dans une sorte de moulage en argile lors de son utilisation dans les fosses de combustion.

Tableau 39 :Distribution et caractéristiques des récipients de type IV sur le site de La Motita et dans la Zone XIX-B du site de Cerritos Colorados

	Partie du récipient (1)			Aspect de surface (2)		Type	Croûte beige	Fragmentation (3)				Association chronologique
	corps	pi	bords	ext	int			I	II	III	IV	
La Motita, UF2												
- fosse de type D			13	ER	ER				100			Matériel diagnostique associé : pots Sayula
Cerritos Colorados Zone XIX-B												
- fosses de type E	8			RE	ER		100 %		87	13		
	201			RE	PO		52 %	59	20	17	4	
	2			IP	PO					100		
			10	RE	ER	IVB			100			
			45	LG	PO	IVB	75 %	31	47	22		

Tableau 40 : Distribution et caractéristiques des récipients de type IV, fosses de la ZE1, Cerritos Colorados.

	Partie du récipient (1)			Aspect de surface (2)		Type	Croûte beige	Fragmentation (3)				Association chronologique
	corps	pi	bords	ext	int			I	II	III	IV	
Cerritos Colorados ZE1												
- fosse de type B	53			RE	PO		6 %		58	40	2	
	1			IP	PO				55	45		
	9			LG	PO				100			
		9		LG	PO				100			
			12	LG	PO	IVB		17	83			
			2	LG	PO	IVA			100			
- fosses de type E	35			RE	ER		63 %	63	37			
	148			RE	PO		39 %	18	51	31		
	13			IP	PO		77 %		46	54		
	31			LG	PO		35 %	16	84			
		29		LG	PO		53 %		100			
			59	LG	PO	IVB	20 %		95	5		
			26	LG	PO	IVA	42 %		42	58		
- fosse de type F	15			RE	PO				60	40		
	5			LG	PO				100			
			4	LG	PO	IVB			100			
			5	LG	PO	IVA			100			

(1) pi : point d'intersection entre paroi et base.
(2) LI : lissé, PO : poli, RE : régularisé, LG : lissé puis gratté, ER : érodé, IP : Impression de *petate*.
(3) I : % de tessons de taille inférieure à 3 cm ; II : % de tessons de taille comprise entre 3 et 5 cm ; III : % de tessons de taille comprise entre 5 et 10 cm ; IV : % de tessons de taille comprise entre 10 et 15 cm.

Nous rappelons que cet encroûtement est similaire aux indurations d'argile beige retrouvées en grand nombre dans les accumulations cendreuses du monticule de la Zone Extérieure 1 de Cerritos Colorados et dans le remplissage des fosses de type E.

En fonction de leur dimension, nous pouvons estimer la contenance moyenne des différentes fosses de type E : ainsi la structure 2 de la Zone XIX-B peut contenir jusqu'à 7 récipients de type IV (si on considère que le diamètre moyen est de 30 cm), la structure 1 de la même zone peut contenir jusqu'à 6 récipients ; dans la Zone Extérieure 1, cette estimation varie de 3 récipients (structure 2) à 6 récipients (structure 3). Comme nous l'avons suggéré dans le chapitre 5.3.3., on peut également supposer que les récipients aient été placés sur deux à trois niveaux dans la fosse, et calés par des "moulages" en torchis séparant chacun d'entre eux (fig. 86).

L'analyse de la fragmentation nous permet de calculer le NMI (Nombre Minimum d'Individus) correspondant aux différents niveaux fouillés sur le site de Cerritos Colorados (tableau 42) [14]. Les valeurs obtenues permettent de relativiser l'importance de ce type de récipients sur le site. Ainsi, les fosses de type E contiennent des quantités inférieures aux estimations de leur contenance maximale (4 récipients pour les deux fosses de la Zone XIX-B et 5 récipients pour les 5 fosses de la Zone Extérieure 1).

[14] Voir le détail du calcul dans le chapitre 5.3.3.

Tableau 41 : Distribution et caractéristiques des récipients de type IV, monticule, ZE1, Cerritos Colorados.

	Partie du récipient (1)			Aspect de surface (2)		Type	Croûte beige	Fragmentation (3)				Association chronologique
	corps	pi	bords	ext	int			I	II	III	IV	
Cerritos Colorados ZE1												Datations ^{14}C : 270 ± 70 B.P. et 100 ± 70 B.P. Matériel diagnostique associé : pots Sayula
- terrasse n°1	277			RE	PO		43 %	31	56	13		
	72			LG	PO		27 %	22	64	14		
			48	LG	PO	IVB	54 %	12	65	23		
			152	LG	PO	IVA	61 %	7	79	14		
- terrasse n°2	176			RE	PO		33 %	35	45	20		Datations ^{14}C : 270 ± 70 B.P. et 100 ± 70 B.P. Matériel diagnostique associé : écuelles Amacueca
	2			IP	PO				100			
	16			LG	PO				38	62		
		16		LG	PO		100 %		100			
			29	LG	PO	IVB	41 %		69	31		
			74	LG	PO	IVA	46 %	22	50	23		
- terrasse n°3 couche I	258			RE	PO		36 %	10	63	26	1	Datations ^{14}C : 270 ± 70 B.P. et 100 ± 70 B.P.
	1			IP	PO				100			
	84			LG	PO		42 %	55	42	3		
		9		LG	PO				100			
			37	LG	PO	IVB	68 %		100			
			96	LG	PO	IVA	60 %	5	86	9		
couche II	10			ER	ER			20	80			Datations ^{14}C : 270 ± 70 B.P. et 100 ± 70 B.P.
	56			RE	PO		12,5 %	12	54	27	7	
	13			LG	PO		46 %	31	70			
			19	LG	PO	IVB	53 %	32	42	26		
			33	LG	PO	IVA	42 %	36	40	24		
- terrasse n°4 couche I	54			RE	PO		61,5 %		92	8		
	14			LG	PO		54 %		100			
		15		LG	PO		100 %	44	66			
			12	LG	PO	IVB	60 %		100			
			25	LG	PO	IVA	70 %		100			
couche IIN	53			RE	PO		34 %		70	30		
	2			IP	PO					100		
			20	LG	PO	IVB	14 %		100			
			7	LG	PO	IVA			100			
couche IIS	88			RE	PO			73	11	16		
	32			IP	PO		94 %	19	47	34		
	69			LG	PO		29 %	71	27	2		
			28	LG	PO	IVB	18 %	14	75	11		
			86	LG	PO	IVA	31 %	21	60	19		
couche IV	106			RE	PO		30 %		67	33		
	37			LG	PO		30 %		100			
			36	LG	PO	IVB	17 %		33	67		
			44	LG	PO	IVA	32 %	9	32	59		
couche VI	4			LG	PO			52	48			Matériel diagnostique associé : pots Sayula.
		1		LG	PO				100			
			1	LG	PO	IVB			100			

(1) pi : point d'intersection entre paroi et base.
(2) LI : lissé, PO : poli, RE : régularisé, LG : lissé puis gratté, ER : érodé, IP : Impression de *petate*.
(3) I : % de tessons de taille inférieure à 3 cm ; II : % de tessons de taille comprise entre 3 et 5 cm ; III : % de tessons de taille comprise entre 5 et 10 cm ; IV : % de tessons de taille comprise entre 10 et 15 cm.

Si on fait la somme des chiffres obtenus pour les différentes couches d'accumulations cendreuses décapées au sein du monticule fouillé dans la Zone Extérieure 1 (Terrasse n°1, Terrasse n°2 et Terrasse n°3 couche I, Terrasse n°4 couche I), on obtient un total de 21,5 récipients sur un volume total de 2 m^3 de sédiments cendreux. A ce total, on peut ajouter une estimation des quantités localisées dans les couches cendreuses des terrasses n°1 et 2 non décapées [15]: pour la terrasse n°1 on obtient environ 10 récipients

[15] Pour cette estimation, on calcule le volume de sédiment concerné en multipliant la surface de la terrasse par l'épaisseur totale observée, et on ramène cette valeur au nombre de récipients par m^3 calculés. Ainsi pour la terrasse n°1, on peut ajouter 0,175 m^3 de sédiment à raison de 5,5 récipients pour 0,2 m^3 et 1,05 m^3 (1,75 m^2 (surface de la terrasse) par 0,6 m (épaisseur des couches cendreuses dans la terrasse n°3)) à raison de 7,5 récipients pour

supplémentaires et pour la terrasse n°2, 6 récipients supplémentaires ; ce qui fait un total de 37,5 récipients sur un volume total de sédiments cendreux estimé à 4,5 m^3 pour la partie du monticule considéré. 13,5 récipients se trouvent répartis dans un volume total 12,8 m^3 de sédiments limono-argileux décapés dans les terrasses n°3 et 4.

Par ailleurs, nous rappelons que le monticule fouillé dans la Zone Extérieure 1 du site de Cerritos Colorados, était totalement recouvert de tessons de ce type de récipients sur une épaisseur moyenne de 5 cm. Nous pouvons considérer que la densité présente dans les 10 cm de la terrasse n°1 soit proche de la densité observée sur les 5 cm de la couverture du monticule, on peut ainsi estimer le nombre de récipients présents en superficie du monticule fouillé : soit environ 107 récipients sur une superficie de 50 m^2.

Tableau 42 : Calcul du NMI (Nombre Minimum d'Individus) pour les récipients de type IV.

Cerritos Colorados	Nombre de tessons	NMI	Volume de sédiments
Zone XIX-B			
- fosses de type E	266	4	
Zone Extérieure 1			
- fosse de type B	86	2	
- fosses de type E	341	5	
- fosse de type F	29	0,5	
Zone Extérieure 1 (monticule)			
- terrasse n°1	549	7,5	0,175 m^3
- terrasse n°2	313	5,5	0,2 m^3
- terrasse n°3			
couche I	485	7	1,5 m^3
couche II	131	2,5	0,9 m^3
- terrasse n°4			
couche I	120	1,5	0,2 m^3
couche IIN	82	2	1,75 m^3
couche IIS	303	4	0,4 m^3
couche IV	223	5	9,8 m^3
- accumulations cendreuses		37,5	4,5 m^3
- superficie du monticule		107	2,5 m^3

Sur le plan technologique, ces récipients partagent des caractéristiques communes avec les récipients de type III, diagnostiques de la phase antérieure : ils présentent une forme générale analogue aux récipients de type IIIB (avec une profondeur moindre), un aspect de surface également analogue (polissage interne et grattage externe pour les parois, régularisation externe pour certaines bases), une pâte relativement poreuse et l'utilisation de dégraissants végétaux (en quantité moindre que pour les récipients de type III). Toutefois, les récipients de type IV présentent une certaine finesse que n'ont pas les récipients de la phase antérieure : finesse relative de la pâte, homogénéité de l'épaisseur, régularité des bords et finesse du traitement de finition. Ils sont également caractérisés par une certaine standardisation de la taille, qui témoigne dans une certaine mesure d'une organisation plus stricte et plus uniformisée de la fabrication des récipients, donc peut-être d'un travail effectué par des artisans "spécialisés" [16]. On peut également souligner l'utilisation d'une natte de jonc pour le "moulage" ou le séchage des récipients préalablement à leur cuisson.

Nous rappelons que 60 % des bords présentent une ligne d'engobe rouge sur la lèvre. On observe un parallèle avec le décor caractérisant les récipients de type I, pour lequel nous avons émis l'hypothèse d'une signification d'appartenance à une famille ou groupe de producteurs. On peut également envisager qu'une partie du sel produit sur ce type de site, pendant la phase Amacueca, soit destinée à des familles ou groupes de producteurs locaux, tandis qu'une autre partie serait destinée à la commercialisation, la distinction s'établissant par la présence ou l'absence de décor sur le récipient servant à fabriquer le sel. La distinction entre récipients décorés et non décorés pourrait avoir été également utilisée pour différencier plusieurs types de sels : par exemple, les récipients décorés étant utilisés pour la fabrication de sel riche en carbonates de sodium, tandis que les récipients non décorés auraient servi à la fabrication de sel riche en chlorures de sodium ou vice et versa.

D'un point de vue chronologique, si leur appartenance à la phase Amacueca ne fait aucun doute, il est difficile de déterminer le moment exact de leur apparition. En effet, ce type de récipients est apparu dans des contextes datés aux XIV et XVèmes siècles (à partir de datations ^{14}C calibrées) sur le site de San Juan de Atoyac et entre XV et XVIIèmes siècles dans la Zone Extérieure 1 du site de Cerritos Colorados [17]. Par ailleurs, ce type de récipients n'apparaît pas dans les contextes funéraires et domestiques fouillés sur le site de La Caseta et datés au début de la phase Amacueca (XII-XIVèmes siècles) (Ramirez, 1996). Toutefois, comme le souligne Ramirez (1996 : 122), l'absence de ce type de récipients sur ce site pourrait s'expliquer par l'absence d'activité de production de sel dans un lieu situé à l'écart des gisements de terres salées. Sur la base d'une analyse détaillée du matériel diagnostique de la phase Amacueca, et de comparaisons technologiques et stylistiques avec le matériel de la phase Sayula, Ramirez (1996 : 123) suggère que ces récipients sont apparus lors d'une phase de transition entre les phases Sayula et Amacueca. Quoiqu'il en soit, la manufacture de ces récipients, comparée à celle des récipients (type III) de fonction analogue de la phase précédente, témoigne d'une transition nette entre les deux phases, observée par ailleurs dans les objets et l'architecture de différents contextes.

1,5 m^3 ; pour la terrasse n°2, on peut ajouter 1,2 m^3 (2 m^2 (surface de la terrasse) par 0,6 m) à raison de 7,5 récipients pour 1,5m^3.

[16] Nous reviendrons sur cette hypothèse dans la quatrième partie.

[17] Pour ce site, nous retenons que les datations probables, nous rappelons toutefois que les dates calibrées donnent jusqu'au XXème siècle (résultats que nous avons discutés dans le chapitre 3.6.)

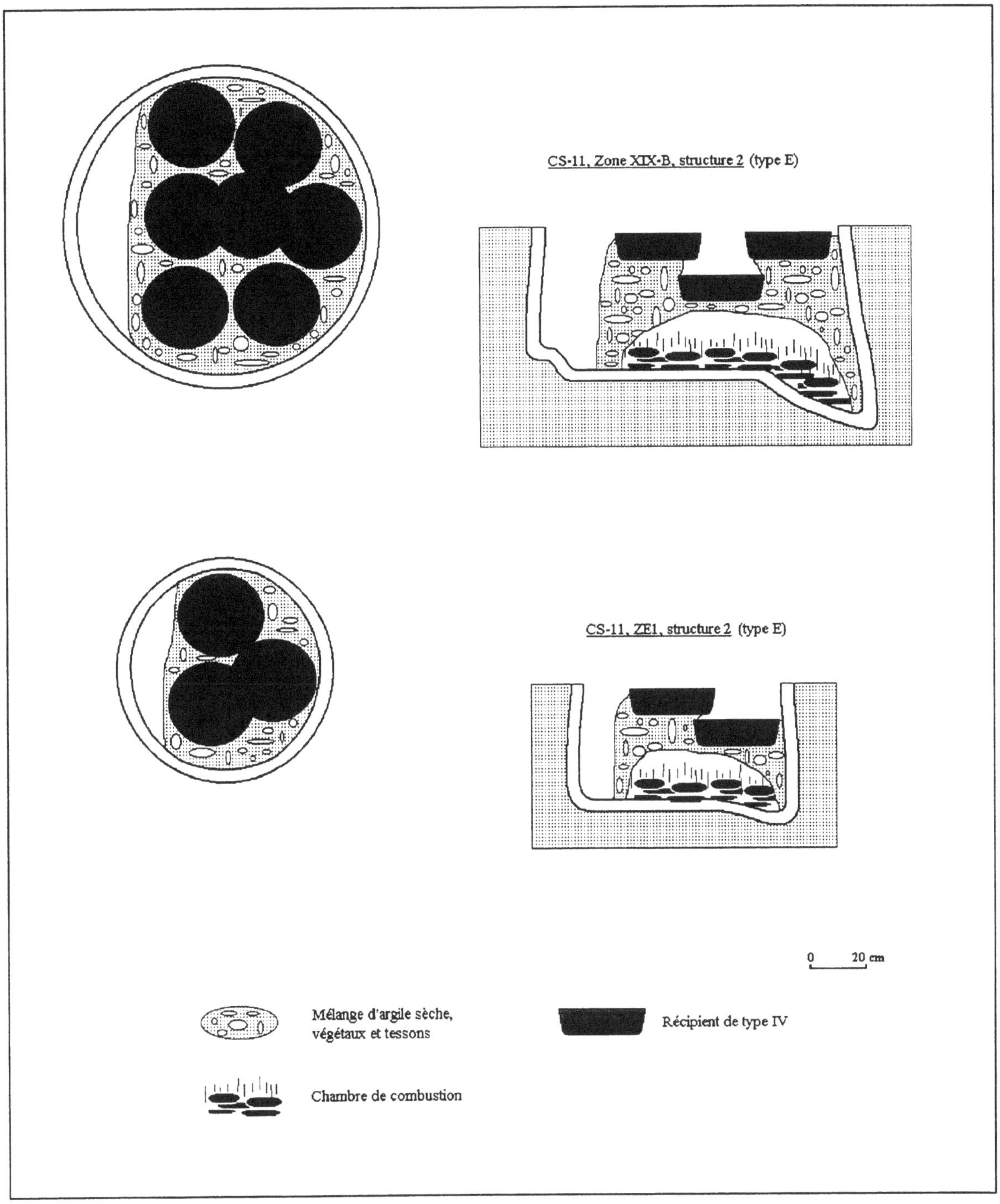

Figure 86 : Schéma de reconstitution hypothétique du fonctionnement des fosses de combustion durant la phase Amacueca.

5.5. Les différents types de pots

385 fragments de pots ont été découverts dans différents contextes des sites fouillés, dont 88,5 % sur le site de La Motita. 20 % de ces tessons sont des bords, qui présentent une grande variété de formes et de taille (fig. 87 et 88).

Dans la plupart des cas, la présence de pots n'est attestée que par l'existence de quelques fragments, bien souvent très érodés, ce qui a empêché toute tentative de reconstitution de formes entières. Il est donc difficile d'évaluer les contenances des différents types de pots identifiés.

La classification chronologique de ces tessons est rendue difficile par un intense degré d'érosion pour une grande partie des tessons et l'absence de caractéristiques significatives pour d'autres. Malgré ces difficultés, pour 9,5 % nous avons pu déterminer une appartenance à la phase Sayula sur des critères de pâte, forme de bord ou décoration (b et c, fig. 87 ; a, b, c, d fig. 88). Seuls deux tessons, provenant de la couche VI de la terrasse n°4 du monticule fouillé dans la Zone Extérieure 1, ont pu être attribués à la phase Amacueca, à partir de l'observation de l'aspect de surface externe (couleur et finition) diagnostiques de cette phase (e et f, fig. 88).

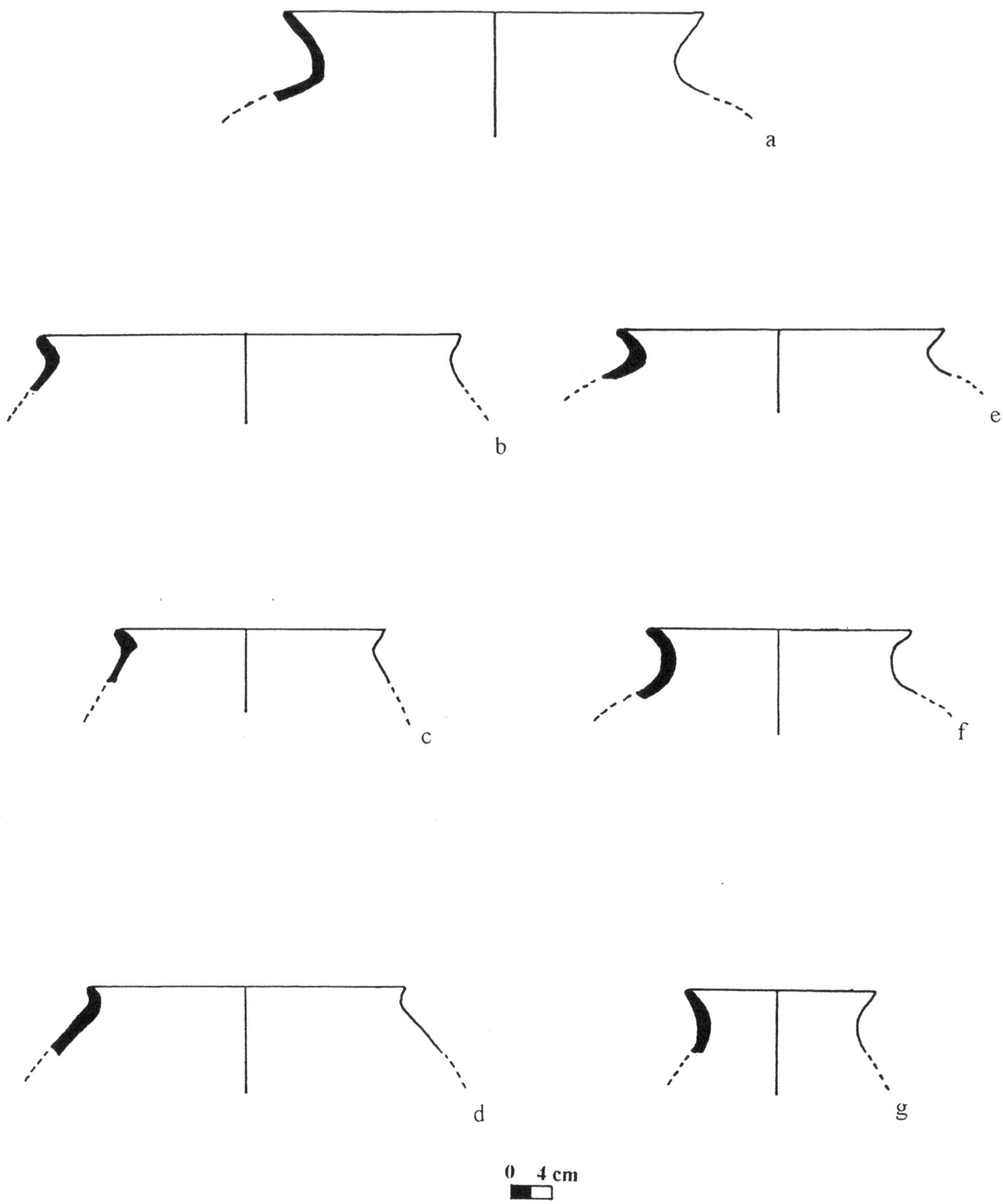

Figure 87 : Différents types de pots du site de La Motita.

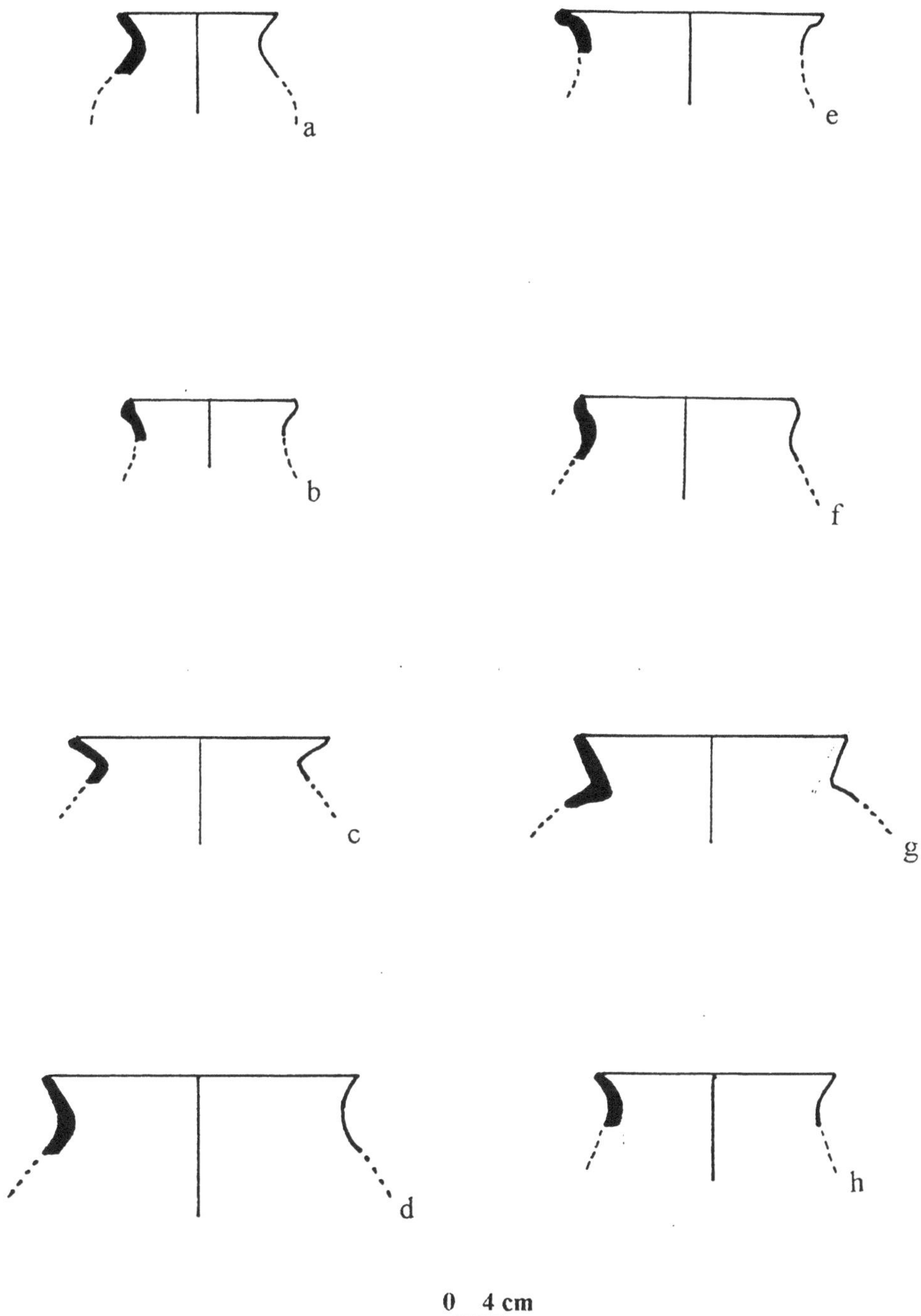

Figure 88 : Différents types de pots du site de Cerritos Colorados, Zone Extérieure 1.

Tableau 43 : Distribution et caractéristiques des pots, La Motita.

	Partie du récipient			Aspect de surface (1)		Décor (2)		Fragmentation (3)				Phase
	corps	col	bords	ext	int	ext	int	I	II	III	IV	
La Motita, UF2												
- fosses de type B	6			PO	LI	RO			83	17		?
	8			ER	LI				100			?
	2			ER	LI				100			Sayula
			1	ER	ER						100	Sayula
- fosse de type D	3			ER	ER				100			?
	8			BR	LI	RO	RO		100			?
		3		BR	LI	RO	RO		100			?
			9	ER	ER				100			?
- amas de tessons	9			ER	ER				85		15	?
	19			BR	LI				100			?
	6			PO	LI	RO		23	64	13		?
	1			BR	LI	R/O/B			100			Amacueca
		6		ER	ER				100			?
			2	BR	BR	RO	RO		100			?
La Motita, UF3												
- fosse de type C	3			ER	ER				100			?
	3			PO	LI	RO			100			?
		6		ER	ER				100			?
			9	ER	ER				100			?
			3	PO	LI	RO			100			?
- monticule central superficie	9			ER	ER				75	25		?
		46		ER	ER				100			?
		4		BR	BR	RO	RO		100			?
- monticule central N3-E6, N2-E7, N7-E4 5 - 40 cm	31			ER	ER			19	71	10		?
	6			PO	LI	RO			100			?
		32		PO	LI	RO			100			?
		6		ER	ER				100			?
			13	ER	ER				100			Sayula
			6	BR	LI	RO			100			?
- monticule central N3-E6, N2-E7, N7-E4 40 - 60 cm	10			ER	ER				83	17		?
	9			PO	LI	RO			72	27		?
		22		ER	ER				88	12		?
		1		LI	LI	RO	RO		100			?
			3	ER	ER				100			?
			2	ER	ER				100			Sayula
- monticule NO 0 - 40 cm	9			ER	ER				75	25		?
			4	ER	ER				100			Sayula
			10	ER	ER				100			?
			2	BR	LI	RO					100	?
- monticule NO 40 - 70 cm	12			ER	ER				77	23		?

(1) LI : lissé, PO : poli, RE : régularisé, BR : bruni, ER : érodé.
(2) RO : engobe rouge, R/O/C : engobes rouge, orange et crème, R/O/B : engobes rouge, orange, blanche, OR : engobe orange.
(3) I : % de tessons de taille inférieure à 3 cm ; II : % de tessons de taille comprise entre 3 et 5 cm ; III : % de tessons de taille comprise entre 5 et 10 cm ; IV : % de tessons de taille comprise entre 10 et 15 cm.

Tableau 44 : Distribution et caractéristiques des pots, Cerritos Colorados, Zone Extérieure 1.

	Partie du récipient			**Aspect de surface** (1)		**Décor** (2)		**Fragmentation** (3)				**Phase**
	corps	col	bords	ext	int	ext	int	I	II	III	IV	
C.Colorados, ZE1												
- terrasse n°1	1			ER	ER				100			?
	1			BR	LI	RO			100			?
- terrasse n°3	1			BR	LI	RO			100			?
couche I		1		BR	PO	OR	RO		100			Sayula
- terrasse n°4												
couche I		1		BR	PO				100			?
couche IIN	2			BR	LI	RO			100			?
		2		BR	PO	RO	RO		100			?
			2	ER	ER				100			Sayula
couche IIS	4			BR	LI	RO			100			?
	1			BR	LI	R/O			100			Sayula
couche IV	1			ER	ER				100			Sayula
		2		ER	PO		RO		100			?
			2	BR	BR		RO		100			Sayula
couche VI	7			BR	RE	RO			100			?
	7			BR	LI	R/O/C			100			Sayula
		1		BR	LI	R/C			100			Sayula
			3	ER	ER				100			Sayula
			1	PO	LI	RO			100			?
			2	BR	BR	RO	RF		100			Amacueca
- fosse de type E			1	BR	BR				100			?
- fosse de type F			1	PO	LI	RO			100			?

(1) LI : lissé, PO : poli, RE : régularisé, BR : bruni, ER : érodé.
(2) RO : engobe rouge, R/O/C : engobes rouge, orange et crème, R/O/B : engobes rouge, orange, blanche, OR : engobe orange, RF : engobe rouge fumée.
(3) I : % de tessons de taille inférieure à 3 cm ; II : % de tessons de taille comprise entre 3 et 5 cm ; III : % de tessons de taille comprise entre 5 et 10 cm ; IV : % de tessons de taille comprise entre 10 et 15 cm.

Malgré la variabilité de l'échantillonnage et l'intense érosion du matériel, empêchant une analyse fine de la distribution spatiale et chronologique des différents types de pots, nous pouvons émettre quelques hypothèses quant à leur présence sur les sites fouillées :

- Ces pots se situent parfois dans des contextes qui ne témoignent pas nécessairement d'une utilisation exclusive à la production de sel : c'est particulièrement le cas dans l'Unité de Fouille n°3 du site de La Motita, où ils apparaissent en grand nombre en superficie et dans la stratigraphie du monticule nord-ouest, en association avec des objets céramique et lithiques variés, voir des restes d'inhumations (monticule nord-ouest), qui ne semblent pas directement associés à l'activité de production de sel [18].

- Si la présence de pots dans des contextes directement associés à la production de sel - Unités de Fouille n°1 et 2 du site de La Motita ou Zone Extérieure 1 du site de Cerritos Colorados - semble témoigner d'une utilisation dans une ou plusieurs étapes de cette activité - stockage de la saumure ou de l'eau douce pour la lixiviation - la variabilité de l'échantillonnage (forme, taille, aspect de surface et traitement de finition, présence ou absence de décor) ne permet pas de distinguer un type de pot spécifiquement fabriqué pour une fonction précise dans la chaîne opératoire de production de sel.

- On peut toutefois noter une différence de taille significative entre les pots du site de La Motita (fig. 87) et ceux de la Zone Extérieure 1 du site de Cerritos Colorados (fig. 88). Cette différence pourrait s'expliquer soit par une disparité chronologique - utilisation de pots de plus grande taille durant la fin de la phase Verdía et la phase Sayula (La Motita), par rapport à la phase Amacueca (ZE1, Cerritos Colorados) [19]- ; soit par un choix technologique délibéré en réponse à une production de taille ou d'organisation distinctes.

[18] cf. chap. 2.4.5.

[19] Cette explication n'est pas entièrement satisfaisante puisqu'elle ne prend pas en compte les pots de la phase Sayula découverts dans la Zone Extérieure 1 de Cerritos Colorados. A ce sujet, nous précisons que la présence de pots de la phase Sayula sur cette aire du site, dans différentes couches du monticule (mais principalement en profondeur), atteste d'une utilisation de la zone pendant cette phase, selon des modalités qui restent inconnues - l'ensemble de la zone étant datée de la phase Amacueca.

Excavating Ancient Jars Buried on La Playa.

Figure 89 : Illustration des jarres enterrées observées sur le site El Reparo par Lumholtz (1973 : 320).

5.6. Les jarres enterrées

Ce type de récipients est mentionné par Lumholtz (1973 : 321), lors de son passage dans le bassin de Sayula à la fin du siècle dernier. L'auteur note en effet la présence de 40 récipients alignés et enterrés jusqu'au bord aux alentours du hameau de El Reparo - situé dans le secteur sud-est de la playa -. Il fouille quatre de ces récipients et les décrit comme des jarres faites dans une céramique grossière, de faible profondeur (environ 20 cm) (fig. 89). L'auteur souligne la fragilité de ces récipients qui les rend inaptes au transport, et suppose une utilisation dans la production de sel. Dans les années 40, Kelly (1941-1944) note la présence de nombreux récipients de ce type sur le site Sayula # 12, actuellement appelé Potrero de los Tepalcates (CS-80) et suggère qu'il s'agit du site identifié par Lumholtz [20].

Des récipients similaires ont été découverts lors des fouilles de sauvetage réalisées sur le site de San Juan de Atoyac en 1991. Ce groupe de récipients se situaient dans un espace isolé près de la zone funéraire n°1 du site (fig. 9, chap. 2.3.2. de la première partie). 21 récipients ont été mis au jour, dont 5 complets. Les récipients complets sont de grandes jarres hémisphériques dont le diamètre varie entre 54 et 72 cm et la profondeur entre 35 et 47 cm (photo n°33). Quatre d'entre eux présentent une couverture externe composée de plusieurs grands tessons (Schondube et al, 1992 : 36).

D'autres récipients du même type ont été mis au jour sur le site de La Mota, certains par des fouilles clandestines et d'autres à la suite de sondages effectués pour la construction d'un bassin de stockage d'eau en 1994. Au nombre de 10, ces récipients présentent une forme similaire à ceux précédemment mentionnés, avec un diamètre compris entre 55 et 70 cm et une profondeur moyenne de 40 cm (photo n°34). Ces récipients sont systématiquement remplis par des sédiments naturels de type limons de playa, à l'exception de l'un de ceux mis au jour à Atoyac qui contenait dans son remplissage deux fragments de meule et un os humain. Leur localisation et leur aspect fragile - qui suppose une utilisation sur place -, permettent de suggérer leur utilisation dans un processus de stockage lié à la production de sel, ou dans le processus de décantation des terres salées sur le modèle décrit par Ponce au XVI ème siècle (Ciudad Real, 1993 : 151) [21].

Sur le plan chronologique, l'identification de leur période d'utilisation reste confuse. En effet, ils sont présents sur le site de La Mota qui présente des indices d'utilisation depuis la fin de la phase Verdía et pendant la phase Sayula. Sur le site de San Juan de Atoyac, ils jouxtent une zone funéraire datée de la fin de la phase Amacueca, voire le début de la période coloniale, toutefois ils semblent avoir été utilisées durant une période antérieure à l'établissement de la zone funéraire. Par ailleurs, le témoignage de Ponce semble attester de leur utilisation dans cette même zone à la fin du XVIème siècle. Sur le site de Potrero de los Tepalcates, plusieurs vestiges céramiques diagnostiques de la phase Sayula ont été identifiées (Francisco Valdez, communication personnelle). D'après les informations dont nous disposons actuellement, il semble donc que ce type de récipients ait été utilisé à partir de la phase Sayula, peut-être même dès la fin de la phase Verdía. Quoiqu'il en soit, leur absence apparente sur d'autres sites de playa - où se généralisent, durant la phase Sayula, l'utilisation de fosses de filtration et de décantation de type A et B - semble témoigner d'une utilisation très localisée, dans le secteur sud-est du bassin.

5.7. Bilan de la classification des récipients

Le tableau 45 propose un récapitulatif des caractéristiques des différents types de récipients identifiés. Si la fonction et la période d'utilisation semblent bien définies pour la plupart de ces types, on peut toutefois formuler plusieurs hypothèses à l'issue de ce bilan :

- la phase Sayula témoigne d'une certaine standardisation des techniques de production de sel avec l'apparition systématique de récipients spécialisés, tels que les *cuencos salineros* (type II), pour lesquels on suppose une utilisation dans le processus de stockage du sel ; ou les jattes de céramique grossière, utilisées dans la cuisson de la saumure et la fabrication de sel cristallisé ;

- certains de ces récipients semblent témoigner d'une évolution graduelle dans le temps, sans que l'on puisse en déterminer précisément les modalités : c'est le cas notamment des récipients de type I qui pourraient être une forme ancienne (phase Verdía) des *cuencos salineros* (type II) utilisés systématiquement durant la phase Sayula ; mais aussi peut-être de certaines formes du type III - le type IIIA de forme hémisphérique pourrait être plus ancien que le type IIIB, dont la forme générale s'approche plus des *cajetes rectos Amacueca* qui lui succèdent [22]- ;

- certains de ces récipients semblent témoigner d'une évolution graduelle dans le temps, sans que l'on puisse en déterminer précisément les modalités : c'est le cas notamment des récipients de type I, qui pourraient être une forme ancienne (phase Verdía) des *cuencos salineros* (type II) utilisés systématiquement durant la phase Sayula ; mais aussi peut-être de certaines formes du type III - le type IIIA de forme hémisphérique pourrait être plus ancien que le type IIIB, dont la forme générale s'approche plus des *cajetes rectos Amacueca* qui lui succèdent [23]- ;

[20] cf. chap. 1.2.1.

[21] cf. chap. 3.8.1. de la première partie.

[22] Ces hypothèses ne peuvent être confirmées en raison du faible degré de résolution des données chronologiques.

[23] Ces hypothèses ne peuvent être confirmées en raison du faible degré de résolution des données chronologiques.

Tableau 45 : Récapitulatif des caractéristiques des différents types de récipients.

Type	Utilisation	Chronologie	Localisation
I jattes	Stockage du sel	Verdía Sayula ancien	S.S-E : La Motita, La Mota (CS-25)
II *cuencos salineros Sayula*	Stockage du sel	Sayula	S.S-E : La Motita, La Mota (CS-25) S.S-O : Carmelita (CS-4), Lienzo Charro S.I : Cofradía (CS-21B), Playas de Atoyac (CS-15A) Tepalcateras Isla Chica (CS-77) S.N-O : Playas El Zapote-Techaluta (CS-22) Cerritos Colorados (zone centrale et ZE4) Tepalcateras Verdía-Cacaluta, S.N-E : Tepalcateras Atotonilco (CS-75), Piramides de Tehuantepec (CS-62), Tepalcateras de Ponciltlan (CS-14) Tepalcateras Fábrica de Explosivos (CS-13B)
III jattes céramique grossière	Cuisson de la saumure et fabrication du sel	Verdía Sayula	S.S-E : La Motita, La Mota (CS-25) S.S-O : Carmelita (CS-4), Lienzo Charro S.N-O : Cerritos Colorados (ZE1) S.N-E : Fábrica de Explosivos (CS-13C) Tepalcateras de Poncitlan (CS-14)
IV *cajetes rectos Amacueca*	Cuisson de la saumure et fabrication du sel	Amacueca	S.S-E : Tepalcateras de Cuyacapan (CS-65) S.S-O : Lienzo Charro (LCB) S.I : Cofradía (CS-21A, CS-21B, CS-21C) San Juan de Atoyac (CS-15) S.N-O : Playas El Zapote-Techaluta (CS-22) Cerritos Colorados (ZE1, ZE3) S.N-E : Fábrica de Explosivos (CS-13A)
pots	Stockage et transport de la saumure ou d'eau douce pour la lixiviation	Verdía Sayula Amacueca	S.S-E : La Motita, La Mota (CS-25) S.S-O : Carmelita (CS-4), Lienzo Charro (LCA) S.I : Cofradía (CS-21B) Playas de Atoyac (CS-15A) San Juan de Atoyac (CS-15) S.N-O : Playas El Zapote-Techaluta (CS-22) Cerritos Colorados Tepalcateras Verdía - Cacaluta S.N-E : Piramides de Tehuantepec (CS-62) Tepalcateras Atotonilco (CS-75) Tepalcateras Fábrica de Explosivos (CS-13) Tepalcateras Poncitlan (CS-14)
jarres enterrées	Décantation de terres salées Stockage de saumure	Sayula Amacueca	S.S-E : Potrero de los Tepalcates (CS-80) La Mota (CS-25) S. I : San Juan de Atoyac (CS-15)

- la phase Amacueca correspond à une période de changement, qui se manifeste par l'apparition d'un nouveau type de récipients, les *cajetes rectos Amacueca*, utilisés dans la cuisson de la saumure et la fabrication de sel cristallisé ;

- les jarres enterrées ont été classées dans la catégorie des récipients, mais elles occupent une place particulière dans cette catégorie. En effet, leur aspect fragile et enterré, induit une utilisation sur place, soit dans un procédé de décantation analogue à celui décrit pour les fosses de type B, soit dans un processus de stockage d'eau douce ou de saumure. Leur utilisation semble également très localisée dans le secteur sud du bassin.

- d'autres types de récipients semblent attester d'une production locale : c'est le cas notamment des récipients de type I, que l'on ne retrouve que dans le secteur sud du bassin [24] ; ou encore de la variante C des récipients de type III, que l'on n'a observée que dans le remplissage d'une fosse sur le site de La Motita ;

[24] En ce qui concerne les récipients de type I, apparemment diagnostiques de la phase Verdía, cette hypothèse est confrontée au fait que l'information concernant la production de sel durant la phase Verdía reste très anecdotique, à la fois en raison du faible nombre de sites de cette époque, mais aussi en raison de l'enfouissement des évidences de cette phase sous d'épaisses accumulations de la phase Sayula notamment dans le nord du bassin.

SYNTHESE : Evolution de la production de sel dans le bassin de Sayula : intéractions avec le milieu et la dynamique socioculturelle du peuplement

Comme nous l'avons expliqué dans l'introduction, cette étude présentait deux objectifs complémentaires :

- d'une part, contribuer à une meilleure connaissance des techniques traditionnelles de production de sel, par la reconstitution de faits techniques dans un milieu particulier : le bassin de Sayula, et dans une perspective à la fois chronologique et spatiale ;

- d'autre part, évaluer le rôle de la production de sel dans la dynamique socio-économique et culturelle du peuplement préhispanique du bassin de Sayula et son intégration au sein de l'Occident du Mexique.

Dans cette synthèse, nous présentons dans un premier temps le bilan des informations permettant la reconstitution des techniques et leurs interactions avec le milieu exploité et le contexte socio-économique et culturel. Dans un second temps, nous présentons des hypothèses sur les réseaux d'échanges du sel de Sayula au sein de l'Occident du Mexique. Ces hypothèses sont fondées sur deux groupes d'information : d'une part, un schéma de distribution des différents lieux de production de sel de l'Occident, établi à partir de sources ethnohistoriques des XVIème et XVIIème siècles ; d'autre part, les synchronismes et corrélations céramiques entre les vestiges du bassin de Sayula et les autres régions de l'Occident.

A l'issue de cette synthèse thématique, nous proposons un bilan des acquis méthodologiques et dégageons les limites de l'étude en présentant des perspectives de recherche.

1. Reconstitution des techniques et rôle du sel.

Dans ce chapitre, nous établissons, pour chaque phase, le bilan des informations concernant le milieu, la caractérisation et la distribution des vestiges de production de sel et leurs relations avec les autres contextes (habitat, funéraire, cérémoniel etc...).

Dans cette synthèse chronologique, nous verrons qu'il est parfois difficile d'identifier les artefacts ou les aménagements spécifiques à une phase d'occupation, à la fois parce que les techniques n'évoluent pas toujours au même rythme que la dynamique socio-économique et culturelle, mais aussi et surtout parce que la production se réalise bien souvent sur au même endroit et que les vestiges de plusieurs époques peuvent se trouver facilement remaniés et mélangés. Cette observation est particulièrement pertinente pour l'identification des vestiges de production des périodes anciennes, qui se trouvent bien souvent enfouis ou masqués par l'abondance des restes des phases Sayula et Amacueca.

1.1. Phase Usmajac (300 av. JC - 300 ap JC) : activité domestique de production de sel ? /période humide/ Tradition des Tombes à Puits.

Les travaux réalisés sur les sites de playa n'offrent pour l'instant aucune indication sur une éventuelle activité de production de sel pendant la phase Usmajac de l'occupation du bassin. Le seul jalon qui permette de supposer une occupation des niveaux de playa à cette époque, est la découverte d'un fragment de figurine de type Tuxcacuesco-Ortices dans les niveaux supérieurs du sondage N2-E7 du monticule central, Unité de Fouille n°3 du site de La Motita (cf. tab. 27).

Comme nous venons de le préciser, l'apparente absence de vestiges de production de sel durant cette phase doit être nuancée par l'abondance des restes correspondant aux phases suivantes, qui viennent probablement masquer les évidences des périodes anciennes. L'absence d'information concernant spécifiquement l'activité de production de sel peut être en partie comblée par les données concernant le milieu et les autres contextes d'occupation.

Comme nous l'avons vu dans le chapitre 1.2. de la deuxième partie, il semble que cette période d'occupation ait été soumise à un climat plutôt humide, ce qui pourrait expliquer l'absence relative de sites dans les niveaux de playa à cette époque et l'installation privilégiée sur le piedmont. En effet, les sites de la phase Usmajac se distribuent préférentiellement dans le piedmont des secteurs sud et sud-ouest du bassin (cf. fig. 8). Secteurs qui, au niveau de la playa, montrent une grande sensibilité aux variations climatiques et se trouvent actuellement très rapidement inondés en saison des pluies (cf. chap. 2.3.5. et 2.4. de la deuxième partie) et donc peu favorables à la collecte des terres salées.

Les vestiges d'occupation de cette période correspondent à des structures funéraires spécifiques (les tombes à puits) et à des unités résidentielles organisées autour de petits groupes de personnes (ou familles). Les fouilles réalisées sur le site de La Caseta, dans le sud du bassin et plus récemment sur le site de Cerro del Agua Escondida (Schondube et al, 1998 ; Valdez, 1998) - situé sur les premiers contreforts de la Sierra de Tapalpa, non loin du village de Amacueca - ont permis de préciser d'une part les modes d'inhumation associés aux tombes à puits, d'autre part les aménagements de l'habitat et des activités domestiques. Les traits partagés par les structures funéraires incluent des ornementations en coquillage, obsidienne, roche verte et offrandes céramiques. Le contexte domestique est composé d'un ensemble de structures (fours, petites places, murs de contention...) regroupées dans des petits espaces et apparemment associés à une ou plusieurs tombes à puits (Schondube et al, 1998). Dans ce contexte, ces tombes semblent constituer un espace funéraire réservé à certains membres du groupe (Schondube et al, 1998).

Les vestiges diagnostiques de cette phase correspondent à la Tradition des Tombes à Puits commune au sud et au centre du Jalisco et au sud du Nayarit (Valdez et al, 1996). Sur la base d'attributs aussi largement distribués, il semble difficile d'identifier le bassin de Sayula comme une région "autonome" durant cette période de l'occupation. L'ensemble de ces caractéristiques tend à définir une occupation dans un contexte plutôt humide, de petits groupes de personnes distribués sur le piedmont des secteurs sud et sud-ouest du bassin. Ces populations semblent organiser leur mode de vie autour de l'exploitation domestique des ressources de cette zone (horticulture sur les terres fertiles, utilisation du bois et des roches...), et de pratiques culturelles communes à une vaste région s'étalant depuis le centre du Jalisco jusqu'au sud du Nayarit, permettant l'acquisition de matériaux ou des objets allochtones en obsidienne, roche verte et coquillages marins. Dans ce contexte, il est probable que se soit développée une activité domestique très localisée de production de sel ou de simple collecte des terres salées pour la subsistance des communautés locales. On peut également supposer que la gestion individuelle de la ressource en sels ait pu générer des avantages sociaux qui se traduisent par le statut élevé de certains individus enterrés dans les tombes à puits (Liot et Valdez, 1996).

1.2. Phase Verdía (300 - 600 ap JC) : activité artisanale de production de sel / période humide / émergence d'une identité locale.

Cette phase de l'occupation, correspondant à une période de transition entre la Tradition des Tombes à Puits et le développement d'une organisation sociale interne au bassin, reste peu connue. Il existe en effet peu de jalons permettant de caractériser l'occupation de cette phase, d'une part parce qu'elle semble très localisée et d'autre part parce qu'une partie des vestiges se trouve enfouie sous les restes de l'occupation des phases suivantes. En ce qui concerne les vestiges de la production de sel, quelques éléments nouveaux permettent cependant d'ébaucher une reconstitution des modalités de cette activité. La figure 90 propose un récapitulatif de ces éléments.

Dans le secteur nord-ouest, deux groupes de tepalcateras peuvent être associés à cette phase, la Zone Extérieure 2 du site de Cerritos Colorados et le site de Tepalcateras Verdía-Cacaluta. Ces sites se caractérisent par la présence de composantes très diverses, parmi lesquelles prédominent une grande quantité de tessons céramique finement décorés et quelques fragments d'objets lithiques en basalte et obsidienne. Ils ne présentent pas d'éléments diagnostiques de production de sel en surface, mais leur localisation dans le secteur de playa laisse supposer une exploitation des terres salées de la zone. Par ailleurs, deux sondages réalisés dans le secteur central (zone XIV-A et B) du site de Cerritos Colorados ont permis de mettre au jour plusieurs niveaux comportant du matériel céramique diagnostique de la phase Verdía, situés entre 3 m 30 et 3 m 85 de profondeur (Guffroy, 1996a : 41). L'analyse préliminaire de ce matériel céramique a révélé la présence de tessons de plats dont la finition grossière semble attester d'une utilisation domestique, peut-être liée à l'activité de production de sel (Liot et Valdez, 1996).

Dans le secteur central, l'occupation Verdía est attestée par la fouille de deux enterrements isolés dans la partie nord du site de San Juan de Atoyac, présentant des offrandes céramique diagnostiques de cette phase (Noyola, 1994 : 59-60). Bien que ces évidences soient largement insuffisantes pour caractériser l'occupation Verdía du site ; l'identification de vestiges associés la phase Verdía permet de supposer une exploitation des terres salées dans ce secteur.

Dans le secteur sud-est, les fouilles réalisées sur le site de La Motita ont permis de déceler une occupation Verdía. Outre la présence de nombreux tessons de céramique fine et décorée diagnostiques de cette phase, l'occupation est caractérisée par l'apparition de différents éléments plus spécifiquement liés à la production de sel :

-deux types de récipients particuliers : les jattes hémisphériques avec décor en lignes d'engobe rouge sur la face externe (type I), ayant probablement servi au stockage du sel [1]; les jattes de céramique grossière (type III), et notamment la variante IIIA, pour laquelle on peut supposer une utilisation dans le processus de cuisson de la saumure à partir de la phase Verdía[2] ;

- trois types de structures : les fosses de type A, dont la variante A4 découverte dans l'Unité de Fouille n°1 de ce site, pourrait avoir été utilisée dans le processus de filtration des terres salées pendant la phase Verdía [3]; les fosses de type B, dont la variante B2, fouillée dans l'Unité de Fouille n°3 du site, pourrait également avoir servi à la fabrication d'une saumure par un processus de décantation des terres salées [4]; enfin des fosses de type C, dont un des exemplaires fouillé dans l'Unité de Fouille n°3 (structure 3) semblerait avoir été utilisé dès les périodes anciennes dans le processus de cuisson de la saumure [5].

D'une manière générale, la distribution des sites de la phase Verdía est beaucoup plus restreinte que celle de la phase précédente et semble se concentrer dans les niveaux de playa et plus particulièrement dans l'extrême nord du bassin. Plusieurs hypothèses d'interprétation complémentaires peuvent être proposées pour expliquer cette concentration de l'occupation dans le nord. Tout d'abord, d'après les données fournies par l'approche paléoclimatique[6], il semble que cette phase corresponde à une période plutôt humide. Dans ce contexte, l'installation dans un secteur de playa moins soumis à l'inondation et très favorable à la production de sel est significative. Par ailleurs, on peut également supposer que les transformations de la phase Verdía aient été apportées par des populations venues du nord (vallée de Atemajac ou au delà), qui se seraient installées à l'entrée du bassin - dans un secteur propice à la production de sel et aux échanges avec le nord -tout en établissant des liens avec les populations locales de la phase Usmajac -ce qui expliquerait la présence de vestiges dans le sud.

---

[1] cf. chap. 5.1.3. de la troisième partie.
[2] cf. chap. 5.3.3. de la troisième partie.
[3] cf. chap. 4.1.4. de la troisième partie.
[4] cf. chap. 4.2.4. de la troisième partie.
[5] cf. chap. 4.3.4. de la troisième partie.
[6] cf. chap. 1.2. de la deuxième partie.

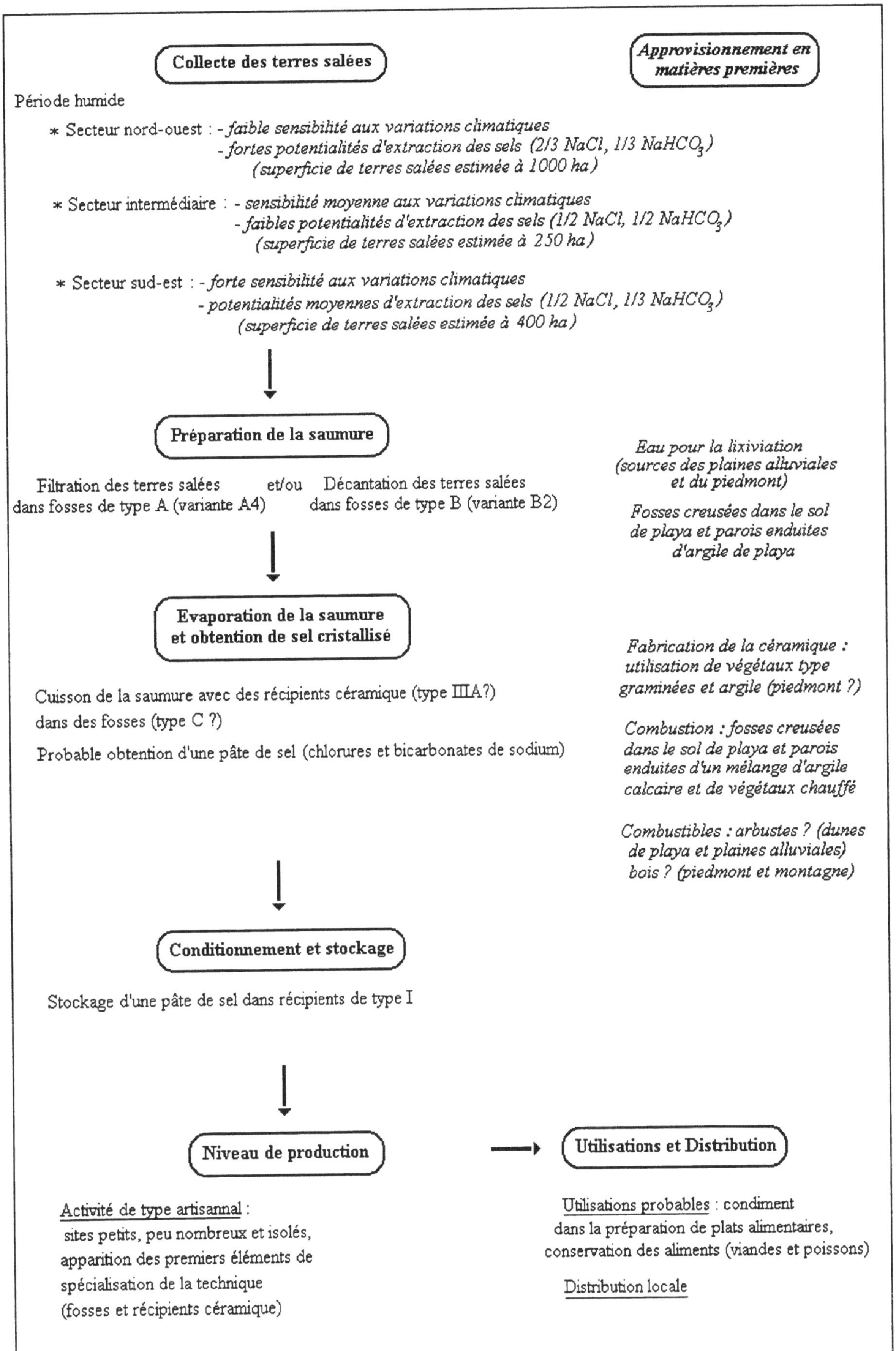

Figure 90 : Schéma hypothétique de la chaîne opératoire de production de sel pendant la phase Verdía.

Quoiqu'il en soit, l'installation préférentielle dans le secteur nord de la playa constitue le prémisse annonçant le développement de groupes de pouvoir internes, basés à Cerritos Colorados et organisés autour d'une industrie de production de sel durant la phase Sayula. Les vestiges de production de sel associés à la phase Verdía semblent constituer l'ébauche artisanale d'objets et structures spécialisés, qui subiront des transformations technologiques et se généraliseront durant la phase Sayula.

1.3. Phase Sayula (600 - 1100 ap JC) : activité industrielle de production de sel / période sèche / développement de sociétés complexes.

La phase Sayula correspond à une période d'expansion démographique et au développement d'une identité régionale. Des nouvelles formes et styles céramique apparaissent et s'étendent rapidement dans tous les secteurs écologiques du bassin. L'occupation de la playa se généralise avec l'apparition de nombreux sites distribués dans tous les secteurs et plus particulièrement le long des marges nord et ouest. Cependant, comme nous l'avons spécifié à plusieurs reprises dans ce texte, tous les sites de playa ne sont pas des ateliers de production de sel, et plusieurs d'entre eux sont formés par une accumulation de matériel de nature divers qui atteste de leur multifonctionnalité, tout en n'excluant pas un rôle indirect dans l'activité de production de sel. Plusieurs séries d'artefacts peuvent être spécifiquement attribués à la chaîne opératoire de production de sel de la phase Sayula.

La figure 91 propose un schéma récapitulatif, dans lequel sont intégrés les éléments diagnostiques de cette activité.
- Les fosses de type A présentent des caractéristiques qui permettent de supposer une utilisation dans le processus de filtration des terres salées pour l'obtention d'une saumure[7].
- Les fosses de type B pourraient avoir été utilisées pour produire une saumure par décantation des terres salées[8].
- Les jarres enterrées pourraient avoir rempli une fonction similaire aux fosses de type B ; elles ont également pu servir au stockage de l'eau douce utilisé dans la lixiviation des terres salées, ou au stockage temporaire de la saumure[9].
- Les pots pourraient avoir servi au transport et au stockage de l'eau douce pour la lixiviation des terres salées et au transfert de la saumure dans les récipients de cuisson[10].
- Les fosses de type C et D présentent les caractéristiques de fosses de combustion utilisées pour la cuisson de la saumure et la fabrication de sel cristallisé[11] .
- Ces fosses sont associées à des jattes de céramique grossière (type III), servant à la cuisson de la saumure, et probablement supportées dans les fosses de combustion par des boulettes en torchis. Leur attributs de taille et de forme ne semblent pas très adaptés pour une utilisation comme moule, mais plutôt pour l'obtention d'une pâte de sel[12].
- Cette pâte de sel pourrait avoir été provisoirement stockée dans des grandes jattes, les *cuencos salineros* (type II), dans l'attente d'être séchée et conditionnée sous forme de pains pour le transport et les échanges ultérieurs. Le conditionnement pourrait se réaliser à l'aide de tressages végétaux, analogues aux *benequenes* fabriqués dans les salines d'Ixtapa, dans les hautes terres du Chiapas (Andrews, 1983 : fig. 3.6., 58) [13].

Certains de ces artefacts présentent une fonction analogue. Trois hypothèses complémentaires peuvent expliquer ce phénomène : d'une part des utilisations légèrement différentes dans le but de produire différents types de sels ; d'autre part une utilisation par des groupes différents dans des secteurs différents de la playa - cette hypothèse peut être retenue dans le cas des jarres enterrées qui semblent être localisées uniquement dans le secteur sud du bassin ; mais elle reste problématique dans le cas de l'utilisation conjointe des fosses de type A et B sur les mêmes sites - ; finalement des différences chronologiques non mises en évidence en raison du degré de résolution chronologique.

L'ensemble de ces vestiges est amplement distribué sur les sites de playa, ils se regroupent généralement sur des aires d'activité bien délimitées dans un espace de playa. Ces témoins matériels sont parfois associés à des *tepalcateras* constituées par une accumulation de déchets de terres lixiviées, indurations d'argile sèche utilisées comme support des récipients dans les fosses de combustion et nombreux tessons céramique. Certains de ces monticules forment d'épaisses accumulations de tessons de *cuencos salineros*, pots et jattes de céramique grossière. Nous rappelons que bien souvent certains de ces déchets sont réutilisés dans les cycles de production suivant (cf. chap. 3.1.5. de la deuxième partie) : utilisation des cendres de combustion dans la préparation argileuse servant d'enduit sur les parois des fosses ; éventuelle utilisation des terres lixiviées pour cette préparation argileuse ou pour épandre sur la playa pour servir de "piège à sels" dans un nouveau cycle de salinisation de surface. On peut également supposer que les terres lixiviées puissent être utilisées comme sédiments de remblai pour la construction de plates-formes ou d'autre types de structures dans d'autres sites. Sur certains sites, ces déchets de production se trouvent mélangés avec les restes d'autres activités ; dans d'autres ils ont été considérablement remaniés par la production des phases suivantes - tous les ateliers situés à l'est du site de Cerritos Colorados ont été réaménagés pendant la phase Amacueca, tandis que ceux situés dans le secteur de playa de El Zapote - Techaluta, ont été recombinés avec les restes de l'exploitation moderne -. Ces différents types de remaniements rendent difficiles l'identification des rejets spécifiquement issus des étapes de production de sel et leur analyse en stratigraphie. Ainsi, aucun des sondages réalisés dans des monticules de la phase Sayula ne nous a révélé la présence d'accumulations de cendres et charbons issus du nettoyage des fosses de combustion.

[7] cf. chap. 4.1.4. de la troisième partie.
[8] cf. chap. 4.2.4. de la troisième partie.
[9] cf. chap. 5.6. de la troisième partie.
[10] cf. chap. 5.5. de la troisième partie.
[11] cf. chap. 4.3.4 et 4.4.4. de la troisième partie.
[12] cf. chap. 5.3.3. de la troisième partie.
[13] cf. chap. 3.5. de la première partie.

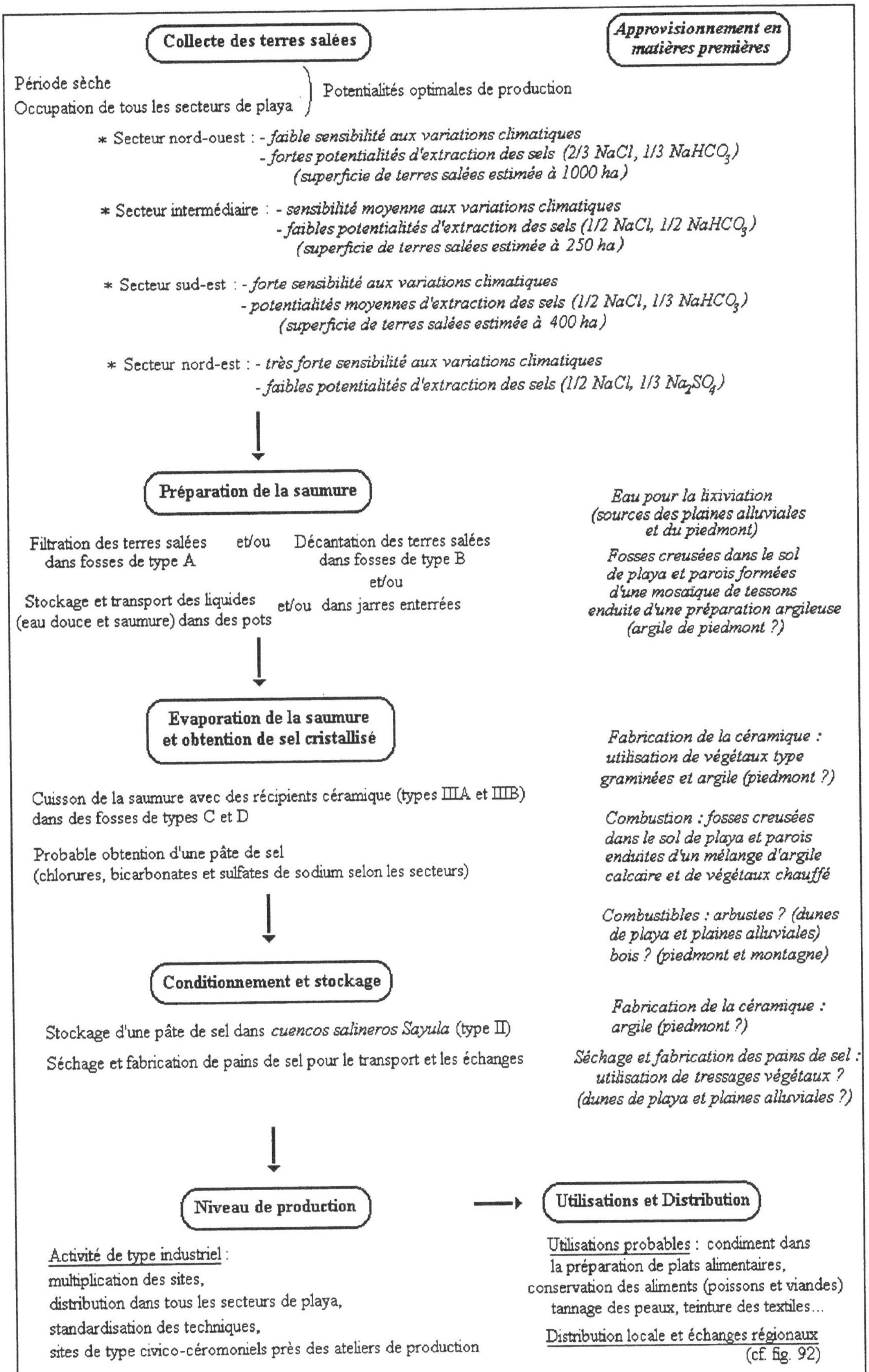

Figure 91 : Schéma hypothétique de la chaîne opératoire de production de sel pendant la phase Sayula.

Bien que non étudiés dans cette thèse, en raison de leur absence sur les sites fouillés, nous signalons également l'existence d'accumulations d'objets lithiques (galets de basalte, pierre ponce et lames et éclats d'obsidienne), particulièrement abondants dans le secteur de playa situé entre les villages de El Zapote et Techaluta dans le nord-ouest du bassin (fig. 55). Certains galets en basalte et pierre ponce ont pu être utilisés comme pierres à feu et support des récipients dans les fosses de combustion. D'autres objets plus spécifiques - qui restent à identifier - ont pu servir à la maintenance des fosses et au lissage des parois (cf. chap. 3.1.5. de la deuxième partie). Les lames d'obsidienne ont pu servir dans l'élaboration des outils permettant de collecter les végétaux nécessaires à la combustion et à d'éventuelles tressages de type *petate* pour le processus de filtration des terres salées - bouchon filtre dans le tunnel des fosses de type A ou fabrication de corbeilles de filtration - et pour le séchage, le conditionnement et la fabrication de pains.

Les différentes étapes de la production nécessitent l'approvisionnement d'un certain nombre de matières premières, qui peuvent être acquises par les échanges avec les autres secteurs écologiques du bassin. Ainsi, l'eau douce nécessaire à la lixiviation des terres salées peut être acquise dans les sources permanentes des plaines alluviales et du piedmont ou collectée en saison des pluies. L'argile nécessaire à la préparation de l'enduit des parois des fosses et à la fabrication des céramique peut également être prélevée dans les plaines alluviales ou le piedmont. L'argile calcaire utilisée dans la fabrication de l'enduit des fosses de type A est présente dans le secteur sud du bassin, où elle est actuellement extraite pour la fabrication de chaux à l'entrée du village de Usmajac. Les végétaux et le bois utilisés comme combustibles et dans la fabrication d'objets se trouvent en abondance dans les plaines alluviales et le piedmont dans tous les secteurs du bassin.

Le tableau 46 expose les données de reconstitution d'un cycle de production de sel dans les Unités de Fouille n°1 et 2 du site de La Motita. Cette reconstitution suppose que la plupart des fosses découvertes dans cet espace aient fonctionné simultanément, comme un véritable atelier de production, selon deux grandes étapes successives - obtention d'une saumure par lixiviation des terres salées et fabrication de sel cristallisé par cuisson de cette saumure -, impliquant l'approvisionnement de trois matières premières de base : terres salées, eau et combustibles [14]. Si l'eau et les terres salées se trouvent à proximité de l'aire de production, les grandes quantités utilisées nécessitent toutefois un effort humain important, surtout si on considère qu'en moyenne, un homme ne peut porter une charge supérieure à 50 kg.

L'approvisionnement en combustibles suppose également un effort considérable, dans la mesure où les distances à parcourir ne sont pas négligeables - sur le site de La Motita, les arbustes clairsemés dans le paysage dans cette zone ne devaient pas suffire à alimenter les nécessités de la production -. Les estimations de Parsons (1993 : 279) concernant les salines de Nexquipayac dans le bassin de Texcoco, nous donnent quelques indications sur les quantités de combustibles nécessaires. L'auteur signale qu'actuellement, il faut environ 20 kg de combustibles pour produire 5 à 5,5 kg de sel sec à partir de 30 à 35 litres de saumure extraites pour une lixiviation - 130 kg de terres salées filtrées avec environ 130 litres d'eau -.

Ces différentes données et estimations permettent de mettre l'accent sur un effort humain considérable nécessaire à la mise en oeuvre d'une production de type industriel impliquant des échanges avec l'extérieur. Cette activité suppose également un probable stockage des matières premières et du produit fini. Hormis l'identification de quelques tessons de pots ayant pu servir au transport et stockage temporaire de l'eau, nous n'avons pas découvert de structures permettant le stockage de grandes quantités d'eau ou de terres salées. Le stockage du sel semble attesté par la présence de grandes quantités de *cuencos salineros*. Le stockage des terres salées pourrait permettre la fabrication de sel pendant toute l'année, en considérant que la cuisson puisse se réaliser sous abri. Là encore, les fouilles n'ont pas apporté d'indices pour confirmer cette hypothèse.

D'après les données fournies par l'approche paléoclimatique, il semble qu'au moins le début de cette phase d'occupation corresponde à une période sèche, systématiquement enregistrée dans les études paléoclimatiques de différentes régions de l'Occident du Mexique[15]. Un climat sec aurait ainsi pu favoriser une installation dans tous les secteurs de playa, moins soumis aux inondations périodiques et augmenter les périodes de collecte de terres salées, particulièrement dans le secteur nord où l'aquifère est très peu profond. L'installation dans les différents secteurs de playa pourrait témoigner de la production de différents types de sels suivant la catégorie de terres collectées. Bien que nous n'ayons pas été en mesure d'identifier des différences significatives dans les vestiges spécifiques à chaque secteur - qui pourraient attester de la diversité des techniques en fonction du type de sel produit - l'hypothèse de production de plusieurs types de sels ne peut être écartée puisqu'elle n'implique pas nécessairement des outils différents, mais plutôt des durées de processus (lixiviation, évaporation ou séchage) et des concentrations différentielles[16]. Outre la possibilité de collecter différentes catégories de terres salées, en vue de la production de plusieurs types de sels, l'installation dans tous les secteurs de playa permet de maximiser les potentialités de production, en fonction des caractéristiques de chaque secteur. On note cependant une concentration significative des vestiges dans le secteur nord du bassin. Deux hypothèses d'interprétation complémentaires peuvent expliquer ce phénomène : d'une part, un contact privilégié avec les régions du nord, ce qui expliquerait également la présence d'un grand centre civique contrôlant la distribution du sel dans le nord (Cerritos Colorados) ; d'autre part les fortes potentialités naturelles de production de ce secteur.

[14] On ne tient pas compte des matières premières nécessaires à la fabrication des outils et structures utilisés dans la chaîne opératoire.

[15] cf. chap. 1 de la deuxième partie.

[16] cf. chap. 3.1.5. de la deuxième partie.

Tableau 46 : Données de reconstitution d'un cycle de production de sel dans les Unités de Fouille n°1 et 2 du site de La Motita pendant la phase Sayula.

	Obtention de la saumure par lixiviation des terres salées	
Type de fosses	A	B
Nombre[a]	14	6
Contenance individuelle[b]	26 litres	36 litres
Contenance totale	364 litres	216 litres
Quantité d'eau douce[c]	619 litres	367 litres
Superficie de terres salées[d]	400 m^2	238 m^2
Quantité totale de saumure pour un cycle de lixiviation	**580 litres**	

	Fabrication de sel cristallisé par cuisson de la saumure	
Type de récipients	IIIA	IIIB
Nombre par fosses de type C[e]	5	5
Contenance individuelle[f]	14 litres	22 litres
Contenance par fosse de type C	70 litres	110 litres
Nombre de cycles de cuisson pour évaporer la saumure obtenue pour un cycle de lixiviation	8	5
POIDS TOTAL DE SEL SEC[g]	**145 kg**	

(a) Nombre de fosses du même type présentes dans les Unités de Fouille n°1 et 2 du site de La Motita ; dans ce calcul nous comptons deux fosses pour la structure 6 (variante A2) et nous ne prenons pas en compte les quatre fosses de type A4 (structure 9 et adjacentes) probablement utilisées durant une période d'occupation précédente.

(b) Estimation en prenant en compte :
- la capacité volumique de la petite fosse cylindrique réceptacle de la saumure dans le processus de filtration supposé pour les fosses de type A (dimensions moyennes : 30 cm de diamètre et 37 cm de profondeur).
- la capacité volumique moyenne des fosses de type B (118 litres avec un diamètre interne moyen de 1 m et une profondeur moyenne de 15 cm), sachant que dans le processus de décantation la moitié du volume est occupé par les terres salées, et que la quantité de saumure récupérée par rapport au volume d'eau initialement versé, a été estimée à 6/10 lors de la reconstitution expérimentale (cf. chap. 3.2.2. de la deuxième partie).

(c)Estimation calculée en fonction du rapport eau/saumure évalué lors des reconstitutions expérimentales (cf. tableau 21, chap. 4 de la deuxième partie).

(d) Estimation calculée en fonction du rapport terre/saumure évalué lors des reconstitutions expérimentales (cf. tableau 21, chap. 4 de la deuxième partie) et ramené à une superficie de terres salées en fonction des mesures de poids de ***tequesquite*** en g/m^2 réalisées dans la station de La Motita (cf. chap. 2.3.2. de la deuxième partie).

(e) Estimation calculée en fonction de la taille des récipients et la capacité volumique des fosses de combustion (cf. chap. 5.3.3. de la troisième partie).

(f) Estimation calculée à partir des dimensions moyennes des récipients (cf. chap. 5.3.1. de la troisième partie).

(g) Estimation à partir des calculs de quantité de saumure nécessaire pour produire 1 kg de sel effectués lors des reconstitutions expérimentales (cf. tableau 21, chap. 4 de la deuxième partie).

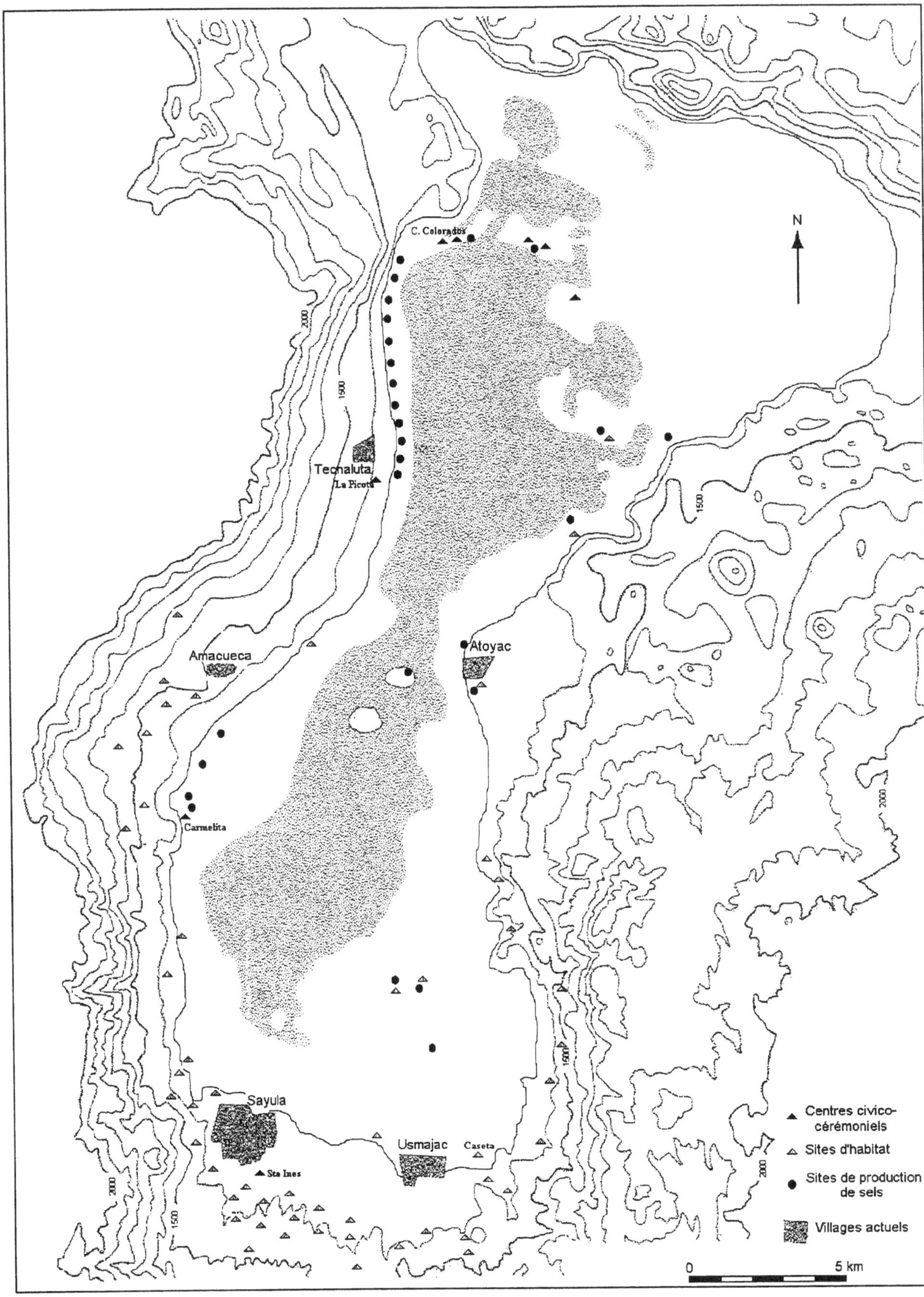

Figure 92 : Répartition des sites d'habitat et de production de sels durant la phase Sayula.

D'une manière générale, la phase Sayula correspond à une période de changements significatifs. Ces changements s'observent dans l'ensemble du Jalisco et se traduisent par l'apparition de nouvelles tendances socioculturelles (Schondube, 1980 ; Schondube et Galvan, 1983 ; Weigand, 1990 ; Beekman, 1996). Ces tendances rompent avec la Tradition des Tombes à puits et annoncent un nouvel horizon marqué par des styles céramiques plus homogènes sur le plan régional. Le matériel de cette époque apparaît souvent associé à des formes architecturales qui diffèrent des manifestations antérieures. Dans le bassin de Sayula, les structures les plus communément rencontrés sont des plates-formes rectangulaires ou ovales, des terrasses avec fondations pyramidales et des chaussées surélevées qui traversent le lac dans différents secteurs. Les nouveaux styles céramiques se distribuent rapidement dans tous les secteurs du bassin, reflétant une identité homogène sur l'ensemble du territoire géographique (Schondube et al, 1996 ; Acosta et al, 1996). La distribution des sites dans les différents secteurs écologiques (playa, plaines alluviales, piedmont, montagne) permet l'utilisation complémentaire de diverses ressources (roches, minéraux, pigments, bois, eau douce, flore et faune...) et favorise les interactions internes (fig. 92).

L'organisation interne de groupes de pouvoir s'ébauche avec l'apparition de grands centres civico-cérémoniels (Cerritos Colorados, La Picota et Carmelita). Des constructions en monticules, plates-formes et places mettent en évidence une organisation collective du travail, qui souligne l'existence d'une population importante participant à des traditions communes (Valdez et al, 1996 ; Acosta et al, 1996). Ces grands centres sont construits prêts des zones de production de sel (fig. 92) et remplissent probablement un rôle prépondérant dans la gestion de cette production et des échanges de sel avec les régions voisines.

Une vue plus rapprochée des caractéristiques dominantes de l'écosystème du bassin révèle certains éléments clés. Le bassin est clairement divisé en deux secteurs : la partie nord / nord-est est plus aride et marqué par un fort contraste entre les niveaux de playa et les contreforts escarpés de la Sierra de Tapalpa. Au contraire, la partie sud / sud-ouest est bien irriguée par de nombreuses sources qui submergent les terrasses lacustres. De ce schéma il découle que la majorité des sites de production de sels se situent dans la partie nord, ainsi que le long de la frange ouest de la playa, tandis que l'agriculture semble l'activité dominante dans le sud (fig. 92). Il faut souligner la présence de sites complexes (tels Cerritos Colorados et la Picota) dans le nord, tandis que la partie sud / sud-est présente de nombreux petits hameaux regroupés autour de terres fertiles. L'apparente opposition observée dans la distribution des sites hiérarchiques et des unités résidentielles communes, suggère l'existence d'un système bien structuré, où le pouvoir s'agrège autour du contrôle de la production de sel, tandis que les activités de subsistance sont supportées par une population qui occupe les parties sud. Il faut ajouter, que l'accès relativement facile entre les deux secteurs facilite les interactions entre les différents sous-secteurs (fig. 92) (Valdez et al, 1996).

1.4. Phase Amacueca (1100 - 1520 ap JC) : petite industrie de production de sel / période humide / changements culturels.

Aux alentours du XIIème siècle, correspondant au début de la phase Amacueca, des changements significatifs apparaissent dans les modèles d'installation et les styles céramiques. Les formes et les décorations se standardisent et leur distribution couvre tous les secteurs du bassin. Cette période d'occupation se caractérise par un nombre important de sites dispersés sur les flancs de montagne, l'occupation des bords de playa et des bas de pente s'atténue (fig. 94) (Valdez et al, 1996).
En ce qui concerne les aires d'activité de production de sel, les changements se traduisent par l'apparition de sites spécifiques dans certaines zones de playa. Certains de ces ateliers de production s'installent sur des sites anciennement occupés durant la phase Sayula. La figure 93 présente un schéma récapitulatif de la chaîne opératoire de production de sel en intégrant les différents vestiges identifiés par les fouilles.

- Le processus de lixiviation des terres salées pour l'obtention d'une saumure ne semble pas avoir subi de changements significatifs depuis la phase Sayula. La présence d'une fosse de type B, associé à des *cajetes rectos Amacueca*, semble effectivement attester d'un processus analogue à celui utilisé durant la phase précédente. On ne peut cependant pas exclure l'utilisation de nouvelles techniques de lixiviation utilisant des matériaux labiles - corbeille végétale par exemple - et n'ayant pour cela pas laissé de traces visibles sur les sites. L'identification de pots souligne là encore une éventuelle utilisation dans le transport et le stockage temporaire de liquides (eau douce ou saumure). Les déchets (terres lixiviées) sont accumulés à proximité de l'aire de filtration sous forme de monticules.

- Les monticules de déchets servent de support à l'installation d'une aire de cuisson : plusieurs fosses cylindriques (type E) sont creusées dans les flancs des monticules. La cuisson se réalise dans les *cajetes rectos Amacueca* (type IV) à l'intérieur de ces fosses. Un espace en torchis est aménagé autour de ces fosses pour procéder à un éventuel démoulage et conditionnement du sel. Les déchets de combustion (cendres et charbons) sont accumulés sur les côtés et au dessus de cet espace et des fosses [17].

- Il semble que la cuisson permette d'obtenir directement des pains ou "galettes" (récipients de forme circulaire) de sel. Plusieurs indices penchent en faveur de cette hypothèse : la découverte de grands fragments de base de récipients déposés sur leur face interne sur le niveau de torchis et l'apparente absence d'éventuels récipients ou structure de stockage d'une pâte de sel. Nous ne rejetons toutefois pas l'hypothèse de la fabrication en parallèle d'une pâte de sel ; celle-ci impliquant un séchage ultérieur et le conditionnement en pains dans des tressages végétaux.

[17] cf. chap. 3.7.2. de la troisième partie.

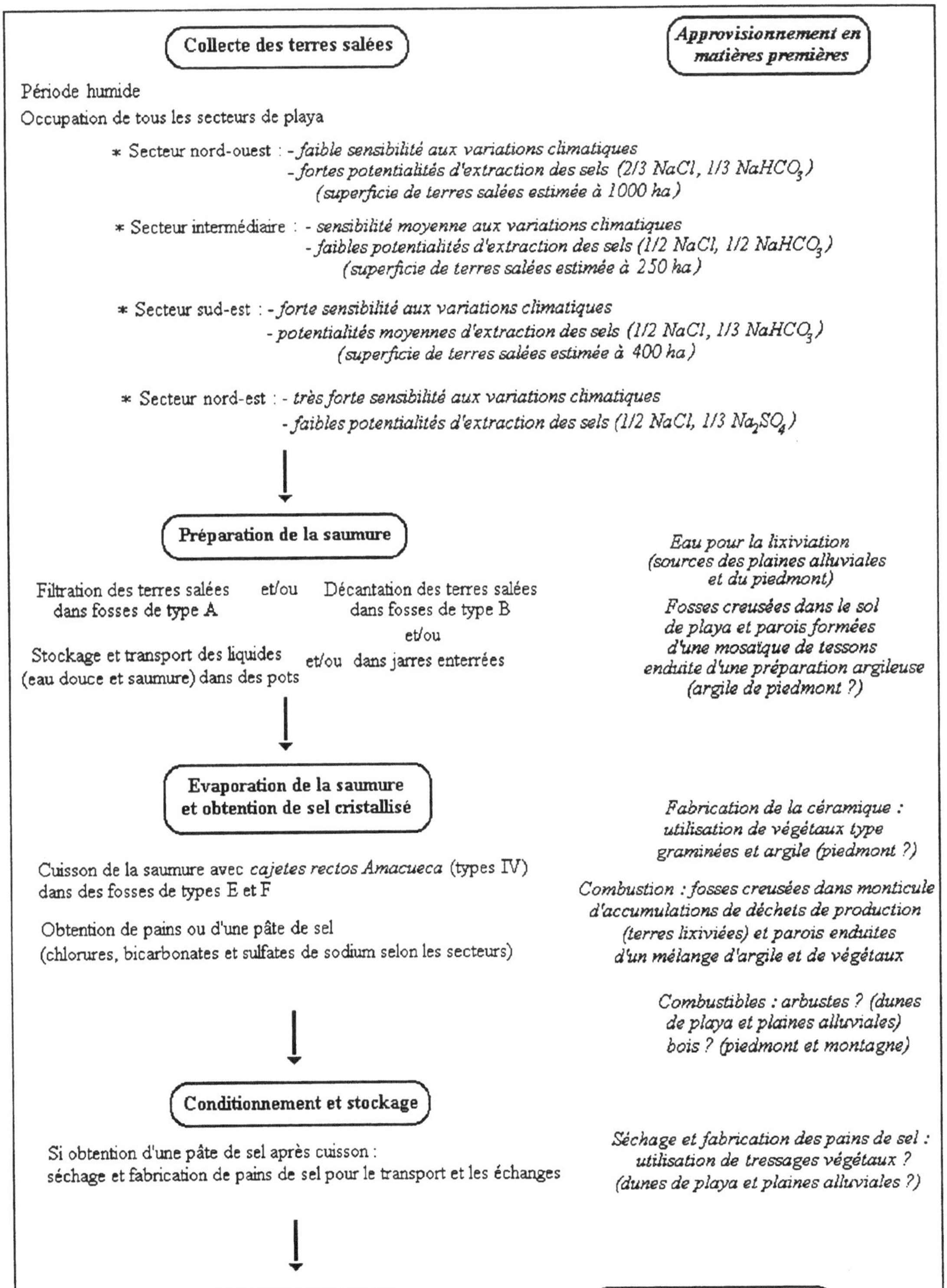

Figure 93 : Schéma hypothétique de la chaîne opératoire de production de sel pendant la phase Amacueca.

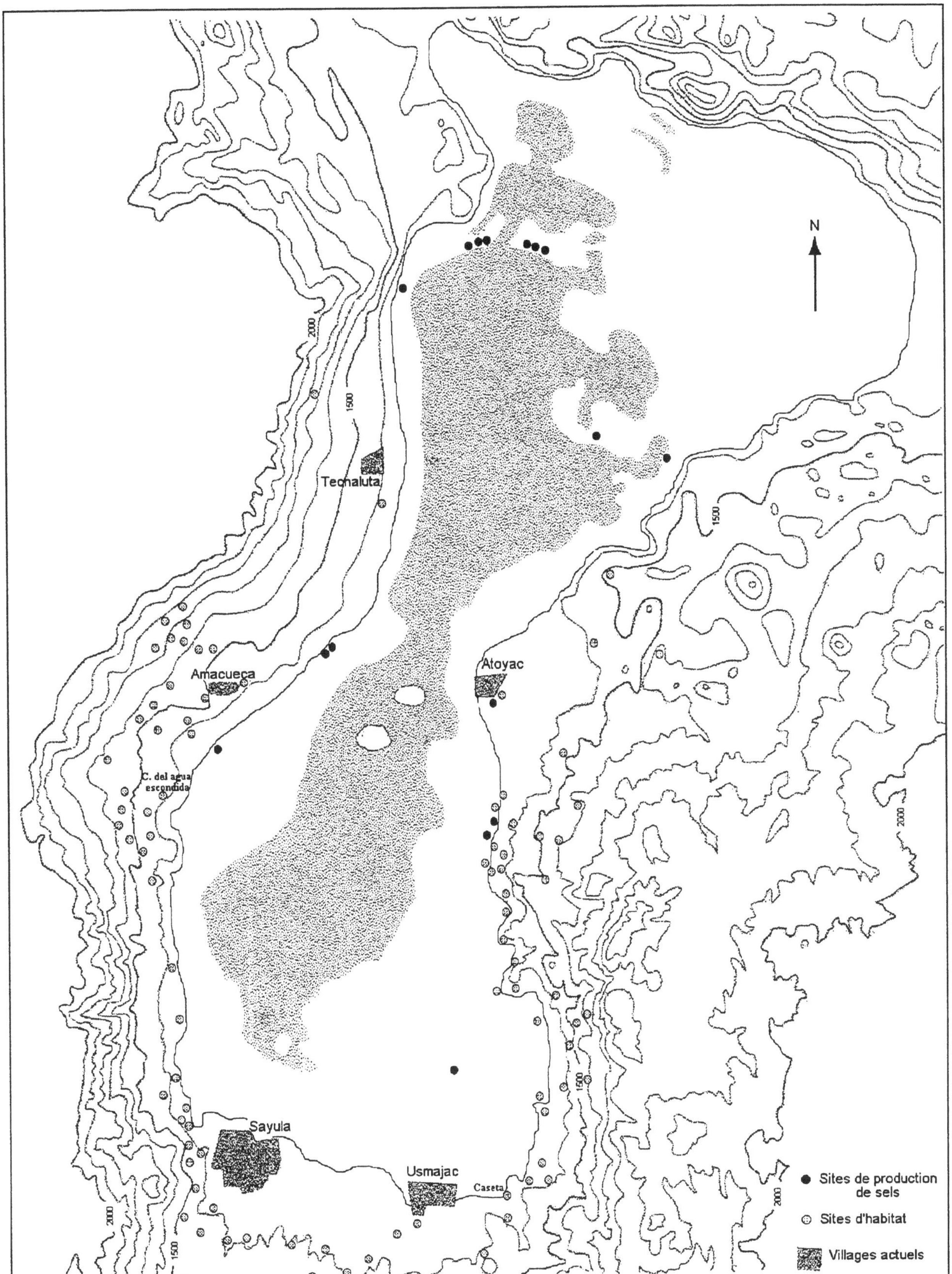

Figure 94 : Répartition des sites d'habitat et de production de sels durant la phase Amacueca.

Ces différentes étapes s'organisent autour d'un espace bien délimité et témoignent d'une gestion méthodique de l'aire de production. Les sites de playa sont très localisés et sont uniquement composés de vestiges diagnostiques de la production de sel. Ils se distribuent préférentiellement dans la moitié nord du bassin (fig. 94). Les sites d'habitat se situent dans les plaines alluviales et le piedmont de la moitié sud du bassin, ils sont particulièrement abondants dans le secteur sud-est (fig. 94). Le site de San Juan de Atoyac constitue une exception à cette règle puisqu'il se situe dans les niveaux de playa et présente les caractéristiques d'un village composé d'une série de vestiges domestiques et funéraires [18]. Au contraire de la phase précédente, les populations Amacueca ne semblent avoir occupé les niveaux de playa que pour l'activité exclusive de production de sel, dans des ateliers spécifiques occupés probablement épisodiquement pour cette activité.

Ce phénomène de redistribution des sites vers le piedmont semble coïncider avec des changements climatiques entraînant l'apparition d'une période plus humide[19]. L'existence d'une période humide pourrait également expliquer l'installation privilégiée des sites de production de sel dans le secteur nord de la playa, moins soumis aux inondations et offrant donc plus de possibilités pour la collecte des terres salées.

Il est difficile de déceler l'origine précise des changements observés durant la phase Amacueca. Comme nous l'avons précisé, ces changements ne sont pas spécifiques au bassin de Sayula, mais s'observent également dans le sud et le centre du Jalisco, créant ainsi un vaste territoire partageant des traditions culturelles communes. Dans ce contexte, bien que les caractéristiques des sites de playa suggèrent la permanence d'un niveau de production de type industriel, il semble que le contrôle de la production et surtout de la distribution du sel ne soit plus nécessairement entre les mains d'une élite locale, mais que les échanges se réalisent équitativement au sein du vaste territoire culturel (Liot et Valdez, 1996).

D'un point de vue chronologique, les changements dans les styles céramique et architecturaux sont datés au début du XIIème siècle. Bien que les datations ^{14}C réalisées à partir de prélèvements de charbons dans la Zone Extérieure 1 du site de Cerritos Colorados aient donné un âge très récent, nous supposons que les transformations technologiques observées sur les sites de production de sel coïncident avec les changements culturels observés dans les autres contextes.

2. Les réseaux d'échange des sels de Sayula

L'étude des vestiges archéologiques et des "gisements" de terres salées associés, a permis de reconstituer en partie les modalités de l'activité de production de sels au cours des différentes phases de peuplement identifiés dans le bassin de Sayula. Ces reconstitutions apportent une information à caractère technologique mais aussi socio-économique par l'identification de différents niveaux de production. Le bilan de cette étude met ainsi en évidence une organisation de type industriel durant les phases Sayula et Amacueca, qui permet d'apprécier le rôle clef qu'a pu jouer la production de différents types de sels dans la dynamique socio-économique et culturelle du peuplement, par la mise en place de réseaux d'échanges avec d'autres régions. Le contrôle de la production et du commerce d'un produit aussi convoité que le sel peut entraîner, sur le long terme, l'accumulation de richesses et de pouvoir nécessaires à l'édification d'une identité culturelle propre.

Pour identifier les réseaux de distribution extra-régionale d'un produit labile comme le sel, nous disposons de deux types d'information :

- les sources ethnohistoriques, qui attestent des échanges commerciaux au début de la période coloniale ;

- les corrélations stylistiques et synchronismes observés dans l'enregistrement des vestiges archéologiques diagnostiques qui permettent d'élaborer des schémas d'échanges entre différentes régions à différentes périodes.

2.1. Les sources ethnohistoriques

Les données fournies par les textes ethnohistoriques permettent d'élaborer une carte de répartition des différents lieux de production de sel et renseignent sur les échanges de ce produit au début de la période coloniale.

La figure 95 représente une carte de distribution des lieux de l'Occident du Mexique pour lesquels est mentionné une référence à la production ou à l'acquisition et au paiement d'un tribut en sels aux XVIème et XVIIème siècles. Cette carte a été élaborée à partir de l'étude de Mendizabal (1946). Elle a été complétée par les données du chapitre 30 [20] des Relations Géographiques du XVIème siècle de Nueva Galicia et Michoacan (Acuña, 1987, 1988), l'étude de Sauer (1992) sur le Colima, la compilation de Paso y Troncoso (1905) et les références ponctuelles de Mota Padilla (1973) et Mota Escobar (1966). Mendizabal a intitulé la carte originale "*Las salinas prehispánicas de México*", sans faire de distinction entre le simple paiement d'un tribut en sels et les lieux effectifs de production et tout en basant son étude sur des références coloniales. Cependant, même si certains auteurs (Schondube, 1994 :330 ; Fernandez, 1996 : 166) soulignent la persistance de l'organisation indigène durant les premières décennies de la période coloniale, notamment dans la Province de Avalos [21] ; à partir de la seconde moitié du XVIème siècle, un certain nombre de changements favorisent la création de grands centre de production de sels et modifient les réseaux traditionnels d'échanges. Ainsi, la découverte du procédé de *patio* en 1557 (Gutman, 1972 : 42), permettant la fonte du minerai d'argent à partir d'un mélange de mercure et de sel, entraîne une réorganisation du commerce du sel. Celui-ci se recentre sur l'approvisionnement des grandes mines d'argent, avec un

[18] cf. chap. 2.3.2. de la première partie.

[19] cf. chap. 1 de la deuxième partie.

[20] cf. chap. 2.4.2. de la première partie.

[21] cf. chap. 2.2.1. de la première partie.

contrôle strict de la production et du commerce par la Couronne (Ewald, 1985 : 55). C'est dans ce cadre que sont notamment crées les grandes salines des Etats de Zacatecas et San Luis Potosi et que se développent considérablement les salines de la lagune de Cuyutlan dans le Colima. Par ailleurs, le développement de nouvelles activités, tels que l'élevage ou la fabrication de produits chimiques créent de nouveaux marchés pour le sel. Dans le bassin de Sayula, à partir du XVIIème siècle, le *tequesquite* de la playa est utilisé dans l'industrie florissante du savon [22].

Dans le commentaire de la figure 95, nous allons tenter d'évaluer l'importance des phénomènes de recomposition de la période coloniale. Pour cela nous compilons l'information concernant [23]:
- d'une part, les lieux payant un tribut en sels, pour lesquels les textes font parfois référence aux lieux ou régions d'approvisionnement ;
- d'autre part, les lieux producteurs, leur éventuel réseau de distribution, dans la mesure du possible une appréciation de leur production durant la période préhispanique.

- Les lieux payant un tribut en sels

D'une manière général, il existe une grande variabilité dans les niveaux de paiement du tribut ; cette différence semble témoigner d'une variation dans la difficulté pour obtenir du sel. Pour illustrer cette différence, on peut citer deux exemples extrêmes :

* A Cuyutlan, dans la partie centrale du Jalisco (n°8 dans la fig. 95), la *Suma de Visitas* (Paso y Troncoso, 1905 : 93) donne l'information suivante : "*cada dos meses... un pan de sal*"

* A Tlacotlan, dans le nord du Jalisco (n°12 dans la fig. 95), le même texte mentionne le tribut suivant (Paso y Troncoso, 1905 : 269) : "*cada cinco días... dos panes de sal*"

Il semble que la plupart des lieux situés au nord et nord-est de l'Etat de Jalisco, près de la frontière avec le Zacatecas, se fournissent, dans la seconde moitié du XVIème siècle, dans les grandes salines du Zacatecas (Peñon Blanco notamment). Les données de la *Suma de Visitas* (Paso y Troncoso, 1905) attestent du paiement d'un tribut en sels pour l'ensemble des lieux mentionnés dans ce secteur (1-5 et 9-16 dans la fig. 95), et les Relations Géographiques du XVIème siècle (Acuña, 1988) précisent pour certains d'entre eux - Xuchitlan (4), Nuchistlan (16) - un approvisionnement dans les salines du Zacatecas. Cependant, nous rappelons qu'il n'existe aucune référence permettant d'attester l'existence de salines dans la zone avant l'arrivée des espagnols. Sans présenter d'évidences permettant de soutenir leur hypothèse, certains auteurs (Jimenez, 1992 ; Jimenez et Darling, 1993 ; Jimenez et Garcia Uranga, 1996) pensent les "gisements" de terres salées des playas du Zacatecas purent être exploités intensément durant les périodes préhispaniques, au moment de l'apogée du site de La Quemada notamment (VIIème siècle). L'existence de grandes étendues de playa, associées au climat semi-aride de la région, favorisent le développement périodiques d'efflorescences salines. On peut supposer que ces terres salées aient été collectées au moins pour une utilisation locale durant les périodes préhispaniques. Toutefois, la proposition des auteurs mentionnés, concernant une exploitation intensive, mériterait d'être confirmée par une étude des restes archéologiques de cette éventuelle production.

En ce qui concerne les lieux mentionnés dans le secteur nord-ouest du Michoacan, près de la frontière du Jalisco (2-6 et 18-19), seul le paiement d'un tribut en sels est mentionné, sans précision des lieux d'approvisionnement. Pour Xacona (18) la Suma de Visitas (Paso y Troncoso, 1905 : 302) signale toutefois : "*Alcançan parte de una laguna salada*", sans préciser le lieu exact de cette lagune salée.

- Les lieux producteurs de sels

Dans l'inventaire des lieux producteurs de sels, on note une grande variété d'échelles de production : pour certaines zones, les textes mentionnent une grande quantité de production, tandis que d'autres font référence à de petites quantités, utilisées très localement. Ces différences permettent également de souligner la grande diversité de techniques employées pour extraire les sels à partir de différents types de ressources (eau de mer ou sables salés sur le littoral, sources salées ou terres salées à l'intérieur des terres) [24]. Ces techniques vont de la simple collecte d'affleurements salins, jusqu'à des processus plus ou moins complexes de lixiviation, décantation et évaporation. La diversité de ces techniques est également à mettre en relation avec les besoins : depuis ceux qui cherchent à produire du sel "à tout prix" pour leur propre subsistance, jusqu'aux lieux qui ont développé une véritable industrie avec des ateliers spécialisés et des réseaux d'échanges.

* *Production domestique*
Un exemple détaillé de production "laborieuse" est mentionné par les Relations Géographiques du XVIème siècle, dans le village de Tlalica, située à proximité du village de Coalcoman dans le Michoacan (n°1 dans la fig. 95) (Acuña, 1988 : 171) :

> "*Ellos hacen sal en pequeñas cantidades y con alguna dificultad, irrigando primero la playa con vasijas conteniendo agua de mar. Despues de dos o tres irrigaciones, amontonan en pilas esta arena irrigada. Hecho el asiento, toman vasijas (ollas o tinajas) y ponen una arriba de otra. La olla de arriba tiene algunos pequeños agujeros en su base, como las aperturas de las flautas, sobre los cuales son colocados unos tendidos de paja. Dentro de la olla de arriba ponen entonces, dicha arena empregnada de agua hasta que se haga más pequeña que la mitad de llena y ellos la giran hasta*

[22] cf. chap. 2.2.2. de la première partie.

[23] Une liste détaillée des références spécifiques à chaque lieu est donnée dans l'annexe 2 avec leur traduction respective.

[24] cf. chap. 3 de la première partie.

expeler el agua de mar, esta agua se vierte dentre de la olla de abajo y esta agua filtrada sale muy saludable y es sacada de sus vasijas, lo cual ellos toman para hervir en sus casas, poniendola en el fuego hasta que es hervida y convertida en sal. Este es el arte y manera de hacer sal, la cual ellos tienen en sus pueblos y en aquellos de Motin, Maroata, Pasmori y Cachan, porque ellos no tienen salinas naturales tales como hay en otros lugares".

Cet exemple permet également de préciser que certains lieux sont mentionnés comme producteurs de sels, même s'ils ne sont pas eux mêmes directement producteurs mais centralisent la production des alentours et servent de marché ; c'est le cas de Coalcoman.

Un autre exemple, qui n'est pas figuré sur la carte car il se situe dans l'Etat du Guerrero, permet de souligner que la production dans certains villages est quelquefois si faible, qu'elle ne permet pas entièrement la subsistance des populations locales et implique un approvisionnement complémentaire dans d'autres lieux producteurs : la *Suma de Visitas* (Paso y Troncoso, 1905 : 136) signale la référence suivante pour le village de Iztayutla :

"dijeron los de Tetela del Río que en una estançuela pequeña llamada Estayutla ay un ojo de agua pequeño de que açen alguna poca de sal que no tienen para el sustento del pueblo y se probeen de sal en Cuçamala y Alaustlan"

* *Production industrielle*

Nous ne reviendrons pas sur l'ensemble des sources ethnohistoriques qui attestent d'une production importante de sels dans les bassins de Sayula et Zacoalco, Province de Avalos au XVIème siècle[25]. Ces différents témoignages mentionnent un commerce vers les régions voisines du sud du Jalisco, les bords du lac de Chapala et le centre du Michoacan (au coeur de l'ancien empire tarasque).

Il semble que le marché du sel vers le Michoacan fut partagé avec les salines côtières du Colima, ainsi par exemple la Relation de Jiquilpan (19 dans la fig. 95) (Acuña, 1988 : 413) mentionne l'information suivante :

"los indios de este pueblo antiguamente, tenían guerra con los indios de la provincia de Avalos y otros pueblos, los cuales se gobernaban por un capitán que Cazoncin les enviaba de Patzcuaro, y otras veces, salia con ellos el dicho Noxti. En este pueblo no hay salinas ; proveense de sal los naturales, de la que traen de Colima, que es a veinte leguas deste dicho pueblo, y de la provincia que se dice de Avalos, que serán quince leguas"

Sauer (1992 : 100) précise, concernant la Province de Motines et la région de Coalcoman :

"parece que el area de Coalcoman estaba regida por los tarascos [...] desparramaron influencias culturales de Michoacan en la costa, a través de Coalcoman, al tiempo de la Conquista (posiblemente para el proposito de asegurar sal ?)".

Outre ces références qui témoignent d'un possible approvisionnement en sels depuis le littoral du Colima et du sud-ouest du Michoacan dès la fin de la période préhispanique, nous rappelons que les salines de Cuyutlan ont connu un essor considérable à partir de la seconde moitié du XVIème siècle grâce au marché avec les mines d'argent du Zacatecas et du Guanajuato (Ewald, 1985 ; Reyes, 1995). Là encore, il n'existe pas de références archéologiques permettant de confirmer une production pendant la période préhispanique ou de préciser les modalités de cette production.

Les quatre lieux de production de sel situés autour de la lagune de Cuitzeo, au nord du Michoacan, ne présentent pas de mentions précises sur les quantités produites. La multiplication des sites paraissent suffire à alimenter l'ensemble de cette région. Cependant, la production de cette zone ne semble pas avoir servi à alimenter la région tarasque, malgré sa proximité, puisqu'aucune référence n'est signalée à ce sujet. Plusieurs hypothèses peuvent expliquer ce phénomène : d'une part une production en quantité insuffisante ; d'autre part une production d'un sel de "faible" qualité ou d'un type de sel non requis pour les besoins des populations tarasques , finalement l'absence de contacts entre ces deux régions.

Plusieurs lieux de production importante sont également mentionnés pour le littoral du Jalisco, du Nayarit et du Sinaloa. Ainsi, la Relation de la Villa de Purificación (Tecomatlan), donne les précisions suivantes sur la production et la distribution du sel des alentours de Chola (24 sur la fig. 95) (Acuña, 1988 : 215) :

"A los treinta capitulos dijeron que, en la costa desta dicha villa, hay salinas, las cuales son al presente de su Magestad, y que son de beneficio las mas dellas, y en Piloto, hay tres lagunas de que se solia coger mucha cantidad de sal, bermeja y blanca que era muy buena para el beneficio de la plata, mas que toda cuanta se coge en toda la Nueva España. Y, tres años despues que se pusieron en la Corona real, se perdieron, y no se coge ni se ha sacado en ellas mas sal. En el pueblo de Chametla y Chola, hay otras salinas de beneficio que se pusieron en la Corona Real, de que se cogen cada año como trescientas o cuatrocientas fanegas de sal; en el pueblo de Apozolco hay otros ojos de sal de beneficio que estan puestos en la Corona real, de que se cogen quinientas o seiscientas fanegas de sal. Todas las cuales lagunas y ojos de sal eran de esta villa, y de algunos vecinos della"

[25] cf. chap. 3.8. de la première partie.

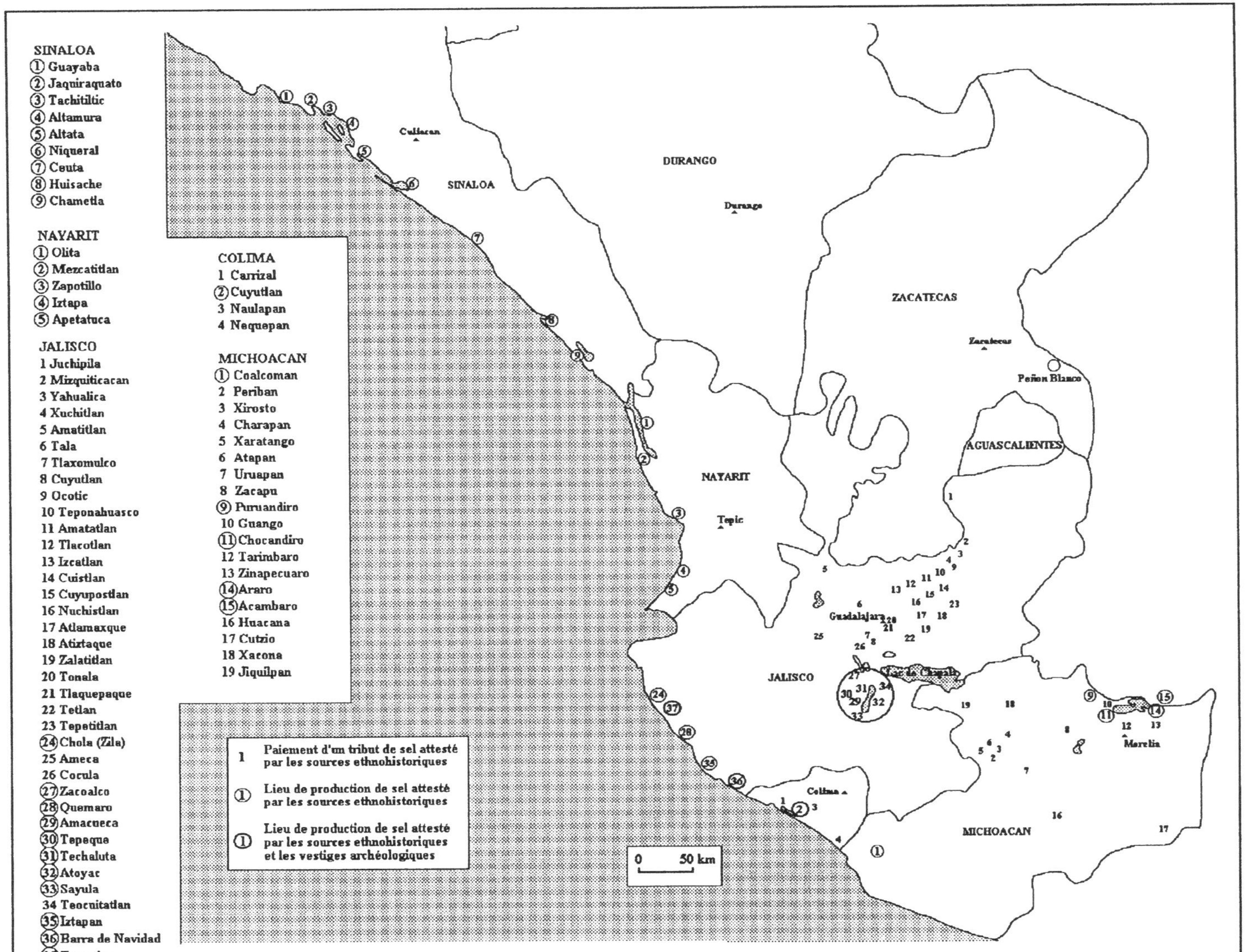

Figure 95 : Tributs et lieux de production de sel dans l'Occident du Mexique (XVI-XVIIèmes siècles) (d'après Mendizabal, 1946)

L'exploitation préhispanique du sel sur le littoral du Jalisco est mentionné par deux études. Mountjoy (1982, 1993) signale en effet l'existence d'un site datant de la période Classique dans la vallée de Tomatlan (37 sur la fig. 95). L'auteur suggère qu'à partir de 500 ap JC., des sites spécialisés du type ateliers de travail de coquillages ou de production de sel apparaissent sur le littoral du Jalisco. Il souligne que l'existence de ces sites spécialisés, associés à la présence d'autres complexes architecturaux, reflètent le développement de sociétés complexes qui ont pu participé à des réseaux d'échanges culturels et commerciaux. Par ailleurs, Long et Wire (1966 : 47) interprètent le site de Barra de Navidad (36 sur la fig. 95), daté du Postclassique ancien, comme un site de pèche et de production temporel de sel. Malgré l'absence d'évidences archéologiques claires, les auteurs argumentent leur hypothèse par l'existence d'une source ethnohistorique attestant d'une production dans la zone à la fin du XVIème siècle.

Sur le littoral du Nayarit, les sources ethnohistoriques mentionnent également la présence de cinq lieux de production apparemment important. On peut citer pour exemple, les références correspondant aux alentours de Mezcatitlan (2 sur la fig. 95) :

> "*Desta provincia la de Uzares y Vazamota salen indios a rescatar sal y pescado a la de Acaponeta y Centispac que cae a la Costa de la mar del Sur*" (Ciudad Real, 1993 : 54).
>
> "*De Centispac salian las recuas cargadas de pescado y sal para México*" (Mota Padilla, 1973 : 180).

Pour les salines de Zapotillo (3 sur la fig. 95), Revilla Gigedo (1831 : 255-256) signale

> "*Estas salinas fueron explotadas en grande escala durante la Epoca Colonial. A fines del siglo XVIII los trabajos se llevaban a cabo por medio de los procedimientos indigenas y se reconocia a los nativos de la comarca el derecho de beneficiar la sal que necesitaran para su consumo, a pesar del monopolio del Estado, por lo cual es seguro que se explotaban desde antes de la Conquista*"

Sans préciser sur quel type d'évidences il s'appuie, Mountjoy (1993) signale l'existence de deux sites de production de sel sur le littoral du Nayarit, datant du Postclassique, l'un près de San Blas et l'autre dans la vallée de Banderas près du village d'Iztapa (4 sur la fig. 95). Les textes mentionnent la production de sel dans ce village. La Relation de la ville de Compostela (Acuña, 1988 : 93) donne la description suivante:

> "*En esta comarca desta juridisccion, hay dos pueblos pequenos cercanos a la mar que hacen sal en esteros, y ambos pueblos se llaman Iztapan, que quiere decir "salinas". E uno esta a siete leguas desta cuidad, y el otro es en el valle de Banderas, a veinte leguas desta cuidad, poco mas o menos. De estos se provee de sal esta comarca y parte desta provincia*".

Enfin, plusieurs références mentionnent l'existence de différents lieux de production de sel sur le littoral du Sinaloa. Mota Escobar (1966) donne la description suivante des alentours de Ceuta (7 sur la fig. 95) :

> "*Distan de esta Villa dos salinas, seis y nueve leguas azia el Sur junto el pueblo de Navito que arriva dijimos, la primera llaman Natoato, y la otra que es mas gruesa llaman Udicuto, donde se coge mucha cantidad de sal que se cria sin artificio en esteros la qual se beneficia por quenta de su Magestad a muy poca costa porque no hazen sino su billa de los esteros en lo alto, y alli amontonalla vendese... a quatro reales la hanega y la vendella llevan a todas las minas circunvenzinas, y traen a este Reino (Nueva Galicia), es muy estremada, y assi la pasan al de nueva España. Venden por aqui fuera la hanega a seis, siete, y ocho pesos. Cogerse an cada un año de quinze mil hanegas para arriva. Ay otra salina en la costa quinze leguas desta que tambien se beneficia por quenta de su Magestad*".

Les différents textes mentionnent systématiquement une production durant la période coloniale, contrôlée par la Couronne, sans donner de précisions sur une éventuelle persistance de la production depuis la période préhispanique. Par ailleurs, les références archéologiques permettant d'attester d'une production préhispanique, sont rares et incomplètes. Cependant, on peut supposer que les ressources en sels des lagunes et estuaires de la zone aient été exploitées au moins pour la subsistance des populations locales.

Le panorama de la production de sel au début de la période coloniale permet de mettre en évidence quatre zones majeures de production de sel :
- les bassins de Sayula et Zacoalco qui semblent contrôler à cette époque le marché vers les rives du lac de Chapala et vers le secteur central du Michoacan ;
- le littoral du Colima et du Jalisco qui approvisionne toute les vallées avoisinantes et également le centre du Michoacan ;
- le littoral du Nayarit et du Sinaloa qui fournit les vallées voisines.

Les données ethnohistoriques ne sont que très rarement confirmées par les données archéologiques ; et même si elles le sont, l'information fournie reste très succincte et ne permet pas d'évaluer les modalités à la fois technologiques et économiques de la production. Les rares références bibliographiques mentionnant une éventuelle production durant les périodes préhispaniques se basent généralement sur l'existence de ressources potentiellement exploitables. Elles ne prennent pas en compte des paramètres clefs tels que la localisation géographique (isolement ou ouverture vers l'extérieur), les ressources en eau douce, argile et combustibles, et le contexte socioculturel favorisant le développement de sociétés capables de gérer la production et la distribution de ce produit. Les salines de Cuyutlan par exemple ne semblent pas avoir bénéficié de conditions suffisantes pour le développement d'une production de type industriel durant les périodes préhispaniques. Reyes (1995 : 149) mentionne en effet que jusque vers la moitié du XIXème siècle, il n'existait pratiquement pas de population permanente dans la zone, en raison de son insalubrité et du manque d'eau douce. Les salines connurent un essor au début de la période coloniale grâce à la mobilisation temporaire, plus ou moins forcée, de populations indigènes des hautes terres du Colima par les représentants de la Couronne [26].

Nous allons maintenant présenter les corrélations stylistiques et synchronismes des périodes préhispaniques entre le bassin de Sayula et les autres régions de l'Occident, afin d'évaluer les réseaux d'échange.

2.2. Corrélations et synchronismes avec les régions voisines

Dans ce chapitre, nous présentons uniquement les corrélations et synchronismes relatifs aux phases Sayula et Amacueca, pour lesquelles nous avons identifié une production de type industrielle, permettant d'alimenter des échanges extra-régionaux.

La présence d'objets provenant de zones allochtones ou de styles céramiques affiliés à ces zones, permet d'identifier les régions impliquées dans les réseaux d'échanges avec le bassin. Par ailleurs, l'existence d'objets somptueux traduit les avantages obtenus dans un échange non nécessairement égalitaire. Ce type d'échanges peut entraîner, sur le long terme, l'accumulation de richesses et de pouvoir de celui qui détient les ressources rares, tels que le sel (Liot et Valdez, 1996).

- Phase Sayula

Le matériel diagnostique de cette phase présente des influences stylistiques, qui attestent de contacts et d'échanges avec diverses régions de l'Occident du Mexique. Plusieurs de ces corrélations ont été identifiées à partir de matériel collecté sur des sites présentant un lien direct avec l'activité de production de sel.

Les contextes funéraires fouillés sur le site de San Juan de Atoyac ont mis au jour des évidences de contacts entre les occupants du site et les régions voisines (Noyola, 1994). En effet, du matériel analogue à celui enregistré dans les sites de la phase Iztepete-El Grillo de la vallée de Atemajac, apparaissent dans les résidus de l'occupation Sayula. Des fragments de vases effigies, avec des petites têtes anthropomorphes appliquées sur le bord ont été découverts dans le matériel de remplissage qui recouvre un cimetière de cette époque (Noyola, 1994 : 62) [27]. Dans ce même contexte, on note également la présence d'éléments décorés en négatif qui n'appartiennent pas à la séquence céramique du bassin. On peut citer notamment l'existence d'une écuelle fragmentée, aux parois divergentes et à la base annulaire, décorée avec des bandes et des volutes rouges sur fond beige. La décoration en négatif apparaît dans l'espace laissé entre les bandes et présente des motifs en spirales et grecques d'une couleur gris fumé sur fond beige. La forme et la décoration de ce matériel est identique à celui provenant des régions de Juchipila, Zacatecas et Teocaltiche dans les hautes terres du Jalisco. Cette présence suggère des contacts avec le secteur nord-ouest (Noyola, 1994 :63).

Une autre innovation de cette phase est déterminée par la présence d'un type de vaisselle composé essentiellement de jattes sub-hémisphériques, monochromes, avec des décorations incisées remplies de pigments blanc et rouge. Les motifs sont généralement géométriques ou anthropomorphes avec une coiffe en forme de serpentin. Ce type de décor apparaît à la même époque depuis la vallée de Armería durant les phases Colima et Armería (Kelly, 1980 : 8-9), en passant par le sud du Jalisco, dans les régions de Autlan-Tuxcacuesco durant les phases Coralillo et Cofradía (Kelly, 1949 : 50-52), la vallée de Atemajac durant la phase Iztepete-El Grillo (Schondube et Galvan, 1983 ; Schondube, 1983b : 54) ; jusqu'au nord ouest dans la vallée du Río Bolaños et dans la vallée de Malpaso dans l'Etat de Zacatecas (Cabrero, 1989 : 213 ; Jimenez, 1989 : 17-20 ; Kelley, 1971 : 783 ; Noyola, 1994 : 63-64). Dans les motifs iconographiques incisés, on note également la présence du thème du *xicalcolhiuqui,* qui apparaît communément sur différents types de récipients de la céramique locale de la phase Sayula. Il s'agit d'un motif largement distribué au sein de la Mésoamérique, qui apparaît comme une incorporation étrangère dans le bassin et se généralise durant la phase Sayula.

Les données collectées lors de la fouille de différents secteurs du site de Cerritos Colorados confirment les corrélations avec la vallée de Atemajac. Ce site présente en effet un ensemble caractéristique d'écuelles incisées avec remplissage de pigments, pots aux bords carénés, pots tripodes de forme globulaire avec décoration polychrome, *molcajetes* avec base annulaire ou piédestal tronconique, et figurines du type "Cerro de García" - que Galván (1976) identifie comme partie des offrandes associés aux inhumations des tombes en fosse de la tradition Iztepete - (Guffroy, 1996 : 63).

- Phase Amacueca

L'ultime phase de peuplement préhispanique du bassin partage de nombreux traits technologiques et stylistiques avec la plupart des complexes céramiques du centre et du sud du Jalisco, la région proche de la vallée de Armería dans le Colima et les territoires bordant le lac de Chapala dans le Michoacan. Plusieurs exemples caractéristiques sont signalés par Noyola (1994 : 67-68) :

- les mortiers tripodes, avec engobe rouge sur la face externe, très similaires au type *Chapala Rojo Pulido* illustré par Bond (1971 : fig6) sur la rive nord du lac de Chapala et au type *Cojumatlan Rojizo* avec bord rouge de la région de Cojumatlan (Lister, 1949 : 37-38) ;
- les écuelles asymétriques aux parois convergentes et anses horizontales appliquées sous le bord et très souvent décorées avec des boutons appliqués. Ces récipients apparaissent

[26] cf. chap. 3.1.5. de la deuxième partie.

[27] cf. chap. 2.3.2.

également dans la région de Tuxcacuesco durant la phase Toliman (Kelly, 1949 : 55) ;
- les figurines plates au corps rectangulaire et à la tête plate, nez appliqué, yeux et bouche incisés. Selon Noyola, ces figurines rappellent les figurines récentes de type "L" découvertes sur le site de Amapa (Grosscup, 1961 : 394), ainsi que celles de Eztatlan (Glassow, 1967 :76) ;
- parmi les offrandes céramiques associées aux inhumations de la phase Amacueca, prédominent les écuelles décorées en blanc et orange sur rouge. Ce type de récipient est commun à plusieurs secteurs du sud et du centre du Jalisco. Certains auteurs vont même jusqu'à considérer ce type de récipients comme un horizon stylistique du Postclassique (Meighan et Foote, 1968 : 158). Les formes équivalentes à celles du bassin de Sayula sont le *Cojumatlan Policromo* de la région de Chapala (Lister, 1949 ; Meighan et Foote, 1968) et le *Autlan Policromo* de la région de Autlan-Tuxcacuesco (Kelly, 1945, 1949).

Les fouilles réalisées sur le site de Caseta confirment une relation privilégiée entre le bassin et le sud du Jalisco et le Colima, ainsi qu'au début de la phase Amacueca des contacts étroits avec les territoires riverains du lac de Chapala dans les Etats de Jalisco et du Michoacan (Ramirez, 1996 : 126). Pour exemple, on peut citer des pots miniatures déposés en offrande en contexte funéraire, décorés en blanc sur rouge, analogues au style *Tuxpan Blanco sobre Rojo* de la phase Terla de la région de Tamazula-Tuxpan-Zapotlan (Schondube, 1994 : 104-107). Les mortiers tripodes polychromes, découverts dans le contexte funéraire, sont également en correspondance avec les récipients du type *Autlan Policromo* de la phase Toliman de la région de Autlan-Tuxcacuesco (Kelly, 1949). 17 fusaïoles, également mises au jour dans le contexte funéraire, présentent des décorations et formes variées, similaires à celles documentées pour le sud du Jalisco (Ramirez, 1996 : 116).

Finalement, nous rappelons la présence significative de plusieurs objets caractéristiques de la culture tarasque dans divers secteurs du bassin. Des artefacts de filiation tarasque ont été découverts dans les offrandes et les ornements de certaines inhumations et dans le remplissage de dépotoirs sur le site de San Juan de Atoyac [28]. Ce matériel correspond principalement à des récipients avec bec verseur et anse en étrier du type *Rojo Pulido* (Castro Leal, 1986 : 87-96), ainsi que des récipients polychromes décorés en blanc et orange sur rouge, des pots tripodes miniatures, des fragments de pipes, des pinces et grelots en cuivre et des *bezotes* et boucles d'oreille en obsidienne. La plupart de ces objets sont pratiquement identiques au matériel diagnostique provenant de l'aire nucléaire de la région tarasque (Noyola, 1994 : 69). Noyola (1994 : 73) souligne que la majeure partie du matériel identifié comme tarasque paraît plus une importation qu'une imitation du matériel tarasque, la céramique présente des traits technologiques différents de la céramique locale : la pâte diffère en couleur, texture et préparation et le traitement de surface révèle un brunissage très fin qui n'est pas présent sur la céramique locale.

[28] cf. chap. 2.3.2. de la première partie.

Nous allons à présent discuter de ces données et proposer un schéma de distribution du sel de Sayula au cours des périodes préhispaniques.

2.3. Bilan : la distribution des sels de Sayula au cours des différentes phases de peuplement préhispanique.

Etant donné le manque d'information archéologique permettant d'avoir une vue complète du panorama de la production de sels durant les périodes préhispaniques dans l'Occident du Mexique, il est difficile d'évaluer le rôle exact du sel de Sayula dans les réseaux d'échanges. Il est possible que certaines zones littorales du Jalisco et du Nayarit aient concurrencé le bassin de Sayula dans la distribution de ce produit. Cependant, le bassin de Sayula présente un ensemble de paramètres qui ont favorisé le développement d'une industrie de production de sel à partir de 600 ap JC : la localisation dans un couloir naturel reliant plusieurs secteurs clefs dans l'histoire de l'Occident du Mexique, une conformation géomorphologique permettant d'accéder à une grande variabilité de ressources élémentaires (roches, minéraux, flore et faune) au sein même du bassin, une vaste zone de playa présentant une grande disponibilité de différents types de sels. La possibilité de produire différents types de sels constitue un avantage par rapport au sel côtier ,où seul le chlorure de sodium est potentiellement exploitable. Nous avons vu dans le chapitre 3 de la première partie que les différents types de sels peuvent être convoité pour leurs propriétés respectives. Les carbonates de sodium par exemple sont particulièrement appréciés pour la préparation de la pâte de maïs ou la cuisson des haricots ; ils sont également utilisés dans la fixation des teintures. Les propriétés chimiques des sulfates de sodium sont aujourd'hui utilisées dans la fabrication de nombreux médicaments; on peut supposer que certaines de ces propriétés curatives avaient été connues des populations préhispaniques.

- Phase Usmajac

Durant la phase Usmajac, le bassin ne présente pas d'évidence d'identité propre et partage des traits avec une vaste région qui s'étend dans le centre et le sud du Jalisco. De plus, il n'existe pratiquement pas de jalons permettant d'attester d'une production de sel à cette époque. Il est fort probable que les populations qui occupaient le bassin à cette époque, commencèrent à extraire les sels au moins pour leur propre subsistance, mais ils ne possédaient pas la capacité de développer des réseaux commerciaux.

- Phase Verdía

Les données qui concernent la phase Verdía ne sont pas suffisamment significatives pour proposer un schéma synthétique. D'une part, il manque des données pour caractériser la production de sel de cette époque, et d'autre part il est nécessaire d'affiner le corpus céramique qui permette de situer le bassin dans une échelle régionale.

- Phase Sayula

La phase Sayula correspond à une période d'expansion démographique et au développement d'une identité régionale. Ces changements se traduisent par l'apparition de styles céramiques communs avec plusieurs secteurs de l'Occident du Mexique. Certains auteurs expliquent ce phénomène comme le développement de sphères d'interaction qui impliquent des échanges idéologiques et commerciaux (Beekman, 1995 ; Jimenez, 1989). Les corrélations observées à travers l'étude céramique du matériel de Sayula montrent des relations marquées avec la vallée de Atemajac, ainsi que le sud du Jalisco, et la région des Altos de Jalisco, la région de Juchipila-Bolaños et les vallées de Malpaso et Chalchihuites plus au nord. Plusieurs auteurs pensent que ces relations s'appuient sur des échanges de produits importants tels que l'obsidienne et le sel (Jimenez, 1989 ; Jimenez et Darling, 1993 ; Weigand, 1993a et 1993b). La présence sur les sites de matériel étranger, tel que l'obsidienne ou les coquillages marins, renforce l'idée d'un réseau plus large de contacts extra régionaux. Au sein d'un réseau commercial régional, le sel constitue une ressource importante qui permet de canaliser, comme moyen d'échanges, une vaste gamme de produits exotiques. Les bénéfices de ces échanges peuvent être redistribués aux communautés participant à la maintenance de cette activité dans le bassin (Valdez et al, 1996).

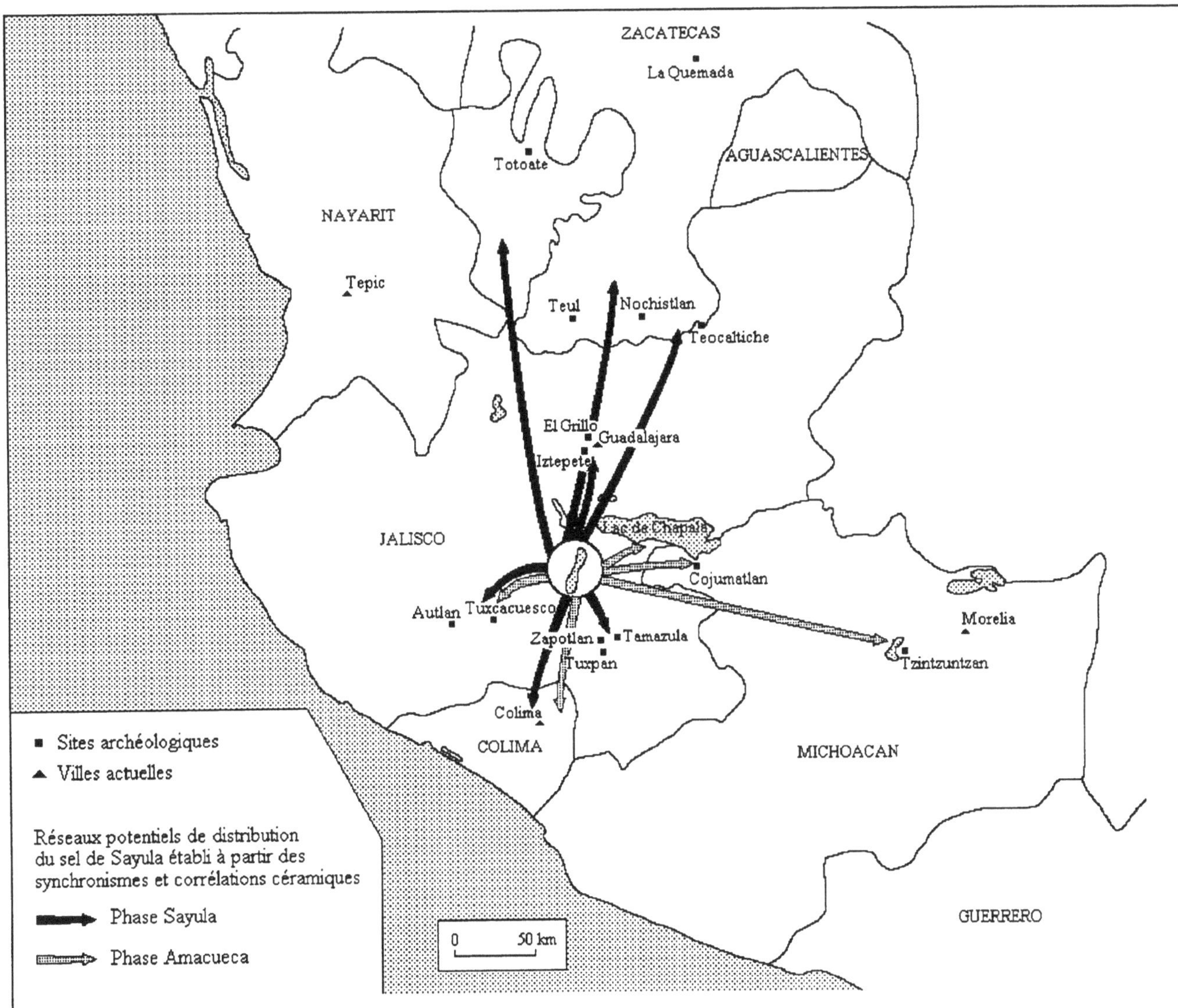

Figure 96 : Réseaux de distribution du sel de Sayula durant les phases Sayula et Amacueca

- Phase Amacueca

Vers le début du XIIème siècle, un changement majeur apparaît dans les styles céramiques. Les styles observés dans le matériel céramique participent à des tendances communes aux régions du centre et du sud du Jalisco, aux rives du lac de Chapala et au centre du Michoacan. Les formes et les décorations se standardisent et leur distribution couvre tous les secteurs du bassin. Il est difficile de déterminer l'origine de ces traits communs, il est probable que plusieurs influences proviennent de différentes parties du Jalisco. D'une manière générale, les échanges se recentrent vers les régions voisines du sud et de l'est du bassin.

Bien que les sites d'habitat se concentrent dans le secteur de piedmont, plusieurs sites spécifiques à la production de sel se trouvent dispersés dans plusieurs secteurs de playa et témoignent encore d'un niveau important de production. Cependant, l'homogénéité des styles observés dans le centre et le sud du Jalisco semble annoncer une perte d'autonomie du bassin. Dans ce contexte, on peut supposer que le contrôle de la production et surtout de la distribution du sel ne soit plus nécessairement entre les mains d'une élite locale, mais que les échanges se réalisent équitativement au sein du vaste territoire culturel, au moins au début de la phase Amacueca (Liot et Valdez, 1996).

Les vestiges fouillés sur le site de San Juan de Atoyac attestent de l'installation d'une importante communauté à partir de laquelle se réalise probablement le contrôle de la distribution du sel à partir du XIVème siècle- cette hypothèse n'excluant pas un contrôle externe -. Ce village a en effet été reconnu au début de la période coloniale, par Ponce (Cuidad Real, 1993 : 151) comme une zone de production de sel et un important marché de distribution de ce produit [29]. Il est donc probable que dès l'installation du village, celui-ci ait joué un rôle important dans la commercialisation du sel. Comme le souligne Fernandez (1996 : 166), le schéma d'occupation du Postclassique final se retrouve à la fin du XVIème siècle : à cette époque on observe un grand nombre de hameaux, ne présentant pas de stratification particulière, mais correspondant à un centre économique spécialisé, en fonction d'une large gamme d'activités de production : Atoyac, sel et produits agricoles ; Sayula, pêche et canne à sucre ; Tepec et Amacueca, bois ; Techaluta, bois et sel.

La période finale de l'occupation préhispanique est caractérisée par l'intrusion de matériel tarasque dans la zone à partir du XIVème siècle ap JC. La problématique relative au contact avec la culture tarasque est très particulière car il s'agit d'un matériel très spécifique de cette culture, sa présence implique plus qu'un simple échange culturel, mais l'existence effective d'une élite tarasque dans le village de Atoyac. La plupart des objets sont pratiquement identiques au matériel diagnostique de l'aire nucléaire tarasque (Castro Leal, 1986 ; Lister, 1955). La majeure partie du matériel identifié comme Tarasque parait être le résultat d'une importation plus qu'une imitation de celui-ci - l'échantillon tarasque montre des traits technologiques différents de la céramique locale ; la pâte diffère en couleur, texture et préparation, et les finitions de surface soulignent un bruni qui ne se retrouve pas dans le matériel local - (Noyola, 1994 : 73).

Dans la discussion concernant les évidences tarasques, plusieurs aspects sont à prendre en compte (Valdez et Liot, 1994 : 303-304) :
- le caractère élitiste des ornements corporels associés aux enterrements;
- la qualité générale de tous les objets, qui dénote apparemment le statut important des gens les possédant;
- la grande variété d'objets importés, allant depuis les symboles idéologiques, jusqu'à des instruments utilitaires (aiguilles et poinçons);
- l'importante quantité d'artefacts d'affiliation tarasque;
- l'intégration d'une grande variété d'artefacts d'affiliation tarasque dans les dépôts résiduels de l'aire domestique ; ce qui suggère une utilisation quotidienne de ceux-ci;
- l'association dans les mêmes contextes de matériel importés et locaux;
- l'incorporation de certains traits technologiques tarasques dans la fabrication de certains objets de céramique locaux (un apparent métissage culturel ?);
- la présence d'une aire funéraire spécifique, où se concentrent des individus présentant des attributs ethniques tarasques.

Une grande partie des évidences tarasques proviennent de dépotoirs directement associés à l'aire d'habitat. En général, tous les artefacts présentent des traces d'utilisation continue et leur degré de dispersion indique une utilisation non restreinte. Ces faits supposent qu'il ne s'agit pas d'un simple échange commercial entre deux peuples voisins, mais bien d'un contact culturel direct (Valdez et Liot, 1994 : 304). Parallèlement, la qualité et le caractère somptuaire de ces artefacts sont symptomatiques d'un statut élevé des utilisateurs. Le matériel récupéré dans les espaces funéraires est également diagnostique d'un groupe hiérarchique résidant dans le village, qui non seulement se différencie du reste de la population par le type d'objets qu'il utilise, mais aussi par l'espace spécifique qu'il occupe au moment de son inhumation.

Au sein du peuple tarasque, l'utilisation de certains ornements était exclusivement destinée à certains membres de la hiérarchie. Hostler (1988 : 335) souligne l'importance des pinces et grelots de cuivre comme des symboles de statut et d'autorité de la noblesse lors de cérémonies. Castro Leal (1986 : 158) mentionne l'utilisation des pinces par les *petamutis* ou prêtres principaux. Beltrán (1994 : 97) précise que les hautes instances de la hiérarchie politique se distinguaient du reste de la population par le biais de symboles d'autorité, parmi lesquels le *bezote* ("l'insigne qui honore" RGM : 174). Des évidences spécifiques de ce type tendent à confirmer la présence simultanée de Purepechas de haut rang parmi des populations locales dans le village de Atoyac. Il est difficile de déterminer si les contacts entre les populations Amacueca et les tarasques furent de nature pacifique - sous forme de participation à des marchés - ou belliqueuse. L'état des connaissances sur la nature du commerce entre le peuple tarasque et les régions voisines reste faible (Beltrán, 1994 : 138) ; Paredes (1992 : 298) mentionne l'existence de marchés dans les zones frontalières au territoire tarasque, notamment Tuxpan et Colima, sans toutefois préciser si ces marchés étaient effectivement contrôlés par des membres de l'autorité tarasque.

En ce qui concerne une éventuelle domination du bassin de Sayula par les populations tarasques, certaines évidences découvertes à Atoyac montrent que les contacts entre purhepecha et autochtones ne furent sans doute pas toujours pacifiques. En effet, de nombreux enterrements accompagnés d'attributs d'affiliation tarasque, présentaient des pointes de projectile dans le squelette (Valdez et Liot, 1994 : 305). En outre certains squelettes avaient les chevilles entourées de grelots de cuivre, ce qui peut être diagnostique de la fonction militaire de l'individu (Piña Chan, 1969 : 77). Ces différentes évidences tendent à corroborer l'hypothèse d'une domination des tarasques dans

[29] cf. chap. 3.8.2. de la première partie.

la zone. Certaines sources historiques font référence à l'invasion des Tarasques dans le bassin de Sayula. La Relation de Michoacan donne le récit suivant :

> "*un señor, hijo de Hiripan, conquistó otro pueblo llamado Carapan y el padre y abuelo de este cazonci muerto conquistaron Tamazula y Zapotlan y los pueblos de Avalos*" (Alcala, 1988 : 212) (cf annexe 3 : (35)).

De plus, Brand (1993 : 470) mentionne la venue des Tarasques dans la zone de Sayula :

> "*Los Tarascos hicieron sus dos grandes avances en los años 1460 et 1480 (y posiblemente otros) dentro de Colima para obtener sal, metales, esclavos y otras ventajas. Las salinas de Motines (salinas del Caimán), la costa de Colima y Sayula (lagos) fueron considerados en primer termino*"(cf annexe 3 : (36)).

Il semble évident que pour l'Etat purhepecha en pleine expansion, il était important d'amplifier son infrastructure économique par l'assujettissement de peuples tributaires et l'acquisition de marchandises. Les gisements de sels du bassin de Sayula ont pu constituer un pôle d'attraction pour l'invasion de la zone (Valdez et Liot, 1994 : 305). Quelle que soit la nature de l'occupation tarasque dans le bassin, celle-ci ne s'est échelonnée que sur les dernières décennies de la période préhispanique, laps de temps trop court pour permettre d'observer des changements significatifs dans les modes de production de sel.

3. Acquis méthodologiques et perspectives de recherche

La synthèse thématique que nous venons de présenter a permis de dégager les apports de notre étude, en mettant l'accent sur deux points essentiels qui rejoignent les objectifs que nous nous étions fixés : tout d'abord, l'élaboration d'un corpus de faits techniques de production de sels à partir d'un type de ressource particulier ; ensuite, la caractérisation du rôle de la production de sels dans la dynamique de peuplement préhispanique du bassin de Sayula. Cette recherche a été guidée par la nature du terrain étudié : le bassin de Sayula, considéré comme une micro-région, avec ses caractéristiques naturelles et culturelles propres et son intégration au sein de l'Occident du Mexique. Le principe méthodologique central de notre étude reposait donc sur l'intégration des résultats, dans une perspective à la fois spatiale et chronologique. Cette démarche a été étayée par une série d'analyses complémentaires qui ont fourni les clefs d'interprétation nécessaires au décryptage de l'information et permis de fixer les limites de l'étude.

- Approche contextuelle et concepts physico-chimiques

L'analyse de la matière première exploitée pour extraire les sels constitue un préalable nécessaire à toute tentative de reconstitution des techniques de production pour deux raisons:

- D'une part, le terme "sel" ne se réfère pas essentiellement au chlorure de sodium, mais à une large gamme de minéraux aux propriétés et usages multiples, traditionnellement extraits à partir de différents types de ressources, dans des contextes écologiques spécifiques. L'utilisation des concepts physico-chimiques est d'autant plus pertinente dans le cas de l'exploitation des terres salées, puisque celles-ci constituent une ressource renouvelable qui se reforme régulièrement selon des processus physico-chimiques plus ou moins complexes et relativement lents et dont la collecte requiert une gestion de type agricole.

- D'autre part, contrairement à la plupart des études technologiques, nous n'avons pas accès au produit fini et nous ne sommes pas en mesure d'évaluer d'éventuels stigmates sur l'objet fabriqué, qui seraient le reflet de techniques de fabrication ou de son utilisation.

Une série de mesures et d'analyses réalisées dans différents secteurs de la playa a permis de proposer une séquence de distribution spatiale de la salinité tant sur le plan qualitatif que sur le plan quantitatif. Même s'il s'agit d'un scénario court ne prenant en compte que les variations saisonnières à l'échelle d'une année climatique, nous avons démontré que cette distribution est le résultat de phénomènes géochimiques et sédimentaires anciens, qui suggèrent une relative stabilité à l'échelle des périodes d'occupation étudiées. Nous avons cependant estimer l'impact d'éventuelles oscillations paléoclimatiques mineures sur la disponibilité en terres salées, en comparant la sensibilité de l'aquifère en fonction des rythmes climatiques saisonniers dans les différents secteurs.
L'identification de plusieurs types de terres salées (contenant des proportions variables de chlorures, carbonates et sulfates de sodium) permet également d'évaluer le rôle des différents types de sels produits au sein d'un réseau d'échanges pouvant impliquer d'autres zones de production potentielles (le littoral Pacifique notamment, où prédominent les chlorures de sodium).

L'étude du milieu playa a été complétée par des reconstitutions expérimentales, dont le but était de tester la validité des techniques et de caractériser les sels produits en termes qualitatifs et quantitatifs. Le contexte de laboratoire dans lequel se sont déroulées ces expérimentations, a permis d'analyser soigneusement et de suivre pas à pas les différents processus techniques et leurs implications physico-chimiques, depuis l'extraction d'une saumure par lavage des terres salées jusqu'à la concentration de celle-ci et l'obtention de sel cristallisé. Une seconde étape, que nous n'avons malheureusement pas été en mesure de réaliser ici, serait de tester les objets archéologiques par des reconstitutions sur le terrain en suivant rigoureusement les différentes étapes de fabrication et de fonctionnement du matériel et des structures.

- Approche ethnographique et ethnohistorique : bases de données technologiques :

Les descriptions ethnographiques et ethnohistoriques permettent d'établir une base de références des réponses techniques spécifiques à un contexte naturel donné. Elles constituent donc une information indispensable à la reconstitution des techniques anciennes ; d'autant plus que l'interprétation des vestiges archéologiques de production de sel est souvent perturbée par une dispersion et une fragmentation importante et l'absence de matériel diagnostique.

L'information ethnographique a été obtenue dans des salines actuelles, ayant conservé des techniques traditionnelles qui utilisent le procédé d'extraction des sels, par le lavage de terres salées. Cependant, bien que ces techniques soient traditionnelles, les instruments utilisés ont généralement subi des transformations et même si certaines relations d'ordre fonctionnelle ont été maintenues entre les instruments actuels et ceux utilisés dans le passé, les changements sont parfois tels qu'il est difficile d'établir un lien entre les deux. Nous avons donc mis l'accent sur les processus entrant en jeu dans les différentes étapes de la production, et notamment sur la mise en place et la réutilisation des déchets sédimentaires (terres lixiviées), afin d'établir des parallèles lors de l'analyse stratigraphique des monticules archéologiques.

Les sources ethnohistoriques nous renseignent sur les lieux de production et les échanges du sel au début de la période coloniale. Tout en témoignant d'une certaine persistance des traditions indigènes de la fin de la période préhispanique, elles reflètent également un certain nombre de changements dont les effets ont été rapides et parfois définitifs sur le marché de la production et de la commercialisation du sel.

- Approche archéologique et transferts d'échelles :
Les données archéologiques ont été traitées dans un ordre logique selon trois échelles d'études complémentaires :

- à l'échelle de la playa, inventaire et classification des sites de production de sel en fonction de leurs caractéristiques de surface, à l'issue de plusieurs campagnes de prospection ;

- à l'échelle des sites, fouille de différentes aires d'activité représentatives de la variabilité des sites ;

- à l'échelle des vestiges, analyse typologique permettant d'établir une classification à la fois fonctionnelle et chronologique des différents types de restes (sédiments de rejet, structures et récipients céramiques).

Ces différentes échelles d'analyses ont permis de mettre au jour des vestiges dont les attributs et l'organisation spatiale présentent un caractère tout à fait nouveau. Si les processus impliqués dans les techniques reconstituées sont analogues à ceux identifiés dans d'autres sites du même type - en raison des contraintes de la matière première - l'originalité des vestiges du bassin de Sayula soulignent l'existence d'une certaine marge de liberté pour la fabrication des outils utilisés dans la chaîne opératoire. A ce sujet, il serait intéressant de déterminer l'origine des récipients céramique et des fosses identifiés, afin de savoir si ces moyens spécifiques sont issus d'une invention locale - dans ce cas, enquêter sur d'éventuelles exportations des techniques vers d'autres zones productrices - ou s'ils ont été importés et s'interroger sur les zones de provenance.

La dimension chronologique de l'étude a permis d'apprécier plusieurs degrés d'évolution des techniques, qui se traduisent par la transformation et la standardisation progressive des moyens de production. Nous avons pu démontré que ces transformations sont étroitement impliquées dans les phases de changements socio-économiques et culturels de l'occupation du bassin. Les résultats de notre recherche ont ainsi permis d'expliquer et de préciser les modalités de ces changements.

Un certain nombre d'interrogations relatives aux vestiges archéologiques et laissées en suspend à l'issue de ces travaux, devraient être développées dans l'avenir :
* l'identification de signatures géochimiques dans le matériel céramique et l'enduis des fosses permettrait de préciser leur fonction, par la mise en oeuvre de méthodes d'analyses spécifiques (mesures des teneurs et carte de distribution des éléments traces par microscopie électronique et microsonde) ;
* la reconnaissance et l'analyse des outils lithiques probablement utilisés dans différentes étapes de la chaîne opératoire ;
* l'étude anthracologique des charbons de bois renseignerait sur le type de végétaux utilisés dans le processus de combustion.

Enfin, une prospection systématique d'autres zones à fortes potentialités salines, utilisant les acquis méthodologiques et thématiques de nos recherches, permettrait de compléter le panorama de la production et des réseaux d'échanges de sels de l'Occident du Mexique.

Photo 1 – Secteur nord-ouest, vue depuis l'autoroute. Au premier plan, une barque utilisée pendant les innondations temporaires de la saison des pluies.

Photo 2 – La playa depuis Cerritos Colorados, avec vue sur le Nevado de Colima dans le fond.

Photo 3 – La playa dans le secteur nord-est, avec petites buttes de sédiments éoliens

Photo 4 – Secteur intermédiaire, au nord de Cofradía : décapage de petites parcelles.

Photo 5 – Secteur intermédiaire, au nord de Cofradía : remplissage de sacs de jutte.

PLANCHE IIb

Ramassage de salitre dans différents secteurs de la playa

Photo 6 – Secteur intermédiaire, au nord de Cofradía : ramassage en bandes avec formations de petits billons de salitre.

Photo 7 – Secteur nord-est, playa de Poncitlan formation de petits tas de salitre.

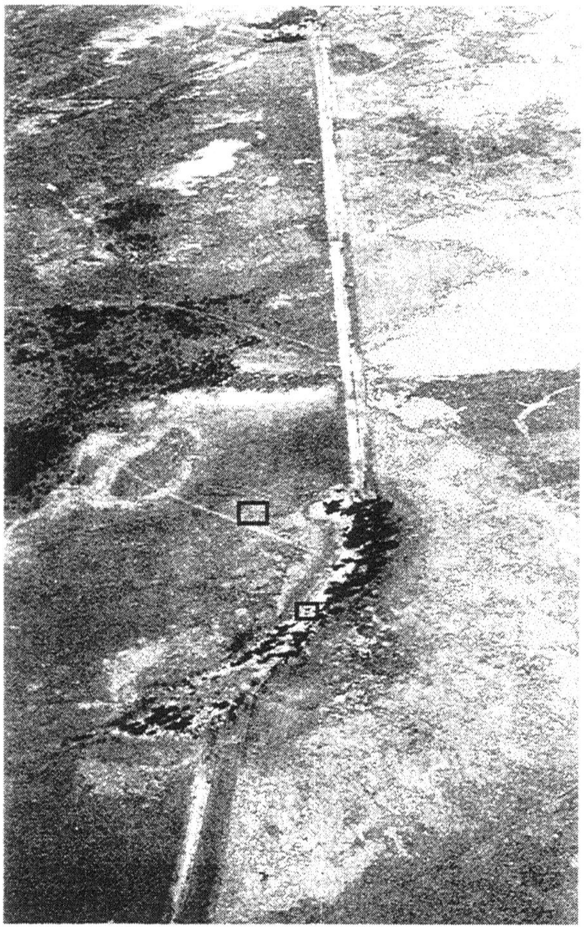

Photo 8 – Vue aérienne du site de La Motita : chaussée surélevée traversant la playa d'est en ouest (les rectangles noirs délimitent les zones fouillées).

Photo 9 – Terrasse principale du site de Carmelita.

PLANCHE IV

Différents types de vestiges de playa

Photo 10 – Lienzo Charro, *tepalcatera* couverte de *cuencos salineros sayula.*

Photo 11 – Cerritos Colorados, ZE3, groupe de figures circulaire de playa.

Photo 12 – Playas El Zapote – Techaluta, accumulations de galets de basalte et fragments d'obsidienne.

Photo 13a – Playas Fábrica de Explosivos, groupe de figures circulaires.

Photo 13b – Playas Fábrica de Explosivos, figure ovale.

Photo 14 – Décapage en terrasses du tiers nord-ouest du monticule, avec fosses creusées dans le flanc.

Photo 15 – Structure 6, fosse de type F.

Photo 16 – Vue de surface de la structure 8, fosse de type A (variante A5).

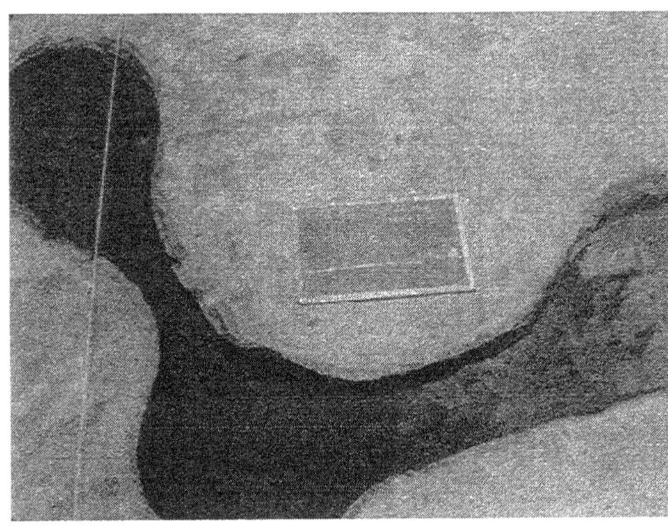

Photo 17 – Structure 8 fouillée.

Photo 18 – Amas de galets de basalte.

Photo 19 – Alignements de fosses de type A, vue depuis le sud.

Photo 20 – Structure 3, UF1, (variante A3).

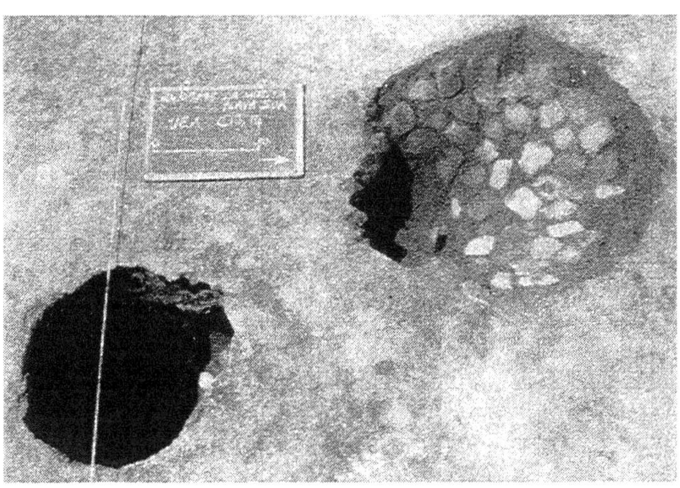

Photo 21 – Structure 5, UF1 (variante A1).

Photo 22 – Vue de l'UF1 depuis le sud ouest.

Photo 23 – Structure 9 partiellement fouillée et structure analogue adjacente (variante A4).

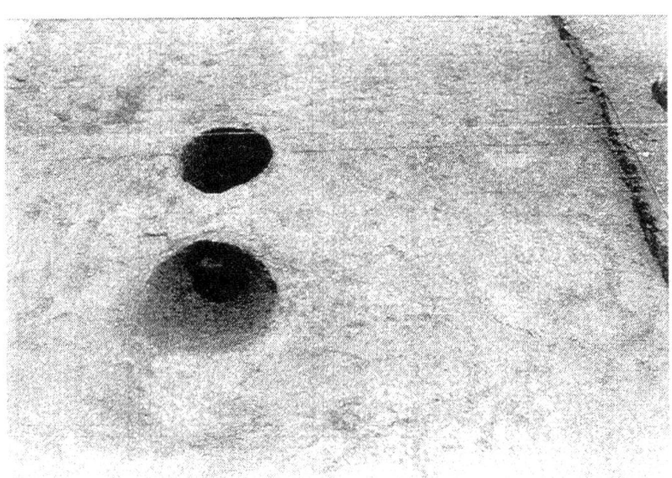

Photo 24 – Structure 9 fouillée et structure similaire à droite (variante A4).

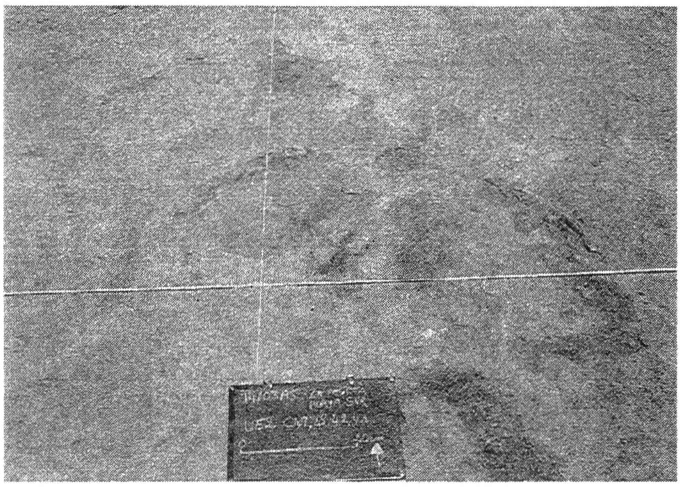

Photo 25 – Vue de surface des structures 19 (variante B1) et 18 (fosse de type C).

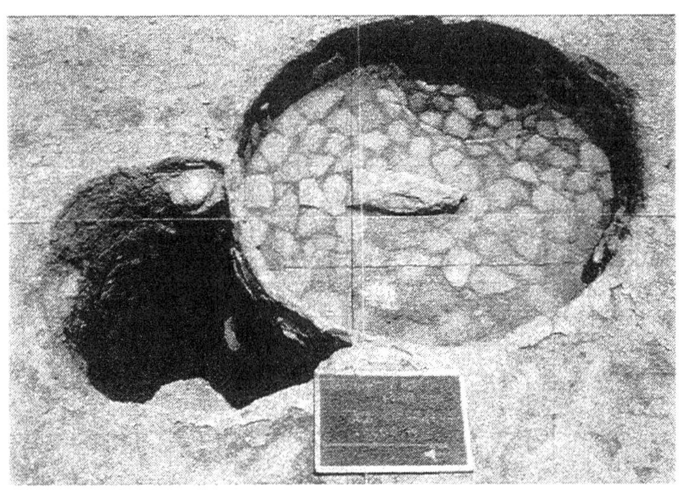

Photo 26 – Structures 19 (variante B1) et 18 (fosse de type C) fouillées.

Photo 27 – Structure 16 (variante B1).

Photo 28 – Cerritos Colorados, Zone Extérieure 1, structure 4 (variante B1).

Photo 29 – Vue du monticule central avec sondages des carrés N2E7 et N3E6.

Photo 30a – Vue de surface de la structure 3 (fosse de type C).

Photo 30b – Structure 3 (fosse de type C) fouillée.

Photo 31 – Bloc d'argile sèche prélevé dans le remplissage de la structure 10 (fosse de type C) de l'UF1 de La Motita.

Photo 32 – Revêtement d'argile sèche beige claire sur la base de *cajetes rectos Amacueca.*

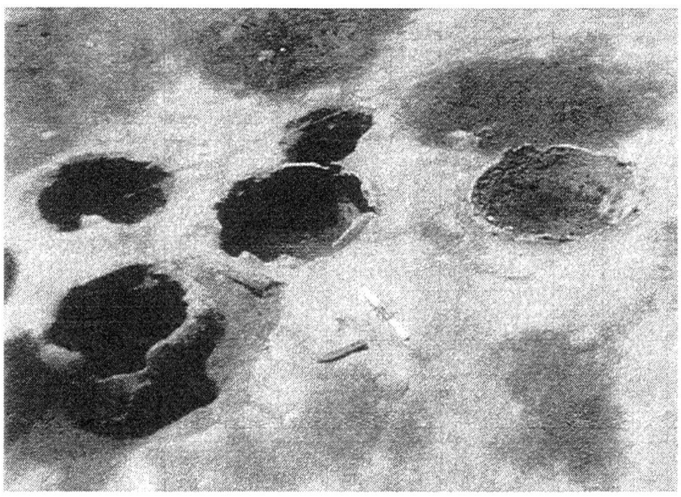

Photo 33 – Groupe de jarres enterrées sur le site de San Juan de Atoyac.

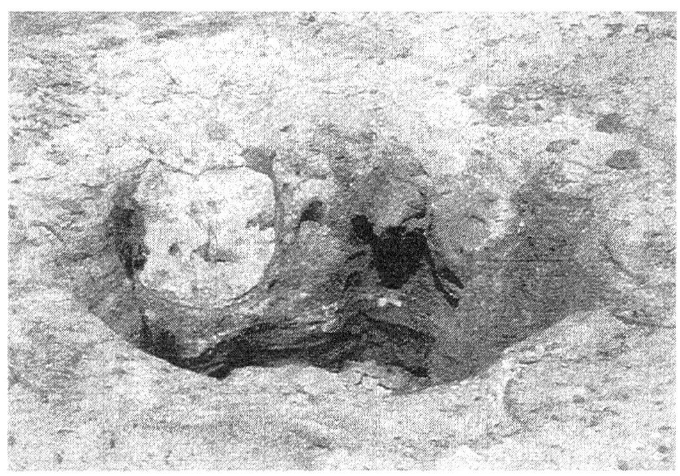

Photo 34 – Jarres enterrées sur plusieurs niveaux, coupées par un sondage clandestin sur le site de La Mota.

BIBLBIOGRAPHIE

Acosta R. 1994. "Los entierros del fraccionamiento San Juan, Atoyac, Jalisco", *Contribuciones a la Arqueología y Etnohistoria del Occidente de México*, pp 93-114, E. Williams (ed), El Colegio de Michoacan, Zamora.

Acosta R., Uruñuela G. 1995. "Patrones de enterramiento en la Cuenca de Sayula : la fase Amacueca en Atoyac", Primer Coloquio sobre el cuerpo humano y su tratamiento mortuorio,CEMCA, INAH, Embajada de Alemania, janvier 1995.

Acosta R., Emphoux J.P., Ramirez S. 1996a. "El sur de la cuenca de Sayula, Jalisco : el sitio Caseta, un ejemplo", *Las cuencas del Occidente de México (época prehispánica)*, pp 367-393, E. Williams y P. Weigand (eds), El Colegio de Michoacan, Zamora.

Acosta R., Ramirez S., Gomez L. 1998. "Desarrollo sociocultural de la cuenca de Sayula durante la época prehispánica", *El Occidente de México : arqueologia, historia y medio ambiente. Perspectivas regionales*, pp :101-118, Orstom Universidad de Guadalajara.

Acuña R. (ed). 1984. *Relaciones Geográficas del siglo XVI : Tlaxcala*, vol II, Universidad Autonoma de México, Serie Antropología, 59, Mexico.

Acuña R. (ed). 1987. *Relaciones Geográficas del siglo XVI : Michoacán*, Universidad Autonoma de México, Serie Antropología : 74, Mexico.

Acuña R. (ed). 1988. *Relaciones Geográficas del siglo XVI : Nueva Galicia*, Universidad Autonoma de México, Serie Antropología : 65, Mexico.

Alcala Fray J. de. 1988. *Relación de Michoacan*, México, SEP (escrito originalmente en 1540).

Aliphat M. 1988. "La cuenca Zacoalco-Sayula : occupación humana durante el pleistoceno final en el Occidente de México", *Origenes del Hombre Americano*, pp 145-176, A. Gonzalez Jacome (comp.), SEP, México.

Andrews P. 1983. *Maya Salt Production and Trade*, University of Arizona Press, Tucson.

Anonyme. 1869. *Cuarta Relación Anónima de la Jornada de Nuño de Guzmán*, México, 1869.

Anonyme. 1878. *Noticias Varias de la Nueva Galicia*, Guadalajara, Tipografia de bandas.

Anonyme. 1880. *Boletín agrícola e industrial publicado por el Gobierno del Estado de Jalisco*, Guadalajara, Tripulación del Gobierno, 2 volumenes.

Apenes O. 1944. "The primitive salt production of lake Texcoco", *Ethnos* 9 (1), pp 24-40, Stockholm.

Armillas P. 1964. "Condiciones ambientales y movimientos de pueblos en la frontera septentrional de Mesoamérica", *Homenaje a Fernando Márquez-Miranda*, Universidades de Madrid y Sevilla,

Arnauld M. C., Carot P., Fauvet-Berthelot M.F. 1993. *Arqueología de las lomas en la cuenca lacustre de Zacapu, Michoacan, Mexico* CEMCA, Cuadernos de Estudios Michoacanos 5.

Arnauld M. C., Carot P., Fauvet-Berthelot M.F. 1994. "Introducción", *8000 Años de la Cuenca de Zacapu. Evolución de los paisajes y primeros desmontes*, pp 9-28, Pierre Petrequin (coord), Cuadernos de Estudios Michoacanos, 6, CEMCA.

Balfet H., Fauvet-Berthelot M.F., Monzon S. 1992. *Normas para la descripción de vasijas cerámicas*, CEMCA, Mexico, 146p.

Baños E. 1980. *La industria salinera en Xocotitlan, Cuenca de México*, Tesis, Escuela Nacional de Antropología e Historia, México DF.

Baños E. 1981. "La cerámica monócroma tipo Villa", *XVII Mesa Redonda de la Sociedad Mexicana de Antropología*, San Cristobal de las Casas, Chiapas, Mexique.

Baudez C. F. 1973. "Les camps de saliniers de la côte méridionale du Honduras : données archéologiques et documents historiques", *L'Homme hier et aujourd'hui. Recueil d'études en hommage à André Leroi-Gourhan*, pp 507-520, ed. Paris Cujas, Paris.

Baus de Czistrom C. 1989. "Panorama de datos del Formativo en Colima y regiones cercanas", *El Preclasico o Formativo : avances y perspectivas*, pp 27-38, ed. M. Carmona M., INAH, Museo Nacional de Antropología e Historia, Mexico.

Beekman C. 1996. "El complejo El Grillo del centro de Jalisco : una revisión de su cronología y significado", *Las cuencas del Occidente de México (época prehispánica)*, E. Williams y P. Weigand (eds), pp 247-291, El Colegio de Michoacan.

Bell B. 1971. "Archaeology of Nayarit, Jalisco and Colima", *Handbook of Middle American Indians*, pp 694-753, R. Wauchope (ed), 11 (2), University of Texas Press, Austin.

Bell B. 1974. *The Archaeology of West Mexico*, B. Bell (ed), Sociedad de Estudios Avanzados del Occidente de Mexico, Ajijic, Jalisco,

Beltran U. 1994. "Estado y Sociedad Tarascos en la Epoca Prehispánica", *El Michoacan Antiguo Estado y Sociedad Tarascos en la Epoca Prehispánica*, pp 31-163, Brigitte Boehm de Lameiras (ed), El Colegio de Michoacan, Gobierno del Estado de Michoacan, Zamora

Benz B., Laitner de Benz K. 1998. "La cerámica de Morett y Tuxcacuesco visto desde el Colomo, Jalisco", *El Occidente de México : arqueología, historia y medio ambiente. Perspectivas regionales*, pp. 265-276, Orstom Universidad de Guadalajara.

Besso Oberto H. 1980. "Las salinas prehispanicas de Alahuiztlan, Guerrero", *Boletin INAH* n°29, pp 23-40, Mexico.

Bond M. 1971 *The Archaeology of Lake Chapala*, Jalisco, Mexico, Unpublished Phd Dissertation, Center for Latin American Studies, Tulane University, New Orleans.

Brand D. 1966. "Ethnohistoric Synthesis of Western Mexico", *Handbook of Middle American Indians*, pp 632-693, Robert Wauchope (ed), University of Texas Press, Austin.

Brand. D. 1993. "La región tarasca", *La arqueología en los anales del Museo Michoacano*, pp 459-493, Macias Goytia (comp), Mirambell Silva (coord), INAH, Mexico.

Braniff B. 1974. "Oscilación de la Frontera Septentrional Mesoamericana", *The Archaeology of West Mexico*, pp 40-50, B. Bell (ed), Sociedad de Estudios avanzados del Occidente de Mexico, Ajijic, Jalisco.

Brown I. 1980. "Salt and the Eastern North American Indian : An Archaeological Study", *Lower Mississipi Survey Bulletin*, n°6, pp 29-80, Peabody Museum, Harvard University, Cambridge.

Brown R. 1982. *Arqueologia y Paleoecologia del Norcentro de México*, INAH, Serie Arqueología

Brush C. F. 1965. "Pox Pottery : Earliest Identified Mexican Ceramic", *Science*, vol 149; n°3680 pp 194-195.

Cabrero M. T. 1989. *Civilización en el Norte de México : Arqueologia de la Cañada del Rio Bolaños*. Universidad Nacional Autonoma de México.

Cardale Schrimpff M. 1981. *Las salinas de Zipaquira : su explotación indígena*, Fundación de Investigaciones Arqueológicas Nacionales, Banco de la Republica, Bogota.

Carot P. 1990. "La originalidad de Loma Alta, sitio protoclásico de la cienega de Zacapu", *La epoca clásica : nuevos hallazgos, nuevas ideas*, pp 293-306, A. Cardos de Mendez (coord), INAH, México.

Caso A. 1930. "Informe preliminar de las exploraciones realizadas en Michoacan", *Anales del Museo Nacional*, 4a epoca, t6, n°2, pp 446-452.

Castro Leal M., Ochoa L. 1975. "El Ixtepete como un ejemplo de desarrollo cultural en el Occidente de México", *Anales del INAH,* 7a época, V, pp 121-154, México.

Castro Leal M. 1986. *Tzintzuntzan : capital de los tarascos*, Morelia, Gobierno del Estado de Michoacan.

Charlton T. 1969. "Texcoco fabric-marked pottery, tlateles and salt making", *American Antiquity* 34(1), 73-76.

Ciudad Real A. 1993. *Tratado curioso y docto de las grandezas de Nueva España*, tomo II, Universidad Nacional Autonoma de México, Instituto de Investigaciones Históricas, Serie Historiadores y Cronistas de Indias n°6, México.

Codice Mendocino. 1925. *Codice Mendocino* (Biblioteca Bodleinana Oxford) Facsimile dispuesto por Francisco del Paso y Troncoso. Talleres Gráficos del Museo Nacional de Arqueología, Historia y Etnografía, México.

Coe M., Flannery K. 1967. *Early cultures and human ecology in South coastal Guatemala*, Smithsonian contribution to Anthropology 3. Smithsonian Press, Washington.

Colas A. 1993. *Que sais-je ? Le sel*, Presses Universitaires de France, Paris.

Cook S., Borah W. 1977. *Ensayos sobre la historia de la población : México y el Caribe*, Siglo XXI (América Nuestra, n°2), vol 1, México.

Cooke R., Warren C., Goudie A. 1993 *Desert Geomorphology*, pp 50-67 et 202-219, University College, London.

Cox Stevenson M. 1904. "The Zuñi Indians. Their mythology, esoteric fraternities and ceremonies", *Annual Report of the Bureau of American Ethnology to the Secretary of the Smithsonian Institution* 1901-1902, pp 354-361.

Courty M.A., Goldberg P., Macphail R. 1989. *Soils and micromorphology in archaeology*, Cambridge University Press, Cambridge.

Daire M. Y. 1994. "Préambule", *Le sel Gaulois. Bouilleurs de sel et ateliers de briquetages armoricains à l'Age du Fer*, Daire M.Y. (Dir.), Les Dossiers du Ce.R.A.A., supp. n°Q, pp 3.

Dean J. A. 1985. *Lange's Handbook of Chemistry*, Tome IV, 13ème édition, Mc Graw Hill.

Delgadillo Velazquez A. M. 1993. "Avifauna de la Laguna de Sayula", en *Analisis Geográfico y Social de la zona de Zacoalco-Sayula*, pp 70-76, F. Munguía (coord), Benemérita Sociedad de Geografía y Estadística de Jalisco, Guadalajara.

Demant A. 1981. "L'axe néo-volcanique transméxicain : étude volcanologique et pétrographique, signification géodynamique", Thèse de 3ème cycle, Université d'Aix-Marseille.

Demant A., Mauvois R., Silva L. 1976. "El Eje Neovolcanico Transmexicano", III Congreso Latinoamericano de Geología de la UNAM.

Diaz E. 1977. "Formación del Graben de Jalisco", II Convención Geológica Nacional, México.

Dillon B. D. 1977. "Salinas de los Nueve Cerros, Guatemala. Preliminary Archaeological Investigations" *Ballena Press Studies in Mesoamerican Art, Archaeology and Ethnohistory* n°2, John A. Graham (ed), New Mexico.

Drennan R. 1976. "Fabrica San José and Middle Formative Society in the Valley of Oaxaca", *Prehistory and Human Ecology of the Valley of Oaxaca*, pp 136-145 et 257-259, Kent Flannery (ed), Memoirs of the Museum of Anthropology 4(8), University of Michigan, Ann Arbor.

Eissler M. 1901. *Metallurgy of Silver*, New-York, London.

Ekholm G. 1942. « Excavations at Guasave, Sinaloa, Mexico », *Anthropological paper of the American Museum of Natural History*, vol 37, part II, pp. 25-139, New York.

Emphoux J.P. 1995. "Rescate del sitio San Juan de Atoyac, Cuenca de Sayula, Jalisco", *Estudios del Hombre n°2*, pp 169-188, Universidad de Guadalajara, Departamento de Estudios del Hombre.

Emphoux J.P., Schöndube O., Avila Palafox R., Fernandez R., 1994. "Proyecto Arqueológico de la Cuenca de Sayula, Jalisco», *Estudios del Hombre*, n°1, pp. 12-17, Universidad de Guadalajara.

Estrada J., Niebla F. 1955. "Descripción de la provincia de Zapotitlan y Suchitepequez. Año de 1579" *Anales de la Sociedad de Geografia e Historia*, pp 68-83, vol 28, n°1-4, Guatemala.

Estrada Balmori E. 1949. "Funeraria en Chupicuaro, Guanajuato", *Anales del INAH* n°3, pp 79-84.

Estrada Balmori E., Porter de Moedano M. 1945. "La cerámica de Chupicuaro", *Revista Méxicana de Estudios Antropológicos* 7, pp 89-112.

Estrada Faudon E. 1993. "Vegetación de la laguna de Sayula, problemática y alternativa", *Analisis Geográfico y Social de la zona Zacoalco-Sayula*, pp 62-69, F. Munguía (coord), Benemerita

Sociedad de Geografía y Estadística del Estado de Jalisco.

Eugster H. P. 1966. "Sodium carbonate-bicarbonate minerals as indicators of pCO_2", *Jounal of Geophysical Research*, 71, pp 3369-3377.

Eugster H. P. 1980. "Geochemistry of evaporitic lacustrine deposits", *Annual Review of Earth Planet Science*, vol 8, pp 35-63.

Eugster H. P., Hardie L. 1978. "Saline lakes", *Lake : chemistry, geology, physics*, pp 238-293, A. Lerman (ed), New York.

Ewald U. 1985. *The Mexican Salt Industry, 1560-1980. A Study in Change*, Gustav Fischer Verlag, Stuggart.

Ewald U., Vazquez Illana O. 1987. "La industria de Tonatico, Estado de México", *Divulgacion Geográfica*, pp 7-13, Instituto de Geografía de la UNAM, México.

Fernandez R. 1994. *Latifundios y grupos dominantes en la historia de la Provincia de Avalos*, INAH, Colección Científica, 192p.

Fernandez R. 1996. "La articulación interna de la Provincia de Avalos, 1548-1748", *Estudios del Hombre* n°3, pp 163-171, Universidad de Guadalajara-Orstom.

Flannery K. 1983. "Precolumbian Farming in the Valleys of Oaxaca, Nochixtlan, Tehuacan and Cuicatlan: A Comparative Study", *The Cloud People. Divergent Evolution of the Zapotec and Mixtec Civilizations*, Flannery and Marcus (eds), University of Michigan, Ann Arbor, Academic Press.

Flannery K., Kirkby A., Aubrey M., Aubrey W. 1967. "Farming Systems and Political Growth in Ancient Oaxaca", *Science*, vol 158, n°3800, pp 444-454.

Florez Diaz J. 1984. "Presencia de evaporitas en el lago de Sayula, Municipio de Teocuitatlan, Jalisco", Tesis Profesional, Instituto Politecnico Nacional, Mexico.

Forbis M. R., Aliphat M. 1982. *Proyecto Piloto Cuenca Zacoalco-San Marcos*, University of Calgary-Alberta, Canada. Archivo Técnico de la Dirección de Monumentos Prehispánicos, INAH, México.

Foucault A., Raoult J.F. 1992. *Dictionnaire de géologie*, 3ème édition, Masson, Paris, 352p.

Galvan J. 1975. "Informe preliminar de las exploraciones efectuadas en la zona arqueológica de El Ixtepete, Jal., durante el mes de mayo de 1973", *Balance y perspectivas de la Antropología de Mesoamerica y del Centro de México*, XIII Mesa Redonda, pp 395-410.

Galvan J. 1976. *Rescate arqueológico en el fraccionamiento Tabachines, Zapopan, Jalisco*, INAH, Centro Regional de Occidente (Cuadernos de los Centros 28), México.

Garcia Payon J. 1933. "Unas salinas precortesanias en el estado de México", *Boletín del Museo Nacional de Arqueología, Historia y Etnografía*, Tomo II, 5 epoca, n°2, pp 49-53.

Gayton A. H., 1948. "Yokuts and Western Mono ethnography", Part II, University of California, *Anthropological Records*, vol 10, n°2.

Gibson C. 1964. *The Aztecs under Spanish Rule : A History of the Indians of the Valley of Mexico, 1519-1810.* Stanford University Press, Stanford.

Gifford E.W. 1950. "Surface archaeology of Ixtlán del Río, Nayarit", *University of California Publications in American Archaeology and Ethnology*, vol 43, n°2, pp. 183-302, Berkeley and Los Angeles, University of California Press.

Glassow M. 1967. "The ceramics of Huistla, a west Mexican site in the municipality of Eztatlán, Jalisco", *American Antiquity*, 32(1), pp 64-83.

Gonzalez Quintero L., Fuentes Mata M. 1980. "El Holoceno de la porción central de la cuenca del valle de México", *Memorias, III Coloquio sobre Paleobotánica y Palinología*, pp 113-132, Fernando Sanchez (ed), INAH, Colección Científica, Prehistoria, 86.

Good C. 1995. "Salt production and commerce in Guerrero, Mexico. An ethnographic contribution to historical reconstruction", *Ancient Mesoamerica* 6, pp 1-13.

Gorenstein S., Pollard H., 1983. *The Tarascan civilization : A late prehispanic cultural system*, Nashville, Vanderbilt University Publication in Anthropology 28.

Gouletquer P. 1970. *Les briquetages armoricains. Technologie protohistorique du sel en Armorique.* Travaux du Laboratoire d'Anthropologie, Rennes, 186p.

Gouletquer P. 1988. "Fabriquer du sel", *JATBA* (Journal d'Agriculture Traditionnelle et de Botanique Appliquée), vol XXXV, pp 97-110.

Gouletquer P. 1991. "A propos de l'article de Jouke S Wigboldus : Salt and Crop Production in the Precolonial central Sudan - or Lovejoy's poorly-developped technology thesis", *Techniques et culture* 17-18, pp 345-349.

Gouletquer P., Kleinmann D. 1984. "Les salines du Manga", *Techniques et cultures* n°3, pp 1-42.

Gouletquer P., Kleinmann D., Weller O. 1994 "Sels et Techniques", *Le sel Gaulois. Bouilleurs de sel et ateliers de briquetages armoricains à l'Age du Fer*, pp 123-149, Daire M.Y. (Dir.), Les Dossiers du Ce.R.A.A., supp. n°Q.

Grosscup G. 1961. "A sequence of figurines form west Mexico", *American Antiquity*, 26(3), pp 390-406.

Grünberger O. 1995. "Los tipos de yacimientos salinos en México y las propriedades químicas que influencian los procesos de producción", *La sal en México*, pp 249-268, J. C. Reyes (coord), Universidad de Colima, Consejo Nacional para la Cultura y las Artes, Colima, Mexique.

Grünberger O. Janeau J. L. 1996. *Les playas du désert du Chihuahua : influence des concentrations salines sur un milieu semi-aride*, Orstom, sous presse.

Grünberger O., Liot C., Janeau J. L. 1993. "Las salinas de Carrillo y el clima chihuahuense, eficiencia climática de dos sistemas de producción de sal continental", *XIII Congreso Internacional de Ciencias Antropológicas y etnológicas, simposio : Clima, percepción, previsión manipulación*, Mexico.

Grünberger O., Liot C., Janeau J. L. 1996. "Factores limitantes de producción de sal continental en el desierto chihuahuense : el caso de las salinas de

Carrillo", *Agrociencias*, n°3, Colegio de Postgraduados de Texcoco, Etat de Mexico.

Guffroy J. 1996a. "Cerritos Colorados : un sitio con arquitectura monumental en la Cuenca de Sayula, Jalisco", *Estudios del Hombre* n°3, pp 37-66, Universidad de Guadalajara - Orstom.

Guffroy J. 1998. "Evoluciones culturales en la cuenca de Sayula : el caso de Cerritos Colorados (San Miguel del Zapote-Techaluta), *El Occidente de Mexico : arqueología, historia y medio ambiente. Perspectivas regionales*, pp. 305-318, Orstom Universidad de Guadalajara.

Guffroy J., Gomez L. 1996. "Cerritos Colorados, un sitio del Clásico en la Cuenca de Sayula, Jalisco", *Las cuencas del Occidente de México (época prehispánica)*, pp 395-425, E. Williams y P. Weigand (eds), El Colegio de Michoacan, Zamora.

Gutman T. E. 1972. "Review of the importance of salt in historical literature, with special reference to West Mexico", *Katunob*, Newsletter-Bulletin vol VIII, n°1, pp 40-49.

Heizer R. F. 1957. "Salt in California Indian Culture", *Berkeley, Bulletin of The Lowie Museum of Anthropology* n°175, pp 103-104.

Hernandez Rivero J. 1995. "La producción salina en el sur-oeste del estado de México y norte de Guerrero", *La sal en México*, pp 75-112, J. C. Reyes (coord), Universidad de Colima, Colima.

Hers M. A. 1989. *Los Toltecas en Tierras Chichimecas*. Cuadernos de Investigación Estéticas n°35, Instituto de Investigaciones Estéticas, Universidad Nacional Autonoma de México.

Hers M. A. 1993. "La Sierra del Nayar en el contexto del Septentrion Mesoamericano", *Seminario Perspectivas sobre la arqueología de la periferia septentrional de Mesoamerica*, cuaderno de ponencias, tomo II, INAH, Zacatecas, 20-27 de noviembre de 1993.

Hewitt W., Winter M., Peterson D. 1987. "Salt Production at Hierve el Agua, Oaxaca", *American Antiquity* 52(4), pp 799-816.

Hocquet J. C. 1985. *Le sel et le pouvoir*, ed. Albin Michel, Paris, 506p.

Hosler D. 1988. "The metallurgy of ancient west Mexico", *The beginning of the use of metals and alloys*, pp 328-343, R. Madin (ed), Cambridge, MIT Press.

Jarosz L. 1989. "The Letters of C. Sauer and I. Kelly, 1935-1975", *Homenaje a Isabel Kelly*, pp 45-58, Y. Gonzalez (coord), INAH, Colección científica, Mexico.

Jimenez Betts P. 1989. "Perspectivas sobre la arqueología de Zacatecas", *Arqueología* 5, INAH, pp 7-50

Jimenez Betts P. 1992. "Una red de interacción en el Noroeste de Mesoamérica : una interpretación", *Origen y desarrollo en el Occidente de México*, B. Boehm de Lameiras & P. Weigand (eds), pp 177-204, El Colegio de Michoacan, Zamora, Mexique.

Jimenez Betts P. 1996. "Areas de interacción del Noroeste Mesoamericano : consideraciones y tiestos", *El Occidente de Mexico : arqueología, historia y medio ambiente. Perspectivas regionales*, pp. 295-304, Universidad de Guadalajara, Orstom.

Jimenez Betts P., Darling A. 1993. "La arqueología del Clasico Medio de Zacatecas y el Norte de Jalisco : revisión y replantamiento, in *Seminario Perspectivas sobre la arqueología de la periferia septentrional de Mesoamerica*, cuaderno de ponencias, tomo II, INAH, Zacatecas, 20- 27 de noviembre de 1993.

Jones B. F. 1962. "Stability of burkeite and its significance in lacustrine evaporites", *Journal of Geophysical Research*, 67, 9, pp 3569.

Jones B. F.,Eugster H.P., Rettig S.L. 1977. "Hydrochemistry of the Lake Magadi Basin, Kenya", *Geochimica and Cosmochimica Acta*, 41, pp 53-72.

Jorda M. 1992. "Morphogénèse et fluctuations climatiques dans les Alpes françaises du sud de l'Age du bronze au Moyen Age", *Les nouvelles de l'Archéologie*, n°50, pp 14-20.

Kelley J. C. 1974. "Speculations on the Culture History of Northwestern Mesoamerica, *The Archaeology of West Mexico*, pp 19-39, B. Bell (ed), Sociedad de Estudios Avanzados del Occidente de Mexico, Ajijic, Jalisco, Mexico.

Kelley J. C. 1990. "The Early Post-Classic in Northern Zacatecas and Durango IX to XII Centuries", *Mesoamérica y el Norte de México, IX-XII*, pp 487-520, F. Sodi (coord), Museo Nacional de Antropología, INAH, México.

Kelley J. C., Winters H. D. 1960. "A revision of the archaeological sequence in Sinaloa, México", *American Antiquity*, 25(4), pp 547-561.

Kelly I. 1941-1944. *A surface survey of the Sayula-Zacoalco basins of Jalisco*, Ms.

Kelly I. 1949. *The Archaeology of the Autlan-Tuxcacuesco area of Jalisco*
I : The Autlan zone, University of California, Berkeley (Ibero Americana 26)
II : The Tuxcacuesco Zapotitlan zone (Ibero Americana 27).

Kelly I. 1947. *Excavations at Apatzingan, Michoacan*. Viking Fund Publications in Anthropology, n°7, New York.

Kelly. 1948. "Ceramics province of Northwest Mexico", *El Occidente de México*, pp 55-71 Memorias de la IV Reunión de Mesa Redonda, Sociedad Mexicana de Antropología, México.

Kelly I. 1974. "Stirrup Pots from Colima : Some implications", *The Archaeology of West Mexico*, pp 206-211, B. Bell (ed), Sociedad de Estudios Avanzados del Occidente de México, Ajijic, Jalisco.

Kelly I. 1978. "Seven Colima Tombs : an interpretation of Ceramic Content". *Studies in Ancient Mesoamerica III*, John Graham (ed), Contributions of the University of California Archaeological Research Facility 36, pp 1-26, Berkeley.

Kelly I. 1980. *Ceramic sequence in Colima : Capacha, an early phase*, University of Arizona Press (Anthropological papers of the University of Arizona, 37), Tucson.

Kirchoff P. 1948. "Etnografía antigua", *El Occidente de Mexico*, Cuarta Reunión de Mesa Redonda sobre Problemas Antropológicos de México y Centro América (1946), Sociedad Mexicana de Antropologia, México.

Kirkby A. 1973. "The Use of Land and Water Ressources in the Past and Present Valley of Oaxaca, México", *Prehistory and Human Ecology of the Valley of Oaxaca*, vol 1, Flannery (ed), Memoirs of the University of Michigan Museum of Anthropology, n°5, Ann Arbor.

Lagunas Fray J. B. de. 1983[1574]. *Arte y Diccionario con otras obras en lengua Michuacana*, B. Warren (ed) facsimilar, Morelia, FIMAX, Publicistas Editores.

Langlois O. 1995. *Histoire du peuplement post-néolithique du Haut Diamaré, nord Cameroun*, thèse de 3ème cycle en Préhistoire, Université de Paris I.

Langoüet L., Gouletquer P., Bizien Jaglin C. 1994. "Chronologie et technologie : méthodes d'étude", *Le sel Gaulois. Bouilleurs de sel et ateliers de briquetages armoricains à l'Age du Fer*, pp 105-122, Daire M.Y. (Dir.), Les Dossiers du Ce.R.A.A., supp. n°Q.

Lemonnier P. 1980. *Les salines de l'ouest : logique technique, logique sociale*, Paris ed. de la Maison des Sciences de l'homme, Paris.

Lemonnier P. 1983. "L'étude des systèmes techniques, une urgence en technologie culturelle", *Techniques et culture* n°1, pp 11-20, janvier-juin 1983, E. de la Maison des Sciences de l'homme, Paris.

Leroi Gourhan A. 1971. *Evolution et techniques : l'homme et la matière*, Paris, Albin Michel, 285p.

Leroi Gourhan A. 1973. *Evolution et techniques : Milieu et techniques*, Paris, Albin Michel, 475 p.

Liot C. 1993. "Reconstitution de modes de production de sel par l'étude de signatures sédimentaires géochimiques en contexte archéologique : exemple des anciennes salines de la cuenca de Sayula (Occident du Mexique)", Mémoire de DEA Environnement et ArchéologieUniversité de Paris I.

Liot C. 1995. "Evidencias arqueológicas de producción de sal en la cuenca de Sayula (Jalisco) : relación con el medio físico, estudio de tecnología", *La Sal en México*, pp 1-32, J.C. Reyes (coord), Universidad de Colima, Consejo Nacional para la Cultura y las Artes, Colima, Mexique.

Liot C., Valdez F. 1996. "El comercio prehispánico de la sal en Sayula", *II Coloquio Nacional El Comercio de la Sal en México*, Universidad Autonoma de Yucatan, Universidad de Colima, Merida, Mexique.

Lister R. 1949. *Excavations at Cojumatlán, Michoacan, Mexico*, Albuquerque, The University of New Mexico Press (Publications in Anthropology 5).

Lister R. 1955. *The Present Status of the Archaeology of Western México : a distributional Study*, University of Colorado Press (University of Colorado Studies Series in Anthropology 5) Boulder.

Litvag King J. 1975. "En torno al problema de la definición de Mesoamérica", *Anales de Antropologia* XII, pp 171-195, UNAM, México.

Long S., Wire M. 1966. "Excavations at Barra de Navidad, Jalisco", *Antropológica* 18, pp 3-81, Instituto Caribe de Antropología y Sociología de la Fundación La Salle de Ciencias Naturales. Ed. Sucre Caracas.

Lorenzo J. L. 1964. "Dos puntas acanaladas de la Región de Chapala, México", *Boletin INAH*, vol 18, pp 1-6.

Lozano G. R. 1946. *Estudio tecnológico de la industria de la sal en México*, UNAM, Instituto de Geología.

Lumholtz C. 1973. "Unknown Mexico, a record of five years exploration among the tribes of the Western Sierra Madre, in the tierra caliente of Tepic y Jalisco, and among the Tarascos of Michoacan", *Antiquities of the New World*, vol 15, tome 2, 1902, reedition publiée par AMS Press INC, New York, Peabody Museum of Archaeology and Ethnology, Harvard University, Cambridge, Massachussets.

Mac Killop H. 1995. "Underwater archaeology, salt production, and coastal Maya trade at Stingray lagoon, Belize", *Latin American Antiquity* 6(3), pp 214-228.

Mac Kinnon J., Kepecs S. 1989. "Prehispanic Maya Saltmaking in Belize : New Evidence", *American Antiquity* 48, pp 454-488.

Mac Neish R., Peterson D., Flannery K., 1970. "Ceramics", *The Prehistory of the Tehuacan Valley*, pp 160-257, vol 3, R. Mac Neish (ed), The University of Texas Press, Austin.

Mac Neish R.,Peterson D., Neely J. 1972. "The Archaeological Reconnaissance", *The Prehistory of the Tehuacan Valley*, vol 5, pp 357-494, R. Mac Neish (ed), The University of Texas Press, Austin.

Mac Vicker D. E. 1969. *The Place of Salt : Archaeological Survey and Excavations in the Valley of Ixtapa, Chiapas, Mexico*, PhD Dissertation, University of Chicago.

Maglione G. 1976. *Géochimie des évaporites et silicates néoformés en milieu continental confiné. Les dépréssions interdunaires du Tchad*, Travaux et Documents de l'Orstom.

Magny M., Richard H. 1992. "Histoire du climat, archéologues et historiens : une nécéssaire clarification", *Les nouvelles de l'archéologie*, n°50, pp 5-6.

Martinez R., Castellon B. R. 1995. "Zapotitlan salinas, Puebla. Una antigua comunidad de tradición salinera", *La sal en México*, pp 53-73, J. C. Reyes (coord), Universidad de Colima, Colima.

Martyr de Angleria P. 1628. *The Decades of the New World or West India. The Famous Histories of the Indies.* Second Edition. London.

Meighan C. W. 1972. "Archaeology of the Morett site, Colima", *University of California Publications in Anthropology, vol 7*, University of California Press, Berkeley and Los Angeles.

Meighan C., Foote C. 1968. *Excavations at Tizapan el Alto, Jalisco*, Los Angeles, University of California (Latin- American Studies 11).

Metcalfe S. 1985. *Late Quaternary Environments of Central Mexico : Diatom Record.* Unpublished Doctoral dissertation, 2 vols, School of Geography, University of Oxford.

Metcalfe S., Harrison S. 1983. "Preliminary reconstructions of the Late Quaternary environmental changes as recorded by lake margin deposits in the Basin of Zacapu, Michoacan", manuscrit, The Tropical Paleoenvironments Research Group, School of Geography, University of Oxford, Oxford.

Metcalfe S., Street Perrott F. A., Perrott R. A. Harkness D. D. 1986. "Environmental changes during the Late Quaternary in the Upper Lerma Basin, Estado de México", *Proceedings of the 8th International Diatom Symposium,* pp 471-482, M. Ricard (ed), Paris, 1984.

Metcalfe S., Street Perrott F. A., Perrott R. A. Harkness D. D. 1991. "Palaeolimnology of the Upper Lerma Basin, Central Mexico : a record of climatic change and anthropogenic disturbance since 11 600 yr BP", *Journal of Palaeolimnogy*, 5, pp 197-218.

Metcalfe S., Street Perrott F.A. , O'Hara S. L., Hales P. E., Perrott R.A. 1994. "The Palaeolimnological Record of Environmental Change : Examples from the Arid Frontier of Mesoamerica", *Environmental Change in Drylands. Biogeographical and Geomorphological Perspectives*, pp 131-145, A. C. Millington & K. Pye (eds), John Wiley Ltd., Chichester, Great Britain.

Michelet D. 1988. "Apuntes para el análisis de las migraciones en el México prehispánico", *Movimientos de población en el Occidente de México*, pp 13-23, T. Calvo y G. López (coord), CEMCA- El Colegio de Michoacán, México.

Michelet D. 1990. "El centro Norte de Michoacan en el Clásico : algunas reflexiones" en *La epoca clásica : nuevos hallazgos,* pp 279-292, A. Cardos de Mendez (coord), INAH, México .

Michelet D., Arnauld M. C., Fauvet Berthelot M. F. 1989 "El proyecto del CEMCA en Michoacan : Etapa I, un balance", *Trace*, 16, pp 70- 87.

Michelet D., Arnauld M. C. sous presse. *Les migrations postclassiques au Michoacan et au Guatemala : problèmes et perspectives*, Volumen in memoriam Nicole Percheron.

Moedano K. H. 1946. "La cerámica de Zinapecuaro, Michoacan". *Anales del Museo Michoacano*, 2a epoca, n°4, pp 39-49.

Mota Escobar A. de 1966. *Descripcion geografica de los reinos de Galicia, Viscaya y Leon*, Guadalajara, Instituto Jaliscience de Antropología e Historia, INAH (Coleccion de Obras Fascimilares).

Mota Padilla M. de. 1973. *Historia de Reino de Nueva Galicia en la America Septentrional*, Guadalajara, INAH, Universidad de Guadalajara.

Morales J.J. 1978. *Iztlahuacán y sus pueblos*, 1778, Club del Libro Colimense, 23, Colima, Mexique.

Mountjoy J. B., Taylor R. E., Feldman L. 1972. "Matanchen Complex : New radiocarbon dates on early coastal adaptation in West Mexico", *Science*, vol 175, pp 1242-1243.

Mountjoy J.B. 1982. *Proyecto Tomatlan de Salvamento Arqueológico*. INAH, Centro Regional del Occidente, Colección Cientifica 122, Mexico.

Mountjoy J. B. 1989. "Algunas observaciones sobre el desarrollo del Preclásico en la llanura costera del Occidente", *El Preclásico o Formativo : avances y perspectivas*, pp 11-26, M. Carmona (coord), INAH, Museo Nacional de Antropología, México.

Mountjoy J. B., 1990. "El desarrollo de la cultura Aztatlán visto desde su frontera suroeste, *Mesoamerica y el Norte de México : siglo IX-XII*, pp 541-564, vol 2, F. Sodi M. (ed), INAH, Museo Nacional de Antropología.

Mountjoy J. B. 1992. "Rescate arqueológico en el sitio de La Pedrera", *Report*, in the archives of the INAH, Departamento de Arqueología, México.

Mountjoy J. B. 1993. "Prehispanic cultural development along the southern coast of West Mexico", in *Seminario Perspectivas sobre la arqueología de la periferia septentrional de Mesoamerica*, cuaderno de ponencias, tomo II, INAH, Zacatecas, 20-27 de noviembre de 1993.

Mountjoy J. B. 1996. "El valle de Banderas como zona fronteriza durante el Preclásico Tardío", *El Occidente de Mexico : arqueología, historia y medio ambiente. Perspectivas regionales*, pp. 255-264, Orstom, Universidad de Guadalajara.

Muller J. 1984. "Mississipian Specialization and Salt", *American Antiquity* 49(3), pp 489-507.

Munguía F. 1976. *La provincia de Avalos : Panorama histórico de Sayula, capital de la antigua Provincia de Avalos*, Guadalajara, Departamento de Bellas Artes del Gobierno de Jalisco.

Munguía F. 1996. "La transición Indígena-Colonial en la Provincia de Avalos", *Estudios del Hombre* n°3, pp 227-248, Universidad de Guadalajara-Orstom.

Muria J. M. 1976. *Historia de las divisiones territoriales de Jalisco*, INAH, Colección Cientifica n°34, México.

Muria J. M. 1980. *Historia de Jalisco*, Tomo I : "Desde los tiempos prehistóricos hasta fines del siglo XVII", José Maria Muria (coord), INAH, Gobierno del Estado de Jalisco, Guadalajara.

Nance C. R. 1992. "Guzman Mound : A Late Preclassic Salt Works on the South Coast of Guatemala", *Ancient Mesoamerica*, 3, pp 27-46.

Neal L. A., Weigand P. C. 1990. "The salt procurement industry of the Atoyac Basin, Jalisco", *Ressources, Material Culture and Social Power in Ancient Western Mesoamerica*, Meeting of the American Anthropological Association, New Orleans.

Neely J. 1970. "Terrace and Water Control Systems in the Valley of Oaxaca Region. A Preliminary Report", *Preliminary Archaeological Investigations in the Valley of Oaxaca*, México, A Report to the National Science Foundation and INAH, Flannery (ed).

Neey J. 1989. "Paleoecología y desarrollo cultural de Hierve el Agua : re-estudio de un sitio prehispánico en Oaxaca, México", *Boletín* INAH.

Nelson B. A. 1992. "Constructions of the Past in the Northern Mesoamerican Periphery", paper presented at the Roundtable of the Center for Indigenous Studies in the Americas : *Cultural Dynamics of Precolumbian West and Northwest Mesoamerica*, Phoenix, Arizona, March 22-24.

Noguera E. 1931. "Exploraciones en las regiones de Zamora y Patzcuaro, estado de Michoacan", *Anales del Museo Nacional*, 4a epoca, n°7, pp 89-103.

Noguera E. 1942. "Exploraciones en El Opeño, Michoacan", *XXVII Congreso Internacional de Americanistas*, pp 227-248, vol 1, Mexico, *pp 574-586.*

Noguera E. 1975 "Identificacion de una saladera", *Anales de Antropologia*, vol 12, UNAM, Mexico DF, pp 117-151.

Noyola A. 1994. "La cerámica del fraccionamiento San Juan de Atoyac", *Contribuciones a la Arqueologia y Etnohistoria del Occidente de México*, pp 55-91, Eduardo Williams (ed), El Colegio de Michoacan, Zamora.

O'Hara S. 1993. "Historical evidence of fluctuations in the level of Lake Patzcuaro, Michoacan, Mexico, over the last 600 years", *The Geographical Journal*, 159(1), pp 51-62.

O'Hara S., Street Perrrot F.A., Burt T. B. 1993. "Accelerated soil erosion around a Mexican highland lake caused by Prehispanic agriculture", *Nature* 362, pp 48-51.

Ohngemach D. 1973. "Analisis polínico de los sedimentos del pleistoceno reciente y del holoceno en la región de Puebla-Tlaxcala", *Comunicaciones*, 7, pp 40-45.

Ohngemach D. 1977. "Pollen sequence of the Tlaloqua crater (La Malinche Volcano, Tlaxcala, Mexico)", *Boletín de la Sociedad Botánica de México*, 36, pp 33-40.

Oliveros A. 1974. "Nuevas exploraciones en El Opeño, Michoacan, *The Archaeology of West Mexico*, pp 182-201, B. Bell (ed), Sociedad de Estudios Avanzados del Occidente de Mexico, Ajijic, Jalisco.

Oliveros A. 1992. "El Valle Zamora-Jacona : un proyecto arqueológico en Michoacan", *Origen y Desarrollo en el Occidente de México*, pp 239-249, B. Boehm de Lameiras y P. Weigand (ed), El Colegio de Michoacan, Zamora.

Othon de Mendizabal M. 1928. "Influencia de la sal en la distribución geográfica de los grupos indígenas de México", *Obras Completas*, pp 181-340, tomo II, México.

Pailles M. H. 1980. "Pampa el Pajon, an early estuarine site in Chiapas, Mexico" *Papers of the New Archaeological Foundation* n°44, Brigham Young University, Provo, Utah, 119p.

Paredes C. M. 1992. "Sistemas de intercambio en el Estado Tarasco : notas para su estudio", *Origen y Desarrollo en el Occidente de México*, pp 295-305, B. Boehm de Lameiras y P. Weigand (coord), El Colegio de Michoacan, Zamora.

Parsons J. R. 1989a. "Una etnología arqueológica de la producción tradicional de sal en Nexquipayac, estado de México", *Arqueología*, vol 2, pp 69-79.

Parsons J. R. 1989b. "The Last Saltmakers of Nexquipayac, Mexico : An Archaeological Ethnography", *Preliminary Report Submitted to the National Geographic Society.*

Parsons J. R. 1994. "Late Postclassic Salt Production and Consumption in the Basin of Mexico. Some insights from Nexquipayac", *Economic and Polities in the Aztec Realm*, pp 257- 290, Mary C. Hodge & Mickael E. Smith (ed), Studies on Culture and Society vol 6, Institute for Mesoamerican Studies, The University of Albany, New York.

Paso y Troncoso F. del (ed). 1905. "Suma de Visitas de Pueblos por orden alfabético", *Papeles de Nueva España*, vol I, segunda serie, Geografía y Estadística, Madrid.

Pastrana A. 1989. "Datos geomorfológicos de la cuenca lacustre Zacoalco-Sayula, Jalisco", *Arqueología*, n°1, Epoca 1, pp 195-222, INAH.

Petrequin P. (coord). 1994. *8000 Años de la Cuenca De Zacapu. Evolución de los paisajes y primeros desmontes*, CEMCA, Coleccion de Estudios Michoacanos, 6.

Plummer L. N., Parkhurst D. L., Fleming G. W., Dunkle S.A. 1988. *A computer program incorporating Pitzer's equations for calculation of geochemical reactions in brines*, U.S. Geological Survey, Reston, Virginia.

Piña Chan R. 1969. "El occidente de México durante el Posclásico", *Artes de México* 119, pp 69-81, Culturas del Occidente.

Pollard H. 1982a. "Water an Politics: paleoecology and the centralization of the Tarascan state", Simposio sobre Paleoecologia y el Hombre en el Centro de México, *XLIV Congreso Internacional de Americanistas*, Manchester, England.

Pollard H. 1982b. "Ecological variation and economic exchange in the Tarascan state", *American Ethnologist*, 9(2), pp 250-268.

Pollard H. 1994. "Factores de desarrollo en la formación del Estado Tarasco : 2. Etnicidad y control político en una sociedad compleja el Estado Tarasco en el México prehispánico", *El Michoacan Antiguo. Estado y Sociedad Tarascos en la Epoca Prehispánica*, pp 203-219, Brigitte Boehm de Lameiras (ed), El Colegio de Michoacan, Gobierno del Estado de Michoacan, Zamora.

Pollard H. 1995. "Estudio del surgimiento del Estado Tarasco : investigaciones recientes" *Arqueología del Occidente y Norte de México*, E. Williams y P. Weigand (ed), El Colegio de Michoacan, pp 29-63.

Pollard H. 1996. "La transformación de élites regionales en Michoacan central", *Las cuencas del Occidente de México (época prehispánica),* pp 131-156, E. Williams y P. Weigand (eds), El Colegio de Michoacan, Orstom, CEMCA.

Porter M. 1956. "Excavations at Chupicuaro, Guanajuato, Mexico", *Transactions of the American Philosophical Society* 56 (5), Philadelphia.

Quijada C. 1984. "El salitre, una salina prehispánica en Tonatico, Estado de México", Tesis Escuela Nacional de Antropología e Historia, Mexico DF.

Quiroz Malca H. 1995. "La sal prieta. Una experiencia en la Costa Chica de Guerrero", *La sal en México*, pp 177-205, J. C. Reyes (coord), Universidad de Colima, Colima.

Ramirez Flores J. 1935. "La arqueología en el Sur de Jalisco", *Boletín de la Junta Auxiliar Jaliscience de la Sociedad Mexicana de Geografía y Estadística* IV, pp 41-56.

Ramirez S. 1996. "La cerámica de la fase Amacueca de la cuenca de Sayula, Jalisco", *Estudios del Hombre*, n°3, pp 81-126, Universidad de Guadalajara - Orstom, Guadalajara.

Reina R. E., Monaghan J. 1981. "The ways of the Maya, salt production in Sacapula, Guatemala", *Expedition*, vol 3, n°3, pp 13-33.

Rivella Gigedo, Conde de. 1831. *Instrucción Reservada que el Conde de Revilla Gigedo, dió a su sucesor en el mando, Marqués de Branciforte, 1794*, México.

Renfrew C. 1986. "Introduction", in *Peer Polity Interaction and Socio Political Change*, pp 1-18, C. Renfrew and J. Cherry (eds), Cambridge University Press, Cambridge.

Reyes J.C. 1990. "Cuyutlan una laguna con historia", *Estudios Jalisciences* n°2, pp 17-28, Guadalajara.

Reyes J.C. 1995. "Las salinas colimenses durante el periodo colonial. Siglos XVI a XVIII", *La sal en México*, pp 143-153, J. C. Reyes (coord), Universidad de Colima.

Reyes J. C. 1996. "El Pozo de tapextle de Colima, México. Breve historia de un ingenio tecnológico para la producción de sal", *Journal of Salt History*, vol 4, pp 117-135, Review of the International Comission the History of Salt (CIHS).

Riehm K. 1961. "Prehistoric Salt Boiling", *Antiquity*, n°35, pp 181-191.

Rivial R. 1993. "Posibilidades de aprovechamiento de recursos no renovables de la cuenca Zacoalco-Sayula", *Analisis Geográfico y Social de la zona Zacoalco-Sayula*, pp 77-91, F. Munguía (coord), Benemerita Sociedad de Geografía y Estadística del Estado de Jalisco, Guadalajara.

Rosen M. (ed) 1994. *Paleoclimate and Basin Evolution of Playa Systems*, The Geological Society of America, Special Paper 289, Taupo, New Zealand.

Sahagun Fray B. de. 1992. *Historia General de las cosas de Nueva España*, editorial Porrua, Octava Edición.

Sanchez Correa S., Marmolejo Morales E. 1990. "Algunas apreciaciones sobre el Clásico en el Bajio central, Guanajuato", *La epoca clásica : nuevos hallazgos, nuevas ideas*, pp 267-278, A. Cardos de Mendez (coord), INAH, México.

Sanchez Vasquez M. J. 1989. "La producción de sal en un sitio del Posclásico tardio", *Arqueología*, vol 2, pp 81-86.

Sauer C. 1990. *Colima de la Nueva España en el Siglo XVI*, Universidad de Colima, Ayuntamiento Constitucional de Colima, Colima, Mexique.

Sauer C., Brand D. 1932. *Aztatlán : Prehistoric Mexican Frontier on the Pacific Coast*, University of California Press, Ibero Americana 1, Berkeley.

Schondübe O. 1976. "La evolución cultural en el Occidente de México : Jalisco, Colima y Nayarit", in *Lecturas históricas sobre Jalisco antes de la Independencia*, pp 51-60, Muria (ed), Gobierno de Jalisco-INAH, Guadalajara.

Schondübe O. 1983. "Aspectos ecológicos y socioeconómicos como explicación al desarollo cultural de Occidente", *XVII Mesa Redonda de la Sociedad Mexicana de Antropología*, Taxco, Guerrero, Mexique.

Schondübe O. 1983b. "Hallazgos en el Hospital de Belén (1789-1982)",*Pantoc Publicaciones Antropológicas del Occidente de México*, 5, pp 51- 68.

Schondübe O. 1987. "El Occidente de Mexico, algunas de sus caracteristicas y problemas", *Homenaje a Roman Pina Chan*, pp 403-410, Mexico, UNAM.

Schondübe O. 1994a. "La región de Sayula vista a través de las fuentes etnohistóricas", in *Contribuciones a la Arqueologia y Etnohistoria del Occidente de México*, pp 325-339, E. Williams (ed), Colegio de Michoacan, Zamora.

Schondübe O. 1994b. *El pasado de tres pueblos : Tamazula, Tuxpan y Zapotlán*, Universidad de Guadalajara, Jalisco, Mexique, 517p.

Schondübe O. 1994c. "El Occidente de México". *Arqueología Mexicana* 9, pp : 18-23

Schondübe O., Galvan J. 1978. "Salvage Archaeology at El Grillo-Tabachines, Zapopan, Jalisco, México", *Accross the Chichimec sea : papers in honour of C. Kelley*, pp 144-164, Riley & Hedrick (eds.), Southern Illinois University Press, Carbonale.

Schondübe O., Emphoux J. P., Valdez J. P., Acosta R., Noyola A. 1992. *Primer Informe Técnico del Proyecto Arqueológico Cuenca de Sayula al Consejo de Arqueología*, manuscrit non publié.

Schondübe O., Emphoux J. P., Valdez J. P., Acosta R. 1994. *Segundo Informe Técnico al Consejo de Arqueología del INAH. Proyecto Arqueológico Cuenca de Sayula*, manuscrit non publié.

Schondübe O., Emphoux J. P., Valdez J. P., Guffroy J., Acosta R., Gomez L., Liot C., Ramirez S. 1996. *Tercer Informe Técnico al Consejo de Arqueologia del INAH. Proyecto Arqueológico Cuenca de Sayula*, manuscrit non publié.

Schondübe O., Valdez J. P., Ramirez S., Reveles J. Gomez L. 1998. *Cuarto Informe Técnico al Consejo de Arqueología del INAH. Proyecto Arqueológico Cuenca de Sayula*, manuscrit non publié, México.

Scott S. D. 1985. "Core Versus Marginal Mesoamerica : A Coastal West Mexican Perspective", *The Archaeology of West and Northwest Mesoamerica*, pp 181-191, M. Foster and P. Weigand (ed), Westview Press, Boulder and London.

Seele E. 1994. "Tequezquite Production at the Laguna of Totolcingo, Puebla", *Journal of Salt History*, Annales d'Histoire du Sel, Review of the International Commission for the History of Salt (CIHS), vol 2, pp 81-83, Berenkamp.

Sejourne L. 1970. *Arqueología del Valle de México I Culhuacan*, INAH, México.

Servain F. 1993. "Les statuettes anthropomorphes en terre cuite des tombes à puits de l'Occident du Mexique (Nayarit, Jalisco, Colima)", Thèse de Doctorat en Préhistoire, Ethnologie, Anthropologie, Université de Paris I.

Sleight F. 1967. "Archaeological explorations in Western Mexico", *Explorers Journal*, vol XLIII, n°3, pp 154- 161.

Sisson E. 1973. "Salt Production", *First Annual Report of the Coxcatlan Project, Tehuacan Projects*, pp 80-104, Report 3, R S Peabody Foundation for Archaeology, Phillips Academy, Andover, Mass.

SMA (Sociedad Mexicana de Antropología). 1948. *El Occidente de México*, Cuarta Reunión de Mesa Redonda sobre problemas antropológicos de México y Centro América, México

Solis Correa H. E. 1994. *Nomenclatura química*, Mc Graw Hill, México, 216p.

Solorzano F. 1975. "Artefactos prehistóricos de hueso del Occidente de México", *Actas del XLI Congreso Internacional de Americanistas*, vol 1, pp 83-191, México.

Stuiver M., Reimer P. J. 1993. "Extended ^{14}C database program", *Radiocarbon* 35(1), pp : 215-230.

Szabolcs I. 1989. *Salt Affected Soils*, CRC Press, Boca Raton, Florida.

Talavera E. 1979. *Las salinas de la cuenca de México y la cerámica de impresión textil*, Tesis de Licenciatura, Escuela Nacional de Antropología e Historia, México.

Tello A. 1891. *Cronica miscelanea en que se trata de la Conquista Espiritual y Temporal de la Santa Provincia de Xalisco en el Nuevo Reino de la Galicia, y Nueva Vizcaya y descubrimientos del Nuevo México*, Libro segundo, Guadalajara, Imprenta de La Republica Literaria.

Tolstoy P. 1958. "Surface Survey of the Northern Valley of Mexico : the Classic and Post-Classic periods", *Transactions of the American Philosophical Society*, pp 51-54, vol 48, n°5, Philadelphia.

Tolstoy P. 1978. "Western Mesoamerica before AD 900", *Chronologies in New World Archaeology*, pp 241-77, Taylor and Meighan (eds), New York, London, Academic Press.

Uruñuela G. 1994. *Análisis de los restos oseos de los entierros del Fraccionamiento San Juan, Atoyac*, Jalisco, manuscrit non publié, Projet Cuenca de Sayula, Université de Guadalajara.

Uruñuela G., Acosta R. 1994. "Los restos oseos humanos en Atoyac", *Transformaciones mayores en el Occidente de México*, pp 183-205, R. Avila Palafox (coord), Universidad de Guadalajara.

Valdez F. Jr, Mock S. 1991. "Additional Considerations for Prehispanic Saltmaking in Belize", *American Antiquity*, 56, pp 520-525.

Valdez F. 1993. "Variabilidad en los patrones de asentamiento en la cuenca de Sayula, Jalisco, Estudio arqueológico de la evolución en los usos del espacio rural", *Trace*, n°24, pp 47-53.

Valdez F. 1994a. "Las Areas Domésticas en el sitio San Juan, Atoyac, Jalisco", *Contribuciones a la Arqueología y Etnohistoria del Occidente de México*, pp 23-54, E. Williams (ed), El Colegio de Michoacan, Zamora.

Valdez F. 1994b. "Tumbas de Tiro en Usmajac, Jalisco. Hacia una reorientación de la tématica", *Trace*, n°25, pp 96-111.

Valdez F. 1996. "Tiempo, espacio y cultura en la Cuenca de Sayula", *Estudios del Hombre, n°3*, pp 15-36, Universidad de Guadalajara - Orstom.

Valdez F. 1998. "The Sayula Basin : Ancient Settlements and Resources", *Ancient West Mexico. Art and Archaeology of the Unknown Past*, pp 217-232, R. Townsend (ed), The Art Institute of Chicago, Illinois.

Valdez F. Liot C. 1994. "La cuenca de Sayula, Yacimientos de sal en la Zona de Frontera Oeste del Estado Tarasco", *El Michoacan Antiguo. Estado y Sociedad Tarascos en la Epoca Prehispánica*, pp 285-334, Brigitte Boehm de Lameiras (ed), El Colegio de Michoacan, Gobierno del Estado de Michoacan, Zamora.

Valdez F., Liot C., Emphoux J.P., Acosta R. 1996. "The Sayula Basin : Lifeways and Salt Flats of Central Jalisco (Western México)" in *Ancient Mesoamerica*, vol 7, n°1, pp 171-186.

Valdez F., Acosta R., Ramirez S.,Emphoux J.P. 1996. "The Evidence of shaft-tombs in the Sayula Basin", *61th Annual Meeting of the Society for American Archaeology*, New Orleans.

Valdez F., Liot C., Schondübe O. 1996. "Los recursos naturales y su uso en las cuencas lacustres del Sur de Jalisco, el caso de Sayula", *Las cuencas del Occidente de México (época prehispánica)*, pp 325-365, E. Williams y P.Weigand (eds), El Colegio de Michoacan, Zamora.

Van Devender T. R. 1979. *Reconstruction of late Pleistocene and Holocene vegetation and climate in the Chihuahua Desert*, manuscrit non publié, Climate Dynamics Office of the National Science Foundation, Washington D.C.

Villaseñor Sanchez J.A. de. 1748. *Teatro Americano* (segunda parte), Mexico, Imprenta de la viuda de José Bernardo de Hogal, Impresora del Real Apostolico, Tribunal de la Santa Cruzada;

Viramontes C. 1993. "La producción de sal en un sitio de la Mixteca baja, Oaxaca : un estudio comparativo", *Cuadernos del Sur*, Ciencias Sociales 4, Año 2, Oaxaca, Mexique.

Viramontes C. 1995. "La producción de sal en Oaxaca. Una tradición milenaria", *La sal en México*, pp 33- 51, J. C. Reyes (coord), Universidad de Colima.

Wallerstein I. 1974. *The Modern World-System I*, Academic Press, New York.

Watts W., Bradbury J.P. 1982. "Paleoecological Studies at Lake Patzcuaro in the West-Mexican Plateau and at Chalco in the Basin of Mexico", *Quaternary Research*, 17(1), pp 56-70.

Weigand P. 1978. "La prehistoria de Zacatecas : una interpretación", *Zacatecas, Anuario de Historia I*, pp 203-249, C. Esparza Sanchez (ed), Universidad Autonoma de Zacatecas, Zacatecas, Mexique.

Weigand P. 1982. "Mining and Mineral Trade in Prehispanic Zacatecas", *Mining and Mining Techniques in Ancient Mesoamerica*, pp 175-188,

P. Weigand and G. Gwyne (ed), Special Issue : Anthropology 6 (1-2), State University of New York at Stony Brook.

Weigand P. 1985. "Evidence for complex societies during the Western Mesoamerican Classic Period", *The Achaeology of West and Northwest Mesoamerica*, pp 47-92, Foster and Weigand (eds), A westwiew special study, Boulder and London.

Weigand P. 1989. "Architecture and Settlement Patterns within the Western Mesoamerica Formative Tradition", *El Preclásico o Formativo. Avances y Perspectivas*, pp 39-64, M. Carmona (ed), INAH, México.

Weigand P. 1990. "The Teuchitlan Traditions of Western Mesoamerica", *La Epoca Clásica: nuevos hallazgos, nuevas ideas*, pp. 25-54, edited by Amalia Cardós, INAH, México.

Weigand P. 1992. "Introducción", *Origen y Desarrollo en el Occidente de Mexico*, pp 13-26, Brigitte Boehm de Lameiras y Phil C. Weigand (coord), El Colegio de Michoacan.

Weigand P. 1993a. *Evolución de una Civilización Prehispánica*, El Colegio de Michoacan, Zamora.

Weigand P. 1993b. "The evolution and decline of a core of civilization : the Teuchitlán tradition and the Archaeology of Jalisco", *Seminario Perspectivas sobre la arqueología de la periferia septentrional de Mesoamerica*, cuaderno de ponencias, tomo II, INAH, Zacatecas, 20-27 de noviembre de 1993.

Weitlaner J.I. 1989. "The huisho and the quechquemitl in Santiago Temoaya, State of Mexico", *Homenaje a Isabel Kelly*, pp 149-168, Y. Gonzalez (ed), INAH.

Weller O. 1993. *L'exploitation protohistorique du sel sur la côte atlantique française*, Mémoire de Maîtrise, Université de Paris I, 148 p.

Zins Pawlas M.P. 1988. *Géochimie de la silice dans les saumures et les milieux évaporitiques naturels*, thèse de doctorat de 3ème cycle, Université Louis Pasteur, Institut de Géologie, Strasbourg.

LISTE DES ANNEXES

Annexe 1 : Illustrations des techniques de production de sel.

A - La fabrication du sel au pays Manga (Gouletquer, 1974).

B - La collecte de terres salées dans la lagune de Totolcingo, Puebla (Seele, 1994).

C - Chargement des terres salées et vue du *cajón* (filtre) à Zapaculas, Guatemala (Reina et Monaghan, 1981).

D - Illustration du *temascal* (filtre pour la lixiviation des terres salées) dans la lagune de Tonatico, Etat de México (Ewald et Vasquez Illana, 1987).

E - Illustration d'un puits pour la collecte d'eau salée à Alahuiztlan, Guerrero (Besso Oberto, 1980).

F - Vue des *cajetes*, supports de production de sel par évaporation solaire à Alahuiztlan,Guerrero (Besso Oberto, 1980).

G - Reste de fosses de combustion pour la cuisson du sel sur le site de Pampa el Pajón, Chiapas (Pailles, 1980).

H - Plan de vestiges de production de sel sur un site du littoral du Honduras (Baudez, 1973).

I - Différents types de récipients pour la cuisson du sel, site de Zipaquira, Colombie (Cardale Schrimpff, 1981).

J - Différents types de récipients pour la cuisson du sel, site de Guzman Mound, Guatemala (Nance, 1992).

K - Différents types de récipients pour la cuisson du sel : récipients d'impression textile, bassin de Mexico (Baños, 1980) ; jatte de cuisson, Mississipi (Muller, 1984) ; site dans la lagune de Stingray, Belize (Mac Killop, 1995).

L - Cylindres céramique servant de support aux récipients de cuisson du sel au Belize (Valdez et Mock, 1991) ; boulettes de calage et représentation schématique du placement des éléments de support entre les récipients de cuisson, Belize (Mac Kinnon et Kepecs, 1989).

Annexe 2 : Liste des lieux de production de sel et des paiements de tributs en sels dans l'Occident du Mexique, références ethnohistoriques des XVIème et XVIIème siècles.

Annexe 3 : Traduction des citations.

Annexe 1A - La fabrication du sel au pays Manga (Gouletquer, 1974).

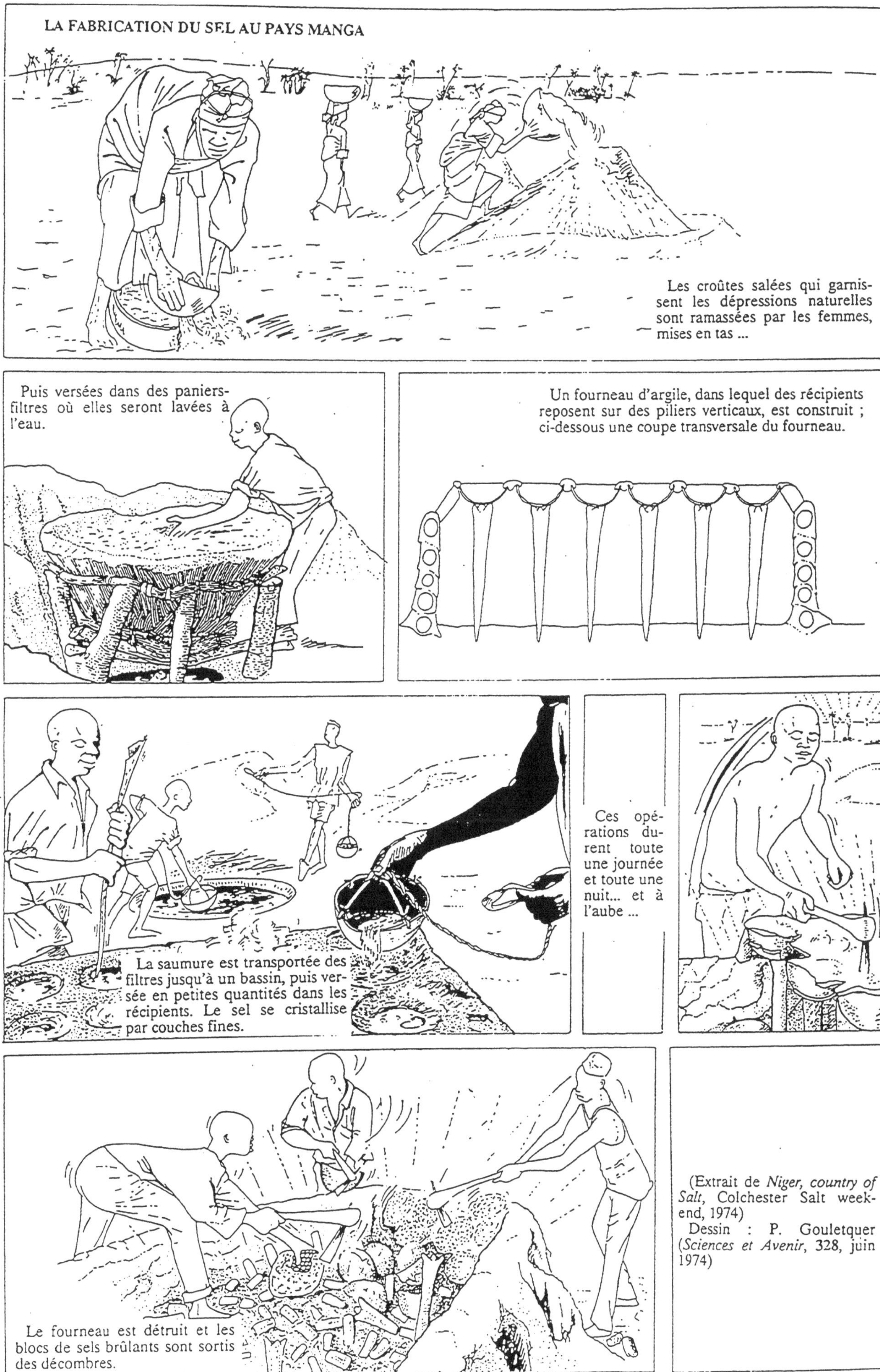

(Extrait de *Niger, country of Salt*, Colchester Salt week-end, 1974)
Dessin : P. Gouletquer (*Sciences et Avenir*, 328, juin 1974)

Annexe 1B - La collecte de terres salées dans la lagune de Totolcingo, Puebla (Seele, 1994).

Photo 6: Harvest of tequezquite by a campesino of El Carmen, Tlax. Photo: E. Seele, March 1971.

Photo 7: Donkey with a load of tequezquite. Photo: E. Seele, Feb. 1969.

Seele (1994 : 97)

Photo 4: Tequezquite efflorescences near the edge of a charco. Photo: E. Seele, Feb. 1973.

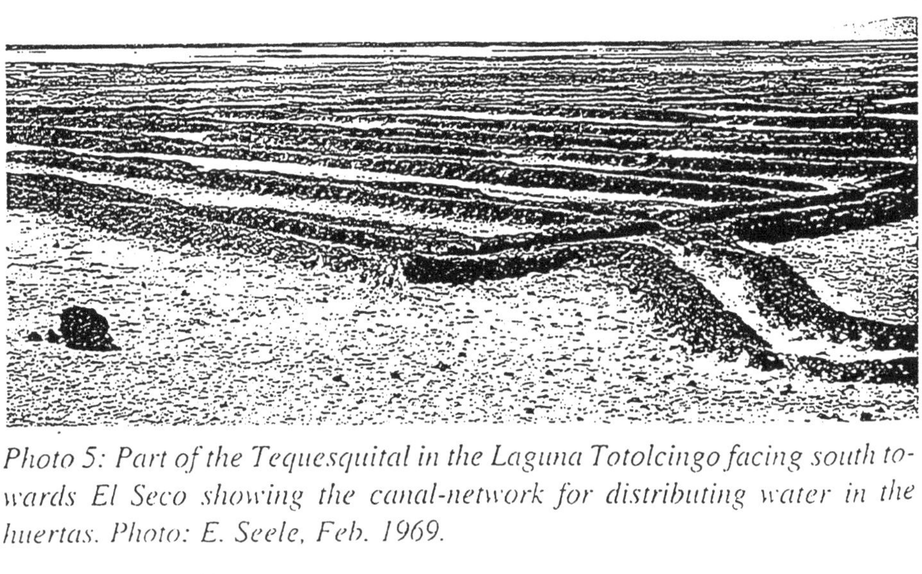

Photo 5: Part of the Tequesquital in the Laguna Totolcingo facing south towards El Seco showing the canal-network for distributing water in the huertas. Photo: E. Seele, Feb. 1969.

Seele (1994 : 96)

Annexe 1C - Chargement des terres salées et vue du *cajón* (filtre) à Zapaculas, Guatemala (Reina et Monaghan, 1981).

Reina et Monaghan (1981)

Annexe 1D - Illustration du *temascal* (filtre pour la lixiviation des terres salées) dans la lagune de Tonatico, Etat de México (Ewald et Vasquez Illana, 1987).

Ewald et Vasquez Illana (1987)

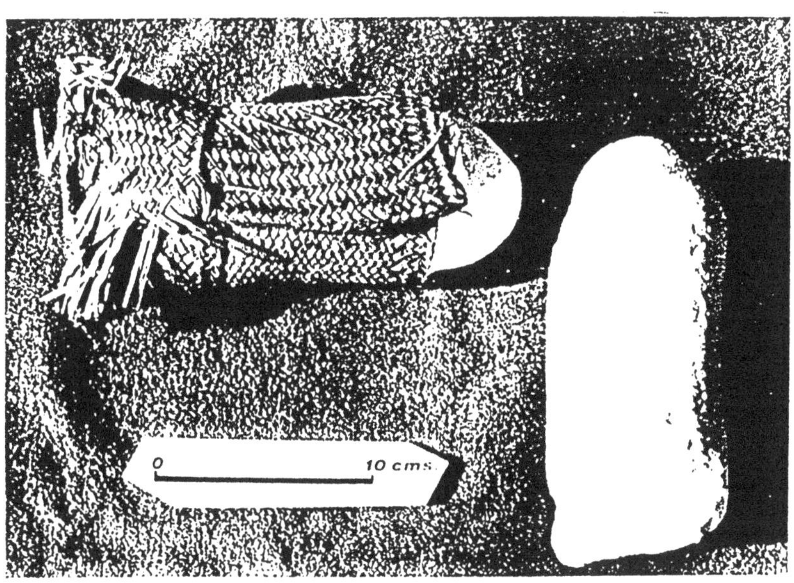

Fig. 3.6. Benequenes, or salt loaves, from Ixtapa, Chiapas

Andrews (1983)

Annexe 1E - Illustration d'un puits pour la collecte d'eau salée à Alahuiztlan, Guerrero (Besso Oberto, 1980).

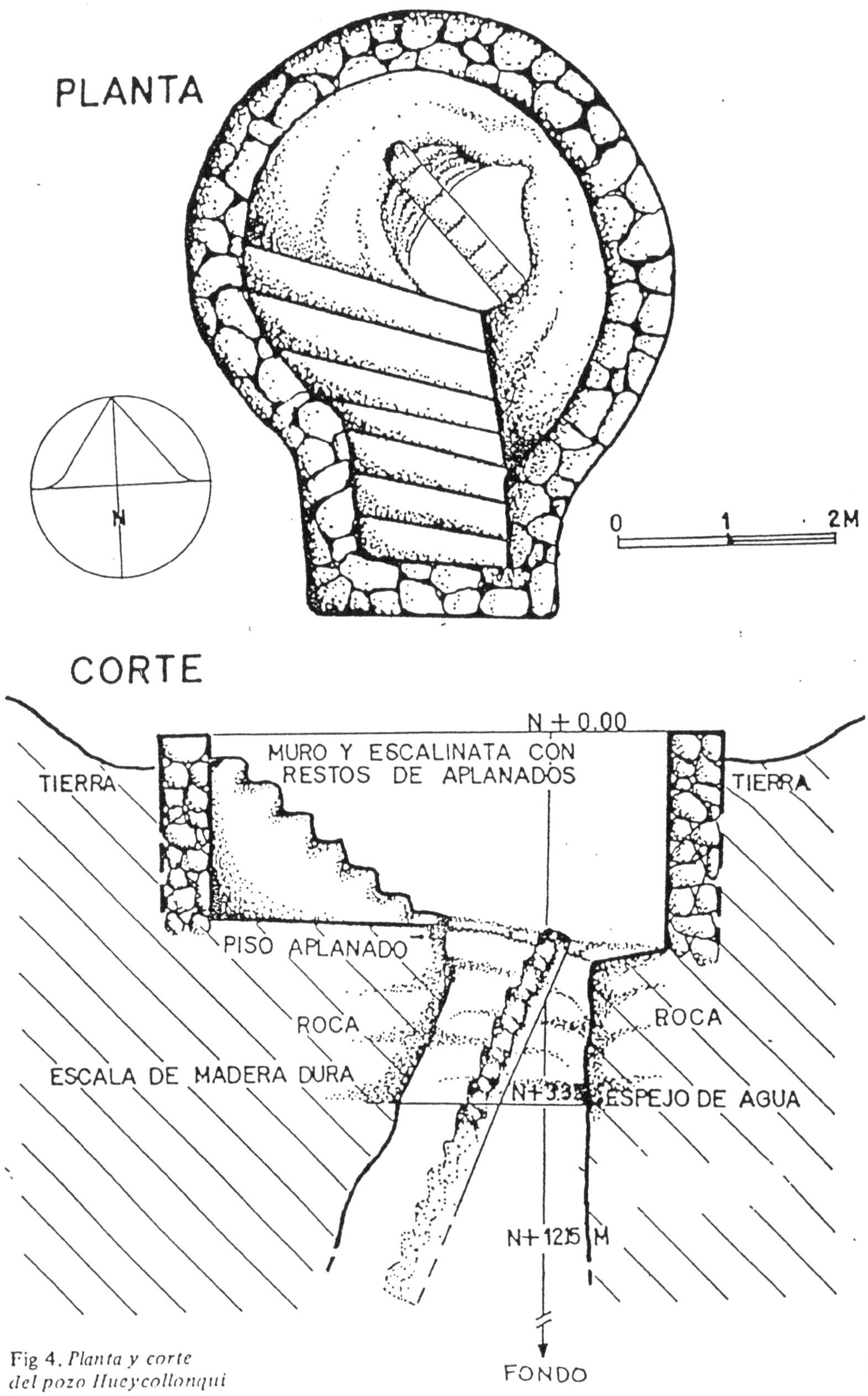

Fig 4. *Planta y corte del pozo Hueycollonqui*

Besso Oberto (1980)

Annexe 1F - Vue des *cajetes*, supports de production de sel par évaporation solaire à Alahuiztlan,Guerrero (Besso Oberto, 1980).

Foto 7. *Los cajetes con agua quedan expuestos al calor de los rayos solares*

Annexe 1G - Reste de fosses de combustion pour la cuisson du sel sur le site de Pampa el Pajón, Chiapas (Pailles, 1980).

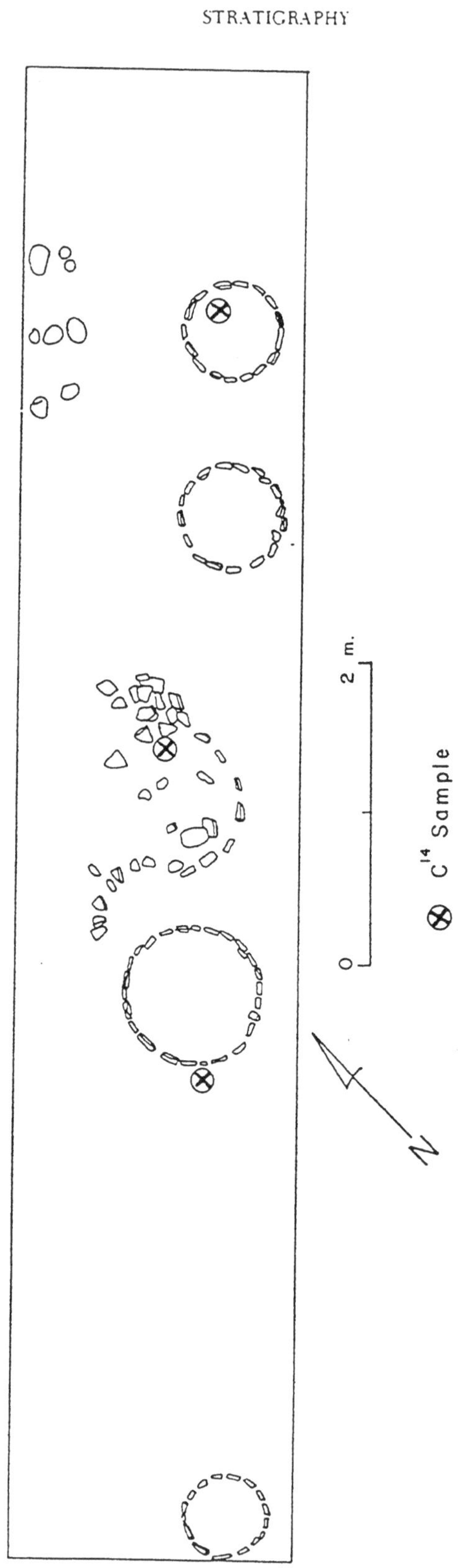

Figure 15. Plan of Part of Trench A, Mound 1
The location of features and carbon samples is shown.

Pailles (1980)

Annexe 1H - Plan de vestiges de production de sel sur un site du littoral du Honduras (Baudez, 1973).

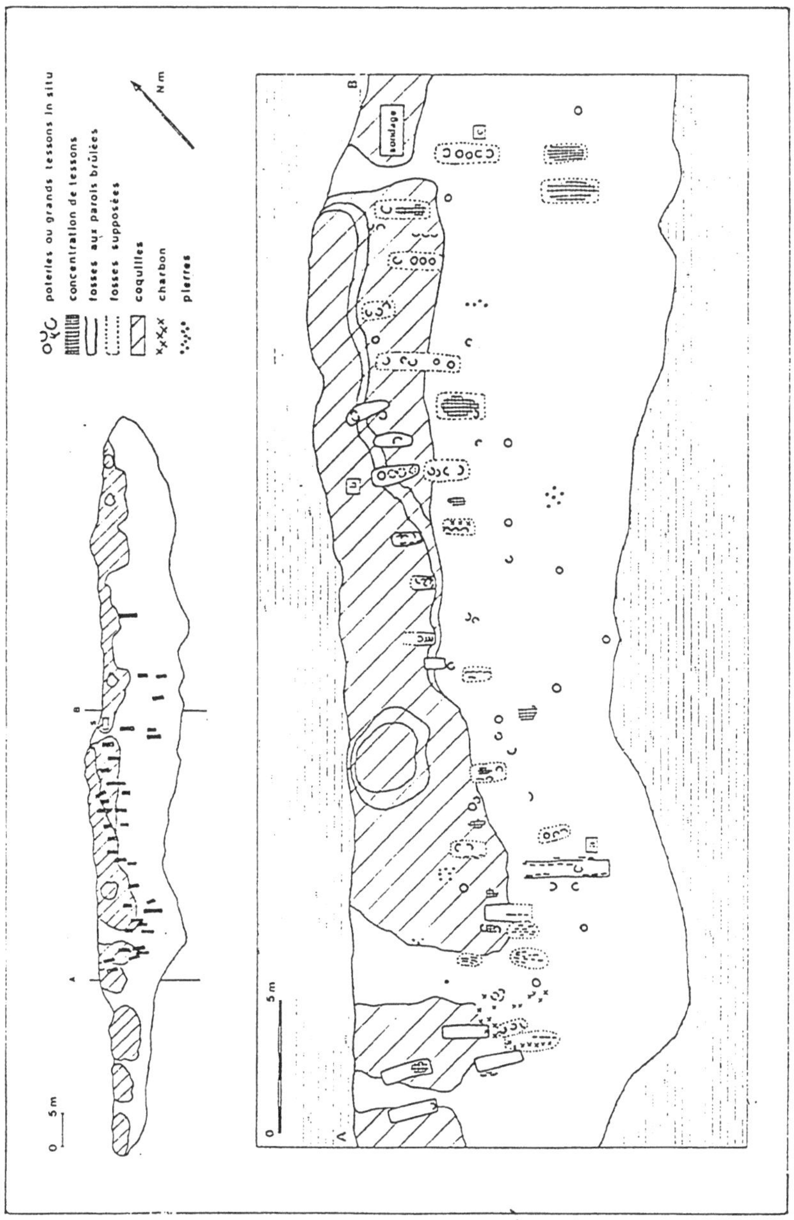

FIG. 2. — Le gisement 5 : plan d'ensemble et détail de la zone centrale.

Baudez (1973)

Annexe II - Différents types de récipients pour la cuisson du sel, site de Zipaquira, Colombie (Cardale Schrimpff, 1981).

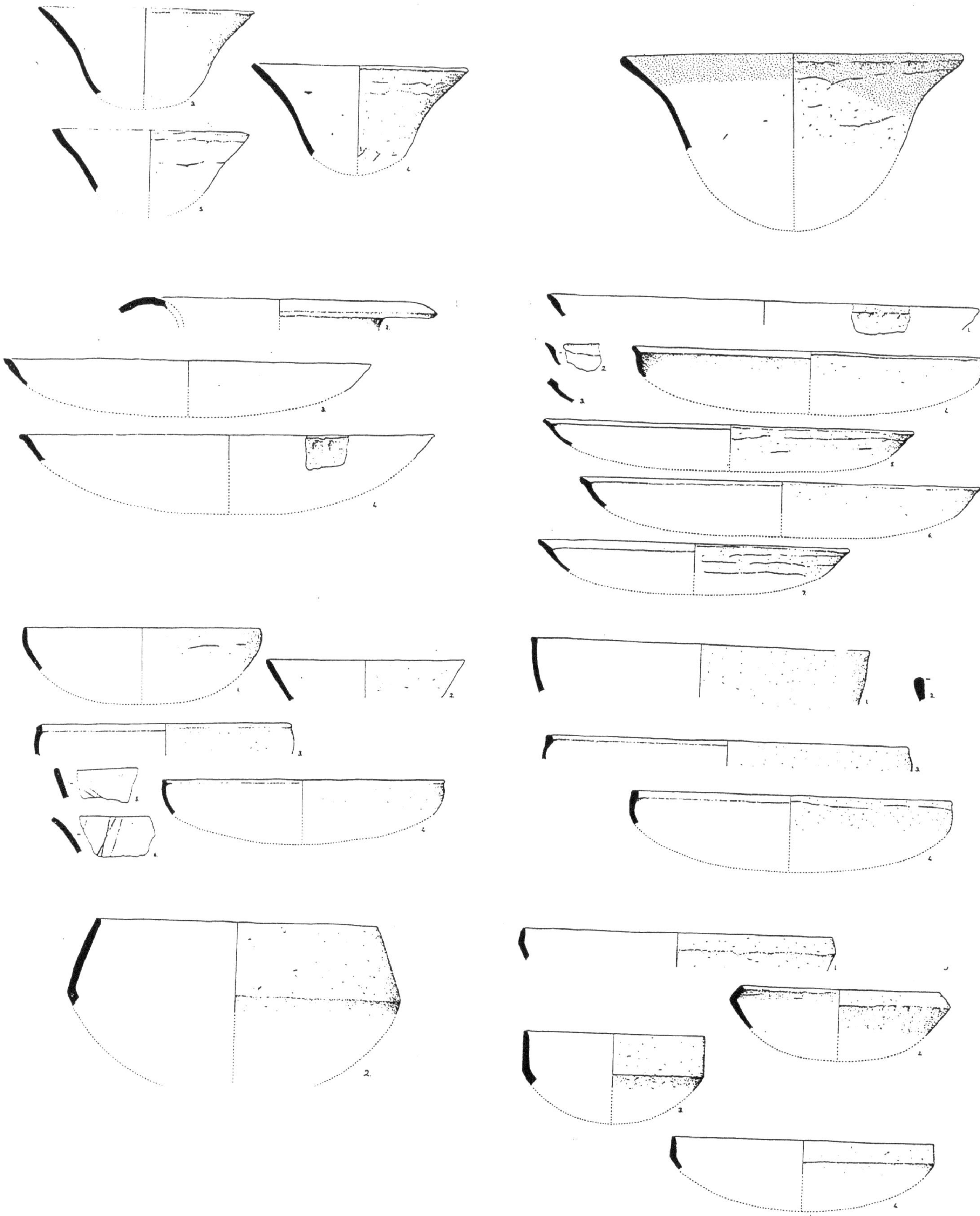

Cardale Schrimpff (1981)

Annexe 1J - Différents types de récipients pour la cuisson du sel, site de Guzman Mound, Guatemala (Nance, 1992).

uzmán Mound

Nance (1992)

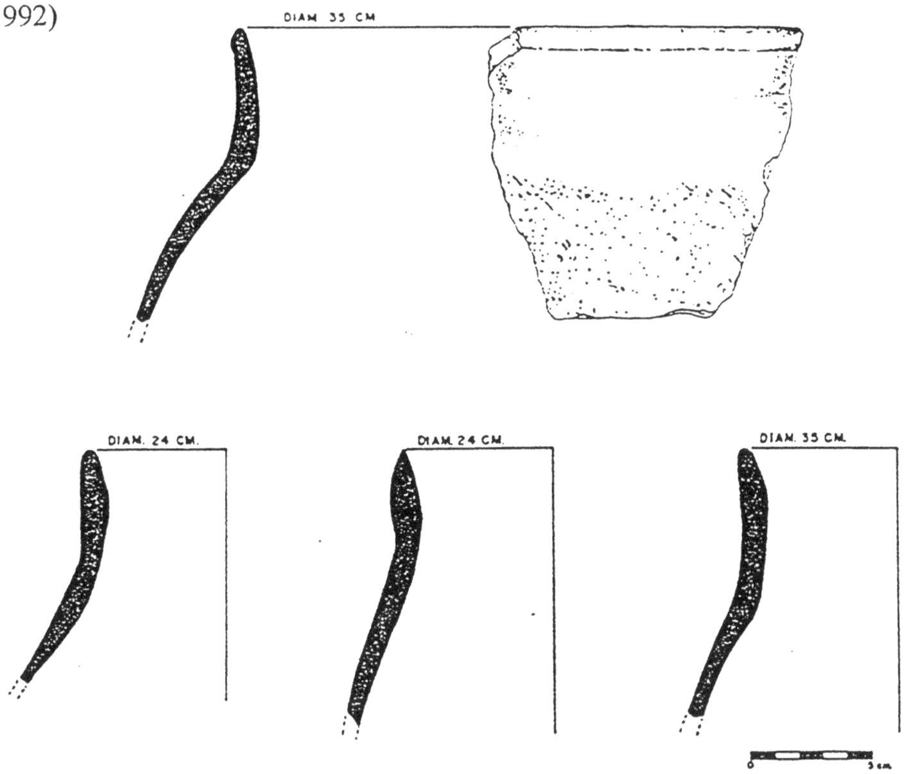

Figure 8. Porvenir Coarse rim sherds, vessels with slight necks.

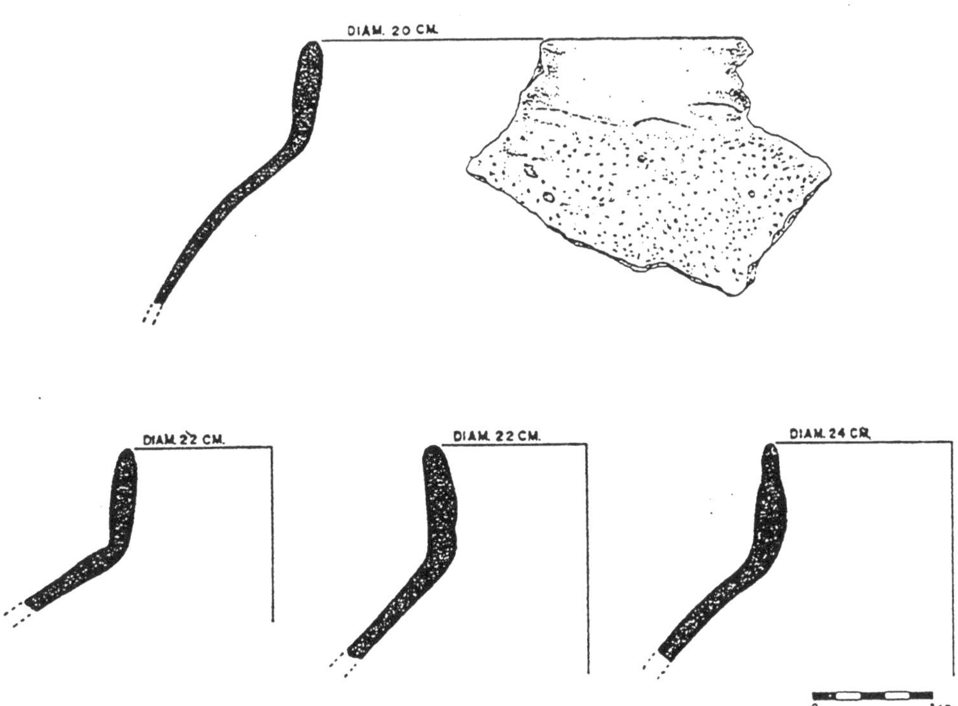

Figure 9. Porvenir Coarse rim sherds, vessels with pronounced necks.

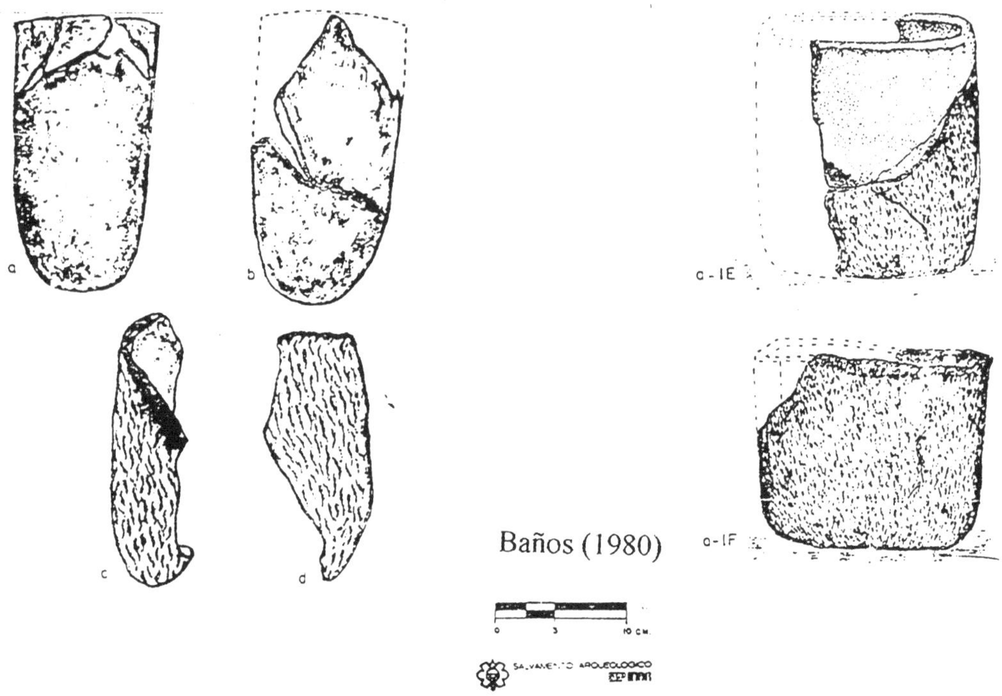

Baños (1980)

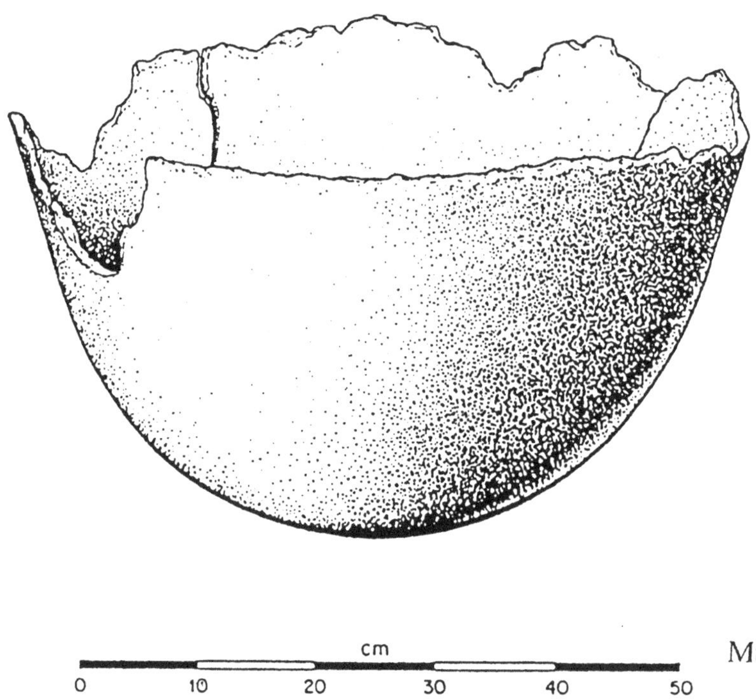

Muller (1984)

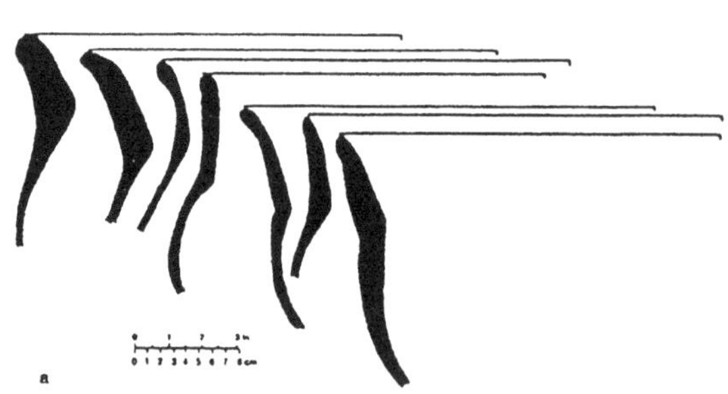

Mac Killop (1995)

Annexe 1K - Différents types de récipients pour la cuisson du sel :
récipients d'impression textile, bassin de Mexico (Baños, 1980) ;
jatte de cuisson, Missisipi (Muller, 1984) ;
lagune de Stingray, Belize (Mac Killop, 1995).

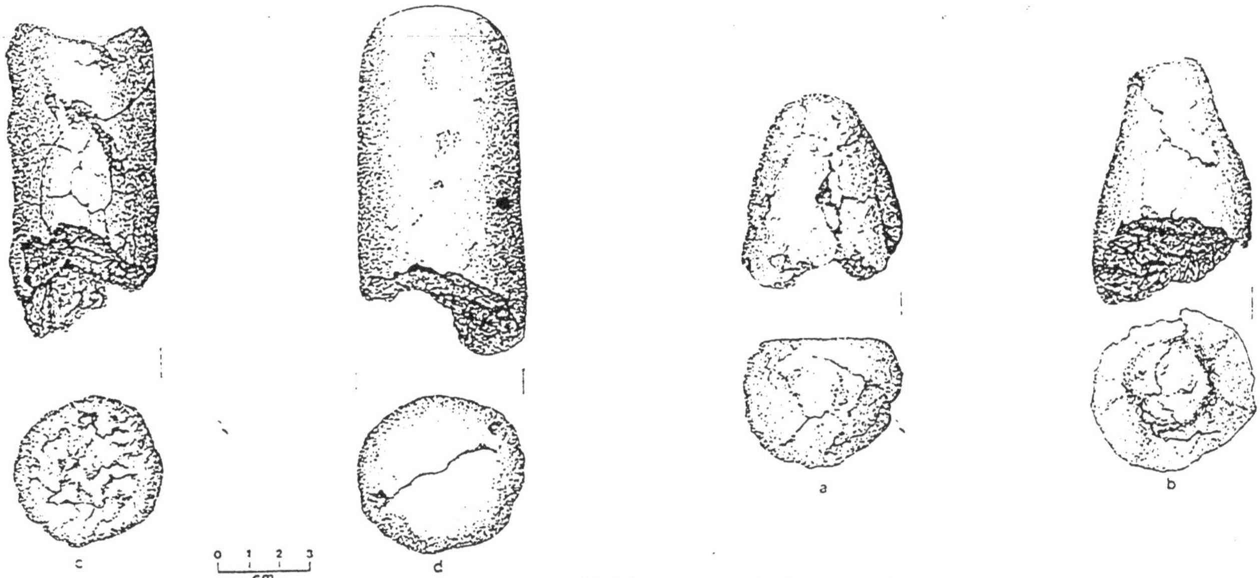

Valdez et Mock (1991)

Figure 2. Sockets.

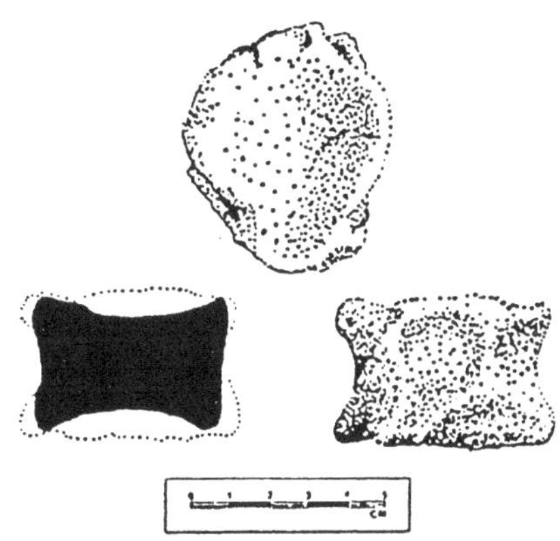

Figure 3. Spacers.

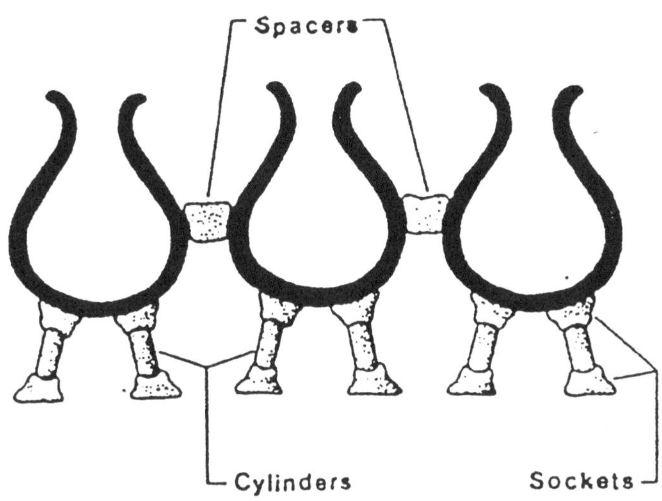

Mac Kinnon et Kepecs (1989)

Annexe 1L - Cylindres céramique servant de support aux récipients de cuisson du sel au Belize (Valdez et Mock, 1991) boulettes de calage et représentation schématique du placement des éléments de support entre les récipients de cuisson, Belize (Mac Kinnon et Kepecs, 1989).

Annexe 2 : **Liste des lieux de production de sel et des paiements de tributs en sels dans l'Occident du Mexique, références ethnohistoriques des XVIème et XVIIème siècles.**

SINALOA

1. Guayaba

2. Jaquiraguato

3. Tachitiltic

4. Altamura

5. Altata

6. Higueras (Natoato)

7. Ceuta

"Distan de esta Villa dos salinas, seis y nueve leguas azia el Sur junto el pueblo de Navito que arriva dijimos, la primera llaman Natoato, y la otra que es mas gruesa llaman Udicuto, donde se coge mucha cantidad de sal que se cria sin artificio en esteros la qual se beneficia por quenta de su Magestad a muy poca costa porque no hazen sino su billa de los esteros en lo alto, y alli amontonalla vendese... a quatro reales la hanega y la vendella llevan a todas las minas circunvenzinas, y traen a este Reino (Nueva Galicia), es muy estremada, y assi la pasan al de nueva España. Venden por aqui fuera la hanega a seis, siete, y ocho pesos. Cogerse an cada un año de quinze mil hanegas para arriva. Ay otra salina en la costa quinze leguas desta que tambien se beneficia por quenta de su Magestad" (Mota Escobar, 1966).

"De aqui (de Piatzla) partimos (la expedición de Nuño de Guzman) a otra gran poblacion que esta riberas de un rio, tres legaus adelante (rio y pueblo de Elota), que intitulamos pueblo de la Sal, porque habia mucha cantidad de ella en el (Salinas de Ceuta)" (Anonyme, 1869).

8. Hizache

"Viven los vezinos (de San Sebastian, hoy Concordia) de contratación de pesqueria, de rescatar y sacar sal para llevar a diversas partes" (Mota Escobar, 1966).

9. Chiametla

"Aplicó (Francisco de Ibarra) las salinas de Chiametla a su Magestad" (Mota Padilla, 1973 : 208).

"Tratan anssi mismo estos españoles (los de Chiametla) en sal que se cria muy cerca de aqui en unos esteros que salen de la mar que en el tiempo de la saca se cuajan y se convierten en sal cuyo beneficio se haze por quenta de su Magestad como dueño de esta salina a la qual asiste el Alcade mayor proveido por el gobernador de Vizcaya y la vende por cuenta de su Magestad para los vezinos circunvezinos mineros, y para llevarla a muchas y diversas partes para el uso humano. La fama comun es que se cogen cada año de doze a quinze mil hanegas la qual se beneficia y recoge anssi por estos yndios de Chiametla, como por otros muchos vezinos cercanos" (Mota Escobar, 1966).

NAYARIT

1. Olita

"Ay algunas salinas que benefician los yndios de sal blanca en donde se recogen dos mil hanegas cada año y de ella proveen muchas partes" (Mota Escobar, 1966).

2. Mezcatitlan

"Desta provincia la de Uzares y Vazamota salen indios a rescatar sal y pescado a la de Acaponeta y Centis pac que cae a la Costa de la mar del Sur" (Cuidad Real, 1993 : 54).

"De Centispac salian las recuas cargadas de pescado y sal para Mexico" (Mota Padilla, 1973 : 180).

Entre las capitulaciones que propuso al Virrey Marques de Valero el Gueitlacatl de Nayarit, figuraba como principal, despues de las relativas al aseguramiento de los caciques y sus descendientes en el mando, la de que "habian de tener paso libre para el pueblo de Acaponeta y Mescatitlan, a cargar sal para su provincia, sin pagar alcabala ni otra pension por lo que comerciasen...Vieronse en junta de guerra aquellas capitulaciones y se admitieron en 20 de Marzo de 1721" (Mota Padilla, 1973 : 473).

3. Zapotillo (San Blas)

"Estas salinas fueron explotadas en grande escala durante la Epoca Colonial. A fines del siglo XVIII los trabajos se llevaban a cabo por medio de los procedimientos indigenas y se reconocia a los nativos de la comarca el derecho de beneficiar la sal que necesitaran para su consumo, a pesar del monopolio del Estado, por lo cual es seguro que se explotaban desde antes de la Conquista" (Revilla Gigedo, 1831 : 255-256)

4. Iztapa

"Dan de tributo cada año dozientas cargas de sal, las cuales llevan a vender a los pueblos de la comarca...Esta media lengua de la mar en unos llanos... tienen buenas salinas" (Paso y Troncoso, 1905 : 134).

R G XVI, NV "Relacion de la cuidad de Compostela", p 93 "En esta comarca desta jurisdiccion, hay dos pueblos pequenos cercanos a la mar que hacen sal en esteros, y ambos pueblos se llaman Iztapan, que quiere decir "salinas". E uno esta a siete leguas desta cuidad, y el otro es en el valle de Banderas, a veinte leguas desta cuidad, poco mas o menos. De estos se provee de sal esta comarca y parte desta provincia".

5. Apetatuca

"Dan cada año... una troxe de sal en que puede aver setenta hanegas...tienen muy buenas salinas".

JALISCO

1. Juchipila

"Dan cada dos meses... cinco panes de sal" (Paso y Troncoso, 1905 : 192-193).

2. Mizquiticacan

"Dan de tributo cada semana... un pan de sal" (Paso y Troncoso, 1905 : 155).

3. Yahualica

"Cada tres meses... quatro panes de sal" (Paso y Troncoso, 1905 : 44).

4. Xuchitlan

"Dan cada dos meses... tres panes de sal" (Paso y Troncoso, 1905 : 192).

RG XVI, NV p 307 para un pueblo cercano, dicen que se proveen de sal en las salinas del Peñon Blanco (Zacatecas)

Y deber ser igual para los 4 precedentes que son mencionados en las RG de NV, pero como pueblos de la Sierra, se probeen de sal en Zacatecas (por lo menos en los tiempos de la Colonia, no se sabe para antes pero seguramente tenian que encontrar sal en algunas partes, de hecho son mas cerca de Zacatecas, pero este estado no era muy poblado en tiempos prehispanicos, y no se conocen salinas, aunque hay por alla muchas playas continentales, cf Ursula Ewald)

5. Amatitlan

dan "dos panes de sal cada mes" (Paso y Troncoso, 1905 : 155).

6. Tala

Dan "sal cada dia" PNE TI, p267

7. Tlaxomulco

"Una legua esta una laguna salobre" (Cuidad Real, 1993 : 37).

"Dan de tributo cada dos meses... ocho panes de sal" (Paso y Troncoso, 1905 : 267).

8. Cuyutlan

"Cada dos meses... un pan de sal" (Paso y Troncoso, 1905 : 93).

9. Ocotic

"Cada dos meses... (dan) cuatro panes de sal" (Paso y Troncoso, 1905 : 171-172).

10. Teponahuasco

"Cada tres meses... (dan) cinco panes de sal" (Paso y Troncoso, 1905 : 270).

11. Amatatlan

"Dan de tributo cada dos mese... dos panes de sal" (Paso y Troncoso, 1905 : 44).

12. Tlacotlan

"Cada cinco dias...(dan) dos panes de sal" (Paso y Troncoso, 1905 : 269-270).

13. Izcatlan

"Cada dos meses (dan) dos panes de sal" (Paso y Troncoso, 1905 : 136).

14. Cuistlan

"Cada cinco dias... (dan) un pan de sal" (Paso y Troncoso, 1905 : 95).

15. Cuyupostlan

"Dan de tributo cada dos meses... cuatro panes de sal" (Paso y Troncoso, 1905 : 95).

16. Nuchistlan

"Cada tianguez un pan de sal" (Paso y Troncoso, 1905 : 164).

"A el treinta capitulo : Los naturales deste dicho pueblo se proveen de sal de las salinas de Zacatecas, y de otras partes ; estan treinta leguas deste dicho pueblo las dichas salinas" (Acuña, 1988 : 172).

17. Atlamaxque

"Dan cada dos meses ... dos panes de sal" (Paso y Troncoso, 1905 : 43).

18. Atiztaque

"Dan cuatro panes de sal cada dos meses" (Paso y Troncoso, 1905 : 43).

19. Zalatitlan

"Cada dos meses... (dan) dos panes de sal" (Paso y Troncoso, 1905 : 93-94).

20. Tonala

"Dan cinco panes de sal cada tributo (cada dos meses)" PNE TI p 268

21. Tlaquepaque

(cada dos meses) "seis panes de sal... y axi cuando lo tienen" (Paso y Troncoso, 1905 : 268).

22. Tetlan

"Dan tributo cada dos meses... cinco panes de sal" (Paso y Troncoso, 1905 : 268).

"Sujeto de Tamazula (el cual se provee de sal en Colima)" (Acuña, 1987 : 403, 396-7).

23. Tepetitlan

"Dan tributo cada dos meses... un pan de sal" (Paso y Troncoso, 1905 : 267).

24. Chola (Zila)

Los tributarios de su estancia Sena "sirven en el cacao, y de la leña y yerva y pescado y sal" (Paso y Troncoso, 1905 : 92).

Relación de la Villa de la Purificación (Tecomatlan) "A los treinta capitulos dijeron que, en la costa desta dicha villa, hay salinas, las cuales son al presente de su Majestad, y que son de beneficio las mas dellas, y, en Piloto, hay tres lagunas de que se solia coger mucha cantidad de sal, bermeja y blanca que era muy buena para el beneficio de la plata, mas que toda cuanta se coge en toda la Nueva España. Y, tres años despues que se pusieron en la Corona real, se perdieron, y no se coge ni se ha sacado en ellas mas sal. En el pueblo de Chametla y Chola hay otras salinas de beneficio que se pusieron en la Corona real, de que se cogen cada año como trescientas o cuatrocientas fanegas de sal; en el pueblo de Apozolco hay otros ojos de sal de beneficio que estan puestos en la Corona real, de que se cogen quinientas o seiscientas fanegas de sal. Todas las cuales lagunas y ojos de sal eran de esta villa, y de algunos vecinos della" (Acuña, 1988 : 215).

25. Ameca

"La sal que entre ellos usaban (era) de salitrales en poca cantidad"

Relacion de Ameca : "A los treinta capitulos se responde que no hay en este pueblo salinas y, la sal que gastan se la traen de treinta leguas de aqui de las salinas de su Majestad que estan en la Villa de Purificacion, que mercaderes traen a vender. Y esto se responde" (Acuña, 1988 : 47).

26 Cocula

"Está fundada en las margenes del lago salado de Tzacoalco e imediata a la laguna, salada tambien, de San Marcos".

27. Tzacoalco

"Tiene este pueblo a una legua una laguna donde se toma algun pescado y se hace sal de verano" (Paso y Troncoso, 1905 : 55).

"Quiere decir Tzacoalco, agua encerrada, por tres lagunas que tiene entre las sierras y en tiempo de su gentilidad hacian la sal de la tierras de unas dichas lagunas" (Mota Padilla, 1973 : 100).

28. Quemaro

"Dan sal y pescado y algunas perlas quando las sacan" (Paso y Troncoso, 1905 : 307).

29. Amacueca

"Tienen una laguna do se haze alguna sal" (Paso y Troncoso, 1905 : 18).

30 Tepeque

"Participan de la laguna de Atoyaque de que se aprobechan de alguna sal" (Paso y Troncoso, 1905 : 208).

31. Techalutla

"Tiene una laguna de que se hace sal en cantidad" (Paso y Troncoso, 1905 : 209).

32. Sayula

"Tienen una laguna de que hazen sal en cantidad" (Paso y Troncoso, 1905 : 56).

33. Atoyac

(Ciudad Real, 1993 : 151) : "El pueblo es de mediana vecindad de indios muy devotos... ofrecieron al padre comisario pan de Castilla, miel, platanos y muchos panes de sal de la que se hace en aquella laguna junto aquel pueblo, la cual es muy blanda, limpia y buena, y acuden a comprarla españoles de muchas partes, y para eso se hace allí en Atoyaque de cinco en cinco días un mercado o tianguez, y lo principal que en el se vende es sal ; llevanla hasta México por ser muy buena y hacerse con mucha limpieza. El orden que tienen los indios en hacerla [la sal] es el que sigue: de aquellos salitrales allegan muchos montones de polvo y salitre que esta encima y echandolo en unos tinajones, le van echando agua, meneandolo y removiendolo muchas veces y cebandolo siempre con agua hasta la cantidad que ellos saben, y de esto sacan lejía, como se saca de la ceniza mezclandole agua ; junto destos tinajones hacen en el suelo un horno redondo, a manera de calera, no muy hondo, y menos de una vara de medir alto del suelo, y dejando hueco y concavidad en qué echar leña y lumbre, ponen encima muchas ollas chicas y grandes, asidas y trabadas unas con otras, puestas por orden y concierto, de manera que queda cerrado todo el redondo del horno ; luego hinchen las ollas de aquella lejía, y vanles dando fuego por abajo por unas bocas grandes que dejan a los lados, y con este fuego se va cuajando la lejía y convirtiendo en sal, y poco a poco van añadiendo lejía hasta tanto que todas las ollas quedan llenas de sal cuajada y echan esta lejía atentadamente, que todas juntas vienen a quedar llenas de sal cuajada a un punto : luego quitan el fuego, y despuès las ollas, y quedan los panes de sal enteros, blancos y muy vistosos..."

Relation de Zapotlán (Acuña, 1987 : 394) : "En este pueblo no hay salinas ; proveense de sal de Atoyaque y Zayula, que son pueblos de la provincia de Avalos que estan a cuatro y cinco leguas deste pueblo".

Relation de Cuiseo (Acuña, 1988 : 193) : "Provese todo el dicho valle, de sal, en Iztlan, qu es de la otra banda del Rio Grande de Chinuhuatengo, y de Atoyaque, provincia que llaman de Avalos, jurisdiccion de la Nueva España ; y antiguamente en tiempo de su gentilidad, por lo consiguiente ; y esto, en cuanto a lo que toca a los señores tan solamente porque los macehuales, gente comun, comían de agua que sacaban de la tierra salobre que había en cada pueblo".

"Tienen estos naturales gran trato de sal que hazen y muy buena ...hay cantidad de mercaderes que tratan con sal" (Paso y Troncoso, 1905 : 19).

34. Teocuitatlan

"Cerca de Teucuytlatlan; hay una lagunilla, a la banda del Sur, de muchos salitrales donde se hace mucha sal" (Cuidad Real, 1993 : 17).

"Tienen una laguna do se haze cantidad de sal..." (Paso y Troncoso, 1905 : 209).

35 Iztapan

"Tiene contratación de sal" (Paso y Troncoso, 1905 : 108).

Relación de Tiripitio (Acuña, 1988 : 359) : "En este pueblo ni en parte de su jurisdicción, no hay salinas ni tienen cosa de que hacer sal; pero a tres leguas desta cabecera hay un pueblo que se dice Iztapa en lengua mexicana y en Tarasca Etuquaro que lo uno y lo otro quiere decir "lugar de sal". En este pueblo asi llamado se hace mucha sal granada como la nuestra y la mas cuajan y hacen della unos cañutos de a palmo, macizos a semejanza de los ladrillejos que hacen en España, salvo que estos son redondos. Proveese esta provincia toda della".

COLIMA

1. Carrizal

2. Cuyutlan

"Cutatlan es estancia sujeta de Xocotlan, tine veynte tributarios cassados : dan de tributo... doze cargas de pescado y doze cargas de sal... cada año" (Paso y Troncoso, 1905 : 304).

3. Naulapan

"Dan cada año... alguna sal" (Paso y Troncoso, 1905 : 164).

4. Tequepan

"Dan cada año quarenta hanegas de sal...Tapeçuneca... treinta hanegas de sal".

MICHOACAN

1. Coalcoman (Quacoman)

Relación de Alimanzi, Cuzcaquauhtla y Epatlan (Coalcoman es sujeto de Epatlan) : "En el pueblo referido de Epatlan tiene salinas en donde antiguamente estaban poblados y, el dia de hoy usan de hacer alli sal que de una fanega de tierra sacan el cuarto de sal. Y se aprovechan y la venden para se sustentar; hacese con trabajo. Asismismo, la hacen con el mismo trabajo de la arena de la playa de la mar" (Acuña, 1988 : 153).

"Parece que el area de Coalcoman estaba regida por los Tarascos, mientras que la tierra mas alla en el escarpado Motin fue solo ocasionalmente invadida, excepto por la colonia costera de Epatec que habian venido desde Michoacan. Estos immigrantes hacia la Costa, pudieron haber sido Tarascos ellos mismos y desparramaron influencias culturales de Michoacan en la Costa, a traves de Coalcoman, al tiempo de la conquista (posiblemente para el proposito de asegurar sal ?)" (Sauer, 1990 : 100)

Hablando de la Region de Motines "un pedazo de tierra de las empinadas montañas cortada profundamente por cañones con estribaciones equilibradas en formidables acantiladas por el mar y playas limitadas, construidas en las bocas de los valles, encerrando lagunas saladas detras" (Sauer, 1990 : 93).

Relation de Motines (pueblo de Tlatilca) "Ellos hacian sal en pequeñas cantidades y con alguna dificultad irrigando primero la playa con vasijas conteniendo agua de mar. Despues de dos o tres irrigaciones, amontonaban en pilas esta arena irrigada. Hecho el asiento, tomaban vasijas (ollas o tinajas) y ponian una arriba de otra. La olla de arriba tiene algunos pequenos agujeros en su base como las aberturas de las flautas sobre las cuales son colocados unos tendidos de paja. Dentro de la olla de arriba ponian entonces dicha arena empregnada de agua hasta que se hacia mas pequena que la mitad de ella y ellos la giran hasta expeler el agua de mar, esta agua se vierte dentre de la olla de abajo, y esta agua filtrada sale muy saludable y es sacada de sus vasijas, la cual ellos toman para hervir en sus casas, poniendola en el fuego hasta que es hervida y convertida en sal. Este es el arte y manera de hacer sal, la cual ellos tienen en sus pueblos y en aquellos de Motin, Maroata, Pasmori y Cachan, porque ellos no tienen salinas naturales tales como hay en otros lugares" (Acuña, 1988 : 171).

2. Periban

"Dan cada ochenta dias...dos panes de sal" (Paso y Troncoso, 1905 : 179).

Relation de Perivan (Acuña, 1988 : 435) : "En este dicho pueblo no hay salinas, proveense los naturales de sal de la que se hace en el pueblo de Chilatlan al que hay doce leguas de camino de muchas piedras y quebradas y tierra muy calida".

3. Xirosto

"Dan cada año... diez panes de sal" (Paso y Troncoso, 1905 : 122).

4. Charapan

"Dan cada ochenta dias... dos panes de sal" (Paso y Troncoso, 1905 : 179).

5. Xaratango (El Salitre)

"Dan de tributo cada ochenta dias... dos panes de sal" (Paso y Troncoso, 1905 : 179).

6. Atapan

"Dan cada ochenta dias... dos panes de sal" (Paso y Troncoso, 1905 : 179).

7. Uruapan

"Dan cada año.. diez panes de sal" (Paso y Troncoso, 1905 : 122).

8. Zacapu

"Dan cada año veynte y cuatro panes de sal" (Paso y Troncoso, 1905 : 79).

9. Puruandiro

"Dan cada veinte dias quinze almudes de sal... tienen una laguna... y hazen sal de ella" (Paso y Troncoso, 1905 : 117).

10. Guango

"Cada veinte dias... (dan) tres almudes de sal" (Paso y Troncoso, 1905 : 117).

11. Chocandiro

(Dan) "sal conforme a la tasación... hazen sal, alcançan parte de la laguna de Cuitzeo" (Paso y Troncoso, 1905 : 77).

Relacion de Cuiseo de la laguna (Acuña, 1988 : 89) : "En cuanto al capitulo treinta : se proveen estos naturales de sal del pueblo de Chucandiro, que es a cuatro leguas deste pueblo, y ansimismo, se proveen del pueblo de Araro, que esta a otras cuatro leguas. Y esta sal les traen en cantidad a trocar por el pescado que toman en su laguna".

12. Tarimbaro

Dan "cada dia... quatro canutillos de sal" (Paso y Troncoso, 1905 : 251).

13. Zinapecuaro

"Dan de tributo... treinta cargas de sal" (Paso y Troncoso, 1905 : 77-78).

14. Araro

"Dan cada año... treinta cargas de sal... En la cabecera de Araro ay una laguna en que ay mucho pescado y hay salinas y aguas calientes" (Paso y Troncoso, 1905 : 32).

Relacion de Acambaro (Acuña, 1988 : 67) : "La sal que han menester la compran de un pueblo llamado Araro, que es a dos leguas desta dicha cabecera".

15. Acambaro

"Dan cada veynte y cuatro panes de sal... alcançan una laguna donde toman pescado en abundancia y sal" (Paso y Troncoso, 1905 : 294).

16. Huacana

"Cada cuarenta dias... (dan) sal" (Paso y Troncoso, 1905 : 294).

17. Cutzio (Cuyseo)

"Dan cada tributo... doce taleguillas de sal" (Paso y Troncoso, 1905 : 80).

18. Xacona

"Alcançan parte de una laguna salada" (Paso y Troncoso, 1905 : 302).

19. Jiquilpan

Annexe 3 : Traduction des citations espagnoles en français.

(1) : chap. 1.3.1. de la première partie, p 12 :
"*Tiene una laguna de que hazer sal en cantidad, y ay mucho pescado en tiempo de aguas*"
(Ce village) possède une lagune pour faire du sel en quantité, et il y a beaucoup de poissons en saison des pluies.

(2) : chap. 1.3.1. de la première partie, p 13 :
"*El pantano carece de todo arbol, plantas, yerbas, y pasto y solo en el verano produce a trechos alguna yerbita pequeña llamada romerillo que sazonada en la cocina es gustosa*".
Le marais est dépourvu de tout arbre, plantes, herbes et pâturage, et seulement l'été il produit par intervalles une petite herbe appelée *romerillo* qui asaisonnée dans la cuisine est savoureuse.

(3) : chap. 1.3.3. de la première partie, p 14 :
"...*a una legua del pueblo, ay disposicion de aver metales de plata y cobre porque lo an ya descubierto*".
... à une lieue du village, il est possible d'extraire des métaux d'argent et de cuivre parce qu'ils l'ont déjà découvert.

(4) : chap. 1.3.3. de la première partie, p 14 :
"...*ay minas de cobre y parece averlas tambien de plata*"
... il y a des mines de cuivre et il semble qu'il y en ait également d'argent

(5) : chap. 2.2.1. de la première partie, p 23 :
"*Tiene estos pueblos buenos montes de pinos y robles a una legua del pueblo, ay disposicion de aver metales de plata y cobre porque lo an ya descubierto... Tiene tierra de mucho riego para hazer y sembrar cualquier cosa... Es tierra mas caliente que fria y muy sana. Tiene una laguna do se haze alguna sal*".
Ces villages possèdent de bonnes montagnes de pins et chênes à une lieue, il est possible d'extraire des métaux d'argent et de cuivre parce qu'ils l'ont déjà découverts... (ce village) possède des terres bien irriguées pour faire et semer n'importe qu'elle chose. C'est une terre plus chaude que froide et très saine. (Ce village) possède une lagune où l'on fait un peu de sel.

(6) : chap. 2.2.1. de la première partie, p 23 :
"*Tienen estos naturales gran trato de sal que hazen y muy buena ; dase algodon y trigo y todas las demas semillas, ay muchos generos de frutas de la tierra, de Castilla... beben de pozos ; es pueblo muy fertil : no ay tierras para ganados. Tienen buenos montes ; ay cantidad de mercarderes que tratan con sal ; no tiene manera de aver minas*".
Ces indigènes font un grand négoce du sel qu'ils font très bon ; ils récoltents du coton et du blé et toutes les graines, il y a beaucoup d'espèces de fruits de la terre, de Castille... ils boivent l'eau des puits ; c'est un village très fertile, il n'y a pas de terres pour l'élevage. Ils ont de très bonnes montagnes ; il y a une grande quantité de commerçants qui font le négoce du sel ; il n'y a pas de mines.

(7) : chap. 2.2.1. de la première partie, p 24 :
"*Este pueblo es seco, no tiene regadio, beben de pozos, tiene buenas vegas, dan trigo. Tiene una laguna de que hazer sal en cantidad, y ay mucho pescado en tiempo de aguas ; no tienen tierras para ganado. Son los demas tratantes porque es gente rica ; no es tierra de minas : es tierra fria, esta asentado en llano. Tiene buenos montes aunque a siete leguas en la estancia de Xiquilistla los ay buenos de pinos y robles : ay minas de cobre y parece averlas tambien de plata*"
Ce village est sec, il ne possède pas de terrains irrigables, ils boivent l'eau de puits, le village a de bonnes plaines fertiles, ils produisent du blé. Il possède une lagune pour faire du sel en quantité, et il y a beaucoup de poissons en période de pluies ; ils n'ont pas de terres d'élevage. Le reste du village est composé de négociants, parce que ce sont des gens riches ; ce n'est pas une terre de mines... c'est une terre froide, elle est assise sur une plaine. Il possède de bonnes montagnes, même si à sept lieues dans le village de Xiquilistla, il y en a de très bonnes avec des pins et des chênes : il y a des mines de cuivre et il semble qu'il y en ait également d'argent.

(8) : chap. 2.2.1. de la première partie, p 24 :
"*Tiene tierra de riego ; dase algodon. Tiene dos leguas de monte, laguna... con cantidad de sal... muchas granjerias de tunas... es tierra buena para el cultivo de trigo...no es tierra para ganado*".
(Ce village) possède des terres irriguées ; il produit du coton. Il possède deux lieues de montagne, lagune... avec quantité de sel.... de nombreuses exploitations de figues de barbaries... c'est une bonne terre pour la culture du blé... ce n'est pas une terre d'élevage.

(9) : chap. 2.2.1. de la première partie, p 24 :
"*posee buenos montes para madera...buena tierra de riego...dase algodon y frutas de Castilla, semillas y muchas tunas...tiene aparejo de minas de plata y plomo... las partes corresponde a las orillas de la laguna dan alguna sal*"

(Ce village) possède de bonnes montagnes pour le bois.... bonne terre d'irrigation... il produit du coton et des fruits de Castille, des graines et de nombreuses figues de barbarie.... il possède un équipement de mines d'argent et de plomb... les parties correspondantes aux bords de la lagune sont exploitées pour la production d'un peu de sel.

(10) : chap. 3.8.1. de la première partie, p 60 :
"... El orden que tienen los indios en hacerla [la sal] es el que sigue: de aquellos salitrales allegan muchos montones de polvo y salitre que esta encima y echandolo en unos tinajones, le van echando agua, meneandolo y removiendolo muchas veces y cebandolo siempre con agua hasta la cantidad que ellos saben, y de esto sacan lejía, como se saca de la ceniza mezclandole agua ; junto destos tinajones hacen en el suelo un horno redondo, a manera de calera, no muy hondo, y menos de una vara de medir alto del suelo, y dejando hueco y concavidad en qué echar leña y lumbre, ponen encima muchas ollas chicas y grandes, asidas y trabadas unas con otras, puestas por orden y concierto, de manera que queda cerrado todo el redondo del horno ; luego hinchen las ollas de aquella lejía, y vanles dando fuego por abajo por unas bocas grandes que dejan a los lados, y con este fuego se va cuajando la lejía y convirtiendo en sal, y poco a poco van añadiendo lejía hasta tanto que todas las ollas quedan llenas de sal cuajada y echan esta lejía atentadamente, que todas juntas vienen a quedar llenas de sal cuajada a un punto : luego quitan el fuego, y despuès las ollas, y quedan los panes de sal enteros, blancos y muy vistosos...".
... L'ordre dans lequel les indiens le font (le sel) est le suivant : ils forment de nombreux petits tas de poussière et de *salitre* déposé sur les terres salées et le deposant dans des grandes jarres, ils y versent de l'eau, en le mélangeant et en le remuant souvent et en l'alimentant toujours avec de l'eau jusqu'à une quantité qu'ils connaissent, et de ceci ils obtiennent une saumure, comme celle que l'on obtient de la cendre en la mélangeant avec de l'eau ; à côté de ces jarres ils font dans le sol un four de forme circulaire, analogue à un four à chaux, peu profond et de hauteur par rapport à la superficie du sol inférieure à une *vara* (0,835 m), et laissant des trous et des concavités dans lesquels passer le bois et mettre le feu, ils disposent au dessus de nombreux pots petits et grands, posés et liés entre eux, disposés en ordre et concert, de façon à ce que tout l'arrondi du four se trouve fermé ; ensuite ils remplissent les pots de cette saumure, et ils y mettent le feu en dessous par des grandes ouvertures qu'ils laissent sur les côtés, et avec ce feu la saumure cristallise et se convertit en sel, et petit à petit ils ajoutent progressivement de la saumure jusqu'à ce que tous les pots soient plein de sel cristallisé et ils versent cette saumure soigneusement, de façon à ce que tous ensembles ils soient pleins de sel cristallisé au même moment : ensuite, ils enlèvent le feu, et ensuite les pots, et il reste les pains de sel entiers, blanc et très voyants...

(11) : chap. 3.8.1. de la première partie, p 60 :
"Por lo mas de las orillas tiene este pantano unos montecillos de tiestos de loza muy tosca y gruesa aun se descubren figuras de ollas grandes y juntamente cimientos y señales de casas pequeñas de piedra. Se cuenta por tradición que los gentiles antiguos venían aqui a hacer sal, de diversas naciones y que trababan varias y sangrientas pendencias de que se dejan mirar señales en los pedernales negros y trasparentes labrados como saetas.
Dans la plupart des bords ce marais présente des petits monticules de tessons de céramique très grossière on découvre encore des silhouettes de grands pots et à côté des fondations et des traces de petites maisons de pierre. On raconte, par tradition que les indigènes anciens venaient ici pour faire du sel, de diverses nations qu'ils engageaient de nombreuses et sanglantes querelles desquelles se laissent voir des traces dans les silex noirs et transparents taillés comme des flèches.

(12) : chap. 3.8.2. de la première partie, p 62 :
"El pueblo es de mediana vecindad de indios muy devotos... ofrecieron al padre comisario pan de Castilla, miel, platanos y muchos panes de sal de la que se hace en aquella laguna junto aquel pueblo, la cual es muy blanda, limpia y buena, y acuden a comprarla españoles de muchas partes, y para eso se hace allí en Atoyaque de cinco en cinco días un mercado o tianguez, y lo principal que en el se vende es sal ; llevanla hasta México por ser muy buena y hacerse con mucha limpieza"
La moitié de la population de ce village est constituée d'indiens très dévôts... ils offrirent au père commissaire du pain de Castille, du miel, des bananes et de nombreux pains de sel de celui qui se fait dans cette lagune à côté de ce village, lequel est très doux, propre et bon, et de nombreux espagnols de plusieurs endroits viennent l'acheter, et pour cela a lieu ici à Atoyac tous les cinq jours un marché, dans lequel on vend principalement du sel ; ils l'amènent jusqu'à México parce qu'il est très bon et se fait avec beaucoup de soin.

(13) : chap. 3.8.2. de la première partie, p 62 :
"Si hay salinas en el dicho pueblo o cerca de el, o de donde se proveen de sal y de todas las otras cosas de que tuvieron falta para el mantenimiento o vestido"
S'il y a des salines dans le dit village ou près de lui, ou où ils se fournissent en sel et de toutes les autres choses dont ils manquent pour la subsistance ou l'habillement.

(14) : chap. 3.8.2. de la première partie, p 62 :
"En toda esta provincia tienen carestia de sal ; proveense de ella, de unas salinas que su Majestad tiene a cuarenta leguas de aqui : caen en el nuevo reino de Galicia. Hay arrieros que la traen a vender, y vale a cuatro y a cinco pesos la fanega. Tambien se proveen de la provincia de Avalos, que hacen alli panes de sal blanca y morena"

Dans toute cette province ils manquent de sel ; ils se fournissent dans des salines que sa Magesté possède à quarante lieues de là : elles sont dans le nouveau royaume de Galice. Il y a des muletiers qui l'apportent pour vendre, et il vaut quatre à cinq pesos la *fanega*. Ils se fournissent également dans la province de Avalos, où ils font des pains de sel blanc et marron.

(15) : chap. 3.8.2. de la première partie, p 62 :
"En este pueblo no hay salinas ; proveense de sal de Atoyaque y Zayula, que son pueblos de la provincia de Avalos que estan a cuatro y cinco leguas deste pueblo".
Dans ce village il n'y a pas de salines ; ils se fournissent en sel de Atoyac et Sayula qui sont des villages de la province de Avalos qui sont à quatre ou cinq lieues de ce village.

(16) : chap. 3.8.2. de la première partie, p 62 :
"En este pueblo no hay salinas ; proveense de sal los naturales, de la que traen de Colima, que es a veinte leguas deste dicho pueblo, y de la provincia que se dice de Avalos que seran quince leguas".
Dans ce village il n'y a pas de salines ; les indigènes se fournissent en sel qu'ils apportent de Colima, qui est à vingt lieues du dit village, et de la province qui est dite de Avalos qui serait à quinze lieues.

(17) : chap.3.8.2. de la première partie, p 62 :
"Provese todo el dicho valle, de sal, en Iztlan, que es de la otra banda del Rio Grande de Chinuhuatengo, y de Atoyaque, provincia que llaman de Avalos, jurisdiccion de la Nueva España ; y antiguamente en tiempo de su gentilidad, por lo consiguiente ; y esto, en cuanto a lo que toca a los señores tan solamente porque los macehuales, gente comun, comían de agua que sacaban de la tierra salobre que había en cada pueblo".
Tout le dit village se fournit en sel, de Iztlan, qui est de l'autre rive du Rio Grande de Chinuhuatengo, et de Atoyac, province qu'ils dénomment de Avalos, juridiction de la Nouvelle Espagne ; et anciennement durant les temps païens, par conséquent ; et ceci, en ce qui concerne seulement les seigneurs parce que les *macehuales*, ou personnes communes, mangeaient de l'eau qu'ils extrayaient de la terre salée qu'il y avait dans chaque village.

(18) : chap. 3.8.2. de la première partie, p 62 :
"Tienen estos naturales gran trato de sal que hazen y muy buena... hay cantidad de mercaderes que tratan con sal».
Ces indigènes ont un grand négoce de sel qu'ils font et très bon... il y a quantité de commerçants qui font le négoce du sel.

(19) : chap. 3.2.1. de la première partie, p 45 :
"Empleaban tambien para sazonar sus condimentos de tequixquitl, carbonato de soda."
Ils utilisaient également pour asaisonner leurs condiments du *tequesquite*, carbonate de soude.

(20) : chap. 3.2.1. de la première partie, p 46 :
"Al septimo mes llamaban tecuilhuitontli. En este mes hacían fiesta y sacrificios a la diosa de la sal que llamaban Uixtocihuatl era la diosa de los que hacen sal; decían que era hermana de los dioses de la pluvia y, por cierta desgracia que hubo entre ellos y ella, la persiguieron y desterraron a las aguas saladas, y alli inventó la sal, de la manera que ahora se hace, con tinajas y con amontonar la tierra salada, y por esta invención la honraban y adoraban los que trataban en sal"
Ils appelaient le septième mois tecuilhuitontli. Durant ce mois, ils faisaient une fète et des sacrifices à la déesse du sel qu'ils appelaient Uixtocihuatl c'était la déesse de ceux qui font du sel; ils disaient qu'elle était la soeur des dieux de la pluie et à cause d'une certaine disgrâce qu'il y eut entre eux et elle, ils la pourchassèrent et desenterrèrent les eaux salées, et là elle inventa le sel, de façon à ce que maintenant il se fait, avec des jarres et en entassant la terre salée, et pour cette invention ceux qui faisaient du négoce du sel l'honnoraient et l'adoraient.

(21) : chap. 3.2.1. de la première partie, p 46 :
"Narama que quiere decir salitroso... a los cuales puso (La Divinidad creadora) en un lugar de muchos fructos, i minerales, i que luego los echó de allí, i empessó el Narama a sudar el qual sudor se convirtió en sal, dandole el patrocinio de criar la sal, meschal (mezcal, cogollo del maguey que sirve para la fabricación de bebidas alcoholicas fermentadas y destiladas) y chile..."
Narama qui veut dire salé... auxquels elle mit (La Divinité créatrice) dans un lieu de nombreux fruits, et minéraux, et qui ensuite les renvoya de là bas, et le Narama commença à suer laquelle sueur se convertit en sel, en leur donnant le droit de produire (élever) du sel, meschal (mezcal, coeur de l'agave qui sert à la fabrication de boissons alcolisées fermentées et distillées) et piment...

(22) : chap. 3.2.1. de la première partie, p 46 :
"... es recordar que el comercio era un ramo importante de la vida de los antiguos mexicanos, estando el gran centro de el, por lo que a Tenochtitlan se relacionaba, en Tlatelolco ; pero no circulaban monedas propiamente dicho... mas bien signos representativos de los valores de las cosas... La sal tambien se empleó para las transacciones. Vendían por cuenta y medida más que por peso..."

Il faut rappeler que le commerce était une branche importante de la vie des anciens mexicains, étant le grand centre de celui-ci, en ce qui concerne Tenochtitlan, à Tlatelolco ; mais il n'y avait pas de circulation de monnaies proprement dites... plutôt des signes représentatifs des valeurs des choses... Le sel aussi était utilisé pour les transactions. Ils vendaient par compte et mesure plus que par poids...

(23) : chap. 3.2.2. de la première partie, p 47 :
"Otra industria proliferante entre españoles y criollos fue la fabricación de jabón, aprovechando los desperdicios de la matanza de cerdos y el tequezquite de la playa, que llegó a tener gran importancia y valor, acarreandose en fuertes cantidades para las calderas de Sayula, Zapotlan, Cocula, Atoyac, Zacoalco, Tapalpa y Atemajac"
Une autre industrie proliferante entre espagnols et créoles fut la fabrication de savon, en utilisant les déchets de l'abattage des porcs et le *tequesquite* de la playa, qui atteint une grande importance et valeur, transporté en grandes quantités pour les fabriques de savon de Sayula, Zapotlan, Cocula, Atoyac, Zacoalco, Tapalpa et Atemajac.

(24) : chap. 3.4.1. de la première partie, p 52 :
"Hay unas salinas en el termino de Cutzmala, y hacese la sal desta manera : tienen un pozo, de donde sacan el agua y cavan la tierra por sus eras y rieganla con aquella agua, muy regada, y dejanla despues secar. Y, desque esta seca, tornanla a mojar muy bien y echanla en unos cestos que hacen, con punta abajo, a manera de nasas, y por alli destila toda el agua"
Il y a des salines dans le territoire de Cutzmala, et on fait le sel de cette manière : ils possèdent un puit d'où ils extraient l'eau et ils creusent la terre pour les ères et l'irriguent avec cette eau, très irriguée, et la laissent ensuite sécher. Et après qu'elle soit sèche, ils l'arrosent à nouveau beaucoup et la déposent dans des corbeilles qu'ils font, avec la pointe en bas, comme des nasses, et de là l'eau s'écoule.

(25) : chap. 3.4.1. de la première partie, p 53 :
"Ellos hacen sal en pequeñas cantidades y con alguna dificultad, irrigando primero la playa con vasijas conteniendo agua de mar. Despues de dos o tres irrigaciones, amontonan en pilas esta arena irrigada. Hecho el asiento, toman vasijas (ollas o tinajas) y ponen una arriba de otra. La olla de arriba tiene algunos pequeños agujeros en su base, como las aperturas de las flautas, sobre los cuales son colocados unos tendidos de paja. Dentro de la olla de arriba ponen entonces, dicha arena empregnada de agua hasta que se haga más pequeña que la mitad de llena y ellos la giran hasta expeler el agua de mar, esta agua se vierte dentre de la olla de abajo y esta agua filtrada sale muy saludable y es sacada de sus vasijas, lo cual ellos toman para hervir en sus casas, poniendola en el fuego hasta que es hervida y convertida en sal."
Eux ils font du sel en petites quantités et avec une certaine difficulté, en irriguant tout d'abord la playa avec des récipients contenant de l'eau de mer. Après deux ou trois irrigations, ils entassent en monticules ce sable irrigué. L'assise faite, ils prennent des récipients (pots ou jarres) et les posent l'une sur l'autre. Le pot du dessus présente quelques petites trous à la base, comme les ouvertures des flutes, sur lesquels est étendue de la paille. Dans le pot du dessus ils déposent alors, ce sable imprégné d'eau jusqu'à qu'il soit moins de la moitié plein et ils le (le sable) retourne jusqu'à expulser l'eau de mer, laquelle ils prennent pour la faire bouillir dans leurs maisons en la mettant sur le feu jusqu'à ce qu'elle boue et se convertisse en sel.

(26) : chap. 3.4.2. de la première partie, p 53 :
"... El orden que tienen los indios en hacerla [la sal] es el que sigue: de aquellos salitrales allegan muchos montones de polvo y salitre que esta encima y echandolo en unos tinajones, le van echando agua, meneandolo y removiendolo muchas veces y cebandolo siempre con agua hasta la cantidad que ellos saben, y de esto sacan lejia, como se saca de la ceniza mezclandole agua"
... L'ordre dans lequel les indiens le font (le sel) est le suivant : ils forment de nombreux petits tas de poussière et de *salitre* déposé sur les terres salées et le deposant dans des grandes jarres, ils y versent de l'eau, en le mélangeant et en le remuant souvent et en l'alimentant toujours avec de l'eau jusqu'à une quantité qu'ils connaissent, et de ceci ils obtiennent une saumure, comme celle que l'on obtient de la cendre en la mélangeant avec de l'eau

(27) : chap. 3.4.3. de la première partie, p 54 :
"Hay tambien fuentes de sal viva, que es cosa muy de ver los manantiales blancos que estan siempre haciendo unas venas muy blancas, que sacada el agua y echada en unas eras pequeñas y encaladas y dandole el sol, en breve se vuelven sal"
Il y a aussi des sources de sel vif, que c'est une belle chose de voir les sources blanches qui font toujours des veines très blanches, que l'eau extraite et versée dans des petits bassins chaulés et le soleil donnant, rapidement se transforme en sel.

(28) : chap. 3.1.1.2. de la deuxième partie, p 111 :
"... por no producir ni crearse en ellas la sal como en Minas y Salinas naturalmente, sino a fuerza de arte y industria [...] desaguando esteros de agua dulce que causan las lluvias; algunos esteros de la ribera del mar, llenándolos de la agua salada de ésta, y esperando a que por los meses de Enero y Febrero se retire a su centro para después sembrar los esteros de tierra seca que conducen con sumo trabajo, la qual recibidos los vapores y humedades que causa el agua del mar, se echa en una coladera con la necesaria [agua], que también se conduce a otras [coladeras], y lo que estila cae en los pozos mencionados y se saca posteriormente de ellos en cántaros o vasijas convertida en salmuera, a que sucede echarla en unas

eras cubiertas de ceniza de higuera y otros árboles conducida a nuevo costo y trabajo, y en ellos se cuaja más o menos conforme el beneficio del Sol..."
... parce que le sel ne se produit ni ne se crée naturellement comme dans les Mines et les Salines, mais à force d'art et d'industrie... asséchant des estuaires d'eau douce formés par les pluies, quelques estuaires du littoral marin en les remplissant d'eau salée de la mer, et en attendant qu'elle se retire de son centre durant les mois de Janvier et Février pour ensuite semer les estuaires de terre sèche qu'ils amènent avec beaucoup de travail, laquelle ayant reçu les vapeurs et l'humidité causées par l'eau de mer, est déposée dans un filtre avec l'eau nécessaire, qui est également amenée à d'autres filtres, et ce qui coule tombe dans les puits mentionnés et est retirée postérieurement de ceux-ci dans des cruches ou des récipients, convertie en saumure, ensuite elle est versée dans des petits bassins couverts de cendre de figuier et d'autres arbres amenés avec de nouveaux efforts et travail, et dans ceux-ci elle cristallise plus ou moins au fur et à mesure de l'ensoleillement.

(29) : chap. 3.1.1.2. de la deuxième partie, p 111 :
"Que el modo de fabricar un pozo es abriéndole, al que se le pone un tapestle encima, el que se llena de tierra salitrosa, que se le echa agua para que destile en dicho pozo y de allí se va sacando la salmuera, y estiende en las eras que ya están preparadas con el plan bien anivelado de cal, esperando el beneficio que allí les comunica el Sol para cuajar la sal, proveyendo cada pozo diez eras, las que rinden de cinco a seis anegas, o más por día según el sol y calma del aire..."
Que le moyen de fabriquer un puit consiste à l'ouvrir, et à mettre une estrade au dessus, laquelle est remplie de terre salée, sur laquelle est versée de l'eau pour qu'elle coule dans le dit puit et de là on obtient une saumure, et s'étend dans les bassins qui sont déjà préparés avec un plan bien nivelé de chaux, en attendant le bénéfice que le soleil lui communique là pour cristalliser le sel, chaque puit approvisionnant dix bassins, lesquels produisent cinq ou six *fanegas*, ou plus par jour selon l'ensoleillement et le calme du vent...

(30) : chap. 3.1.3.2. de la deuxième partie, p 115 :
"Dan cada año... treinta cargas de sal....En la cabecera de Araro ay una laguna en que ay mucho pescado y hay salinas y aguas calientes"
Ils produisent chaque jour.... trente charges de sel.... Dans le chef lieu de Araro il y a une lagune dans laquelle il y a beaucoup de poissons et il y a des salines et des eaux thermales.

(31) : chap. 3.1.3.2. de la deuxième partie, p 115 :
"La sal que han menester la compran de un pueblo llamado Araro, que es a dos leguas desta dicha cabecera"
Ils achètent le sel dont ils ont besoin dans un village appelé Araro, qui est à deux lieues de ce dit chef lieu.

(32) : chap. 3.1.3.2. de la deuxième partie, p 116 :
"En cuanto al capitulo treinta : se proveen estos naturales de sal del pueblo de Chucandiro, que es a cuatro leguas deste pueblo, y ansimismo, se proveen del pueblo de Araro, que esta a otras cuatro leguas. Y esta sal les traen en cantidad a trocar por el pescado que toman en su laguna".
En ce qui concerne le chapitre trente : ces indigènes s'approvisionnent en sel du village de Chucandiro, qui est à quatre lieues de ce village, et ils s'approvisionnent également dans le village de Araro, qui est à quatre lieues. Et ils leur apportent ce sel en quantité pour le troquer contre du poisson qu'ils prennent dans leur lagune.

(33) : chap. 3.1.4.2. de la deuxième partie, p 119 :
«El que trata en sal, hácela, o la compra de los otros para revenderla; y para hacerla junta la tierra salitrosa, y juntada, remójala muy bien y destilala o cuélala en una tinaja, y hace formas para hacer panes de sal. El que revende la sal que compra de otros, llévala fuera para ganar con ella, y así no pierde ningún mercado de los que se hacen por los pueblos de su comarca, donde vende panes redondos o largos, como panes de azucar, gordos y limpios, sin alguna arena, muy blancos, sin resabios; y a las veces vende panes que tienen resabio de cal desabrida; vende también a las veces panes delgados arenosos, y vende también sal gruesa y sal que no sala bien».
Celui qui fait le négoce du sel, le fait ou l'achète des autres pour le revendre, et pour le faire il rassemble la terre salée, et entassée, il l'humidifie bien et la distile (filtre) dans une jarre, et il fait des formes pour faire des pains de sel. Celui qui revend le sel qu'il achète à d'autres, l'emmène ailleurs pour gagner en échange, et ainsi il ne perd aucun marché de ceux qui se font dans les villages de sa région, où il vend des pains ronds ou longs, comme des pains de sucre, gros et propres, sans aucun sable, très blancs, sans arrière goût, et en même temps il vend des pains qui ont un arrière goût de chaux insipide, il vend également en même temps des pains fins sableux, et il vend aussi du gros sel et du sel qui ne sale pas bien.

(34) : chap. 3.1.4.2. de la deuxième partie, p 119 :
«Van de Ixtlapalapa a Tenustitan [Tenochtitlan]... sobre un muro de piedra... Las cuidades adyacentes al puente hacen sal, que todos los pueblos del país usan. Del agua salada del lago a través de trincheras en la tierra, para hacerla más gruesa, y cuando está endurecida y espesa la hierven y hacen después bultos redondos o bolas para ser mandado a mercados o ferias para intercambiar con articulos foráneos».
Ils vont de Ixtlapalapa a Tenustitan (Tenochtitlan)... sur un mur de pierre... Les villes adjacentes au pont font du sel, que tous les peuples du pays utilisent. De l'eau salée du lac à travers des tranchées dans la terre, pour la faire plus grosse, et quand elle

est endurcie et épaisse ils la bouent et font ensuite des paquets ronds ou des boules pour être envoyés à des marchés ou des foires pour échanger contre des articles étrangers.

(35) : chap. 2.3. de la synthèse, p 241 :
"*un señor, hijo de Hiripan, conquistó otro pueblo llamado Carapan y el padre y abuelo de este cazonci muerto conquistaron Tamazula y Zapotlan y los pueblos de Avalos*".
Un seigneur, fils de Hiripan, conquit un autre village appelé Carapan et le père et le grand père du *cazonci* («seigneur») mort conquirent Tamazula et Zapotlan et les villages de Avalos.

(36) : chap. 2.3. de la synthèse, p 241 :
"*Los Tarascos hicieron sus dos grandes avances en los años 1460 et 1480 (y posiblemente otros) dentro de Colima para obtener sal, metales, esclavos y otras ventajas. Las salinas de Motines (salinas del Caimán), la costa de Colima y Sayula (lagos) fueron considerados en primer termino*".
Les Tarasques réalisèrent leurs deux grandes avancées dans les années 1460 et 1480 (et probablement d'autres) dans le Colima pour obtenir du sel, des métaux, des esclaves et d'autres avantages. Les salines de Motines (salines de Caiman), la côte du Colima et Sayula (lacs) furent considérés en premier plan.

www.ingramcontent.com/pod-product-compliance
Lightning Source LLC
LaVergne TN
LVHW072250300926
849160LV00018B/1628